“十三五”国家重点出版物出版规划项目
名校名家基础学科系列
北京高校“优质本科教材课件”
北京理工大学精品教材
北京理工大学“十四五”规划教材

工科数学分析

下　册

第2版

主　编　孙　兵　毛京中
参　编　朱国庆　姜海燕

机械工业出版社

本套书是“工科数学分析”或“高等数学”课程教材，分为上、下两册. 上册以单变量函数为主要研究对象，内容包括函数、极限与连续，导数与微分，微分中值定理与导数的应用，定积分与不定积分，常微分方程. 下册侧重刻画多变量函数，从向量代数与空间解析几何开始，介绍多元函数微分学、重积分、曲线积分与曲面积分，最后介绍级数.

本套书结构严谨，逻辑清晰，阐述细致，浅显易懂，可作为高等院校非数学类理工科专业的本科教材，也可作为高等数学教育的参考教材和自学用书.

图书在版编目（CIP）数据

工科数学分析. 下册/孙兵，毛京中主编. —2 版. —北京：机械工业出版社，2023.12

“十三五”国家重点出版物出版规划项目. 名校名家基础学科系列　北京高校“优质本科教材课件”　北京理工大学精品教材　北京理工大学“十四五”规划教材

ISBN 978-7-111-74107-7

Ⅰ. ①工…　Ⅱ. ①孙…　②毛…　Ⅲ. ①数学分析-高等学校-教材　Ⅳ. ①O17

中国国家版本馆 CIP 数据核字（2023）第 201575 号

机械工业出版社（北京市百万庄大街 22 号　邮政编码 100037）

策划编辑：韩效杰　　责任编辑：韩效杰　汤　嘉

责任校对：宋　安　梁　静　　封面设计：鞠　杨

责任印制：任维东

北京瑞禾彩色印刷有限公司印刷

2024 年 7 月第 2 版第 1 次印刷

184mm×260mm · 21.5 印张 · 2 插页 · 503 千字

标准书号：ISBN 978-7-111-74107-7

定价：65.80 元

电话服务	网络服务
客服电话：010-88361066	机　工　官　网：www.cmpbook.com
010-88379833	机　工　官　博：weibo.com/cmp1952
010-68326294	金　书　网：www.golden-book.com
封底无防伪标均为盗版	机工教育服务网：www.cmpedu.com

前 言

党的二十大报告指出："教育、科技、人才是全面建设社会主义现代化国家的基础性、战略性支撑""加强基础学科、新兴学科、交叉学科建设，加快建设中国特色、世界一流的大学和优势学科". 这些内容具有重要的战略指导意义.

工科数学分析是高等学校工科各专业最重要的基础课程之一，包括微积分的基本知识、向量代数与空间解析几何、常微分方程等. 它能和中学的数学衔接起来，蕴含深刻的数学思想，从而使学生获得解决实际问题能力的初步训练，为学习后续课程奠定必要的数学基础. 微积分是文艺复兴以来最伟大的创造之一，被誉为人类精神的杰出胜利. 牛顿靠微积分成就了牛顿力学，其他大部分科学上的成就都会用到微积分. 解析几何是学习多变量微积分的重要准备，其知识结构也自成体系. 常微分方程作为微积分的重要应用之一，它的形成与发展是和力学、天文学、物理学以及其他科学技术的发展密切相关的. 数学的其他分支的新发展，如复变函数、李群、组合拓扑学等，都对常微分方程的发展产生了深刻的影响，当前计算机的发展更是为常微分方程的应用及理论研究提供了强有力的工具.

两弹一星功勋科学家

数学的重要性不言而喻，很多著名学者对此都做出过深刻的评价. "数学王子"高斯(Johann Carl Friedrich Gauss，1777－1855)说："数学是'科学之王'. "德国物理学家伦琴(Wilhelm Conrad Röntgen，1845—1923)在回答科学家需要怎样的修养时说："第一是数学，第二是数学，第三还是数学. "复旦大学数学家李大潜院士说："数学学习的本质是提高素质. "美国国家科学奖章获得者，瑞士苏黎世联邦理工学院数学家卡尔曼(Rudolf Emil Kálmán)在 2005 年国际自动控制联合会上曾评论到："先进技术的本质是一种数学技术. "

国家安全依赖于数学科学. 不论是密码学、网络科学与技术，还是大规模科学计算，没有数学知识的背后支持，这些学科哪一门可以走得远呢？军政部门的数据决策、后勤保障、模拟训练和测试、军事演习、图像和信号分析、卫星和航天器的控制、新设备的测试和评估、威胁检测等，离了数学，又有哪一个可以行得通呢？

即使是从文化的角度来看，数学的作用也是无处不在的. 我们以折纸这一古老而有趣的文化为例，对此进行简要的说明. 折纸背后的数学公理系统、在计算上的算法和软件开发，对于人们的生产、生活产生了重大的影响. 人们将折纸的原理应用到卫星太阳能帆板、汽车安全气囊的折叠和展开、人造血管支架乃至轮胎纹理的设计等方面，取得了巨大的成功. 这种纯粹基于兴趣的、看起来毫无实际用途的研究，以出乎人们意料的方式在现实生活中产生了巨大的应用价值.

确实，人类正以前所未有的力度，通过数学改变着整个世界，不论是用傅里叶变换分析音乐和弦，还是用计算流体力学技术设计新型足球，我们生活的方方面面正受益于数学的应用. 在网络搜索、基因工程、地质勘探、现代医学、气候研究、电子设备开发等背后，数学一直都在. 如果想了解世界是怎样运转的，我们必须明白数学的作用，学习它，了解它，掌握它. 我们不应只满足于科学的应用，更应去追问所做事情中的原理.

本套书属于"十三五"国家重点出版物出版规划项目的"名校名家基础学科"系列丛书之一. 全套书分为上、下两册. 本套书的上册以单变量函数为主要研究对象，内容包括函数、极限与连续，导数与微分，微分中值定理与导数的应用，定积分与不定积分，常微分方程. 本书为下册，侧重刻画多变量函数，从向量代数与空间解析几何开始，介绍多元函数微分学、重积分、曲线积分与曲面积分，最后介绍级数. 一句话，工科数学分析的主要目的就是以极限为工具，研究函数的分析运算性质. 从上册的单变量函数开始，到下册的多变量函数完结. 除非特别强调，我们书中刻画的函数都是定义在实数空间上的. 在难度设置上，工科数学分析弱于数学系本科生学习的数学分析，而强于一般非数学专业的理工科学生必修的微积分或高等数学.

应广大读者的要求，我们还编写、出版了和本套书相配套的学习辅导书《工科数学分析习题全解(上、下册)》(孙兵，机械工业出版社，2022). 学习辅导书按照本套书的章节顺序编排，给出习题全解. 目标是帮助读者对学科内容进一步巩固、熟练和深化，从而达到灵活应用的目的.

为进一步深入落实人才强国战略，培养造就大批德才兼备的高素质人才，本套书在前言部分和每一章都放置了与课程内容相关性较高的课程思政视频，引导学习者爱党报国、敬业奉献、服务人民，坚定历史自信、文化自信. 在学习时，利用手机或平板电脑扫描书中的二维码可以观看相关的视频资源.

另外，作为全新的移动学习型教材，我们还在书中添加了围绕重要概念、知识点而制作的有趣的视频资源，读者朋友通过扫描二维码即可访问. 我们希望这种新颖的学习方式可以极大地提高学生的学习兴趣，有效地避免学习疲劳.

在使用本套书的过程中，读者若有任何建议或意见，可以给我们发电子邮件(sun345@bit. edu. cn)联络反馈，在此提前表示感谢. 本套书及习题全解的勘误信息也可以一并获得(登录孙兵教授的个人教学主页 https://sunamss. github. io/teaching. html). 另外，本套书还配有可供教学使用的电子课件，欢迎教师朋友们索取. 我们可以根据要求提供数字教学资源.

本套书的完成，得益于众多支持和无私帮助，在此致以诚挚的感谢. 特别感谢北京理工大学的田玉斌教授、蒋立宁教授的指导和帮助.

限于编者水平，书中定有不少错误和不妥之处，恳请读者不吝批评、指正.

编　者

目　录

第六章 向量代数与空间解析几何

向量代数与空间解析几何的知识对于多元函数微分学及多元函数积分学是不可缺少的基础，也是其他数学分支以及力学、电学等自然科学常用的工具. 本章首先建立空间直角坐标系，介绍向量的一些运算，然后以向量为工具讨论空间平面与直线，最后介绍空间曲面与曲线. 学习时要注意与平面解析几何的联系与区别.

数字 0 可以做分母了？

第一节 空间直角坐标系

一、空间直角坐标系

过空间一点 O 引出的三条互相垂直且具有相同长度单位的数轴称为**空间直角坐标系**（见图 6-1）. 点 O 叫作坐标原点，三条数轴分别叫作 x 轴、y 轴、z 轴. 我们在本章使用的空间直角坐标系都是右手系，它的 x 轴、y 轴、z 轴的次序与方向是按右手法则排列的，若将右手四个手指从 x 轴的正向经过 $90°$ 转到 y 轴的正向时，右手拇指刚好指向 z 轴正向.

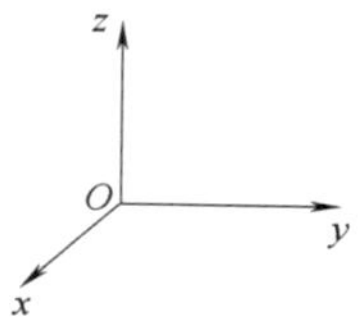

图 6-1

取定了空间直角坐标系后，我们就可以建立空间的点与三个有序实数之间的对应关系. 设 M 是空间中的一个点，过 M 分别作垂直于三个坐标轴的平面，这三个平面与三个坐标轴分别交于 A，B，C 三点（见图 6-2），这三个点在三个坐标轴上的坐标分别为 x，y，z，将有序数组 (x,y,z) 称为点 M 的坐标. 其中 x，y，z 分别叫作点 M 的 x 坐标、y 坐标、z 坐标. 反之，任意给定一个有序数组 (x,y,z)，在空间中有唯一的一个点以 (x,y,z) 为其坐标. 因此，空间中的点与有序数组 (x,y,z) 之间具有一一对应的关系.

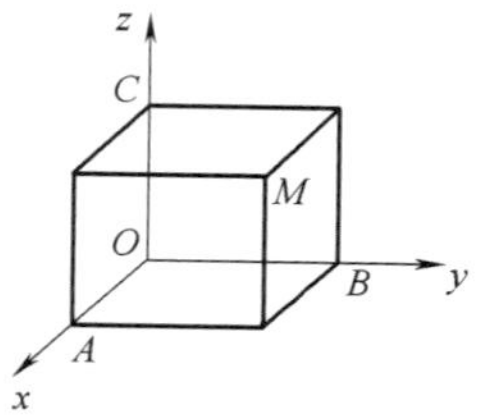

图 6-2

在空间直角坐标系中，每两条坐标轴所确定的平面叫作坐标面. 这样就确定了三个坐标面，分别为 xOy 面、yOz 面、zOx 面. 三个坐标平面把空间分成了八部分，每一部分叫作一个卦限. 如图 6-3所示，位于上半空间的四个卦限依次称为Ⅰ，Ⅱ，Ⅲ，Ⅳ卦限，位于下半空间的四个卦限依次称为Ⅴ，Ⅵ，Ⅶ，Ⅷ卦限.

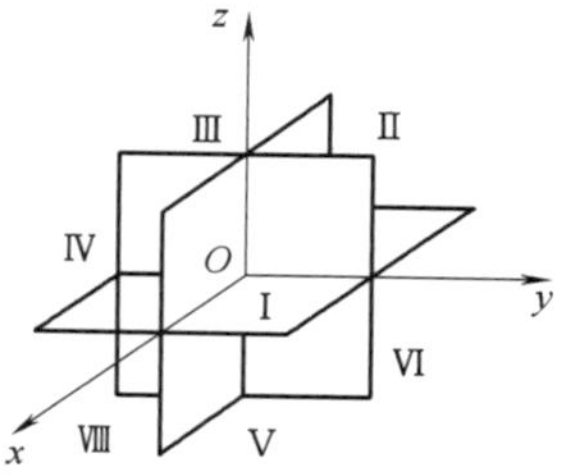

图 6-3

在每个卦限中，点的坐标的符号分别为

Ⅰ(+,+,+)，Ⅱ(−,+,+)，Ⅲ(−,−,+)，Ⅳ(+,−,+)，
Ⅴ(+,+,−)，Ⅵ(−,+,−)，Ⅶ(−,−,−)，Ⅷ(+,−,−).

原点的坐标为(0,0,0). x 轴上点的坐标为$(x,0,0)$，y 轴上点的坐标为$(0,y,0)$，z 轴上点的坐标为$(0,0,z)$. xOy 面上点的坐标为$(x,y,0)$，yOz 面上点的坐标为$(0,y,z)$，zOx 面上点的坐标为$(x,0,z)$.

二、空间两点间的距离

如图 6-4 所示，设 $M(x_1,y_1,z_1)$ 和 $N(x_2,y_2,z_2)$ 是空间中两点，过点 M 和 N 分别作垂直于 xOy 面的直线，它们分别与 xOy 面交于点 M_1，N_1，过点 M 作 NN_1 的垂线 ML，则点 M 到点 N 的距离为

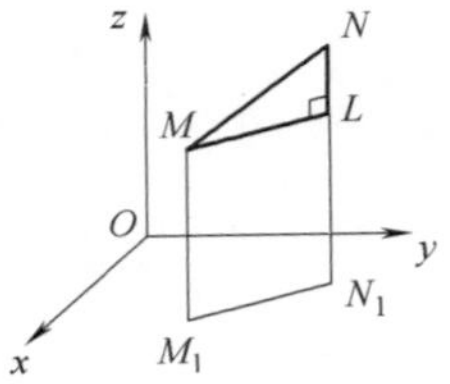

图 6-4

$$d=\sqrt{ML^2+NL^2}=\sqrt{M_1N_1^2+NL^2},$$

由于 $M_1(x_1,y_1,0)$，$N_1(x_2,y_2,0)$，因此由平面解析几何可知

$$M_1N_1^2=(x_2-x_1)^2+(y_2-y_1)^2,$$

又

$$NL=|z_2-z_1|,$$

故有

$$\boxed{d=\sqrt{(x_2-x_1)^2+(y_2-y_1)^2+(z_2-z_1)^2}.}$$

特别地，点 $M(x,y,z)$ 与原点 $O(0,0,0)$ 间的距离为

$$\boxed{d=\sqrt{x^2+y^2+z^2}.}$$

与平面解析几何中两点间的距离公式相比较，空间中两点间的距离公式中只是增加了一项$(z_2-z_1)^2$.

三、坐标轴的平移

不改变坐标轴的方向和长度单位，只改变原点的位置的坐标变换叫作坐标轴的平移，简称移轴.

如果将空间直角坐标系 $Oxyz$ 平移得一新的直角坐标系 $O'x'y'z'$，其中 O' 在原坐标系中的坐标为(a,b,c). 设点 M 在旧坐标系中的坐标为(x,y,z)，在新坐标系中的坐标为(x',y',z')，则点 M 的新旧坐标之间有如下关系：

$$\begin{cases}x=x'+a,\\ y=y'+b,\\ z=z'+c.\end{cases}$$

习题 6-1

1. 指出下列各点在空间直角坐标系中的位置.
   $A(1,-2,3)$；$B(2,3,-4)$；$C(2,-3,-4)$；$D(-2,-3,1)$；$E(3,4,0)$；$F(0,4,-1)$；$G(0,0,3)$；$H(0,-2,0)$.
2. 求点$(2,-1,3)$关于原点、各坐标轴及各坐标面的对称点的坐标.
3. 求点$M(4,-3,5)$到各坐标轴的距离.
4. 证明：以$A(4,1,9)$，$B(10,-1,6)$，$C(2,4,3)$为顶点的三角形是等腰直角三角形.
5. 在z轴上求与点$A(-4,1,7)$和点$B(3,5,-2)$等距离的点.
6. 在yOz面上求与点$A(3,1,2)$，点$B(4,-2,-2)$和点$C(0,5,1)$等距离的点.

第二节　向量及其线性运算

一、向量的概念

在实际问题中，我们常遇到两类不同性质的量. 一类是只具有大小的量，称为**数量**. 例如时间、质量、温度、体积等都是数量. 另一类是不仅有大小而且还有方向的量，称为**向量**. 例如力、速度、加速度等都是向量. 向量可以用有向线段来表示. 有向线段的长度表示向量的大小，有向线段的方向表示向量的方向(见图 6-5). 以 A 为起点，B 为终点的向量记作$\overrightarrow{AB}$或 $\boldsymbol{a}$. 数量也叫标量，向量也叫矢量. 注意向量与数量的区别：向量有大小有方向，数量只有大小.

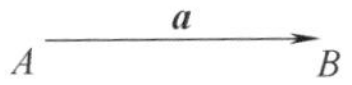

图　6-5

向量$\overrightarrow{AB}$(或 $\boldsymbol{a}$)的大小叫作向量的模，记作$|\overrightarrow{AB}|$(或$|\boldsymbol{a}|$).

模为零的向量叫作零向量，记作 $\boldsymbol{0}$. 零向量没有确定的方向，或者说它的方向是任意的.

模为 1 的向量称为单位向量. 与 $\boldsymbol{a}$ 同方向的单位向量记作 $\boldsymbol{a}^0$.

与 $\boldsymbol{a}$ 方向相反但是模相等的向量叫作 $\boldsymbol{a}$ 的负向量，记作$-\boldsymbol{a}$.

如果向量 $\boldsymbol{a}$ 与 $\boldsymbol{b}$ 所在的线段平行，则称此二向量平行，记作$\boldsymbol{a}/\!/\boldsymbol{b}$.

我们在本书中所讨论的向量都是自由向量，即向量可以在空间中任意地平行移动，如此移动后仍被看成是原来的向量. 因而如果向量 $\boldsymbol{a}$ 与 $\boldsymbol{b}$ 的模相等且方向相同，则称 $\boldsymbol{a}$ 与 $\boldsymbol{b}$ 是相等的，记作 $\boldsymbol{a}=\boldsymbol{b}$. 相等的向量通过平移能完全重合. 对自由向量而言，相互平行的向量又可称为共线的向量. 以后为了讨论方便起见，我们常常把向量$\overrightarrow{AB}$平行移动，得到一个以原点为起点的向量$\overrightarrow{OM}$($\overrightarrow{OM}=\overrightarrow{AB}$). 我们将以 M 为终点的向量$\overrightarrow{OM}$叫作点 M 的向径. 空间中任一点 M 与点 M 的向径一一对应.

二、向量的加减法

根据力学中力、速度等的合成法则，我们对一般的向量加法有如下定义.

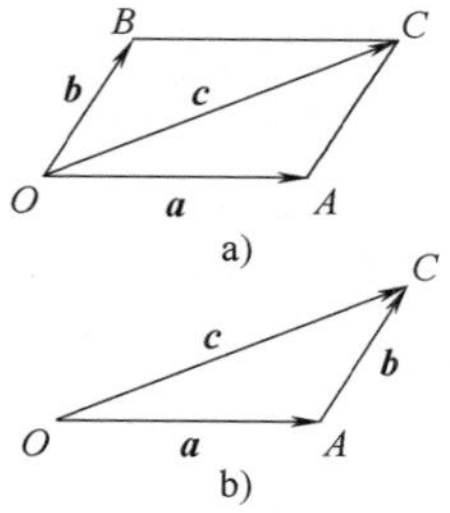

图 6-6

定义 1 设向量 $\boldsymbol{a}$，$\boldsymbol{b}$，当 $\boldsymbol{a}$ 与 $\boldsymbol{b}$ 不平行时，以这两个向量为邻边作平行四边形 $OACB$（见图 6-6a），其中 $\overrightarrow{OA}=\boldsymbol{a}$，$\overrightarrow{OB}=\boldsymbol{b}$，则其对角线向量 $\overrightarrow{OC}=\boldsymbol{c}$ 称为向量 $\boldsymbol{a}$ 与 $\boldsymbol{b}$ 的和向量，记作 $\boldsymbol{c}=\boldsymbol{a}+\boldsymbol{b}$，这种求和的法则叫作平行四边形法则.

由于有 $\overrightarrow{AC}=\overrightarrow{OB}=\boldsymbol{b}$，因此也可以用三角形法则定义向量 $\boldsymbol{a}$ 与 $\boldsymbol{b}$ 的和，如图 6-6b 所示，将向量 $\boldsymbol{b}$ 平行移动，使其起点与 $\boldsymbol{a}$ 的终点重合，则 $\boldsymbol{a}$ 的起点到 $\boldsymbol{b}$ 的终点的向量就是 $\boldsymbol{a}+\boldsymbol{b}$.

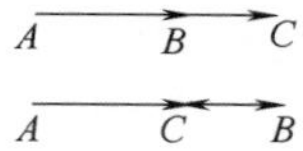

图 6-7

当 $\boldsymbol{a}$ 与 $\boldsymbol{b}$ 平行时，如图 6-7 所示，设 $\overrightarrow{AB}=\boldsymbol{a}$，$\overrightarrow{BC}=\boldsymbol{b}$，则有 $\boldsymbol{a}+\boldsymbol{b}=\overrightarrow{AC}$.

求多个向量的和时，可利用多边形法则（三角形法则的推广），如图 6-8 所示，将向量 $\boldsymbol{a}$，$\boldsymbol{b}$，$\boldsymbol{c}$，$\boldsymbol{d}$ 依次首尾相接，有

$$\boldsymbol{a}+\boldsymbol{b}+\boldsymbol{c}+\boldsymbol{d}=\overrightarrow{AB}.$$

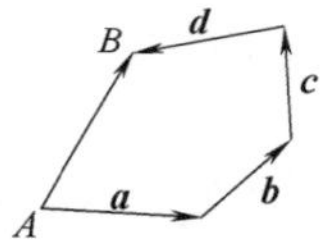

图 6-8

向量加法有以下运算规律.

（1）**交换律** $\boldsymbol{a}+\boldsymbol{b}=\boldsymbol{b}+\boldsymbol{a}$；

（2）**结合律** $(\boldsymbol{a}+\boldsymbol{b})+\boldsymbol{c}=\boldsymbol{a}+(\boldsymbol{b}+\boldsymbol{c})$.

这两个运算规律可以分别根据向量加法的定义及图 6-9 和图 6-10 得到证明.

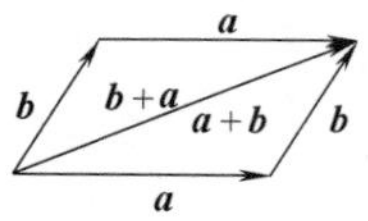

图 6-9

利用加法的逆运算可以定义向量的减法.

定义 2 若 $\boldsymbol{b}+\boldsymbol{c}=\boldsymbol{a}$，则称 $\boldsymbol{c}$ 为 $\boldsymbol{a}$ 与 $\boldsymbol{b}$ 的差向量，记作 $\boldsymbol{c}=\boldsymbol{a}-\boldsymbol{b}$.

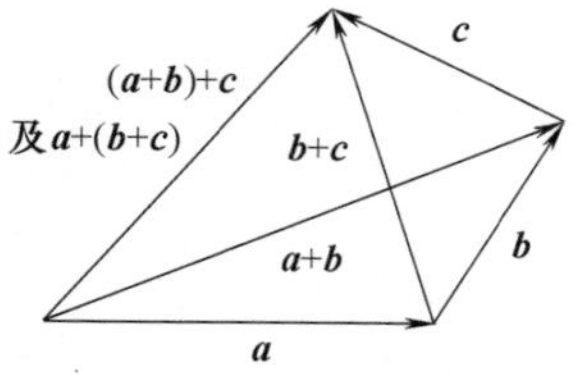

图 6-10

也可以利用 $\boldsymbol{a}-\boldsymbol{b}=\boldsymbol{a}+(-\boldsymbol{b})$ 定义 $\boldsymbol{a}$ 与 $\boldsymbol{b}$ 的差向量. 图 6-11 中的 $\boldsymbol{c}$ 都表示 $\boldsymbol{a}$ 与 $\boldsymbol{b}$ 的差向量.

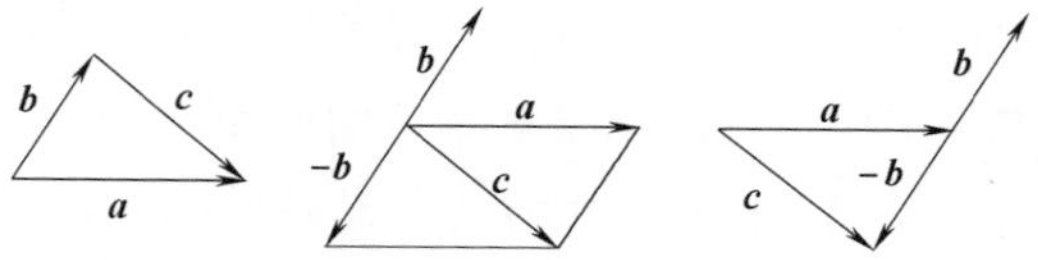

图 6-11

三、数与向量的乘积

如果将两个相等的向量 $\boldsymbol{a}$ 与 $\boldsymbol{a}$ 相加，其和向量 $\boldsymbol{a}+\boldsymbol{a}$ 的方向与 $\boldsymbol{a}$ 的方向相同，而大小为 $\boldsymbol{a}$ 的两倍，我们常常将 $\boldsymbol{a}+\boldsymbol{a}$ 记作 $2\boldsymbol{a}$，这便是一个数与向量的乘积. 一般地，有如下定义.

定义 3 实数 λ 与向量 $\boldsymbol{a}$ 的乘积记作 $\lambda\boldsymbol{a}$（叫作数乘向量），$\lambda\boldsymbol{a}$ 是一个向量，它的模为 $|\lambda\boldsymbol{a}|=|\lambda||\boldsymbol{a}|$，它的方向为：当 $\lambda>0$ 时，$\lambda\boldsymbol{a}$ 与 $\boldsymbol{a}$ 同向；当 $\lambda<0$ 时，$\lambda\boldsymbol{a}$ 与 $\boldsymbol{a}$ 反向；当 $\lambda=0$ 时，$\lambda\boldsymbol{a}=\boldsymbol{0}$.

数乘向量有下列运算规律.

(1) 结合律 $\lambda(\mu\boldsymbol{a})=(\lambda\mu)\boldsymbol{a}$；

(2) 分配律 $(\lambda+\mu)\boldsymbol{a}=\lambda\boldsymbol{a}+\mu\boldsymbol{a}$，

$\lambda(\boldsymbol{a}+\boldsymbol{b})=\lambda\boldsymbol{a}+\lambda\boldsymbol{b}$.

证 (1) 由于

$$|\lambda(\mu\boldsymbol{a})|=|\lambda||\mu\boldsymbol{a}|=|\lambda||\mu||\boldsymbol{a}|=|\lambda\mu||\boldsymbol{a}|=|(\lambda\mu)\boldsymbol{a}|,$$

即 $\lambda(\mu\boldsymbol{a})$ 与 $(\lambda\mu)\boldsymbol{a}$ 的模相等，又不论 λ,μ 为什么样的数，由定义可得知 $\lambda(\mu\boldsymbol{a})$ 与 $(\lambda\mu)\boldsymbol{a}$ 的方向也相同，因此有

$$\lambda(\mu\boldsymbol{a})=(\lambda\mu)\boldsymbol{a};$$

(2) 根据向量加法的定义很容易证明

$$(\lambda+\mu)\boldsymbol{a}=\lambda\boldsymbol{a}+\mu\boldsymbol{a},$$

利用图 6-12 及相似三角形的有关知识，可以得到

$$\lambda(\boldsymbol{a}+\boldsymbol{b})=\lambda\boldsymbol{a}+\lambda\boldsymbol{b}.$$

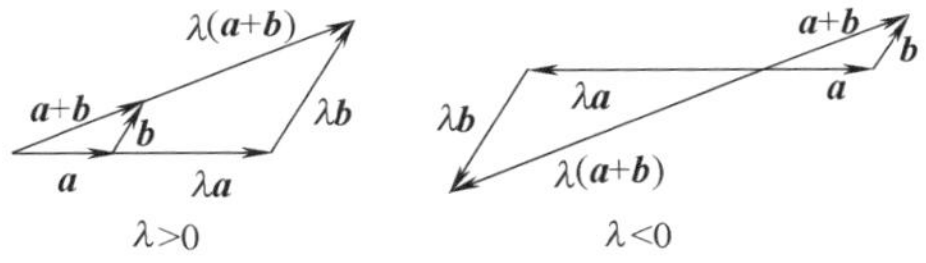

图 6-12

由数乘向量的定义可知 $\boldsymbol{a}=|\boldsymbol{a}|\boldsymbol{a}^0$，因此当 $|\boldsymbol{a}|\neq0$ 时，有

$$\boldsymbol{a}^0=\frac{1}{|\boldsymbol{a}|}\boldsymbol{a}=\frac{\boldsymbol{a}}{|\boldsymbol{a}|},$$

由此可以推出下面定理.

定理 设 $\boldsymbol{a}$ 与 $\boldsymbol{b}$ 都是非零向量，则 $\boldsymbol{a}/\!/\boldsymbol{b}$ 的充分必要条件是存在数 λ，使 $\boldsymbol{b}=\lambda\boldsymbol{a}$.

证 充分性是显然的，下面证必要性.

设 $\boldsymbol{a}/\!/\boldsymbol{b}$，则必有 $\boldsymbol{a}^0=\boldsymbol{b}^0$ 或 $\boldsymbol{a}^0=-\boldsymbol{b}^0$，即

$$\frac{\boldsymbol{a}}{|\boldsymbol{a}|}=\frac{\boldsymbol{b}}{|\boldsymbol{b}|} \text{或} \frac{\boldsymbol{a}}{|\boldsymbol{a}|}=-\frac{\boldsymbol{b}}{|\boldsymbol{b}|},$$

取 $\lambda=\dfrac{|\boldsymbol{b}|}{|\boldsymbol{a}|}$ 或 $\lambda=-\dfrac{|\boldsymbol{b}|}{|\boldsymbol{a}|}$，则有 $\boldsymbol{b}=\lambda\boldsymbol{a}$，于是定理得证. 向量的数乘运算也称为伸缩变换，从向量模的角度来说，$|\lambda|$ 就是伸缩系数.

四、向量的投影

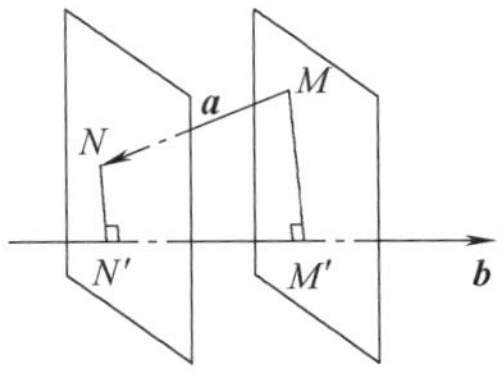

图 6-13

设向量 $\boldsymbol{a}$ 与 $\boldsymbol{b}$，如图 6-13 所示，过 $\boldsymbol{a}$ 的起点 M 与终点 N 分别

作与向量 $\boldsymbol{b}$ 所在的直线垂直的平面，这两个平面分别与 $\boldsymbol{b}$ 所在的直线交于点 M' 和 N'，由前面讨论知道，一定存在数 λ，使 $\overrightarrow{M'N'}=\lambda\boldsymbol{b}^0$，我们将这个数 λ 称为向量 $\boldsymbol{a}$ 在向量 $\boldsymbol{b}$ 上的投影，记作 $(\boldsymbol{a})_b$，即

$$(\boldsymbol{a})_b=\lambda.$$

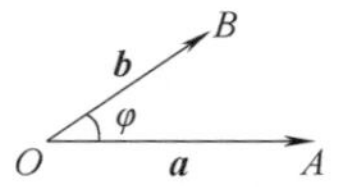

图　6-14

将向量 $\boldsymbol{a}$ 与 $\boldsymbol{b}$ 的起点移到一起，如图 6-14 所示，规定不超过 π 的角 $\angle AOB=\varphi$ 为向量 $\boldsymbol{a}$ 与 $\boldsymbol{b}$ 的夹角，记作 $\langle \boldsymbol{a},\boldsymbol{b}\rangle$，即 $\langle \boldsymbol{a},\boldsymbol{b}\rangle=\varphi$. 另外，规定向量与坐标轴的正方向的夹角为向量与坐标轴的夹角.

由以上定义可以得出**向量的投影具有如下性质**：

(1) $(\boldsymbol{a})_b=|\boldsymbol{a}|\cos\langle \boldsymbol{a},\boldsymbol{b}\rangle$；

(2) $(\boldsymbol{a}+\boldsymbol{b})_c=(\boldsymbol{a})_c+(\boldsymbol{b})_c$.

五、向量的坐标表示

下面引进向量的坐标，把向量与数组联系起来，从而可将向量的运算化成数组的运算. 一般地，向量的运算要求参与运算的向量要具有相同的维数.

如图 6-15 所示，设 $\overrightarrow{OM}$ 是起点为原点、终点为 $M(x,y,z)$ 的向量，根据向量的加法，有

$$\overrightarrow{OM}=\overrightarrow{OA}+\overrightarrow{OB}+\overrightarrow{OC}.$$

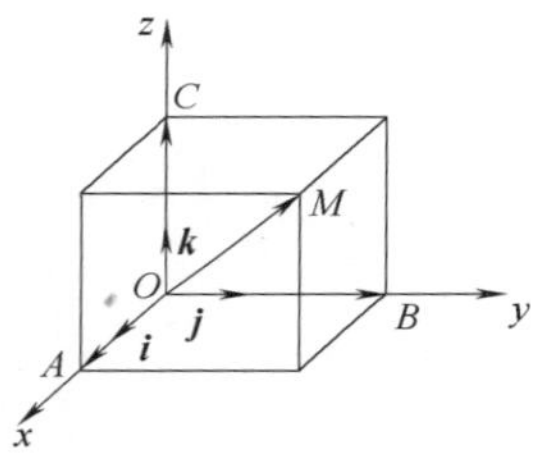

图　6-15

在 x 轴、y 轴、z 轴的正方向分别取单位向量 $\boldsymbol{i},\boldsymbol{j},\boldsymbol{k}$（称为基本单位向量），则存在数 x,y,z，使 $\overrightarrow{OA}=x\boldsymbol{i}$，$\overrightarrow{OB}=y\boldsymbol{j}$，$\overrightarrow{OC}=z\boldsymbol{k}$，于是有

$$\overrightarrow{OM}=x\boldsymbol{i}+y\boldsymbol{j}+z\boldsymbol{k},$$

我们将此式称为向量 $\overrightarrow{OM}$ 的坐标表示式，它也可以简写为

$$\overrightarrow{OM}=\{x,y,z\},$$

其中 x,y,z 称为向量 $\overrightarrow{OM}$ 的坐标，它们也是向量 $\overrightarrow{OM}$ 在 x 轴、y 轴、z 轴上的投影. 向量与坐标表示式（是一个数组）一一对应．现在可以看出，点 $M(x,y,z)$，向量 $\overrightarrow{OM}$，坐标 (x,y,z) 三者之间是一一对应关系．需要注意的是，有的资料中，使用如下的向量坐标表示式表达向量也十分普遍：

$$\overrightarrow{OM}=(x,y,z).$$

利用向量的坐标表示式，可以将前面用几何方法定义的向量的模及向量的线性运算化成向量的坐标之间的运算（其中用到向量加法及数乘向量的运算规律）. 由图 6-15 可以看出，向量 $\overrightarrow{OM}=\{x,y,z\}$ 的模为

$$|\overrightarrow{OM}|=\sqrt{|OA|^2+|OB|^2+|OC|^2},$$

而 $OA=x$，$OB=y$，$OC=z$，故

$$|\overrightarrow{OM}|=\sqrt{x^2+y^2+z^2}.$$

设 $\boldsymbol{a}=x_1\boldsymbol{i}+y_1\boldsymbol{j}+z_1\boldsymbol{k}$，$\boldsymbol{b}=x_2\boldsymbol{i}+y_2\boldsymbol{j}+z_2\boldsymbol{k}$，则有

$$\boldsymbol{a}\pm\boldsymbol{b}=(x_1\boldsymbol{i}+y_1\boldsymbol{j}+z_1\boldsymbol{k})\pm(x_2\boldsymbol{i}+y_2\boldsymbol{j}+z_2\boldsymbol{k})=(x_1\pm x_2)\boldsymbol{i}+(y_1\pm y_2)\boldsymbol{j}+(z_1\pm z_2)\boldsymbol{k},$$

$$\lambda\boldsymbol{a}=\lambda(x_1\boldsymbol{i}+y_1\boldsymbol{j}+z_1\boldsymbol{k})=\lambda x_1\boldsymbol{i}+\lambda y_1\boldsymbol{j}+\lambda z_1\boldsymbol{k}.$$

如图 6-16 所示，当$\overrightarrow{M_1M_2}$是起点为 $M_1(x_1,y_1,z_1)$，终点为 $M_2(x_2,y_2,z_2)$的向量时，由于

$$\overrightarrow{M_1M_2}=\overrightarrow{OM_2}-\overrightarrow{OM_1},$$
$$\overrightarrow{OM_1}=x_1\boldsymbol{i}+y_1\boldsymbol{j}+z_1\boldsymbol{k},$$
$$\overrightarrow{OM_2}=x_2\boldsymbol{i}+y_2\boldsymbol{j}+z_2\boldsymbol{k},$$

因此有

$$\overrightarrow{M_1M_2}=(x_2-x_1)\boldsymbol{i}+(y_2-y_1)\boldsymbol{j}+(z_2-z_1)\boldsymbol{k},$$

此式即为$\overrightarrow{M_1M_2}$的坐标表示式，其中 x_2-x_1，y_2-y_1，z_2-z_1 为$\overrightarrow{M_1M_2}$的坐标. 如果我们把向量$\overrightarrow{M_1M_2}$平移，使其起点 M_1 移至原点时，则其终点 M_2 将被移到点$(x_2-x_1,y_2-y_1,z_2-z_1)$.

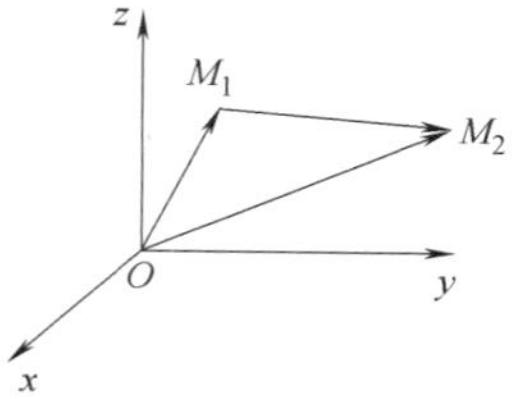

图 6-16

利用向量的坐标，可以将 $\boldsymbol{a}/\!/\boldsymbol{b}$ 的充分必要条件 $\boldsymbol{b}=\lambda\boldsymbol{a}$ 表示为

$$x_2=\lambda x_1,y_2=\lambda y_1,z_2=\lambda z_1,$$

或
$$\frac{x_2}{x_1}=\frac{y_2}{y_1}=\frac{z_2}{z_1}.$$

在此式中，若某个分母(或分子)为零，则相应的分子(或分母)也应取为零. 例如，如果有 $z_2=0$，则意味着向量 $\boldsymbol{b}$ 的起点与终点的 z 坐标相同，因而向量 $\boldsymbol{b}$ 垂直于 z 轴，由于 $\boldsymbol{a}/\!/\boldsymbol{b}$，故 $\boldsymbol{a}$ 也垂直于 z 轴，所以相应的 z_1 应等于零.

六、向量的方向角与方向余弦

这里要讨论如何用向量的坐标表示向量的方向.

设向量 $\boldsymbol{a}$ 与三个坐标轴正方向的夹角分别为 α,β,γ(见图 6-17)，则 α,β,γ 称为向量 $\boldsymbol{a}$ 的方向角，而 $\cos\alpha,\cos\beta,\cos\gamma$ 称为向量 $\boldsymbol{a}$ 的方向余弦. 方向角或方向余弦唯一确定了向量的方向.

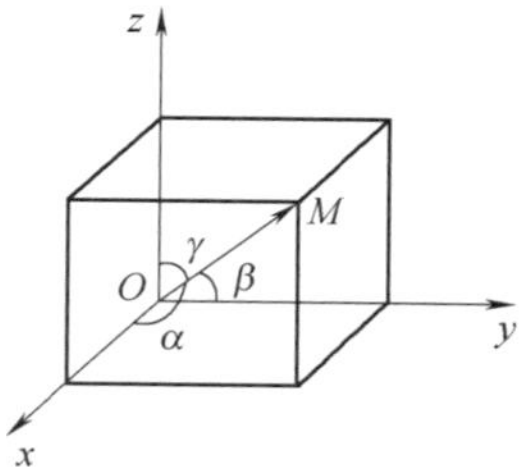

图 6-17

设向量 $\boldsymbol{a}$ 的起点为 $M_1(x_1,y_1,z_1)$，终点为 $M_2(x_2,y_2,z_2)$，则

$$\boldsymbol{a}=(x_2-x_1)\boldsymbol{i}+(y_2-y_1)\boldsymbol{j}+(z_2-z_1)\boldsymbol{k}\xlongequal{\triangle}x\boldsymbol{i}+y\boldsymbol{j}+z\boldsymbol{k},$$

如将 $\boldsymbol{a}$ 的起点移至原点，则 $\boldsymbol{a}$ 的终点被移到 $M(x,y,z)$，于是 $\boldsymbol{a}=\overrightarrow{OM}$，故有

$$\cos\alpha=\frac{x}{|\boldsymbol{a}|}=\frac{x}{\sqrt{x^2+y^2+z^2}},$$

$$\cos\beta=\frac{y}{|\boldsymbol{a}|}=\frac{y}{\sqrt{x^2+y^2+z^2}},$$

$$\cos\gamma=\frac{z}{|\boldsymbol{a}|}=\frac{z}{\sqrt{x^2+y^2+z^2}}.$$

由以上三式，又可以得到

$$\cos^2\alpha+\cos^2\beta+\cos^2\gamma=1,$$

因而
$$\boldsymbol{a}^0=\{\cos\alpha,\cos\beta,\cos\gamma\}.$$

例 1 已知 $M_1(1,-2,3)$，$M_2(0,2,-1)$，求 $\overrightarrow{M_1M_2}$ 的模及方向余弦.

解
$$\overrightarrow{M_1M_2}=(0-1)\boldsymbol{i}+[2-(-2)]\boldsymbol{j}+(-1-3)\boldsymbol{k}$$
$$=-\boldsymbol{i}+4\boldsymbol{j}-4\boldsymbol{k},$$
$$|\overrightarrow{M_1M_2}|=\sqrt{(-1)^2+4^2+(-4)^2}=\sqrt{33},$$
$$\cos\alpha=\frac{-1}{\sqrt{33}},\cos\beta=\frac{4}{\sqrt{33}},\cos\gamma=\frac{-4}{\sqrt{33}}.$$

例 2 已知向量 $\boldsymbol{a}$ 的模为 5，它与 x 轴、y 轴正方向的夹角都是 $60°$，与 z 轴正方向的夹角是钝角，求向量 $\boldsymbol{a}$.

解 $\boldsymbol{a}=|\boldsymbol{a}|\boldsymbol{a}^0=|\boldsymbol{a}|\{\cos\alpha,\cos\beta,\cos\gamma\}$，

由于
$$\alpha=\beta=60°,\cos\alpha=\cos\beta=\frac{1}{2},$$

得
$$\cos^2\gamma=1-\cos^2\alpha-\cos^2\beta=1-\left(\frac{1}{2}\right)^2-\left(\frac{1}{2}\right)^2=\frac{1}{2},$$

由于 γ 是钝角，故

$$\cos\gamma=-\frac{1}{\sqrt{2}},$$

$$\boldsymbol{a}=5\left\{\frac{1}{2},\frac{1}{2},-\frac{1}{\sqrt{2}}\right\}=\left\{\frac{5}{2},\frac{5}{2},-\frac{5\sqrt{2}}{2}\right\}.$$

习题 6-2

1. 已知向量 $\boldsymbol{a}$ 与 $\boldsymbol{b}$ 的夹角 $\theta=60°$，且 $|\boldsymbol{a}|=5$，$|\boldsymbol{b}|=8$，计算 $|\boldsymbol{a}+\boldsymbol{b}|$ 和 $|\boldsymbol{a}-\boldsymbol{b}|$.
2. 试用向量证明：如果平面上一个四边形的对角线互相平分，则它是平行四边形.
3. 设正六边形 $ABCDEF$（字母顺序按逆时针方向），其中 $\overrightarrow{AB}=\boldsymbol{a}$，$\overrightarrow{AE}=\boldsymbol{b}$，试用向量 $\boldsymbol{a}$，$\boldsymbol{b}$ 表示向量 $\overrightarrow{AC}$，$\overrightarrow{AD}$，$\overrightarrow{AF}$ 和 $\overrightarrow{CB}$.
4. 设向量 $\overrightarrow{AB}=8\boldsymbol{i}+9\boldsymbol{j}-12\boldsymbol{k}$，其中 A 点的坐标为 $(2,-1,7)$，求 B 点的坐标.
5. 求平行于向量 $\boldsymbol{a}=6\boldsymbol{i}+7\boldsymbol{j}-6\boldsymbol{k}$ 的单位向量.
6. 已知向量 $\boldsymbol{a}=\{1,-2,3\}$，$\boldsymbol{b}=\{-4,5,8\}$，$\boldsymbol{c}=\{-2,1,0\}$，求向量 $\boldsymbol{d}$，使 $\boldsymbol{a}+\boldsymbol{b}+\boldsymbol{c}+\boldsymbol{d}$ 是零向量.
7. 证明：三点 $A(1,0,-1)$，$B(3,4,5)$，$C(0,-2,-4)$ 共线.
8. 设向量 $\boldsymbol{m}=3\boldsymbol{i}+5\boldsymbol{j}+8\boldsymbol{k}$，$\boldsymbol{n}=2\boldsymbol{i}-4\boldsymbol{j}-7\boldsymbol{k}$，$\boldsymbol{p}=5\boldsymbol{i}+\boldsymbol{j}-4\boldsymbol{k}$，求向量 $\boldsymbol{a}=4\boldsymbol{m}+3\boldsymbol{n}-\boldsymbol{p}$ 在 x 轴上的投影.
9. 设点 $A(3,2,-1)$，$B(5,-4,7)$，$C(-1,1,2)$，求 $\triangle ABC$ 上由点 C 向 AB 边所引中线的长度.
10. 设点 A，B，M 在一条直线上，其中 A 和 B 分别为 $A(1,2,3)$ 和 $B(-1,2,3)$，且 $AM:MB=-\frac{3}{2}$，求点 M 的坐标.
11. 设 $A(1,2,-3)$，$B(2,-3,5)$ 为平行四边形 $ABCD$ 相邻的两个顶点，而 $M(1,1,1)$ 为两条对角线的交点，求其余两个顶点的坐标.
12. 已知三角形的三个顶点分别为 $A(2,5,0)$，$B(11,3,8)$，$C(5,1,12)$，求其重心的坐标.

13. 已知点 $M(4,\sqrt{2},1)$，$N(3,0,2)$，计算向量 $\overrightarrow{MN}$ 的模、方向余弦和方向角.

14. 设一向量与 x 轴和 y 轴的夹角相等，而与 z 轴的夹角是前者的两倍，求此向量的方向角.

15. 设向量 $\boldsymbol{a}$ 与单位向量 $\boldsymbol{j}$ 夹角为 $60°$，与单位向量 $\boldsymbol{k}$ 夹角为 $120°$，且 $|\boldsymbol{a}|=5\sqrt{2}$，求向量 $\boldsymbol{a}$.

16. 向量 $\boldsymbol{a}$ 平行于两向量 $\boldsymbol{b}=\{7,-4,-4\}$ 和 $\boldsymbol{c}=\{-2,-1,2\}$ 夹角的平分线，且 $|\boldsymbol{a}|=5\sqrt{6}$，求向量 $\boldsymbol{a}$.

第三节　向量的乘积

一、向量的数量积

1. 数量积的概念

在物理学中我们知道，当质点在力 $\boldsymbol{F}$ 的作用下沿某一直线由 A 移动到 B 时，如图 6-18 所示，如果记 $\overrightarrow{AB}=\boldsymbol{s}$，则力 $\boldsymbol{F}$ 做的功为

$$W=|\boldsymbol{F}||\boldsymbol{s}|\cos\langle\boldsymbol{F},\boldsymbol{s}\rangle, \tag{1}$$

其中 $\langle\boldsymbol{F},\boldsymbol{s}\rangle$ 为向量 $\boldsymbol{F}$ 与 $\boldsymbol{s}$ 的夹角. 两个向量之间的这种运算有时会在其他问题中遇到，为了更方便地讨论这种运算，给出如下定义.

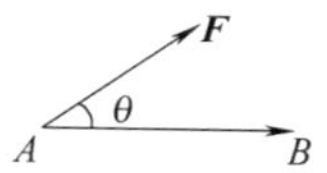

图　6-18

定义 1　设 $\boldsymbol{a}$ 和 $\boldsymbol{b}$ 为两向量，则 $|\boldsymbol{a}||\boldsymbol{b}|\cos\langle\boldsymbol{a},\boldsymbol{b}\rangle$ 叫作 $\boldsymbol{a}$ 与 $\boldsymbol{b}$ 的数量积，记作 $\boldsymbol{a}\cdot\boldsymbol{b}$，即 $\boldsymbol{a}\cdot\boldsymbol{b}=|\boldsymbol{a}||\boldsymbol{b}|\cos\langle\boldsymbol{a},\boldsymbol{b}\rangle$，其中 $\langle\boldsymbol{a},\boldsymbol{b}\rangle$ 是 $\boldsymbol{a}$ 与 $\boldsymbol{b}$ 的夹角.

根据向量的投影定理，可以得到向量的数量积与向量的投影有如下关系：

$$\boldsymbol{a}\cdot\boldsymbol{b}=|\boldsymbol{b}|(\boldsymbol{a})_b=|\boldsymbol{a}|(\boldsymbol{b})_a,$$

$$(\boldsymbol{a})_b=\frac{\boldsymbol{a}\cdot\boldsymbol{b}}{|\boldsymbol{b}|},\ (\boldsymbol{b})_a=\frac{\boldsymbol{a}\cdot\boldsymbol{b}}{|\boldsymbol{a}|}.$$

由数量积的定义可知，式(1)中的功可以表示成

$$W=\boldsymbol{F}\cdot\boldsymbol{s}.$$

数量积有如下运算规律.

(1) **交换律**　$\boldsymbol{a}\cdot\boldsymbol{b}=\boldsymbol{b}\cdot\boldsymbol{a}$；

(2) **结合律**　$\lambda(\boldsymbol{a}\cdot\boldsymbol{b})=(\lambda\boldsymbol{a})\cdot\boldsymbol{b}=\boldsymbol{a}\cdot(\lambda\boldsymbol{b})$　(λ 是数)；

(3) **分配律**　$(\boldsymbol{a}+\boldsymbol{b})\cdot\boldsymbol{c}=\boldsymbol{a}\cdot\boldsymbol{c}+\boldsymbol{b}\cdot\boldsymbol{c}$.

证　(1) 根据数量积的定义，交换律显然成立；

(2) 如图 6-19 所示，当 $\lambda>0$ 时，$\cos\langle\lambda\boldsymbol{a},\boldsymbol{b}\rangle=\cos\langle\boldsymbol{a},\boldsymbol{b}\rangle$，当 $\lambda<0$ 时，$\cos\langle\lambda\boldsymbol{a},\boldsymbol{b}\rangle=-\cos\langle\boldsymbol{a},\boldsymbol{b}\rangle$，因此有

$$\begin{aligned}(\lambda\boldsymbol{a})\cdot\boldsymbol{b}&=|\lambda\boldsymbol{a}||\boldsymbol{b}|\cos\langle\lambda\boldsymbol{a},\boldsymbol{b}\rangle=|\lambda||\boldsymbol{a}||\boldsymbol{b}|\cos\langle\lambda\boldsymbol{a},\boldsymbol{b}\rangle\\&=\pm\lambda|\boldsymbol{a}||\boldsymbol{b}|(\pm\cos\langle\boldsymbol{a},\boldsymbol{b}\rangle)=\lambda|\boldsymbol{a}||\boldsymbol{b}|\cos\langle\boldsymbol{a},\boldsymbol{b}\rangle\\&=\lambda(\boldsymbol{a}\cdot\boldsymbol{b}),\end{aligned}$$

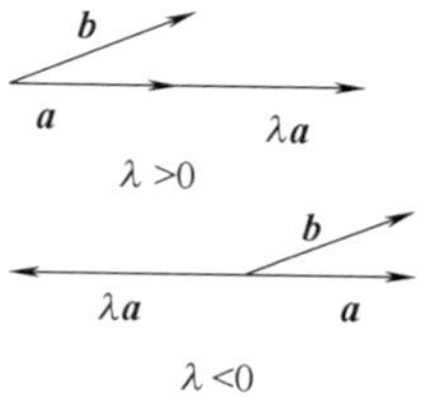

图　6-19

用同样方法可证明 $\lambda(\boldsymbol{a}\cdot\boldsymbol{b})=\boldsymbol{a}\cdot(\lambda\boldsymbol{b})$；

(3) 根据向量的数量积与向量的投影的关系及投影定理，有

$$\begin{aligned}(\boldsymbol{a}+\boldsymbol{b})\cdot\boldsymbol{c}&=|\boldsymbol{c}|(\boldsymbol{a}+\boldsymbol{b})_c\\&=|\boldsymbol{c}|(\boldsymbol{a})_c+|\boldsymbol{c}|(\boldsymbol{b})_c=\boldsymbol{a}\cdot\boldsymbol{c}+\boldsymbol{b}\cdot\boldsymbol{c}.\end{aligned}$$

例 1 试用向量证明三角形的余弦定理.

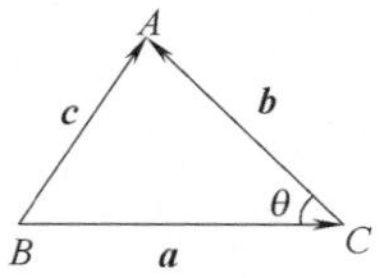

图 6-20

证 如图 6-20 所示，有 $\boldsymbol{c}=\boldsymbol{a}+\boldsymbol{b}$，

因此
$$\begin{aligned}|\boldsymbol{c}|^2&=\boldsymbol{c}\cdot\boldsymbol{c}=(\boldsymbol{a}+\boldsymbol{b})\cdot(\boldsymbol{a}+\boldsymbol{b})\\&=\boldsymbol{a}\cdot\boldsymbol{a}+\boldsymbol{b}\cdot\boldsymbol{b}+2\boldsymbol{a}\cdot\boldsymbol{b}\\&=|\boldsymbol{a}|^2+|\boldsymbol{b}|^2+2|\boldsymbol{a}||\boldsymbol{b}|\cos(\pi-\theta)\\&=|\boldsymbol{a}|^2+|\boldsymbol{b}|^2-2|\boldsymbol{a}||\boldsymbol{b}|\cos\theta,\end{aligned}$$

这就证明了余弦定理.

2. 数量积的坐标表示式

设向量

$$\boldsymbol{a}=x_1\boldsymbol{i}+y_1\boldsymbol{j}+z_1\boldsymbol{k},\boldsymbol{b}=x_2\boldsymbol{i}+y_2\boldsymbol{j}+z_2\boldsymbol{k},$$

由数量积的运算规律，有

$$\begin{aligned}\boldsymbol{a}\cdot\boldsymbol{b}&=(x_1\boldsymbol{i}+y_1\boldsymbol{j}+z_1\boldsymbol{k})\cdot(x_2\boldsymbol{i}+y_2\boldsymbol{j}+z_2\boldsymbol{k})\\&=x_1x_2(\boldsymbol{i}\cdot\boldsymbol{i})+x_1y_2(\boldsymbol{i}\cdot\boldsymbol{j})+x_1z_2(\boldsymbol{i}\cdot\boldsymbol{k})+y_1x_2(\boldsymbol{j}\cdot\boldsymbol{i})+\\&\quad y_1y_2(\boldsymbol{j}\cdot\boldsymbol{j})+y_1z_2(\boldsymbol{j}\cdot\boldsymbol{k})+z_1x_2(\boldsymbol{k}\cdot\boldsymbol{i})+z_1y_2(\boldsymbol{k}\cdot\boldsymbol{j})+\\&\quad z_1z_2(\boldsymbol{k}\cdot\boldsymbol{k}),\end{aligned}$$

根据数量积的定义，有

$$\boldsymbol{i}\cdot\boldsymbol{i}=\boldsymbol{j}\cdot\boldsymbol{j}=\boldsymbol{k}\cdot\boldsymbol{k}=1,$$
$$\boldsymbol{i}\cdot\boldsymbol{j}=\boldsymbol{j}\cdot\boldsymbol{i}=\boldsymbol{i}\cdot\boldsymbol{k}=\boldsymbol{k}\cdot\boldsymbol{i}=\boldsymbol{j}\cdot\boldsymbol{k}=\boldsymbol{k}\cdot\boldsymbol{j}=0,$$

因此得

$$\boxed{\boldsymbol{a}\cdot\boldsymbol{b}=x_1x_2+y_1y_2+z_1z_2.}$$

此式称为数量积的坐标表示式. 由此式可以得到

$$\boxed{\cos\langle\boldsymbol{a},\boldsymbol{b}\rangle=\frac{\boldsymbol{a}\cdot\boldsymbol{b}}{|\boldsymbol{a}||\boldsymbol{b}|}=\frac{x_1x_2+y_1y_2+z_1z_2}{\sqrt{x_1^2+y_1^2+z_1^2}\sqrt{x_2^2+y_2^2+z_2^2}}.}$$

还可以得到

$$\boldsymbol{a}\perp\boldsymbol{b}\Leftrightarrow\boldsymbol{a}\cdot\boldsymbol{b}=0\Leftrightarrow x_1x_2+y_1y_2+z_1z_2=0.$$

其中⇔表示充分必要条件.

例 2 已知△ABC 的三个顶点为 $A(2,1,3)$，$B(1,2,1)$，$C(3,1,0)$，求 BC 边上的高 AD 的长.

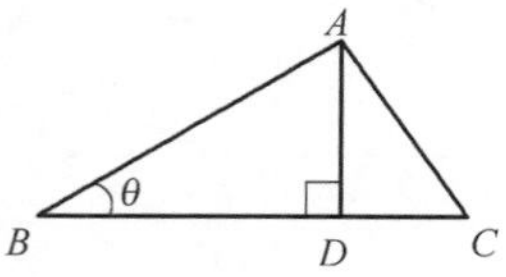

图 6-21

解 如图 6-21 所示，$\overrightarrow{BA}=\boldsymbol{i}-\boldsymbol{j}+2\boldsymbol{k}$，$\overrightarrow{BC}=2\boldsymbol{i}-\boldsymbol{j}-\boldsymbol{k}$，

$$\cos\theta=\frac{\overrightarrow{BA}\cdot\overrightarrow{BC}}{|\overrightarrow{BA}|\cdot|\overrightarrow{BC}|}$$

$$=\frac{1\times 2+(-1)\times(-1)+2\times(-1)}{\sqrt{1^2+(-1)^2+2^2}\sqrt{2^2+(-1)^2+(-1)^2}}=\frac{1}{6},$$

$$AD=|\overrightarrow{BA}|\sin\theta=\sqrt{6}\sqrt{1-\left(\frac{1}{6}\right)^2}=\sqrt{\frac{35}{6}}.$$

例 3　设 $\boldsymbol{c}=2\boldsymbol{a}+3\boldsymbol{b},\boldsymbol{d}=\boldsymbol{a}-\boldsymbol{b}$，其中 $|\boldsymbol{a}|=1,|\boldsymbol{b}|=2$，$\langle\boldsymbol{a},\boldsymbol{b}\rangle=\frac{\pi}{3}$，求 $\cos\langle\boldsymbol{c},\boldsymbol{d}\rangle$.

解
$$\cos\langle\boldsymbol{c},\boldsymbol{d}\rangle=\frac{\boldsymbol{c}\cdot\boldsymbol{d}}{|\boldsymbol{c}||\boldsymbol{d}|},$$

$$\begin{aligned}\boldsymbol{c}\cdot\boldsymbol{d}&=(2\boldsymbol{a}+3\boldsymbol{b})\cdot(\boldsymbol{a}-\boldsymbol{b})=2\boldsymbol{a}\cdot\boldsymbol{a}+\boldsymbol{a}\cdot\boldsymbol{b}-3\boldsymbol{b}\cdot\boldsymbol{b}\\&=2|\boldsymbol{a}|^2+|\boldsymbol{a}||\boldsymbol{b}|\cos\langle\boldsymbol{a},\boldsymbol{b}\rangle-3|\boldsymbol{b}|^2=2+2\cos\frac{\pi}{3}-3\times 2^2\\&=-9,\end{aligned}$$

$$\begin{aligned}|\boldsymbol{c}|^2&=\boldsymbol{c}\cdot\boldsymbol{c}=(2\boldsymbol{a}+3\boldsymbol{b})\cdot(2\boldsymbol{a}+3\boldsymbol{b})\\&=4\boldsymbol{a}\cdot\boldsymbol{a}+12\boldsymbol{a}\cdot\boldsymbol{b}+9\boldsymbol{b}\cdot\boldsymbol{b}=52,\end{aligned}$$

$$|\boldsymbol{d}|^2=(\boldsymbol{a}-\boldsymbol{b})\cdot(\boldsymbol{a}-\boldsymbol{b})=\boldsymbol{a}\cdot\boldsymbol{a}-2\boldsymbol{a}\cdot\boldsymbol{b}+\boldsymbol{b}\cdot\boldsymbol{b}=3,$$

故
$$|\boldsymbol{c}|=\sqrt{52},|\boldsymbol{d}|=\sqrt{3},$$

$$\cos\langle\boldsymbol{c},\boldsymbol{d}\rangle=\frac{-9}{\sqrt{52}\sqrt{3}}=-\frac{3\sqrt{39}}{26}.$$

二、向量的向量积

1. 向量积的概念

定义 2　两向量 $\boldsymbol{a}$ 与 $\boldsymbol{b}$ 的向量积是一个向量，记作 $\boldsymbol{a}\times\boldsymbol{b}$，它的模为 $|\boldsymbol{a}\times\boldsymbol{b}|=|\boldsymbol{a}||\boldsymbol{b}|\sin\langle\boldsymbol{a},\boldsymbol{b}\rangle$，它的方向是这样规定的：$\boldsymbol{a}\times\boldsymbol{b}$ 同时垂直于 $\boldsymbol{a}$ 与 $\boldsymbol{b}$，且 $\boldsymbol{a},\boldsymbol{b},\boldsymbol{a}\times\boldsymbol{b}$ 成右手系（见图 6-22）.

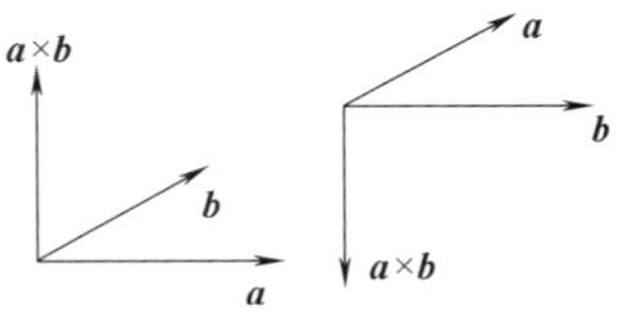

图　6-22

与数量积一样，向量积也有它的物理学背景. 我们可以从下面几个例子中看到这点.

例 4　在分析由力产生的力矩时，如图 6-23 所示，设 $\boldsymbol{F}$ 为力，则力 $\boldsymbol{F}$ 对点 O 的力矩为

$$\boldsymbol{M}=\overrightarrow{OP}\times\boldsymbol{F},$$

即力矩是一个向量，它的模为

$$|\boldsymbol{M}|=|\overrightarrow{OP}||\boldsymbol{F}|\sin\theta=|\boldsymbol{F}|(|\overrightarrow{OP}|\sin\theta),$$

即等于力 $\boldsymbol{F}$ 的大小乘以点 O 到力 $\boldsymbol{F}$ 的距离，而力矩的方向与 $\overrightarrow{OP}$ 和 $\boldsymbol{F}$ 都垂直.

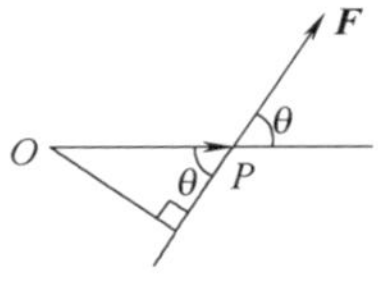

图　6-23

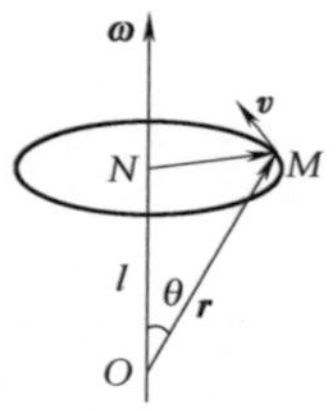

图 6-24

例 5 设刚体以等角速率 ω 绕 l 轴旋转，如图 6-24 所示，设刚体上点 M 的线速度为 $\boldsymbol{v}$，角速度为 $\boldsymbol{\omega}$，$\boldsymbol{r}$ 为点 M 的向径，则有

$$|\boldsymbol{v}|=|\boldsymbol{\omega}||\overrightarrow{NM}|,$$

由物理学知识可知，$\boldsymbol{\omega}$ 的方向如图所示，故有

$$|\overrightarrow{NM}|=|\boldsymbol{r}|\sin\theta=|\boldsymbol{r}|\sin\langle\boldsymbol{\omega},\boldsymbol{r}\rangle,$$

所以 $$|\boldsymbol{v}|=|\boldsymbol{\omega}||\boldsymbol{r}|\sin\langle\boldsymbol{\omega},\boldsymbol{r}\rangle=|\boldsymbol{\omega}\times\boldsymbol{r}|,$$

又 $\boldsymbol{v}$ 垂直于 $\boldsymbol{\omega}$ 和 $\boldsymbol{r}$，因此

$$\boldsymbol{v}=\boldsymbol{\omega}\times\boldsymbol{r}.$$

下面让我们来考察一下向量积的模的几何意义.

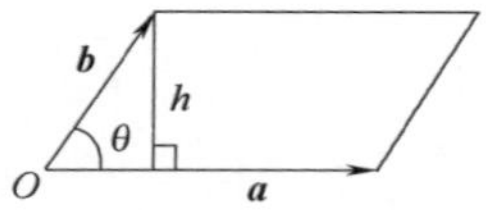

图 6-25

设向量 $\boldsymbol{a}$ 与 $\boldsymbol{b}$，如图 6-25 所示，以它们为邻边作一平行四边形，根据向量积的定义，有

$$|\boldsymbol{a}\times\boldsymbol{b}|=|\boldsymbol{a}||\boldsymbol{b}|\sin\theta=|\boldsymbol{a}|h,$$

因此 $\boldsymbol{a}$ 与 $\boldsymbol{b}$ 的向量积的模等于以 $\boldsymbol{a}$ 和 $\boldsymbol{b}$ 为邻边的平行四边形的面积.

由向量积的定义，我们还可以得到，如果 $\boldsymbol{a}$ 与 $\boldsymbol{b}$ 都是非零向量，则

$$\boldsymbol{a}/\!/\boldsymbol{b}\Leftrightarrow\boldsymbol{a}\times\boldsymbol{b}=\boldsymbol{0}.$$

向量积有下列运算规律：

(1) **反交换律** $\boldsymbol{a}\times\boldsymbol{b}=-\boldsymbol{b}\times\boldsymbol{a}$；

(2) **结合律** $\lambda(\boldsymbol{a}\times\boldsymbol{b})=(\lambda\boldsymbol{a})\times\boldsymbol{b}=\boldsymbol{a}\times(\lambda\boldsymbol{b})$ （λ 为数）；

(3) **分配律** $(\boldsymbol{a}+\boldsymbol{b})\times\boldsymbol{c}=\boldsymbol{a}\times\boldsymbol{c}+\boldsymbol{b}\times\boldsymbol{c}$,

$\boldsymbol{c}\times(\boldsymbol{a}+\boldsymbol{b})=\boldsymbol{c}\times\boldsymbol{a}+\boldsymbol{c}\times\boldsymbol{b}.$

2. 向量积的坐标表示

设向量

$$\boldsymbol{a}=x_1\boldsymbol{i}+y_1\boldsymbol{j}+z_1\boldsymbol{k},\ \boldsymbol{b}=x_2\boldsymbol{i}+y_2\boldsymbol{j}+z_2\boldsymbol{k},$$

由向量积的运算规律，得

$$\begin{aligned}\boldsymbol{a}\times\boldsymbol{b}&=(x_1\boldsymbol{i}+y_1\boldsymbol{j}+z_1\boldsymbol{k})\times(x_2\boldsymbol{i}+y_2\boldsymbol{j}+z_2\boldsymbol{k})\\&=x_1x_2(\boldsymbol{i}\times\boldsymbol{i})+x_1y_2(\boldsymbol{i}\times\boldsymbol{j})+x_1z_2(\boldsymbol{i}\times\boldsymbol{k})+y_1x_2(\boldsymbol{j}\times\boldsymbol{i})+\\&\quad y_1y_2(\boldsymbol{j}\times\boldsymbol{j})+y_1z_2(\boldsymbol{j}\times\boldsymbol{k})+z_1x_2(\boldsymbol{k}\times\boldsymbol{i})+z_1y_2(\boldsymbol{k}\times\boldsymbol{j})+\\&\quad z_1z_2(\boldsymbol{k}\times\boldsymbol{k}),\end{aligned}$$

根据向量积的定义，有

$$\boldsymbol{i}\times\boldsymbol{i}=\boldsymbol{0},\ \boldsymbol{j}\times\boldsymbol{j}=\boldsymbol{0},\ \boldsymbol{k}\times\boldsymbol{k}=\boldsymbol{0},$$

$$\boldsymbol{i}\times\boldsymbol{j}=\boldsymbol{k},\ \boldsymbol{j}\times\boldsymbol{k}=\boldsymbol{i},\ \boldsymbol{k}\times\boldsymbol{i}=\boldsymbol{j},$$

因此得

$$\begin{aligned}\boldsymbol{a}\times\boldsymbol{b}&=(y_1z_2-y_2z_1)\boldsymbol{i}+(z_1x_2-z_2x_1)\boldsymbol{j}+(x_1y_2-x_2y_1)\boldsymbol{k}\\&=\begin{vmatrix}y_1&z_1\\y_2&z_2\end{vmatrix}\boldsymbol{i}-\begin{vmatrix}x_1&z_1\\x_2&z_2\end{vmatrix}\boldsymbol{j}+\begin{vmatrix}x_1&y_1\\x_2&y_2\end{vmatrix}\boldsymbol{k},\end{aligned}$$

为方便记忆，可将此式写成三阶行列式的形式

$$\boldsymbol{a}\times\boldsymbol{b}=\begin{vmatrix}\boldsymbol{i} & \boldsymbol{j} & \boldsymbol{k}\\ x_1 & y_1 & z_1\\ x_2 & y_2 & z_2\end{vmatrix}.$$

此式为向量积的坐标表示式.

例 6　已知 $\boldsymbol{a}=3\boldsymbol{i}+2\boldsymbol{j}-5\boldsymbol{k}$，$\boldsymbol{b}=-2\boldsymbol{i}-\boldsymbol{j}+4\boldsymbol{k}$，求垂直于 $\boldsymbol{a}$ 与 $\boldsymbol{b}$ 的单位向量.

解　与 $\boldsymbol{a}$ 和 $\boldsymbol{b}$ 垂直的单位向量有两个，为 $\pm\dfrac{\boldsymbol{a}\times\boldsymbol{b}}{|\boldsymbol{a}\times\boldsymbol{b}|}$，

$$\boldsymbol{a}\times\boldsymbol{b}=\begin{vmatrix}\boldsymbol{i} & \boldsymbol{j} & \boldsymbol{k}\\ 3 & 2 & -5\\ -2 & -1 & 4\end{vmatrix}=3\boldsymbol{i}-2\boldsymbol{j}+\boldsymbol{k},$$

$$|\boldsymbol{a}\times\boldsymbol{b}|=\sqrt{3^2+(-2)^2+1^2}=\sqrt{14},$$

故所求向量为

$$\pm\frac{\boldsymbol{a}\times\boldsymbol{b}}{|\boldsymbol{a}\times\boldsymbol{b}|}=\pm\left(\frac{3}{\sqrt{14}}\boldsymbol{i}-\frac{2}{\sqrt{14}}\boldsymbol{j}+\frac{1}{\sqrt{14}}\boldsymbol{k}\right).$$

例 7　已知 $\triangle ABC$ 的三顶点为 $A(1,1,0)$，$B(1,-1,2)$，$C(2,3,1)$，求 $\triangle ABC$ 的面积.

解　$\overrightarrow{AB}=-2\boldsymbol{j}+2\boldsymbol{k}$，$\overrightarrow{AC}=\boldsymbol{i}+2\boldsymbol{j}+\boldsymbol{k}$，

$$\overrightarrow{AB}\times\overrightarrow{AC}=\begin{vmatrix}\boldsymbol{i} & \boldsymbol{j} & \boldsymbol{k}\\ 0 & -2 & 2\\ 1 & 2 & 1\end{vmatrix}=-6\boldsymbol{i}+2\boldsymbol{j}+2\boldsymbol{k},$$

$$S_{\triangle ABC}=\frac{1}{2}|\overrightarrow{AB}\times\overrightarrow{AC}|=\frac{1}{2}\sqrt{(-6)^2+2^2+2^2}=\sqrt{11}.$$

三、向量的混合积

设三向量 $\boldsymbol{a},\boldsymbol{b},\boldsymbol{c}$，则 $(\boldsymbol{a}\times\boldsymbol{b})\cdot\boldsymbol{c}$ 叫作三向量的混合积，记作 $(\boldsymbol{a},\boldsymbol{b},\boldsymbol{c})$，即 $(\boldsymbol{a},\boldsymbol{b},\boldsymbol{c})=(\boldsymbol{a}\times\boldsymbol{b})\cdot\boldsymbol{c}$.

设向量 $\boldsymbol{a}=x_1\boldsymbol{i}+y_1\boldsymbol{j}+z_1\boldsymbol{k}$，$\boldsymbol{b}=x_2\boldsymbol{i}+y_2\boldsymbol{j}+z_2\boldsymbol{k}$，

$\boldsymbol{c}=x_3\boldsymbol{i}+y_3\boldsymbol{j}+z_3\boldsymbol{k}$，

由于

$$\boldsymbol{a}\times\boldsymbol{b}=(y_1z_2-y_2z_1)\boldsymbol{i}+(z_1x_2-z_2x_1)\boldsymbol{j}+(x_1y_2-x_2y_1)\boldsymbol{k},$$

故有

$$(\boldsymbol{a}\times\boldsymbol{b})\cdot\boldsymbol{c}=(y_1z_2-y_2z_1)x_3+(z_1x_2-z_2x_1)y_3+(x_1y_2-x_2y_1)z_3,$$

此式也可以用三阶行列式表示成

$$(\boldsymbol{a},\boldsymbol{b},\boldsymbol{c})=\begin{vmatrix}x_1 & y_1 & z_1\\ x_2 & y_2 & z_2\\ x_3 & y_3 & z_3\end{vmatrix}.$$

上式称为混合积的坐标表示式.

让我们来看看混合积的绝对值在几何上的意义.

设向量 $\boldsymbol{a},\boldsymbol{b},\boldsymbol{c}$,如图 6-26 所示,以此三向量为棱作一平行六面体,则根据混合积及数量积的定义,有

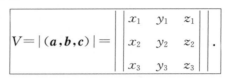

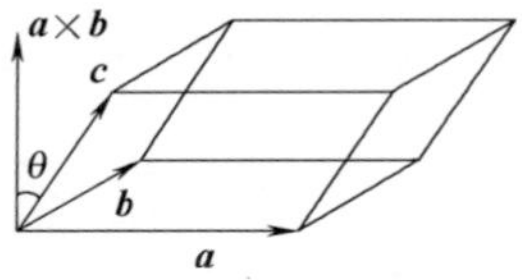

图 6-26

$$|(\boldsymbol{a},\boldsymbol{b},\boldsymbol{c})|=|(\boldsymbol{a}\times\boldsymbol{b})\cdot\boldsymbol{c}|=|\boldsymbol{a}\times\boldsymbol{b}||\boldsymbol{c}||\cos\theta|,$$

因为 $|\boldsymbol{a}\times\boldsymbol{b}|$ 为平行六面体的底面积,而 $|\boldsymbol{c}||\cos\theta|$ 为平行六面体的高,故混合积 $(\boldsymbol{a}\times\boldsymbol{b})\cdot\boldsymbol{c}$ 的绝对值等于以向量 $\boldsymbol{a},\boldsymbol{b},\boldsymbol{c}$ 为棱的平行六面体的体积,即有

$$V=|(\boldsymbol{a},\boldsymbol{b},\boldsymbol{c})|=\left|\begin{vmatrix}x_1 & y_1 & z_1\\ x_2 & y_2 & z_2\\ x_3 & y_3 & z_3\end{vmatrix}\right|.$$

由混合积的几何意义可以得出:

$$\text{三向量 }\boldsymbol{a},\boldsymbol{b},\boldsymbol{c}\text{ 共面}\Leftrightarrow(\boldsymbol{a},\boldsymbol{b},\boldsymbol{c})=0\Leftrightarrow\begin{vmatrix}x_1 & y_1 & z_1\\ x_2 & y_2 & z_2\\ x_3 & y_3 & z_3\end{vmatrix}=0.$$

根据混合积的坐标表示式及行列式的性质可以得出混合积有如下性质:

$$\begin{aligned}(\boldsymbol{a},\boldsymbol{b},\boldsymbol{c})&=(\boldsymbol{b},\boldsymbol{c},\boldsymbol{a})=(\boldsymbol{c},\boldsymbol{a},\boldsymbol{b})\\ &=-(\boldsymbol{b},\boldsymbol{a},\boldsymbol{c})=-(\boldsymbol{c},\boldsymbol{b},\boldsymbol{a})=-(\boldsymbol{a},\boldsymbol{c},\boldsymbol{b}),\end{aligned}$$

即轮换混合积中三向量的顺序,其值不变,交换混合积中两个相邻的向量,所得混合积要改变符号.

例 8 已知空间四点 $A(1,0,1)$,$B(4,4,6)$,$C(2,2,3)$,$D(1,2,0)$,求以该四点为顶点的四面体的体积.

解 所求四面体的体积等于以 $\overrightarrow{AB},\overrightarrow{AC},\overrightarrow{AD}$ 为棱的平行六面体体积的 $\frac{1}{6}$,

$$\overrightarrow{AB}=3\boldsymbol{i}+4\boldsymbol{j}+5\boldsymbol{k},\overrightarrow{AC}=\boldsymbol{i}+2\boldsymbol{j}+2\boldsymbol{k},\overrightarrow{AD}=2\boldsymbol{j}-\boldsymbol{k},$$

$$V=\frac{1}{6}|(\overrightarrow{AB},\overrightarrow{AC},\overrightarrow{AD})|=\frac{1}{6}\left|\begin{vmatrix}3 & 4 & 5\\ 1 & 2 & 2\\ 0 & 2 & -1\end{vmatrix}\right|=\frac{2}{3}.$$

习题 6-3

1. 已知 $\boldsymbol{a}=\boldsymbol{i}+\boldsymbol{j}-4\boldsymbol{k}$，$\boldsymbol{b}=\boldsymbol{i}-2\boldsymbol{j}+2\boldsymbol{k}$，计算：(1) $\boldsymbol{a}\cdot\boldsymbol{b}$；(2) $\langle\boldsymbol{a},\boldsymbol{b}\rangle$；(3) $(\boldsymbol{b})_{\boldsymbol{a}}$.
2. 在边长为 1 的立方体中，设 OM 为对角线，OA 为棱，求 $(\overrightarrow{OA})_{\overrightarrow{OM}}$.
3. 将质量为 100kg 的物体从点 $M(3,1,8)$ 沿直线移动到点 $N(1,4,2)$（坐标的单位为 m），计算重力所做的功.
4. 设 $|\boldsymbol{a}|=5$，$|\boldsymbol{b}|=2$，$\langle\boldsymbol{a},\boldsymbol{b}\rangle=\frac{\pi}{3}$，求 $|2\boldsymbol{a}-3\boldsymbol{b}|$.
5. 已知四边形的顶点为 $A(2,-3,1)$，$B(1,4,0)$，$C(-4,1,1)$ 和 $D(-5,-5,3)$，证明：它的两条对角线 AC 和 BD 互相垂直.
6. 已知向量 $\boldsymbol{a}=3\boldsymbol{i}-\boldsymbol{j}+5\boldsymbol{k}$，$\boldsymbol{b}=\boldsymbol{i}+2\boldsymbol{j}-3\boldsymbol{k}$，求向量 $\boldsymbol{p}$，使 $\boldsymbol{p}$ 与 z 轴垂直，且 $\boldsymbol{a}\cdot\boldsymbol{p}=9$，$\boldsymbol{b}\cdot\boldsymbol{p}=4$.
7. 设 $\boldsymbol{a}=3\boldsymbol{i}+5\boldsymbol{j}-2\boldsymbol{k}$，$\boldsymbol{b}=2\boldsymbol{i}+\boldsymbol{j}+4\boldsymbol{k}$，试求 λ 的值，使得：
   (1) $\lambda\boldsymbol{a}+\boldsymbol{b}$ 与 z 轴垂直；
   (2) $\lambda\boldsymbol{a}+\boldsymbol{b}$ 与 $\boldsymbol{a}$ 垂直，并证明此时 $|\lambda\boldsymbol{a}+\boldsymbol{b}|$ 取最小值.
8. 设 $\boldsymbol{a}=3\boldsymbol{i}+2\boldsymbol{j}-\boldsymbol{k}$，$\boldsymbol{b}=\boldsymbol{i}-\boldsymbol{j}+2\boldsymbol{k}$，求：
   (1) $\boldsymbol{a}\times\boldsymbol{b}$；(2) $2\boldsymbol{a}\times7\boldsymbol{b}$；(3) $\boldsymbol{i}\times\boldsymbol{a}$.
9. 设 $|\boldsymbol{a}|=|\boldsymbol{b}|=5$，$\langle\boldsymbol{a},\boldsymbol{b}\rangle=\frac{\pi}{4}$，计算以向量 $\boldsymbol{a}-2\boldsymbol{b}$ 和 $3\boldsymbol{a}+2\boldsymbol{b}$ 为边的三角形的面积.
10. 求与 $\boldsymbol{a}=2\boldsymbol{i}-\boldsymbol{j}+\boldsymbol{k}$ 及 $\boldsymbol{b}=\boldsymbol{i}+2\boldsymbol{j}-\boldsymbol{k}$ 都垂直的单位向量.
11. 已知 $A(1,2,0)$，$B(3,0,-3)$，$C(5,2,6)$，计算 $\triangle ABC$ 的面积.
12. 问 λ 为何值时，四点 $(0,-1,-1)$，$(3,0,4)$，$(-2,-2,2)$ 和 $(4,1,\lambda)$ 在一个平面上？
13. 求以四点 $O(0,0,0)$，$A(2,3,1)$，$B(1,2,2)$，$C(3,-1,4)$ 为顶点的四面体的体积.
14. 已知向量 $\boldsymbol{a},\boldsymbol{b},\boldsymbol{c}$ 不共面，证明：$2\boldsymbol{a}+3\boldsymbol{b}$，$3\boldsymbol{b}-5\boldsymbol{c}$，$2\boldsymbol{a}+5\boldsymbol{c}$ 共面.
15. 应用向量证明不等式
   $$\sqrt{a_1^2+a_2^2+a_3^2}\sqrt{b_1^2+b_2^2+b_3^2}\geqslant|a_1b_1+a_2b_2+a_3b_3|,$$
   其中 a_1,a_2,a_3,b_1,b_2,b_3 为任意实数，并指出式中等式成立的条件.
16. 证明：以平面上三点 $A(x_1,y_1)$，$B(x_2,y_2)$，$C(x_3,y_3)$ 为顶点的三角形面积等于
   $$\left|\frac{1}{2}\begin{vmatrix}x_1 & y_1 & 1\\ x_2 & y_2 & 1\\ x_3 & y_3 & 1\end{vmatrix}\right|,$$
   并计算顶点为 $A(0,0)$，$B(3,1)$，$C(1,3)$ 的三角形面积.

第四节　平面的方程

本节将利用向量代数的知识讨论平面的方程. 平面的方程给出几何上平面这样一个图形所满足的代数方程；或者说，平面方程的解集在几何上即为平面图形.

一、平面的方程

1. 平面的点法式方程

如果给定空间中一个点 $M_0(x_0,y_0,z_0)$ 和一个非零向量 $\boldsymbol{n}=\{A,B,C\}$，则唯一存在一个平面（记作 π）经过点 M_0 且与向量 $\boldsymbol{n}$ 垂直，我们将 $\boldsymbol{n}$ 称为平面 π 的法向量. 下面就来求平面 π 的方程.

如图 6-27 所示，设 $M(x,y,z)$ 是空间中任意一点，则点 M 在平面 π 上的充分必要条件是

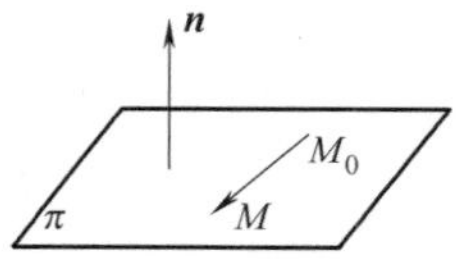

图 6-27

$$\overrightarrow{M_0M}\perp \boldsymbol{n},$$

故有

$$\overrightarrow{M_0M}\cdot \boldsymbol{n}=0,$$

因为$\overrightarrow{M_0M}=\{x-x_0,y-y_0,z-z_0\}$,所以有

$$\boxed{A(x-x_0)+B(y-y_0)+C(z-z_0)=0.} \tag{1}$$

此即平面 π 所满足的方程,我们将其称为平面的点法式方程.

2. 平面的一般方程

上面所给出的平面的点法式方程(1)可以写成

$$Ax+By+Cz-Ax_0-By_0-Cz_0=0,$$

这是一个关于 x,y,z 的一次方程,其中 $-Ax_0-By_0-Cz_0$ 是常数.

如果反过来任意给出一个关于 x,y,z 的一次方程

$$\boxed{Ax+By+Cz+D=0(A,B,C\text{ 不全为零}),} \tag{2}$$

这个方程是否一定是一个平面的方程呢? 让我们考察一下. 取方程(2)的一组解 x_0,y_0,z_0,即有

$$Ax_0+By_0+Cz_0+D=0, \tag{3}$$

用式(2)减去式(3),得

$$A(x-x_0)+B(y-y_0)+C(z-z_0)=0, \tag{4}$$

式(4)与式(2)是同解方程,因此是同一个图形的方程. 由于式(4)是一个通过点 $M_0(x_0,y_0,z_0)$ 且以(A,B,C)为法向量的平面,所以方程(2)确实是一个平面的方程. 我们将此方程称为平面的一般方程,其中 A,B,C 组成这个平面的法向量.

平面的点法式方程和一般方程都是平面方程的表示形式,可以根据不同的题设条件进行选取.

当方程(2)有缺项时,它所表示的平面在空间直角坐标系中有特殊的位置.

当 $D=0$ 时,方程(2)变为 $Ax+By+Cz=0$,由于$(0,0,0)$满足此方程,所以它表示一个通过原点的平面.

当 $A=0$ 时,方程(2)变为 $By+Cz+D=0$,此平面的法向量$\boldsymbol{n}=\{0,B,C\}$与向量 $\boldsymbol{i}=\{1,0,0\}$垂直,所以平面平行于 x 轴. 同样,当 $B=0$ 时,平面平行于 y 轴. 当 $C=0$ 时,平面平行于 z 轴.

当 $A=B=0$ 时,方程(2)变为 $Cz+D=0$,即 $z=-\dfrac{D}{C}$,此平面既平行于 x 轴,又平行于 y 轴,因此它垂直于 z 轴. 同样,当 $A=C=0$ 时,平面垂直于 y 轴. 当 $B=C=0$ 时,平面垂直于 x 轴.

例 1 求过点$(1,-2,1)$,且平行于平面 $2x+3y-z+1=0$ 的平面方程.

解 由题意可知,$\boldsymbol{n}=\{2,3,-1\}$为所求平面的法向量,故所求

平面为

$$2(x-1)+3(y+2)-(z-1)=0,$$

即

$$2x+3y-z+5=0.$$

例 2 已知平面经过点 $M(4,-3,-2)$，且垂直于平面 $x+2y-z=0$ 和 $2x-3y+4z-5=0$，求这个平面的方程.

解 设所求平面的法向量为 $\boldsymbol{n}$，由于此平面与两个已知平面都垂直，所以 $\boldsymbol{n}$ 与两已知平面的法向量都垂直，故可取

$$\boldsymbol{n}=\{1,2,-1\}\times\{2,-3,4\}=\{5,-6,-7\},$$

因而所求平面的方程为

$$5(x-4)-6(y+3)-7(z+2)=0,$$

即

$$5x-6y-7z-52=0.$$

例 3 求通过三点 $M_1(1,1,0)$，$M_2(-2,2,-1)$，$M_3(1,2,1)$ 的平面方程.

解 设所求平面的法向量为 $\boldsymbol{n}$，由于点 M_1，M_2，M_3 都在所求平面上，因而有

$$\overrightarrow{M_1M_2}\perp\boldsymbol{n},\overrightarrow{M_1M_3}\perp\boldsymbol{n},$$

故可取 $\boldsymbol{n}=\overrightarrow{M_1M_2}\times\overrightarrow{M_1M_3}$

$$=\{-3,1,-1\}\times\{0,1,1\}=\{2,3,-3\},$$

所求平面的方程为

$$2(x-1)+3(y-1)-3(z-0)=0,$$

即

$$2x+3y-3z-5=0.$$

例 4 设平面分别交 x 轴、y 轴、z 轴于点 $M_1(a,0,0)$，$M_2(0,b,0)$，$M_3(0,0,c)$，其中 a,b,c 都是非零实数，求此平面的方程.

解 同例 3 一样，可取

$$\boldsymbol{n}=\overrightarrow{M_1M_2}\times\overrightarrow{M_1M_3}$$

$$=\{-a,b,0\}\times\{-a,0,c\}=\{bc,ca,ab\},$$

再取点 $M_1(a,0,0)$，得所求平面的方程为

$$bc(x-a)+ca(y-0)+ab(z-0)=0,$$

即

$$\boxed{\frac{x}{a}+\frac{y}{b}+\frac{z}{c}=1.} \tag{5}$$

方程(5)叫作**平面的截距式方程**，其中 a,b,c 分别叫作平面在三个坐标轴上的截距.

例 5 求通过 y 轴且垂直于平面 $5x-4y-2z+3=0$ 的平面方程.

解 由于所求平面通过 y 轴相当于既通过原点且平行于 y 轴，因而其方程中缺少 y 项与常数项，设其方程为

$$Ax+Cz=0, \tag{6}$$

由于它与已知平面垂直，所以有

$$\{5,-4,-2\}\cdot\{A,0,C\}=5A-2C=0,$$

解得 $A=\frac{2}{5}C$，代入式(6)，得

$$\frac{2}{5}Cx+Cz=0,$$

消去 C，得所求平面的方程

$$2x+5z=0.$$

二、有关平面的一些问题

1. 两平面的夹角

已知两个平面的方程

$$\pi_1: A_1x+B_1y+C_1z+D_1=0,$$
$$\pi_2: A_2x+B_2y+C_2z+D_2=0,$$

它们的法向量分别为 $\boldsymbol{n}_1=\{A_1,B_1,C_1\}$ 和 $\boldsymbol{n}_2=\{A_2,B_2,C_2\}$，设平面 π_1 与 π_2 的夹角为 $\theta\left(通常取 0\leqslant\theta\leqslant\frac{\pi}{2}\right)$，两平面的夹角可以由它们的法向量确定，因而有

$$\boxed{\cos\theta=\frac{|\boldsymbol{n}_1\cdot\boldsymbol{n}_2|}{|\boldsymbol{n}_1||\boldsymbol{n}_2|}=\frac{|A_1A_2+B_1B_2+C_1C_2|}{\sqrt{A_1^2+B_1^2+C_1^2}\sqrt{A_2^2+B_2^2+C_2^2}}.}$$

例 6 求平面 $x+y-2z+3=0$ 与 $x-2y+z-7=0$ 的夹角.

解 $$\cos\theta=\frac{|1\times1+1\times(-2)+(-2)\times1|}{\sqrt{1^2+1^2+(-2)^2}\sqrt{1^2+(-2)^2+1^2}}=\frac{1}{2},$$

故 $$\theta=\frac{\pi}{3}.$$

2. 点到平面的距离

设 M_0 为平面 $\pi: Ax+By+Cz+D=0$ 外一点，下面求点 M_0 到平面 π 的距离 d.

如图 6-28 所示，在平面 π 上取一点 $M_1(x_1,y_1,z_1)$，则向量 $\overrightarrow{M_1M_0}$ 在平面 π 的法向量 $\boldsymbol{n}$ 上的投影的绝对值就是点 M_0 到平面 π 的距离.

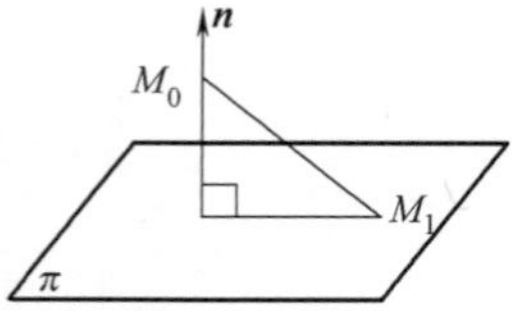

图 6-28

由于

$$\overrightarrow{M_1M_0}=\{x_0-x_1,y_0-y_1,z_0-z_1\},\ \boldsymbol{n}=\{A,B,C\},$$

$$d=|(\overrightarrow{M_1M_0})_{\boldsymbol{n}}|=\frac{|\overrightarrow{M_1M_0}\cdot\boldsymbol{n}|}{|\boldsymbol{n}|}$$

$$=\frac{|A(x_0-x_1)+B(y_0-y_1)+C(z_0-z_1)|}{\sqrt{A^2+B^2+C^2}}$$

$$=\frac{|Ax_0+By_0+Cz_0-(Ax_1+By_1+Cz_1)|}{\sqrt{A^2+B^2+C^2}},$$

因为点 M_1 在平面 π 上，故有 $Ax_1+By_1+Cz_1+D=0$，即 $Ax_1+By_1+Cz_1=-D$，代入上式，得

$$\boxed{d=\frac{|Ax_0+By_0+Cz_0+D|}{\sqrt{A^2+B^2+C^2}}.}$$

例 7　求两平行平面 $\pi_1: 3x+2y-z+6=0$ 与 $\pi_2: 3x+2y-z-7=0$ 间的距离 d.

解　首先在平面 π_1 上取一点，令 $x=y=0$，代入方程 $3x+2y-z+6=0$，解得 $z=6$，则 $M(0,0,6)$ 即为平面 π_1 上的点，它到平面 π_2 的距离即为平面 π_1 与 π_2 间的距离，故

$$d=\frac{|3\times0+2\times0-6-7|}{\sqrt{3^2+2^2+(-1)^2}}=\frac{13}{\sqrt{14}}.$$

3. 平面束

设平面 $\pi_1: A_1x+B_1y+C_1z+D_1=0$,

$\pi_2: A_2x+B_2y+C_2z+D_2=0$

相交于一条直线 L，过直线 L 可以作无数个平面，所有这些平面合在一起称为平面束，可以求得经过直线 L 的平面束的方程为

$$\mu(A_1x+B_1y+C_1z+D_1)+\lambda(A_2x+B_2y+C_2z+D_2)=0. \quad (7)$$

事实上，方程(7)显然表示一个平面，又因为直线 L 上的每一个点都同时满足 π_1 和 π_2 的方程，故它们满足方程(7)，因此方程(7)表示过直线 L 的平面. 反之，可以证明，每一个过直线 L 的平面方程都可以写成式(7)的形式(证明略).

当式(7)所表示的平面不是 π_2 时，一定有 $\mu\neq0$，故可令 $\mu=1$，因而平面束(不包含 π_2)的方程又可以写成

$$\boxed{A_1x+B_1y+C_1z+D_1+\lambda(A_2x+B_2y+C_2z+D_2)=0.}$$

习题 6-4

1. 已知两点 $A(2,-1,2)$ 和 $B(8,-7,5)$，求过点 B 且与 A,B 两点的连线垂直的平面方程.
2. 设平面过点 $(5,-7,4)$，且在三个坐标轴上的截距相等，求这个平面的方程.
3. 求过点 $(1,1,-1)$，$(-2,-2,2)$，$(1,-1,2)$ 的平面方程.
4. 求过两点 $(1,1,1)$ 和 $(2,2,2)$ 且与平面 $x+y-z=0$ 垂直的平面方程.
5. 求平行于 x 轴并且经过点 $(4,0,-2)$ 和 $(5,1,7)$ 的平面方程.
6. 求三个平面 $x+3y+z=1$，$2x-y-z=0$，$-x+2y+2z=3$ 的交点.

7. 求点(1,2,1)到平面 $x+2y+2z-10=0$ 的距离.

8. 求平面 $2x-2y+z+5=0$ 与各坐标面夹角的余弦.

9. 已知三点 $A(1,2,3)$, $B(-1,0,0)$, $C(3,0,1)$,求平行于△ABC 所在的平面且与它的距离为2的平面方程.

10. 求参数 k,使平面 $x+ky-2z=9$ 满足下列条件之一:

(1) 过点$(5,-4,-6)$;

(2) 与平面 $2x+4y+3z=3$ 垂直;

(3) 与平面 $2x-3y+z=0$ 成 $45°$.

11. 在 z 轴上求一点,使它与两平面 $12x+9y+20z-19=0$ 与 $16x-12y+15z-9=0$ 等距离.

12. 求与两平面 $4x-y-2z-3=0$ 和 $4x-y-2z-5=0$ 等距离的平面方程.

13. 求两平面 $2x-y+z=7$ 和 $x+y+2z=11$ 的两个二面角的平分面的方程.

14. 求满足下列条件的平面的方程:

(1) 与各坐标轴截距的总和为31,且平行于平面 $5x+3y+2z+7=0$;

(2) 与 xOy 面的交线为 $\begin{cases} z=0, \\ x+3y-2=0, \end{cases}$ 且与三个坐标面所围成四面体的体积为 $\frac{8}{3}$.

第五节 空间直线的方程

一、空间直线的方程

1. 直线的一般方程

空间的一条直线总可以看成是通过该直线的任意两个平面的交线,因此一般说来,可以用两个三元一次方程组成的方程组

$$\begin{cases} A_1x+B_1y+C_1z+D_1=0, \\ A_2x+B_2y+C_2z+D_2=0, \end{cases} (其中\ A_1:B_1:C_1\neq A_2:B_2:C_2)$$

表示一条直线,将此方程组称为直线的一般方程.显然,直线的一般方程的形式不是唯一的.

2. 直线的标准方程与参数方程

设 $M_0(x_0,y_0,z_0)$ 是空间中一点,$\boldsymbol{s}=\{l,m,n\}$ 是一非零向量,则在空间中唯一存在一条直线 L 经过点 M_0 且与向量 $\boldsymbol{s}$ 平行.将 $\boldsymbol{s}$ 称为直线 L 的方向向量,$\boldsymbol{s}$ 的三个坐标 l,m,n 称为直线 L 的一组方向数.如果数 $k\neq0$,那么 kl,km,kn 也称为直线 L 的方向数.下面求直线 L 的方程.

设 $M(x,y,z)$ 是空间中任一点,则

$$点\ M\ 在直线\ L\ 上 \Leftrightarrow \overrightarrow{M_0M}/\!/\boldsymbol{s},$$

因为

$$\overrightarrow{M_0M}=(x-x_0,y-y_0,z-z_0),$$

故

$$\overrightarrow{M_0M}/\!/\boldsymbol{s}\Leftrightarrow$$

$$\boxed{\frac{x-x_0}{l}=\frac{y-y_0}{m}=\frac{z-z_0}{n}.}$$

此式即为所求直线 L 的方程，称为**直线的标准方程或对称式方程**.

由于 $\overrightarrow{M_0M} /\!/ \boldsymbol{s}$ 的另一个充分必要条件是存在数 t，使

$$\overrightarrow{M_0M}=t\boldsymbol{s},$$

即

$$\{x-x_0, y-y_0, z-z_0\}=\{tl, tm, tn\},$$

故有

$$\boxed{\begin{cases} x=x_0+lt, \\ y=y_0+mt, \\ z=z_0+nt. \end{cases}}$$

当 M 在直线上变动时，t 也随之变动，其变动范围是 $(-\infty,+\infty)$，因而上式也是直线 L 的方程，叫作**直线的参数方程**.

直线方程的几种形式可以互相转化.

例 1　已知直线过两点 $M_1(-1,0,2)$ 和 $M_2(2,4,2)$，求此直线的方程.

解　由于向量 $\overrightarrow{M_1M_2}$ 与所求直线平行，故取

$$\boldsymbol{s}=\overrightarrow{M_1M_2}=\{3,4,0\},$$

所求直线方程为

$$\frac{x+1}{3}=\frac{y}{4}=\frac{z-2}{0}.$$

上面所求出的直线方程中出现了第三个分母为零的情况，它意味着直线与 z 轴垂直，因而方程中的 $\frac{z-2}{0}$ 应理解成直线上点的 z 坐标恒为 2.

例 2　求过点 $(-3,2,4)$ 且与两平面 $2x+y-z-4=0$ 和 $x-2y+3z=0$ 的交线平行的直线方程.

解　因为两平面交线的方向向量与两平面的法向量都垂直，故取

$$\boldsymbol{s}=\{2,1,-1\}\times\{1,-2,3\}=\{1,-7,-5\},$$

所求直线方程为

$$\frac{x+3}{1}=\frac{y-2}{-7}=\frac{z-4}{-5}.$$

例 3　将直线的一般方程 $\begin{cases} 2x-y-5z=1, \\ x-4z=8 \end{cases}$ 化成标准方程和参数方程.

解　在方程组中令 $x=0$，得 $\begin{cases} -y-5z=1, \\ -4z=8, \end{cases}$ 解得 $y=9, z=-2$，

故(0,9,−2)是所求直线上一点,取

$$s=\{2,-1,-5\}\times\{1,0,-4\}=\{4,3,1\}$$

故所求直线的标准方程与参数方程分别为

$$\frac{x}{4}=\frac{y-9}{3}=\frac{z+2}{1}$$

和

$$\begin{cases}x=4t,\\y=9+3t,\\z=-2+t.\end{cases}$$

二、有关直线和平面的一些问题

1. 直线与直线的夹角

直线与直线的夹角 $\theta\left(规定\ 0\leqslant\theta\leqslant\frac{\pi}{2}\right)$可通过两直线的方向向量之间的夹角来确定. 设直线

$$L_1:\frac{x-a_1}{l_1}=\frac{y-b_1}{m_1}=\frac{z-c_1}{n_1},$$

$$L_2:\frac{x-a_2}{l_2}=\frac{y-b_2}{m_2}=\frac{z-c_2}{n_2},$$

若记 $s_1=\{l_1,m_1,n_1\}$, $s_2=\{l_2,m_2,n_2\}$,则有

$$\boxed{\cos\theta=\frac{|s_1\cdot s_2|}{|s_1||s_2|}=\frac{|l_1l_2+m_1m_2+n_1n_2|}{\sqrt{l_1^2+m_1^2+n_1^2}\sqrt{l_2^2+m_2^2+n_2^2}}}.$$

例 4 求两直线$\frac{x-1}{1}=\frac{y}{-4}=\frac{z+3}{1}$与$\frac{x}{2}=\frac{y+2}{-2}=\frac{z-1}{-1}$的夹角.

解 $s_1=\{1,-4,1\}$, $s_2=\{2,-2,-1\}$,

$$\cos\theta=\frac{|1\times2-4\times(-2)+1\times(-1)|}{\sqrt{1^2+(-4)^2+1^2}\sqrt{2^2+(-2)^2+(-1)^2}}=\frac{\sqrt{2}}{2},$$

故

$$\theta=\frac{\pi}{4}.$$

2. 直线与平面的夹角

直线与平面的夹角 $\varphi\left(规定\ 0\leqslant\varphi\leqslant\frac{\pi}{2}\right)$可以利用直线的方向向量与平面的法向量的夹角来计算.

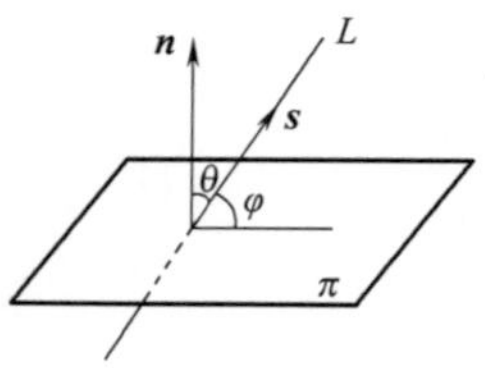

图 6-29

设直线 $L:\frac{x-a}{l}=\frac{y-b}{m}=\frac{z-c}{n}$,

平面 $\pi:Ax+By+Cz+D=0$,

记 $s=\{l,m,n\}$, $n=\{A,B,C\}$,如图 6-29 所示,

有

$$\sin\varphi=|\cos\theta|,$$

因此有

$$\sin\varphi=\frac{|\boldsymbol{s}\cdot\boldsymbol{n}|}{|\boldsymbol{s}||\boldsymbol{n}|}=\frac{|lA+mB+nC|}{\sqrt{l^2+m^2+n^2}\sqrt{A^2+B^2+C^2}}.$$

例 5 　求直线$\frac{x-2}{-1}=\frac{y-3}{1}=\frac{z-4}{-2}$与平面 $2x+y+z-6=0$ 的夹角.

解　$\boldsymbol{s}=\{-1,1,-2\}$，$\boldsymbol{n}=\{2,1,1\}$，

$$\sin\varphi=\frac{|\boldsymbol{s}\cdot\boldsymbol{n}|}{|\boldsymbol{s}||\boldsymbol{n}|}=\frac{|(-1)\times2+1\times1-2\times1|}{\sqrt{(-1)^2+1^2+(-2)^2}\sqrt{2^2+1^2+1^2}}=\frac{1}{2},$$

故
$$\varphi=\frac{\pi}{6}.$$

3. 点到直线的距离

求点到直线的距离的方法比较多，我们可由下面的例题来了解一些方法.

例 6 　求点 $A(1,2,3)$ 到直线 $L:x=\frac{y-4}{-3}=\frac{z-3}{-2}$ 的距离 d.

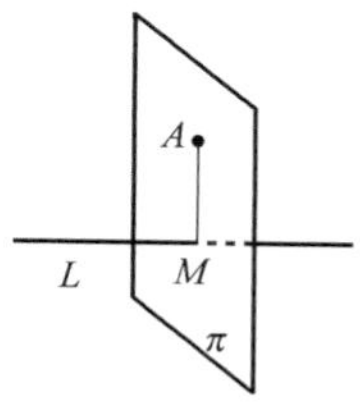

图　6-30

解 1　如图 6-30 所示，过点 A 作与直线 L 垂直的平面 π，设平面 π 与直线 L 的交点为 M，则 $d=AM$. 平面 π 的方程为

$$(x-1)-3(y-2)-2(z-3)=0,$$

即
$$x-3y-2z+11=0,$$

解方程组

$$\begin{cases}x-3y-2z+11=0,\\ x=\frac{y-4}{-3}=\frac{z-3}{-2},\end{cases}$$

得 $x=\frac{1}{2}$，$y=\frac{5}{2}$，$z=2$，则点 $M\left(\frac{1}{2},\frac{5}{2},2\right)$ 为平面 π 与直线 L 的交点，于是

$$d=AM=\sqrt{\left(1-\frac{1}{2}\right)^2+\left(2-\frac{5}{2}\right)^2+(3-2)^2}=\sqrt{\frac{3}{2}}.$$

解 2　如图 6-31 所示，直线 L 的方向向量为

$$\boldsymbol{s}=\{1,-3,-2\},$$

在直线 L 上取一点 $B(0,4,3)$，则

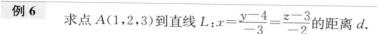

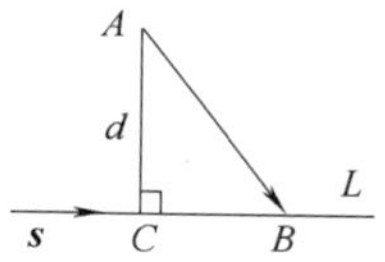

图　6-31

$$d=\sqrt{|\overrightarrow{AB}|^2-|\overrightarrow{BC}|^2}=\sqrt{|\overrightarrow{AB}|^2-((\overrightarrow{AB})_s)^2},$$

由于　$\overrightarrow{AB}=\{-1,2,0\}$，$|\overrightarrow{AB}|=\sqrt{(-1)^2+2^2+0^2}=\sqrt{5}$，

$$(\overrightarrow{AB})_s=\frac{\overrightarrow{AB}\cdot\boldsymbol{s}}{|\boldsymbol{s}|}=\frac{(-1)\times1+2\times(-3)+0\times(-2)}{\sqrt{1^2+(-3)^2+(-2)^2}}=-\frac{7}{\sqrt{14}},$$

因此
$$d=\sqrt{5-\frac{49}{14}}=\sqrt{\frac{3}{2}}.$$

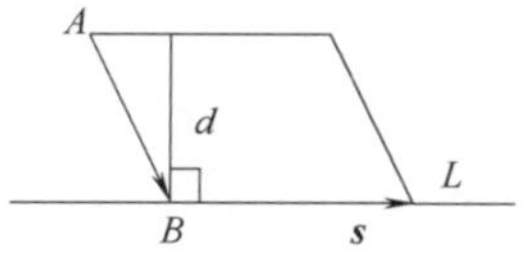

图 6-32

解 3 如图 6-32 所示，在直线 L 上取一点 $B(0,4,3)$，以 $\overrightarrow{AB}$ 和直线 L 的方向向量 $\boldsymbol{s}$ 为邻边作一平行四边形，则此平行四边形的高即为所要求的 d，因此有

$$d=\frac{|\overrightarrow{AB}\times\boldsymbol{s}|}{|\boldsymbol{s}|}=\frac{|\{-1,2,0\}\times\{1,-3,-2\}|}{\sqrt{1^2+(-3)^2+(-2)^2}}=\sqrt{\frac{3}{2}}.$$

解 4 直线 L 的参数式为 $\begin{cases}x= t,\\ y=4-3t,\\ z=3-2t,\end{cases}$ 设 N 为直线 L 上任意一点，则 AN 的最小值即为所要求的 d，由于 N 的坐标为 $(t,4-3t,3-2t)$，故

$$AN^2=(1-t)^2+(2-4+3t)^2+(3-3+2t)^2=14\left(t-\frac{1}{2}\right)^2+\frac{3}{2},$$

当 $t=\frac{1}{2}$ 时，AN^2 取得最小值 $\frac{3}{2}$，所以

$$d=\min_t AN=\sqrt{\frac{3}{2}}.$$

4. 两直线共面的条件

设直线

$$L_1:\frac{x-a_1}{l_1}=\frac{y-b_1}{m_1}=\frac{z-c_1}{n_1},$$

$$L_2:\frac{x-a_2}{l_2}=\frac{y-b_2}{m_2}=\frac{z-c_2}{n_2},$$

如图 6-33 所示，可以得出直线 L_1 与 L_2 在同一个平面上的充分必要条件是向量 $\boldsymbol{s}_1=\{l_1,m_1,n_1\}$，$\boldsymbol{s}_2=\{l_2,m_2,n_2\}$ 与由 $M\{a_1,b_1,c_1\}$，$N(a_2,b_2,c_2)$ 所确定的向量 $\overrightarrow{MN}$ 在同一个平面上，即

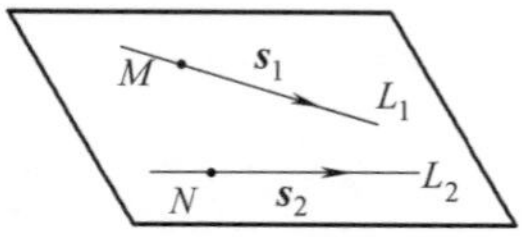

图 6-33

$$(\boldsymbol{s}_1,\boldsymbol{s}_2,\overrightarrow{MN})=\begin{vmatrix} l_1 & m_1 & n_1\\ l_2 & m_2 & n_2\\ a_2-a_1 & b_2-b_1 & c_2-c_1\end{vmatrix}=0.$$

例 7 已知直线 L 通过点 $(1,1,1)$，而且与两直线 $L_1:\frac{x}{1}=\frac{y}{2}=\frac{z}{3}$，$L_2:\frac{x-1}{2}=\frac{y-2}{1}=\frac{z-3}{4}$ 都相交，求直线 L 的方程.

解 设直线 L 的方程为

$$\frac{x-1}{l}=\frac{y-1}{m}=\frac{z-1}{n},$$

由于直线 L 与直线 L_1 相交，因而两直线共面，故有

$$\begin{vmatrix} l & m & n\\ 1 & 2 & 3\\ 0-1 & 0-1 & 0-1\end{vmatrix}=l-2m+n=0,$$

同理，由于直线 L 与直线 L_2 相交，有

$$\begin{vmatrix} l & m & n \\ 2 & 1 & 4 \\ 1-1 & 2-1 & 3-1 \end{vmatrix} = -2l-4m+2n=0,$$

由以上两式解得 $l=0, n=2m$，令 $m=1$，则 $n=2$，故直线 L 的方程为

$$\frac{x-1}{0}=\frac{y-1}{1}=\frac{z-1}{2}.$$

习题 6-5

1. 将直线的一般方程 $\begin{cases} x-\ y+\ z+\ 5=0, \\ 5x-8y+4z+36=0 \end{cases}$ 化成标准方程.

2. 求过点 $(0,-3,2)$ 且与两点 $(3,4,-7)$ 和 $(2,7,-6)$ 的连线平行的直线方程.

3. 求过点 $(0,2,4)$ 且与两平面 $x+2z=1$ 和 $y-3z=2$ 都平行的直线方程.

4. 求过点 $(2,-3,4)$ 且与直线 $\frac{x}{1}=\frac{y}{-1}=\frac{z+5}{2}$ 和 $\frac{x-8}{3}=\frac{y+4}{-2}=\frac{z-2}{1}$ 都垂直的直线方程.

5. 求过点 $(2,4,-4)$ 且与三坐标轴成等角的直线方程.

6. 求直线 $\frac{x+3}{3}=\frac{y+2}{-2}=z$ 与平面 $x+2y+2z+6=0$ 的交点.

7. 求过点 $(1,3,-1)$ 和直线 $\frac{x-3}{0}=\frac{y+1}{-1}=\frac{z}{2}$ 的平面方程.

8. 求过点 $(2,0,-3)$ 且与直线 $\begin{cases} x-2y+4z-7=0, \\ 3x+5y-2z+1=0 \end{cases}$ 垂直的平面方程.

9. 求过直线 $\frac{x-2}{5}=\frac{y+1}{2}=\frac{z-2}{4}$ 且垂直于平面 $x+4y-3z+7=0$ 的平面方程.

10. 求过点 $(1,3,-1)$ 且与两直线 $\begin{cases} x+2y-z+1=0, \\ x-\ y+z-1=0 \end{cases}$ 和 $\begin{cases} 2x-y+z=0, \\ x-y+z=0 \end{cases}$ 都平行的平面方程.

11. 求过直线 $\begin{cases} x+y-z\ \ =0, \\ x-y+z-1=0 \end{cases}$ 和点 $(1,1,-1)$ 的平面方程.

12. 求直线 $\begin{cases} x+y+3z=0, \\ x-y-\ z=0 \end{cases}$ 与平面 $x-y-z+1=0$ 的夹角.

13. 求直线 $\begin{cases} 5x-3y+3z-9=0, \\ 3x-2y+\ z-1=0 \end{cases}$ 与直线 $\begin{cases} 2x+2y-z+23=0, \\ 3x+3y+z-18=0 \end{cases}$ 的夹角的余弦.

14. 证明：直线 $\begin{cases} x+2y-z=7, \\ -2x+\ y+z=9 \end{cases}$ 与直线 $\begin{cases} 3x+6y-3z=8, \\ 2x-\ y-\ z=0 \end{cases}$ 平行.

15. 试确定下列各组中的直线与平面之间的关系.

(1) $\frac{x+3}{-2}=\frac{y+4}{-7}=\frac{z}{3}$ 与 $4x-2y-2z=3$；

(2) $\frac{x}{3}=\frac{y}{-2}=\frac{z}{7}$ 与 $3x-2y+7z=8$；

(3) $\frac{x-2}{3}=\frac{y+2}{1}=\frac{z-3}{-4}$ 与 $x+y+z=3$.

16. 求通过点 $(-3,5,-9)$ 且与两直线 $\begin{cases} y=3x+5, \\ z=2x-3 \end{cases}$ 和 $\begin{cases} z=5x+10, \\ y=4x-7 \end{cases}$ 都相交的直线方程.

17. 求通过点 $(1,2,3)$，与 z 轴相交，且与直线 $x=y=z$ 垂直的直线方程.

18. 试确定 λ 的值，使直线 $\frac{x-1}{1}=\frac{y+1}{2}=\frac{z-1}{\lambda}$ 与直线 $\frac{x+1}{1}=\frac{y-1}{1}=\frac{z}{1}$ 相交.

19. 证明：直线 $\frac{x+3}{5}=\frac{y+1}{2}=\frac{z-2}{4}$ 与直线 $\frac{x-3}{8}=\frac{y-1}{1}=\frac{z-6}{2}$ 相交，并求由此两直线所确定的平面方程.

第六节 空间曲面与空间曲线

前面讨论了平面与直线的方程，这一节我们将讨论一些常见的曲面和曲线的方程.

一、曲面的方程

多元的陶瓷

空间曲面可以看成满足一定条件的动点的几何轨迹. 如果曲面上的点具有某一共同的性质，又设(x,y,z)表示曲面上的点，则曲面上的点的几何性质常常可以用一个关于 x,y,z 的三元方程来表示，即有

$$\boxed{F(x,y,z)=0,} \tag{1}$$

曲面上的点都满足方程(1)，不在曲面上的点则不满足方程(1)，方程(1)叫作曲面的一般方程.

有时可以将曲面上的点(x,y,z)的坐标表示为两个变量 u,v 的函数，即有

$$\boxed{\begin{cases} x=x(u,v), \\ y=y(u,v), \\ z=z(u,v), \end{cases}} \tag{2}$$

则方程(2)也是曲面的方程，它叫作曲面的参数方程，其中 u,v 为参数.

例 1 求球心在 $M_0(x_0,y_0,z_0)$，半径为 R 的球面的方程.

解 设 $M(x,y,z)$是球面上任意一点，则根据球面的性质，点 M_0 到点 M 的距离 $M_0M=R$，即有

$$(x-x_0)^2+(y-y_0)^2+(z-z_0)^2=R^2,$$

此即所求球面的方程，它是球面的一般方程，也称为球面的标准方程. 特别地，当球心在原点时，球面的一般方程为

$$x^2+y^2+z^2=R^2.$$

二、曲线的方程

如果空间曲线 C 是两个曲面的交线，设这两个曲面的方程分别为 $F(x,y,z)=0$ 和 $G(x,y,z)=0$，由于曲线 C 同时在这两个曲面上，因此曲线 C 上的点(x,y,z)一定满足方程组

$$\begin{cases} F(x,y,z)=0, \\ G(x,y,z)=0, \end{cases}$$

此方程组叫作曲线的一般方程. 显然,曲线的一般方程不是唯一的.

有时曲线上的点(x,y,z)的三个坐标都可以表示成变量t的函数,即

$$\begin{cases}x=x(t),\\ y=y(t),\\ z=z(t),\end{cases}$$

则此式也是曲线的方程,叫作曲线的参数方程,其中t是参数.

例 2 如图 6-34 所示,曲线C是一圆心在点$(0,0,1)$,半径为 1 的圆,这圆所在的平面与z轴垂直,求它的一般方程和参数方程.

解 这个圆可以看成一个球面与一个平面的交线,因此有

$$C:\begin{cases}x^2+y^2+z^2=2,\\ z=1,\end{cases}$$

它的参数方程可以表示成

$$C:\begin{cases}x=\cos t,\\ y=\sin t,\\ z=1.\end{cases}$$

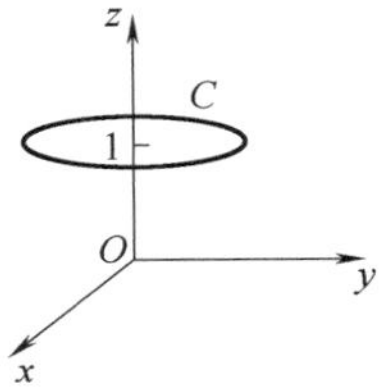

图 6-34

例 3 设一动点绕z轴以角速度ω匀速旋转,旋转半径为a,同时沿z轴正向以速度v匀速上升,$t=0$时动点在$M_0(a,0,0)$,求动点的轨迹.

解 如图 6-35 所示,设时间为t时动点坐标为$M(x,y,z)$,其x,y与点M在xOy面上的投影点P的x,y相同,设OP与x轴正方向的夹角为θ,由题设,$\theta=\omega t$,故动点的轨迹为

$$\begin{cases}x=a\cos\omega t,\\ y=a\sin\omega t,\\ z=vt,\end{cases}$$

这是一空间曲线,称为螺旋线.

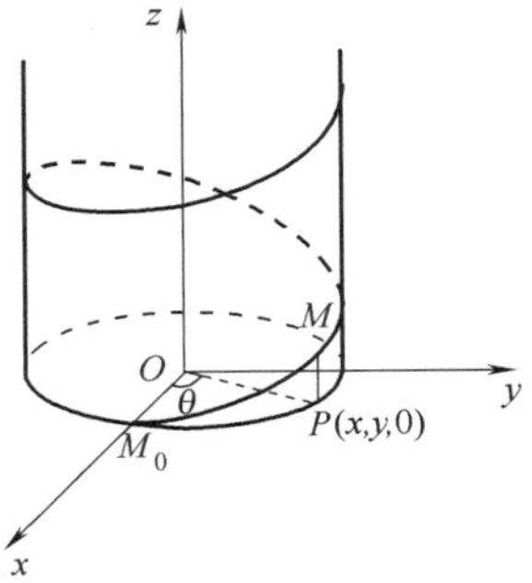

图 6-35

三、几种常见的曲面

1. 柱面

一直线沿一给定的曲线C平行移动所形成的曲面S叫作柱面. 其中曲线C叫作柱面的准线,直线沿C平行移动中的每个位置都叫作柱面的母线. 柱面S可以称为由曲线C所生成的.

下面讨论以坐标面上的曲线为准线,母线平行于坐标轴的柱面方程.

设柱面的准线为xOy面的曲线C,其母线平行于z轴,准线C

的方程为

$$C:\begin{cases}F(x,y)=0,\\ z=0,\end{cases}$$

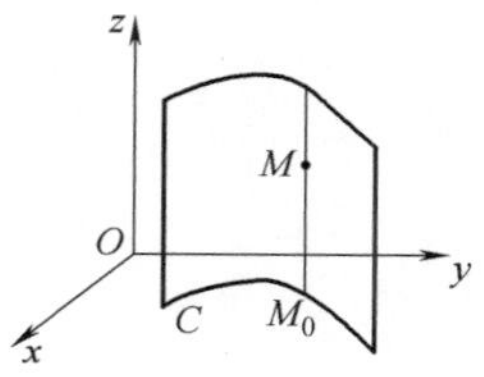

图 6-36

所生成的柱面如图 6-36 所示，让我们来推导柱面的方程.

设 $M(x,y,z)$是柱面上任一点，点 M 所在的母线与准线 C 交于点 $M_0(x,y,0)$. 点 M 与 M_0 的前两个坐标是相同的，因此点 M 的坐标满足方程

$$\boxed{F(x,y)=0.}$$

此即所求柱面的方程，方程中不含有 z 意味着柱面上点的 x，y 坐标受到上面方程的约束，而其 z 坐标不受任何限制，即 z 坐标可以是任意的. 反之，任意不含有 z 的方程 $F(x,y)=0$ 对应一个母线平行于 z 轴的柱面.

同理，方程 $F(x,z)=0$ 表示母线平行于 y 轴的柱面，方程 $F(y,z)=0$ 表示母线平行于 x 轴的柱面.

例 4 下列方程各表示什么曲面？

(1) $x^2+y^2=1$；(2)$x^2=2z$；(3)$\dfrac{z^2}{a^2}-\dfrac{y^2}{b^2}=1$.

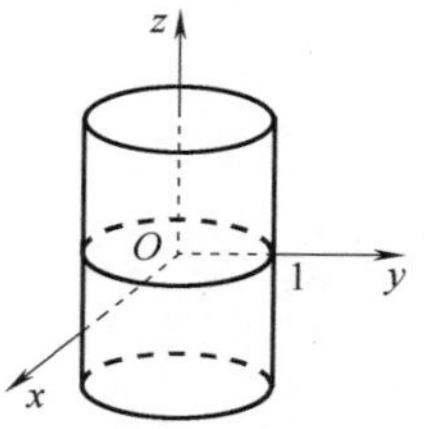

图 6-37

解 (1) 方程 $x^2+y^2=1$ 中不含有 z，故它表示一个母线平行于 z 轴的柱面，由于这个柱面与 xOy 面的交线 $C_1:\begin{cases}x^2+y^2=1,\\ z=0\end{cases}$ 是一个圆，因而这个柱面是以 C_1 为准线的一个圆柱面，其图形如图 6-37 所示；

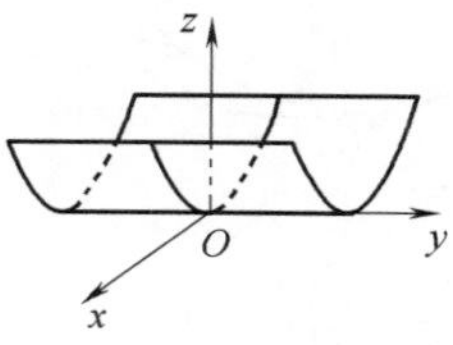

图 6-38

(2) 方程 $x^2=2z$ 中不包含 y，故它表示一个母线平行于 y 轴的柱面，由于这个柱面与 zOx 面的交线 $C_2:\begin{cases}x^2=2z,\\ y=0\end{cases}$ 是抛物线，因而这个柱面是以 C_2 为准线的抛物柱面，其图形如图 6-38 所示；

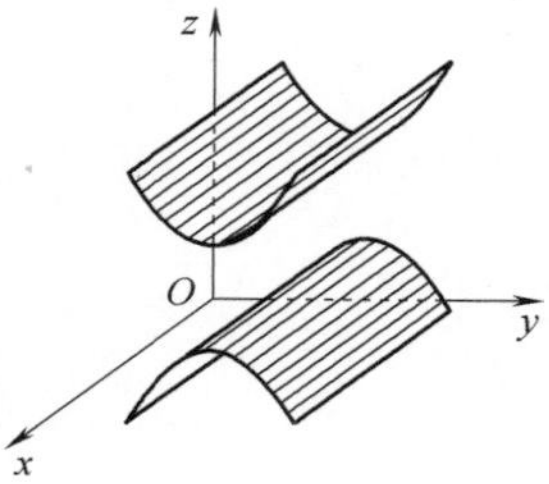

图 6-39

(3) 方程$\dfrac{z^2}{a^2}-\dfrac{y^2}{b^2}=1$ 中不含有 x，故它表示一个母线平行于 x 轴的柱面，由于这个柱面与 yOz 面的交线 $C_3:\begin{cases}\dfrac{z^2}{a^2}-\dfrac{y^2}{b^2}=1,\\ x=0\end{cases}$ 是双曲线，因而这个柱面是以 C_3 为准线的双曲柱面，其图形如图 6-39 所示.

2. 旋转曲面

由一条平面曲线 C 绕一条定直线旋转一周所成的曲面 S 叫作旋转曲面，这条定直线叫作旋转曲面的轴，曲线 C 叫作旋转曲面的

准线.

下面讨论由某坐标面上的一条曲线 C 绕此坐标面上的某一坐标轴旋转一周所成的旋转曲面的方程.

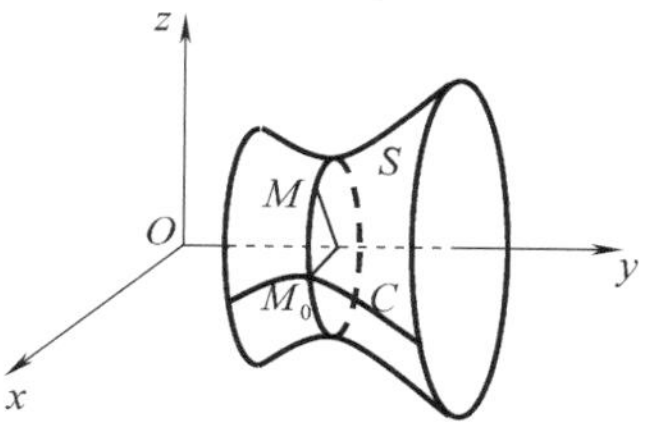

图 6-40

设 xOy 面上曲线 $C:\begin{cases}F(x,y)=0,\\ z=0,\end{cases}$ 如图 6-40 所示,将曲线 C 绕 y 轴旋转一周得到旋转曲面 S. 设 $M(x,y,z)$ 是旋转曲面 S 上任一点,并设它是由曲线 C 上的某个点 $M_0(x_0,y_0,0)$ 在旋转过程中所得到的,则由于这两个点在同一个圆周上(此圆与 y 轴垂直),因此这两个点的坐标有如下关系:

$$y=y_0,\ |x_0|=\sqrt{x^2+z^2},\text{即 } x_0=\pm\sqrt{x^2+z^2},$$

又因为点 M_0 在曲线 C 上,有 $F(x_0,y_0)=0$,与上面两式合在一起消去 x_0,y_0,便得到一个关于 x,y,z 的方程

$$\boxed{F(\pm\sqrt{x^2+z^2},y)=0,}$$

此即旋转曲面 S 的方程.

同理可得上述曲线 C 绕 x 轴旋转一周所成旋转曲面的方程为

$$\boxed{F(x,\pm\sqrt{y^2+z^2})=0.}$$

读者自己可以给出 yOz 面上的曲线 $C:\begin{cases}F(y,z)=0,\\ x=0\end{cases}$ 绕 y 轴(或 z 轴)旋转一周所成旋转曲面的方程,以及 zOx 面上的曲线 $C:\begin{cases}F(x,z)=0,\\ y=0\end{cases}$ 绕 z 轴(或 x 轴)旋转一周所成旋转曲面的方程.

例 5 求 yOz 面上的曲线 $C:\begin{cases}\dfrac{y^2}{b^2}-\dfrac{z^2}{c^2}=1,\\ x=0\end{cases}$ 分别绕 y 轴和 z 轴旋转一周所得旋转曲面的方程.

解 曲线 C 绕 y 轴旋转所得旋转曲面的方程为

$$\frac{y^2}{b^2}-\frac{z^2+x^2}{c^2}=1,$$

绕 z 轴旋转所得旋转曲面的方程为

$$\frac{x^2+y^2}{b^2}-\frac{z^2}{c^2}=1.$$

3. 椭圆锥面

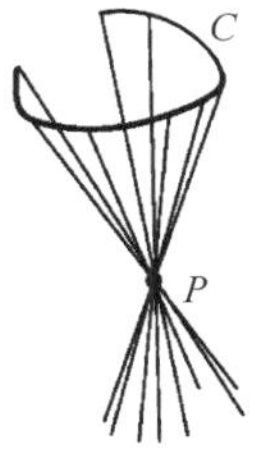

图 6-41

设 C 是一曲线,P 是不在 C 上的定点,如图 6-41 所示,过 P 和 C 上每一点作一直线,所有这些直线形成的曲面称为锥面,其中每一条直线都称为锥面的母线,曲线 C 称为锥面的准线,点 P 称为锥

面的顶点. 如果其中准线 C 是一椭圆,则锥面称为椭圆锥面.

下面求以曲线 $\begin{cases} \dfrac{x^2}{a^2}+\dfrac{y^2}{b^2}=1, \\ z=c(c\neq 0) \end{cases}$ 为准线,顶点在原点的椭圆锥面的方程. 如图 6-42 所示,设 $M(x,y,z)$ 是锥面上任一点,过点 M 与原点作一直线,此直线与准线的交点记为 $M_0(x_0,y_0,z_0)$,由于 $\overrightarrow{OM}/\!/\overrightarrow{OM_0}$,则存在数 λ,使

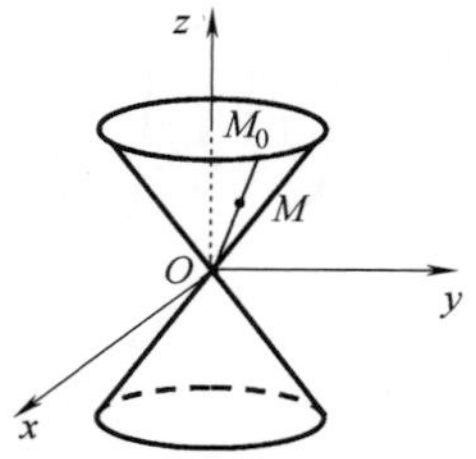

图　6-42

$$\overrightarrow{OM_0}=\lambda\overrightarrow{OM},$$

故点 M 的坐标与点 M_0 的坐标有如下关系:

$$x_0=\lambda x, y_0=\lambda y, z_0=\lambda z,$$

因为点 M_0 在准线上,有

$$\begin{cases} \dfrac{x_0^2}{a^2}+\dfrac{y_0^2}{b^2}=1, \\ z_0=c, \end{cases}$$

从而有

$$\begin{cases} \dfrac{(\lambda x)^2}{a^2}+\dfrac{(\lambda y)^2}{b^2}=1, \\ \lambda z=c, \end{cases}$$

将上式中的 λ 消去,便得到一个关于 x,y,z 的方程

$$\boxed{\frac{x^2}{a^2}+\frac{y^2}{b^2}=\frac{z^2}{c^2}.}$$

此方程即为所求椭圆锥面的方程,由于这个方程是二次方程,所以椭圆锥面又叫作二次锥面.

四、曲线在坐标面上的投影

如图 6-43 所示,设 C 是一空间曲线,以 C 为准线作一母线平行于 z 轴的柱面 S,则柱面 S 称为曲线 C 的一个投影柱面(关于 xOy 面的),投影柱面 S 与 xOy 面的交线 C_{xy} 称为曲线 C 在 xOy 面上的投影曲线,简称为投影.

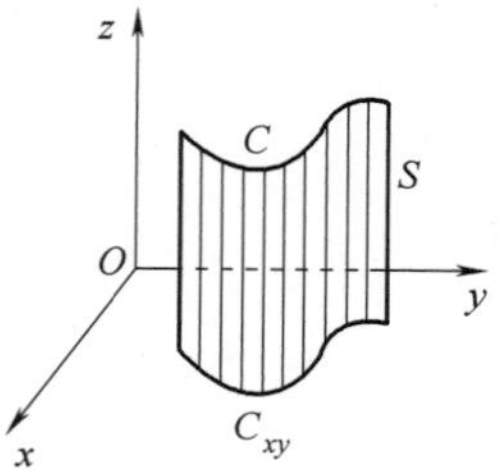

图　6-43

现在我们设法得出投影曲线的方程.

设曲线 C 的方程为

$$\begin{cases} F(x,y,z)=0, \\ G(x,y,z)=0. \end{cases}$$

如果方程组中有一个方程不包含 z,将这个方程记为 $\Phi(x,y)=0$,如果方程组中两个方程都包含 z,设法由这两个方程消去 z,得到一个不包含 z 的方程,同样将其记作 $\Phi(x,y)=0$. 因而 C 一定在曲面 $\Phi(x,y)=0$ 上,而 $\Phi(x,y)=0$ 又是一个母线平行于 z 轴的柱面,所以 $\Phi(x,y)=0$ 就是曲线 C(关于 xOy 面)的投影柱面 S 的方程,

故曲线 C 在 xOy 面上的投影曲线 C_{xy} 的方程为

$$\begin{cases}\Phi(x,y)=0,\\ z=0.\end{cases}$$

用同样方法可以求得曲线 C 在 yOz 面上的投影曲线 C_{yz} 以及在 zOx 面上的投影曲线 C_{zx} 的方程.

例 6　求曲线 $\begin{cases}x^2+y^2+z^2=1,\\ y^2=z\end{cases}$ 在三个坐标面上的投影曲线的方程.

解　由方程组消去 z，得 $x^2+y^2+y^4=1$，故曲线在 xOy 面上的投影为

$$C_{xy}:\begin{cases}x^2+y^2+y^4=1,\\ z=0;\end{cases}$$

由方程组消去 y，得 $x^2+z+z^2=1$，故曲线在 zOx 面上的投影为

$$C_{zx}:\begin{cases}x^2+z+z^2=1,\\ y=0;\end{cases}$$

方程组中的第二个方程不含 x，它即是曲线关于 yOz 面的投影柱面的方程，因而曲线在 yOz 面上的投影为

$$C_{yz}:\begin{cases}y^2=z,\\ x=0.\end{cases}$$

五、柱坐标系和球坐标系

前面我们介绍了空间直角坐标系以及在空间直角坐标系中一些曲面和曲线的方程. 直角坐标系是我们常用的一种空间坐标系，但是对于某些特殊的曲面，利用柱坐标系或者球坐标系处理会更方便. 下面分别介绍这两种空间坐标系.

1. 柱坐标系

设 $M(x,y,z)$ 是空间中一点，如图 6-44 所示，$N(x,y,0)$ 是点 M 在 xOy 面上的投影点，如果 (x,y) 的极坐标为 (ρ,θ)，则将 (ρ,θ,z) 称为点 M 的柱坐标，其中

$$0\leqslant\rho<+\infty,0\leqslant\theta\leqslant2\pi,-\infty<z<+\infty.$$

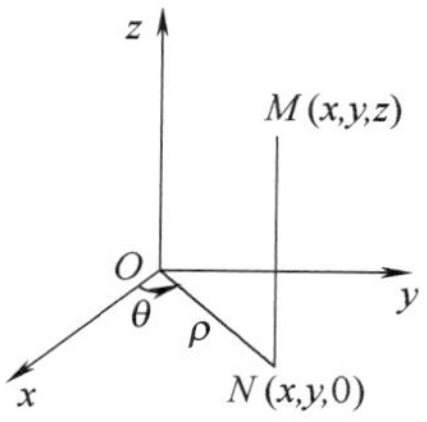

图　6-44

点 M 的直角坐标与柱坐标之间显然有下列关系：

$$\begin{cases}x=\rho\cos\theta,\\ y=\rho\sin\theta,\\ z=z.\end{cases}$$

例 7　求下列曲面在柱坐标系中的方程.

(1) 圆柱面 $x^2+y^2-ax=0$；(2) 旋转抛物面 $x^2+y^2=2z$.

解 (1) 将 $x=\rho\cos\theta, y=\rho\sin\theta$ 代入已知圆柱面的方程,得

$$\rho^2-a\rho\cos\theta=0, \text{即 } \rho=a\cos\theta,$$

此即圆柱面的柱坐标方程;

(2) 将 $x=\rho\cos\theta, y=\rho\sin\theta, z=z$ 代入已知曲面的方程,得

$$\rho^2=2z,$$

此即旋转抛物面的柱坐标方程.

2. 球坐标系

设点 $M(x,y,z)$ 是空间中一点,如图 6-45 所示,$N(x,y,0)$ 是点 M 在 xOy 面上的投影,如果记 $|\overrightarrow{OM}|=r$,$\overrightarrow{OM}$ 与 z 轴正方向的夹角为 φ,点 N 在 xOy 面上的极角为 θ,即从 z 轴正向看去,由 x 轴正向按逆时针方向转到 $\overrightarrow{ON}$ 的角为 θ,则将 (r,φ,θ) 称为点 M 的球坐标,其中

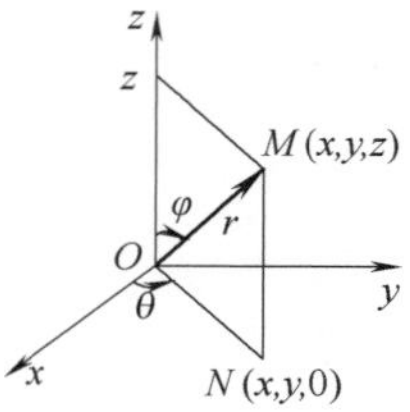

图 6-45

$$0\leqslant r<+\infty, 0\leqslant\varphi\leqslant\pi, 0\leqslant\theta\leqslant 2\pi.$$

点 M 的直角坐标与球坐标之间有下列关系:

$$\begin{cases} x=r\cos\theta\sin\varphi, \\ y=r\sin\theta\sin\varphi, \\ z=r\cos\varphi. \end{cases}$$

显然,球坐标满足 $x^2+y^2+z^2=r^2$.

例 8 求下列曲面在球坐标系中的方程.

(1) 旋转抛物面 $z=x^2+y^2$;

(2) 球面 $x^2+y^2+(z-2)^2=4$;

(3) 平面 $z=1$.

解 (1)将 $x=r\cos\theta\sin\varphi, y=r\sin\theta\sin\varphi, z=r\cos\varphi$ 代入已知方程,得

$$r\cos\varphi=r^2\sin^2\varphi, \text{即 } r=\frac{\cos\varphi}{\sin^2\varphi},$$

此即旋转抛物面的球坐标方程;

(2) 将球面方程化成

$$x^2+y^2+z^2=4z,$$

把 $x=r\cos\theta\sin\varphi, y=r\sin\theta\sin\varphi, z=r\cos\varphi$ 代入上式,得

$$r^2=4r\cos\varphi, \text{即 } r=4\cos\varphi,$$

此即已知球面的球坐标方程;

(3) 将 $z=r\cos\varphi$ 代入已知方程,得

$$r\cos\varphi=1, \text{即 } r=\frac{1}{\cos\varphi},$$

此即所给平面的球坐标方程.

习题 6-6

1. 求与 x 轴的距离为 3，与 y 轴的距离为 2 的一切点所确定的曲线的方程.
2. 求通过点(0,0,0)，(3,0,0)，(2,2,0)，(1,-1,-3)的球面方程.
3. 求球面 $x^2+y^2+z^2-12x+4y-6z=0$ 的球心和半径.
4. 求内切于由平面 $3x-2y+6z-8=0$ 与三个坐标面围成的四面体的球面方程.
5. 指出下列方程在空间中表示什么图形：

(1) $x^2+4y^2=1$； (2) $x^2+z^2=0$；

(3) $\begin{cases} x^2=4y, \\ z=1; \end{cases}$

(4) $\begin{cases} x^2+y^2+z^2=36, \\ (x-1)^2+(y+2)^2+(z-1)^2=25. \end{cases}$

6. 求下列曲线绕指定坐标轴旋转所得旋转曲面的方程：

(1) $\begin{cases} 4x^2+9y^2=36, \\ z=0 \end{cases}$ 绕 x 轴旋转；

(2) $\begin{cases} 4x^2-9y^2=36, \\ z=0 \end{cases}$ 绕 y 轴旋转.

7. 求曲线 $\begin{cases} x^2+y^2-z=0, \\ z=x+1 \end{cases}$ 在三个坐标面上的投影曲线的方程.
8. 求曲线 $\begin{cases} x^2+y^2+4z^2=1, \\ x^2=y^2+z^2 \end{cases}$ 在 xOy 面上的投影方程.
9. 求通过曲线 $\begin{cases} 2x^2+y^2+z^2=16, \\ x^2-y^2+z^2=0, \end{cases}$ 而母线分别平行于 x 轴和 y 轴的柱面方程.
10. 分别求曲面 $x^2+y^2=2ax$ 和 $az=x^2+y^2\ (a>0)$ 以及它们的交线的柱坐标方程.
11. 分别求曲面 $x^2+y^2=3z^2\ (z\geqslant 0)$ 和 $z=1$ 以及它们的交线的球坐标方程.

第七节 二次曲面

由三元二次方程所确定的曲面称为二次曲面. 上节所介绍的球面、圆柱面、抛物柱面、双曲柱面及二次锥面都是二次曲面. 下面给出另外几种常见的二次曲面的标准方程，并用平行截割法研究这些曲面的形状（即用平行于坐标面的不同平面去截曲面），从所截得的曲线的形状来判断方程所表示的曲面的形状.

一、椭球面

由方程
$$\frac{x^2}{a^2}+\frac{y^2}{b^2}+\frac{z^2}{c^2}=1$$
所确定的曲面称为椭球面.

如果用 $-z$ 替换方程中的 z，曲面方程与原来的相同，因而曲面关于 xOy 面是对称的. 同理，曲面关于 yOz 面和 zOx 面也是对称的. 即曲面关于三个坐标面都是对称的.

根据椭球面的方程显然有
$$\frac{x^2}{a^2}\leqslant 1,\frac{y^2}{b^2}\leqslant 1,\frac{z^2}{c^2}\leqslant 1,$$

故 $$-a\leqslant x\leqslant a,-b\leqslant y\leqslant b,-c\leqslant z\leqslant c,$$

这说明椭球面位于由平面 $x=\pm a,y=\pm b,z=\pm c$ 所围成的长方体内. 当 a,b,c 中有两个相等时，椭球面为旋转曲面.

用平行于 xOy 面的平面 $z=h(|h|\leqslant c)$ 去截椭球面，截得的曲线为

$$\begin{cases}\dfrac{x^2}{a^2}+\dfrac{y^2}{b^2}=1-\dfrac{h^2}{c^2},\\ z=h,\end{cases}$$

我们将此曲线称为水平截痕. 如果 $|h|<c$，水平截痕为一个椭圆柱面与一个平面的交线，因而是一个椭圆，当 $|h|$ 由 0 变到 c 时，椭圆则由大变小，直至缩成一点 $(0,0,c)$ 或 $(0,0,-c)$.

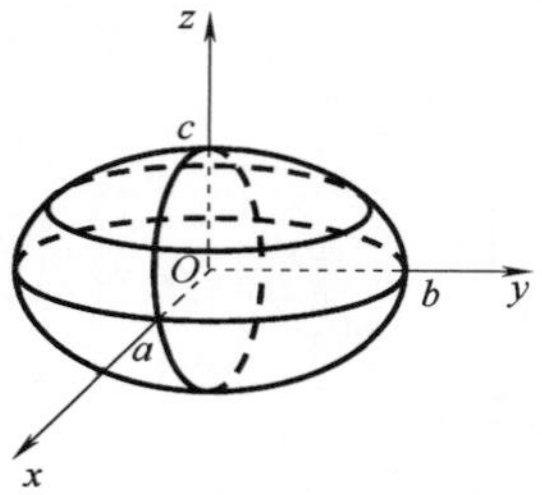

图 6-46

用平行于 yOz 面或平行于 zOx 面的平面去截椭球面所得到的截痕（分别称为前视截痕和侧视截痕）与水平截痕类似. 综合起来就可以画出椭球面的图形（见图 6-46）.

二、单叶双曲面

由方程 $$\frac{x^2}{a^2}+\frac{y^2}{b^2}-\frac{z^2}{c^2}=1$$

所确定的曲面称为单叶双曲面.

显然，单叶双曲面关于三个坐标面都对称.

用平面 $z=h$ 去截曲面得到的水平截痕为

$$\begin{cases}\dfrac{x^2}{a^2}+\dfrac{y^2}{b^2}=1+\dfrac{h^2}{c^2},\\ z=h,\end{cases}$$

此曲线是一个椭圆柱面与一个平面的交线，因而是一个椭圆. 用平面 $y=h$ 去截曲面得到的侧视截痕为

$$\begin{cases}\dfrac{x^2}{a^2}-\dfrac{z^2}{c^2}=1-\dfrac{h^2}{b^2},\\ y=h,\end{cases}$$

当 $|h|\neq b$ 时，它是一个母线平行于 y 轴的双曲柱面与一个平面的交线，因而是双曲线，并且当 $|h|<b$ 时，双曲线的实轴平行于 x 轴，虚轴平行于 z 轴；当 $|h|>b$ 时，双曲线的实轴平行于 z 轴，虚轴平行于 x 轴. 当 $|h|=b$ 时，由于 $\dfrac{x^2}{a^2}-\dfrac{z^2}{c^2}=1-\dfrac{h^2}{b^2}=0$ 是两个平行于 y 轴的平面，因此侧视截痕为两条相交的直线. 用平面 $x=h$ 去截曲面所得到的前视截痕与侧视截痕类似. 综合起来即可得知单叶双曲面的图形（见图 6-47）.

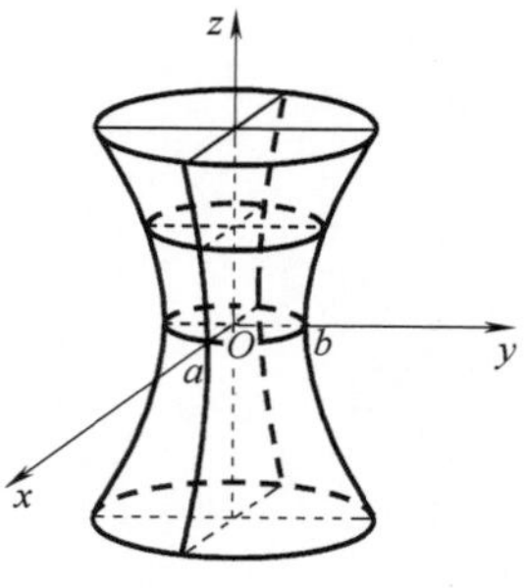

图 6-47

曲面$\frac{x^2}{a^2}-\frac{y^2}{b^2}+\frac{z^2}{c^2}=1$与$-\frac{x^2}{a^2}+\frac{y^2}{b^2}+\frac{z^2}{c^2}=1$也是单叶双曲面.

三、双叶双曲面

由方程
$$\frac{x^2}{a^2}+\frac{y^2}{b^2}-\frac{z^2}{c^2}=-1$$
所确定的曲面称为双叶双曲面.

双叶双曲面关于三个坐标面都是对称的. 由$\frac{x^2}{a^2}+\frac{y^2}{b^2}=\frac{z^2}{c^2}-1$，有$\frac{z^2}{c^2}\geqslant 1$，因此曲面位于$z=c$上方及$z=-c$下方.

用平面$z=h(|h|\geqslant c)$去截曲面，所得水平截痕当$|h|>c$时为椭圆，当$|h|=c$时为一点. 用平面$y=h$和$x=h$去截曲面，所得侧视截痕和前视截痕都是实轴平行于z轴的双曲线. 综合起来，得到双叶双曲面的图形如图 6-48 所示.

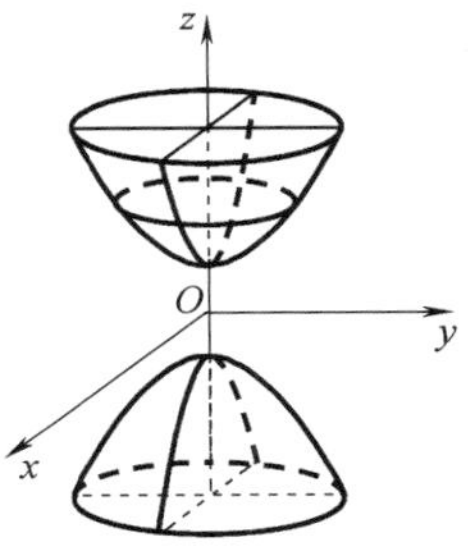

图　6-48

由方程　$\frac{x^2}{a^2}-\frac{y^2}{b^2}+\frac{z^2}{c^2}=-1$与$-\frac{x^2}{a^2}+\frac{y^2}{b^2}+\frac{z^2}{c^2}=-1$
所确定的曲面也是双叶双曲面.

四、椭圆抛物面

由方程
$$\frac{x^2}{a^2}+\frac{y^2}{b^2}=z$$
所确定的曲面称为椭圆抛物面.

椭圆抛物面经过原点，且关于yOz面和zOx面对称. 用平面$z=h(h\geqslant 0)$去截曲面，所得水平截痕当$h>0$时是椭圆，当$h=0$时是一个点(即原点). 用平面$y=h$和$x=h$去截曲面，所得侧视截痕与前视截痕都是开口向上的抛物线. 椭圆抛物面的图形如图 6-49 所示.

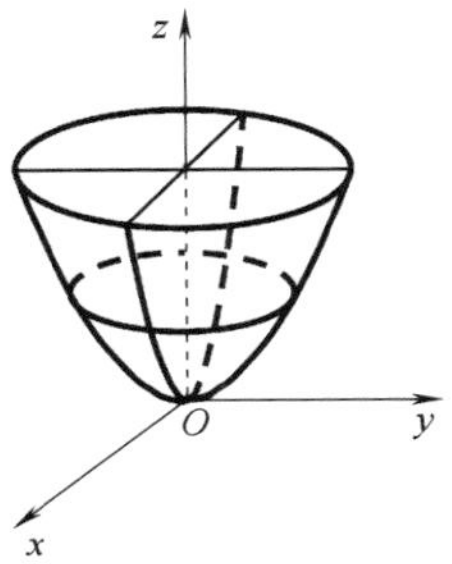

图　6-49

由方程$\frac{x^2}{a^2}+\frac{z^2}{c^2}=y$与$\frac{y^2}{b^2}+\frac{z^2}{c^2}=x$所确定的曲面也是椭圆抛物面.

五、双曲抛物面

由方程
$$\frac{x^2}{a^2}-\frac{y^2}{b^2}=-z$$
所确定的曲面称为双曲抛物面.

双曲抛物面经过原点，且关于yOz面和zOx面对称.

用平面$z=h$去截曲面，所得水平截痕为
$$\begin{cases}\frac{x^2}{a^2}-\frac{y^2}{b^2}=-h,\\ z=h,\end{cases}$$

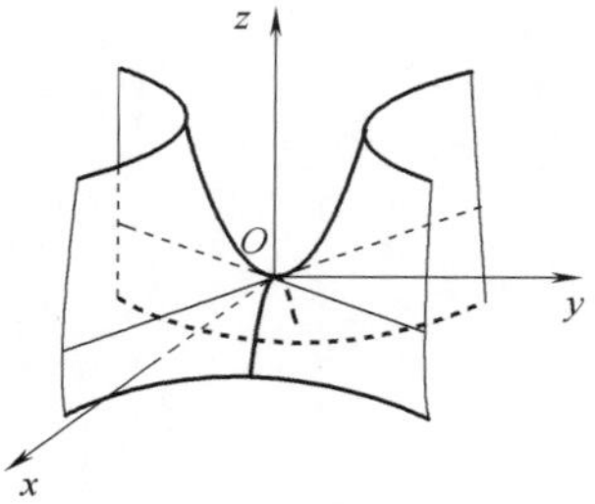

图 6-50

当 $h\neq 0$ 时，水平截痕是双曲线，并且当 $h>0$ 时，此双曲线的实轴平行于 y 轴，虚轴平行于 x 轴，当 $h<0$ 时，此双曲线的实轴平行于 x 轴，虚轴平行于 y 轴. 当 $h=0$ 时，水平截痕是两条相交于原点的直线. 用平面 $y=h$ 与 $x=h$ 去截曲面，所得侧视截痕与前视截痕分别为

$$\begin{cases}\dfrac{x^2}{a^2}=-z+\dfrac{h^2}{b^2},\\ y=h\end{cases} \text{和} \begin{cases}\dfrac{y^2}{b^2}=z+\dfrac{h^2}{a^2},\\ x=h,\end{cases}$$

它们分别是开口向下的抛物线和开口向上的抛物线.

双曲抛物面的图形如图 6-50 所示. 由于这个曲面的形状像一个马鞍，所以它又被称为马鞍面.

习题 6-7

1. 说明下列曲面是什么形状，并画出草图.
   (1) $4x^2-9y^2-16z^2=-25$；
   (2) $4x^2-9y^2-16z^2=25$；
   (3) $x^2-y^2=2x$；
   (4) $y^2+z^2=2x$；
   (5) $\dfrac{x^2}{2}+\dfrac{z^2}{4}=y^2$；
   (6) $z=2-x^2-y^2$；
   (7) $y-x^2+z^2=0$；
   (8) $x^2+y^2+4z^2=2x+2y-8z$；
   (9) $y=\sqrt{x^2+z^2}$；
   (10) $x=\sqrt{y^2+z^2+1}$.
2. 画出下列各组曲面所围成的立体的图形.
   (1) $x=0, y=0, z=0, x=2, y=1, 3x+4y+2z-12=0$；
   (2) $x=0, y=0, z=0, x^2+y^2=1, y^2+z^2=1$ 在第一卦限内；
   (3) $z=\sqrt{x^2+y^2}, z=\sqrt{1-x^2-y^2}$；
   (4) $z=x^2+y^2, z=1-x^2-y^2$.

第八节 综合例题

例 1 向量 $7\boldsymbol{a}-5\boldsymbol{b}$ 与 $7\boldsymbol{a}-2\boldsymbol{b}$ 分别垂直于向量 $\boldsymbol{a}+3\boldsymbol{b}$ 与 $\boldsymbol{a}-4\boldsymbol{b}$，求向量 $\boldsymbol{a}$ 与 $\boldsymbol{b}$ 的夹角.

解 由题设，有

$$\begin{cases}(7\boldsymbol{a}-5\boldsymbol{b})\cdot(\boldsymbol{a}+3\boldsymbol{b})=0,\\ (7\boldsymbol{a}-2\boldsymbol{b})\cdot(\boldsymbol{a}-4\boldsymbol{b})=0,\end{cases}$$

即

$$\begin{cases}7\boldsymbol{a}^2+16\boldsymbol{a}\cdot\boldsymbol{b}-15\boldsymbol{b}^2=0,\\ 7\boldsymbol{a}^2-30\boldsymbol{a}\cdot\boldsymbol{b}+8\boldsymbol{b}^2=0,\end{cases}$$

解得

$$\boldsymbol{a}^2=2\boldsymbol{a}\cdot\boldsymbol{b}, \boldsymbol{b}^2=2\boldsymbol{a}\cdot\boldsymbol{b},$$

$$|\boldsymbol{a}|=\sqrt{2\boldsymbol{a}\cdot\boldsymbol{b}}, |\boldsymbol{b}|=\sqrt{2\boldsymbol{a}\cdot\boldsymbol{b}},$$

$$\cos\langle\boldsymbol{a},\boldsymbol{b}\rangle=\frac{\boldsymbol{a}\cdot\boldsymbol{b}}{|\boldsymbol{a}||\boldsymbol{b}|}=\frac{\boldsymbol{a}\cdot\boldsymbol{b}}{\sqrt{2\boldsymbol{a}\cdot\boldsymbol{b}}\sqrt{2\boldsymbol{a}\cdot\boldsymbol{b}}}=\frac{1}{2},$$

故
$$\langle \boldsymbol{a},\boldsymbol{b}\rangle=\frac{\pi}{3}.$$

例 2　设向量 $\boldsymbol{a}=\{-1,3,2\}$，$\boldsymbol{b}=\{2,-3,-4\}$，$\boldsymbol{c}=\{-3,12,6\}$，证明三向量 $\boldsymbol{a},\boldsymbol{b},\boldsymbol{c}$ 共面，并用 $\boldsymbol{a},\boldsymbol{b}$ 表示 $\boldsymbol{c}$.

解 1　由于$(\boldsymbol{a},\boldsymbol{b},\boldsymbol{c})=\begin{vmatrix}-1 & 3 & 2\\ 2 & -3 & -4\\ -3 & 12 & 6\end{vmatrix}=0$，

所以 $\boldsymbol{a},\boldsymbol{b},\boldsymbol{c}$ 共面.

设 $\boldsymbol{c}=\lambda\boldsymbol{a}+\mu\boldsymbol{b}$，两端分别用 $\boldsymbol{a}$ 和 $\boldsymbol{b}$ 去点乘，得
$$\boldsymbol{a}\cdot\boldsymbol{c}=\lambda\boldsymbol{a}^2+\mu(\boldsymbol{a}\cdot\boldsymbol{b}),\boldsymbol{b}\cdot\boldsymbol{c}=\lambda(\boldsymbol{a}\cdot\boldsymbol{b})+\mu\boldsymbol{b}^2,$$
由于 $\boldsymbol{a}^2=14$，$\boldsymbol{b}^2=29$，$\boldsymbol{a}\cdot\boldsymbol{b}=-19$，$\boldsymbol{a}\cdot\boldsymbol{c}=51$，$\boldsymbol{b}\cdot\boldsymbol{c}=-66$，得
$$51=14\lambda-19\mu,-66=-19\lambda+29\mu,$$
解得 $\lambda=5$，$\mu=1$，故
$$\boldsymbol{c}=5\boldsymbol{a}+\boldsymbol{b}.$$

解 2　设 $\boldsymbol{c}=\lambda\boldsymbol{a}+\mu\boldsymbol{b}$，将 $\boldsymbol{a},\boldsymbol{b},\boldsymbol{c}$ 的坐标代入，得
$$\begin{cases}-\lambda+2\mu=-3,\\ 3\lambda-3\mu=12,\\ 2\lambda-4\mu=6,\end{cases}$$
由前两个方程解得 $\lambda=5$，$\mu=1$，代入第三个方程也是满足的，故有
$$\boldsymbol{c}=5\boldsymbol{a}+\boldsymbol{b},$$
由于
$$\begin{aligned}(\boldsymbol{a},\boldsymbol{b},\boldsymbol{c})&=(\boldsymbol{a}\times\boldsymbol{b})\cdot(5\boldsymbol{a}+\boldsymbol{b})\\&=(\boldsymbol{a}\times\boldsymbol{b})\cdot 5\boldsymbol{a}+(\boldsymbol{a}\times\boldsymbol{b})\cdot\boldsymbol{b}=0,\end{aligned}$$
因而 $\boldsymbol{a},\boldsymbol{b},\boldsymbol{c}$ 共面.

例 3　设 $\boldsymbol{a},\boldsymbol{b}$ 是两个非零向量，且 $|\boldsymbol{b}|=1$，$\langle\boldsymbol{a},\boldsymbol{b}\rangle=\frac{\pi}{3}$，求
$$\lim_{x\to 0}\frac{|\boldsymbol{a}+x\boldsymbol{b}|-|\boldsymbol{a}|}{x}.$$

解　$\displaystyle\lim_{x\to 0}\frac{|\boldsymbol{a}+x\boldsymbol{b}|-|\boldsymbol{a}|}{x}=\lim_{x\to 0}\frac{|\boldsymbol{a}+x\boldsymbol{b}|^2-|\boldsymbol{a}|^2}{x(|\boldsymbol{a}+x\boldsymbol{b}|+|\boldsymbol{a}|)}$

$$=\lim_{x\to 0}\frac{(\boldsymbol{a}+x\boldsymbol{b})\cdot(\boldsymbol{a}+x\boldsymbol{b})-\boldsymbol{a}^2}{x(|\boldsymbol{a}+x\boldsymbol{b}|+|\boldsymbol{a}|)}=\lim_{x\to 0}\frac{2\boldsymbol{a}\cdot\boldsymbol{b}+x\boldsymbol{b}^2}{|\boldsymbol{a}+x\boldsymbol{b}|+|\boldsymbol{a}|}$$
$$=\frac{2\boldsymbol{a}\cdot\boldsymbol{b}}{2|\boldsymbol{a}|}=\frac{|\boldsymbol{a}||\boldsymbol{b}|\cos\langle\boldsymbol{a},\boldsymbol{b}\rangle}{|\boldsymbol{a}|}=\frac{1}{2}.$$

例 4　求过直线 $L:\begin{cases}x+28y-2z+17=0\\ 5x+8y-z+1=0\end{cases}$，且与球面 $x^2+y^2+z^2=1$ 相切的平面方程.

解　用平面束求解比较方便. 设所求平面的方程为

$$x+28y-2z+17+\lambda(5x+8y-z+1)=0,$$

即
$$(1+5\lambda)x+(28+8\lambda)y-(2+\lambda)z+17+\lambda=0,$$

由题设,球心(0,0,0)到此平面的距离为1,故有

$$\frac{|17+\lambda|}{\sqrt{(1+5\lambda)^2+(28+8\lambda)^2+(-2-\lambda)^2}}=1,$$

解得
$$\lambda=-\frac{250}{89}\text{或}\lambda=-2,$$

故所求平面为

$$387x-164y-24z=421$$

或
$$3x-4y=5.$$

例 5 设平面 $\pi: x+y+z+1=0$ 与直线 $L_1:\begin{cases}x+2z=0\\ y+z+1=0\end{cases}$ 的交点为 M_0 在平面 π 上求直线 L,使它过点 M_0,且与直线 L_1 垂直.

解 解由平面 π 与直线 L_1 组成的方程组

$$\begin{cases}x+y+z+1=0,\\ x+2z=0,\\ y+z+1=0,\end{cases}$$

得 $x=0,y=-1,z=0$,则直线 L_1 与平面 π 的交点为 $M_0(0,-1,0)$.

设直线 L,L_1 的方向向量分别为 $\boldsymbol{s},\boldsymbol{s}_1$,平面 π 的法向量为 $\boldsymbol{n}$,由题意,$\boldsymbol{s}$ 同时垂直于 $\boldsymbol{s}_1$ 和 $\boldsymbol{n}$,由于

$$\boldsymbol{s}_1=\{1,0,2\}\times\{0,1,1\}=\{-2,-1,1\},$$
$$\boldsymbol{n}=\{1,1,1\},$$

$\boldsymbol{s}_1$ 与 $\boldsymbol{n}$ 不平行,因而可取

$$\boldsymbol{s}=\boldsymbol{s}_1\times\boldsymbol{n}=\{-2,-1,1\}\times\{1,1,1\}=\{-2,3,-1\},$$

因此直线 L 的方程为

$$\frac{x}{-2}=\frac{y+1}{3}=\frac{z}{-1}.$$

例 6 求过点 $M(-1,0,4)$,且与直线 $L: x+1=y-3=\frac{z}{2}$ 垂直相交的直线方程.

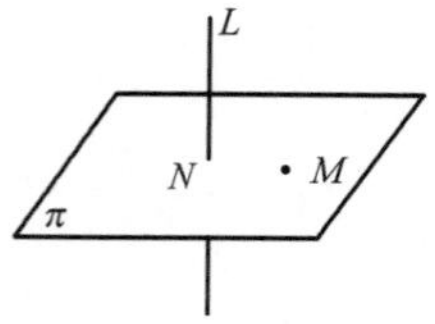

图 6-51

解 如图 6-51 所示,过点 M 作与已知直线 L 垂直的平面 π,其方程为

$$(x+1)+y+2(z-4)=0,$$

即
$$x+y+2z-7=0,$$

则直线 L 与平面 π 的交点 N 即为 L 与所求直线的交点,解方程组

$$\begin{cases} x+y+2z-7=0, \\ x+1=y-3, \\ x+1=\dfrac{z}{2}, \end{cases}$$

得 $x=-\dfrac{1}{6},y=\dfrac{23}{6},z=\dfrac{10}{6}$，因而得 $N\left(-\dfrac{1}{6},\dfrac{23}{6},\dfrac{10}{6}\right)$，取

$$\boldsymbol{s}=\overrightarrow{MN}=\left\{\frac{5}{6},\frac{23}{6},-\frac{14}{6}\right\}=\frac{1}{6}\{5,23,-14\},$$

则所求直线的方程为

$$\frac{x+1}{5}=\frac{y}{23}=\frac{z-4}{-14}.$$

例 7　试求过两点 $A(-2,0,0)$ 和 $B(0,-2,0)$，且与锥面 $x^2+y^2=z^2$ 交成抛物线的平面方程.

解　过 A,B 两点的直线方程为

$$\frac{x+2}{2}=\frac{y}{-2}=\frac{z}{0},$$

即

$$\begin{cases} x+y+2=0, \\ z=0, \end{cases}$$

设所求平面的方程为

$$x+y+2+\lambda z=0,$$

其法向量为 $\boldsymbol{n}=\{1,1,\lambda\}$，由题意，此平面与 xOy 面的夹角应为 $\dfrac{\pi}{4}$，

故 $\boldsymbol{n}$ 与 $\boldsymbol{k}=\{0,0,1\}$ 的夹角为 $\dfrac{\pi}{4}$，因而有

$$\cos\langle\boldsymbol{n},\boldsymbol{k}\rangle=\frac{|\boldsymbol{n}\cdot\boldsymbol{k}|}{|\boldsymbol{n}||\boldsymbol{k}|}=\frac{|\lambda|}{\sqrt{1^2+1^2+\lambda^2}}=\frac{\sqrt{2}}{2},$$

解得 $\lambda=\pm\sqrt{2}$，于是所求平面为

$$x+y\pm\sqrt{2}z+2=0.$$

例 8　求圆 $\begin{cases} x^2+y^2+z^2=10y, \\ x+2y+2z-19=0 \end{cases}$ 的圆心和半径 r.

解　如图 6-52 所示，圆是一个球面与一个平面的交线，将球面方程化成标准形式

$$x^2+(y-5)^2+z^2=25,$$

过球心 $A(0,5,0)$，且与平面

$$x+2y+2z-19=0$$

垂直的直线 L 的方程为

$$x=\frac{y-5}{2}=\frac{z}{2},$$

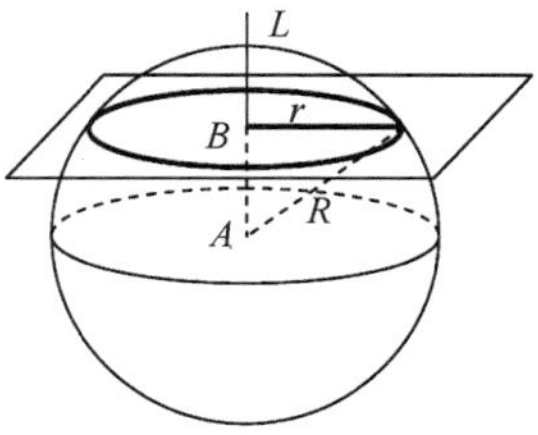

图　6-52

则平面与直线 L 的交点 B 即为所求圆心，

解方程组
$$\begin{cases}x=\dfrac{y-5}{2}=\dfrac{z}{2},\\ x+2y+2z-19=0,\end{cases}$$

得 $x=1,y=7,z=2$，故所求圆心为 $B(1,7,2)$，由于球面的半径 $R=5,AB=3$，根据勾股定理，得

$$r=\sqrt{R^2-AB^2}=\sqrt{5^2-3^2}=4.$$

例 9 已知直线 $L:\dfrac{x-1}{1}=\dfrac{y}{1}=\dfrac{z-1}{-1}$，平面 $\pi:x-y+2z-1=0$，求直线 L 在平面 π 上的投影直线 L_0 的方程.

解 将直线 L 的方程化成一般式，得

$$\begin{cases}x-y-1=0,\\ z+y-1=0,\end{cases}$$

过直线 L 的平面束方程为

$$x-y-1+\lambda(z+y-1)=0,$$

即
$$x+(-1+\lambda)y+\lambda z-1-\lambda=0,$$

当此平面与平面 π 垂直时，有

$$\{1,-1,2\}\cdot\{1,-1+\lambda,\lambda\}=2+\lambda=0,$$

得 $\lambda=-2$，因此过直线 L 且与平面 π 垂直的平面 π_1 的方程为

$$x-3y-2z+1=0,$$

平面 π_1 与平面 π 的交线即为直线 L 在平面 π 上的投影直线 L_0，于是得

$$L_0:\begin{cases}x-3y-2z+1=0,\\ x-y+2z-1=0.\end{cases}$$

例 10 已知直线 $L_1:\dfrac{x-9}{4}=\dfrac{y+2}{-3}=\dfrac{z}{1}$，$L_2:\dfrac{x}{-2}=\dfrac{y+7}{9}=\dfrac{z-2}{2}$，证明 L_1 与 L_2 是异面直线，并求 L_1 与 L_2 之间的距离 $d(L_1,L_2)$.

证 设直线 L_1,L_2 的方向向量分别为 $\boldsymbol{s}_1,\boldsymbol{s}_2$，在 L_1,L_2 上各取一点 $P_1(9,-2,0)$ 和 $P_2(0,-7,2)$，由于

$$(\boldsymbol{s}_1,\boldsymbol{s}_2,\overrightarrow{P_1P_2})=\begin{vmatrix}4&-3&1\\-2&9&2\\0-9&-7-(-2)&2-0\end{vmatrix}=245\neq0,$$

故直线 L_1 与 L_2 是异面直线.

下面分别用三种方法求 $d(L_1,L_2)$.

解 1 记 $\boldsymbol{n}=\boldsymbol{s}_1\times\boldsymbol{s}_2$，有

$$\boldsymbol{n}=\{4,-3,1\}\times\{-2,9,2\}=-5\{3,2,-6\},$$

又
$$\overrightarrow{P_1P_2}=\{-9,-5,2\},$$

则 $$d(L_1,L_2)=|(\overrightarrow{P_1P_2})_n|=\frac{|\overrightarrow{P_1P_2}\cdot\boldsymbol{n}|}{|\boldsymbol{n}|}=\frac{245}{35}=7.$$

解 2　记 $\boldsymbol{n}=\boldsymbol{s}_1\times\boldsymbol{s}_2$，有

$$\boldsymbol{n}=\{4,-3,1\}\times\{-2,9,2\}=-5\{3,2,-6\},$$

设 π 为过 L_1 且与 L_2 平行的平面，则 $\boldsymbol{n}$ 为平面 π 的法向量，因而 π 的方程为

$$3(x-9)+2(y+2)-6(z-0)=0,$$

即 $$3x+2y-6z-23=0,$$

于是 L_1 与 L_2 之间的距离等于直线 L_2 到平面 π 的距离，也就是点 P_2 到平面 π 的距离，故

$$d(L_1,L_2)=\frac{|3\times0+2\times(-7)-6\times2-23|}{\sqrt{3^2+2^2+(-6)^2}}=7.$$

解 3　如图 6-53 所示，以三向量 $\boldsymbol{s}_1,\boldsymbol{s}_2,\overrightarrow{P_1P_2}$ 为棱的平行六面体的高即为直线 L_1 与 L_2 之间的距离，由于此平行六面体的体积为

$$V=|(\boldsymbol{s}_1,\boldsymbol{s}_2,\overrightarrow{P_1P_2})|=245,$$

并且其底面积为

$$S=|\boldsymbol{s}_1\times\boldsymbol{s}_2|=|-5\{3,2,-6\}|=35,$$

故 $$d(L_1,L_2)=\frac{V}{S}=\frac{245}{35}=7.$$

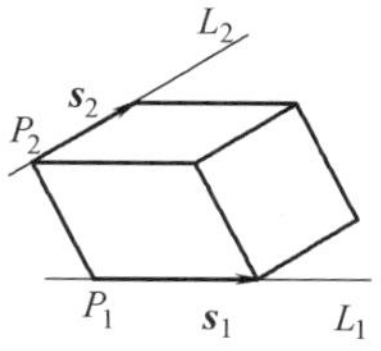

图　6-53

习题 6-8

1. 已知向量 $\boldsymbol{a},\boldsymbol{b},\boldsymbol{c}$ 具有相等的模，且两两所成的角相等，如果 $\boldsymbol{a}=\{1,1,0\}$，$\boldsymbol{b}=\{0,1,1\}$，试求向量 $\boldsymbol{c}$.
2. 设向量 $\boldsymbol{a},\boldsymbol{b},\boldsymbol{c}$ 均为单位向量，且满足 $\boldsymbol{a}+\boldsymbol{b}+\boldsymbol{c}=\boldsymbol{0}$，求 $\boldsymbol{a}\cdot\boldsymbol{b}+\boldsymbol{b}\cdot\boldsymbol{c}+\boldsymbol{c}\cdot\boldsymbol{a}$.
3. 设 $(\boldsymbol{a}\times\boldsymbol{b})\cdot\boldsymbol{c}=2$，求 $[(\boldsymbol{a}+\boldsymbol{b})\times(\boldsymbol{b}+\boldsymbol{c})]\cdot(\boldsymbol{c}+\boldsymbol{a})$.
4. 以向量 $\boldsymbol{a}$ 与 $\boldsymbol{b}$ 为邻边作平行四边形，试用 $\boldsymbol{a}$ 与 $\boldsymbol{b}$ 表示 $\boldsymbol{a}$ 边上的高向量.
5. 设向量 $\boldsymbol{a}=\{2,-3,1\}$，$\boldsymbol{b}=\{1,-2,3\}$，$\boldsymbol{c}=\{2,1,2\}$，向量 $\boldsymbol{r}$ 满足条件：$\boldsymbol{r}\perp\boldsymbol{a}$，$\boldsymbol{r}\perp\boldsymbol{b}$，$(\boldsymbol{r})_c=14$，求向量 $\boldsymbol{r}$.
6. 已知点 $A(1,0,0)$ 和 $B(0,2,1)$，试在 z 轴上求一点 C，使得 $\triangle ABC$ 的面积最小.
7. 如图 6-54 所示，已知向量 $\overrightarrow{OA}=\boldsymbol{a}$，$\overrightarrow{OB}=\boldsymbol{b}$，$\angle ODA=\frac{\pi}{2}$.

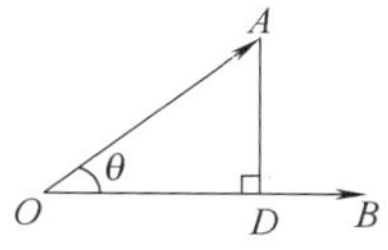

图　6-54

(1) 求 $\triangle ODA$ 的面积；

(2) 当 $\boldsymbol{a}$ 与 $\boldsymbol{b}$ 间的夹角 θ 为何值时，$\triangle ODA$ 的面积最大？

8. 求点 $(3,-1,-1)$ 关于平面 $6x+2y-9z+96=0$ 的对称点.
9. 求过直线 $\begin{cases}x+5y+z=0,\\x-z+4=0,\end{cases}$ 且与平面 $x-4y-8z+12=0$ 的夹角为 $\frac{\pi}{4}$ 的平面方程.
10. 设一平面垂直于平面 $z=0$，并通过从点 $(1,-1,1)$ 到直线 $\begin{cases}y-z+1=0,\\x=0\end{cases}$ 的垂线，求平面的方程.
11. 一平面通过平面 $4x-y+3z-6=0$ 与 $x+5y-z+10=0$ 的交线，且垂直于平面 $2x-y+5z-5=0$，试求其方程.
12. 求平行于平面 $2x+y+2z+5=0$ 且与三坐标面围成的四面体的体积为 1 的平面方程.
13. (1) 求点 $(-1,2,0)$ 在平面 $x+2y-z+1=0$ 上的

投影；

(2) 求点(2,3,1)在直线 $x+7=\frac{y+2}{2}=\frac{z+2}{3}$ 上的投影.

14. 求过点(−1,0,4)，且平行于平面 $3x-4y+z-10=0$，又与直线 $\frac{x+1}{1}=\frac{y-3}{1}=\frac{z}{2}$ 相交的直线方程.

15. 求曲线 $\begin{cases} z=2-x^2-y^2, \\ z=(x-1)^2+(y-1)^2 \end{cases}$ 在 xOy 面上的投影曲线 C_{xy} 的方程以及 C_{xy} 绕 y 轴旋转一周所成旋转曲面的方程.

16. 设一直线过点(2,−1,2)且与两条直线 L_1：$\frac{x-1}{1}=\frac{y-1}{0}=\frac{z-1}{1}$，$L_2$：$\frac{x-2}{1}=\frac{y-1}{1}=\frac{z+3}{-3}$ 都相交，求此直线的方程.

17. 证明：直线 $\frac{x-2}{3}=y+2=\frac{z-3}{-4}$ 在平面 $x+y+z=3$ 上.

18. 求两平行直线 $\frac{x-1}{1}=\frac{y+1}{2}=\frac{z}{1}$ 和 $\frac{x-2}{1}=\frac{y+1}{2}=\frac{z-1}{1}$ 之间的距离.

19. 证明：两直线 $x-2=\frac{y-2}{3}=z-3$ 与 $x-2=\frac{y-3}{4}=\frac{z-4}{2}$ 是相交的.

20. 证明：三平面 $x+2y-z+3=0$，$3x-y+2z+1=0$，$2x-3y+3z-2=0$ 共线.

21. 求通过圆周 $x^2+y^2+z^2-13=0$，$x^2+y^2+z^2-3x-4=0$ 及点(1,−2,3)的球面的方程.

7

第七章 多元函数微分学

只有一个自变量的函数叫作一元函数，而实际中的问题大都是受多种因素影响的，反映到数学上，就是要研究一个变量依赖于多个变量的情形，即多元函数的问题. 从本章开始我们将讨论多元函数的微分与积分问题. 多元函数微积分是在一元函数微积分的基础上发展起来的，因此它们有许多相同之处，但又有许多本质上的不同. 学习中要注意它们之间的共同点和相互联系，更要注意它们之间的区别以及出现的新问题和新情况.

生活中的经济学，
教你如何精打细算

第一节 多元函数的极限与连续

一、多元函数的概念

首先给出二元函数的定义.

定义 1 设 D 是平面上的一个点集，如果对于每个点 $P(x,y)\in D$，变量 z 按照一定的规则 f 总有唯一确定的值与它对应，则称变量 z（或 f）是变量 x,y 的二元函数（或点 P 的二元函数），记作 $z=f(x,y)$ 或 $z=f(P)$，其中 x,y 称为自变量，z 称为因变量或函数，点集 D 称为该函数的定义域.

如果将上述定义中的平面点集换成三维空间中的点集或 n 维空间中的点集，则可以类似地定义三元函数 $u=f(x,y,z)$ 或 n 元函数 $u=f(x_1,x_2,\cdots,x_n)$，若用 P 表示点 $(x_1,x_2,\cdots,x_n)$，则 n 元函数也可以简记为 $u=f(P)$，因而 n 元函数都可以称为点函数. 我们将二元以上函数称为多元函数. 同一元函数一样，我们上面所定义的多元函数是单值函数，即与每一点 P 对应的 u 的值都是唯一的. 以后若不做特殊说明，则所讨论的函数都指的是单值函数.

由于二元函数的理论与三元函数及 n 元函数的理论没有本质上的差别，因此本章将重点讨论二元函数，其方法和结论很容易推广到三元及三元以上函数的情形.

二元函数的定义域是平面上的点集. 我们这里所讨论的二元函数的定义域通常是由一条或几条曲线所围成的一部分平面,这样的点集称为**区域**. 围成区域的曲线叫作**区域的边界**.

如果区域包含它的全部边界,则称其为**闭区域**. 如果区域不包含它的边界,则称其为**开区域**.

平面上以点 $P_0(x_0,y_0)$ 为中心,以 $\delta(>0)$ 为半径的圆内部所有点的集合,即满足 $\sqrt{(x-x_0)^2+(y-y_0)^2}<\delta$ 的点 $P(x,y)$ 的集合称为点 $P_0(x_0,y_0)$ 的 **δ 邻域**,记作 $N(P_0,\delta)$. 如果在 $N(P_0,\delta)$ 中去掉点 $P_0(x_0,y_0)$,则所得集合称为点 $P_0(x_0,y_0)$ 的**去心 δ 邻域**.

设 D 是一平面区域,$P(x,y)$ 是平面上一点,如果 $\exists\delta>0$,使 $N(P,\delta)\subset D$,则称 P 为区域 D 的**内点**. 如果 $\exists\delta>0$,使 $N(P,\delta)\cap D=\varnothing$,则称 P 为区域 D 的**外点**. 如果对 $\forall\delta>0$,在 $N(P,\delta)$ 内都既有区域 D 的内点,又有区域 D 的外点,则称 P 为区域 D 的**边界点**.

如果区域 D 可以被包围在某个圆心在原点的圆内,则称此区域是**有界区域**.

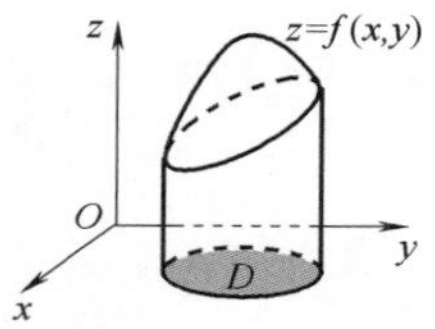

图　7-1

由空间解析几何知道,一般情况下,在空间直角坐标系中,由二元函数 $z=f(x,y)$ 所确定的点 (x,y,z) 构成一张曲面,或者说二元函数的图形是一张曲面,此曲面在 xOy 面上的投影区域 D 就是这个函数的定义域(见图 7-1).

例 1　确定下列函数的定义域及其图形:

(1) $z=\sqrt{4-x^2-y^2}+\sqrt{x^2+y^2-1}$;

(2) $z=\ln(y^2-4x+8)$.

解　(1) 函数的定义域为

$$\{(x,y)\mid 4-x^2-y^2\geqslant 0,x^2+y^2-1\geqslant 0\},$$

它是由 xOy 面上的两个圆围成的,是有界闭区域;

(2) 函数的定义域为

$$\{(x,y)\mid y^2-4x+8>0\},$$

它是一开口向右的抛物线左方部分平面区域,是无界开区域.

二、多元函数的极限

与一元函数的极限类似,我们可以用 ε-δ 语言定义二元函数在点 (x_0,y_0) 处的极限. 我们约定:$x\to x_0$,$y\to y_0$,可以表示成 $\begin{matrix}x\to x_0\\y\to y_0\end{matrix}$,或 $P\to P_0$,或 $(x,y)\to(x_0,y_0)$,而上述表达式又等价于

$|PP_0|=\sqrt{(x-x_0)^2+(y-y_0)^2}\to 0$.

定义 2　设函数 $f(x,y)$ 在点 $P_0(x_0,y_0)$ 的某去心邻域内有定义，A 是一个数，如果对于任意给定的正数 ε，都存在正数 δ，使得对于适合不等式

$$0<|PP_0|=\sqrt{(x-x_0)^2+(y-y_0)^2}<\delta$$

的一切点 $P(x,y)$，都有 $|f(x,y)-A|<\varepsilon$ 成立，则称当 $x\to x_0$，$y\to y_0$，时，$f(x,y)$ 以 A 为极限，记作

$$\lim_{\substack{x\to x_0\\y\to y_0}}f(x,y)=A \quad 或 \quad \lim_{P\to P_0}f(P)=A,$$

如此定义的极限又称为 $f(x,y)$ 在点 (x_0,y_0) 处的二重极限.

应当指出，二重极限 $\lim\limits_{\substack{x\to x_0\\y\to y_0}}f(x,y)=A$ 意味着当点 $P(x,y)$ 以任何方式趋于 $P_0(x_0,y_0)$ 时，函数 $f(x,y)$ 的值都应趋于 A. 因此当点 $P(x,y)$ 沿任何直线或任何曲线趋于 $P_0(x_0,y_0)$ 时，函数 $f(x,y)$ 的值都应趋于 A. 这就为我们证明极限 $\lim\limits_{\substack{x\to x_0\\y\to y_0}}f(x,y)$ 不存在提供了一种方法. 如果当 $P(x,y)$ 以某种特殊的方式趋于 $P_0(x_0,y_0)$ 时，函数 $f(x,y)$ 没有极限，那么可以断定极限 $\lim\limits_{\substack{x\to x_0\\y\to y_0}}f(x,y)$ 不存在. 如果当 $P(x,y)$ 以不同的方式（如沿不同的曲线）趋于 $P_0(x_0,y_0)$ 时，函数 $f(x,y)$ 趋于不同的值，则也可以断定极限 $\lim\limits_{\substack{x\to x_0\\y\to y_0}}f(x,y)$ 不存在.

类似地，可以定义 $\lim\limits_{\substack{x\to x_0\\y\to \infty}}f(x,y)$，$\lim\limits_{\substack{x\to \infty\\y\to \infty}}f(x,y)$，…，以及三元以上函数的极限.

例 2　考察下列函数在点 $O(0,0)$ 处的极限：

(1) $f(x,y)=\begin{cases}\dfrac{2xy}{x^2+y^2}, & (x,y)\neq(0,0),\\ 0, & (x,y)=(0,0);\end{cases}$

(2) $f(x,y)=\dfrac{x^2y}{x^4+y^2}$.

解　(1) 当点 (x,y) 沿直线 $y=kx$ 趋于点 $O(0,0)$ 时，有

$$\lim_{\substack{x\to 0\\y\to 0}}f(x,y)=\lim_{x\to 0}\frac{2kx^2}{x^2+k^2x^2}=\lim_{x\to 0}\frac{2k}{1+k^2}=\frac{2k}{1+k^2},$$

由于当 k 不同时，此极限值也不同，故 $\lim\limits_{\substack{x\to 0\\y\to 0}}f(x,y)$ 不存在；

(2) 当点 (x,y) 沿直线 $y=kx(k\neq0)$ 趋于点 $O(0,0)$ 时，有

$$\lim_{\substack{x\to 0\\ y\to 0}} f(x,y)=\lim_{x\to 0}\frac{kx^3}{x^4+k^2x^2}=\lim_{x\to 0}\frac{kx}{x^2+k^2}=0,$$

当点(x,y)沿抛物线 $y=x^2$ 趋于点 $O(0,0)$时，有

$$\lim_{\substack{x\to 0\\ y\to 0}} f(x,y)=\lim_{x\to 0}\frac{x^4}{x^4+x^4}=\frac{1}{2},$$

因此$\lim\limits_{\substack{x\to 0\\ y\to 0}} f(x,y)$不存在.

我们在证明或计算二元函数的极限时，有时可以利用一元函数的某些方法或结论.

例 3　证明：$\lim\limits_{\substack{x\to 0\\ y\to 0}}\dfrac{\sin(x^2y)}{x^2+y^2}=0$.

证 1　由于

$$\left|\frac{\sin(x^2y)}{x^2+y^2}\right|\leqslant\left|\frac{x^2y}{x^2+y^2}\right|\leqslant\left|\frac{x^2y}{2xy}\right|=\frac{|x|}{2},$$

而

$$\lim_{\substack{x\to 0\\ y\to 0}}\frac{|x|}{2}=\lim_{x\to 0}=\frac{|x|}{2}=0,$$

根据夹逼定理，得

$$\lim_{\substack{x\to 0\\ y\to 0}}\frac{\sin(x^2y)}{x^2+y^2}=0.$$

证 2　利用极坐标 $x=\rho\cos\theta, y=\rho\sin\theta$，得

$$\lim_{\substack{x\to 0\\ y\to 0}}\frac{\sin(x^2y)}{x^2+y^2}=\lim_{\rho\to 0}\frac{\sin(\rho^3\sin\theta\cos^2\theta)}{\rho^2}$$

$$=\lim_{\rho\to 0}\frac{\rho^3\sin\theta\cos^2\theta}{\rho^2}=\lim_{\rho\to 0}\rho\sin\theta\cos^2\theta=0.$$

其中用到等价无穷小替换及无穷小与有界函数的乘积仍是无穷小的结论.

例 4　求$\lim\limits_{\substack{x\to 1\\ y\to 0}}\dfrac{\ln(1+xy)}{y}$.

解　当 $x\to 1, y\to 0$ 时，有 $xy\to 0$，因而 $\ln(1+xy)$与 xy 是等价无穷小，故

$$\lim_{\substack{x\to 1\\ y\to 0}}\frac{\ln(1+xy)}{y}=\lim_{\substack{x\to 1\\ y\to 0}}\frac{xy}{y}=\lim_{x\to 1}x=1.$$

三、多元函数的连续性

定义 3　**设函数 $f(x,y)$在点 $P_0(x_0,y_0)$的某邻域内有定义，如果**

$$\lim_{\substack{x\to x_0\\ y\to y_0}} f(x,y)=f(x_0,y_0),$$

则称函数 $f(x,y)$ 在点 $P_0(x_0,y_0)$ 处连续.

若记 $\Delta x=x-x_0,\Delta y=y-y_0,\Delta z=f(x,y)-f(x_0,y_0)$，则上述定义中的极限等价于

$$\lim_{\substack{\Delta x\to 0\\ \Delta y\to 0}}\Delta z=0.$$

例 5　设 $f(x,y)=\begin{cases}\dfrac{\sin(xy)}{x(y^2+1)}, & x\neq 0,\\ 0, & x=0,\end{cases}$ 证明：$f(x,y)$ 在点 $(0,0)$ 处连续.

证　当 $x\neq 0,y=0$ 时，有

$$\lim_{\substack{x\to 0\\ y\to 0}}f(x,y)=\lim_{\substack{x\to 0\\ y\to 0}}0=0=f(0,0),$$

当 $xy\neq 0$ 时，有

$$\begin{aligned}\lim_{\substack{x\to 0\\ y\to 0}}f(x,y)&=\lim_{\substack{x\to 0\\ y\to 0}}\frac{\sin(xy)}{xy}\frac{y}{y^2+1}\\ &=\lim_{\substack{x\to 0\\ y\to 0}}\frac{\sin(xy)}{xy}\lim_{y\to 0}\frac{y}{y^2+1}=1\times 0=0=f(0,0),\end{aligned}$$

因此

$$\lim_{\substack{x\to 0\\ y\to 0}}f(x,y)=f(0,0),$$

故 $f(x,y)$ 在点 $(0,0)$ 处连续.

设 D 是一区域，$P_0(x_0,y_0)$ 是 D 的边界点，如果在 P_0 的任意去心邻域内都有属于 D 的点，并且当点 $P\in D$ 以任何方式趋于 $P_0(x_0,y_0)$ 时，都有

$$\lim_{\substack{x\to x_0\\ y\to y_0}}f(x,y)=f(x_0,y_0),$$

则称 $f(x,y)$ 在边界点 $P_0(x_0,y_0)$ 处（有条件地）连续，这种连续类似于一元函数的左连续或右连续.

如果函数 $f(x,y)$ 在区域 D 的每一个内点处都连续，则称 $f(x,y)$ 在区域 D 内连续. 如果 $f(x,y)$ 在区域 D 内连续，且在 D 的每一个边界点处有条件地连续，则称 $f(x,y)$ 在闭区域 D 上连续.

因此，当 $f(x,y)$ 的定义域为一条曲线 C 时，如果 $f(x,y)$ 在曲线 C 的每一个点处都（有条件地）连续（即对 $\forall(x_0,y_0)\in C$，当点 (x,y) 沿曲线 C 趋于 (x_0,y_0) 时，都有 $\lim\limits_{\substack{x\to x_0\\ y\to y_0}}f(x,y)=f(x_0,y_0)$），则称 $f(x,y)$ 在曲线 C 上连续.

函数不连续的点称为**间断点**.

类似地可以定义三元函数的连续性以及三元函数在曲线或曲面上的连续性.

一元函数的和、差、积、商的连续性以及复合函数的连续性同样适用于多元函数的情形，即多元连续函数的和、差、积、商（分母不为零）仍是连续函数，多元连续函数的复合函数仍是连续函数.

由具有不同自变量的一元初等函数经过有限次四则运算及有限次复合而得到的函数称为**多元初等函数**.

例如，x^2+y^2，e^{x^2yz}，$\dfrac{\sin xy}{x^3+y}-\ln(1-x^2-y^2)$都是多元初等函数.

根据上面的分析可知，多元初等函数在其定义区域上是连续的.

例 6 考察函数 $f(x,y)=\begin{cases}\dfrac{\sin(xy)}{xy}, & xy\neq 0,\\ 1, & x^2+y^2=0\end{cases}$ 在其定义域的连续性.

解 $f(x,y)$在 xOy 面上除去 x 轴和 y 轴处处有定义，此外在原点处有定义.

当(x_0,y_0)是定义域中的点，但不是原点时，由于 $x_0y_0\neq 0$，显然$f(x,y)$在(x_0,y_0)处连续.

在(0,0)处，当(x,y)在定义域内，$xy\neq 0$，且$(x,y)\to(0,0)$时，由于总有 $xy\to 0$，故

$$\lim_{\substack{x\to 0\\ y\to 0}}f(x,y)=\lim_{\substack{x\to 0\\ y\to 0}}\frac{\sin xy}{xy}=\lim_{\substack{x\to 0\\ y\to 0}}\frac{xy}{xy}=1=f(0,0),$$

因此 $f(x,y)$在(0,0)处（有条件地）连续，故 $f(x,y)$在其定义域上是连续函数.

与一元函数类似，定义在有界闭区域上的多元连续函数具有如下重要性质.

1.（有界性定理）如果函数 $f(P)$ 在有界闭区域 D 上连续，则 $f(P)$ 在区域 D 上有界，即存在正数 M，使对 $\forall P\in D$，都有

$$|f(P)|\leqslant M.$$

2.（最值定理）如果函数 $f(P)$ 在有界闭区域 D 上连续，则 $f(P)$ 在区域 D 上必定取得最大值和最小值，即存在 $P_1,P_2\in D$，使得对 $\forall P\in D$，都有

$$f(P_1)\leqslant f(P)\leqslant f(P_2).$$

3.（介值定理）如果函数 $f(P)$ 在有界闭区域 D 上连续，M 和 m 分别是 $f(P)$ 在区域 D 上的最大值与最小值，则对满足 $m\leqslant\mu\leqslant M$ 的任意实数 μ，一定存在 $P\in D$，使得

$$f(P)=\mu.$$

习题 7-1

1. 若 $f\left(x+y,\dfrac{y}{x}\right)=x^2-y^2$，求 $f(x,y)$.

2. 设 $z=\sqrt{y}+f(\sqrt{x}-1)$，如果当 $y=1$ 时，$z=x$，试确定 f 和 z.

3. 求下列函数的定义域，并画出其图形.

(1) $z=\arcsin\dfrac{x}{y^2}+\arcsin(1-y)$；

(2) $z=\sqrt{\dfrac{x^2+y^2-x}{2x-x^2-y^2}}$；

(3) $u=\sqrt{R^2-x^2-y^2-z^2}+\dfrac{1}{\sqrt{x^2+y^2+z^2-r^2}}$ $(R>r>0)$；

(4) $u=\ln(-1-x^2-y^2+z^2)$.

4. 求下列极限：

(1) $\lim\limits_{\substack{x\to0\\y\to0}}\dfrac{2-\sqrt{xy+4}}{xy}$；

(2) $\lim\limits_{\substack{x\to0\\y\to0}}(x+y)\sin\dfrac{1}{x}\sin\dfrac{1}{y}$；

(3) $\lim\limits_{\substack{x\to+\infty\\y\to a}}\left(1+\dfrac{1}{x}\right)^{\frac{x^2}{x+y}}$.

5. 讨论极限 $\lim\limits_{\substack{x\to0\\y\to0}}\dfrac{x+y}{x-y}$ 的存在性.

6. 研究下列函数在点 $(0,0)$ 处的连续性：

(1) $f(x,y)=\begin{cases}\dfrac{xy}{\sqrt{x^2+y^2}}, & x^2+y^2\neq0,\\ 0, & x^2+y^2=0;\end{cases}$

(2) $f(x,y)=\begin{cases}1, & xy=0,\\ 0, & xy\neq0.\end{cases}$

7. 设函数 $f(x,y)$ 在平面有界闭区域 D 上连续，$(x_i,y_i)\in D$，$i=1,2,\cdots,n$，证明：存在点 $(\xi,\eta)\in D$，使得

$$f(\xi,\eta)=\frac{f(x_1,y_1)+f(x_2,y_2)+\cdots+f(x_n,y_n)}{n}.$$

8. 利用极坐标讨论下列函数 $f(x,y)$ 当 $(x,y)\to(0,0)$ 时的极限.

(1) $f(x,y)=\dfrac{x^3-xy^2}{x^2+y^2}$；

(2) $f(x,y)=\cos\dfrac{x^3-y^3}{x^2+y^2}$；

(3) $f(x,y)=\dfrac{2x}{x^2+x+y^2}$；

(4) $f(x,y)=\arctan\dfrac{|x|+|y|}{x^2+y^2}$；

(5) $f(x,y)=\ln\dfrac{3x^2-x^2y^2+3y^2}{x^2+y^2}$.

第二节　偏导数

在一元函数微分学中，为了研究一个变量相对于另一个变量的变化情况，我们引入了导数的概念，导数刻画了函数对于自变量的变化率. 在许多实际问题中，我们也需要研究多元函数相对于其自变量的变化情况，这就需要把一元函数的求导问题推广到多元函数的情形. 多元函数可视为多个因素(自变量)共同作用刻画同一个函数，将这个函数的各个自变量逐一进行讨论，考虑函数关于某一个自变量的变化率就是偏导数.

一、偏导数

下面引入偏导数的概念.

定义 设函数 $z=f(x,y)$ 在点 (x_0,y_0) 的某邻域内有定义，将 y 固定为 y_0，而 x 在 x_0 处取得增量 Δx 时，函数 $f(x,y)$ 所产生的相应的增量

$$\Delta_x z=f(x_0+\Delta x,y_0)-f(x_0,y_0)$$

称为 $f(x,y)$ 关于 x 的偏增量，如果极限

$$\lim_{\Delta x\to 0}\frac{\Delta_x z}{\Delta x}=\lim_{\Delta x\to 0}\frac{f(x_0+\Delta x,y_0)-f(x_0,y_0)}{\Delta x}$$

存在，则称此极限为函数 $z=f(x,y)$ 在点 (x_0,y_0) 处对 x 的偏导数，记作

$$\left.\frac{\partial z}{\partial x}\right|_{(x_0,y_0)},\left.\frac{\partial f}{\partial x}\right|_{(x_0,y_0)},\left.z'_x\right|_{(x_0,y_0)},f'_x(x_0,y_0),\text{或 } f'_1(x_0,y_0),$$

即
$$f'_x(x_0,y_0)=\lim_{\Delta x\to 0}\frac{f(x_0+\Delta x,y_0)-f(x_0,y_0)}{\Delta x}.$$

类似地，如果函数 $f(x,y)$ 关于 y 的偏增量 $\Delta_y z$ 与 Δy 之比的极限

$$\lim_{\Delta y\to 0}\frac{\Delta_y z}{\Delta y}=\lim_{\Delta y\to 0}\frac{f(x_0,y_0+\Delta y)-f(x_0,y_0)}{\Delta y}$$

存在，则称此极限为函数 $z=f(x,y)$ 在点 (x_0,y_0) 处对 y 的偏导数，记作

$$\left.\frac{\partial z}{\partial y}\right|_{(x_0,y_0)},\left.\frac{\partial f}{\partial y}\right|_{(x_0,y_0)},\left.z'_y\right|_{(x_0,y_0)},f'_y(x_0,y_0),\text{或 } f'_2(x_0,y_0),$$

即
$$f'_y(x_0,y_0)=\lim_{\Delta y\to 0}\frac{f(x_0,y_0+\Delta y)-f(x_0,y_0)}{\Delta y}.$$

如果函数 $z=f(x,y)$ 在区域 D 内每一点 (x,y) 处都有对 x 的偏导数 $f'_x(x,y)$ 或对 y 的偏导数 $f'_y(x,y)$，则 $f'_x(x,y)$ 与 $f'_y(x,y)$ 仍是变量 x,y 的函数，我们将其称为**偏导函数**（也可简称为偏导数），可分别记为

$$\frac{\partial z}{\partial x},\frac{\partial f}{\partial x},z'_x,f'_x,f'_1,$$

及
$$\frac{\partial z}{\partial y},\frac{\partial f}{\partial y},z'_y,f'_y,f'_2.$$

以上偏导数的定义可以推广到三元以上函数的情形. 根据偏导数的定义，当给出多元函数的表示式时，求它的各个偏导数并不需要新的方法. 例如求 $f'_x(x,y)$ 时，只需将 y 看成常量，利用一元函数的求导法对 x 求导即可. 注意偏导符号 $\frac{\partial z}{\partial x},\frac{\partial z}{\partial y}$ 等是一个整体符号，不能像一元函数那样再视为“微商”.

例 1　求 $z=5x^3+xy-2y^2$ 在点 $(1,2)$ 处的偏导数.

解　将 y 看成常量，对 x 求导，得

$$\frac{\partial z}{\partial x}=15x^2+y,$$

将 x 看成常量，对 y 求导，得

$$\frac{\partial z}{\partial y}=x-4y,$$

将 $x=1,y=2$ 分别代入上面两式，得

$$\left.\frac{\partial z}{\partial x}\right|_{(1,2)}=15\times1^2+2=17,\left.\frac{\partial z}{\partial y}\right|_{(1,2)}=1-4\times2=-7.$$

例 2　求下列函数的偏导数.

(1) $z=x^y+\ln(x+y^2)$；　(2) $u=y\arctan\dfrac{x^2y}{z}$.

解　(1) $\dfrac{\partial z}{\partial x}=yx^{y-1}+\dfrac{1}{x+y^2}$,

$$\frac{\partial z}{\partial y}=x^y\ln x+\frac{2y}{x+y^2};$$

(2) $$\frac{\partial u}{\partial x}=y\frac{1}{1+\left(\frac{x^2y}{z}\right)^2}\frac{2xy}{z}=\frac{2xy^2z}{z^2+x^4y^2},$$

$$\frac{\partial u}{\partial y}=\arctan\frac{x^2y}{z}+y\frac{1}{1+\left(\frac{x^2y}{z}\right)^2}\frac{x^2}{z}=\arctan\frac{x^2y}{z}+\frac{x^2yz}{z^2+x^4y^2},$$

$$\frac{\partial u}{\partial z}=y\frac{1}{1+\left(\frac{x^2y}{z}\right)^2}\left(-\frac{x^2y}{z^2}\right)=\frac{-x^2y^2}{z^2+x^4y^2}.$$

例 3　已知理想气体的状态方程 $pV=RT$，其中 p 为压强，V 为体积，T 为温度，R 是常数，求 $\dfrac{\partial p}{\partial V}\cdot\dfrac{\partial V}{\partial T}\cdot\dfrac{\partial T}{\partial p}$.

解　由 $p=\dfrac{RT}{V}$，得 $\dfrac{\partial p}{\partial V}=-\dfrac{RT}{V^2}$,

由 $V=\dfrac{RT}{p}$，得 $\dfrac{\partial V}{\partial T}=\dfrac{R}{p}$，由 $T=\dfrac{pV}{R}$，得 $\dfrac{\partial T}{\partial p}=\dfrac{V}{R}$,

因此

$$\frac{\partial p}{\partial V}\cdot\frac{\partial V}{\partial T}\cdot\frac{\partial T}{\partial p}=-\frac{RT}{V^2}\cdot\frac{R}{p}\cdot\frac{V}{R}=-\frac{RT}{pV}=-1.$$

此结果表明，偏导数的记号是一个整体记号，它不能像一元函数的导数那样可以看成是分子的微分与分母的微分的商.

例 4 设 $f(x,y)=\begin{cases}\dfrac{xy}{x^2+y^2}, & (x,y)\neq(0,0),\\ 0, & (x,y)=(0,0),\end{cases}$ 求 $f'_x(0,0)$，$f'_y(0,0)$，并讨论 $f(x,y)$ 在点 $(0,0)$ 处的连续性.

解 $(0,0)$ 是函数的分段点，在此点处的偏导数需利用定义求.

$$f'_x(0,0)=\lim_{\Delta x\to 0}\frac{f(0+\Delta x,0)-f(0,0)}{\Delta x}=\lim_{\Delta x\to 0}\frac{0-0}{\Delta x}=0,$$

同理，
$$f'_y(0,0)=0,$$
根据上一节的讨论，可知极限

$$\lim_{\substack{x\to 0\\ y\to 0}}f(x,y)=\lim_{\substack{x\to 0\\ y\to 0}}\frac{xy}{x^2+y^2}$$

不存在（因为沿不同直线所得极限值不同），故 $f(x,y)$ 在 $(0,0)$ 处不连续.

由此看到，由两个偏导数存在，并不能得出二元函数是连续的. 但是利用一元函数可导一定连续的结论可以得出：如果 $f'_x(x_0,y_0)$ 存在，则函数 $f(x,y_0)$ 在 (x_0,y_0) 处关于变量 x 是连续的，即有

$$\lim_{x\to x_0}f(x,y_0)=f(x_0,y_0)，或\lim_{\Delta x\to 0}\Delta_x z=0.$$

同样，如果 $f'_y(x_0,y_0)$ 存在，则函数 $f(x_0,y)$ 在 (x_0,y_0) 处关于变量 y 是连续的，即有

$$\lim_{y\to y_0}f(x_0,y)=f(x_0,y_0)，或\lim_{\Delta y\to 0}\Delta_y z=0.$$

二、偏导数的几何意义

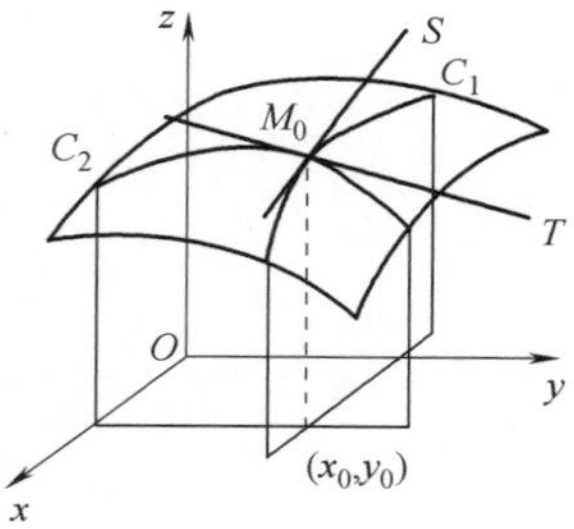

图 7-2

一般情况下，二元函数 $z=f(x,y)$ 在空间直角坐标系中的图形为一曲面，当 y 固定为 y_0 时，曲面上 z 坐标为 $f(x,y_0)$ 的点形成一条曲线，此曲线是由平面 $y=y_0$ 在曲面上截得的（见图 7-2 中的 C_1），其一般方程为 $C_1:\begin{cases}z=f(x,y_0),\\ y=y_0.\end{cases}$ 根据一元函数微分学可知，如果函数 $z=f(x,y)$ 在点 (x_0,y_0) 处有偏导数 $f'_x(x_0,y_0)$，则曲线 C_1 在点 $M_0(x_0,y_0,f(x_0,y_0))$ 处一定有切线 M_0S，并且 $f'_x(x_0,y_0)$ 就是此切线对 x 轴的斜率，即如果将直线 M_0S 与 x 轴正向的夹角记作 α，则有

$$\tan\alpha=f'_x(x_0,y_0).$$

同样，当 x 固定为 x_0 时，曲面上 z 坐标为 $f(x_0,y)$ 的点形成一条曲线，此曲线是由平面 $x=x_0$ 在曲面上截得的（见图 7-2 中的 C_2），其一般方程为 $C_2:\begin{cases}z=f(x_0,y),\\ x=x_0.\end{cases}$ 如果函数 $z=f(x,y)$ 在点 (x_0,y_0) 处有偏导数 $f'_y(x_0,y_0)$，则曲线 C_2 在点 $M_0(x_0,y_0,f(x_0,y_0))$ 处一定

有切线 M_0T，并且 $f'_y(x_0,y_0)$ 就是此切线对 y 轴的斜率，即如果将直线 M_0T 与 y 轴正向的夹角记作 β，则有

$$\tan\beta=f'_y(x_0,y_0).$$

三、高阶偏导数

设函数 $z=f(x,y)$ 在区域 D 内有偏导数

$$\frac{\partial z}{\partial x}=f'_x(x,y),\frac{\partial z}{\partial y}=f'_y(x,y),$$

则在 D 内 $f'_x(x,y)$ 与 $f'_y(x,y)$ 仍然是 x,y 的函数，如果这两个函数的偏导数也存在，则称它们的偏导数为 $z=f(x,y)$ 的二阶偏导数，分别记作

$$\frac{\partial}{\partial x}\left(\frac{\partial z}{\partial x}\right)=\frac{\partial^2 z}{\partial x^2}=f''_{xx}(x,y)=f''_{11}(x,y),$$

$$\frac{\partial}{\partial y}\left(\frac{\partial z}{\partial x}\right)=\frac{\partial^2 z}{\partial x\partial y}=f''_{xy}(x,y)=f''_{12}(x,y),$$

$$\frac{\partial}{\partial x}\left(\frac{\partial z}{\partial y}\right)=\frac{\partial^2 z}{\partial y\partial x}=f''_{yx}(x,y)=f''_{21}(x,y),$$

$$\frac{\partial}{\partial y}\left(\frac{\partial z}{\partial y}\right)=\frac{\partial^2 z}{\partial y^2}=f''_{yy}(x,y)=f''_{22}(x,y).$$

其中$\frac{\partial^2 z}{\partial x\partial y}$与$\frac{\partial^2 z}{\partial y\partial x}$称为混合偏导数. 同样可以定义三阶以上的偏导数. 我们将二阶以上的偏导数称为高阶偏导数.

例 5 求 $z=x^2\sin y$ 的二阶偏导数.

解 $\frac{\partial z}{\partial x}=2x\sin y,\frac{\partial z}{\partial y}=x^2\cos y,$

$\frac{\partial^2 z}{\partial x^2}=2\sin y,\frac{\partial^2 z}{\partial x\partial y}=2x\cos y,$

$\frac{\partial^2 z}{\partial y\partial x}=2x\cos y,\frac{\partial^2 z}{\partial y^2}=-x^2\sin y.$

我们看到，例 5 的结果满足$\frac{\partial^2 z}{\partial x\partial y}=\frac{\partial^2 z}{\partial y\partial x}$，下面的定理表明，一般地，只要函数的混合偏导数具备一定的条件，就有这个结果成立.

定理 如果函数 $z=f(x,y)$ 的两个混合偏导数 $f''_{xy}(x,y)$ 与 $f''_{yx}(x,y)$ 在区域 D 内连续，则在此区域内必有

$$f''_{xy}(x,y)=f''_{yx}(x,y).$$

证明略.

对 n 元函数及三阶以上混合偏导数有类似的结论，因而在高阶

混合偏导数连续的条件下可随意改变其求导次序.

例 6 设 $u=\mathrm{e}^{xyz}$,求$\frac{\partial^3 u}{\partial x^2\partial y}$,$\frac{\partial^3 u}{\partial z\partial y\partial x}$.

解 显然这个函数的各阶偏导数都是连续的.

$$\frac{\partial u}{\partial x}=yz\mathrm{e}^{xyz},\frac{\partial^2 u}{\partial x\partial y}=z\mathrm{e}^{xyz}+xyz^2\mathrm{e}^{xyz}=(z+xyz^2)\mathrm{e}^{xyz},$$

$$\begin{aligned}\frac{\partial^3 u}{\partial x^2\partial y}&=\frac{\partial^3 u}{\partial x\partial y\partial x}\\&=yz^2\mathrm{e}^{xyz}+(z+xyz^2)yz\mathrm{e}^{xyz}=(2yz^2+xy^2z^3)\mathrm{e}^{xyz},\end{aligned}$$

$$\begin{aligned}\frac{\partial^3 u}{\partial z\partial y\partial x}&=\frac{\partial^3 u}{\partial x\partial y\partial z}\\&=(1+2xyz)\mathrm{e}^{xyz}+(z+xyz^2)xy\mathrm{e}^{xyz}\\&=(1+3xyz+x^2y^2z^2)\mathrm{e}^{xyz}.\end{aligned}$$

例 7 证明:函数 $u=\frac{1}{r}$ 满足方程$\frac{\partial^2 u}{\partial x^2}+\frac{\partial^2 u}{\partial y^2}+\frac{\partial^2 u}{\partial z^2}=0$,其中 $r=\sqrt{x^2+y^2+z^2}$.

证 $$\frac{\partial u}{\partial x}=-\frac{1}{r^2}\cdot\frac{\partial r}{\partial x}=-\frac{1}{r^2}\cdot\frac{x}{\sqrt{x^2+y^2+z^2}}=-x\frac{1}{r^3},$$

$$\frac{\partial^2 u}{\partial x^2}=-\frac{1}{r^3}-x\frac{-3}{r^4}\frac{\partial r}{\partial x}=-\frac{1}{r^3}+\frac{3x^2}{r^5},$$

同样可得

$$\frac{\partial^2 u}{\partial y^2}=-\frac{1}{r^3}+\frac{3y^2}{r^5},\frac{\partial^2 u}{\partial z^2}=-\frac{1}{r^3}+\frac{3z^2}{r^5},$$

因此 $$\begin{aligned}\frac{\partial^2 u}{\partial x^2}+\frac{\partial^2 u}{\partial y^2}+\frac{\partial^2 u}{\partial z^2}&=-\frac{3}{r^3}+\frac{3(x^2+y^2+z^2)}{r^5}\\&=-\frac{3}{r^3}+\frac{3r^2}{r^5}=0.\end{aligned}$$

此例中的方程$\frac{\partial^2 u}{\partial x^2}+\frac{\partial^2 u}{\partial y^2}+\frac{\partial^2 u}{\partial z^2}=0$ 称为拉普拉斯(Laplace)方程,它是数学物理方程中的一种很重要的方程.

习题 7-2

1. 求下列函数的偏导数:

(1) $z=\sin(xy)+\cos^2(xy)$;

(2) $z=\sqrt{\ln(xy)}$;

(3) $z=\ln\left(\tan\frac{x}{y}\right)$;

(4) $z=\sqrt{x}\arctan y$;

(5) $z=\ln(x+\sqrt{x^2+y^2})$;

(6) $u=x^{\frac{y}{z}}$;

(7) $u=\frac{1}{\sqrt{x^2+y^2+z^2}}$.

2. 设 $f(x,y)=\mathrm{e}^{3x}\ln(2y)$,求 $f_x'(0,1)$,$f_y'(0,\mathrm{e}^{-1})$.

3. 设 $z=(1+xy)^y$，求 $\left.\dfrac{\partial z}{\partial x}\right|_{(1,1)}$，$\left.\dfrac{\partial z}{\partial y}\right|_{(1,1)}$.

4. 求曲线 $\begin{cases} z=\dfrac{x^2+y^2}{4}, \\ y=4 \end{cases}$ 在点(2,4,5)处的切线与 x 轴正向所成的夹角.

5. 曲面 $z=x^2+\dfrac{y^2}{6}$ 和 $z=\dfrac{x^2+y^2}{3}$ 被平面 $y=2$ 所截得两条平面曲线，求这两条曲线的夹角.（注：两条曲线的夹角指的是这两条曲线在交点处的两切线的夹角.）

6. 设 $f(x,y)=\begin{cases} \dfrac{xy}{\sqrt{x^2+y^2}}, & (x,y)\neq(0,0), \\ 0, & (x,y)=(0,0), \end{cases}$ 求 $f'_x(0,0)$，$f'_y(0,0)$.

7. 求下列函数的各二阶偏导数.

(1) $z=\dfrac{x+y}{x-y}$；　(2) $z=x^{2y}$；

(3) $z=\arctan\dfrac{y}{x}$.

8. 设 $u=\ln(e^x+e^y)$，证明：$\dfrac{\partial^2 u}{\partial x^2}\cdot\dfrac{\partial^2 u}{\partial y^2}-\left(\dfrac{\partial^2 u}{\partial x\partial y}\right)^2=0$.

第三节　全微分

下面引入全微分的概念，它是一元函数的微分概念的推广.

一、全微分的概念

设二元函数 $z=f(x,y)$ 在点 $P(x,y)$ 的某邻域内有定义，当自变量 x,y 在点 (x,y) 处分别有增量 $\Delta x,\Delta y$ 时，函数 $f(x,y)$ 所取得的增量

$$\Delta z=f(x+\Delta x,y+\Delta y)-f(x,y)$$

称为 $f(x,y)$ 在点 (x,y) 处的**全增量**.

与一元函数的微分类似，我们有如下定义.

定义　**如果函数 $z=f(x,y)$ 在点 (x,y) 处的全增量可以表示为**

$$\Delta z=A\Delta x+B\Delta y+o(\rho),$$

其中 A,B 仅与 x,y 有关而不依赖于 $\Delta x,\Delta y$，$\rho=\sqrt{\Delta x^2+\Delta y^2}$，则称函数 $z=f(x,y)$ 在点 (x,y) 处可微，$A\Delta x+B\Delta y$ 称为函数 $z=f(x,y)$ 在点 (x,y) 处的全微分，记作 dz 或 df，即

$$dz=A\Delta x+B\Delta y.$$

当函数 $z=f(x,y)$ 在点 (x,y) 处可微时，由于有

$$\Delta z=A\Delta x+B\Delta y+o(\rho),$$

则可以得出

$$\lim_{\substack{\Delta x\to 0\\ \Delta y\to 0}}\Delta z=\lim_{\substack{\Delta x\to 0\\ \Delta y\to 0}}(A\Delta x+B\Delta y+o(\rho))=0,$$

因而有如下定理.

定理 1　**如果函数 $z=f(x,y)$ 在点 (x,y) 处可微，则 $z=f(x,y)$ 在点 (x,y) 处一定是连续的.**

根据此定理可知，不连续的函数一定是不可微的.

二、全微分与偏导数的关系

设函数 $z=f(x,y)$ 在点 (x,y) 是可微的，则有

$$\Delta z=A\Delta x+B\Delta y+o(\rho).$$

如果将上式中的 Δy 取作零，则有

$$\Delta_x z=A\Delta x+o(|\Delta x|),$$

因而有
$$\lim_{\Delta x\to 0}\frac{\Delta_x z}{\Delta x}=\lim_{\Delta x\to 0}\left(A+\frac{o(|\Delta x|)}{\Delta x}\right)=A,$$

即 $\dfrac{\partial z}{\partial x}$ 存在，且 $\dfrac{\partial z}{\partial x}=A$. 同样可得 $\dfrac{\partial z}{\partial y}$ 也存在，且 $\dfrac{\partial z}{\partial y}=B$. 因此得到如下定理.

定理 2　如果函数 $z=f(x,y)$ 在点 (x,y) 可微，则在点 (x,y) 处 $z=f(x,y)$ 的偏导数 $\dfrac{\partial z}{\partial x}$ 与 $\dfrac{\partial z}{\partial y}$ 都存在，且 $\dfrac{\partial z}{\partial x}=A$，$\dfrac{\partial z}{\partial y}=B$.

与一元函数微分学的不同之处是，偏导数存在仅仅是可微分的必要条件，而不再是充分条件.

例 1　设 $f(x,y)=\begin{cases}\dfrac{xy}{x^2+y^2}, & (x,y)\neq(0,0),\\ 0, & (x,y)=(0,0),\end{cases}$ 由第二节例 4 的讨论，我们知道，在点 $(0,0)$ 处 $f_x'(0,0)$ 与与 $f_y'(0,0)$ 都存在，但是 $f(x,y)$ 在点 $(0,0)$ 是不连续的，因而在此点处也是不可微的，这说明偏导数存在并不是全微分存在的充分条件.

例 2　设 $z=\sqrt{|xy|}$，下面我们来证明，与例 1 类似，这个函数在点 $(0,0)$ 的偏导数都存在，但是它的全微分不存在.

解　根据偏导数的定义，有

$$\left.\frac{\partial z}{\partial x}\right|_{(0,0)}=\lim_{x\to 0}\frac{f(x,0)-f(0,0)}{x}=\lim_{x\to 0}\frac{0-0}{x}=0,$$

同理
$$\left.\frac{\partial z}{\partial y}\right|_{(0,0)}=0,$$

若 $z=\sqrt{|xy|}$ 在点 $(0,0)$ 的全微分存在，应有

$$\Delta z=\left.\frac{\partial z}{\partial x}\right|_{(0,0)}\Delta x+\left.\frac{\partial z}{\partial y}\right|_{(0,0)}\Delta y+o(\rho)=o(\rho),$$

但事实上，由函数的表示式，有

$$\Delta z=f(\Delta x,\Delta y)-f(0,0)=\sqrt{|\Delta x\Delta y|},$$

由于极限$\lim\limits_{\rho\to 0}\frac{\sqrt{|\Delta x\Delta y|}}{\rho}=\lim\limits_{\substack{\Delta x\to 0\\ \Delta y\to 0}}\frac{\sqrt{|\Delta x\Delta y|}}{\sqrt{\Delta x^2+\Delta y^2}}$不存在(因为沿不同直线极限值是不同的),说明$\sqrt{|\Delta x\Delta y|}\neq o(\rho)$,即$\Delta z\neq o(\rho)$,因此$z=\sqrt{|xy|}$在点(0,0)的全微分不存在.

以上例子表明,即使函数的各个偏导数都存在,其全微分也不一定存在.但是如果我们将此条件变成函数的各偏导数不仅存在还都是连续的,那么就可以得出全微分是存在的.

定理 3(可微的充分条件)　如果函数 $z=f(x,y)$ 的偏导数$\frac{\partial z}{\partial x}$与$\frac{\partial z}{\partial y}$在点$(x,y)$是连续的,则 $f(x,y)$在点(x,y)是可微的.

证　$f(x,y)$在点(x,y)的全增量可以写成

$$\begin{aligned}\Delta z&=f(x+\Delta x,y+\Delta y)-f(x,y)\\&=(f(x+\Delta x,y+\Delta y)-f(x,y+\Delta y))+(f(x,y+\Delta y)-f(x,y)),\end{aligned}$$

两个方括号中的函数增量第一个是关于自变量 x 的,第二个是关于自变量 y 的,分别利用拉格朗日中值定理,得

$$\Delta z=f_x'(x+\theta_1\Delta x,y+\Delta y)\Delta x+f_y'(x,y+\theta_2\Delta y)\Delta y,$$

其中 $0<\theta_1,\theta_2<1$,由于 $f_x'(x,y)$,$f_y'(x,y)$在(x,y)处连续,有

$$\lim_{\substack{\Delta x\to 0\\ \Delta y\to 0}}f_x'(x+\theta_1\Delta x,y+\Delta y)=f_x'(x,y),$$

$$\lim_{\substack{\Delta x\to 0\\ \Delta y\to 0}}f_y'(x,y+\theta_2\Delta y)=f_y'(x,y),$$

于是有

$$f_x'(x+\theta_1\Delta x,y+\Delta y)=f_x'(x,y)+\alpha,$$

$$f_y'(x,y+\theta_2\Delta y)=f_y'(x,y)+\beta,$$

其中$\lim\limits_{\substack{\Delta x\to 0\\ \Delta y\to 0}}\alpha=0$,$\lim\limits_{\substack{\Delta x\to 0\\ \Delta y\to 0}}\beta=0$,因此

$$\Delta z=f_x'(x,y)\Delta x+f_y'(x,y)\Delta y+\alpha\Delta x+\beta\Delta y,$$

由于 $0\leqslant\left|\frac{\alpha\Delta x+\beta\Delta y}{\rho}\right|\leqslant|\alpha|\left|\frac{\Delta x}{\rho}\right|+|\beta|\left|\frac{\Delta y}{\rho}\right|\leqslant|\alpha|+|\beta|$,

故有　$\lim\limits_{\rho\to 0}\left|\frac{\alpha\Delta x+\beta\Delta y}{\rho}\right|=0$,即 $\alpha\Delta x+\beta\Delta y=o(\rho)$,因而有

$$\Delta z=f_x'(x,y)\Delta x+f_y'(x,y)\Delta y+o(\rho),$$

这就证明了函数 $f(x,y)$在点(x,y)是可微的.

要注意的是,偏导数连续只是可微的充分条件,并不是必要条件.

例3 $f(x,y)=\begin{cases}(x^2+y^2)\sin\dfrac{1}{x^2+y^2}, & x^2+y^2\neq 0,\\ 0, & x^2+y^2=0\end{cases}$ 的偏导函数 f'_x 与 f'_y 都存在，但在点(0,0)这两个偏导数都不是连续函数，而函数 $f(x,y)$ 在点(0,0)却是可微的.

事实上，当 $x^2+y^2\neq 0$ 时，

$$f'_x(x,y)=2x\sin\frac{1}{x^2+y^2}-\frac{2x}{x^2+y^2}\cos\frac{1}{x^2+y^2},$$

$$f'_x(0,0)=\lim_{x\to 0}\frac{f(x,0)-f(0,0)}{x}=\lim_{x\to 0}\frac{x^2\sin\dfrac{1}{x^2}}{x}=\lim_{x\to 0}x\sin\frac{1}{x^2}=0,$$

由于 $$\lim_{x\to 0}2x\sin\frac{1}{2x^2}=0,\lim_{x\to 0}\frac{1}{x}\cos\frac{1}{2x^2}\text{不存在},$$

因而沿射线 $y=x$，极限

$$\lim_{\substack{x\to 0\\ y\to 0}}f'_x(x,y)=\lim_{x\to 0}\left(2x\sin\frac{1}{2x^2}-\frac{2x}{2x^2}\cos\frac{1}{2x^2}\right)$$

不存在，故 $\lim\limits_{\substack{x\to 0\\ y\to 0}}f'_x(x,y)$ 不存在，即 $f'_x(x,y)$ 在点(0,0)不连续，同样，$f'_y(x,y)$ 在点(0,0)不连续，而由于

$$\begin{aligned}&\Delta z-(f'_x(0,0)\Delta x+f'_y(0,0)\Delta y)\\ =&f(\Delta x,\Delta y)-f(0,0)-(0\cdot\Delta x+0\cdot\Delta y)\\ =&(\Delta x^2+\Delta y^2)\sin\frac{1}{\Delta x^2+\Delta y^2}=\rho^2\sin\frac{1}{\rho^2}=o(\rho),\end{aligned}$$

可知 $f(x,y)$ 在点(0,0)是可微的.

由以上讨论可知，函数 $z=f(x,y)$ 在点 (x,y) 的全微分可以写成

$$dz=\frac{\partial z}{\partial x}\Delta x+\frac{\partial z}{\partial y}\Delta y.$$

由于 $dx=1\cdot\Delta x+0\cdot\Delta y=\Delta x$，$dy=0\cdot\Delta x+1\cdot\Delta y=\Delta y$，故上式又可以写成

$$\boxed{dz=\frac{\partial z}{\partial x}dx+\frac{\partial z}{\partial y}dy.}$$

以上关于全微分的定义及有关结论可推广到三元以上函数的情形. 例如，当函数 $u=f(x,y,z)$ 的全微分存在时，有

$$\boxed{du=\frac{\partial u}{\partial x}dx+\frac{\partial u}{\partial y}dy+\frac{\partial u}{\partial z}dz.}$$

例4 求 $z=e^{\frac{y}{x}}$ 的全微分.

解 $$\frac{\partial z}{\partial x}=e^{\frac{y}{x}}\left(-\frac{y}{x^2}\right),\frac{\partial z}{\partial y}=e^{\frac{y}{x}}\frac{1}{x},$$

故
$$dz=-\frac{y}{x^2}e^{\frac{y}{x}}dx+\frac{1}{x}e^{\frac{y}{x}}dy.$$

例 5　设 $f(x,y,z)=\ln(x+y^2+z^3)$，求 $df(0,1,2)$.

解　$f'_x(x,y,z)=\dfrac{1}{x+y^2+z^3}$，$f'_x(0,1,2)=\dfrac{1}{9}$，

$f'_y(x,y,z)=\dfrac{2y}{x+y^2+z^3}$，$f'_y(0,1,2)=\dfrac{2}{9}$，

$f'_z(x,y,z)=\dfrac{3z^2}{x+y^2+z^3}$，$f'_z(0,1,2)=\dfrac{4}{3}$，

于是
$$df(0,1,2)=\frac{1}{9}dx+\frac{2}{9}dy+\frac{4}{3}dz.$$

三、全微分在近似计算中的应用

1. 近似计算

设函数 $z=f(x,y)$ 在点 (x_0,y_0) 可微，即有
$$\Delta z=f'_x(x_0,y_0)(x-x_0)+f'_y(x_0,y_0)(y-y_0)+o(\rho),$$
则当 $|\Delta x|=|x-x_0|$，$|\Delta y|=|y-y_0|$ 都比较小时，有
$$\boxed{\Delta z\approx f'_x(x_0,y_0)(x-x_0)+f'_y(x_0,y_0)(y-y_0),}$$
及
$$\boxed{f(x,y)\approx f(x_0,y_0)+f'_x(x_0,y_0)(x-x_0)+f'_y(x_0,y_0)(y-y_0).}$$
利用此两式可以近似地计算函数 $z=f(x,y)$ 在点 (x_0,y_0) 处的全增量及函数值.

例 6　求 $0.98^{2.03}$ 的近似值.

解　设 $f(x,y)=x^y$，$x=0.98$，$y=2.03$，
取 $x_0=1$，$y_0=2$，则有 $f(1,2)=1$，
$$f'_x(1,2)=yx^{y-1}\Big|_{(1,2)}=2,\ f'_y(1,2)=x^y\ln x\Big|_{(1,2)}=0,$$
根据近似计算公式，有
$$0.98^{2.03}\approx f(1,2)+f'_x(1,2)(0.98-1)+f'_y(1,2)(2.03-2)=0.96.$$

2. 误差估计

同一元函数一样，我们有如下关于误差的定义.

设函数 $z=f(x,y)$，x,y,z 分别是各变量的精确值，而 x_0,y_0，z_0 分别是 x,y,z 的近似值，如果
$$|x-x_0|\leqslant\varepsilon(x_0),\ |y-y_0|\leqslant\varepsilon(y_0),\ |z-z_0|\leqslant\varepsilon(z_0),$$
则数 $\varepsilon(x_0)$，$\varepsilon(y_0)$，$\varepsilon(z_0)$，分别叫作 x_0,y_0,z_0 的绝对误差限. 如果
$$\left|\frac{x-x_0}{x_0}\right|\leqslant\varepsilon_r(x_0),\ \left|\frac{y-y_0}{y_0}\right|\leqslant\varepsilon_r(y_0),\ \left|\frac{z-z_0}{z_0}\right|\leqslant\varepsilon_r(z_0),$$
则数 $\varepsilon_r(x_0)$，$\varepsilon_r(y_0)$，$\varepsilon_r(z_0)$ 分别叫作 x_0,y_0,z_0 的相对误差限.

根据定义，显然有

$$\varepsilon_r(x_0)=\frac{\varepsilon(x_0)}{|x_0|},\varepsilon_r(y_0)=\frac{\varepsilon(y_0)}{|y_0|},\varepsilon_r(z_0)=\frac{\varepsilon(z_0)}{|z_0|}.$$

下面将利用全微分给出函数的误差限与自变量的误差限之间的关系.

设函数 $z=f(x,y)$在点(x_0,y_0)可微,$z_0=f(x_0,y_0)$,则由

$$\begin{aligned}z-z_0&=\Delta z\approx \mathrm{d}z\\&=f_x'(x_0,y_0)(x-x_0)+f_y'(x_0,y_0)(y-y_0),\end{aligned}$$

有
$$\begin{aligned}|z-z_0|&\approx|f_x'(x_0,y_0)(x-x_0)+f_y'(x_0,y_0)(y-y_0)|\\&\leqslant|f_x'(x_0,y_0)||x-x_0|+|f_y'(x_0,y_0)||y-y_0|\\&\leqslant|f_x'(x_0,y_0)|\varepsilon(x_0)+|f_y'(x_0,y_0)|\varepsilon(y_0),\end{aligned}$$

故可取

$$\boxed{\varepsilon(z_0)=|f_x'(x_0,y_0)|\varepsilon(x_0)+|f_y'(x_0,y_0)|\varepsilon(y_0).}$$

由上式又可得

$$\boxed{\begin{aligned}\varepsilon_r(z_0)&=\left|\frac{f_x'(x_0,y_0)}{f(x_0,y_0)}\right|\varepsilon(x_0)+\left|\frac{f_y'(x_0,y_0)}{f(x_0,y_0)}\right|\varepsilon(y_0)\\&=\left|\frac{x_0f_x'(x_0,y_0)}{f(x_0,y_0)}\right|\varepsilon_r(x_0)+\left|\frac{y_0f_y'(x_0,y_0)}{f(x_0,y_0)}\right|\varepsilon_r(y_0).\end{aligned}}$$

以上两式都称为函数 $z=f(x,y)$的误差估计公式.

例 7 用有毫米刻度的尺子测得一长方形的长和宽分别为80cm和45cm,并以此计算长方形的面积,求面积的绝对误差限和相对误差限.

解 设长方形的长为 x,宽为 y,面积为 z,则

$$z=xy,$$

由题设
$$x_0=80\mathrm{cm},y_0=45\mathrm{cm},$$

由所用的测量工具知

$$\varepsilon(x_0)=0.05\mathrm{cm},\varepsilon(y_0)=0.05\mathrm{cm},$$

故
$$\begin{aligned}\varepsilon(z_0)&=|f_x'(x_0,y_0)|\varepsilon(x_0)+|f_y'(x_0,y_0)|\varepsilon(y_0)\\&=|y_0|\varepsilon(x_0)+|x_0|\varepsilon(y_0)\\&=45\times0.05+80\times0.05=6.25(\mathrm{cm}^2),\end{aligned}$$

$$\varepsilon_r(z_0)=\frac{\varepsilon(z_0)}{|x_0y_0|}=\frac{6.25}{80\times45}\approx0.001736\approx0.17\%.$$

习题 7-3

1. 求下列函数的全微分.

(1) $z=xy+\frac{x}{y}$; (2) $z=\frac{y}{\sqrt{x^2+y^2}}$;

(3) $z=\arctan(xy)$; (4) $u=x^{yz}$.

2. 设 $z=x\sin(x+y)$,求 $\mathrm{d}z\Big|_{(0,0)}$,$\mathrm{d}z\Big|_{\left(\frac{\pi}{4},\frac{\pi}{4}\right)}$.

3. 求 $z=x^2y^3$ 当 $x=2,y=-1,\Delta x=0.02,\Delta y=-0.01$时的全微分与全增量.

4. 设 $f(x,y)=\begin{cases}\dfrac{x^2y}{x^4+y^2}, & (x,y)\neq(0,0),\\ 0, & (x,y)=(0,0),\end{cases}$ 问 $f(x,y)$ 在(0,0)处是否可微?

5. 设 $f(x,y)=\begin{cases}\dfrac{xy}{\sqrt{x^2+y^2}}, & x^2+y^2\neq 0,\\ 0, & x^2+y^2=0,\end{cases}$ 证明：$f'_x(0,0)$ 与 $f'_y(0,0)$ 存在，但在(0,0)处 $f(x,y)$ 的全微分不存在.

6. 证明:如果函数 $f(x,y)$ 在某个开区域 R 内有定义，且 f'_x 与 f'_y 在 R 内有界，则 $f(x,y)$ 在 R 内是连续的.

7. 求 sin29°·tan46°的近似值.

8. 设矩形的长为8m，宽为6m，当长减少5cm，宽增加2cm时，求矩形对角线长变化的近似值.

9. 一扇形的中心角为60°，半径为20m，如果将中心角增加1°，为了使扇形的面积保持不变，应将扇形的半径减少多少(计算到小数点后3位)?

10. 已知圆柱体高的相对误差限为 $\varepsilon_r(h_0)$，底面直径的相对误差限为 $\varepsilon_r(d_0)$，问圆柱体体积的相对误差限是多少?

第四节　复合函数的求导法

一、复合函数的偏导数

对于多元函数来说，复合函数的构成有很多种情形，因而无法就所有情形给出通用的求导公式，下面的定理针对复合函数的一种情形给出了求偏导数的公式，如果我们注意发现其中的规律，便可以得出其他情形的求导方法.

定理1　如果函数 $u=\varphi(x,y)$，$v=\psi(x,y)$ 在点 (x,y) 的各偏导数都存在，$z=f(u,v)$ 在对应点 (u,v) 可微，则复合函数 $z=f(\varphi(x,y),\psi(x,y))$ 在点 (x,y) 的偏导数存在，且

$$\frac{\partial z}{\partial x}=\frac{\partial z}{\partial u}\frac{\partial u}{\partial x}+\frac{\partial z}{\partial v}\frac{\partial v}{\partial x}=f'_u\cdot\varphi'_x+f'_v\cdot\psi'_x,$$

$$\frac{\partial z}{\partial y}=\frac{\partial z}{\partial u}\frac{\partial u}{\partial y}+\frac{\partial z}{\partial v}\frac{\partial v}{\partial y}=f'_u\cdot\varphi'_y+f'_v\cdot\psi'_y.$$

证　两式的证明方法相同，这里只证明第一个式子.

当自变量 x 在点 (x,y) 取得增量 Δx，而 y 保持不变时，u,v 分别有相应的增量 $\Delta_x u$，$\Delta_x v$，因此 $z=f(x,y)$ 在与 (x,y) 对应的点 (u,v) 处有增量 $\Delta_x z$，由于 $z=f(u,v)$ 在 (u,v) 处可微，有

$$\Delta_x z=\frac{\partial z}{\partial u}\Delta_x u+\frac{\partial z}{\partial v}\Delta_x v+o(\rho),$$

其中 $\rho=\sqrt{(\Delta_x u)^2+(\Delta_x v)^2}$，于是

$$\frac{\Delta_x z}{\Delta x}=\frac{\partial z}{\partial u}\frac{\Delta_x u}{\Delta x}+\frac{\partial z}{\partial v}\frac{\Delta_x v}{\Delta x}+\frac{o(\rho)}{\Delta x},$$

由第二节的讨论可知，因为 u,v 对 x 的偏导数存在，故有

$$\lim_{\Delta x\to 0}\Delta_x u=0,\ \lim_{\Delta x\to 0}\Delta_x v=0,$$

因此得$\lim\limits_{\Delta x\to 0}\rho=0$，从而有

$$\lim_{\Delta x\to 0}\frac{o(\rho)}{|\Delta x|}=\lim_{\Delta x\to 0}\frac{o(\rho)}{\rho}\frac{\rho}{|\Delta x|}$$

$$=\lim_{\Delta x\to 0}\frac{o(\rho)}{\rho}\lim_{\Delta x\to 0}\sqrt{\left(\frac{\Delta_x u}{\Delta x}\right)^2+\left(\frac{\Delta_x v}{\Delta x}\right)^2}$$

$$=\sqrt{\left(\frac{\partial u}{\partial x}\right)^2+\left(\frac{\partial v}{\partial x}\right)^2}\lim_{\Delta x\to 0}\frac{o(\rho)}{\rho}=0,$$

故
$$\lim_{\Delta x\to 0}\frac{\Delta_x z}{\Delta x}=\frac{\partial z}{\partial u}\lim_{\Delta x\to 0}\frac{\Delta_x u}{\Delta x}+\frac{\partial z}{\partial v}\lim_{\Delta x\to 0}\frac{\Delta_x v}{\Delta x}+\lim_{\Delta x\to 0}\frac{o(\rho)}{\Delta x},$$

即
$$\frac{\partial z}{\partial x}=\frac{\partial z}{\partial u}\frac{\partial u}{\partial x}+\frac{\partial z}{\partial v}\frac{\partial v}{\partial x}=f'_u\cdot\varphi'_x+f'_v\cdot\psi'_x.$$

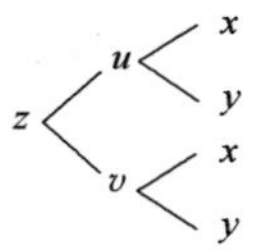

图 7-3

上面定理中的复合函数的各变量之间的关系可以用一个图形来说明(见图 7-3)，此图可称为函数结构图.结合此图分析一下定理中所给出的求导公式，不难发现其规律.

我们再试着借助函数结构图给出另外几个复合函数的偏导数或导数.

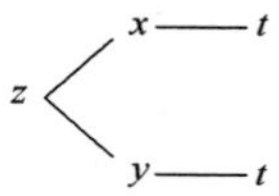

图 7-4

例如，设 $z=f(x,y)$，$x=g(t)$，$y=h(t)$，其中 f,g,h 都是可微函数，z 通过中间变量 x,y 成为 t 的一元函数，其函数结构图如图 7-4所示，可以得出

$$\frac{\mathrm{d}z}{\mathrm{d}t}=\frac{\partial z}{\partial x}\frac{\mathrm{d}x}{\mathrm{d}t}+\frac{\partial z}{\partial y}\frac{\mathrm{d}y}{\mathrm{d}t}=f'_x\cdot g'+f'_y\cdot h'.$$

我们将$\dfrac{\mathrm{d}z}{\mathrm{d}t}$称为全导数.

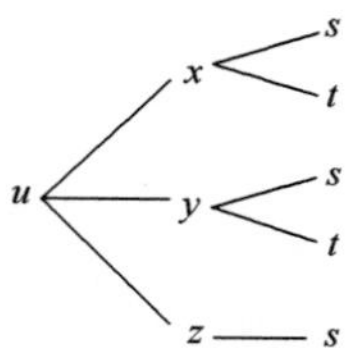

图 7-5

又如，设 $u=f(x,y,z)$，$x=\varphi(s,t)$，$y=\psi(s,t)$，$z=g(s)$，其中 f 是可微函数，φ,ψ,g 的各偏导数或导数都存在，u 通过中间变量 x,y,z 成为 s,t 的复合函数，其函数结构图如图 7-5 所示，可以得出

$$\frac{\partial u}{\partial s}=\frac{\partial u}{\partial x}\frac{\partial x}{\partial s}+\frac{\partial u}{\partial y}\frac{\partial y}{\partial s}+\frac{\partial u}{\partial z}\frac{\mathrm{d}z}{\mathrm{d}s}=f'_x\cdot\varphi'_s+f'_y\cdot\psi'_s+f'_z\cdot g',$$

$$\frac{\partial u}{\partial t}=\frac{\partial u}{\partial x}\frac{\partial x}{\partial t}+\frac{\partial u}{\partial y}\frac{\partial y}{\partial t}=f'_x\cdot\varphi'_t+f'_y\cdot\psi'_t.$$

例 1 设 $z=\mathrm{e}^u\sin v$，$u=x^2y$，$v=x^2+y^2$，求$\dfrac{\partial z}{\partial x},\dfrac{\partial z}{\partial y}$.

解
$$\frac{\partial z}{\partial x}=\frac{\partial z}{\partial u}\frac{\partial u}{\partial x}+\frac{\partial z}{\partial v}\frac{\partial v}{\partial x}=\mathrm{e}^u\sin v\cdot 2xy+\mathrm{e}^u\cos v\cdot 2x$$
$$=[2xy\sin(x^2+y^2)+2x\cos(x^2+y^2)]\mathrm{e}^{x^2y},$$

$$\frac{\partial z}{\partial y}=\frac{\partial z}{\partial u}\frac{\partial u}{\partial y}+\frac{\partial z}{\partial v}\frac{\partial v}{\partial y}=\mathrm{e}^u\sin v\cdot x^2+\mathrm{e}^u\cos v\cdot 2y$$
$$=[x^2\sin(x^2+y^2)+2y\cos(x^2+y^2)]\mathrm{e}^{x^2y}.$$

例 2　设 $w=f(x^2,xy,y^2-z^2)$，其中 f 是可微函数，求$\frac{\partial w}{\partial x}$，$\frac{\partial w}{\partial y}$，$\frac{\partial w}{\partial z}$.

解　令 $u=x^2,v=xy,t=y^2-z^2$，则 w 通过中间变量 u,v,t 成为 x,y,z 的复合函数(见图 7-6)，有

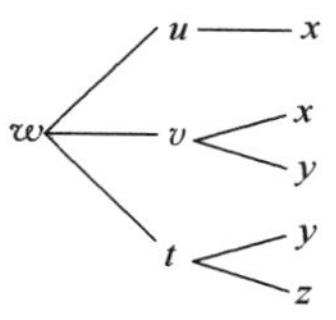

图　7-6

$$\frac{\partial w}{\partial x}=\frac{\partial w}{\partial u}\frac{\mathrm{d}u}{\mathrm{d}x}+\frac{\partial w}{\partial v}\frac{\partial v}{\partial x}=f'_u\cdot 2x+f'_v\cdot y=2xf'_u+yf'_v,$$

$$\frac{\partial w}{\partial y}=\frac{\partial w}{\partial v}\frac{\partial v}{\partial y}+\frac{\partial w}{\partial t}\frac{\partial t}{\partial y}=f'_v\cdot x+f'_t\cdot 2y=xf'_v+2yf'_t,$$

$$\frac{\partial w}{\partial z}=\frac{\partial w}{\partial t}\frac{\partial t}{\partial z}=f'_t\cdot(-2z)=-2zf'_t.$$

上面求解过程中也可以不设中间变量 u,v,t，只需将其中的 f'_u，f'_v，f'_t 分别写成 f'_1，f'_2，f'_3 即可.

例 3　设 $z=\ln x\cdot f(x+xy)$，其中 f 是可导函数，求$\frac{\partial z}{\partial x}$，$\frac{\partial z}{\partial y}$.

解　设 $u=x+xy$，则 $z=\ln x\cdot f(u)$，

$$\begin{aligned}\frac{\partial z}{\partial x}&=(\ln x)'\cdot f(u)+\ln x\cdot f'(u)\frac{\partial u}{\partial x}\\&=\frac{1}{x}f(u)+\ln x\cdot f'(u)(1+y)\\&=\frac{1}{x}f(x+xy)+(1+y)\ln x\cdot f'(x+xy),\end{aligned}$$

$$\frac{\partial z}{\partial y}=\ln x\cdot f'(u)\frac{\partial u}{\partial y}=\ln x\cdot f'(u)\cdot x=x\ln x\cdot f'(x+xy).$$

例 4　设 $u=\mathrm{e}^{x^2+y^2+z^2}$，$z=x^2\sin y$，求$\frac{\partial u}{\partial x}$，$\frac{\partial u}{\partial y}$.

解　函数结构图如图 7-7 所示，为避免记号的混淆，令

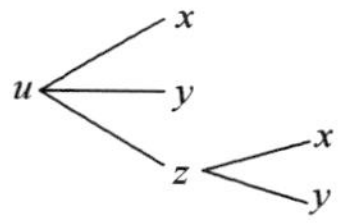

图　7-7

$$u=f(x,y,z)=\mathrm{e}^{x^2+y^2+z^2},$$

则
$$\begin{aligned}\frac{\partial u}{\partial x}&=f'_x+f'_z\cdot\frac{\partial z}{\partial x}\\&=\mathrm{e}^{x^2+y^2+z^2}\cdot 2x+\mathrm{e}^{x^2+y^2+z^2}\cdot 2z\cdot 2x\sin y\\&=2x(1+2z\sin y)\mathrm{e}^{x^2+y^2+z^2}\\&=2x(1+2x^2\sin^2 y)\mathrm{e}^{x^2+y^2+x^4\sin^2 y},\end{aligned}$$

$$\begin{aligned}\frac{\partial u}{\partial y}&=f'_y+f'_z\cdot\frac{\partial z}{\partial y}=\mathrm{e}^{x^2+y^2+z^2}\cdot 2y+\mathrm{e}^{x^2+y^2+z^2}\cdot 2z\cdot x^2\cos y\\&=2(y+x^4\sin y\cos y)\mathrm{e}^{x^2+y^2+x^4\sin^2 y}.\end{aligned}$$

例 5　设 $z=f\left(x+y,\frac{x}{y}\right)$，其中 f 有二阶连续偏导数，求$\frac{\partial^2 z}{\partial x^2}$，$\frac{\partial^2 z}{\partial x\partial y}$.

解 $\dfrac{\partial z}{\partial x}=f_1'+f_2'\cdot\dfrac{1}{y}$,

f_1' 与 f_2' 同 f 一样,都是 $u=x+y,v=\dfrac{x}{y}$ 的二元函数,又由题设知 $f''_{12}=f''_{21}$,故

$$\frac{\partial^2 z}{\partial x^2}=f''_{11}\cdot\frac{\partial u}{\partial x}+f''_{12}\cdot\frac{\partial v}{\partial x}+\left(f''_{21}\cdot\frac{\partial u}{\partial x}+f''_{22}\cdot\frac{\partial v}{\partial x}\right)\frac{1}{y}$$
$$=f''_{11}\cdot 1+f''_{12}\cdot\frac{1}{y}+\left(f''_{21}\cdot 1+f''_{22}\cdot\frac{1}{y}\right)\frac{1}{y}$$
$$=f''_{11}+\frac{2}{y}f''_{12}\cdot+\frac{1}{y^2}f''_{22},$$

$$\frac{\partial^2 z}{\partial x\partial y}=f''_{11}\cdot\frac{\partial u}{\partial y}+f''_{12}\cdot\frac{\partial v}{\partial y}+\left(f''_{21}\cdot\frac{\partial u}{\partial y}+f''_{22}\cdot\frac{\partial v}{\partial y}\right)\frac{1}{y}+f_2'\cdot\frac{-1}{y^2}$$
$$=f''_{11}\cdot 1+f''_{12}\cdot\frac{-x}{y^2}+\left(f''_{21}\cdot 1+f''_{22}\cdot\frac{-x}{y^2}\right)\frac{1}{y}-\frac{1}{y^2}f_2'$$
$$=f''_{11}+\frac{y-x}{y^2}f''_{12}-\frac{x}{y^3}f''_{22}-\frac{1}{y^2}f_2'.$$

例 6 设 $z=f(xe^y,x,y)$,其中 f 有二阶连续偏导数,求$\dfrac{\partial^2 z}{\partial x\partial y}$.

解 $\dfrac{\partial z}{\partial x}=f_1'\cdot e^y+f_2'$,

$$\frac{\partial^2 z}{\partial x\partial y}=(f''_{11}\cdot xe^y+f''_{13})e^y+f_1'\cdot e^y+f''_{21}\cdot xe^y+f''_{23}$$
$$=xe^{2y}f''_{11}+e^yf''_{13}+xe^yf''_{21}+f''_{23}+e^yf_1'.$$

在讨论物理、力学等问题时,常常需要把函数在一种坐标系下的偏导数用另一种坐标系下的偏导数表示出来. 下面举例说明.

例 7 求$\left(\dfrac{\partial u}{\partial x}\right)^2+\left(\dfrac{\partial u}{\partial y}\right)^2$ 及$\dfrac{\partial^2 u}{\partial x^2}+\dfrac{\partial^2 u}{\partial y^2}$在极坐标系中的表示式,其中 $u=f(x,y)$有二阶连续偏导数.

解 由直角坐标与极坐标的关系,有

$$u=f(\rho\cos\theta,\rho\sin\theta)=F(\rho,\theta),$$

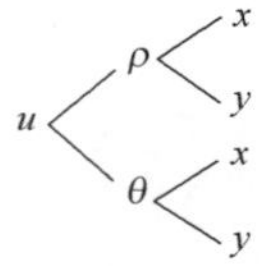

图 7-8

现要将$\left(\dfrac{\partial u}{\partial x}\right)^2+\left(\dfrac{\partial u}{\partial y}\right)^2$ 及$\dfrac{\partial^2 u}{\partial x^2}+\dfrac{\partial^2 u}{\partial y^2}$分别用 ρ,θ 以及 u 对 ρ,θ 的偏导数来表达,如图 7-8 所示,由

$$u=F(\rho,\theta),\rho=\sqrt{x^2+y^2},$$
$$\theta=\arctan\frac{y}{x}\left(或\,\theta=\pi+\arctan\frac{y}{x}\right),$$

及
$$\frac{\partial\rho}{\partial x}=\frac{x}{\rho}=\cos\theta,\frac{\partial\rho}{\partial y}=\frac{y}{\rho}=\sin\theta,$$

$$\frac{\partial\theta}{\partial x}=\frac{\frac{-y}{x^2}}{1+\left(\frac{y}{x}\right)^2}=\frac{-y}{\rho^2}=\frac{-\sin\theta}{\rho},$$

$$\frac{\partial\theta}{\partial y}=\frac{\frac{1}{x}}{1+\left(\frac{y}{x}\right)^2}=\frac{x}{\rho^2}=\frac{\cos\theta}{\rho},$$

得
$$\frac{\partial u}{\partial x}=\frac{\partial u}{\partial\rho}\frac{\partial\rho}{\partial x}+\frac{\partial u}{\partial\theta}\frac{\partial\theta}{\partial x}=\frac{\partial u}{\partial\rho}\cos\theta-\frac{\partial u}{\partial\theta}\frac{\sin\theta}{\rho},$$

$$\frac{\partial u}{\partial y}=\frac{\partial u}{\partial\rho}\frac{\partial\rho}{\partial y}+\frac{\partial u}{\partial\theta}\frac{\partial\theta}{\partial y}=\frac{\partial u}{\partial\rho}\sin\theta+\frac{\partial u}{\partial\theta}\frac{\cos\theta}{\rho},$$

两式平方后相加，得
$$\left(\frac{\partial u}{\partial x}\right)^2+\left(\frac{\partial u}{\partial y}\right)^2=\left(\frac{\partial u}{\partial\rho}\right)^2+\frac{1}{\rho^2}\left(\frac{\partial u}{\partial\theta}\right)^2,$$

$$\begin{aligned}\frac{\partial^2 u}{\partial x^2}=&\left(\frac{\partial^2 u}{\partial\rho^2}\frac{\partial\rho}{\partial x}+\frac{\partial^2 u}{\partial\rho\partial\theta}\frac{\partial\theta}{\partial x}\right)\cos\theta+\frac{\partial u}{\partial\rho}(-\sin\theta)\frac{\partial\theta}{\partial x}-\\&\left(\frac{\partial^2 u}{\partial\theta\partial\rho}\frac{\partial\rho}{\partial x}+\frac{\partial^2 u}{\partial\theta^2}\frac{\partial\theta}{\partial x}\right)\frac{\sin\theta}{\rho}-\frac{\partial u}{\partial\theta}\left(\frac{-\sin\theta}{\rho^2}\frac{\partial\rho}{\partial x}+\frac{\cos\theta}{\rho}\frac{\partial\theta}{\partial x}\right)\\=&\frac{\partial^2 u}{\partial\rho^2}\cos^2\theta-\frac{\partial^2 u}{\partial\rho\partial\theta}\frac{\sin 2\theta}{\rho}+\frac{\partial^2 u}{\partial\theta^2}\frac{\sin^2\theta}{\rho^2}+\frac{\partial u}{\partial\theta}\frac{\sin 2\theta}{\rho^2}+\frac{\partial u}{\partial\rho}\frac{\sin^2\theta}{\rho},\end{aligned}$$

$$\begin{aligned}\frac{\partial^2 u}{\partial y^2}=&\left(\frac{\partial^2 u}{\partial\rho^2}\frac{\partial\rho}{\partial y}+\frac{\partial^2 u}{\partial\rho\partial\theta}\frac{\partial\theta}{\partial y}\right)\sin\theta+\frac{\partial u}{\partial\rho}\cos\theta\frac{\partial\theta}{\partial y}+\\&\left(\frac{\partial^2 u}{\partial\theta\partial\rho}\frac{\partial\rho}{\partial y}+\frac{\partial^2 u}{\partial\theta^2}\frac{\partial\theta}{\partial y}\right)\frac{\cos\theta}{\rho}+\frac{\partial u}{\partial\theta}\left(\frac{-\cos\theta}{\rho^2}\frac{\partial\rho}{\partial y}+\frac{-\sin\theta}{\rho}\frac{\partial\theta}{\partial y}\right)\\=&\frac{\partial^2 u}{\partial\rho^2}\sin^2\theta+\frac{\partial^2 u}{\partial\rho\partial\theta}\frac{\sin 2\theta}{\rho}+\frac{\partial^2 u}{\partial\theta^2}\frac{\cos^2\theta}{\rho^2}-\frac{\partial u}{\partial\theta}\frac{\sin 2\theta}{\rho^2}+\frac{\partial u}{\partial\rho}\frac{\cos^2\theta}{\rho},\end{aligned}$$

两式相加，得
$$\frac{\partial^2 u}{\partial x^2}+\frac{\partial^2 u}{\partial y^2}=\frac{\partial^2 u}{\partial\rho^2}+\frac{1}{\rho^2}\frac{\partial^2 u}{\partial\theta^2}+\frac{1}{\rho}\frac{\partial u}{\partial\rho}.$$

二、全微分形式的不变性

一元函数的微分具有微分形式的不变性，利用复合函数的微分法可以证明多元函数的全微分也具有类似的性质.

设 $z=f(u,v)$，其中 f 是可微函数，根据前面的讨论，当 u,v 是自变量时，有
$$dz=\frac{\partial z}{\partial u}du+\frac{\partial z}{\partial v}dv.$$

如果 u,v 是中间变量，例如 $u=\varphi(x,y)$，$v=\psi(x,y)$，其中 x,y 是自变量，φ 与 ψ 都是可微函数，于是有

$$dz=\frac{\partial z}{\partial x}dx+\frac{\partial z}{\partial y}dy,$$

把

$$\frac{\partial z}{\partial x}=\frac{\partial z}{\partial u}\frac{\partial u}{\partial x}+\frac{\partial z}{\partial v}\frac{\partial v}{\partial x},\frac{\partial z}{\partial y}=\frac{\partial z}{\partial u}\frac{\partial u}{\partial y}+\frac{\partial z}{\partial v}\frac{\partial v}{\partial y}$$

代入，得

$$\begin{aligned}dz&=\left(\frac{\partial z}{\partial u}\frac{\partial u}{\partial x}+\frac{\partial z}{\partial v}\frac{\partial v}{\partial x}\right)dx+\left(\frac{\partial z}{\partial u}\frac{\partial u}{\partial y}+\frac{\partial z}{\partial v}\frac{\partial v}{\partial y}\right)dy\\&=\frac{\partial z}{\partial u}\left(\frac{\partial u}{\partial x}dx+\frac{\partial u}{\partial y}dy\right)+\frac{\partial z}{\partial v}\left(\frac{\partial v}{\partial x}dx+\frac{\partial v}{\partial y}dy\right)\\&=\frac{\partial z}{\partial u}du+\frac{\partial z}{\partial v}dv.\end{aligned}$$

更一般地，可以得到下面结论.

定理 2 设 $z=f(u,v)$，不论 u,v 是自变量还是中间变量，它的全微分总可以写成

$$dz=\frac{\partial z}{\partial u}du+\frac{\partial z}{\partial v}dv.$$

此性质叫作全微分形式的不变性.

对三元以上函数有同样的性质.

习题 7-4

1. 设 $z=e^{x-2y}$，$x=\sin t$，$y=t^3$，求 $\frac{dz}{dt}$.

2. 设 $z=\arctan(xy)$，$y=e^x$，求 $\frac{dz}{dx}$.

3. 设 $z=x^2\ln y$，$x=\frac{u}{v}$，$y=3u-2v$，求 $\frac{\partial z}{\partial u}$，$\frac{\partial z}{\partial v}$.

4. 设 $u=f\left(\frac{x}{y},\frac{y}{z}\right)$，其中 f 是可微函数，求 $\frac{\partial u}{\partial x}$，$\frac{\partial u}{\partial y}$，$\frac{\partial u}{\partial z}$.

5. 设 $z=f(x^2-y^2,y^2-x^2)$，其中 f 有一阶连续偏导数，证明：$y\frac{\partial z}{\partial x}+x\frac{\partial z}{\partial y}=0$.

6. 设 $u=f(x,xy,xyz)$，其中 f 有连续偏导数，求 $\frac{\partial u}{\partial x}$，$\frac{\partial u}{\partial y}$，$\frac{\partial u}{\partial z}$.

7. 设 $z=\frac{y}{f(x^2-y^2)}$，其中 f 是可导函数，证明：

$$\frac{1}{x}\frac{\partial z}{\partial x}+\frac{1}{y}\frac{\partial z}{\partial y}=\frac{z}{y^2}.$$

8. 设 $z=f\left(2x,\frac{x}{y}\right)$，其中 f 有二阶连续偏导数，求 $\frac{\partial^2 z}{\partial x^2}$，$\frac{\partial^2 z}{\partial y^2}$.

9. 已知 $u=f(x,y,z)$，$y=\varphi(x)$，$z=\psi(x,y)$，其中 f，φ，ψ 都是可微函数，求 $\frac{du}{dx}$.

10. 设 $u=f(x,ye^z,x\sin y)$，其中 f 是可微函数，求 du.

11. 设 $u=f(x^2+y^2+z^2)$，其中 f 是三阶可导函数，求 $\frac{\partial^2 u}{\partial x\partial y}$，$\frac{\partial^3 u}{\partial x\partial y\partial z}$.

12. 设 $u=yf\left(\frac{x}{y}\right)+xg\left(\frac{y}{x}\right)$，其中 f，g 有二阶连续导数，求 $x\frac{\partial^2 u}{\partial x^2}+y\frac{\partial^2 u}{\partial x\partial y}$.

第五节　隐函数的求导法

一、由一个方程确定的隐函数

在第二章中，我们曾就方程 $F(x,y)=0$ 讨论过求 y' 的方法，这种运算是在方程 $F(x,y)=0$ 能确定 y 是 x 的函数，并且 y' 存在这一前提下进行的. 然而事实上并非任意一个这样的方程都能确定一个显函数，例如，方程

$$x^2+y^2+1=0$$

在实数范围内便不能确定显函数 $y=f(x)$. 因此我们首先要讨论隐函数的存在性. 先就方程 $F(x,y)=0$ 的情形给出如下定理.

定理 1（隐函数存在定理 1）　如果函数 $F(x,y)$ 在点 $P(x_0,y_0)$ 的某邻域内有连续的偏导数，且 $F(x_0,y_0)=0$，$F'_y(x_0,y_0)\neq 0$，则方程 $F(x,y)=0$ 在点 (x_0,y_0) 的某邻域内唯一确定一个隐函数 $y=f(x)$，它满足 $y_0=f(x_0)$，而且在该邻域内有连续导数.

证明略.

下面在定理的条件下由 $F(x,y)=0$ 求 $\dfrac{\mathrm{d}y}{\mathrm{d}x}$.

把 $y=f(x)$ 代入方程 $F(x,y)=0$，得

$$F(x,f(x))=0,$$

两端对 x 求导，得

$$F'_x+F'_y\cdot\frac{\mathrm{d}y}{\mathrm{d}x}=0,$$

解得

$$\boxed{\frac{\mathrm{d}y}{\mathrm{d}x}=-\frac{F'_x}{F'_y}.}$$

例 1　证明方程 $\sin y+\mathrm{e}^x-xy^2=1$ 在点 $(0,0)$ 的某邻域内能确定隐函数 $y=y(x)$，并求 $\dfrac{\mathrm{d}y}{\mathrm{d}x}$.

证　设 $F(x,y)=\sin y+\mathrm{e}^x-xy^2-1$，则 $F(0,0)=0$，

$$F'_x=\mathrm{e}^x-y^2,\quad F'_y=\cos y-2xy,$$

显然 F'_x，F'_y 都是连续函数，又 $F'_y(0,0)=1\neq 0$，故方程在点 $(0,0)$ 的某邻域内能确定隐函数 $y=y(x)$，根据求导公式，得

$$\frac{\mathrm{d}y}{\mathrm{d}x}=-\frac{F'_x}{F'_y}=-\frac{\mathrm{e}^x-y^2}{\cos y-2xy}.$$

也可以利用上面推导公式的方法求 $\dfrac{\mathrm{d}y}{\mathrm{d}x}$，即方程 $\sin y+\mathrm{e}^x-xy^2=1$

两端对 x 求导(注意 $y=y(x)$),得

$$\cos y\cdot\frac{\mathrm{d}y}{\mathrm{d}x}+\mathrm{e}^x-y^2-2xy\frac{\mathrm{d}y}{\mathrm{d}x}=0,$$

解得
$$\frac{\mathrm{d}y}{\mathrm{d}x}=\frac{y^2-\mathrm{e}^x}{\cos y-2xy}.$$

对含有三个变量的方程 $F(x,y,z)=0$ 有与上面类似的隐函数存在定理.

定理 2(隐函数存在定理 2)　如果函数 $F(x,y,z)$ 在点 $P(x_0,y_0,z_0)$ 的某邻域内有连续偏导数,且 $F(x_0,y_0,z_0)=0$,$F'_z(x_0,y_0,z_0)\neq 0$,则方程 $F(x,y,z)=0$ 在点 (x_0,y_0,z_0) 的某邻域内能唯一确定一个隐函数 $z=f(x,y)$,它满足 $z_0=f(x_0,y_0)$,并且有连续偏导数.

证明略.

下面在此定理的条件下由 $F(x,y,z)=0$ 推导求 $\frac{\partial z}{\partial x},\frac{\partial z}{\partial y}$ 的公式.

把 $z=f(x,y)$ 代入方程 $F(x,y,z)=0$,得

$$F(x,y,f(x,y))=0,$$

两端分别对 x 和 y 求导,得

$$F'_x+F'_z\cdot\frac{\partial z}{\partial x}=0,F'_y+F'_z\cdot\frac{\partial z}{\partial y}=0,$$

解得
$$\boxed{\frac{\partial z}{\partial x}=-\frac{F'_x}{F'_z},\frac{\partial z}{\partial y}=-\frac{F'_y}{F'_z}.}$$

例 2　已知 $x^2+y^2+z^2=4z$,求 $\frac{\partial z}{\partial x},\frac{\partial z}{\partial y}$.

解　设 $F(x,y,z)=x^2+y^2+z^2-4z$,则

$$F'_x=2x,F'_y=2y,F'_z=2z-4,$$

于是
$$\frac{\partial z}{\partial x}=-\frac{F'_x}{F'_z}=-\frac{2x}{2z-4}=\frac{x}{2-z},$$

$$\frac{\partial z}{\partial y}=-\frac{F'_y}{F'_z}=-\frac{2y}{2z-4}=\frac{y}{2-z}.$$

例 3　已知方程 $f(x^2-y^2,2xyz)=0$ 确定 z 是 x,y 的函数,其中 f 有连续偏导数,求 $\frac{\partial z}{\partial x},\frac{\partial z}{\partial y}$.

解　设 $F(x,y,z)=f(x^2-y^2,2xyz)$,则

$$F'_x=2xf'_1+2yzf'_2,F'_y=-2yf'_1+2xzf'_2,F'_z=2xyf'_2,$$

故
$$\frac{\partial z}{\partial x}=-\frac{2xf'_1+2yzf'_2}{2xyf'_2}=-\frac{xf'_1+yzf'_2}{xyf'_2},$$

$$\frac{\partial z}{\partial y}=-\frac{-2yf_1'+2xzf_2'}{2xyf_2'}=\frac{yf_1'-xzf_2'}{xyf_2'}.$$

例 4　已知 $e^z-xyz=0$，求$\frac{\partial^2 z}{\partial x^2}$.

解　方程两端对 x 求导，得

$$e^z\frac{\partial z}{\partial x}-yz-xy\frac{\partial z}{\partial x}=0,$$

解得

$$\frac{\partial z}{\partial x}=\frac{yz}{e^z-xy},$$

$$\frac{\partial^2 z}{\partial x^2}=\frac{y\frac{\partial z}{\partial x}(e^z-xy)-yz\left(e^z\frac{\partial z}{\partial x}-y\right)}{(e^z-xy)^2}$$

$$=\frac{y\frac{yz}{e^z-xy}(e^z-xy)-yz\left(e^z\frac{yz}{e^z-xy}-y\right)}{(e^z-xy)^2}$$

$$=\frac{(2y^2z-y^2z^2)e^z-2xy^3z}{(e^z-xy)^3}.$$

二、由方程组确定的隐函数

设方程组$\begin{cases}F(x,y,u,v)=0,\\G(x,y,u,v)=0\end{cases}$在一定条件下，此方程组可以确定隐函数. 有如下定理.

定理 3（隐函数存在定理 3）　设函数 $F(x,y,u,v)$，$G(x,y,u,v)$ 在点 $P(x_0,y_0,u_0,v_0)$ 的某邻域内有连续偏导数，且 $F(x_0,y_0,u_0,v_0)=0$，$G(x_0,y_0,u_0,v_0)=0$，又由偏导数组成的行列式（称为雅可比（Jacobi）行列式）

$$J=\frac{\partial(F,G)}{\partial(u,v)}=\begin{vmatrix}F_u' & F_v'\\G_u' & G_v'\end{vmatrix}$$

在点 $P(x_0,y_0,u_0,v_0)$ 处不等于零，则方程组 $F(x,y,u,v)=0$，$G(x,y,u,v)=0$ 在点 (x_0,y_0,u_0,v_0) 的某邻域内唯一确定一组隐函数 $u=u(x,y)$，$v=v(x,y)$，它们满足 $u_0=u(x_0,y_0)$，$v_0=v(x_0,y_0)$，并且有连续偏导数.

证明略.

下面讨论当方程组满足定理条件时如何求$\frac{\partial u}{\partial x},\frac{\partial u}{\partial y},\frac{\partial v}{\partial x},\frac{\partial v}{\partial y}$.

将 $u=u(x,y)$，$v=v(x,y)$ 代入已知方程组，得

$$\begin{cases}F(x,y,u(x,y),v(x,y))=0,\\G(x,y,u(x,y),v(x,y))=0,\end{cases}$$

两个方程分别对 x 求导，得

$$\begin{cases}F_x'+F_u'\cdot\dfrac{\partial u}{\partial x}+F_v'\cdot\dfrac{\partial v}{\partial x}=0,\\G_x'+G_u'\cdot\dfrac{\partial u}{\partial x}+G_v'\cdot\dfrac{\partial v}{\partial x}=0,\end{cases}$$

解得

$$\frac{\partial u}{\partial x}=\frac{\begin{vmatrix}F_x' & F_v'\\G_x' & G_v'\end{vmatrix}}{\begin{vmatrix}F_v' & F_u'\\G_v' & G_u'\end{vmatrix}},\quad\frac{\partial v}{\partial x}=\frac{\begin{vmatrix}F_x' & F_u'\\G_x' & G_u'\end{vmatrix}}{\begin{vmatrix}F_u' & F_v'\\G_u' & G_v'\end{vmatrix}},$$

其中行列式$\begin{vmatrix}F_x' & F_v'\\G_x' & G_v'\end{vmatrix}$可用雅可比行列式记为$\dfrac{\partial(F,G)}{\partial(x,v)}$，其他三个行列式也采用类似的记号，因此有

$$\boxed{\frac{\partial u}{\partial x}=\frac{\dfrac{\partial(F,G)}{\partial(x,v)}}{\dfrac{\partial(F,G)}{\partial(v,u)}},\quad\frac{\partial v}{\partial x}=\frac{\dfrac{\partial(F,G)}{\partial(x,u)}}{\dfrac{\partial(F,G)}{\partial(u,v)}}.}$$

同样可求得

$$\boxed{\frac{\partial u}{\partial y}=\frac{\dfrac{\partial(F,G)}{\partial(y,v)}}{\dfrac{\partial(F,G)}{\partial(v,u)}},\quad\frac{\partial v}{\partial y}=\frac{\dfrac{\partial(F,G)}{\partial(y,u)}}{\dfrac{\partial(F,G)}{\partial(u,v)}}.}$$

特别地，如果方程组为$\begin{cases}F(x,u,v)=0,\\G(x,u,v)=0,\end{cases}$并假定它能确定隐函数$u=u(x)$，$v=v(x)$，且这两个函数都是可导的，其中 F,G 有连续偏导数，利用上面求$\dfrac{\partial u}{\partial x}$，$\dfrac{\partial v}{\partial x}$的方法可以求得此处的$\dfrac{\mathrm{d}u}{\mathrm{d}x}$，$\dfrac{\mathrm{d}v}{\mathrm{d}x}$，即

$$\boxed{\frac{\mathrm{d}u}{\mathrm{d}x}=\frac{\dfrac{\partial(F,G)}{\partial(x,v)}}{\dfrac{\partial(F,G)}{\partial(v,u)}},\quad\frac{\mathrm{d}v}{\mathrm{d}x}=\frac{\dfrac{\partial(F,G)}{\partial(x,u)}}{\dfrac{\partial(F,G)}{\partial(u,v)}}.}$$

例 5 设$\begin{cases}x+y+z=2,\\x^2+y^2=\dfrac{1}{2}z^2\end{cases}(y>0,z>0)$，求$\left.\dfrac{\mathrm{d}y}{\mathrm{d}x}\right|_{x=-1}$，$\left.\dfrac{\mathrm{d}z}{\mathrm{d}x}\right|_{x=-1}$.

解 将 $x=-1$ 代入方程组，得

$$\begin{cases}-1+y+z=2,\\1+y^2=\dfrac{1}{2}z^2,\end{cases}$$

解得 $y=1,z=2$，将已知方程组中的两个方程两端对 x 求导，得

$$\begin{cases}1+\dfrac{\mathrm{d}y}{\mathrm{d}x}+\dfrac{\mathrm{d}z}{\mathrm{d}x}=0,\\ 2x+2y\dfrac{\mathrm{d}y}{\mathrm{d}x}=z\dfrac{\mathrm{d}z}{\mathrm{d}x},\end{cases}$$

把 $x=-1,y=1,z=2$ 代入,得

$$\begin{cases}1+\dfrac{\mathrm{d}y}{\mathrm{d}x}+\dfrac{\mathrm{d}z}{\mathrm{d}x}=0,\\ 2(-1)+2\times1\dfrac{\mathrm{d}y}{\mathrm{d}x}=2\dfrac{\mathrm{d}z}{\mathrm{d}x},\end{cases}$$

解得
$$\left.\frac{\mathrm{d}y}{\mathrm{d}x}\right|_{x=-1}=0,\left.\frac{\mathrm{d}z}{\mathrm{d}x}\right|_{x=-1}=-1.$$

例 6　设方程组 $\begin{cases}xu-yv=0,\\ yu+xv=1\end{cases}$ 及 $x_0=1,y_0=1,u_0=\frac{1}{2},v_0=\frac{1}{2}$.

(1) 证明:方程组在点 $P(x_0,y_0,u_0,v_0)$ 的某邻域内能确定一组隐函数 $u=u(x,y),v=v(x,y)$;

(2) 求 $\frac{\partial u}{\partial x},\frac{\partial u}{\partial y},\frac{\partial v}{\partial x},\frac{\partial v}{\partial y}$.

(1) 证　令 $F(x,y,u,v)=xu-yv$,
$G(x,y,u,v)=yu+xv-1$,显然 $F(x,y,u,v),G(x,y,u,v)$ 有连续偏导数,且 $F(P)=0,G(P)=0$,又

$$\frac{\partial(F,G)}{\partial(u,v)}=\begin{vmatrix}F'_u & F'_v\\ G'_u & G'_v\end{vmatrix}=\begin{vmatrix}x & -y\\ y & x\end{vmatrix}=x^2+y^2,$$

$$J=\left.\frac{\partial(F,G)}{\partial(u,v)}\right|_P=(x^2+y^2)\Big|_{x=1,y=1}=2\neq0,$$

故在点 P 的某邻域内方程组能确定一组隐函数 $u=u(x,y)$,
$v=v(x,y)$;

(2) 我们可分别用以下方法求各偏导数.

解 1　利用公式

$$\frac{\partial u}{\partial x}=\frac{\dfrac{\partial(F,G)}{\partial(x,v)}}{\dfrac{\partial(F,G)}{\partial(v,u)}}=\frac{\begin{vmatrix}u & -y\\ v & x\end{vmatrix}}{\begin{vmatrix}-y & x\\ x & y\end{vmatrix}}=-\frac{xu+yv}{x^2+y^2},$$

$$\frac{\partial u}{\partial y}=\frac{\dfrac{\partial(F,G)}{\partial(y,v)}}{\dfrac{\partial(F,G)}{\partial(v,u)}}=\frac{\begin{vmatrix}-v & -y\\ u & x\end{vmatrix}}{\begin{vmatrix}-y & x\\ x & y\end{vmatrix}}=\frac{xv-yu}{x^2+y^2},$$

$$\frac{\partial v}{\partial x}=\frac{\dfrac{\partial(F,G)}{\partial(x,u)}}{\dfrac{\partial(F,G)}{\partial(u,v)}}=\frac{\begin{vmatrix}u & x\\ v & y\end{vmatrix}}{\begin{vmatrix}x & -y\\ y & x\end{vmatrix}}=\frac{yu-xv}{x^2+y^2},$$

$$\frac{\partial v}{\partial y}=\frac{\dfrac{\partial(F,G)}{\partial(y,u)}}{\dfrac{\partial(F,G)}{\partial(u,v)}}=\frac{\begin{vmatrix}-v & x\\ u & y\end{vmatrix}}{\begin{vmatrix}x & -y\\ y & x\end{vmatrix}}=-\frac{xu+yv}{x^2+y^2}.$$

解 2　方程组中两方程两端分别对 x 求导，得

$$\begin{cases}u+x\dfrac{\partial u}{\partial x}-y\dfrac{\partial v}{\partial x}=0,\\ y\dfrac{\partial u}{\partial x}+v+x\dfrac{\partial v}{\partial x}=0,\end{cases}$$

解得
$$\frac{\partial u}{\partial x}=-\frac{xu+yv}{x^2+y^2},\frac{\partial v}{\partial x}=\frac{yu-xv}{x^2+y^2},$$

同样，方程组中两方程两端分别对 y 求导，得

$$\begin{cases}x\dfrac{\partial u}{\partial y}-v-y\dfrac{\partial v}{\partial y}=0,\\ u+y\dfrac{\partial u}{\partial y}+x\dfrac{\partial v}{\partial y}=0,\end{cases}$$

解得
$$\frac{\partial u}{\partial y}=\frac{xv-yu}{x^2+y^2},\frac{\partial v}{\partial y}=-\frac{xu+yv}{x^2+y^2}.$$

例 7　设函数 $x=f(u,v)$，$y=g(u,v)$ 在点 (u,v) 的某邻域内有连续偏导数，且 $\dfrac{\partial(f,g)}{\partial(u,v)}\neq 0$.

(1) 证明：方程组 $\begin{cases}x=f(u,v),\\ y=g(u,v)\end{cases}$ 在点 $P(x,y,u,v)$ 的某邻域内唯一确定一组反函数 $u=u(x,y)$，$v=v(x,y)$；

(2) 求 $\dfrac{\partial u}{\partial x},\dfrac{\partial v}{\partial x}$.

解　(1) 令 $F(x,y,u,v)=f(u,v)-x$，

$G(x,y,u,v)=g(u,v)-y$，

显然 F,G 有连续偏导数，且 $F(P)=0,G(P)=0$，又

$$J=\frac{\partial(F,G)}{\partial(u,v)}=\begin{vmatrix}F'_u & F'_v\\ G'_u & G'_v\end{vmatrix}=\begin{vmatrix}f'_u & f'_v\\ g'_u & g'_v\end{vmatrix}=\frac{\partial(f,g)}{\partial(u,v)}\neq 0,$$

因此方程组能唯一确定一组反函数 $u=u(x,y)$，$v=v(x,y)$；

(2) 将 $\begin{cases}x=f(u,v),\\ y=g(u,v)\end{cases}$ 中的两个方程两端对 x 求导，得

$$\begin{cases}1=f'_u\cdot\dfrac{\partial u}{\partial x}+f'_v\cdot\dfrac{\partial v}{\partial x},\\ 0=g'_u\cdot\dfrac{\partial u}{\partial x}+g'_v\cdot\dfrac{\partial v}{\partial x},\end{cases}$$

解得
$$\frac{\partial u}{\partial x}=\frac{g'_v}{J},\frac{\partial v}{\partial x}=-\frac{g'_u}{J}.$$

习题 7-5

1. 已知 $\sin(xy)-e^{xy}-x^2y=0$，求$\dfrac{dy}{dx}$.

2. 已知 $x+y+z=e^{-(x^2+y^2+z^2)}$，求$\dfrac{\partial z}{\partial x},\dfrac{\partial z}{\partial y}$.

3. 设 $\cos^2x+\cos^2y+\cos^2z=1$，求 dz.

4. 设 $f(cx-az,cy-bz)=0$，其中 f 有连续偏导数，证明：$a\dfrac{\partial z}{\partial x}+b\dfrac{\partial z}{\partial y}=c$.

5. 设 $x^2+y^2+z^2=yf\left(\dfrac{z}{y}\right)$，其中 f 有连续导函数，求 dz.

6. 设 $x+y-z=e^z$，求$\dfrac{\partial^2 z}{\partial x\partial y}$.

7. 已知方程 $\dfrac{x}{z}=\ln\dfrac{z}{y}$ 定义了函数 $z=z(x,y)$，求$\dfrac{\partial^2 z}{\partial x^2}$.

8. 设 $z+\ln z-\int_y^x e^{-t^2}dt=0$，求$\dfrac{\partial^2 z}{\partial x\partial y}$.

9. 设$\begin{cases}z=x^2+y^2,\\x^2+2y^2+3z^2=20,\end{cases}$求$\dfrac{dy}{dx},\dfrac{dz}{dx}$.

10. 设$\begin{cases}x=e^u+v,\\xy=e^u+u,\end{cases}$求$\dfrac{\partial u}{\partial x},\dfrac{\partial v}{\partial y}$.

11. 设$\begin{cases}x+y+z=0,\\xyz=1,\end{cases}$求$\dfrac{dy}{dx},\dfrac{dz}{dx}$.

12. 设 $y=y(x)$，$z=z(x)$是由方程 $z=xf(x+y)$和 $F(x,y,z)=0$ 所确定的函数，其中 f 与 F 分别具有一阶连续导数和一阶连续偏导数，求$\dfrac{dz}{dx}$.

13. 设 $y=f(x,t)$，$F(x,y,t)=0$，其中 f,F 都具有一阶连续偏导数，证明：

$$\frac{dy}{dx}=\frac{f'_x\cdot F'_t-f'_t\cdot F'_x}{f'_t\cdot F'_y+F'_t}.$$

第六节　方向导数与梯度

一、方向导数

在很多实际问题中，常常要研究函数在一点处沿某一方向的变化率. 例如，在气象学中，就需要研究温度、气压沿不同方向的变化率. 本节将要引入的方向导数就是为研究这类变化率提出的.

设函数 $z=f(x,y)$在点 $P(x,y)$的某邻域内有定义，如图 7-9 所示，从点 P 出发在xOy 面上引一射线 l，$\boldsymbol{e}$ 是 l 上的单位向量，设 $\boldsymbol{e}$ 与 x 轴和 y 轴正向的夹角分别为 α 和 β，从而 $\boldsymbol{e}=\{\cos\alpha,\cos\beta\}$，在射线 l 上另取一点 $P'(x+\Delta x,y+\Delta y)$，记

$$\rho=|PP'|=\sqrt{\Delta x^2+\Delta y^2},$$

$$\Delta_l z=f(P')-f(P)=f(x+\Delta x,y+\Delta y)-f(x,y),$$

则当 ρ 较小时，$\dfrac{\Delta_l z}{\rho}$可以近似反映函数 $z=f(x,y)$在点 P 处沿射线 l 方向的变化情况，而其极限可以精确地描述这个变化情况. 为此我们给出如下定义.

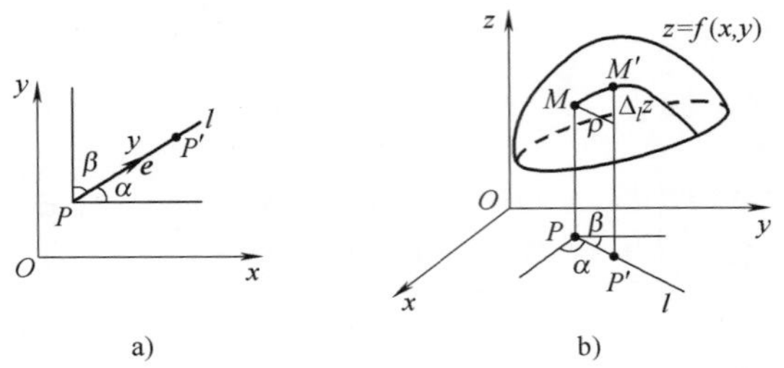

图　7-9

定义 1　在上面所给出的假设下，如果极限

$$\lim_{\rho\to 0}\frac{\Delta_l z}{\rho}=\lim_{\rho\to 0}\frac{f(x+\Delta x,y+\Delta y)-f(x,y)}{\rho}$$

存在，则称此极限为函数 $z=f(x,y)$ 在点 $P(x,y)$ 处沿方向 $\boldsymbol{l}$（或 $\boldsymbol{e}$）的方向导数，记作 $\frac{\partial z}{\partial \boldsymbol{l}}$ 或 $\frac{\partial z}{\partial \boldsymbol{e}}$，即

$$\frac{\partial z}{\partial \boldsymbol{l}}=\lim_{\rho\to 0}\frac{\Delta_l z}{\rho}=\lim_{\rho\to 0}\frac{f(x+\Delta x,y+\Delta y)-f(x,y)}{\rho}.$$

方向导数 $\frac{\partial z}{\partial \boldsymbol{l}}$ 反映了沿射线方向 $\boldsymbol{l}$（或 $\boldsymbol{e}$）变量 z 的变化情况.

二元函数方向导数的定义与前面二元函数的偏导数定义类似，用极限的形式给出．当方向 l 取坐标轴正向时，就给出了前面介绍的各个偏导数的概念；因此，前面偏导数可以视为此处方向导数的特例.

如果 $\boldsymbol{i},\boldsymbol{j}$ 分别表示 x 轴和 y 轴的正方向，根据方向导数的定义，当 $\boldsymbol{e}=\boldsymbol{i}$ 时，由于 $\Delta_l z=\Delta_x z,\rho=\Delta x$，从而

$$\frac{\partial z}{\partial \boldsymbol{l}}=\lim_{\rho\to 0}\frac{\Delta_l z}{\rho}=\lim_{\Delta x\to 0}\frac{\Delta_x z}{\Delta x}=\frac{\partial z}{\partial x};$$

当 $\boldsymbol{e}=-\boldsymbol{i}$ 时，由于 $\Delta_l z=\Delta_x z,\rho=-\Delta x$，从而

$$\frac{\partial z}{\partial \boldsymbol{l}}=\lim_{\rho\to 0}\frac{\Delta_l z}{\rho}=\lim_{\Delta x\to 0}\frac{\Delta_x z}{-\Delta x}=-\frac{\partial z}{\partial x}.$$

同样，当 $\boldsymbol{e}=\boldsymbol{j}$ 时，有 $\frac{\partial z}{\partial \boldsymbol{l}}=\frac{\partial z}{\partial y}$；当 $\boldsymbol{e}=-\boldsymbol{j}$ 时，有 $\frac{\partial z}{\partial \boldsymbol{l}}=-\frac{\partial z}{\partial y}$.

例 1　设 $f(x,y)=\begin{cases}\dfrac{xy^2}{x^2+y^4}, & x^2+y^2\neq 0,\\ 0, & x^2+y^2=0,\end{cases}$ 求 $f(x,y)$ 在点 $(0,0)$ 沿方向 $\boldsymbol{e}=\{\cos\alpha,\cos\beta\}$ 的方向导数，分析 $f(x,y)$ 在点 $(0,0)$ 沿方向 $\boldsymbol{e}_1=\left\{\cos\frac{\pi}{4},\cos\frac{\pi}{4}\right\}$，$\boldsymbol{e}_2=\left\{\cos\frac{\pi}{3},\cos\frac{\pi}{6}\right\}$，$\boldsymbol{e}_3=\left\{\cos\frac{3\pi}{4},\cos\frac{\pi}{4}\right\}$ 的变化情况.

解　沿方向 e,有 $x=\rho\cos\alpha, y=\rho\cos\beta, \rho=\sqrt{x^2+y^2}$,当 $\cos\alpha\neq 0$ 时,

$$\frac{\partial z}{\partial e}=\lim_{\rho\to 0}\frac{f(x,y)-f(0,0)}{\rho}$$

$$=\lim_{\rho\to 0}\frac{\dfrac{\rho^3\cos\alpha\cos^2\beta}{\rho^2\cos^2\alpha+\rho^4\cos^4\beta}}{\rho}=\frac{\cos^2\beta}{\cos\alpha},$$

当 $\cos\alpha=0$ 时,$f(x,y)=0$,故

$$\frac{\partial z}{\partial e}=\lim_{\rho\to 0}\frac{f(x,y)-f(0,0)}{\rho}=\lim_{\rho\to 0}\frac{0-0}{\rho}=0,$$

由于 $\dfrac{\partial z}{\partial e_1}=\dfrac{\cos^2\dfrac{\pi}{4}}{\cos\dfrac{\pi}{4}}=\dfrac{\sqrt{2}}{2}, \dfrac{\partial z}{\partial e_2}=\dfrac{\cos^2\dfrac{\pi}{6}}{\cos\dfrac{\pi}{3}}=\dfrac{3}{2},$

$$\frac{\partial z}{\partial e_3}=\frac{\cos^2\dfrac{\pi}{4}}{\cos\dfrac{3\pi}{4}}=-\frac{\sqrt{2}}{2},$$

故在点(0,0)处沿 e_1 方向与 e_2 方向,$f(x,y)$都是增大的,并且沿 e_2 方向比沿 e_1 方向增大得快,而沿 e_3 方向,$f(x,y)$是减小的.

类似地,我们可以定义三元函数在一点处沿某一方向的方向导数.

定义 2　**设函数** $u=f(x,y,z)$**在点** $P(x,y,z)$**的某邻域内有定义(见图 7-10),从点** P **出发在空间中引一射线** l,e **是** l **上的单位向量,设** e **与** x **轴、**y **轴及** z **轴正向的夹角分别为** α,β,γ **从而** $e=\{\cos\alpha,\cos\beta,\cos\gamma\}$,**在射线** l **上另取一点** $P'(x+\Delta x,y+\Delta y,z+\Delta z)$,**记**

$$\rho=|PP'|=\sqrt{\Delta x^2+\Delta y^2+\Delta z^2},$$

$$\Delta_l u=f(P')-f(P)=f(x+\Delta x,y+\Delta y,z+\Delta z)-f(x,y,z),$$

如果极限

$$\lim_{\rho\to 0}\frac{\Delta_l u}{\rho}=\lim_{\rho\to 0}\frac{f(x+\Delta x,y+\Delta y,z+\Delta z)-f(x,y,z)}{\rho}$$

存在,则称此极限为函数 $u=f(x,y,z)$**在点** $P(x,y,z)$**处沿方向** l(**或** e)**的方向导数,记作** $\dfrac{\partial u}{\partial l}$ **或** $\dfrac{\partial u}{\partial e}$,**即**

$$\frac{\partial u}{\partial l}=\lim_{\rho\to 0}\frac{\Delta_l u}{\rho}=\lim_{\rho\to 0}\frac{f(x+\Delta x,y+\Delta y,z+\Delta z)-f(x,y,z)}{\rho}.$$

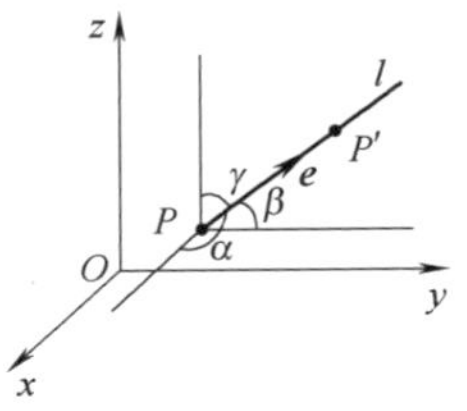

图　7-10

为了便于计算方向导数,我们给出如下定理.

定理 1　如果函数 $z=f(x,y)$ 在点 $P(x,y)$ 可微，则在点 $P(x,y)$ 处 $f(x,y)$ 沿任何方向 $\boldsymbol{l}$ 的方向导数都存在，且当 $\boldsymbol{e}=\{\cos\alpha,\cos\beta\}$ 为 $\boldsymbol{l}$ 上的单位向量时，有

$$\boxed{\frac{\partial z}{\partial \boldsymbol{l}}=\frac{\partial z}{\partial x}\cos\alpha+\frac{\partial z}{\partial y}\cos\beta.}$$

证　由于 $z=f(x,y)$ 在点 $P(x,y)$ 可微，则

$$\Delta_l z=f(x+\Delta x,y+\Delta y)-f(x,y)=\frac{\partial z}{\partial x}\Delta x+\frac{\partial z}{\partial y}\Delta y+o(\rho),$$

$$\frac{\Delta_l z}{\rho}=\frac{\partial z}{\partial x}\frac{\Delta x}{\rho}+\frac{\partial z}{\partial y}\frac{\Delta y}{\rho}+\frac{o(\rho)}{\rho}=\frac{\partial z}{\partial x}\cos\alpha+\frac{\partial z}{\partial y}\cos\beta+\frac{o(\rho)}{\rho},$$

故
$$\frac{\partial z}{\partial \boldsymbol{l}}=\lim_{\rho\to 0}\frac{\Delta_l z}{\rho}=\lim_{\rho\to 0}\left[\frac{\partial z}{\partial x}\cos\alpha+\frac{\partial z}{\partial y}\cos\beta+\frac{o(\rho)}{\rho}\right]$$
$$=\frac{\partial z}{\partial x}\cos\alpha+\frac{\partial z}{\partial y}\cos\beta.$$

对三元函数有类似的定理.

定理 2　如果函数 $u=f(x,y,z)$ 在点 $P(x,y,z)$ 可微，则在点 $P(x,y,z)$ 处 $f(x,y,z)$ 沿任何方向 $\boldsymbol{l}$ 的方向导数都存在，且当 $\boldsymbol{e}=\{\cos\alpha,\cos\beta,\cos\gamma\}$ 为 $\boldsymbol{l}$ 上的单位向量时，有

$$\boxed{\frac{\partial u}{\partial \boldsymbol{l}}=\frac{\partial u}{\partial x}\cos\alpha+\frac{\partial u}{\partial y}\cos\beta+\frac{\partial u}{\partial z}\cos\gamma.}$$

上面两个定理所给出的公式为方向导数的计算公式.

例 2　(1) 求函数 $z=x^3-3x^2y+3xy^2+1$ 在点 $M(3,1)$ 处到 $N(6,5)$ 的方向上的方向导数；

(2) 求函数 $u=xye^z+\sqrt{x^2+y^2+z^2}$ 在点 $P(1,1,0)$ 处到 $Q(3,2,2)$ 的方向上的方向导数.

解　(1) $\dfrac{\partial z}{\partial x}=3x^2-6xy+3y^2,\ \dfrac{\partial z}{\partial y}=-3x^2+6xy,$

在点 $M(3,1)$ 处，$\dfrac{\partial z}{\partial x}=12,\ \dfrac{\partial z}{\partial y}=-9$，又

$$\overrightarrow{MN}=\{3,4\},\ \boldsymbol{e}=\overrightarrow{MN}^0=\left\{\frac{3}{5},\frac{4}{5}\right\},$$

故
$$\frac{\partial z}{\partial \overrightarrow{MN}}=12\times\frac{3}{5}+(-9)\times\frac{4}{5}=0;$$

(2) $\dfrac{\partial u}{\partial x}=ye^z+\dfrac{x}{\sqrt{x^2+y^2+z^2}},\ \dfrac{\partial u}{\partial y}=xe^z+\dfrac{y}{\sqrt{x^2+y^2+z^2}},$

$$\frac{\partial u}{\partial z}=xye^z+\frac{z}{\sqrt{x^2+y^2+z^2}},$$

在点 $P(1,1,0)$ 处，$\frac{\partial u}{\partial x}=1+\frac{1}{\sqrt{2}}$，$\frac{\partial u}{\partial y}=1+\frac{1}{\sqrt{2}}$，$\frac{\partial u}{\partial z}=1$，又

$$\overrightarrow{PQ}=\{2,1,2\},\boldsymbol{e}=\overrightarrow{PQ}^0=\left\{\frac{2}{3},\frac{1}{3},\frac{2}{3}\right\},$$

故 $$\frac{\partial u}{\partial \overrightarrow{PQ}}=\left(1+\frac{1}{\sqrt{2}}\right)\times\frac{2}{3}+\left(1+\frac{1}{\sqrt{2}}\right)\times\frac{1}{3}+1\times\frac{2}{3}=\frac{5}{3}+\frac{\sqrt{2}}{2}.$$

二、数量场的梯度

场是物理学中经常提到的一个词. 设 V 是一个空间区域，如果在 V 中的每一点处都对应着某物理量的一个确定的值，则称 V 为该物理量的一个场. 例如，当物理量分别为温度、速度、引力时，则 V 便分别称为温度场、速度场、引力场. 如果构成场的物理量是数量，则该场就叫作数量场. 如果构成场的物理量是向量，则该场叫作向量场. 例如，温度场是数量场，而速度场与引力场都是向量场.

抽象地看，给定一个数量场就相当于给定一个定义域为 V 的三元函数 $u=u(x,y,z)$. 特别地，当 V 是 xOy 面上的平面区域时，则数量场可以用二元函数 $z=z(x,y)$ 来表述.

设数量场 $u=u(x,y,z)$，则 $u(x,y,z)=C$（C 为常数）对应一个空间曲面，我们将这个曲面称为该数量场的等值面.

设 $P(x,y,z)$ 为数量场中一点（即为空间 V 中一点），如果我们想了解该数量场 $u(x,y,z)$（即物理量 $u(x,y,z)$）沿各方向的变化情况，可以利用方向导数 $\frac{\partial u}{\partial \boldsymbol{l}}$ 这个工具. 一般来说，沿不同的方向 $\boldsymbol{l}$（或 $\boldsymbol{e}$）方向导数 $\frac{\partial u}{\partial \boldsymbol{l}}$ 的值也是不同的，即沿不同的方向物理量 $u(x,y,z)$ 的变化率往往是不相同的. 在实际问题中我们常常需要知道从点 $P(x,y,z)$ 处出发沿哪个方向 $\boldsymbol{l}$（或 $\boldsymbol{e}$）物理量 $u(x,y,z)$ 的变化率最大，以及这个最大变化率是多少？这就意味着我们要知道沿哪个方向 $\boldsymbol{l}$（或 $\boldsymbol{e}$），方向导数 $\frac{\partial u}{\partial \boldsymbol{l}}$ 取得最大值，以及这个最大值是多少？

下面我们来讨论这个问题.

设函数（或数量场）$u(x,y,z)$ 在点 $P(x,y,z)$ 可微，则

$$\begin{aligned}\frac{\partial u}{\partial \boldsymbol{l}}&=\frac{\partial u}{\partial x}\cos\alpha+\frac{\partial u}{\partial y}\cos\beta+\frac{\partial u}{\partial z}\cos\gamma\\&=\left\{\frac{\partial u}{\partial x},\frac{\partial u}{\partial y},\frac{\partial u}{\partial z}\right\}\cdot\{\cos\alpha,\cos\beta,\cos\gamma\},\end{aligned}$$

记 $$\boldsymbol{g}=\left\{\frac{\partial u}{\partial x},\frac{\partial u}{\partial y},\frac{\partial u}{\partial z}\right\},\boldsymbol{e}=\{\cos\alpha,\cos\beta,\cos\gamma\},$$

则 $$\frac{\partial u}{\partial \boldsymbol{l}}=\boldsymbol{g}\cdot\boldsymbol{e}=|\boldsymbol{g}||\boldsymbol{e}|\cos\langle\boldsymbol{g},\boldsymbol{e}\rangle=|\boldsymbol{g}|\cos\langle\boldsymbol{g},\boldsymbol{e}\rangle,$$

由此可知，当向量 $\boldsymbol{e}$ 与向量 $\boldsymbol{g}$ 的方向一致时，$\frac{\partial u}{\partial \boldsymbol{l}}$取得最大值，即函数 $u(x,y,z)$沿方向 $\boldsymbol{g}$ 的方向导数取得最大值，且这个最大值为

$$|\boldsymbol{g}|=\sqrt{\left(\frac{\partial u}{\partial x}\right)^2+\left(\frac{\partial u}{\partial y}\right)^2+\left(\frac{\partial u}{\partial z}\right)^2}.$$

对这个向量，我们给出如下定义.

定义 3　向量$\left\{\frac{\partial u}{\partial x},\frac{\partial u}{\partial y},\frac{\partial u}{\partial z}\right\}$称为函数(或数量场)$u(x,y,z)$在点 $P(x,y,z)$处的梯度，记作 grad$u$，即

$$\boxed{\mathbf{grad}u=\left\{\frac{\partial u}{\partial x},\frac{\partial u}{\partial y},\frac{\partial u}{\partial z}\right\}.}$$

根据上面的讨论，函数 $u(x,y,z)$的梯度的意义在于：设 $P(x,y,z)$是空间中一点，则在从 P 点引出的所有射线方向中，沿方向 **grad**u 的方向导数在所有方向导数中是最大的，并且这个方向导数的最大值为$|\mathbf{grad}u|$，即

$$\max_{\boldsymbol{e}}\frac{\partial u}{\partial \boldsymbol{l}}=|\mathbf{grad}u|=\sqrt{\left(\frac{\partial u}{\partial x}\right)^2+\left(\frac{\partial u}{\partial y}\right)^2+\left(\frac{\partial u}{\partial z}\right)^2}.$$

例 3　设 $u(x,y,z)=x^2y+xy^2z$，求 **grad**$u(2,1,0)$.

解　$\frac{\partial u}{\partial x}=2xy+y^2z,\frac{\partial u}{\partial y}=x^2+2xyz,\frac{\partial u}{\partial z}=xy^2$，

在点$(2,1,0)$，$\frac{\partial u}{\partial x}=4,\frac{\partial u}{\partial y}=4,\frac{\partial u}{\partial z}=2$，故

$$\mathbf{grad}u(2,1,0)=4\boldsymbol{i}+4\boldsymbol{j}+2\boldsymbol{k}.$$

设函数(或数量场)$u(x,y,z)$的定义区域为 V，且在 V 上每一点 $P(x,y,z)$处 **grad**$u(x,y,z)$都存在，则根据场的概念，**grad**u 也确定了一个场，这是一个向量场，我们将这个场称为梯度场，它是由数量场 $u(x,y,z)$产生的，通常我们将函数 $u(x,y,z)$称为梯度场 **grad**u 的势函数.

对二元函数 $z=z(x,y)$，可以完全类似地定义梯度的概念.

定义 4　向量$\left\{\frac{\partial z}{\partial x},\frac{\partial z}{\partial y}\right\}$称为函数 $z(x,y)$的梯度，记作 grad$z$，即

$$\boxed{\mathbf{grad}z=\left\{\frac{\partial z}{\partial x},\frac{\partial z}{\partial y}\right\}.}$$

二元函数的梯度的意义与三元函数的梯度的意义是一样的. 设 $P(x,y)$是 xOy 面上一点，则在从 P 点引出的所有(位于 xOy 面上的)射线方向中，沿方向 **grad**z 的方向导数在所有方向导数中是最

大的，并且这个方向导数的最大值为 $|\mathbf{grad}z|$，即

$$\max_{e}\frac{\partial z}{\partial \boldsymbol{l}}=|\mathbf{grad}z|=\sqrt{\left(\frac{\partial z}{\partial x}\right)^2+\left(\frac{\partial z}{\partial y}\right)^2}.$$

例 4　设函数 $z=x^2-xy+y^2$，问在点 $(-1,1)$ 沿哪个方向 z 的方向导数最大？这个最大的方向导数的值是多少？沿哪个方向 z 减小得最快？沿哪个方向 z 的变化率为零？

解　$\mathbf{grad}z=\left\{\frac{\partial z}{\partial x},\frac{\partial z}{\partial y}\right\}=\{2x-y,2y-x\}$，

$$\mathbf{grad}z(-1,1)=\{-3,3\},$$

故沿方向 $\{-3,3\}$，z 的方向导数最大，且这个最大的方向导数的值是

$$|\mathbf{grad}z(-1,1)|=\sqrt{(-3)^2+3^2}=3\sqrt{2}.$$

而沿与梯度相反的方向（称为负梯度方向），

即沿 $-\mathbf{grad}z(-1,1)=\{3,-3\}$，$z$ 减小得最快. 由

$$\frac{\partial z}{\partial \boldsymbol{l}}=\frac{\partial z}{\partial x}\cos\alpha+\frac{\partial z}{\partial y}\cos\beta=-3\cos\alpha+3\cos\beta=0,$$

得 $\cos\alpha=\cos\beta$，故 $\alpha=\beta=\frac{\pi}{4}$，或 $\alpha=\beta=\frac{3\pi}{4}$，因此沿方向

$$\left\{\cos\frac{\pi}{4},\sin\frac{\pi}{4}\right\}=\left\{\frac{\sqrt{2}}{2},\frac{\sqrt{2}}{2}\right\},$$

或

$$\left\{\cos\frac{3\pi}{4},\sin\frac{3\pi}{4}\right\}=\left\{-\frac{\sqrt{2}}{2},-\frac{\sqrt{2}}{2}\right\},$$

z 的变化率为零.

习题 7-6

1. 求 $z=3x^4+xy+y^3$ 在点 $(1,2)$ 处与 x 轴正向成 $135°$，与 y 轴正向成 $45°$ 的方向上的方向导数.
2. 求 $z=1-\left(\frac{x^2}{a^2}+\frac{y^2}{b^2}\right)$ 在点 $\left(\frac{a}{\sqrt{2}},\frac{b}{\sqrt{2}}\right)$ 处沿曲线 $\frac{x^2}{a^2}+\frac{y^2}{b^2}=1$ 在此点的内法线方向上的方向导数.
3. 求 $u=xyz$ 在点 $(5,1,2)$ 处到点 $(9,4,14)$ 的方向导数.
4. 设 $z=f(x,y)$，其中 f 有一阶连续偏导数，已知四点 $A(1,3)$，$B(3,3)$，$C(1,7)$，$D(6,15)$，如果 $f(x,y)$ 在点 A 处沿 $\overrightarrow{AB}$ 方向的方向导数等于 3，沿 $\overrightarrow{AC}$ 方向的方向导数等于 26，求 $f(x,y)$ 在点 A 处沿 $\overrightarrow{AD}$ 方向的方向导数.
5. 设 $f(x,y,z)=x^2+2y^2+3z^2+xy+3x-2y-6z$，求 $\mathbf{grad}f(0,0,0)$，$\mathbf{grad}f(1,1,1)$.
6. 求数量场 $u=\frac{x}{x^2+y^2+z^2}$ 在点 $A(1,2,2)$ 及 $B(-3,1,0)$ 处梯度之间的夹角.
7. 设一金属球体内各点处的温度与该点离球心的距离成反比，证明：球体内任意（异于球心的）一点处沿着指向球心的方向温度上升得最快.
8. 设金属板上的电压分布为 $v=50-2x^2-4y^2$，问在点 $(1,-2)$ 处，
   (1) 沿哪个方向电压上升得最快？
   (2) 沿哪个方向电压下降得最快？
   (3) 上述情况中上升或下降的速率各为多少？
   (4) 沿哪个方向电压变化得最慢？
9. 设 $u=\frac{z^2}{c^2}-\frac{x^2}{a^2}-\frac{y^2}{b^2}$，问 u 在点 (a,b,c) 处沿哪个方

向增大得最快？沿哪个方向减小得最快？沿哪个方向变化率为零？

10. 设数量场 $z=\frac{1}{2}\ln(x^2+y^2)$，求 $\mathbf{grad}z$，并证明此数量场的等值线上任一点 (x,y) 处的切线与 $\mathbf{grad}z$ 垂直.

11. 已知数量场 $u=\ln\frac{1}{r}$，其中

$r=\sqrt{(x-a)^2+(y-b)^2+(z-c)^2}$，

求 $\mathbf{grad}u$，并指出在哪些点处有 $|\mathbf{grad}u|=1$.

第七节 微分学在几何上的应用

一、空间曲线的切线与法平面

首先给出空间曲线的切线和法平面的定义.

设 L 是一空间曲线，如图 7-11 所示，$P_0(x_0,y_0,z_0)$ 是曲线上一点，在曲线上(与 P_0 邻近)另取一点 $P(x_0+\Delta x,y_0+\Delta y,z_0+\Delta z)$，将直线 P_0P 称为曲线的割线，如果当点 P 沿着曲线 L 趋于 P_0 时，割线 P_0P 有一个极限位置 P_0T，则将 P_0T 称为曲线 L 在点 P_0 处的**切线**，将过点 P_0 且与切线 P_0T 垂直的平面称为曲线 L 在点 P_0 处的**法平面**.

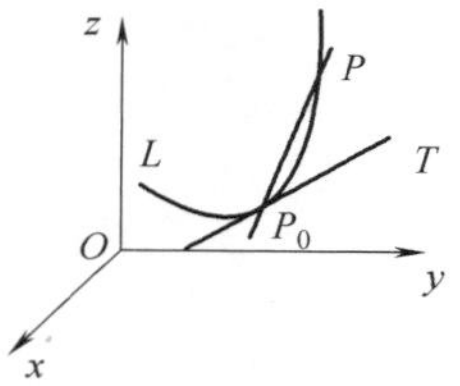

图 7-11

下面讨论如何求曲线的切线与法平面的方程.

设曲线的参数方程为

$$x=x(t),y=y(t),z=z(t),$$

其中 $x(t),y(t),z(t)$ 都是可导函数，$t=t_0$ 和 $t=t_0+\Delta t$ 分别对应点 P_0 和 P，又假设 $x'(t_0),y'(t_0),z'(t_0)$，不同时为零. 由空间解析几何知，割线 P_0P 的方向向量为

$$\{\Delta x,\Delta y,\Delta z\}\text{或}\left\{\frac{\Delta x}{\Delta t},\frac{\Delta y}{\Delta t},\frac{\Delta z}{\Delta t}\right\},$$

当 $\Delta t\to 0$(即 $P\to P_0$)时，由于割线 P_0P 的极限位置为切线 P_0T，故割线 P_0P 的方向向量的极限即为切线 P_0T 的方向向量，因此得切线 P_0T 的方向向量(简称切向量)为

$$\boxed{\boldsymbol{s}=\{x'(t_0),y'(t_0),z'(t_0)\}.}$$

因此曲线 L 在点 $P_0(x_0,y_0,z_0)$ 处的切线方程与法平面方程分别为

$$\frac{x-x_0}{x'(t_0)}=\frac{y-y_0}{y'(t_0)}=\frac{z-z_0}{z'(t_0)},$$

及 $$x'(t_0)(x-x_0)+y'(t_0)(y-y_0)+z'(t_0)(z-z_0)=0.$$

如果曲线 L 的方程为

$$\begin{cases}F(x,y,z)=0,\\G(x,y,z)=0,\end{cases}$$

并设此方程组能确定可导隐函数 $y=y(x),z=z(x)$，可将 x 看成参

数，则

$$x=x, y=y(x), z=z(x)$$

即为曲线的参数方程，故曲线在点 $P_0(x_0,y_0,z_0)$ 处的切向量为

$$\boxed{\boldsymbol{s}=\left\{1,\left.\frac{\mathrm{d}y}{\mathrm{d}x}\right|_{P_0},\left.\frac{\mathrm{d}z}{\mathrm{d}x}\right|_{P_0}\right\} \text{或 } \boldsymbol{s}=\{\mathrm{d}x,\mathrm{d}y,\mathrm{d}z\}_{P_0}},$$

因此曲线 L 在点 $P_0(x_0,y_0,z_0)$ 的切线与法平面的方程分别为

$$\frac{x-x_0}{1}=\frac{y-y_0}{\left.\frac{\mathrm{d}y}{\mathrm{d}x}\right|_{P_0}}=\frac{z-z_0}{\left.\frac{\mathrm{d}z}{\mathrm{d}x}\right|_{P_0}},$$

及

$$(x-x_0)+\left.\frac{\mathrm{d}y}{\mathrm{d}x}\right|_{P_0}(y-y_0)+\left.\frac{\mathrm{d}z}{\mathrm{d}x}\right|_{P_0}(z-z_0)=0.$$

例 1　求曲线 $x=\cos t, y=\sin t, z=2t$ 在 $t=\frac{\pi}{2}$ 处的切线方程和法平面方程.

解　$\frac{\mathrm{d}x}{\mathrm{d}t}=-\sin t, \frac{\mathrm{d}y}{\mathrm{d}t}=\cos t, \frac{\mathrm{d}z}{\mathrm{d}t}=2$,

在 $t=\frac{\pi}{2}$ 处，$x=0, y=1, z=\pi, \frac{\mathrm{d}x}{\mathrm{d}t}=-1, \frac{\mathrm{d}y}{\mathrm{d}t}=0, \frac{\mathrm{d}z}{\mathrm{d}t}=2$，故切线方程为

$$\frac{x}{-1}=\frac{y-1}{0}=\frac{z-\pi}{2},$$

法平面方程为

$$-(x-0)+0\times(y-1)+2(z-\pi)=0,$$

即

$$x-2z+2\pi=0.$$

例 2　求曲线 $\begin{cases}x^2+y^2+z^2=8,\\ x^2+y^2=z^2\end{cases}$ 在点 $P_0(1,\sqrt{3},2)$ 处的切线方程.

解　方程组两端对 x 求导，得

$$\begin{cases}2x+2y\frac{\mathrm{d}y}{\mathrm{d}x}+2z\frac{\mathrm{d}z}{\mathrm{d}x}=0,\\ 2x+2y\frac{\mathrm{d}y}{\mathrm{d}x}=2z\frac{\mathrm{d}z}{\mathrm{d}x},\end{cases}$$

将 $P_0(1,\sqrt{3},2)$ 代入，得

$$\begin{cases}2+2\sqrt{3}\frac{\mathrm{d}y}{\mathrm{d}x}+4\frac{\mathrm{d}z}{\mathrm{d}x}=0,\\ 2+2\sqrt{3}\frac{\mathrm{d}y}{\mathrm{d}x}=4\frac{\mathrm{d}z}{\mathrm{d}x},\end{cases}$$

解得

$$\frac{\mathrm{d}y}{\mathrm{d}x}=-\frac{\sqrt{3}}{3}, \frac{\mathrm{d}z}{\mathrm{d}x}=0,$$

故曲线在 P_0 处的切向量为 $\boldsymbol{s}=\left\{1,-\frac{\sqrt{3}}{3},0\right\}$，切线方程为

$$\frac{x-1}{1}=\frac{y-\sqrt{3}}{-\frac{\sqrt{3}}{3}}=\frac{z-2}{0}.$$

二、向量函数与曲线运动

1. 向量函数

我们将 $\boldsymbol{A}(t)=\{x(t),y(t),z(t)\}$ 称为向量函数，其中 $x(t)$，$y(t)$，$z(t)$ 都是在某区间上有定义的函数.

同数量函数一样，我们也可以定义向量函数的极限、连续性、导数与积分.

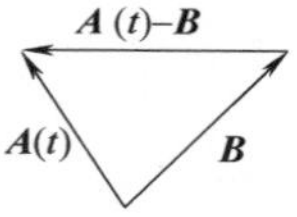

图 7-12

定义1 设向量函数 $\boldsymbol{A}(t)$ 在 t_0 的某去心邻域内有定义，$\boldsymbol{B}$ 是一常向量，如果对 $\forall\varepsilon>0$，都 $\exists\delta>0$，使得当 $0<|t-t_0|<\delta$ 时，总有 $|\boldsymbol{A}(t)-\boldsymbol{B}|<\varepsilon$（见图7-12），则称当 $t\to t_0$ 时，$\boldsymbol{A}(t)$ 以 $\boldsymbol{B}$ 为极限，记作

$$\lim_{t\to t_0}\boldsymbol{A}(t)=\boldsymbol{B}.$$

由此定义不难得出下面的定理.

定理1 设向量函数 $\boldsymbol{A}(t)=\{x(t),y(t),z(t)\}$，则 $\lim\limits_{t\to t_0}\boldsymbol{A}(t)$ 存在的充分必要条件是 $\lim\limits_{t\to t_0}x(t)$，$\lim\limits_{t\to t_0}y(t)$，$\lim\limits_{t\to t_0}z(t)$ 都存在，且在这种情形下有

$$\lim_{t\to t_0}\boldsymbol{A}(t)=\{\lim_{t\to t_0}x(t),\lim_{t\to t_0}y(t),\lim_{t\to t_0}z(t)\}.$$

定义2 设向量函数 $\boldsymbol{A}(t)$ 在 t_0 的某邻域内有定义，如果 $\lim\limits_{t\to t_0}\boldsymbol{A}(t)=\boldsymbol{A}(t_0)$，则称 $\boldsymbol{A}(t)$ 在 t_0 处连续.

由此定义及定理1可以得出：$\boldsymbol{A}(t)=\{x(t),y(t),z(t)\}$ 在 t_0 处连续的充分必要条件是 $x(t)$，$y(t)$，$z(t)$ 都在 t_0 处连续.

定义3 设向量函数 $\boldsymbol{A}(t)$ 在 t 的某邻域内有定义，如果极限

$$\lim_{\Delta t\to 0}\frac{\boldsymbol{A}(t+\Delta t)-\boldsymbol{A}(t)}{\Delta t}$$

存在，则称 $\boldsymbol{A}(t)$ 在 t 处可导，且称此极限为 $\boldsymbol{A}(t)$ 在 t 处的导数，记作

$$\boldsymbol{A}'(t)=\lim_{\Delta t\to 0}\frac{\boldsymbol{A}(t+\Delta t)-\boldsymbol{A}(t)}{\Delta t}.$$

根据此定义以及定理 1 可以推出下面结论.

设 $\boldsymbol{A}(t)=\{x(t),y(t),z(t)\}$，则有

$$\boldsymbol{A}'(t)=\lim_{\Delta t\to 0}\frac{1}{\Delta t}\{x(t+\Delta t)-x(t),y(t+\Delta t)-y(t),z(t+\Delta t)-z(t)\}$$

$$=\left\{\lim_{\Delta t\to 0}\frac{x(t+\Delta t)-x(t)}{\Delta t},\lim_{\Delta t\to 0}\frac{y(t+\Delta t)-y(t)}{\Delta t},\lim_{\Delta t\to 0}\frac{z(t+\Delta t)-z(t)}{\Delta t}\right\}$$

$$=\{x'(t),y'(t),z'(t)\}.$$

类似于数量函数的导数的运算法则，向量函数的导数有如下运算法则.

定理 2　设向量函数 $\boldsymbol{A}=\boldsymbol{A}(t)$，$\boldsymbol{B}=\boldsymbol{B}(t)$ 与数量函数 $f=f(t)$ 都在某区间上可导，则 $\boldsymbol{A}\pm\boldsymbol{B}$，$f\boldsymbol{A}$，$\boldsymbol{A}\cdot\boldsymbol{B}$，$\boldsymbol{A}\times\boldsymbol{B}$ 也在该区间上可导，且

$$(\boldsymbol{A}\pm\boldsymbol{B})'=\boldsymbol{A}'\pm\boldsymbol{B}';$$

$$(f\boldsymbol{A})'=f'\boldsymbol{A}+f\boldsymbol{A}';$$

$$(\boldsymbol{A}\cdot\boldsymbol{B})'=\boldsymbol{A}'\cdot\boldsymbol{B}+\boldsymbol{A}\cdot\boldsymbol{B}';$$

$$(\boldsymbol{A}\times\boldsymbol{B})'=\boldsymbol{A}'\times\boldsymbol{B}+\boldsymbol{A}\times\boldsymbol{B}'.$$

证　设 $\boldsymbol{A}(t)=\{x_1(t),y_1(t),z_1(t)\}$，

$\boldsymbol{B}(t)=\{x_2(t),y_2(t),z_2(t)\}$，则

$$(\boldsymbol{A}+\boldsymbol{B})'=\{(x_1(t)\pm x_2(t))',(y_1(t)\pm y_2(t))',(z_1(t)\pm z_2(t))'\}$$

$$=\{x_1'(t),y_1'(t),z_1'(t)\}\pm\{x_2'(t),y_2'(t),z_2'(t)\}=\boldsymbol{A}'\pm\boldsymbol{B}';$$

$$(f\boldsymbol{A})'=\{(f(t)x_1(t))',(f(t)y_1(t))',(f(t)z_1(t))'\}$$

$$=\{f'(t)x_1(t)+f(t)x_1'(t),f'(t)y_1(t)+f(t)y_1'(t),$$
$$f'(t)z_1(t)+f(t)z_1'(t)\}$$

$$=f'(t)\{x_1(t),y_1(t),z_1(t)\}+f(t)\{x_1'(t),y_1'(t),z_1'(t)\}$$

$$=f'\boldsymbol{A}+f\boldsymbol{A}';$$

$$(\boldsymbol{A}\cdot\boldsymbol{B})'=(x_1(t)x_2(t)+y_1(t)y_2(t)+z_1(t)z_2(t))'$$

$$=x_1'(t)x_2(t)+x_1(t)x_2'(t)+y_1'(t)y_2(t)+y_1(t)y_2'(t)+$$
$$z_1'(t)z_2(t)+z_1(t)z_2'(t)$$

$$=\{x_1'(t),y_1'(t),z_1'(t)\}\cdot\{x_2(t),y_2(t),z_2(t)\}+$$
$$\{x_1(t),y_1(t),z_1(t)\}\cdot\{x_2'(t),y_2'(t),z_2'(t)\}$$

$$=\boldsymbol{A}'\cdot\boldsymbol{B}+\boldsymbol{A}\cdot\boldsymbol{B}';$$

$$(\boldsymbol{A}\times\boldsymbol{B})'=\{(y_1z_2-y_2z_1)',(z_1x_2-z_2x_1)',(x_1y_2-x_2y_1)'\}$$

$$=\{(y_1'z_2-y_2z_1')+(y_1z_2'-y_2'z_1),(z_1'x_2-z_2x_1')+$$
$$(z_1x_2'-z_2'x_1),(x_1'y_2-x_2y_1')+(x_1y_2'-x_2'y_1)\}$$

$$=\{y_1'z_2-y_2z_1',z_1'x_2-z_2x_1',x_1'y_2-x_2y_1'\}+$$
$$\{y_1z_2'-y_2'z_1,z_1x_2'-z_2'x_1,x_1y_2'-x_2'y_1\};$$

$$\begin{aligned}&\boldsymbol{A}'\times\boldsymbol{B}+\boldsymbol{A}\times\boldsymbol{B}'\\&=\{x_1',y_1',z_1'\}\times\{x_2,y_2,z_2\}+\{x_1,y_1,z_1\}\times\{x_2',y_2',z_2'\}\\&=\{y_1'z_2-y_2z_1',z_1'x_2-z_2x_1',x_1'y_2-x_2y_1'\}+\\&\quad\{y_1z_2'-y_2'z_1,z_1x_2'-z_2'x_1,x_1y_2'-x_2'y_1\},\end{aligned}$$

故
$$(\boldsymbol{A}\times\boldsymbol{B})'=\boldsymbol{A}'\times\boldsymbol{B}+\boldsymbol{A}\times\boldsymbol{B}'.$$

类似地，可以定义向量函数 $\boldsymbol{A}(t)=\{x(t),y(t),z(t)\}$ 的不定积分与定积分，有

$$\int\boldsymbol{A}(t)\mathrm{d}t=\left\{\int x(t)\mathrm{d}t,\int y(t)\mathrm{d}t,\int z(t)\mathrm{d}t\right\},$$

及
$$\int_a^b\boldsymbol{A}(t)\mathrm{d}t=\left\{\int_a^b x(t)\mathrm{d}t,\int_a^b y(t)\mathrm{d}t,\int_a^b z(t)\mathrm{d}t\right\}.$$

2. 空间曲线的向量形式

设空间曲线 L 的方程为

$$x=x(t),y=y(t),z=z(t)(\alpha\leqslant t\leqslant\beta).$$

我们也可以用向量形式表示曲线 L. 记

$$\boldsymbol{r}=\boldsymbol{r}(t)=\{x(t),y(t),z(t)\},$$

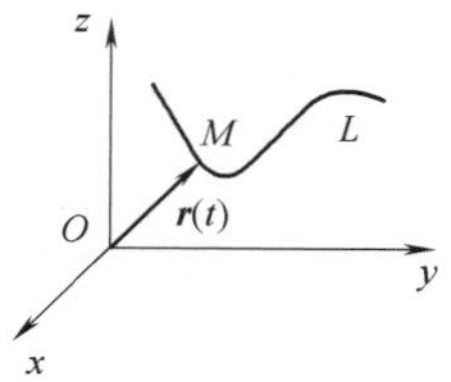

图 7-13

则 $\boldsymbol{r}(t)$ 可表示起点在原点，终点在 $M(x(t),y(t),z(t))$ 的向量(见图 7-13). 当 t 由 α 变到 β 时，$\boldsymbol{r}(t)$ 的终点的轨迹便是曲线 L. 我们将 $\boldsymbol{r}(t)$ 称为曲线 L 的向量方程.

由前面的讨论可知，向量函数 $\boldsymbol{r}(t)$ 的导数

$$\boldsymbol{r}'(t)=\{x'(t),y'(t),z'(t)\}$$

是曲线 $\boldsymbol{r}(t)$ 的切向量.

3. 向量函数的物理应用

设一质点在空间中运动，它在 t 时刻的位置由向量函数

$$\boldsymbol{r}(t)=\{x(t),y(t),z(t)\}$$

确定，则 $\boldsymbol{r}(t)$ 称为质点运动的位移向量.

如果 $x(t),y(t),z(t)$ 都是二阶可导函数，则称 $\boldsymbol{r}'(t)$ 为速度向量，记作 $\boldsymbol{v}(t)$，即

$$\boldsymbol{v}(t)=\boldsymbol{r}'(t)=\{x'(t),y'(t),z'(t)\},$$

因而速度向量为曲线 $\boldsymbol{r}(t)$ 的切向量.

速度向量的模称为速率，从而速率为

$$|\boldsymbol{v}(t)|=\sqrt{(x'(t))^2+(y'(t))^2+(z'(t))^2}.$$

位移向量的二阶导数，即速度向量 $\boldsymbol{v}(t)$ 的导数称为加速度向量，记作 $\boldsymbol{a}(t)$，即

$$\boldsymbol{a}(t)=\boldsymbol{v}'(t)=\boldsymbol{r}''(t)=\{x''(t),y''(t),z''(t)\}.$$

三、曲面的切平面与法线

我们先定义曲面的切平面. 设曲面 S 的方程为 $z=f(x,y)$，其

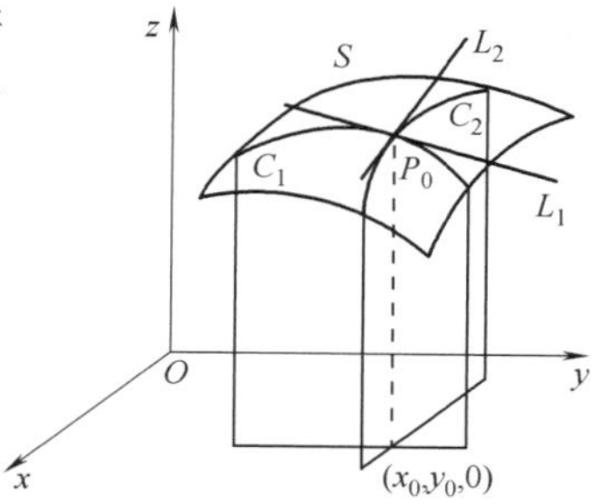

图　7-14

中 f 在点 (x_0,y_0) 处可微. $P(x_0,y_0,z_0)$ 是曲面上一点,如图 7-14 所示,设平面 $x=x_0$ 在曲面 S 上截得的曲线为 C_1,它在点 P_0 处的切线为 L_1,平面 $y=y_0$ 在曲面 S 上截得的曲线为 C_2,它在点 P_0 处的切线为 L_2,则由直线 L_1 和 L_2 所确定的平面 π 称为曲面 S 在点 P_0 处的切平面. 过点 P_0 且与切平面 π 垂直的直线称为曲面 S 在 P_0 处的法线.

切平面具有如下性质:如果 C 是位于曲面 S 上经过点 P_0 的曲线,而且曲线 C 在 P_0 处有切线 L,则 L 必定在切平面 π 上.

证　曲线 C_1 的参数方程为(y 为参数)

$$x=x_0,y=y,z=f(x_0,y),$$

故其切线 L_1 的方向向量为 $\boldsymbol{s}_1=\{0,1,f'_y(x_0,y_0)\}$,同样曲线 C_2 的参数方程为(x 为参数)

$$x=x,y=y_0,z=f(x,y_0),$$

故其切线 L_2 的方向向量为 $\boldsymbol{s}_2=\{1,0,f'_x(x_0,y_0)\}$,设曲线 C 的参数方程为

$$x=x(t),y=y(t),z=f(x(t),y(t)),$$

$t=t_0$ 对应 P_0,则曲线 C 在 P_0 处的切线 L 的方向向量为

$$\begin{aligned}\boldsymbol{s}&=\{x'(t_0),y'(t_0),f'_x(x_0,y_0)x'(t_0)+f'_y(x_0,y_0)y'(t_0)\}\\&=y'(t_0)\{0,1,f'_y(x_0,y_0)\}+x'(t_0)\{1,0,f'_x(x_0,y_0)\}\\&=y'(t_0)\boldsymbol{s}_1+x'(t_0)\boldsymbol{s}_2,\end{aligned}$$

因此

$$\begin{aligned}(\boldsymbol{s}_1,\boldsymbol{s}_2,\boldsymbol{s})&=(\boldsymbol{s}_1\times\boldsymbol{s}_2)\cdot(y'(t_0)\boldsymbol{s}_1+x'(t_0)\boldsymbol{s}_2)\\&=y'(t_0)(\boldsymbol{s}_1\times\boldsymbol{s}_2)\cdot\boldsymbol{s}_1+x'(t_0)(\boldsymbol{s}_1\times\boldsymbol{s}_2)\cdot\boldsymbol{s}_2=0,\end{aligned}$$

故 $\boldsymbol{s}_1,\boldsymbol{s}_2,\boldsymbol{s}$ 共面,所以直线 L 在切平面 π 上. 性质得证.

根据以上所述,$\boldsymbol{s}_1\times\boldsymbol{s}_2$ 即为切平面 π 的法向量,由

$$\begin{aligned}\boldsymbol{s}_1\times\boldsymbol{s}_2&=\{0,1,f'_y(x_0,y_0)\}\times\{1,0,f'_x(x_0,y_0)\}\\&=\{f'_x(x_0,y_0),f'_y(x_0,y_0),-1\},\end{aligned}$$

可得知曲面 $z=f(x,y)$ 在点 (x_0,y_0,z_0) 处的切平面的法向量(也可叫作曲面的法向量)为

$$\boxed{\boldsymbol{n}=\{f'_x(x_0,y_0),f'_y(x_0,y_0),-1\}=\left\{\frac{\partial z}{\partial x}\bigg|_{(x_0,y_0)},\frac{\partial z}{\partial y}\bigg|_{(x_0,y_0)},-1\right\}.}$$

因此曲面 $S:z=f(x,y)$ 在点 (x_0,y_0,z_0) 处的切平面方程与法线方程分别为

$$f'_x(x_0,y_0)(x-x_0)+f'_y(x_0,y_0)(y-y_0)-(z-z_0)=0,$$

$$\frac{x-x_0}{f'_x(x_0,y_0)}=\frac{y-y_0}{f'_y(x_0,y_0)}=\frac{z-z_0}{-1}.$$

如果曲面 S 的方程为 $F(x,y,z)=0$,假定 F 有连续偏导数,且

$F'_x(P_0),F'_y(P_0),F'_z(P_0)$不同时为零，不妨设 $F'_z(P_0)\neq 0$，则由方程 $F(x,y,z)=0$ 可得

$$\frac{\partial z}{\partial x}=-\frac{F'_x}{F'_z},\frac{\partial z}{\partial y}=-\frac{F'_y}{F'_z},$$

于是$\left\{\left.\frac{\partial z}{\partial x}\right|_{(x_0,y_0)},\left.\frac{\partial z}{\partial y}\right|_{(x_0,y_0)},-1\right\}=\left\{-\frac{F'_x(P_0)}{F'_z(P_0)},-\frac{F'_y(P_0)}{F'_z(P_0)},-1\right\}$

$$=-\frac{1}{F'_z(P_0)}\{F'_x(P_0),F'_y(P_0),F'_z(P_0)\},$$

因此曲面 $F(x,y,z)=0$ 在点 $P(x_0,y_0,z_0)$处的切平面的法向量为

$$\boxed{\boldsymbol{n}=\{F'_x(P_0),F'_y(P_0),F'_z(P_0)\}=\mathbf{grad}F(x_0,y_0,z_0).}$$

此曲面在 $P(x_0,y_0,z_0)$处的切平面方程与法线方程分别为

$$F'_x(P_0)(x-x_0)+F'_y(P_0)(y-y_0)+F'_z(P_0)(z-z_0)=0,$$

$$\frac{x-x_0}{F'_x(P_0)}=\frac{y-y_0}{F'_y(P_0)}=\frac{z-z_0}{F'_z(P_0)}.$$

例 3 求曲面$\frac{x^2}{4}+y^2-\frac{z^2}{9}=-1$ 在点(4,2,−9)处的切平面与法线方程.

解 令 $F(x,y,z)=\frac{x^2}{4}+y^2-\frac{z^2}{9}+1$，则

$$F'_x=\frac{x}{2},F'_y=2y,F'_z=-\frac{2z}{9},$$

在点(4,2,−9)处，$F'_x=2,F'_y=4,F'_z=2$. 故切平面的法向量为

$$\{2,4,2\}=2\{1,2,1\},$$

切平面方程为

$$(x-4)+2(y-2)+(z+9)=0,$$

即

$$x+2y+z+1=0,$$

法线方程为

$$\frac{x-4}{1}=\frac{y-2}{2}=\frac{z+9}{1}.$$

例 4 在曲面 $z=xy$ 上求一点，使这点处的法线垂直于平面 $x+3y+z+9=0$，并写出该法线的方程.

解 设所求点为 $P(x_0,y_0,z_0)$，由 $z=xy$，得

$$\frac{\partial z}{\partial x}=y,\frac{\partial z}{\partial y}=x,$$

故曲面在 P 处的法向量为

$$\boldsymbol{n}=\{y_0,x_0,-1\}.$$

由题设，$\boldsymbol{n}$ 应与已知平面的法向量{1,3,1}平行，因此有

$$\frac{y_0}{1}=\frac{x_0}{3}=\frac{-1}{1},$$

得 $x_0=-3, y_0=-1$,代入曲面方程得 $z_0=(-3)(-1)=3$,所求点为$(-3,-1,3)$,过这点的法线方程为

$$\frac{x+3}{1}=\frac{y+1}{3}=\frac{z-3}{1}.$$

习题 7-7

1. 求曲线 $x=a\sin^2 t, y=b\sin t\cos t, z=c\cos^2 t$ 在 $t=\frac{\pi}{3}$ 处的切线方程(a,b,c 为常数).
2. 在曲线 $x=t, y=t^2, z=t^3$ 上求一点,使在该点的切线平行于平面 $x+2y+z=4$.
3. 求曲线 $\begin{cases}x^2+y^2+z^2=6,\\ x+y+z=0\end{cases}$ 在点$(1,-2,1)$处的切线和法平面的方程.
4. 求 $u=3x^2z-xy+z^2$ 在点$(1,-1,1)$处沿曲线 $x=t, y=-t^2, z=t^3$ 正方向(即 t 增大的方向)的方向导数(沿曲线正方向的方向导数即是指沿曲线的切线方向的方向导数).
5. 证明:螺旋线 $x=a\cos t, y=a\sin t, z=bt$ 的切线与 z 轴成定角.
6. 证明:曲线 $\begin{cases}x^2-z=0,\\ 3x+2y+1=0\end{cases}$ 上点 $P(1,-2,1)$处的切线与直线 $\begin{cases}3x-5y+5z=0,\\ x+5z+1=0\end{cases}$ 垂直.
7. 求曲面 $e^z+z+xy=3$ 在点$(2,1,0)$处的切平面方程.
8. 求椭球面 $x^2+2y^2+z^2=1$ 上平行于平面 $x-y+2z=0$ 的切平面的方程.
9. 求曲面 $z=2x^2+4y^2$ 在点$(1,1,6)$处的切平面方程和法线的方程.
10. 求由曲线 $\begin{cases}3x^2+2y^2=12,\\ z=0\end{cases}$ 绕 y 轴旋转一周所成的旋转曲面在点$(0,\sqrt{3},\sqrt{2})$处的指向外侧的单位法向量.
11. 证明:曲面 $xyz=c^3$(c 是常数)上任一点处的切平面在各坐标轴上的截距之积为定值.
12. 证明:曲面$\sqrt{x}+\sqrt{y}+\sqrt{z}=\sqrt{a}\,(a>0)$上任意点处的切平面在各坐标轴上的截距之和为常数.
13. 证明:曲面 $xy=z^2$ 与 $x^2+y^2+z^2=9$ 正交.(即交线上任一点处两个曲面的法向量互相垂直.)
14. 在曲面 $3x^2+y^2+z^2=16$ 上求一点,使曲面在此点的切平面平行于下列两直线 $\frac{x-3}{4}=\frac{y-6}{5}=\frac{z+1}{8}$ 和 $x=y=z$.
15. 过曲线 $\begin{cases}z=x^2+y^2,\\ z=z_0\ (z_0>0)\end{cases}$ 上每一点作抛物面 $z=x^2+y^2$ 的法线,证明这些法线形成一个锥面.

第八节　二元函数的泰勒公式

在一元函数微分学中我们学习过泰勒公式,这一公式对理论研究和实际应用都是很有价值的. 对于二元函数也有类似的结论,借助一元函数的麦克劳林公式即可导出二元函数的泰勒公式.

设函数 $z=f(x,y)$在点(x_0,y_0)的某邻域内有二阶连续偏导数,(x_0+h,y_0+k)是此邻域内的点,令

$$F(t)=f(x_0+th,y_0+tk)\quad(0\leqslant t\leqslant 1).$$

因此 $F(t)$在$[0,1]$上有二阶连续导函数,故它有一阶麦克劳林公式

$$F(t)=F(0)+F'(0)t+\frac{F''(\theta t)}{2!}t^2,$$

其中 $0<\theta<1$，取 $t=1$，则有

$$f(x_0+h,y_0+k)=F(1)=F(0)+F'(0)+\frac{F''(\theta)}{2!},\tag{1}$$

由于 $F(0)=f(x_0,y_0)$,

$F'(t)=f'_x(x_0+th,y_0+tk)h+f'_y(x_0+th,y_0+tk)k$,

$F'(0)=f'_x(x_0,y_0)h+f'_y(x_0,y_0)k$,

$F''(t)=f''_{x^2}(x_0+th,y_0+tk)h^2+2f''_{xy}(x_0+th,y_0+tk)hk+$
$\quad f''_{y^2}(x_0+th,y_0+tk)k^2$,

将此式右端简记为 $\left(h\frac{\partial}{\partial x}+k\frac{\partial}{\partial y}\right)^2 f(x_0+th,y_0+tk)$，并将上述结果代入式(1)，得

$$\boxed{f(x_0+h,y_0+k)=f(x_0,y_0)+f'_x(x_0,y_0)h+f'_y(x_0,y_0)k+R_1,}$$

其中 $R_1=\frac{1}{2!}\left(h\frac{\partial}{\partial x}+k\frac{\partial}{\partial y}\right)^2 f(x_0+\theta h,y_0+\theta k)\ (0<\theta<1)$. 上式称为函数 $f(x,y)$ 在 (x_0,y_0) 的一阶泰勒公式，其中 R_1 称为此一阶泰勒公式的拉格朗日余项.

显然，也可以将 R_1 写成 $o(\rho)$，其中 $\rho=\sqrt{h^2+k^2}$，此形式称为一阶泰勒公式的皮亚诺余项.

类似地，如果函数 $z=f(x,y)$ 在点 (x_0,y_0) 的某邻域内有三阶连续偏导数，则有

$$\boxed{\begin{aligned}f(x_0+h,y_0+k)=&f(x_0,y_0)+f'_x(x_0,y_0)h+f'_y(x_0,y_0)k+\\&\frac{1}{2!}(f''_{xx}(x_0,y_0)h^2+2f''_{xy}(x_0,y_0)hk+\\&f''_{yy}(x_0,y_0)k^2)+R_2,\end{aligned}}$$

其中
$$\begin{aligned}R_2&=\frac{1}{3!}\left(h\frac{\partial}{\partial x}+k\frac{\partial}{\partial y}\right)^3 f(x_0+\theta h,y_0+\theta k)\\&=\frac{1}{3!}\sum_{r=0}^{3}C_3^r\frac{\partial^3 f(x_0+\theta h,y_0+\theta k)}{\partial x^r\partial y^{3-r}}h^r k^{3-r}\quad(0<\theta<1).\end{aligned}$$

上式称为函数 $f(x,y)$ 在 (x_0,y_0) 的二阶泰勒公式，其中 R_2 称为此二阶泰勒公式的拉格朗日余项.

显然，也可以将 R_2 写成 $o(\rho^2)$，其中 $\rho=\sqrt{h^2+k^2}$，此形式称为二阶泰勒公式的皮亚诺余项.

一般地，如果函数 $z=f(x,y)$ 在点 (x_0,y_0) 的某邻域内有 $n+1$ 阶连续偏导数，则有

$$\boxed{\begin{aligned}&f(x_0+h,y_0+k)=f(x_0,y_0)+\left(h\frac{\partial}{\partial x}+k\frac{\partial}{\partial y}\right)f(x_0,y_0)+\\&\frac{1}{2!}\left(h\frac{\partial}{\partial x}+k\frac{\partial}{\partial y}\right)^2 f(x_0,y_0)+\cdots+\frac{1}{n!}\left(h\frac{\partial}{\partial x}+k\frac{\partial}{\partial y}\right)^n f(x_0,y_0)+R_n,\end{aligned}}$$

其中 $\left(h\frac{\partial}{\partial x}+k\frac{\partial}{\partial y}\right)^s f(x_0,y_0)=\sum_{r=0}^{s}\mathrm{C}_s^r\frac{\partial^s f(x_0,y_0)}{\partial x^r\partial y^{s-r}}h^r k^{s-r}$，$s=1$，$2,\cdots,n$，

$$R_n=\frac{1}{(n+1)!}\left(h\frac{\partial}{\partial x}+k\frac{\partial}{\partial y}\right)^{n+1}f(x_0+\theta h,y_0+\theta k)$$

$$=\frac{1}{(n+1)!}\sum_{r=0}^{n+1}\mathrm{C}_{n+1}^r\frac{\partial^{n+1}f(x_0+\theta h,y_0+\theta k)}{\partial x^r\partial y^{n+1-r}}h^r k^{n+1-r}(0<\theta<1).$$

上式称为函数 $f(x,y)$在(x_0,y_0)的 n 阶泰勒公式，其中 R_n 称为此 n 阶泰勒公式的拉格朗日余项.

显然，也可以将 R_n 写成 $o(\rho^n)$，其中 $\rho=\sqrt{h^2+k^2}$，此形式称为 n 阶泰勒公式的皮亚诺余项.

当$(x_0,y_0)=(0,0)$时，泰勒公式又称为麦克劳林公式.

例 1　求函数 $f(x,y)=\ln(1+x+y)$的二阶麦克劳林公式.

解　$f_x'(x,y)=\frac{1}{1+x+y}$，$f_y'(x,y)=\frac{1}{1+x+y}$，

$$f_{xx}''(x,y)=f_{xy}''(x,y)=f_{yy}''(x,y)=-\frac{1}{(1+x+y)^2},$$

$$f_{xxx}'''(x,y)=f_{xxy}'''(x,y)=f_{xyy}'''(x,y)=f_{yyy}'''(x,y)=\frac{2}{(1+x+y)^3},$$

$$f(0,0)=0,f_x'(0,0)=f_y'(0,0)=1,$$

$$f_{xx}''(0,0)=f_{xy}''(0,0)=f_{yy}''(0,0)=-1,$$

故所求麦克劳林公式为

$$\begin{aligned}f(x,y)&=f(0,0)+f_x'(0,0)x+f_y'(0,0)y+\\&\quad\frac{1}{2!}(f_{xx}''(0,0)x^2+2f_{xy}''(0,0)xy+f_{yy}''(0,0)y^2)+\\&\quad\frac{1}{3!}(f_{xxx}'''(\theta x,\theta y)x^3+3f_{xxy}'''(\theta x,\theta y)x^2y+\\&\quad 3f_{xyy}'''(\theta x,\theta y)xy^2+f_{yyy}'''(\theta x,\theta y)y^3)\\&=x+y-\frac{1}{2}(x^2+2xy+y^2)+\\&\quad\frac{1}{3(1+\theta x+\theta y)^3}(x^3+3x^2y+3xy^2+y^3),\end{aligned}$$

其中 $0<\theta<1$.

例 2　求函数 $f(x,y)=x^y$ 在点(1,1)的二阶泰勒公式(带皮亚诺余项).

解　$f_x'(x,y)=yx^{y-1}$，$f_y'=x^y\ln x$，$f_{xx}''(x,y)=y(y-1)x^{y-2}$，$f_{xy}''(x,y)=x^{y-1}+yx^{y-1}\ln x$，$f_{yy}''=x^y\ln^2 x$，

$$f(1,1)=1,f_x'(1,1)=1,f_y'(1,1)=0,$$

$$f_{xx}''(1,1)=0,f_{xy}''(1,1)=1,f_{yy}''(1,1)=0,$$

所求泰勒公式为

$$f(x,y)=f(1,1)+f'_x(1,1)(x-1)+f'_y(1,1)(y-1)+\frac{1}{2!}(f''_{xx}(1,1)(x-1)^2+2f''_{xy}(1,1)(x-1)(y-1)+f''_{yy}(1,1)(y-1)^2)+o(\rho^2)$$

即

$$x^y=1+(x-1)+\frac{1}{2!}[2(x-1)(y-1)]+o(\rho^2)=1+(x-1)+(x-1)(y-1)+o(\rho^2),$$

其中 $\rho=\sqrt{(x-1)^2+(y-1)^2}$.

习题 7-8

1. 求函数 $f(x,y)=2x^2-xy-y^2-6x-3y+5$ 在点 $(1,1)$ 的泰勒公式.
2. 将 $f(x,y)=\sin(x^2+y^2)$ 展成二阶麦克劳林公式(带皮亚诺余项).
3. 将 $f(x,y)=e^{x+y}$ 展成二阶麦克劳林公式(带拉格朗日余项).
4. 求函数 $f(x,y)=e^x\ln(1+y)$ 的三阶麦克劳林公式(带皮亚诺余项).
5. 求函数 $f(x,y)=\sin x\sin y$ 在点 $\left(\frac{\pi}{4},\frac{\pi}{4}\right)$ 的二阶泰勒公式(带皮亚诺余项).

第九节 多元函数的极值

本节将利用多元函数微分学讨论多元函数的极值.

一、二元函数的极值

绿色抉择：

博弈、牺牲、责任

如同一元函数的极值一样,我们给出二元函数极值的定义.

定义 **设函数** $z=f(x,y)$ **在点** (x_0,y_0) **的某邻域内有定义,如果对此邻域内任何不同于** (x_0,y_0) **的点** (x,y)**,都有**

$$f(x,y)<f(x_0,y_0)\ (\text{或 } f(x,y)>f(x_0,y_0)),$$

则称函数 $f(x,y)$ **在点** (x_0,y_0) **取得极大值(或极小值)** $f(x_0,y_0)$**,而** (x_0,y_0) **称为** $f(x,y)$ **的极大值点(或极小值点).**

如果函数 $f(x,y)$ 在点 (x_0,y_0) 取得极值,则当 y 固定为 y_0 时,一元函数 $f(x,y_0)=g(x)$ 在点 x_0 取得极值. 同样,一元函数 $f(x_0,y)=h(y)$ 在点 y_0 取得极值. 由于

$$g'(x)=f'_x(x,y_0),h'(y)=f'_y(x_0,y),$$

根据一元函数微分学可以得到如下定理.

定理 1(极值的必要条件)　如果函数 $f(x,y)$ 在点 (x_0,y_0) 有偏导数,且在 (x_0,y_0) 处取得极值,则有

$$f'_x(x_0,y_0)=0,f'_y(x_0,y_0)=0.$$

使 $f'_x(x,y)=0,f'_y(x,y)=0$ 的点 (x_0,y_0) 称为函数 $f(x,y)$ 的驻点. 由定理 1 可知,如果在 (x_0,y_0) 处函数 $z=f(x,y)$ 的各偏导数都存在,且在该点处 $f(x,y)$ 取得极值,则点 (x_0,y_0) 一定是函数 $f(x,y)$ 的驻点. 但是反过来,函数的驻点不一定都是极值点. 例如,对函数 $f(x,y)=x^2+y^2$ 和 $g(x,y)=y^2-x^2$ 来说,点 $(0,0)$ 都是驻点,但显然 $(0,0)$ 是 $f(x,y)$ 的极值点,但不是 $g(x,y)$ 的极值点.

同一元函数一样,多元函数的偏导数不存在的点也有可能是极值点,但这里不做重点讨论.

下面给出利用函数的二阶偏导数判断极值的方法.

定理 2(极值的充分条件)　设函数 $f(x,y)$ 在点 (x_0,y_0) 的某邻域内有二阶连续偏导数,且 $f'_x(x_0,y_0)=0$, $f'_y(x_0,y_0)=0$, 记 $f''_{xx}(x_0,y_0)=A$, $f''_{xy}(x_0,y_0)=B$, $f''_{yy}(x_0,y_0)=C$, 则有

(1) 当 $AC-B^2>0$, 且 $A<0$ 时, $f(x_0,y_0)$ 是极大值;

当 $AC-B^2>0$, 且 $A>0$ 时, $f(x_0,y_0)$ 是极小值;

(2) 当 $AC-B^2<0$ 时, $f(x_0,y_0)$ 不是极值;

(3) 当 $AC-B^2=0$ 时, $f(x_0,y_0)$ 可能是极值,也可能不是极值,需另行讨论.

证　设 (x,y) 是 (x_0,y_0) 邻域内的任一不同于 (x_0,y_0) 的点,记 $h=x-x_0,k=y-y_0$,当 h,k 不同时为零时,根据 $f(x,y)$ 在 (x_0,y_0) 处的二阶泰勒公式,有

$$\Delta f=f(x,y)-f(x_0,y_0)=f'_x(x_0,y_0)h+f'_y(x_0,y_0)k+$$
$$\frac{1}{2}(f''_{xx}(x_0,y_0)h^2+2f''_{xy}(x_0,y_0)hk+f''_{yy}(x_0,y_0)k^2)+o(\rho^2),$$

由于 $f'_x(x_0,y_0)=0,f'_y(x_0,y_0)=0$,因此有

$$\Delta f=\frac{1}{2}(Ah^2+2Bhk+Ck^2)+o(\rho^2),$$

由于 $o(\rho^2)$ 是 ρ^2 的高阶无穷小,所以当 $|h|$ 和 $|k|$ 都充分小时,有 $\rho=\sqrt{h^2+k^2}$ 充分小,并且 $Ah^2+2Bhk+Ck^2\neq0$ 时,Δf 的符号完全取决于 $Ah^2+2Bhk+Ck^2$(称为二次型)的符号. 于是根据极值的定义,要判定 $f(x,y)$ 在驻点 (x_0,y_0) 处是否取得极大(或极小)值,只要看这个二次型在 (x_0,y_0) 的邻域内是否恒小于(或恒大于)零即可. 记 $Q=Ah^2+2Bhk+Ck^2$,则

(1) 当 $AC-B^2>0$ 时，则 $AC>0$，故 A 与 C 同号，将 Q 配方，得

$$Q=A\left[\left(h+\frac{B}{A}k\right)^2+\frac{AC-B^2}{A^2}k^2\right], \tag{$*$}$$

由于 h,k 不同时为零，则上式方括号内的值恒正，于是当 $A<0$ 时，有 $Q<0$，于是 $\Delta f<0$，因此 $f(x_0,y_0)$ 是极大值，当 $A>0$ 时，有 $Q>0$，于是 $\Delta f>0$，因此 $f(x_0,y_0)$ 是极小值.

(2) 当 $AC-B^2<0$ 时，分三种情况讨论.

(ⅰ) 如果 $A\neq0$，由式($*$)可知，在 (x_0,y_0) 的较小邻域内，当 $h\neq0$，而 $k=0$ 时，Q 与 A 同号，当 $h+\frac{B}{A}k=0$，而 $k\neq0$ 时，Q 与 A 异号，所以 Δf 有正有负，故 $f(x,y)$ 在 (x_0,y_0) 不会取得极值；

(ⅱ) 如果 $C\neq0$，可将 Q 配方成

$$Q=C\left[\left(k+\frac{B}{C}h\right)^2+\frac{AC-B^2}{C^2}h^2\right],$$

同(ⅰ)中的分析，可知在 (x_0,y_0) 的较小邻域内，Δf 有正有负，所以 $f(x,y)$ 在 (x_0,y_0) 不会取得极值；

(ⅲ) 如果 $A=0,C=0$，则 $Q=2Bhk$，显然在 (x_0,y_0) 的任何邻域内，Q 都有正有负，从而 Δf 有正有负，故 $f(x,y)$ 在 (x_0,y_0) 不会取得极值；

(3) 当 $AC-B^2=0$，在 (x_0,y_0) 的任何邻域内，都有使 $Q=0$ 的 h,k，事实上，如果 $A\neq0$，有

$$Q=A\left(h+\frac{B}{A}k\right)^2,$$

只要取 $h=-\frac{B}{A}k$，便有 $Q=0$，如果 $A=0$，则有 $B=0,Q=Ck^2$，只要 $k=0$，便有 $Q=0$，因此不能断定 Δf 的符号，故不能断定 $f(x,y)$ 在 (x_0,y_0) 是否取得极值，需另行讨论.

定理得到证明.

例1 求 $z=x^3+y^3-3xy$ 的极值.

解 $\frac{\partial z}{\partial x}=3x^2-3y,\frac{\partial z}{\partial y}=3y^2-3x$，

令 $\frac{\partial z}{\partial x}=0,\frac{\partial z}{\partial y}=0$，解得 $x=0,y=0$，或 $x=1,y=1$，得两点 $P_1(0,0)$，$P_2(1,1)$，

$$\frac{\partial^2 z}{\partial x^2}=6x,\frac{\partial^2 z}{\partial x\partial y}=-3,\frac{\partial^2 z}{\partial y^2}=6y,$$

在点 $P_1(0,0)$，$A=0,B=-3,C=0,AC-B^2=-9<0$，于是 $P_1(0,0)$ 不是极值点. 在点 $P_2(1,1)$，$A=6,B=-3,C=6,AC-B^2>0$，又 $A>0$，

因此函数在点 $P_2(1,1)$ 取得极小值，且极小值为

$$z\Big|_{(1,1)}=-1.$$

二、二元函数的最大值与最小值

设二元函数 $z=f(x,y)$ 在平面有界闭区域 D 上连续，则 $f(x,y)$ 在 D 上有最大值和最小值. 当 $f(x,y)$ 是一个没有实际背景的一般函数时，由于其最大值与最小值可能出现在驻点、偏导数不存在的点或边界点处，因此可通过比较上述点的函数值而得到其最大值与最小值. 当 $f(x,y)$ 是由实际问题得出的函数式，并且 $f'_x(x,y)$，$f'_y(x,y)$ 都存在时，如果根据问题的性质知道 $f(x,y)$ 的最大值或最小值是在区域 D 的内点取得的，并且在区域 D 内函数 $f(x,y)$ 只有唯一的驻点，那么该点处的函数值就是所要求的最大值或最小值，而若函数在 D 内有两个以上的驻点时，则需将这些点处的函数值加以比较，从而得到所要求的最大值或最小值.

例 2　求函数 $f(x,y)=x^2+4y^2+9$ 在区域 D：$x^2+y^2\leqslant 4$ 上的最大值与最小值.

解　$f'_x(x,y)=2x$，$f'_y(x,y)=8y$，令 $f'_x(x,y)=0$，$f'_y(x,y)=0$，得驻点 $P_1(0,0)$.

为求边界上可能产生最值的点，将 D 的边界方程 $x^2+y^2=4$ 代入 $f(x,y)$，得到一个一元函数

$$f(x,y)=3y^2+13\xlongequal{\triangle}g(y),\ y\in[-2,2],$$

令 $g'(y)=6y=0$，得 $y=0$，此时 $x=\pm\sqrt{4-y^2}\Big|_{y=0}=\pm 2$，而当 $y=\pm 2$ 时，均有 $x=\pm\sqrt{4-y^2}\Big|_{y=\pm 2}=0$，从而得到四个可能会产生最值的边界点

$$P_{2,3}(\pm 2,0),\ P_{4,5}(0,\pm 2),$$

上述各点的函数值分别为

$$f(P_1)=f(0,0)=9,\ f(P_{2,3})=f(\pm 2,0)=13,$$
$$f(P_{4,5})=f(0,\pm 2)=25,$$

故 $f(x,y)$ 在区域 D 上的最大值为 25，最小值为 9.

例 3　已知长方体的长、宽、高之和为 18，问长、宽、高各为多少时长方体的体积最大？

解　设长方体的长、宽、高分别为 x,y,z，由题设，有

$$x+y+z=18,\ z=18-x-y,$$

长方体的体积为

$$V=xyz=xy(18-x-y)=18xy-x^2y-xy^2,$$

自变量的变化区域为 $D:x\geqslant 0,y\geqslant 0,x+y\leqslant 18$,

$$\frac{\partial V}{\partial x}=18y-2xy-y^2,\frac{\partial V}{\partial y}=18x-x^2-2xy,$$

令$\frac{\partial V}{\partial x}=0,\frac{\partial V}{\partial y}=0$,解得 $x=6,y=6$,此时 $z=18-6-6=6$,根据问题的实际意义,V 确有最大值,且显然 V 的最大值应在 D 的内部取得,由于 V 在 D 内只有一个驻点,故在此点处 V 取得最大值,即当长方体的长、宽、高都为 6 时长方体的体积最大.

三、条件极值

以上所讨论的极值问题只是要求自变量在某个区域(有时是定义域)上变化,而对自变量之间没有任何限制条件,即自变量之间是相互独立的,我们将这样的极值问题称为**无条件极值**. 但在实际问题中,有时会遇到自变量之间要受到某些条件的制约,即自变量之间是互相关联的极值问题,我们将这样的极值问题称为**条件极值问题**.

例如,前面例 3 中的极值问题也可以表述成:求一个三元函数 $V=xyz$ 的极值,但其中自变量 x,y,z 之间不是相互独立的,而是要满足一个关系式(或者说方程)$x+y+z=18$,如此表述就变成了一个条件极值问题. 我们将其中的 $V=xyz$ 称为**目标函数**,而将方程 $x+y+z=18$ 称为**约束条件**.

有些条件极值问题可通过将约束条件代入目标函数使之化成无条件极值问题,例 3 的求解过程其实就是这样做的,但在一般情形下这样做是有困难的,甚至是不可能的. 下面我们来寻求解决条件极值的更一般的方法.

设目标函数为 $z=f(x,y)$,约束条件为 $\varphi(x,y)=0$.

假定 $f(x,y)$ 在点(x_0,y_0)处取得极值,$f(x,y)$ 与 $\varphi(x,y)$ 在(x_0,y_0)的某邻域内有连续偏导数,且 $\varphi'_y(x_0,y_0)\neq 0$. 由隐函数存在定理,$\varphi(x,y)=0$ 唯一确定一个有连续导数的函数 $y=y(x)$,将它代入目标函数,得到一个 x 的一元函数

$$z=f(x,y(x)),$$

由于(x_0,y_0)是函数 $f(x,y)$ 的极值点,因此 x_0 是此一元函数的极值点,故有

$$\left.\frac{\mathrm{d}z}{\mathrm{d}x}\right|_{x_0}=0,$$

即 $$f'_x(x_0,y_0)+f'_y(x_0,y_0)\left.\frac{\mathrm{d}y}{\mathrm{d}x}\right|_{x_0}=0,$$

把$\frac{\mathrm{d}y}{\mathrm{d}x}=-\frac{\varphi_x'}{\varphi_y'}$代入上式，得

$$f_x'(x_0,y_0)+f_y'(x_0,y_0)\left(-\frac{\varphi_x'(x_0,y_0)}{\varphi_y'(x_0,y_0)}\right)=0,$$

令$\lambda=-\frac{f_y'(x_0,y_0)}{\varphi_y'(x_0,y_0)}$，即$f_y'(x_0,y_0)+\lambda\varphi_y'(x_0,y_0)=0$，则上式化为

$$f_x'(x_0,y_0)+\lambda\varphi_x'(x_0,y_0)=0,$$

综合上面讨论，得知如果(x_0,y_0)为条件极值点，那么它一定是方程组

$$\begin{cases}f_x'(x,y)+\lambda\varphi_x'(x,y)=0,\\ f_y'(x,y)+\lambda\varphi_y'(x,y)=0,\\ \varphi(x,y)=0\end{cases}$$

的解. 若令$F(x,y)=f(x,y)+\lambda\varphi(x,y)$，则上面方程组又可以写成

$$\begin{cases}F_x'(x,y)=0,\\ F_y'(x,y)=0,\\ \varphi(x,y)=0.\end{cases}$$

解此方程组即可求得上面所给出的条件极值问题的驻点. 至于驻点是否为极值点还要加以判断. 如果问题是实际问题，我们常常需要根据问题的实际意义做出判断. 而对非实际问题我们这里不做过多的讨论了.

如此求条件极值的方法称为**拉格朗日乘数法**，其中辅助函数$F(x,y)$称为**拉格朗日函数**，λ叫作**拉格朗日乘数**.

上述拉格朗日乘数法可以推广到目标函数是三元以上函数以及约束条件多于两个的情形.

如果目标函数为$u=f(x_1,x_2,\cdots,x_n)$，约束条件为$\varphi(x_1,x_2,\cdots,x_n)=0$，则求条件极值的拉格朗日乘数法的基本步骤为：

首先设辅助函数(拉格朗日函数)

$$F=f(x_1,x_2,\cdots,x_n)+\lambda\varphi(x_1,x_2,\cdots,x_n),$$

然后解方程组

$$\begin{cases}F_{x_1}'=f_{x_1}'(x_1,x_2,\cdots,x_n)+\lambda\varphi_{x_1}'(x_1,x_2,\cdots,x_n)=0,\\ F_{x_2}'=f_{x_2}'(x_1,x_2,\cdots,x_n)+\lambda\varphi_{x_2}'(x_1,x_2,\cdots,x_n)=0,\\ \qquad\vdots\\ F_{x_n}'=f_{x_n}'(x_1,x_2,\cdots,x_n)+\lambda\varphi_{x_n}'(x_1,x_2,\cdots,x_n)=0,\\ \varphi(x_1,x_2,\cdots,x_n)=0\end{cases}$$

得条件极值问题的驻点，再结合实际问题做出判断.

如果目标函数为$u=f(x_1,x_2,\cdots,x_n)\ (n\geqslant 3)$，约束条件为

$\varphi(x_1,x_2,\cdots,x_n)=0$ 和 $\psi(x_1,x_2,\cdots,x_n)=0$，则利用拉格朗日乘数法解此条件极值问题时，需在拉格朗日函数中增加一个拉格朗日乘数，即将拉格朗日函数设成

$$F=f(x_1,x_2,\cdots,x_n)+\lambda\varphi(x_1,x_2,\cdots,x_n)+\mu\psi(x_1,x_2,\cdots,x_n),$$

然后解方程组

$$\begin{cases}F'_{x_1}=f'_{x_1}+\lambda\varphi'_{x_1}+\mu\psi'_{x_1}=0,\\ F'_{x_2}=f'_{x_2}+\lambda\varphi'_{x_2}+\mu\psi'_{x_2}=0,\\ \qquad\vdots\\ F'_{x_n}=f'_{x_n}+\lambda\varphi'_{x_n}+\mu\psi'_{x_n}=0,\\ \varphi(x_1,x_2,\cdots,x_n)=0,\\ \psi(x_1,x_2,\cdots,x_n)=0,\end{cases}$$

得条件极值问题的驻点，再结合实际问题做出判断.

例 4 求表面积为 12m^2 的无盖长方体水箱的最大容积.

解 设水箱的长、宽、高分别为 $x,y,z(\text{m})$，容积为 V，则有

$$V=xyz\quad(x,y,z>0),$$

由题意，得约束条件

$$2xz+2yz+xy=12,$$

设

$$F(x,y,z)=xyz+\lambda(2xz+2yz+xy-12),$$

令

$$\begin{cases}F'_x=yz+\lambda(2z+y)=0, & (1)\\ F'_y=xz+\lambda(2z+x)=0, & (2)\\ F'_z=xy+\lambda(2x+y)=0, & (3)\\ 2xz+2yz+xy=12, & (4)\end{cases}$$

将式(1)～式(3)分别乘以 x,y,z 得

$$-xyz=\lambda x(2z+y)=\lambda y(2z+x)=\lambda z(2x+2y),$$

如果 $\lambda=0$，则 $xyz=0,V=0$，矛盾，因此 $\lambda\neq0$，于是有

$$x(2z+y)=y(2z+x)=z(2x+2y),$$

由 $x(2z+y)=y(2z+x)$，得 $xz=yz,x=y$，

由 $y(2z+x)=y(2x+2y)$，得 $y=2z$，

将 $x=y=2z$ 代入式(4)，得 $z^2=1,z=1$，因而

$$x=2,y=2,$$

由问题的实际意义，V 必有最大值，又驻点唯一，故当 $x=2,y=2,z=1$ 时，V 取得最大值，且

$$V_{\max}=2\times2\times1=4(\text{m}^3).$$

例 5 求点 $\left(1,1,\frac{1}{2}\right)$ 到曲面 $z=x^2+y^2$ 的最短距离.

解 设 (x,y,z) 是曲面上任意一点，它与已知点的距离为

$$d=\sqrt{(x-1)^2+(y-1)^2+\left(z-\frac{1}{2}\right)^2},$$

为计算简便，令

$$f(x,y,z)=(x-1)^2+(y-1)^2+\left(z-\frac{1}{2}\right)^2,$$

现要在约束条件 $z=x^2+y^2$ 下，求 $f(x,y,z)$ 的最小值，设

$$F(x,y,z)=(x-1)^2+(y-1)^2+\left(z-\frac{1}{2}\right)^2+\lambda(z-x^2-y^2),$$

令

$$\begin{cases}F'_x=2(x-1)-2\lambda x=0, & (1)\\ F'_y=2(y-1)-2\lambda y=0, & (2)\\ F'_z=2\left(z-\frac{1}{2}\right)+\lambda=0, & (3)\\ z=x^2+y^2, & (4)\end{cases}$$

由式(1)、式(2)得 $x=y$，代入式(4)，得 $z=2x^2$，

由式(1)得 $\lambda=\frac{x-1}{x}$，代入式(3)，得

$$z=\frac{1}{2}-\frac{x-1}{2x}=\frac{1}{2x},$$

故有

$$2x^2=\frac{1}{2x},$$

解得

$$x=\sqrt[3]{\frac{1}{4}},y=\sqrt[3]{\frac{1}{4}},z=\frac{\sqrt[3]{4}}{2},$$

由问题的实际意义，d 确实存在最小值，故在点 $\left(\sqrt[3]{\frac{1}{4}},\sqrt[3]{\frac{1}{4}},\frac{\sqrt[3]{4}}{2}\right)$ 处 d 取得最小值

$$d_{\min}=\sqrt{2\left(\sqrt[3]{\frac{1}{4}}-1\right)^2+\left(\frac{\sqrt[3]{4}-1}{2}\right)^2}.$$

习题 7-9

1. 求下列函数的极值点.

(1) $z=x^2+(y-1)^2$；

(2) $z=xy(a-x-y)$；

(3) $z=e^{2x}(x+y^2+2y)$.

2. 求由 $x^2+y^2+z^2-2x+2y-4z-10=0$ 所确定的函数 $z=f(x,y)$ 的极值.

3. 求下列函数在指定区域 D 上的最大值和最小值.

(1) $z=x^3+y^3-3xy,D:0\leqslant x\leqslant 2,-1\leqslant y\leqslant 2$；

(2) $f(x,y)=\sin x+\sin y+\sin(x+y)$，
$D:0\leqslant x\leqslant 2\pi,0\leqslant y\leqslant 2\pi$；

(3) $f(x,y)=e^{-xy},D:x^2+4y^2\leqslant 1$；

(4) $f(x,y)=1+xy-x-y$，D 是由曲线 $y=x^2$ 和直线 $y=4$ 所围成的有界闭区域.

4. 在 xOy 面上求一点，使它到 x 轴、y 轴及直线 $x+2y+6=0$ 的距离平方之和最小.

5. 求抛物线 $y=x^2$ 到直线 $x-y-2=0$ 之间的最短距离.

6. 在所有对角线长为 $2\sqrt{3}$ 的长方体中，求体积最大的长方体.

7. 做一个容积为 $1\mathrm{m}^3$ 的有盖圆柱形铁桶，问如何选取尺寸才能使所用的材料最省？

8. 在抛物面 $z=x^2+y^2$ 被平面 $x+y+z=1$ 所截得的椭圆上，求到原点的最长和最短的距离.

9. 一圆柱形帐幕，其顶为圆锥形，体积为一定值，证明圆柱的底面半径 R，高 H，以及圆锥形的高 h 满足 $R:H:h=\sqrt{5}:1:2$ 时帐幕所用的布最省.

10. 求曲线 $\begin{cases} z=x^2+2y^2, \\ z=6-2x^2-y^2 \end{cases}$ 上点的 z 坐标的最大值和最小值.

11. 在椭球面 $2x^2+2y^2+z^2=1$ 上求一点 M，使函数 $f(x,y,z)=x^2+y^2+z^2$ 在该点沿方向 $\boldsymbol{l}=\{1,-1,0\}$ 的方向导数最大.

第十节 综合例题

例 1 设函数 $z=f(x,y)$ 在点 $(1,1)$ 处可微，且 $f(1,1)=1$，$\left.\dfrac{\partial f}{\partial x}\right|_{(1,1)}=2$，$\left.\dfrac{\partial f}{\partial y}\right|_{(1,1)}=3$，$\varphi(x)=f(x,f(x,x))$，求 $\left.\dfrac{\mathrm{d}}{\mathrm{d}x}\varphi^3(x)\right|_{x=1}$.

解 由复合函数求导法，得

$$\begin{aligned}\frac{\mathrm{d}}{\mathrm{d}x}\varphi^3(x)&=3\varphi^2(x)\varphi'(x)\\&=3\varphi^2(x)(f'_x(x,f(x,x))+f'_y(x,f(x,x))(f'_x(x,x)+\\&\quad f'_y(x,x))),\end{aligned}$$

$$\varphi(1)=f(1,f(1,1))=f(1,1)=1,$$

$$f'_x(1,f(1,1))=f'_x(1,1)=2,$$

$$f'_y(1,f(1,1))=f'_y(1,1)=3,$$

故

$$\left.\frac{\mathrm{d}}{\mathrm{d}x}\varphi^3(x)\right|_{x=1}=3\times1^2\times[2+3\times(2+3)]=51.$$

例 2 设 $u=f(x,y,z)$，$\varphi(x^2,\mathrm{e}^y,z)=0$，$y=\sin x$，其中 f,φ 都具有一阶连续偏导数，且 $\dfrac{\partial\varphi}{\partial z}\neq0$，求 $\dfrac{\mathrm{d}u}{\mathrm{d}x}$.

解 三个方程两端分别对 x 求导，得

$$\begin{cases}\dfrac{\mathrm{d}u}{\mathrm{d}x}=f'_x+f'_y\cdot\dfrac{\mathrm{d}y}{\mathrm{d}x}+f'_z\cdot\dfrac{\mathrm{d}z}{\mathrm{d}x}, & (1)\\ \varphi'_1\cdot2x+\varphi'_2\cdot\mathrm{e}^y\cdot\dfrac{\mathrm{d}y}{\mathrm{d}x}+\varphi'_3\cdot\dfrac{\mathrm{d}z}{\mathrm{d}x}=0, & (2)\\ \dfrac{\mathrm{d}y}{\mathrm{d}x}=\cos x, & (3)\end{cases}$$

将式(3)代入式(2)，解得

$$\frac{\mathrm{d}z}{\mathrm{d}x}=-2x\frac{\varphi'_1}{\varphi'_3}-\cos x\cdot\mathrm{e}^y\frac{\varphi'_2}{\varphi'_3},$$

将上式及式(3)代入式(1)，得

$$\frac{\mathrm{d}u}{\mathrm{d}x}=f'_x+f'_y\cdot\cos x+f'_z\cdot\left(-2x\frac{\varphi'_1}{\varphi'_3}-\cos x\cdot\mathrm{e}^y\frac{\varphi'_2}{\varphi'_3}\right)$$

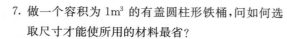

$$=f'_x+\cos x\cdot f'_y-\frac{f'_z}{\varphi'_3}(2x\varphi'_1+\cos x e^{\sin x}\varphi'_2).$$

例 3　设 $f(u,v)$ 具有连续偏导数，且 $f'_u(u,v)+f'_v(u,v)=uv$，求 $y(x)=e^{-2x}f(x,x)$ 所满足的微分方程，并求其通解.

解　由 $y(x)=e^{-2x}f(x,x)$ 两端对 x 求导，得

$$y'=-2e^{-2x}f(x,x)+e^{-2x}(f'_1(x,x)+f'_2(x,x))=-2y+e^{-2x}x^2,$$

故

$$y'+2y=x^2e^{-2x},$$

解得

$$y=e^{-\int 2dx}\left(C+\int x^2e^{-2x}e^{\int 2dx}dx\right)=e^{-2x}\left(C+\frac{x^3}{3}\right).$$

例 4　设 $u=f(x,y,z)$，f 是可微函数，若 $\frac{f'_x}{x}=\frac{f'_y}{y}=\frac{f'_z}{z}$，证明：$u$ 仅为 r 的函数，其中 $r=\sqrt{x^2+y^2+z^2}$.

证　利用球坐标，有

$$u=f(x,y,z)=f(r\cos\theta\sin\varphi,r\sin\theta\sin\varphi,r\cos\varphi),$$

令 $\frac{f'_x}{x}=\frac{f'_y}{y}=\frac{f'_z}{z}=t$，则 $f'_x=tx,f'_y=ty,f'_z=tz$，于是

$$\frac{\partial u}{\partial\theta}=f'_x\cdot r(-\sin\theta)\sin\varphi+f'_y\cdot r\cos\theta\sin\varphi=tx(-y)+tyx=0,$$

$$\begin{aligned}\frac{\partial u}{\partial\varphi}&=f'_x\cdot r\cos\theta\cos\varphi+f'_y\cdot r\sin\theta\cos\varphi+f'_z\cdot r(-\sin\varphi)\\&=tr^2(\cos^2\theta\sin\varphi\cos\varphi+\sin^2\theta\sin\varphi\cos\varphi-\sin\varphi\cos\varphi)=0,\end{aligned}$$

故 u 仅为 r 的函数.

例 5　设 $x=u^2+v^2,y=2uv,z=u^2\ln v$，求 $\frac{\partial z}{\partial x},\frac{\partial z}{\partial y}$.

解　三个方程两端分别对 x 求导，得

$$\begin{cases}1=2u\frac{\partial u}{\partial x}+2v\frac{\partial v}{\partial x},\\0=2v\frac{\partial u}{\partial x}+2u\frac{\partial v}{\partial x},\\\frac{\partial z}{\partial x}=2u\frac{\partial u}{\partial x}\ln v+\frac{u^2}{v}\frac{\partial v}{\partial x},\end{cases}$$

解得

$$\frac{\partial u}{\partial x}=\frac{u}{2(u^2-v^2)},\frac{\partial v}{\partial x}=\frac{-v}{2(u^2-v^2)},$$

于是得

$$\frac{\partial z}{\partial x}=\frac{u^2(2\ln v-1)}{2(u^2-v^2)},$$

类似地，三个方程两端分别对 y 求导，得

$$\begin{cases}0=2u\frac{\partial u}{\partial y}+2v\frac{\partial v}{\partial y},\\1=2v\frac{\partial u}{\partial y}+2u\frac{\partial v}{\partial y},\\\frac{\partial z}{\partial y}=2u\frac{\partial u}{\partial y}\ln v+\frac{u^2}{v}\frac{\partial v}{\partial y},\end{cases}$$

解得 $$\frac{\partial u}{\partial y}=\frac{-v}{2(u^2-v^2)},\frac{\partial v}{\partial y}=\frac{u}{2(u^2-v^2)},$$

于是得 $$\frac{\partial z}{\partial y}=\frac{u^3-2uv^2\ln v}{2(u^2-v^2)v}.$$

例 6 用变换 $\begin{cases}u=x-2y,\\ v=x+3y,\end{cases}$ 化简微分方程 $6\frac{\partial^2 z}{\partial x^2}+\frac{\partial^2 z}{\partial x\partial y}-\frac{\partial^2 z}{\partial y^2}=0$，其中 $z=z(x,y)$ 有二阶连续偏导数.

解 由 $z=f(u,v)=f(x-2y,x+3y)$，利用复合函数求导法得

$$\frac{\partial z}{\partial x}=\frac{\partial z}{\partial u}+\frac{\partial z}{\partial v},\frac{\partial z}{\partial y}=-2\frac{\partial z}{\partial u}+3\frac{\partial z}{\partial v},$$

$$\frac{\partial^2 z}{\partial x^2}=\frac{\partial^2 z}{\partial u^2}+\frac{\partial^2 z}{\partial u\partial v}+\frac{\partial^2 z}{\partial v\partial u}+\frac{\partial^2 z}{\partial v^2}=\frac{\partial^2 z}{\partial u^2}+2\frac{\partial^2 z}{\partial u\partial v}+\frac{\partial^2 z}{\partial v^2},$$

$$\begin{aligned}\frac{\partial^2 z}{\partial y^2}&=-2\left[\frac{\partial^2 z}{\partial u^2}(-2)+3\frac{\partial^2 z}{\partial u\partial v}\right]+3\left[\frac{\partial^2 z}{\partial v\partial u}(-2)+3\frac{\partial^2 z}{\partial v^2}\right]\\&=4\frac{\partial^2 z}{\partial u^2}-12\frac{\partial^2 z}{\partial u\partial v}+9\frac{\partial^2 z}{\partial v^2},\end{aligned}$$

$$\begin{aligned}\frac{\partial^2 z}{\partial x\partial y}&=\frac{\partial^2 z}{\partial u^2}(-2)+3\frac{\partial^2 z}{\partial u\partial v}+\frac{\partial^2 z}{\partial v\partial u}(-2)+3\frac{\partial^2 z}{\partial v^2}\\&=-2\frac{\partial^2 z}{\partial u^2}+\frac{\partial^2 z}{\partial u\partial v}+3\frac{\partial^2 z}{\partial v^2},\end{aligned}$$

代入已知微分方程得

$$\frac{\partial^2 z}{\partial u\partial v}=0.$$

例 7 设 $f(x,y)=\begin{cases}xy\dfrac{x^2-y^2}{x^2+y^2}, & x^2+y^2\neq 0,\\ 0, & x^2+y^2=0,\end{cases}$ 求 $f''_{xy}(0,0)$，$f''_{yx}(0,0)$，并比较两者的关系.

解 当 $x^2+y^2\neq 0$，有

$$f'_x(x,y)=\frac{\partial}{\partial x}\left(xy\frac{x^2-y^2}{x^2+y^2}\right)=y\left[\frac{x^2-y^2}{x^2+y^2}+\frac{4x^2y^2}{(x^2+y^2)^2}\right],$$

$$f'_y(x,y)=\frac{\partial}{\partial y}\left(xy\frac{x^2-y^2}{x^2+y^2}\right)=x\left[\frac{x^2-y^2}{x^2+y^2}-\frac{4x^2y^2}{(x^2+y^2)^2}\right],$$

$$f'_x(0,0)=\lim_{x\to 0}\frac{f(x,0)-f(0,0)}{x}=\lim_{x\to 0}\frac{0-0}{x}=0,$$

$$f'_y(0,0)=\lim_{y\to 0}\frac{f(0,y)-f(0,0)}{y}=\lim_{y\to 0}\frac{0-0}{y}=0,$$

$$f''_{xy}(0,0)=\lim_{y\to 0}\frac{f'_x(0,y)-f'_x(0,0)}{y}=\lim_{y\to 0}\frac{-y-0}{y}=-1,$$

$$f''_{yx}(0,0)=\lim_{x\to 0}\frac{f'_y(x,0)-f'_y(0,0)}{x}=\lim_{x\to 0}\frac{x-0}{x}=1,$$

$$f''_{xy}(0,0)\neq f''_{yx}(0,0).$$

例 8　如果函数 $f(x,y,z)$ 恒满足关系式 $f(tx,ty,tz)=t^k f(x,y,z)$（k 是常数），则称此函数为 k 次齐次函数，试证 k 次齐次可微函数 $f(x,y,z)$ 满足关系式

$$x\frac{\partial f}{\partial x}+y\frac{\partial f}{\partial y}+z\frac{\partial f}{\partial z}=kf(x,y,z).$$

证　记 $u=tx,v=ty,w=tz$，方程 $f(tx,ty,tz)=t^k f(x,y,z)$ 两端对 t 求导，得

$$x\frac{\partial f}{\partial u}+y\frac{\partial f}{\partial v}+z\frac{\partial f}{\partial w}=kt^{k-1}f(x,y,z),$$

两端同乘以 t，得

$$tx\frac{\partial f}{\partial u}+ty\frac{\partial f}{\partial v}+tz\frac{\partial f}{\partial w}=kt^k f(x,y,z)=kf(tx,ty,tz),$$

即
$$u\frac{\partial f}{\partial u}+v\frac{\partial f}{\partial v}+w\frac{\partial f}{\partial w}=kf(u,v,w),$$

用 x,y,z 分别替换 u,v,w 即得到

$$x\frac{\partial f}{\partial x}+y\frac{\partial f}{\partial y}+z\frac{\partial f}{\partial z}=kf(x,y,z).$$

例 9　设曲面 S：$f(x,y,z)=a$（a 是常数），其中 $f(x,y,z)$ 有连续偏导数，且对任意正数 t，恒有 $f(tx,ty,tz)=f(x,y,z)$，点 $M(3,4,5)$ 是曲面 S 上一点，$N(-5,5,1)$ 是曲面 S 在点 M 处的切平面 π 上的另一点，求平面 π 的方程.

解　由 $f(tx,ty,tz)=f(x,y,z)$ 两端对 t 求导，得

$$xf'_1+yf'_2+zf'_3=0,\ txf'_1+tyf'_2+tzf'_3=0,$$

因而有
$$xf'_x+yf'_y+zf'_z=0,$$

由于 $\boldsymbol{n}=\{f'_x,f'_y,f'_z\}|_M$ 是平面 π 的法向量，由上式知 $\overrightarrow{OM}=\{3,4,5\}$ 与 $\boldsymbol{n}$ 垂直，故切平面 π 经过原点，且切平面的法向量为

$$\overrightarrow{OM}\times\overrightarrow{ON}=\{3,4,5\}\times\{-5,5,1\}=-7\{3,4,-5\},$$

于是 π 的方程为

$$3x+4y-5z=0.$$

例 10　过直线 $\begin{cases}10x+2y-2z=27,\\ x+y-z=0,\end{cases}$ 作曲面 $3x^2+y^2-z^2=27$ 的切平面，求此切平面的方程.

解　设切平面的切点为 $M(x_0,y_0,z_0)$，则

$$3x_0^2+y_0^2-z_0^2=27, \tag{4}$$

点 M 处切平面的法向量为

$$\boldsymbol{n}=\{6x_0,2y_0,-2z_0\},$$

由于切平面通过已知直线，设其方程为

$$10x+2y-2z-27+\lambda(x+y-z)=0,$$

即
$$(10+\lambda)x+(2+\lambda)y+(-2-\lambda)z-27=0$$

于是有
$$\frac{10+\lambda}{6x_0}=\frac{2+\lambda}{2y_0}=\frac{-2-\lambda}{-2z_0},\tag{5}$$

且
$$(10+\lambda)x_0+(2+\lambda)y_0+(-2-\lambda)z_0-27=0,\tag{6}$$

由式(4)～式(6)解得 $\lambda=-1$ 或 $\lambda=-19$，故所求切平面方程为

$$9x+y-z-27=0 \text{ 或 } 9x+17y-17z+27=0.$$

例 11　设直线$\begin{cases}x+y+b=0,\\x+ay-z-3=0\end{cases}$在平面 π 上，而平面 π 与曲面 $z=x^2+y^2$ 相切于点(1,－2,5)，求 a,b 的值.

解　在点(1,－2,5)处曲面的法向量为

$$\boldsymbol{n}=\{2x,2y,-1\}\big|_{(1,-2,5)}=\{2,-4,-1\},$$

于是切平面方程为

$$2(x-1)-4(y+2)-(z-5)=0,$$

即
$$2x-4y-z-5=0,$$

由直线 L 的方程得 $y=-x-b,z=x-3+a(-x-b)$，代入上式，得

$$(5+a)x+4b+ab-2=0,$$

因而有
$$5+a=0,4b+ab-2=0,$$

解得
$$a=-5,b=-2.$$

例 12　设 $z=f(x,y)$ 满足 $\dfrac{\partial^2 f}{\partial y^2}=2x,f(x,1)=0,\dfrac{\partial f(x,0)}{\partial y}=\sin x$，求 $f(x,y)$.

解　由$\dfrac{\partial^2 f}{\partial y^2}=2x$，得$\dfrac{\partial f}{\partial y}=2xy+\varphi(x)$，

$$f(x,y)=xy^2+\varphi(x)y+\psi(x),$$

因此
$$\frac{\partial f(x,0)}{\partial y}=\varphi(x),f(x,1)=x+\varphi(x)+\psi(x),$$

由题设
$$\varphi(x)=\sin x,x+\varphi(x)+\psi(x)=0,$$

故
$$\psi(x)=-x-\varphi(x)=-x-\sin x,$$

$$f(x,y)=xy^2+y\sin x-x-\sin x.$$

例 13　已知 $f(x,y)$ 在点(0,0)的某邻域内连续，且 $\lim\limits_{\substack{x\to0\\y\to0}}\dfrac{f(x,y)-xy}{(x^2+y^2)^2}=1$，求 $f(0,0)$，并判断(0,0)是否为 $f(x,y)$ 的极值点.

解　由题设，有$\lim\limits_{\substack{x\to0\\y\to0}}(f(x,y)-xy)=0$，故

$$f(0,0)=\lim_{\substack{x\to 0\\ y\to 0}} f(x,y)=0,$$

又 $$\frac{f(x,y)-xy}{(x^2+y^2)^2}=1+\alpha,\text{其中}\lim_{\substack{x\to 0\\ y\to 0}}\alpha=0,$$

因而 $$f(x,y)-xy=(1+\alpha)(x^2+y^2)^2=o(\rho^3),$$

$$f(x,y)-f(0,0)=xy+o(\rho^3)=\rho^2\sin\theta\cos\theta+o(\rho^3),$$

在$(0,0)$附近，等式右端的符号由 xy 确定，由于 xy 既有正值又有负值，故 $f(x,y)-f(0,0)$既有正值又有负值，因此根据极值的定义，$(0,0)$不是 $f(x,y)$的极值点.

例 14 已知曲面 S 的方程为 $x^2+y^2+z^2+xy+yz=1$，

(1) 求曲面在 xOy 面上的投影区域的边界曲线；

(2) 求曲面上 z 坐标取得极大值与极小值的点及极大值与极小值.

解 (1) 设 S_1 是曲面 S 对于 xOy 面的投影柱面，S_1 与 S 相切于曲线C，则在曲线 C 上两曲面的法向量相同(将其记作 $\boldsymbol{n}$)，且都与 $\boldsymbol{k}=\{0,0,1\}$垂直，由曲面 S 的方程得

$$\boldsymbol{n}=\{2x+y,2y+x+z,2z+y\},$$

由于 $\boldsymbol{n}\perp\boldsymbol{k}$，$\boldsymbol{n}\cdot\boldsymbol{k}=0$ 有 $2z+y=0$，因此曲线 C 的方程为

$$\begin{cases}x^2+y^2+z^2+xy+yz=1,\\ 2z+y=0,\end{cases}$$

消去 z，即得投影柱面 S_1 的方程

$$x^2+\frac{3}{4}y^2+xy=1,$$

故所求投影区域的边界曲线为

$$\begin{cases}x^2+\dfrac{3}{4}y^2+xy=1,\\ z=0;\end{cases}$$

(2) 曲面 S 的方程两端分别对 x 及 y 求导，得

$$\begin{cases}2x+2z\dfrac{\partial z}{\partial x}+y+y\dfrac{\partial z}{\partial x}=0,\\ 2y+2z\dfrac{\partial z}{\partial y}+x+y\dfrac{\partial z}{\partial y}+z=0,\end{cases}$$

解得 $$\frac{\partial z}{\partial x}=\frac{-2x-y}{y+2z},\frac{\partial z}{\partial y}=\frac{-x-2y-z}{y+2z},$$

令$\dfrac{\partial z}{\partial x}=0$，$\dfrac{\partial z}{\partial y}=0$，得 $y=-2x$，$z=3x$，代入曲面 S 的方程，得

$x=\pm\dfrac{1}{\sqrt{6}}$，得两点 $P_1\left(\dfrac{1}{\sqrt{6}},-\dfrac{2}{\sqrt{6}},\dfrac{3}{\sqrt{6}}\right)$，$P_2\left(-\dfrac{1}{\sqrt{6}},\dfrac{2}{\sqrt{6}},-\dfrac{3}{\sqrt{6}}\right)$，

$$\frac{\partial^2 z}{\partial x^2}=\frac{-2(y+2z)-(-2x-y)2\frac{\partial z}{\partial x}}{(y+2z)^2},$$

$$\frac{\partial^2 z}{\partial x\partial y}=\frac{-(y+2z)-(-2x-y)\left(1+2\frac{\partial z}{\partial y}\right)}{(y+2z)^2},$$

$$\frac{\partial^2 z}{\partial y^2}=\frac{\left(-2-\frac{\partial z}{\partial y}\right)(y+2z)-(-x-2y-z)\left(1+2\frac{\partial z}{\partial y}\right)}{(y+2z)^2},$$

在点 P_1 处，有

$$A=\frac{\partial^2 z}{\partial x^2}\bigg|_{P_1}=-\frac{\sqrt{6}}{2},B=\frac{\partial^2 z}{\partial x\partial y}\bigg|_{P_1}=-\frac{\sqrt{6}}{4},C=\frac{\partial^2 z}{\partial y^2}\bigg|_{P_1}=-\frac{\sqrt{6}}{2},$$

$$AC-B^2=\frac{9}{8}>0,A<0,\text{故在点 }P_1\text{ 处 }z\text{ 取得极大值 }z=\frac{3}{\sqrt{6}},$$

在点 P_2 处，有

$$A=\frac{\partial^2 z}{\partial x^2}\bigg|_{P_2}=\frac{\sqrt{6}}{2},B=\frac{\partial^2 z}{\partial x\partial y}\bigg|_{P_2}=\frac{\sqrt{6}}{4},C=\frac{\partial^2 z}{\partial y^2}\bigg|_{P_2}=\frac{\sqrt{6}}{2},$$

$$AC-B^2=\frac{9}{8}>0,A>0,\text{故在点 }P_2\text{ 处 }z\text{ 取得极小值 }z=-\frac{3}{\sqrt{6}}.$$

例 15 鲨鱼在发现血腥味时总是沿着血腥味最浓的方向追寻，在海平面上进行试验表明，如果把坐标原点取在血源处，在海平面上建立坐标系，那么点 (x,y) 处血液浓度 z（每万份水所含血的份数）的近似值为 $z=\mathrm{e}^{-(x^2+2y^2)/10^4}$，求鲨鱼从点 (x_0,y_0) 出发向血源前进的路线.

解 设鲨鱼前进的曲线为 L，由题意，鲨鱼前进的方向为 $z=\mathrm{e}^{-(x^2+2y^2)/10^4}$ 的梯度方向

$$\mathbf{grad}z=\left\{\frac{\partial z}{\partial x},\frac{\partial z}{\partial y}\right\}=\frac{-2\mathrm{e}^{-(x^2+2y^2)/10^4}}{10^4}\{x,2y\},$$

又 $\{\mathrm{d}x,\mathrm{d}y\}$ 是鲨鱼前进路线的切线方向，因此有

$$\frac{\mathrm{d}x}{x}=\frac{\mathrm{d}y}{2y},$$

积分得 $$\ln|x|=\frac{1}{2}\ln|y|+C_1,y=Cx^2,$$

将初值 $y|_{x=x_0}=y_0$ 代入，得 $C=\frac{y_0}{x_0^2}$，故鲨鱼前进的路线为

$$y=\frac{y_0}{x_0^2}x^2.$$

例 16 设有一小山，取它的底面所在的平面为 xOy 坐标面，其底部所占的区域为 $D=\{(x,y)\,|\,x^2+y^2-xy\leqslant 75\}$，小山的高度函数为

$$h(x,y)=75-x^2-y^2+xy.$$

(1) 设 $M_0(x_0,y_0)$ 为区域 D 上一点，问 $h(x,y)$ 在该点沿平面上什么方向的方向导数最大？若记此方向导数的最大值为 $g(x_0,y_0)$，试写出 $g(x_0,y_0)$ 的表达式；

(2) 现欲利用此小山开展攀岩活动，为此需要在山脚寻找一上山坡度最大的点作为攀登的起点，也就是说，要在 D 的边界 $x^2+y^2-xy=75$ 上找出使(1)中的 $g(x,y)$ 达到最大的点，试确定攀登起点的位置.

解　(1) $h(x,y)$ 在点 $M_0(x_0,y_0)$ 处沿其梯度方向的方向导数最大，且其最大值等于梯度的模，由于

$$\mathbf{grad}h(x,y)=\{-2x+y,-2y+x\},$$

故

$$\begin{aligned}g(x_0,y_0)&=|\mathbf{grad}h(x_0,y_0)|\\&=\sqrt{(-2x_0+y_0)^2+(-2y_0+x_0)^2}\\&=\sqrt{5x_0^2+5y_0^2-8x_0y_0};\end{aligned}$$

(2) 令 $f(x,y)=g^2(x,y)=5x^2+5y^2-8xy$，由题意，只需在约束条件 $x^2+y^2-xy=75$ 下求出 $f(x,y)$ 的最大值点. 设

$$F(x,y)=5x^2+5y^2-8xy+\lambda(x^2+y^2-xy-75),$$

令

$$\begin{cases}F'_x=10x-8y+\lambda(2x-y)=0, & (7)\\F'_y=10y-8x+\lambda(2y-x)=0, & (8)\\x^2+y^2-xy=75, & (9)\end{cases}$$

由式(7)、式(8)消去 λ，得 $y=\pm x$，将 $y=x$ 代入式(9)得

$$x^2=75,x=\pm5\sqrt{3},y=\pm5\sqrt{3},$$

得两点　$P_1(5\sqrt{3},5\sqrt{3}),P_2(-5\sqrt{3},-5\sqrt{3})$，

将 $y=-x$ 代入式(9)得

$$x^2=25,x=\pm5,y=\mp5,$$

得两点　$P_3(5,-5),P_4(-5,5)$，

由于　$f(P_1)=f(P_2)=150,f(P_3)=f(P_4)=450$，

故 $P_3(5,-5)$ 与 $P_4(-5,5)$ 皆可作为攀登起点.

例 17　已知两条平面曲线 $f(x,y)=0,\varphi(x,y)=0,(\alpha,\beta)$ 和 (ξ,η) 分别为两曲线上的点，试证：如果这两点是这两条曲线上相距最近或最远的点，则

$$\frac{\alpha-\xi}{\beta-\eta}=\frac{f'_x(\alpha,\beta)}{f'_y(\alpha,\beta)}=\frac{\varphi'_x(\xi,\eta)}{\varphi'_y(\xi,\eta)}.$$

证　设 $g(\alpha,\beta,\xi,\eta)=d^2=(\alpha-\xi)^2+(\beta-\eta)^2$，

下面要在条件 $f(\alpha,\beta)=0,\varphi(\xi,\eta)=0$ 下讨论 $g(\alpha,\beta,\xi,\eta)$ 的极值问

题. 设

$$F(\alpha,\beta,\xi,\eta)=(\alpha-\xi)^2+(\beta-\eta)^2+\lambda f(\alpha,\beta)+\mu\varphi(\xi,\eta),$$

令

$$F'_\alpha=2(\alpha-\xi)+\lambda f'_x(\alpha,\beta)=0,$$
$$F'_\beta=2(\beta-\eta)+\lambda f'_y(\alpha,\beta)=0,$$
$$F'_\xi=-2(\alpha-\xi)+\mu\varphi'_x(\xi,\eta)=0,$$
$$F'_\eta=-2(\beta-\eta)+\mu\varphi'_y(\xi,\eta)=0,$$

由以上四式即可得到

$$\frac{\alpha-\xi}{\beta-\eta}=\frac{f'_x(\alpha,\beta)}{f'_y(\alpha,\beta)}=\frac{\varphi'_x(\xi,\eta)}{\varphi'_y(\xi,\eta)}.$$

习题 7-10

1. 设 a,b,c 是三角形的三条边的长，A,B,C 分别是此三边对应的三个角的量度，求$\frac{\partial A}{\partial a},\frac{\partial A}{\partial b},\frac{\partial A}{\partial c}$.

2. 设 $z=f(y+\varphi(x-y),e^{2x})$，其中 f 有二阶连续偏导数，φ 有二阶导数，求$\frac{\partial^2 z}{\partial x\partial y}$.

3. 证明：函数 $y(x,t)=\varphi(x+at)+\varphi(x-at)+\int_{x-at}^{x+at}f(z)\mathrm{d}z$满足方程$\frac{\partial^2 y}{\partial t^2}=a^2\frac{\partial^2 y}{\partial x^2}$(其中 f 可导，φ 二阶可导).

4. 设函数 $f(u)$ 具有二阶连续导数，而 $z=f(e^x\sin y)$ 满足方程$\frac{\partial^2 z}{\partial x^2}+\frac{\partial^2 z}{\partial y^2}=e^{2x}z$，求 $f(u)$.

5. 设 $u=u(x)$是由方程组 $u=f(x,y),g(x,y,z)=0,h(x,z)=0$ 所确定的函数，其中 f,g,h 有连续偏导数，且 $h'_z\neq0,g'_y\neq0$，求$\frac{\mathrm{d}u}{\mathrm{d}x}$.

6. 设函数 $z(x,y)$ 满足 $\begin{cases}\frac{\partial z}{\partial x}=-\sin y+\frac{1}{1-xy},\\ z(1,y)=\sin y,\end{cases}$ 求$z(x,y)$.

7. 设 $f(x,y)$有一阶连续偏导数，且 $f(x,x^2)=1$，$f'_x(x,x^2)=x$，求 $f'_y(x,x^2)$.

8. 设 $f(u,v)$具有二阶连续偏导数，且满足$\frac{\partial^2 f}{\partial u^2}+\frac{\partial^2 f}{\partial v^2}=1$，又 $g(x,y)=f\left[xy,\frac{1}{2}(x^2-y^2)\right]$，求$\frac{\partial^2 g}{\partial x^2}+\frac{\partial^2 g}{\partial y^2}$.

9. 作变换 $u=x,v=x^2-y^2$，求方程 $y\frac{\partial z}{\partial x}+x\frac{\partial z}{\partial y}=0$ 的解.

10. 设 $z=z(x,y)$有二阶连续偏导数，$u=x-ay,v=x+ay$，变换方程$\frac{\partial^2 z}{\partial y^2}=a^2\frac{\partial^2 z}{\partial x^2}$.

11. 用变换 $x=e^s,y=e^t$ 变换方程 $ax^2\frac{\partial^2 u}{\partial x^2}+2bxy\frac{\partial^2 u}{\partial x\partial y}+cy^2\frac{\partial^2 u}{\partial y^2}=0$(其中 a,b,c 为常数).

12. 利用变量代换 $\xi=x+t,\eta=x-t$ 求弦振动方程$\frac{\partial^2 u}{\partial x^2}=\frac{\partial^2 u}{\partial t^2}$的解.

13. 设函数 $u=f(x,y,z)$在点 $M(x_0,y_0,z_0)$可微，又设向量 $\boldsymbol{a}=\{1,2,-2\},\boldsymbol{b}=\{2,1,2\},\boldsymbol{c}=\{3,4,0\}$，已知在点 M 处 $\frac{\partial u}{\partial \boldsymbol{a}}=1,\frac{\partial u}{\partial \boldsymbol{b}}=-6,\frac{\partial u}{\partial \boldsymbol{c}}=-1$，求$\mathrm{d}f(x_0,y_0,z_0)$.

14. 设 $u=xyze^{x+y+z}$，求$\frac{\partial^9 u}{\partial x^2\partial y^3\partial z^4}$.

15. 设 $f(x),g(x)$是可微函数，且满足

$$\begin{cases}u(x,y)=f(2x+5y)+g(2x-5y),\\ u(x,0)=\sin 2x,\\ u'_y(x,0)=0,\end{cases}$$

求 $f(x),g(x)$及 $u(x,y)$的表达式.

16. (1) 若可微函数 $z=f(x,y)$满足方程 $x\frac{\partial z}{\partial x}+y\frac{\partial z}{\partial y}=0$，证明：$f(x,y)$在极坐标下只是 θ 的函数.

(2) 若可微函数 $z=f(x,y)$满足方程$\frac{\frac{\partial z}{\partial x}}{x}=\frac{\frac{\partial z}{\partial y}}{y}$，证明 $f(x,y)$只是 ρ 的函数，其中 $\rho=\sqrt{x^2+y^2}$.

17. 设 $u=u(x,y,z)$是可微函数，若 $xu'_x+yu'_y+zu'_z=0$，证明：在球坐标下 u 仅为 θ,φ 的函数.

18. 如果对所有 t,x,y,有 $f(tx,ty)=t^n f(x,y)$,则 $f(x,y)$叫作 n 次齐次函数.设 $f(x,y)$是 n 次齐次函数,且有二阶连续偏导数,证明:

(1) $x\frac{\partial f}{\partial x}+y\frac{\partial f}{\partial y}=nf(x,y)$(此结论称为欧拉定理);

(2) $x^2\frac{\partial^2 f}{\partial x^2}+2xy\frac{\partial^2 f}{\partial x\partial y}+y^2\frac{\partial^2 f}{\partial y^2}=n(n-1)f(x,y)$.

19. 设 $f(x,y)=\begin{cases}\dfrac{x^2y^2}{(x^2+y^2)^{\frac{3}{2}}}, & x^2+y^2\neq 0,\\ 0, & x^2+y^2=0,\end{cases}$ 证明:在点(0,0)处 $f(x,y)$连续且偏导数存在,但不可微.

20. 设函数 $u=f(\ln\sqrt{x^2+y^2})$(其中 f 二阶可导)满足方程$\frac{\partial^2 u}{\partial x^2}+\frac{\partial^2 u}{\partial y^2}=(x^2+y^2)^{\frac{3}{2}}$,且$\lim\limits_{x\to 0}\frac{\int_0^1 f(xt)\mathrm{d}t}{x}=-1$,求 f 的表达式.

21. 证明:曲线 $x=\mathrm{e}^t\cos t,y=\mathrm{e}^t\sin t,z=\mathrm{e}^t$ 与圆锥面 $x^2+y^2=z^2$ 的所有母线以等角相交.

22. 证明:曲面 $z=xf\left(\frac{y}{x}\right)$上任何一点的切平面通过一定点.

23. 求曲面 $x=u+v,y=u^2+v^2,z=u^3+v^3$ 在 $u=1$,$v=-1$ 处的切平面方程.

24. 试求一平面,使它通过曲线$\begin{cases}y^2=x,\\ z=3(y-1)\end{cases}$在 $y=1$ 处的切线,且与曲面 $x^2+y^2=4z$ 相切.

25. 求曲面 $z=xy$ 的法线,使它与平面 $x+3y+z+9=0$ 垂直.

26. 设 $\boldsymbol{n}$ 是曲面 $2x^2+3y^2+z^2=6$ 在点 $P(1,1,1)$处指向外侧的法向量,求函数 $u=\frac{\sqrt{6x^2+8y^2}}{z}$在点 P 处沿方向 $\boldsymbol{n}$ 的方向导数.

27. 求正数 λ 的值,使得曲面 $xyz=\lambda$ 与曲面$\frac{x^2}{a^2}+\frac{y^2}{b^2}+\frac{z^2}{c^2}=1$ 在某一点相切.

28. 求常数 a,b,c 的值,使函数 $f(x,y,z)=axy^2+byz+cx^3z^2$ 在点$(1,2,-1)$处沿 z 轴正方向的方向导数有最大值 64.

29. 设有一平面温度场 $T(x,y)=100-x^2-2y^2$,场内一粒子从$A(4,2)$处出发始终沿着温度上升最快的方向运动,试建立粒子运动所应满足的微分方程,并求出粒子运动的路径方程.

30. 已知平面上两定点 $A(1,3)$,$B(4,2)$,试在曲线$\frac{x^2}{9}+\frac{y^2}{4}=1(x\geqslant 0,y\geqslant 0)$上求一点 C,使$\triangle ABC$的面积最大.

31. 在椭圆$\frac{x^2}{a^2}+\frac{y^2}{b^2}=1$ 内作底边平行于 x 轴的内接三角形,求此类三角形面积的最大值.

32. 设 $P(x_1,y_1)$是椭圆$\frac{x^2}{a^2}+\frac{y^2}{b^2}=1$ 外的一点,若$Q(x_2,y_2)$是椭圆上离 P 最近的一点,证明:PQ是椭圆的法线.

33. (道格拉斯生产模型)设生产利润 p 依赖于投入要素 x,y 和 z(单位价格分别为 a,b 和 c),满足$p=kx^\alpha y^\beta z^\gamma$,$\alpha,\beta,\gamma>0$,且$\alpha+\beta+\gamma=1$,其中 x,y,z 服从价格约束 $ax+by+cz=d$,试确定 x,y,z,使 p 取得最大值.

34. 在曲线 $18x^2+8y^2=144(x\geqslant 0,y\geqslant 0)$上求一点,使曲线在此点处的切线与曲线及 x 轴、y 轴所围成的图形具有最小面积.

35. 已知 x,y,z 为实数,且 $\mathrm{e}^x+y^2+|z|=3$,求证:$\mathrm{e}^xy^2|z|\leqslant 1$.

第八章 重积分

通信卫星的覆盖面积怎么算?

上一章我们把一元函数微分学推广到了多元函数的情形，现在我们要把一元函数的定积分推广到多元函数的积分. 在科学技术和许多其他问题中，常常需要计算如面积、体积、质量、质心、转动惯量、引力等，这些与多元函数及平面区域、空间区域或曲线、曲面有关的量，这就需要讨论分布在平面区域、空间区域或曲线、曲面上的几何量或物理量的积累问题. 这些量一般来说仅靠定积分是解决不了的，因此就需要把定积分加以推广. 本章先讨论重积分，下一章讨论曲线积分与曲面积分.

第一节 二重积分的概念与性质

一、二重积分的概念

下面看两个实际例子.

例 1 曲顶柱体的体积.

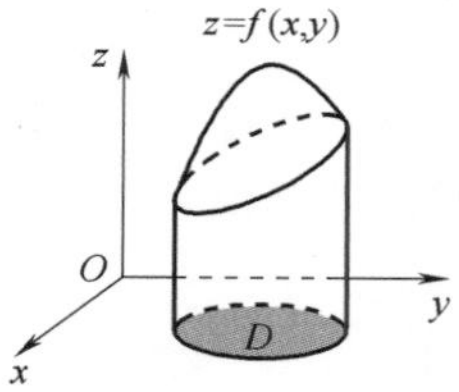

图 8-1

设有一立体(见图 8-1)，它的底面是 xOy 面上的有界闭区域 D，它的侧面是以 D 的边界曲线为准线而母线平行于 z 轴的柱面，它的顶是曲面 $z=f(x,y)$.（此处设 $f(x,y)$ 在 D 上连续，且 $f(x,y)\geqslant 0$)，这种立体叫作曲顶柱体. 很多立体体积的计算可以归结为求曲顶柱体的体积，下面我们就来讨论如何求上述曲顶柱体的体积 V.

类似于求曲边梯形的面积(即分割、近似、求和、取极限)，我们可用下面方法求它的体积.

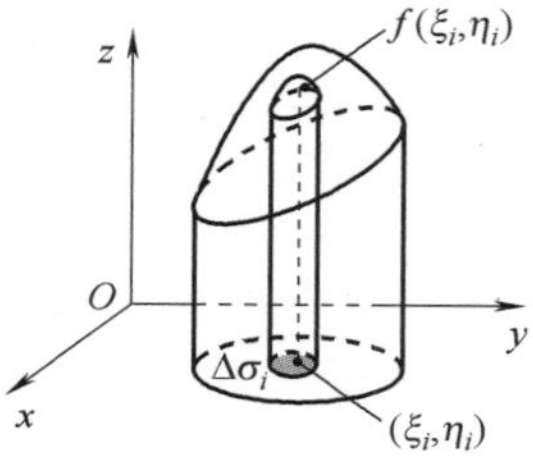

图 8-2

第一步：分割. 用任意的曲线网将区域 D 分成 n 个小区域

$$\Delta\sigma_1, \Delta\sigma_2, \cdots, \Delta\sigma_n,$$

并用同样的记号表示小区域的面积(见图 8-2). 分别以这些小区域的边界曲线为准线做母线平行于 z 轴的柱面，这些柱面把曲顶柱体分成了 n 个细的曲顶柱体，设它们的体积分别为 $\Delta V_i\ (i=1,2,\cdots,n)$，则

$$V=\sum_{i=1}^{n}\Delta V_i,$$

第二步:近似.我们将平面区域上任意两点间距离的最大值称为该区域的直径.当上面的分割很细密时,即当小区域 $\Delta\sigma_i$ 的直径很小时,由于 $f(x,y)$ 是连续函数,那么它在 $\Delta\sigma_i$ 上的变化也很小,因此可将细曲顶柱体近似地看成平顶柱体.在 $\Delta\sigma_i$ 上任取一点 (ξ_i,η_i),则细曲顶柱体的体积近似地等于以 $\Delta\sigma_i$ 为底,以 $f(\xi_i,\eta_i)$ 为高的平顶柱体的体积,即有

$$\Delta V_i\approx f(\xi_i,\eta_i)\Delta\sigma_i\quad(i=1,2,\cdots,n).$$

第三步:求和.由体积的可加性,得到

$$V=\sum_{i=1}^{n}\Delta V_i\approx\sum_{i=1}^{n}f(\xi_i,\eta_i)\Delta\sigma_i.$$

第四步:取极限.令 $\lambda=\max\limits_{1\leqslant i\leqslant n}\{\Delta\sigma_i\text{ 的直径}\}$,则当 $\lambda\to0$ 时,得

$$V=\lim_{\lambda\to0}\sum_{i=1}^{n}f(\xi_i,\eta_i)\Delta\sigma_i.$$

例 2　平面薄片的质量.

设一平面薄片占有 xOy 面上有界闭区域 D,它在点 (x,y) 处的面密度为 $\mu(x,y)$.(此处设 $\mu(x,y)$ 在 D 上是连续函数),现在求该薄片的质量 M.

如果薄片是均匀的,即面密度为常数,则它的质量等于 D 的面积与面密度的乘积.如果薄片不是均匀的,即面密度 $\mu(x,y)$ 是变量,则可利用求曲顶柱体体积的方法求得该薄片的质量.

如图 8-3 所示,将区域 D 分成 n 个小区域,将小区域及其面积都记作

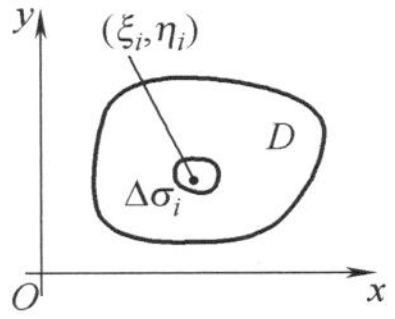

图　8-3

$$\Delta\sigma_1,\Delta\sigma_2,\cdots,\Delta\sigma_n,$$

在每个小区域 $\Delta\sigma_i$ 上任取一点 (ξ_i,η_i),以点 (ξ_i,η_i) 处的面密度 $\mu(\xi_i,\eta_i)$ 作为小区域 $\Delta\sigma_i$ 上各点面密度的近似值,便可得到第 i 块小薄片质量的近似值

$$\Delta M_i\approx\mu(\xi_i,\eta_i)\Delta\sigma_i.$$

从而得到整块薄片质量的近似值

$$M=\sum_{i=1}^{n}\Delta M_i\approx\sum_{i=1}^{n}\mu(\xi_i,\eta_i)\Delta\sigma_i.$$

令 $\lambda=\max\limits_{1\leqslant i\leqslant n}\{\Delta\sigma_i\text{ 的直径}\}$,则当 $\lambda\to0$ 时,便得到

$$M=\lim_{\lambda\to0}\sum_{i=1}^{n}\mu(\xi_i,\eta_i)\Delta\sigma_i.$$

尽管上面两个问题的实际意义不同,但解决问题的方法是相同的,并且所求量都归结为求具有相同结构的和式的极限,下面我们

把这种数学结构抽象出来.

定义 设函数 $f(x,y)$ 在平面有界闭区域 D 上有定义,将区域 D 任意分成 n 个小区域 $\Delta\sigma_1,\Delta\sigma_2,\cdots,\Delta\sigma_n$,其中 $\Delta\sigma_i$ 即表示第 i 个小区域,也表示它的面积. 在每个小区域 $\Delta\sigma_i$ 上任取一点 (ξ_i,η_i),作和式 $\sum\limits_{i=1}^{n} f(\xi_i,\eta_i)\Delta\sigma_i$,记 $\lambda=\max\limits_{1\leqslant i\leqslant n}\{\Delta\sigma_i \text{ 的直径}\}$,若不论小区域怎样分以及 (ξ_i,η_i) 怎样取,极限 $\lim\limits_{\lambda\to 0}\sum\limits_{i=1}^{n} f(\xi_i,\eta_i)\Delta\sigma_i$ 都存在且为同一个值,则称 $f(x,y)$ 在区域 D 上可积,并称此极限为函数 $f(x,y)$ 在区域 D 上的二重积分,记作 $\iint\limits_D f(x,y)\mathrm{d}\sigma$,即

$$\iint\limits_D f(x,y)\mathrm{d}\sigma=\lim_{\lambda\to 0}\sum_{i=1}^{n} f(\xi_i,\eta_i)\Delta\sigma_i.$$

其中 $f(x,y)$ 称为被积函数,$f(x,y)\mathrm{d}\sigma$ 称为被积分式,x,y 称为积分变量,D 称为积分区域,$\mathrm{d}\sigma$ 称为积分元素(或面积元素).

根据二重积分的定义,例 1 中曲顶柱体的体积可以表示成曲顶函数 $f(x,y)$ 在底面区域 D 上的二重积分,即

$$V=\iint\limits_D f(x,y)\mathrm{d}\sigma.$$

例 2 中平面薄片的质量可以表示成面密度函数 $\mu(x,y)$ 在薄片所占区域 D 上的二重积分,即

$$M=\iint\limits_D \mu(x,y)\mathrm{d}\sigma.$$

二、二重积分的存在性及几何意义

与定积分类似,可以得出下列二重积分存在的充分条件:

(1) 若 $f(x,y)$ 在平面有界闭区域 D 上连续,则 $f(x,y)$ 在区域 D 上可积;

(2) 若 $f(x,y)$ 在平面有界闭区域 D 上有界,并且分片连续(即可把 D 分成有限个子区域,使 $f(x,y)$ 在每个子区域上都连续),则 $f(x,y)$ 在区域 D 上可积.

证明略.

二重积分的几何意义也与定积分类似. 根据二重积分的定义以及例 1 可以得知:

当在区域 D 上 $f(x,y)\geqslant 0$,如果用 V 表示底面为区域 D,顶部函数为 $z=f(x,y)$ 的曲顶柱体的体积,则有

$$\iint\limits_D f(x,y)\mathrm{d}\sigma=V.$$

当在区域 D 上 $f(x,y)\leqslant 0$，如果用 V 表示顶部区域为 D，底面函数为 $z=f(x,y)$ 的曲底柱体的体积，则有

$$\iint\limits_D f(x,y)\mathrm{d}\sigma=-V.$$

当 $f(x,y)$ 在区域 D 上变号时，如果用 V_1 表示位于 xOy 面上方的曲顶柱体（以 $f(x,y)$ 为顶）的体积，用 V_2 表示位于 xOy 面下方的曲底柱体（以 $f(x,y)$ 为底）的体积，则有

$$\iint\limits_D f(x,y)\mathrm{d}\sigma=V_1-V_2.$$

根据二重积分的几何意义可得知

$$\iint\limits_D \mathrm{d}\sigma=A\quad(A\text{ 是区域 }D\text{ 的面积}).$$

三、二重积分的性质

由于二重积分的定义与定积分的定义类似，因此二重积分与定积分有类似的性质. 我们不加证明地列出二重积分的下列性质（其中区域 D 都是指平面有界闭区域）.

(1) **(线性性质)**　如果函数 $f_1(x,y)$，$f_2(x,y)$ 在区域 D 上可积，C_1，C_2 是任意常数，则 $C_1f_1(x,y)+C_2f_2(x,y)$ 也在 D 上可积，且

$$\iint\limits_D (C_1f_1(x,y)+C_2f_2(x,y))\mathrm{d}\sigma=C_1\iint\limits_D f_1(x,y)\mathrm{d}\sigma+C_2\iint\limits_D f_2(x,y)\mathrm{d}\sigma.$$

(2) **(对积分区域的可加性)**　设区域 $D=D_1\cup D_2$，其中 D_1，D_2 除边界外无公共内点，如果函数 $f(x,y)$ 在 D_1，D_2 上都可积，则它在 D 上也可积，且

$$\iint\limits_D f(x,y)\mathrm{d}\sigma=\iint\limits_{D_1} f(x,y)\mathrm{d}\sigma+\iint\limits_{D_2} f(x,y)\mathrm{d}\sigma.$$

(3) **(比较性质)**　如果在区域 D 上函数 $f(x,y)$，$g(x,y)$ 都可积，且满足 $f(x,y)\geqslant g(x,y)$，则

$$\iint\limits_D f(x,y)\mathrm{d}\sigma\geqslant\iint\limits_D g(x,y)\mathrm{d}\sigma.$$

特别地，如果在 D 上 $f(x,y)\geqslant 0$，则 $\iint\limits_D f(x,y)\mathrm{d}\sigma\geqslant 0$.

(4) **(绝对值性质)**　如果函数 $f(x,y)$ 在区域 D 上可积，则 $|f(x,y)|$ 也在 D 上可积，且

$$\left|\iint\limits_D f(x,y)\mathrm{d}\sigma\right|\leqslant\iint\limits_D |f(x,y)|\mathrm{d}\sigma.$$

(5) **(估值定理)**　如果在区域 D 上函数 $f(x,y)$ 可积，且满足 $m\leqslant f(x,y)\leqslant M$，则

$$mA\leqslant \iint_D f(x,y)\mathrm{d}\sigma\leqslant MA,$$

其中 A 表示区域 D 的面积.

(6) **(中值定理)**　如果函数 $f(x,y)$ 在区域 D 上连续，则在 D 上至少存在一点 (ξ,η)，使

$$\iint_D f(x,y)\mathrm{d}\sigma=f(\xi,\eta)A,$$

其中 A 表示区域 D 的面积.

(7) **(对称性质)**　设区域 D 关于 y 轴对称，函数 $f(x,y)$ 在 D 上可积，如果 $f(x,y)$ 关于 x 是奇函数，即满足 $f(-x,y)=-f(x,y)$，则 $\iint_D f(x,y)\mathrm{d}\sigma=0$；如果 $f(x,y)$ 关于 x 是偶函数，即满足 $f(-x,y)=f(x,y)$，并设 D_1 是 D 的右边一半区域，则 $\iint_D f(x,y)\mathrm{d}\sigma=2\iint_{D_1} f(x,y)\mathrm{d}\sigma$. 同样，设区域 D 关于 x 轴对称，函数 $f(x,y)$ 在 D 上可积，如果 $f(x,y)$ 关于 y 是奇函数，即满足 $f(x,-y)=-f(x,y)$，则 $\iint_D f(x,y)\mathrm{d}\sigma=0$；如果 $f(x,y)$ 关于 y 是偶函数，即满足 $f(x,-y)=f(x,y)$，并设 D_1 是 D 的上边一半区域，则 $\iint_D f(x,y)\mathrm{d}\sigma=2\iint_{D_1} f(x,y)\mathrm{d}\sigma$.

对称性质可以利用二重积分的定义加以证明，也可以借助后面的二重积分的计算方法去证明. 此处证明略.

例 3　计算二重积分 $\iint_D (\sin(xy^2)+y\mathrm{e}^x+2)\mathrm{d}\sigma$，其中

$$D=\{(x,y)\mid -1\leqslant x\leqslant 1,-1\leqslant y\leqslant 1\}.$$

解　由于区域 D 关于 y 轴对称，$\sin(xy^2)$ 关于 x 是奇函数，故 $\iint_D \sin(xy^2)\mathrm{d}\sigma=0$，又由于 D 关于 x 轴对称，函数 $y\mathrm{e}^x$ 关于 y 是奇函数，故 $\iint_D y\mathrm{e}^x\mathrm{d}\sigma=0$，因此有

$$\begin{aligned}&\iint_D (\sin(xy^2)+y\mathrm{e}^x+2)\mathrm{d}\sigma\\=&\iint_D \sin(xy^2)\mathrm{d}\sigma+\iint_D y\mathrm{e}^x\mathrm{d}\sigma+\iint_D 2\mathrm{d}\sigma\\=&\iint_D 2\mathrm{d}\sigma=2\times 2\times 2=8.\end{aligned}$$

例 4　比较二重积分 $\iint\limits_D (x+y)^2 \mathrm{d}\sigma$ 与 $\iint\limits_D (x+y)^3 \mathrm{d}\sigma$ 的大小，其中 $D:(x-3)^2+(y-2)^2\leqslant 4$.

解　积分区域 D 如图 8-4 所示，对于 D 上任意一点，都有 $x+y>1$，故 $(x+y)^2<(x+y)^3$，因而有

$$\iint\limits_D (x+y)^2 \mathrm{d}\sigma \leqslant \iint\limits_D (x+y)^3 \mathrm{d}\sigma.$$

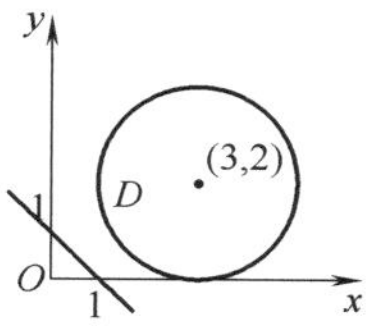

图　8-4

例 5　试确定二重积分 $\iint\limits_D \ln(x^2+y^2)\mathrm{d}\sigma$ 的符号，其中

$$D: |x|+|y|\leqslant 1.$$

解　由于对任意 $(x,y)\in D$，都有 $|x|+|y|\leqslant 1$，从而有

$$0\leqslant x^2+y^2\leqslant x^2+2|x||y|+y^2=(|x|+|y|)^2\leqslant 1,$$

故 $\iint\limits_D \ln(x^2+y^2)\mathrm{d}\sigma\leqslant 0$，又在 D 内 $\ln(x^2+y^2)$ 是连续函数，且不恒为零，故

$$\iint\limits_D \ln(x^2+y^2)\mathrm{d}\sigma<0.$$

例 6　利用二重积分的性质估计积分 $\iint\limits_D (x^2+2y^2-y+5)\mathrm{d}\sigma$ 的值，其中 $D:x^2+y^2\leqslant 1$.

解　先求被积函数 $z=x^2+2y^2-y+5$ 在区域 D 上的最大值 M 和最小值 m. 令

$$\frac{\partial z}{\partial x}=2x=0, \frac{\partial z}{\partial y}=4y-1=0,$$

解得 $x=0, y=\frac{1}{4}$，得驻点 $\left(0,\frac{1}{4}\right)$，将边界曲线方程 $x^2=1-y^2$ 代入目标函数，得

$$z=y^2-y+6\quad(-1\leqslant y\leqslant 1),$$

令 $\frac{\mathrm{d}z}{\mathrm{d}y}=2y-1=0$，得 $y=\frac{1}{2}$，此时 $x=\pm\frac{\sqrt{3}}{2}$，得两点 $\left(\pm\frac{\sqrt{3}}{2},\frac{1}{2}\right)$，又在边界上当 $y=\pm 1$ 时，有 $x=0$，得两点 $(0,1)$，$(0,-1)$，比较上述四点的函数值，

$$z\left(0,\frac{1}{4}\right)=\frac{39}{8}, z\left(\pm\frac{\sqrt{3}}{2},\frac{1}{2}\right)=\frac{23}{4},$$

$$z(0,1)=6, z(0,-1)=8,$$

得 $M=8, m=\frac{39}{8}$，又由于区域 D 的面积 $A=\pi$，因而

$$\frac{39}{8}\pi\leqslant \iint\limits_D (x^2+2y^2-y+5)\mathrm{d}\sigma\leqslant 8\pi.$$

习题 8-1

1. 试用二重积分表示下列空间区域的体积.

(1) 锥体 V: $\sqrt{x^2+y^2}\leqslant 1-z, 0\leqslant z\leqslant 1$;

(2) 由曲面 $z=2-x^2-y^2, x^2+y^2=1$ 及 xOy 面所围成的区域.

2. 比较下列二重积分的大小.

(1) $I_1=\iint\limits_D \ln(x+y)\mathrm{d}\sigma$ 与 $I_2=\iint\limits_D \ln^2(x+y)\mathrm{d}\sigma$,其中 D 是顶点在 $(1,0),(0,1),(1,1)$ 的三角形区域;

(2) $I_1=\iint\limits_D (x^2+y^2)\mathrm{d}\sigma$ 与 $I_2=\iint\limits_D (x^3+y^3)\mathrm{d}\sigma$,其中 $D: x^2+y^2\leqslant 1$;

(3) $I_1=\iint\limits_D \ln(x+y)\mathrm{d}\sigma$ 与 $I_2=\iint\limits_D (x+y)^2\mathrm{d}\sigma$ 及 $I_3=\iint\limits_D (x+y)\mathrm{d}\sigma$,其中 D 是由直线 $x=0, y=0, x+y=\frac{1}{2}, x+y=1$ 所围成的区域.

3. 估计下列积分的值.

(1) $I=\iint\limits_D xy(x+y)\mathrm{d}\sigma$,其中 $D: 0\leqslant x\leqslant 1, 0\leqslant y\leqslant 1$;

(2) $I=\iint\limits_D \sqrt{x^2+y^2}\,\mathrm{d}\sigma$,其中 $D: 0\leqslant x\leqslant 1, 0\leqslant y\leqslant 2$;

(3) $I=\iint\limits_D (x^2+4y^2+9)\mathrm{d}\sigma$,其中 $D: 1\leqslant x^2+y^2\leqslant 4$;

(4) $I=\iint\limits_D \frac{\mathrm{d}\sigma}{100+\cos^2 x+\cos^2 y}$,其中 $D: |x|+|y|\leqslant 10$.

4. 设 D 是平面有界闭区域,$f(x,y)$ 是定义在 D 上的连续非负函数,且 $\iint\limits_D f(x,y)\,\mathrm{d}\sigma=0$,证明:在 D 上 $f(x,y)\equiv 0$.

5. 设 D 是平面有界闭区域,$f(x,y)$ 在 D 上连续非负且不恒为零,证明:

$$\iint\limits_D f(x,y)\mathrm{d}\sigma>0.$$

第二节　二重积分的计算

根据二重积分的定义计算二重积分一般是很困难的,因此必须寻求切实可行的方法来计算二重积分.下面分别介绍在直角坐标系和极坐标系中二重积分的计算.

一、直角坐标系中二重积分的计算

根据二重积分的定义,

$$\iint\limits_D f(x,y)\mathrm{d}\sigma=\lim_{\lambda\to 0}\sum_{i=1}^{n} f(\xi_i,\eta_i)\Delta\sigma_i.$$

上式右端的极限与分割区域 D 的方法无关,因此当 $f(x,y)$ 在区域 D 上可积时,可以用特殊的分割方法来分割区域 D. 在直角坐标系中,如果用两组坐标线 $x=C$ 和 $y=C$(C 是常数)来分割区域 D(见图 8-5),则对图中阴影部分小区域 $\Delta\sigma$,有 $\Delta\sigma=\Delta x_i\Delta y_j$,可以证明,当 $\lambda\to 0$ 时,非阴影部分小区域对应的那部分和式的极限为零,即有

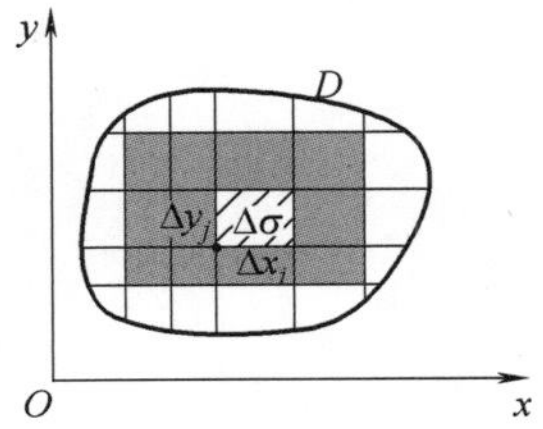

图　8-5

$$\iint\limits_D f(x,y)\mathrm{d}\sigma=\lim_{\lambda\to 0}\sum_{i=1}^{n} f(\xi_i,\eta_i)\Delta x_i\Delta y_j,$$

因此在直角坐标系中,积分元素 $\mathrm{d}\sigma=\mathrm{d}x\mathrm{d}y$,即二重积分可以表示成

$$\iint_D f(x,y)\mathrm{d}x\mathrm{d}y.$$

类似于用不等式表示数轴上的区间，我们也可以利用不等式组来表示平面区域. 图 8-6 中的区域 D 可以用不等式组表示成

$$D:\begin{cases} y_1(x)\leqslant y\leqslant y_2(x), \\ a\leqslant x\leqslant b. \end{cases}$$

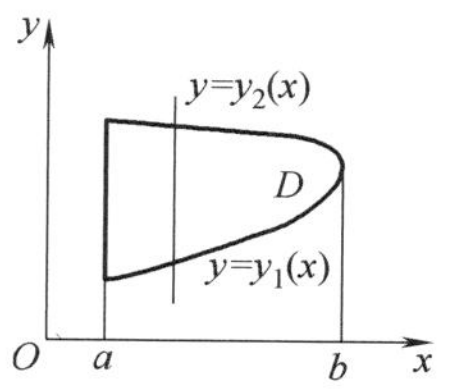

图　8-6

而图 8-7 所给出的区域 D 可以用不等式组表示成

$$D:\begin{cases} x_1(y)\leqslant x\leqslant x_2(y), \\ c\leqslant y\leqslant d. \end{cases}$$

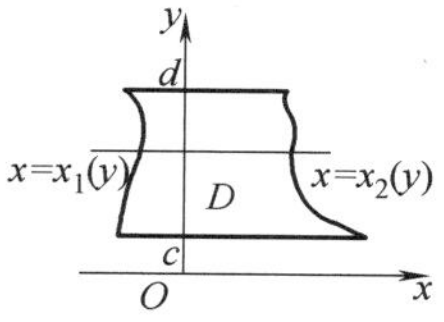

图　8-7

下面讨论如何在直角坐标系中将二重积分化成累次积分.

设函数 $f(x,y)$ 在区域 D 上连续，且 $D:\begin{cases} y_1(x)\leqslant y\leqslant y_2(x), \\ a\leqslant x\leqslant b. \end{cases}$

如果 $f(x,y)\geqslant 0$，则根据二重积分的定义，$\iint\limits_D f(x,y)\mathrm{d}\sigma$ 等于以 D 为底，以曲面 $z=f(x,y)$ 为顶的曲顶柱体（见图 8-8）的体积. 我们可以根据定积分的几何应用中所介绍的方法来计算这个体积.

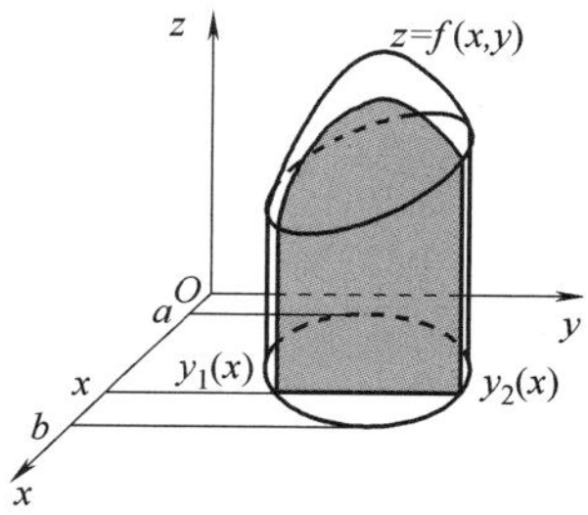

图　8-8

过区间 $[a,b]$ 上任一点 x 作垂直于 x 轴的平面去截曲顶柱体，所得截面是一个曲边梯形，这个曲边梯形的底为 y 轴上的区间 $[y_1(x),y_2(x)]$，曲边为 $z=f(x,y)$，因此这截面的面积为

$$A(x)=\int_{y_1(x)}^{y_2(x)} f(x,y)\mathrm{d}y,$$

因而曲顶柱体的体积为

$$\iint_D f(x,y)\mathrm{d}x\mathrm{d}y=\int_a^b A(x)\mathrm{d}x=\int_a^b\left(\int_{y_1(x)}^{y_2(x)} f(x,y)\mathrm{d}y\right)\mathrm{d}x,$$

上式右端常写成 $\int_a^b \mathrm{d}x\int_{y_1(x)}^{y_2(x)} f(x,y)\mathrm{d}y$，即有

$$\iint_D f(x,y)\mathrm{d}x\mathrm{d}y=\int_a^b \mathrm{d}x\int_{y_1(x)}^{y_2(x)} f(x,y)\mathrm{d}y. \tag{1}$$

上式右端称为累次积分或二次积分. 可以证明，如果去掉 $f(x,y)\geqslant 0$ 这一条件上式依然成立.

类似地，如果区域 D 为 $\begin{cases} x_1(y)\leqslant x\leqslant x_2(y), \\ c\leqslant y\leqslant d, \end{cases}$ 可以将二重积分化成先对 x 积分，再对 y 积分的累次积分

$$\iint_D f(x,y)\mathrm{d}\sigma=\int_c^d \mathrm{d}y\int_{x_1(y)}^{x_2(y)} f(x,y)\mathrm{d}x. \tag{2}$$

如果区域 D 不是上述区域，往往先将 D 分成几个子区域再进行计算，并且根据每个子区域的形状及 $f(x,y)$ 的形式决定积分次序. 特别地，如果区域 D 是矩形域 $\begin{cases} a\leqslant x\leqslant b, \\ c\leqslant y\leqslant d, \end{cases}$ 并且 $f(x,y)=$

$g(x)h(y)$，则根据上述计算公式可以证明二重积分可以化成两个定积分的乘积，即有

$$\iint\limits_D f(x,y)\mathrm{d}x\mathrm{d}y=\int_a^b g(x)\mathrm{d}x\cdot\int_c^d h(y)\mathrm{d}y.$$

例 1 计算 $\iint\limits_D y\sqrt{1+x^2-y^2}\mathrm{d}\sigma$，其中 D 是由直线 $y=x$，$x=-1$ 和 $y=1$ 所围成的区域.

解 积分域 D 如图 8-9 所示，先对 y 积分得

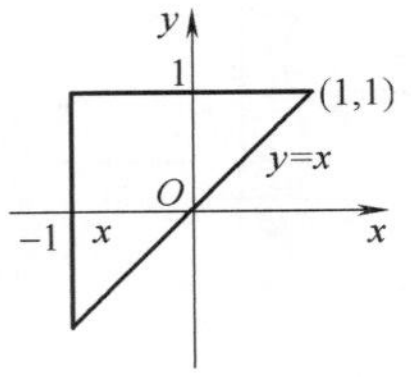

图 8-9

$$\begin{aligned}\iint\limits_D y\sqrt{1+x^2-y^2}\mathrm{d}\sigma&=\int_{-1}^1\mathrm{d}x\int_x^1 y\sqrt{1+x^2-y^2}\mathrm{d}y\\&=-\frac{1}{2}\int_{-1}^1\mathrm{d}x\int_x^1\sqrt{1+x^2-y^2}\mathrm{d}(1+x^2-y^2)\\&=-\frac{1}{2}\cdot\frac{2}{3}\int_{-1}^1(1+x^2-y^2)^{\frac{3}{2}}\Big|_x^1\mathrm{d}x\\&=-\frac{1}{3}\int_{-1}^1(|x|^3-1)\mathrm{d}x\\&=-\frac{2}{3}\int_0^1(x^3-1)\mathrm{d}x=\frac{1}{2}.\end{aligned}$$

例 2 计算 $\iint\limits_D xy\mathrm{d}\sigma$，其中 D 是由抛物线 $y^2=x$ 与直线 $y=x-2$ 所围成的区域.

解 解方程组 $\begin{cases}y^2=x,\\y=x-2,\end{cases}$ 得抛物线与直线的交点 $(1,-1)$ 和 $(4,2)$，积分域 D 如图 8-10 所示，利用公式(2)得

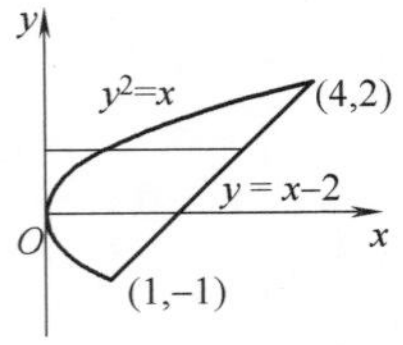

图 8-10

$$\begin{aligned}\iint\limits_D xy\mathrm{d}\sigma&=\int_{-1}^2\mathrm{d}y\int_{y^2}^{y+2}xy\mathrm{d}x=\int_{-1}^2 y\frac{x^2}{2}\Big|_{y^2}^{y+2}\mathrm{d}y\\&=\frac{1}{2}\int_{-1}^2[y(y+2)^2-y^5]\mathrm{d}y\\&=\frac{1}{2}\left(\frac{y^4}{4}+\frac{4}{3}y^3+2y^2-\frac{y^6}{6}\right)\Big|_{-1}^2=\frac{45}{8}.\end{aligned}$$

如果利用公式(1)来计算此积分，即如果先对 y 积分，则需将 D 分成两个区域 D_1 和 D_2，其中

$$D_1:\begin{cases}-\sqrt{x}\leqslant y\leqslant\sqrt{x},\\0\leqslant x\leqslant 1,\end{cases}\quad D_2:\begin{cases}x-2\leqslant y\leqslant\sqrt{x},\\1\leqslant x\leqslant 4,\end{cases}$$

因此

$$\begin{aligned}\iint\limits_D xy\mathrm{d}\sigma&=\iint\limits_{D_1}xy\mathrm{d}\sigma+\iint\limits_{D_2}xy\mathrm{d}\sigma\\&=\int_0^1\mathrm{d}x\int_{-\sqrt{x}}^{\sqrt{x}}xy\mathrm{d}y+\int_1^4\mathrm{d}x\int_{x-2}^{\sqrt{x}}xy\mathrm{d}y.\end{aligned}$$

例 3　计算 $\iint\limits_D \sqrt{|y-x^2|}\,\mathrm{d}x$，其中 D 为正方形域 $0\leqslant x\leqslant 1$，$0\leqslant y\leqslant 1$.

解　为去掉被积函数中的绝对值，如图 8-11 所示，用曲线 $y=x^2$ 把区域 D 分成 D_1 和 D_2，在 D_1 上，有 $y\geqslant x^2$，在 D_2 上，有 $y\leqslant x^2$，因此得

$$\iint\limits_D \sqrt{|y-x^2|}\,\mathrm{d}x=\iint\limits_{D_1}\sqrt{y-x^2}\,\mathrm{d}x\mathrm{d}y+\iint\limits_{D_2}\sqrt{x^2-y}\,\mathrm{d}x\mathrm{d}y$$

$$=\int_0^1\mathrm{d}x\int_{x^2}^1\sqrt{y-x^2}\,\mathrm{d}y+\int_0^1\mathrm{d}x\int_0^{x^2}\sqrt{x^2-y}\,\mathrm{d}y$$

$$=\int_0^1\frac{2}{3}(y-x^2)^{\frac{3}{2}}\Big|_{x^2}^1\mathrm{d}x+\int_0^1\Big[-\frac{2}{3}(x^2-y)^{\frac{3}{2}}\Big]_0^{x^2}\mathrm{d}x$$

$$=\frac{2}{3}\int_0^1(1-x^2)^{\frac{3}{2}}\mathrm{d}x+\frac{2}{3}\int_0^1x^3\,\mathrm{d}x$$

（对第一个积分，令 $x=\sin t$）

$$=\frac{2}{3}\int_0^{\frac{\pi}{2}}\cos^4t\,\mathrm{d}t+\frac{2}{3}\cdot\frac{1}{4}=\frac{2}{3}\cdot\frac{3}{4}\cdot\frac{1}{2}\cdot\frac{\pi}{2}+\frac{1}{6}$$

$$=\frac{\pi}{8}+\frac{1}{6}.$$

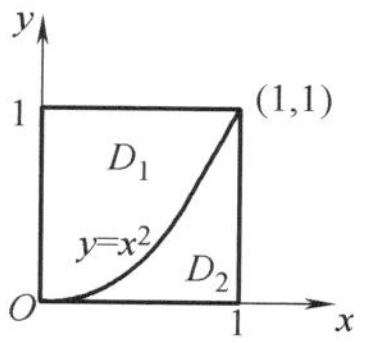

图　8-11

例 4　求双曲抛物面 $z=xy$，平面 $x+y=1$ 与 xOy 面所围立体的体积.

解　如图 8-12 所示，立体是一曲顶柱体，其中 $z=xy$ 是曲顶函数，$x+y=1$ 与两坐标轴所围平面区域 D 是其底面，因而有

$$V=\iint\limits_D xy\,\mathrm{d}x\mathrm{d}y=\int_0^1x\,\mathrm{d}x\int_0^{1-x}y\,\mathrm{d}y=\int_0^1\frac{1}{2}x(1-x)^2\mathrm{d}x=\frac{1}{24}.$$

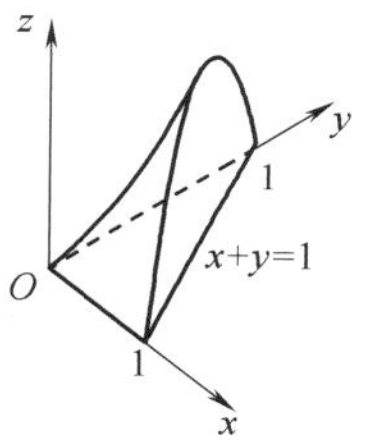

图　8-12

例 5　改变下列积分的积分次序.

(1) $I=\int_1^2\mathrm{d}x\int_x^{x+3}f(x,y)\mathrm{d}y$；

(2) $I=\int_0^1\mathrm{d}y\int_0^{1-\sqrt{1-y^2}}f(x,y)\mathrm{d}x+\int_1^2\mathrm{d}y\int_0^{2-y}f(x,y)\mathrm{d}x$.

解　(1) 积分区域为 $D:\begin{cases}x\leqslant y\leqslant x+3,\\1\leqslant x\leqslant 2,\end{cases}$ D 的图形如图 8-13 所示，为改变积分次序，需要将 D 分成 3 个区域，得

$$I=\int_1^2\mathrm{d}y\int_1^yf(x,y)\mathrm{d}x+\int_2^4\mathrm{d}y\int_1^2f(x,y)\mathrm{d}x+\int_4^5\mathrm{d}y\int_{y-3}^2f(x,y)\mathrm{d}x;$$

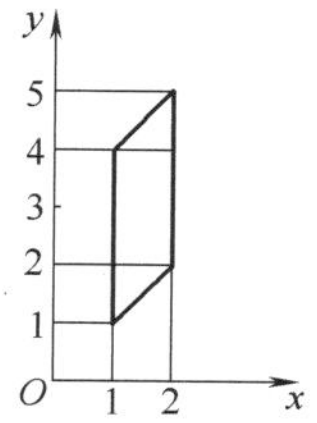

图　8-13

(2) 两个积分的积分区域分别为

$$D_1:\begin{cases}0\leqslant x\leqslant 1-\sqrt{1-y^2},\\0\leqslant y\leqslant 1,\end{cases}\quad D_2:\begin{cases}0\leqslant x\leqslant 2-y,\\1\leqslant y\leqslant 2,\end{cases}$$

D_1，D_2 的图形如图 8-14 所示，它们连成一个区域，由

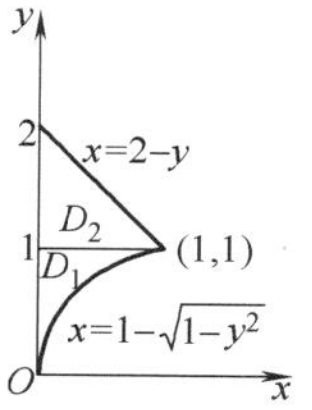

图　8-14

$x=1-\sqrt{1-y^2}$解得 $y=\sqrt{1-(x-1)^2}$，因此得

$$I=\int_0^1 \mathrm{d}x\int_{\sqrt{1-(x-1)^2}}^{2-x} f(x,y)\mathrm{d}y.$$

二、极坐标系中二重积分的计算

有些二重积分适合利用极坐标来计算. 为此我们先找出极坐标系中积分元素的表达式.

设函数 $f(x,y)$在区域 D 上可积，如图 8-15 所示，用极坐标系中两组坐标线 $\rho=C,\theta=C$（C 是常数）将 D 分成若干个小区域. 对位于 D 内部的任一小区域 $\Delta\sigma$（图中阴影部分），可以证明：当 $\mathrm{d}\theta$ 与 $\mathrm{d}\rho$ 都趋于零时，$\Delta\sigma$ 与边长分别为 $\mathrm{d}\rho$ 和 $\rho\mathrm{d}\theta$ 的矩形的面积是等价无穷小，因此 $\Delta\sigma\approx\rho\mathrm{d}\theta\mathrm{d}\rho$，故在极坐标系中面积元素为

$$\mathrm{d}\sigma=\rho\mathrm{d}\theta\mathrm{d}\rho.$$

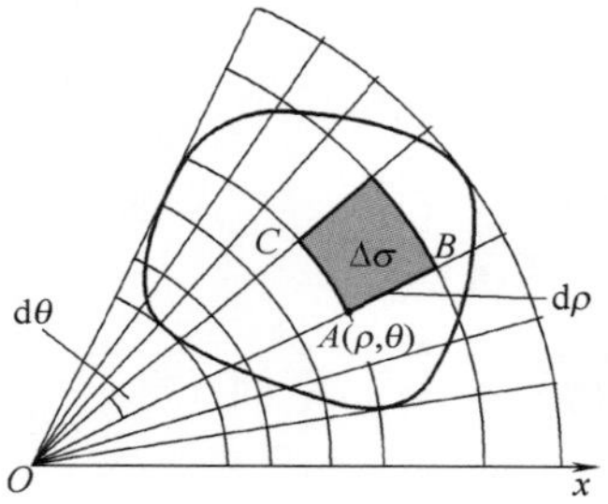

图 8-15

又根据直角坐标与极坐标的关系：$x=\rho\cos\theta, y=\rho\sin\theta$，
于是在极坐标系中二重积分的形式为

$$\iint_D f(x,y)\mathrm{d}\sigma=\iint_D f(\rho\cos\theta,\rho\sin\theta)\rho\mathrm{d}\theta\mathrm{d}\rho.$$

如果积分区域 D 是如图 8-16 所示的平面有界闭区域，则 D 可以用极坐标系中的不等式组表示为

$$D:\begin{cases}\rho_1(\theta)\leqslant\rho\leqslant\rho_2(\theta),\\ \alpha\leqslant\theta\leqslant\beta.\end{cases}$$

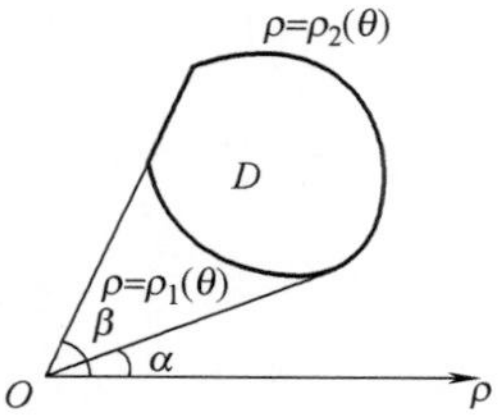

图 8-16

设函数 $f(x,y)$在区域 D 上连续，且积分区域可表示成上述形式时，我们便可在极坐标系中将二重积分化成如下的累次积分

$$\iint_D f(\rho\cos\theta,\rho\sin\theta)\rho\mathrm{d}\theta\mathrm{d}\rho=\int_\alpha^\beta\mathrm{d}\theta\int_{\rho_1(\theta)}^{\rho_2(\theta)} f(\rho\cos\theta,\rho\sin\theta)\rho\mathrm{d}\rho.$$

凡是圆域或是扇形区域上的二重积分，将其化为极坐标系中的二重积分再进行计算则比较容易处理. 需要注意的是，适合在极坐标系下计算的积分的积分区域，其极角的取值范围一定是确定的. 极坐标系下的二重积分一定是先对极径积分然后再对极角进行积

分.需要根据原区域的直角坐标方程，由直角坐标系与极坐标系下坐标的对应关系化原方程为极坐标系下的方程以确定积分限.随后把被积函数的变量换作极坐标变量，直角坐标系下的面积元化为极坐标系下的面积元.

例 6　计算 $I=\iint\limits_D \sqrt{4a^2-x^2-y^2}\,\mathrm{d}x\mathrm{d}y$，其中 D 是由曲线 $x^2+y^2=2ax\,(y\geqslant 0)$ 与 x 轴所围成的区域.

解　积分区域 D 如图 8-17 所示，在极坐标系中 $x^2+y^2=2ax$ 的方程为 $\rho=2a\cos\theta$，故区域 D：$0\leqslant\rho\leqslant 2a\cos\theta,0\leqslant\theta\leqslant\frac{\pi}{2}$，

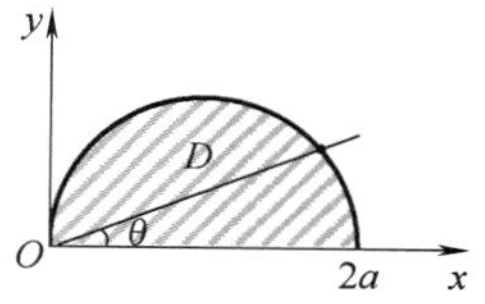

图　8-17

$$I=\int_0^{\frac{\pi}{2}}\mathrm{d}\theta\int_0^{2a\cos\theta}\sqrt{4a^2-\rho^2}\,\rho\mathrm{d}\rho$$

$$=\int_0^{\frac{\pi}{2}}\left[-\frac{1}{3}(4a^2-\rho^2)^{\frac{3}{2}}\right]\Big|_0^{2a\cos\theta}\mathrm{d}\theta$$

$$=\frac{8}{3}a^3\int_0^{\frac{\pi}{2}}(1-\sin^3\theta)\mathrm{d}\theta=\frac{8}{3}a^3\left(\frac{\pi}{2}-\frac{2}{3}\right).$$

例 7　求锥面 $z=3-\sqrt{3(x^2+y^2)}$ 与球面 $z=1+\sqrt{1-x^2-y^2}$ 所围成立体 V 的体积.

解　立体 V 的图形如图 8-18 所示，设它在 xOy 面上的投影区域为 D，则 V 的体积(也记作 V)是两个曲顶柱体的体积之差.下面先确定区域 D，由两曲面交线的方程

$$\begin{cases}z=3-\sqrt{3(x^2+y^2)},\\ z=1+\sqrt{1-x^2-y^2}\end{cases}$$

消去 z，得 $x^2+y^2=\frac{3}{4}$，故

$$D:x^2+y^2\leqslant\frac{3}{4},$$

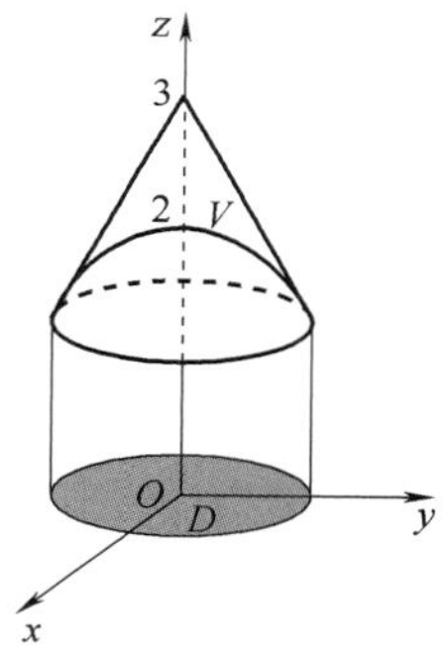

图　8-18

$$V=\iint\limits_D\left[3-\sqrt{3(x^2+y^2)}\right]\mathrm{d}x\mathrm{d}y-\iint\limits_D\left(1+\sqrt{1-x^2-y^2}\right)\mathrm{d}x\mathrm{d}y$$

$$=\iint\limits_D\left[2-\sqrt{3(x^2+y^2)}-\sqrt{1-x^2-y^2}\right]\mathrm{d}x\mathrm{d}y$$

$$=\int_0^{2\pi}\mathrm{d}\theta\int_0^{\frac{\sqrt{3}}{2}}\left(2-\sqrt{3}\rho-\sqrt{1-\rho^2}\right)\rho\mathrm{d}\rho$$

$$=2\pi\left[\rho^2-\frac{\sqrt{3}}{3}\rho^3+\frac{1}{3}(1-\rho^2)^{\frac{3}{2}}\right]\Big|_0^{\frac{\sqrt{3}}{2}}=\frac{\pi}{6}.$$

例 8　求反常积分 $\int_{-\infty}^{+\infty}\mathrm{e}^{-x^2}\mathrm{d}x$.

解　记 $I=\int_{-\infty}^{+\infty}\mathrm{e}^{-x^2}\mathrm{d}x$，则

$$
\begin{aligned}
I^2 &= \int_{-\infty}^{+\infty} e^{-x^2}dx \cdot \int_{-\infty}^{+\infty} e^{-y^2}dy = \int_{-\infty}^{+\infty} e^{-x^2}\left(\int_{-\infty}^{+\infty} e^{-y^2}dy\right)dx \\
&= \int_{-\infty}^{+\infty}dx\int_{-\infty}^{+\infty} e^{-x^2}e^{-y^2}dy = \int_{-\infty}^{+\infty}dx\int_{-\infty}^{+\infty} e^{-(x^2+y^2)}dy \\
&= \lim_{a\to+\infty}\iint\limits_{x^2+y^2\leqslant a^2} e^{-(x^2+y^2)}dxdy\text{(利用极坐标)} \\
&= \lim_{a\to+\infty}\int_0^{2\pi}d\theta\int_0^a e^{-\rho^2}\rho d\rho \\
&= \lim_{a\to+\infty}\pi(1-e^{-a^2}) = \pi,
\end{aligned}
$$

于是有
$$\int_{-\infty}^{+\infty} e^{-x^2}dx = \sqrt{\pi}.$$

这一积分在概率论中很有用，由此积分也可以得到
$$\int_0^{+\infty} e^{-x^2}dx = \frac{\sqrt{\pi}}{2}.$$

例 9　将 $\iint\limits_D f(x,y)dxdy$ 化成极坐标系中的累次积分，其中 D 是由抛物线 $y=x^2$，直线 $y=1$ 与 y 轴围成的区域.

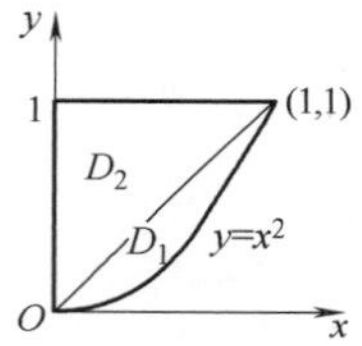

图　8-19

解　区域 D 的图形如图 8-19 所示，用直线 $y=x$ 将 D 分成 D_1 和 D_2，抛物线 $y=x^2$ 的极坐标方程为 $\rho\sin\theta=\rho^2\cos^2\theta$，即 $\rho=\dfrac{\sin\theta}{\cos^2\theta}$，直线 $y=1$ 的极坐标方程为 $\rho\sin\theta=1$，即 $\rho=\dfrac{1}{\sin\theta}$，于是

$$
\begin{aligned}
\iint\limits_D f(x,y)dxdy &= \iint\limits_{D_1} f(x,y)dxdy + \iint\limits_{D_2} f(x,y)dxdy \\
&= \int_0^{\frac{\pi}{4}}d\theta\int_0^{\frac{\sin\theta}{\cos^2\theta}} f(\rho\cos\theta,\rho\sin\theta)\rho d\rho + \\
&\quad \int_{\frac{\pi}{4}}^{\frac{\pi}{2}}d\theta\int_0^{\frac{1}{\sin\theta}} f(\rho\cos\theta,\rho\sin\theta)\rho d\rho.
\end{aligned}
$$

例 10　计算 $\iint\limits_D\left(\dfrac{x^2}{a^2}+\dfrac{y^2}{b^2}\right)dxdy$，其中 $D=\left\{(x,y)\,\middle|\,\dfrac{x^2}{a^2}+\dfrac{y^2}{b^2}\leqslant 1\right\}$.

解　为简化计算，我们将极坐标加以推广，令
$$x=a\rho\cos\theta, y=b\rho\sin\theta,$$
此变换称为广义极坐标，可以证明在此变换下，有
$$d\sigma=ab\rho d\theta d\rho,$$
而区域 D 的边界曲线 $\dfrac{x^2}{a^2}+\dfrac{y^2}{b^2}=1$ 变成
$$\frac{(a\rho\cos\theta)^2}{a^2}+\frac{(b\rho\sin\theta)^2}{b^2}=1\text{，即 }\rho=1,$$
故

$$\iint_D\left(\frac{x^2}{a^2}+\frac{y^2}{b^2}\right)\mathrm{d}x\mathrm{d}y=\iint_{\rho\leqslant 1}\rho^2 ab\rho\mathrm{d}\theta\mathrm{d}\rho$$
$$=\int_0^{2\pi}\mathrm{d}\theta\int_0^1 ab\rho^3\mathrm{d}\rho$$
$$=\frac{\pi}{2}ab.$$

例 11 计算$\iint_D(x^2+y^2+5x)\mathrm{d}x\mathrm{d}y$,其中

$$D:(x-a)^2+(y-b)^2\leqslant R^2.$$

解 令 $x-a=\rho\cos\theta, y-b=\rho\sin\theta$, 即 $x=a+\rho\cos\theta$, $y=b+\rho\sin\theta$,在此变换下,圆$(x-a)^2+(y-b)^2=R^2$ 的方程变成 $\rho=R$,因此有

$$\iint_D(x^2+y^2+5x)\mathrm{d}x\mathrm{d}y$$
$$=\int_0^{2\pi}\mathrm{d}\theta\int_0^R[(a+\rho\cos\theta)^2+(b+\rho\sin\theta)^2+5(a+\rho\cos\theta)]\rho\mathrm{d}\rho$$
$$=\int_0^{2\pi}\mathrm{d}\theta\int_0^R[a^2+b^2+5a+\rho^2+(2a+5)\rho\cos\theta+2b\rho\sin\theta]\rho\mathrm{d}\rho$$
$$=\int_0^{2\pi}\left[\frac{a^2+b^2+5a}{2}R^2+\frac{R^4}{4}+\frac{(2a+5)}{3}R^3\cos\theta+\frac{2b}{3}R^3\sin\theta\right]\mathrm{d}\theta$$
$$=(a^2+b^2+5a)R^2\pi+\frac{R^4}{2}\pi.$$

习题 8-2

1. 画出下列积分的积分区域并计算积分.

(1) $\iint_D\sqrt{x+y}\mathrm{d}x\mathrm{d}y, D:0\leqslant x\leqslant 1, 0\leqslant y\leqslant 3$;

(2) $\iint_D\frac{2y}{1+x}\mathrm{d}x\mathrm{d}y$, D是由直线$y=x-1$与两坐标轴所围成的区域;

(3) $\iint_D y\mathrm{e}^x\mathrm{d}x\mathrm{d}y$, D是顶点为$(0,0)$, $(2,4)$和$(6,0)$的三角形区域;

(4) $\iint_D\mathrm{e}^{x+y}\mathrm{d}x\mathrm{d}y$, D是由$|x|+|y|\leqslant 1$所确定的区域;

(5) $\iint_D(y^2-x)\mathrm{d}x\mathrm{d}y$, D是由抛物线$x=y^2$和$x=3-2y^2$所围成的区域;

(6) $\iint_D\sin\frac{x}{y}\mathrm{d}x\mathrm{d}y$, D是由直线$y=x, y=2$和曲线$x=y^3$所围成的区域;

(7) $\iint_D(x^2+y^2-x)\mathrm{d}x\mathrm{d}y$, D是由直线$y=2, y=x$及$y=2x$所围成的区域;

(8) $\iint_D x^2\mathrm{e}^{-y^2}\mathrm{d}x\mathrm{d}y$,其中$D$是由直线$x=0, y=1$及$y=x$所围成的区域;

(9) $\iint_D\sin y^2\mathrm{d}x\mathrm{d}y$,其中$D$是由直线$x=0, y=1$及$y=x$所围成的区域;

(10) $\iint_D\frac{x^2}{y^2}\mathrm{d}x\mathrm{d}y$, D是由$y=2, y=x, xy=1$所围成的区域.

2. 改变下列积分的积分次序.

(1) $\int_{-1}^1\mathrm{d}x\int_{x^2+x}^{x+1}f(x,y)\mathrm{d}y$;

(2) $\int_0^a\mathrm{d}x\int_{a-x}^{\sqrt{a^2-x^2}}f(x,y)\mathrm{d}y$;

(3) $\int_0^1 \mathrm{d}y\int_y^{2-y} f(x,y)\mathrm{d}x$；

(4) $\int_0^{\frac{a}{2}} \mathrm{d}y\int_{\sqrt{a^2-2ay}}^{\sqrt{a^2-y^2}} f(x,y)\mathrm{d}x+\int_{\frac{a}{2}}^{a} \mathrm{d}y\int_0^{\sqrt{a^2-y^2}} f(x,y)\mathrm{d}x(a>0)$.

3. 计算下列积分.

(1) $\int_0^1 \mathrm{d}y\int_{3y}^{3} \mathrm{e}^{x^2}\mathrm{d}x$；

(2) $\int_0^1 \mathrm{d}y\int_{\sqrt{y}}^{1} \sqrt{x^3+1}\mathrm{d}x$；

(3) $\int_0^1 \mathrm{d}x\int_{x^2}^{1} x^3\sin y^3\mathrm{d}y$；

(4) $\int_0^1 \mathrm{d}y\int_{\arcsin y}^{\frac{\pi}{2}} \cos x\cdot\sqrt{1+\cos^2 x}\mathrm{d}x$.

4. 求下列立体 V 的体积.

(1) V 由三坐标面，平面 $x=4,y=4$ 及抛物面 $z=x^2+y^2+1$ 所围成；

(2) V 由曲面 $z=x^2+2y^2$ 和 $z=6-2x^2-y^2$ 所围成；

(3) V 由平面 $z=0,y=x$，曲面 $x=y^2-y$ 和 $z=3x^2+y^2$ 所围成.

5. 利用二次积分证明二重积分的性质(7)(对称性质).

6. 设 $f(x,y)$ 在矩形区域 $D:a\leqslant x\leqslant b,c\leqslant y\leqslant d$ 上连续，$g(x,y)=\int_a^x \mathrm{d}u\int_c^y f(u,v)\mathrm{d}v$，证明 $g''_{xy}(x,y)=g''_{yx}(x,y)=f(x,y)$.

7. 利用极坐标计算下列二重积分.

(1) $\iint\limits_D \ln(1+x^2+y^2)\mathrm{d}x\mathrm{d}y$，其中 D 是圆 $x^2+y^2=1$ 与坐标轴在第一象限所围成的区域；

(2) $\iint\limits_D \arctan\frac{y}{x}\mathrm{d}x\mathrm{d}y$，其中 D 是曲线 $x^2+y^2=4$，$x^2+y^2=1$ 及直线 $y=0,y=x$ 在第一象限所围成的区域；

(3) $\iint\limits_D (x^2+y^2)\mathrm{d}x\mathrm{d}y$，其中 $D=\{(x,y)\mid 2x\leqslant x^2+y^2\leqslant 4x\}$；

(4) $\iint\limits_D (x+y)\mathrm{d}x\mathrm{d}y$，其中 D 是由曲线 $x^2+y^2=x+y$ 所围成的区域；

(5) $\iint\limits_D \frac{\mathrm{d}x\mathrm{d}y}{(a^2+x^2+y^2)^{\frac{3}{2}}}$，其中 $D:0\leqslant x\leqslant a,0\leqslant y\leqslant a$.

8. 将下列积分化成极坐标系中的累次积分并计算积分的值.

(1) $\int_0^2 \mathrm{d}x\int_0^{\sqrt{2x-x^2}} (x^2+y^2)\mathrm{d}y$；

(2) $\int_0^1 \mathrm{d}x\int_{x^2}^{x} \frac{1}{\sqrt{x^2+y^2}}\mathrm{d}y$；

(3) $\int_0^1 \mathrm{d}x\int_{1-x}^{\sqrt{1-x^2}} \frac{1}{(x^2+y^2)^{\frac{3}{2}}}\mathrm{d}y$；

(4) $\int_1^2 \mathrm{d}x\int_0^{x} \frac{y\sqrt{x^2+y^2}}{x}\mathrm{d}y$.

9. 计算下列积分.

(1) $\iint\limits_D \sqrt{\frac{1-x^2-y^2}{1+x^2+y^2}}\mathrm{d}\sigma$，其中 D 是由圆 $x^2+y^2=1$ 及坐标轴在第一象限所围成的区域；

(2) $\iint\limits_D y\mathrm{d}x\mathrm{d}y$，其中 D 是由直线 $x=-2,y=0,y=2$ 及曲线 $x=-\sqrt{2y-y^2}$ 所围成的区域；

(3) $\iint\limits_D \sqrt{1-\frac{x^2}{a^2}-\frac{y^2}{b^2}}\mathrm{d}x\mathrm{d}y$，其中 $D:\frac{x^2}{a^2}+\frac{y^2}{b^2}\leqslant 1,x\geqslant 0,y\geqslant 0\ (a>0,b>0)$.

10. 求下列立体 V 的体积.

(1) V 是球体 $x^2+y^2+z^2\leqslant R^2$ 与 $x^2+y^2+z^2\leqslant 2Rz$ 的公共部分；

(2) V 由柱面 $x^2+y^2=y$ 和平面 $6x+4y+z=12,z=0$ 所围成；

(3) V 由锥面 $z=\sqrt{x^2+y^2}$ 和半球面 $z=\sqrt{1-x^2-y^2}$ 所围成；

(4) V 由柱面 $(x^2+y^2)^2=2(x^2-y^2)$ 以及抛物面 $z=x^2+y^2$ 和 xOy 面所围成.

第三节 三重积分

一、三重积分的概念

下面我们先讨论一个实际问题.

1. 空间立体的质量

设有一质量分布不均匀的物体占有空间区域 V(见图 8-20),它在点 (x,y,z) 处的密度为 $\mu(x,y,z)$,其中 $\mu(x,y,z)$ 是连续函数,求这个物体的质量 M.

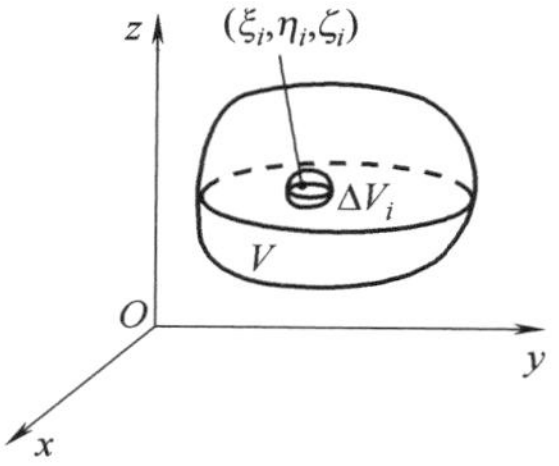

图 8-20

类似于求平面薄片的质量,将区域 V 任意分成 n 个小区域 $\Delta V_1,\Delta V_2,\cdots,\Delta V_n$,其中 ΔV_i 既表示第 i 个小区域,也表示它的体积. 设 ΔV_i 的质量为 ΔM_i,在 ΔV_i 上任取一点 (ξ_i,η_i,ζ_i) 则有

$$\Delta M_i \approx \mu(\xi_i,\eta_i,\zeta_i)\Delta V_i,$$

于是
$$M = \sum_{i=1}^{n}\Delta M_i \approx \sum_{i=1}^{n}\mu(\xi_i,\eta_i,\zeta_i)\Delta V_i,$$

令 $\lambda = \max\limits_{1\leqslant i\leqslant n}\{\Delta V_i \text{ 的直径}\}$,则当 $\lambda\to 0$ 时,有

$$M = \lim_{\lambda\to 0}\sum_{i=1}^{n}\mu(\xi_i,\eta_i,\zeta_i)\Delta V_i.$$

由此抽象出的数学结构便是三重积分.

2. 三重积分的概念与性质

定义 设函数 $f(x,y,z)$ 在空间有界闭区域 V 上有定义,将 V 任意分成 n 个小区域 $\Delta V_1,\Delta V_2,\cdots,\Delta V_n$,其中 ΔV_i 既表示第 i 个小区域,也表示它的体积,在每个 ΔV_i 上任取一点 (ξ_i,η_i,ζ_i),作和式 $\sum\limits_{i=1}^{n}f(\xi_i,\eta_i,\zeta_i)\Delta V_i$,令 $\lambda = \max\limits_{1\leqslant i\leqslant n}\{\Delta V_i \text{ 的直径}\}$,如果不论小区域怎样分割以及点 (ξ_i,η_i,ζ_i) 怎样取,极限 $\lim\limits_{\lambda\to 0}\sum\limits_{i=1}^{n}f(\xi_i,\eta_i,\zeta_i)\Delta V_i$ 都存在且为同一个值,则称此极限为函数 $f(x,y,z)$ 在区域 V 上的三重积分,记作 $\iiint\limits_V f(x,y,z)\mathrm{d}V$,即

$$\iiint\limits_V f(x,y,z)\mathrm{d}V = \lim_{\lambda\to 0}\sum_{i=1}^{n}f(\xi_i,\eta_i,\zeta_i)\Delta V_i.$$

根据此定义,空间立体 V 的质量等于其密度函数 $\mu(x,y,z)$ 在 V 上的三重积分,即 $M = \iiint\limits_V \mu(x,y,z)\mathrm{d}V$.

由此定义还可以得出,当 $f(x,y,z)\equiv 1$ 时,

$$\iiint\limits_V \mathrm{d}V = \text{区域 } V \text{ 的体积}.$$

三重积分的定义与二重积分的定义类似,因此三重积分的存在性与二重积分的存在性是一样的,而且三重积分也具有与二重积分相类似的性质. 其中性质(1) ~ 性质(6) 的详细叙述留给读者自己完成,我们给出性质(7)(对称性质) 的叙述如下:

当区域V关于xOy面对称时,如果$f(x,y,z)$关于z是奇函数,即如果满足$f(x,y,-z)=-f(x,y,z)$,则

$$\iiint_V f(x,y,z)\mathrm{d}V=0;$$

如果$f(x,y,z)$关于z是偶函数,即如果满足$f(x,y,-z)=f(x,y,z)$,且V_1表示V在xOy面上方的部分,则

$$\iiint_V f(x,y,z)\mathrm{d}V=2\iiint_{V_1} f(x,y,z)\mathrm{d}V.$$

当区域V关于yOz面对称,或关于zOx面对称时,有类似的结论.

二、直角坐标系中三重积分的计算

三重积分是一个和式的极限,当$\iiint_V f(x,y,z)\mathrm{d}V$存在时,我们可以用直角坐标系中三组坐标面

$$x=C,y=C,z=C(C\text{是常数}),$$

分割区域V,则位于内部的小区域是长方体,其体积为$\Delta V=\mathrm{d}x\mathrm{d}y\mathrm{d}z$,同二重积分一样,求和式的极限时,位于边界上的小区域对应的和式的极限为零,从而有

$$\iiint_V f(x,y,z)\mathrm{d}V=\iiint_V f(x,y,z)\mathrm{d}x\mathrm{d}y\mathrm{d}z.$$

三重积分的计算方法通常是先将其化成二重积分与定积分的累次积分,根据二重积分与定积分的次序的不同有两种做法.

如图 8-21 所示的区域V可表示成

$$V:\begin{cases}z_1(x,y)\leqslant z\leqslant z_2(x,y),\\(x,y)\in D_{xy},\end{cases}$$

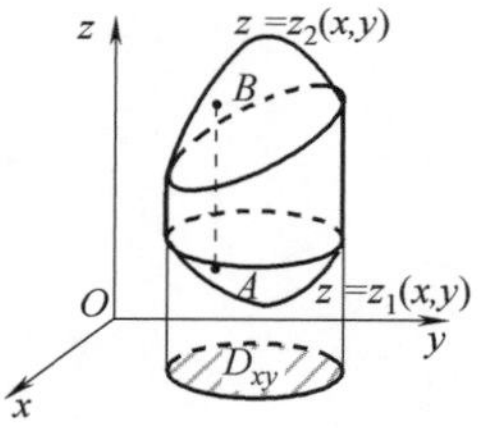

图 8-21

其中D_{xy}是V在xOy面上的投影区域. 在这种情形下,三重积分可化成

$$\iiint_V f(x,y,z)\mathrm{d}x\mathrm{d}y\mathrm{d}z=\iint_{D_{xy}}\mathrm{d}x\mathrm{d}y\int_{z_1(x,y)}^{z_2(x,y)}f(x,y,z)\mathrm{d}z.$$

即先计算一个定积分,再计算一个二重积分. 若其中投影区域D_{xy}又可表示成

$$D_{xy}:\begin{cases}y_1(x)\leqslant y\leqslant y_2(x),\\a\leqslant x\leqslant b,\end{cases}$$

则可进一步将三重积分化成

$$\iiint_V f(x,y,z)\mathrm{d}x\mathrm{d}y\mathrm{d}z=\int_a^b\mathrm{d}x\int_{y_1(x)}^{y_2(x)}\mathrm{d}y\int_{z_1(x,y)}^{z_2(x,y)}f(x,y,z)\mathrm{d}z.$$

如此将三重积分化为累次积分的方法称为投影法.

特别地,如果V:$a\leqslant x\leqslant b,c\leqslant y\leqslant d,e\leqslant z\leqslant f$,且

$f(x,y,z)=g(x)h(y)\varphi(z)$，则三重积分可化成三个定积分的乘积，即

$$\iiint\limits_V f(x,y,z)\mathrm{d}x\mathrm{d}y\mathrm{d}z=\int_a^b g(x)\mathrm{d}x\cdot\int_c^d h(y)\mathrm{d}y\cdot\int_e^f\varphi(z)\mathrm{d}z.$$

下面再给出将三重积分化为累次积分的另一种方法.

如图 8-22 所示，设区域 V 的最低点和最高点的 z 坐标分别为 e 和 f，将过区间 $[e,f]$ 上点 z 并垂直于 z 轴的平面在 V 上截出的截面记作 D_z，则区域 V 可以表示成

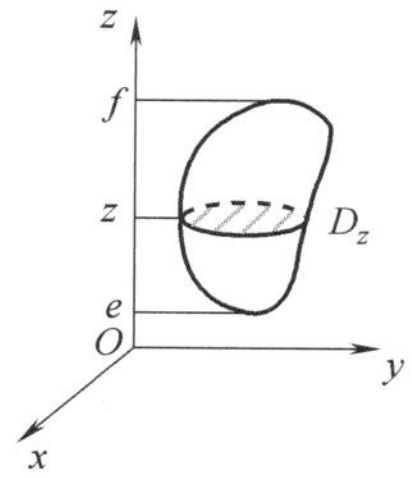

图　8-22

$$V:\begin{cases}(x,y)\in D_z,\\ e\leqslant z\leqslant f.\end{cases}$$

在这种情形下，可将三重积分化为

$$\iiint\limits_V f(x,y,z)\mathrm{d}x\mathrm{d}y\mathrm{d}z=\int_e^f\mathrm{d}z\iint\limits_{D_z}f(x,y,z)\mathrm{d}x\mathrm{d}y.$$

即先计算一个二重积分，再求一个定积分. 如此将三重积分化为累次积分的方法称为截面法.

对于一个具体的问题，究竟是采用投影法还是利用截面法计算三重积分，要根据被积函数的特点以及积分区域的形状来决定.

例 1　计算 $\iiint\limits_V xyz\,\mathrm{d}V$，其中 V 是由平面 $x+y+z=1$ 与三个坐标面所围成的区域.

解　积分区域 V 的图形如图 8-23 所示，V 在 xOy 面上的投影区域为

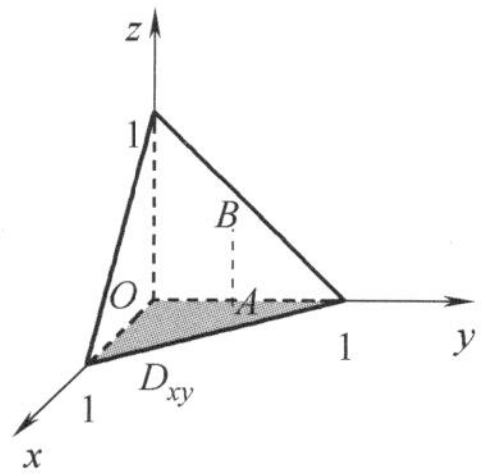

图　8-23

$$D_{xy}:\begin{cases}0\leqslant y\leqslant 1-x,\\ 0\leqslant x\leqslant 1,\end{cases}$$

因此
$$\begin{aligned}\iiint\limits_V xyz\,\mathrm{d}V&=\iint\limits_{D_{xy}}\mathrm{d}x\mathrm{d}y\int_0^{1-x-y}xyz\,\mathrm{d}z\\&=\int_0^1\mathrm{d}x\int_0^{1-x}\mathrm{d}y\int_0^{1-x-y}xyz\,\mathrm{d}z\\&=\int_0^1\mathrm{d}x\int_0^{1-x}xy\left.\frac{z^2}{2}\right|_0^{1-x-y}\mathrm{d}y\\&=\int_0^1\mathrm{d}x\int_0^{1-x}\frac{1}{2}xy(1-x-y)^2\mathrm{d}y\\&=\int_0^1\frac{1}{24}x(1-x)^4\mathrm{d}x=\frac{1}{720}.\end{aligned}$$

例 2　计算 $\iiint\limits_V\frac{xy}{\sqrt{z}}\mathrm{d}x\mathrm{d}y\mathrm{d}z$，其中 V 是锥面 $x^2+y^2=z^2$ 与平面 $z=1$ 所围成区域在第一卦限的部分.

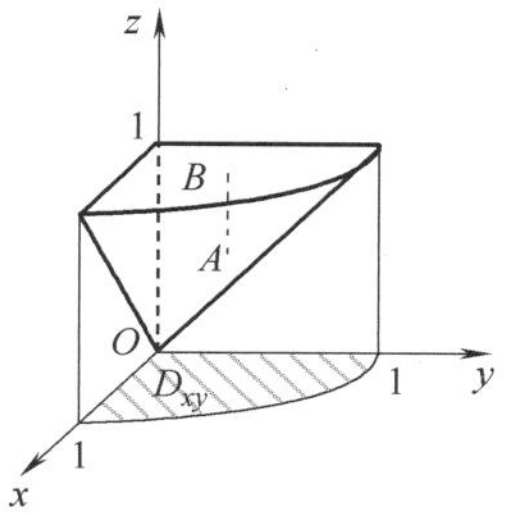

图　8-24

解　积分域 V 如图 8-24 所示，D_{xy} 是半径为 1 的四分之一圆，

$$\iiint_V \frac{xy}{\sqrt{z}}\mathrm{d}x\mathrm{d}y\mathrm{d}z = \iint_{D_{xy}} \mathrm{d}x\mathrm{d}y\int_{\sqrt{x^2+y^2}}^{1} \frac{xy}{\sqrt{z}}\mathrm{d}z$$
$$= \int_0^1 \mathrm{d}x\int_0^{\sqrt{1-x^2}} \mathrm{d}y\int_{\sqrt{x^2+y^2}}^{1} \frac{xy}{\sqrt{z}}\mathrm{d}z$$
$$= \int_0^1 \mathrm{d}x\int_0^{\sqrt{1-x^2}} 2xy\sqrt{z}\Big|_{\sqrt{x^2+y^2}}^{1}\mathrm{d}y$$
$$= \int_0^1 x\mathrm{d}x\int_0^{\sqrt{1-x^2}} 2y[1-(x^2+y^2)^{\frac{1}{4}}]\mathrm{d}y$$
$$= \int_0^1 x\left[y^2-\frac{4}{5}(x^2+y^2)^{\frac{5}{4}}\right]\Big|_0^{\sqrt{1-x^2}}\mathrm{d}x$$
$$= \int_0^1 x\left(\frac{1}{5}-x^2+\frac{4}{5}x^{\frac{5}{2}}\right)\mathrm{d}x = \frac{1}{36}.$$

例 3 计算$\iiint\limits_V (xy^2z^3+x^2y+z)\mathrm{d}V$,其中$V$是由柱面$y=x^2$,平面$y+z=1$以及$xOy$面所围成的区域.

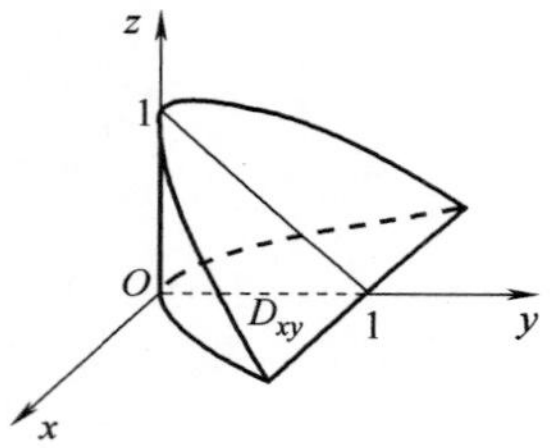

图 8-25

解 积分域V如图 8-25 所示.由于V关于yOz面对称,xy^2z^3关于x是奇函数,因此$\iiint\limits_V xy^2z^3\mathrm{d}V=0$,而$x^2y+z$关于$x$是偶函数,因此由对称性质及投影法得

$$\iiint_V (xy^2z^3+x^2y+z)\mathrm{d}V$$
$$= \iiint_V (x^2y+z)\mathrm{d}V = 2\int_0^1\mathrm{d}x\int_{x^2}^1\mathrm{d}y\int_0^{1-y}(x^2y+z)\mathrm{d}z$$
$$= 2\int_0^1\mathrm{d}x\int_{x^2}^1\left(x^2yz+\frac{z^2}{2}\right)\Big|_0^{1-y}\mathrm{d}y$$
$$= 2\int_0^1\mathrm{d}x\int_{x^2}^1\left[x^2y(1-y)+\frac{(y-1)^2}{2}\right]\mathrm{d}y$$
$$= \int_0^1\left(\frac{2}{3}x^8-\frac{4}{3}x^6+x^4-\frac{2}{3}x^2+\frac{1}{3}\right)\mathrm{d}x = \frac{184}{945}.$$

例 4 计算$\iiint\limits_V z^2\mathrm{d}V$,其中$V$:$\frac{x^2}{a^2}+\frac{y^2}{b^2}+\frac{z^2}{c^2}\leqslant 1$.

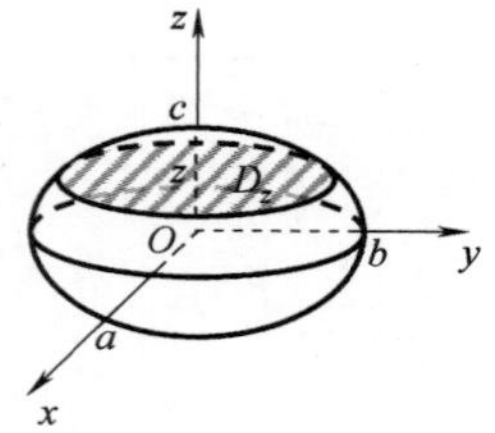

图 8-26

解 积分域V的图形如图 8-26 所示.采用截面法计算此三重积分.对任一$z\in[0,c]$,区域V的水平截面D_z是椭圆,它的边界曲线为$\frac{x^2}{a^2}+\frac{y^2}{b^2}=1-\frac{z^2}{c^2}$,即为$\dfrac{x^2}{a^2\left(1-\frac{z^2}{c^2}\right)}+\dfrac{y^2}{b^2\left(1-\frac{z^2}{c^2}\right)}=1$,因此$D_z$的面积等于$\pi\sqrt{a^2\left(1-\frac{z^2}{c^2}\right)}\cdot\sqrt{b^2\left(1-\frac{z^2}{c^2}\right)}=\pi ab\left(1-\frac{z^2}{c^2}\right)$,由于$V$关于$xOy$面对称,且被积函数关于$z$是偶函数,故

$$\iiint_V z^2\mathrm{d}V = 2\int_0^c z^2\mathrm{d}z\iint_{D_z}\mathrm{d}x\mathrm{d}y$$

$$= 2\int_0^c z^2\pi ab\left(1-\frac{z^2}{c^2}\right)\mathrm{d}z = \frac{4}{15}\pi abc^3.$$

三、柱坐标系中三重积分的计算

设函数 $f(x,y,z)$ 在区域 V 上可积，用柱坐标系中三组坐标面

$$\rho=C,\theta=C,z=C(C\text{ 是常数}),$$

将 V 分成若干个小区域，任取一个有代表性的小区域如图 8-27 所示，它的体积近似地等于边长分别为 $\rho\mathrm{d}\theta,\mathrm{d}\rho,\mathrm{d}z$ 的长方体的体积，故在柱坐标系中，有 $\mathrm{d}V=\rho\mathrm{d}\theta\mathrm{d}\rho\mathrm{d}z$，于是有

$$\iiint_V f(x,y,z)\mathrm{d}V = \iiint_V f(\rho\cos\theta,\rho\sin\theta,z)\rho\mathrm{d}\theta\mathrm{d}\rho\mathrm{d}z.$$

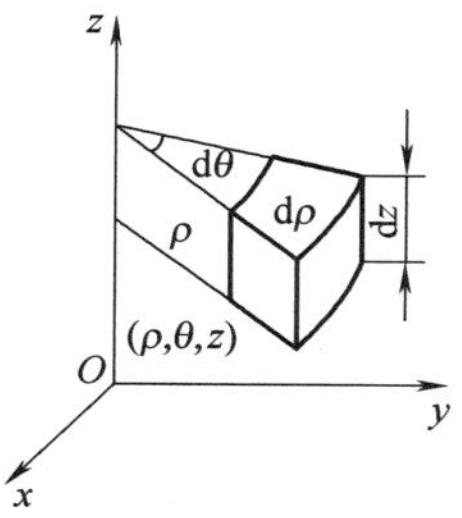

图 8-27

同在直角坐标系中计算三重积分一样，可以利用投影法或截面法将上式右端的积分化成累次积分计算，即当

$$V:\begin{cases} z_1(x,y)\leqslant z\leqslant z_2(x,y),\\ (x,y)\in D_{xy},\end{cases}$$

有

$$\iiint_V f(x,y,z)\mathrm{d}V = \iint_{D_{xy}}\rho\mathrm{d}\theta\mathrm{d}\rho\int_{z_1(\rho\cos\theta,\rho\sin\theta)}^{z_2(\rho\cos\theta,\rho\sin\theta)} f(\rho\cos\theta,\rho\sin\theta,z)\mathrm{d}z.$$

当

$$V:\begin{cases} e\leqslant z\leqslant g,\\ (x,y)\in D_z,\end{cases}$$

有

$$\iiint_V f(x,y,z)\mathrm{d}V = \int_e^g\mathrm{d}z\iint_{D_z} f(\rho\cos\theta,\rho\sin\theta,z)\rho\mathrm{d}\theta\mathrm{d}\rho.$$

例 5 计算 $\iiint_V z\sqrt{x^2+y^2}\mathrm{d}x\mathrm{d}y\mathrm{d}z$，其中

(1) V 是圆柱面 $x^2+y^2-2x=0$，平面 $y=0,z=0,z=a$ $(a>0)$ 在第一卦限围成的区域；

(2) V 是由球面 $x^2+y^2+z^2=2(z\geqslant 0)$ 与抛物面 $z=x^2+y^2$ 围成的区域.

解 (1) 积分域 V 如图 8-28 所示，它在 xOy 面上的投影域 D_{xy} 是由 $x^2+y^2-2x=0$ 与 x 轴围成的半圆形，$x^2+y^2-2x=0$ 的极坐标方程为 $\rho=2\cos\theta$，因此

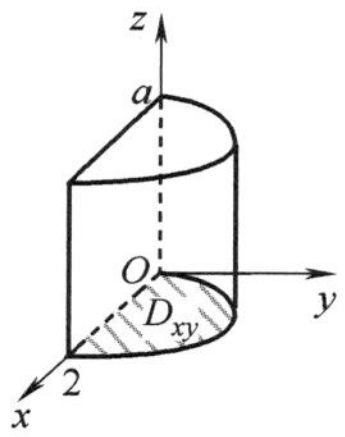

图 8-28

$$\iiint_V z\sqrt{x^2+y^2}\mathrm{d}x\mathrm{d}y\mathrm{d}z$$

$$= \iint_{D_{xy}}\rho\mathrm{d}\theta\mathrm{d}\rho\int_0^a z\rho\mathrm{d}z = \int_0^{\frac{\pi}{2}}\mathrm{d}\theta\int_0^{2\cos\theta}\rho^2\mathrm{d}\rho\int_0^a z\mathrm{d}z$$

$$=\int_0^{\frac{\pi}{2}}\mathrm{d}\theta\int_0^{2\cos\theta}\frac{a^2}{2}\rho^2\mathrm{d}\rho=\int_0^{\frac{\pi}{2}}\frac{a^2}{2}\frac{\rho^3}{3}\bigg|_0^{2\cos\theta}\mathrm{d}\theta$$

$$=\int_0^{\frac{\pi}{2}}\frac{4a^2}{3}\cos^3\theta\mathrm{d}\theta=\frac{8}{9}a^2;$$

(2) 积分域 V 如图 8-29 所示，由

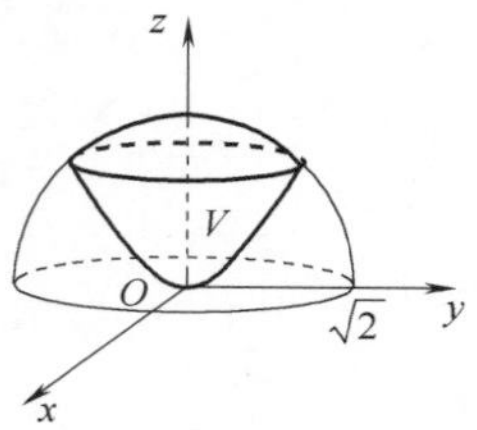

图 8-29

$$\begin{cases}x^2+y^2+z^2=2,\\ z=x^2+y^2,\end{cases}$$

消去 z 得 $x^2+y^2=1$，故 V 在 xOy 面上的投影区域为

$$D_{xy}:x^2+y^2\leqslant 1,$$

曲面 $x^2+y^2+z^2=2$ 和 $z=x^2+y^2$ 的柱坐标方程分别为 $z=\sqrt{2-\rho^2}$ 和 $z=\rho^2$，因此

$$\iiint_V z\sqrt{x^2+y^2}\,\mathrm{d}x\mathrm{d}y\mathrm{d}z=\iint_{D_{xy}}\rho\mathrm{d}\theta\mathrm{d}\rho\int_{\rho^2}^{\sqrt{2-\rho^2}}z\rho\mathrm{d}z$$

$$=\int_0^{2\pi}\mathrm{d}\theta\int_0^1\rho^2\mathrm{d}\rho\int_{\rho^2}^{\sqrt{2-\rho^2}}z\mathrm{d}z$$

$$=2\pi\int_0^1\rho^2\frac{z^2}{2}\bigg|_{\rho^2}^{\sqrt{2-\rho^2}}\mathrm{d}\rho$$

$$=\pi\int_0^1\rho^2(2-\rho^2-\rho^4)\mathrm{d}\rho=\frac{34}{105}\pi.$$

例 6　计算 $\iiint_V z\mathrm{d}V$，其中 V 是由抛物面 $2z=x^2+y^2$，柱面 $(x^2+y^2)^2=x^2-y^2$ 与平面 $z=0$ 围成的区域.

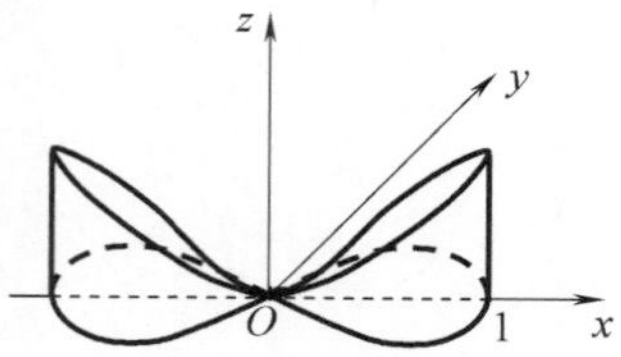

图 8-30

解　积分域 V 如图 8-30 所示，它在 xOy 面上的投影区域是由曲线 $(x^2+y^2)^2=x^2-y^2$ 围成的，此曲线的极坐标方程为 $\rho^2=\cos 2\theta$，曲面 $2z=x^2+y^2$ 和 $z=0$ 的柱坐标方程分别为 $z=\frac{\rho^2}{2}$ 和 $z=0$，由对称性，得

$$\iiint_V z\mathrm{d}V=4\int_0^{\frac{\pi}{4}}\mathrm{d}\theta\int_0^{\sqrt{\cos 2\theta}}\rho\mathrm{d}\rho\int_0^{\frac{\rho^2}{2}}z\mathrm{d}z$$

$$=\int_0^{\frac{\pi}{4}}\mathrm{d}\theta\int_0^{\sqrt{\cos 2\theta}}\frac{1}{2}\rho^5\mathrm{d}\rho=\frac{1}{12}\int_0^{\frac{\pi}{4}}\cos^3 2\theta\mathrm{d}\theta\quad(\text{令 } t=2\theta)$$

$$=\frac{1}{24}\int_0^{\frac{\pi}{2}}\cos^3 t\mathrm{d}t=\frac{1}{36}.$$

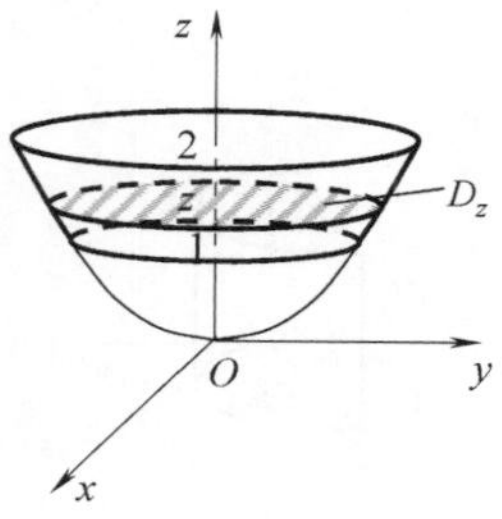

图 8-31

例 7　计算 $\iiint_V \frac{x^2+y^2}{z^2}\mathrm{d}V$，其中 V 是由曲线 $\begin{cases}y^2=2z,\\ x=0\end{cases}$ $(1\leqslant z\leqslant 2)$ 绕 z 轴旋转一周而成的曲面与两平面 $z=1$，$z=2$ 围成的立体.

解　旋转曲面的方程为 $x^2+y^2=2z$，积分域 V 的图形如图 8-31所示. 利用柱坐标并利用截面法计算. 对 $z\in[1,2]$，V 的水平截面 D_z 的边界曲线为 $x^2+y^2=2z$，即 $\rho=\sqrt{2z}$，于是得

$$\iiint\limits_V \frac{x^2+y^2}{z^2}\mathrm{d}V = \int_1^2 \frac{1}{z^2}\mathrm{d}z \iint\limits_{D_z} \rho^2 \rho \mathrm{d}\theta \mathrm{d}\rho$$

$$= \int_1^2 \frac{1}{z^2}\mathrm{d}z \int_0^{2\pi}\mathrm{d}\theta \int_0^{\sqrt{2z}} \rho^3 \mathrm{d}\rho = 2\pi \int_1^2 \frac{1}{z^2} \cdot \frac{1}{4}\rho^4 \Big|_0^{\sqrt{2z}} \mathrm{d}z$$

$$= 2\pi \int_1^2 \mathrm{d}z = 2\pi.$$

四、球坐标系中三重积分的计算

设函数 $f(x,y,z)$在区域 V 上可积,用球坐标系中三组坐标面

$$r=C, \theta=C, \varphi=C(C\text{ 是常数})$$

将积分区域 V 分割成若干个小区域,任取一个有代表性的小区域(见图 8-32),它的体积近似地等于一个边长分别为$\widehat{MA}$,$\overline{MB}$,$\widehat{MC}$的长方体的体积,由于 $\widehat{MA}=r\mathrm{d}\varphi$,$\overline{MB}=\mathrm{d}r$,$\widehat{MC}=PM\cdot\mathrm{d}\theta=r\sin\varphi\mathrm{d}\theta$,故

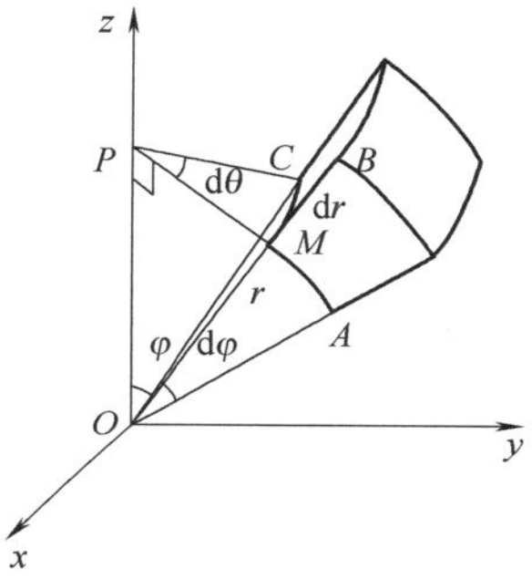

图 8-32

$$\mathrm{d}V = r\mathrm{d}\varphi\cdot\mathrm{d}r\cdot r\sin\varphi\mathrm{d}\theta = r^2\sin\varphi\mathrm{d}r\mathrm{d}\theta\mathrm{d}\varphi,$$

因此在球坐标系中

$$\iiint\limits_V f(x,y,z)\mathrm{d}V$$

$$= \iiint\limits_V f(r\cos\theta\sin\varphi, r\sin\theta\sin\varphi, r\cos\varphi) r^2\sin\varphi\mathrm{d}r\mathrm{d}\theta\mathrm{d}\varphi.$$

下面给出进一步将这个积分化成累次积分的方法. 当积分区域 V 是一个以 z 轴为旋转轴的旋转体于两个半平面 $\theta=\alpha$ 与 $\theta=\beta$ 之间的部分时,任意一个通过 z 轴的半平面(其中 $\alpha\leqslant\theta\leqslant\beta$)在 V 上截出的截面 D_θ 的形状都是一样的,设 D_θ 如图 8-33 所示,其中 τ 和 γ 是区域 V 上全部点 φ 角的最大值和最小值,则

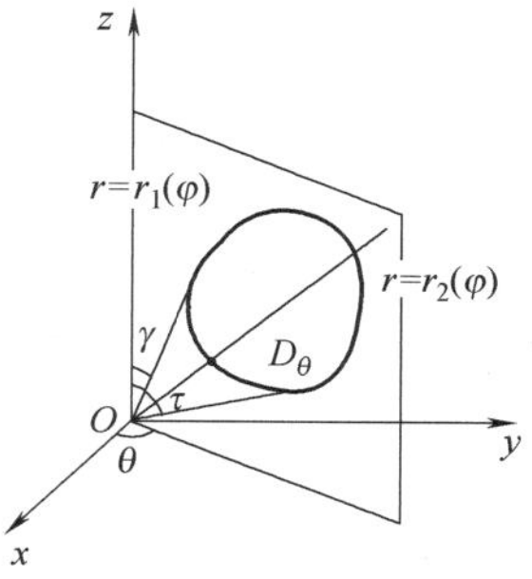

图 8-33

$$\iiint\limits_V f(x,y,z)\mathrm{d}V$$

$$= \int_\alpha^\beta \mathrm{d}\theta \iint\limits_{D_\theta} f(r\cos\theta\sin\varphi, r\sin\theta\sin\varphi, r\cos\varphi) r^2\sin\varphi\mathrm{d}r\mathrm{d}\varphi$$

$$= \int_\alpha^\beta \mathrm{d}\theta \int_\gamma^\tau \sin\varphi\mathrm{d}\varphi \int_{r_1(\varphi)}^{r_2(\varphi)} f(r\cos\theta\sin\varphi, r\sin\theta\sin\varphi, r\cos\varphi) r^2\mathrm{d}r.$$

例 8 计算$\iiint\limits_V \mathrm{e}^{|z|}\mathrm{d}V$,其中 $V: x^2+y^2+z^2\leqslant 1$.

解 设 V_1 是上半球体(见图 8-34),球面 $x^2+y^2+z^2=1$ 的球坐标方程为 $r=1$,利用对称性,得

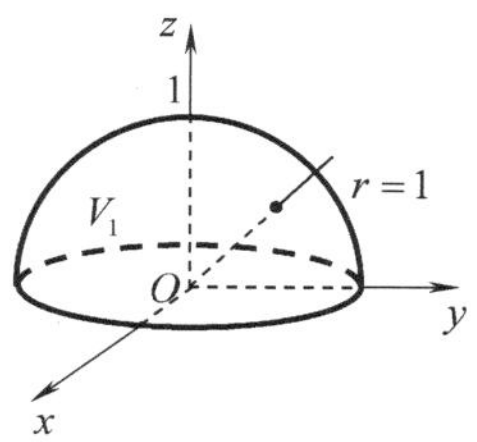

图 8-34

$$\iiint\limits_V \mathrm{e}^{|z|}\mathrm{d}V = 2\iiint\limits_{V_1} \mathrm{e}^{|z|}\mathrm{d}V = 2\int_0^{2\pi}\mathrm{d}\theta \int_0^{\frac{\pi}{2}}\mathrm{d}\varphi \int_0^1 \mathrm{e}^{r\cos\varphi} r^2\sin\varphi\mathrm{d}r,$$

由于右端的累次积分先对 φ 积分比较简便,又由于各积分限都是常数,因此交换积分次序得

$$\iiint\limits_V \mathrm{e}^{|z|}\mathrm{d}V = 2\int_0^{2\pi}\mathrm{d}\theta\int_0^1 r^2\mathrm{d}r\int_0^{\frac{\pi}{2}}\mathrm{e}^{r\cos\varphi}\sin\varphi\mathrm{d}\varphi$$

$$= 4\pi\int_0^1 r(-\mathrm{e}^{r\cos\varphi})\Big|_0^{\frac{\pi}{2}}\mathrm{d}r = 4\pi\int_0^1 r(\mathrm{e}^r-1)\mathrm{d}r$$

$$= 4\pi\left(r\mathrm{e}^r-\mathrm{e}^r-\frac{r^2}{2}\right)\Big|_0^1 = 2\pi.$$

例 9 计算 $I=\iiint\limits_V(x^3+y^3+z^3)\mathrm{d}x\mathrm{d}y\mathrm{d}z$，其中 V 是由球面 $x^2+y^2+z^2=2z$ 与锥面 $z=\sqrt{x^2+y^2}$ 围成的区域.

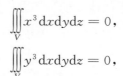

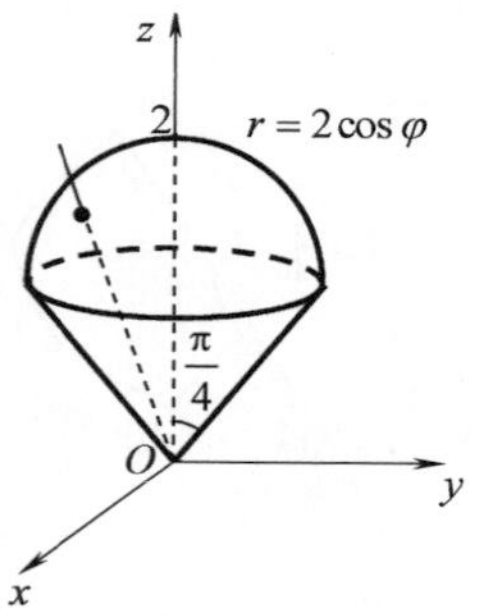

图 8-35

解 积分域 V 如图 8-35 所示，球面 $x^2+y^2+z^2=2z$ 的球坐标方程为 $r=2\cos\varphi$，由于 V 关于 yOz 面对称，故

$$\iiint\limits_V x^3\mathrm{d}x\mathrm{d}y\mathrm{d}z=0,$$

同理有

$$\iiint\limits_V y^3\mathrm{d}x\mathrm{d}y\mathrm{d}z=0,$$

于是

$$I=\iiint\limits_V z^3\mathrm{d}x\mathrm{d}y\mathrm{d}z$$

$$=\int_0^{2\pi}\mathrm{d}\theta\int_0^{\frac{\pi}{4}}\mathrm{d}\varphi\int_0^{2\cos\varphi}(r\cos\varphi)^3r^2\sin\varphi\mathrm{d}r$$

$$=2\pi\int_0^{\frac{\pi}{4}}\cos^3\varphi\sin\varphi\mathrm{d}\varphi\int_0^{2\cos\varphi}r^5\mathrm{d}r$$

$$=\frac{64\pi}{3}\int_0^{\frac{\pi}{4}}\cos^9\varphi\sin\varphi\mathrm{d}\varphi=\frac{31}{15}\pi.$$

例 10 计算 $I=\iiint\limits_V(y+z)^2\mathrm{d}V$，其中

$$V:(x-1)^2+(y-1)^2+(z+1)^2\leqslant R^2.$$

解 令 $x=1+r\cos\theta\sin\varphi, y=1+r\sin\theta\sin\varphi, z=-1+r\cos\varphi$，依然有 $\mathrm{d}V=r^2\sin\varphi\mathrm{d}r\mathrm{d}\theta\mathrm{d}\varphi$，在此坐标变换下，球面 $(x-1)^2+(y-1)^2+(z+1)^2=R^2$ 变成 $r=R$，因此得

$$I=\int_0^{2\pi}\mathrm{d}\theta\int_0^{\pi}\mathrm{d}\varphi\int_0^R(r\sin\theta\sin\varphi+r\cos\varphi)^2r^2\sin\varphi\mathrm{d}r$$

$$=\int_0^{2\pi}\mathrm{d}\theta\int_0^{\pi}(\sin\theta\sin\varphi+\cos\varphi)^2\sin\varphi\cdot\frac{R^5}{5}\mathrm{d}\varphi$$

$$=\frac{R^5}{5}\int_0^{2\pi}\sin^2\theta\mathrm{d}\theta\int_0^{\pi}\sin^3\varphi\mathrm{d}\varphi+\frac{R^5}{5}\int_0^{2\pi}\mathrm{d}\theta\int_0^{\pi}\cos^2\varphi\sin\varphi\mathrm{d}\varphi+$$

$$\frac{2R^5}{5}\int_0^{2\pi}\sin\theta\mathrm{d}\theta\int_0^{\pi}\sin^2\varphi\cos\varphi\mathrm{d}\varphi=\frac{8\pi}{15}R^5.$$

例 11 计算 $I=\iiint\limits_V\sqrt{1-\frac{x^2}{a^2}-\frac{y^2}{b^2}-\frac{z^2}{c^2}}\mathrm{d}V$，其中

$$V:\frac{x^2}{a^2}+\frac{y^2}{b^2}+\frac{z^2}{c^2}\leqslant 1.$$

解 类似于广义极坐标，我们采用广义球坐标计算此积分.

令 $$x=ar\cos\theta\sin\varphi,y=br\sin\theta\sin\varphi,z=cr\cos\varphi,$$

此时有 $\mathrm{d}V=abcr^2\sin\varphi\mathrm{d}r\mathrm{d}\theta\mathrm{d}\varphi$，在此坐标变换下，椭球面方程 $\frac{x^2}{a^2}+\frac{y^2}{b^2}+\frac{z^2}{c^2}=1$ 变成 $r=1$，因此得

$$\begin{aligned}I&=\int_0^{2\pi}\mathrm{d}\theta\int_0^{\pi}\mathrm{d}\varphi\int_0^1 1\sqrt{1-r^2}\,abcr^2\sin\varphi\mathrm{d}r\\&=2\pi abc\int_0^{\pi}\sin\varphi\mathrm{d}\varphi\cdot\int_0^1 r^2\sqrt{1-r^2}\,\mathrm{d}r\\&=4\pi abc\int_0^1 r^2\sqrt{1-r^2}\,\mathrm{d}r\quad(\text{令 } r=\sin t)\\&=4\pi abc\int_0^{\frac{\pi}{2}}\sin^2 t\cos^2 t\mathrm{d}t\\&=4\pi abc\int_0^{\frac{\pi}{2}}(\sin^2 t-\sin^4 t)\mathrm{d}t=\frac{1}{4}\pi^2 abc.\end{aligned}$$

在计算三重积分时，第一步就是选择合适的坐标系，注意到不同坐标系下，积分计算的难易程度是有区别的. 常见的坐标系有直角坐标系、柱坐标系和球坐标系. 从换元的角度来说，后两个坐标系分别对应的是柱坐标变换和球坐标变换. 积分变换做换元首要考虑的就是积分区域的形状，当然还要照顾被积函数的形式. 一般地，如果积分区域是长方体、四面体或一般的任意形体时，采用直角坐标系进行积分计算；如果积分区域是柱形体域、锥形体域或抛物体域时，采用柱坐标系进行积分计算；如果积分区域是球形体域或球形体域的一部分时，采用球坐标系进行积分计算. 球坐标系下的积分计算有一定的适用范围，即积分区域要和球体相关，其次积分区域与 z 轴正向的夹角，也就是 φ 要容易求出才行.

习题 8-3

1. 将三重积分 $I=\iiint\limits_V f(x,y,z)\mathrm{d}V$ 化成累次积分.

 (1) V 是由双曲抛物面 $z=xy$，平面 $x+y-1=0$ 及 $z=0$ 围成的区域；

 (2) V 是由曲面 $z=x^2+y^2$ 与平面 $z=1$ 围成的区域；

 (3) V 是由曲面 $z=x^2+2y^2$ 与 $z=2-x^2$ 围成的闭区域；

 (4) V 是由柱面 $y=1-x^2$ 与平面 $z=0$ 及 $z=y$ 围成的区域.

2. 计算下列三重积分.

 (1) $\iiint\limits_V\frac{\mathrm{d}x\mathrm{d}y\mathrm{d}z}{(1+x+y+z)^3}$，其中 V 是平面 $x+y+z=1$ 与三个坐标面所围成的区域；

 (2) $\iiint\limits_V xz\mathrm{d}x\mathrm{d}y\mathrm{d}z$，其中 V 是由平面 $z=0,z=y,y=1$ 以及柱面 $y=x^2$ 所围成的区域；

 (3) $\iiint\limits_V xy^2z^3\mathrm{d}x\mathrm{d}y\mathrm{d}z$，其中 V 是由曲面 $z=xy$ 与平面 $y=x,x=1$ 和 $z=0$ 所围成的区域；

(4) $\iiint\limits_V e^x dxdydz$，其中 V 是由平面 $x=0,y=1,z=0,y=x$ 以及 $x+y-z=0$ 所围成的区域；

(5) $\iiint\limits_V y\cos(x+z)dxdydz$，其中 V 是由柱面 $y=\sqrt{x}$ 及平面 $y=0,z=0,x+z=\frac{\pi}{2}$ 所围成的区域.

3. 在柱坐标系中计算下列三重积分.

(1) $\iiint\limits_V (x^2+y^2)dV$，其中 V 是由曲面 $x^2+y^2=2z$ 与平面 $z=2$ 所围成的闭区域；

(2) $\iiint\limits_V \sqrt{x^2+y^2}dxdydz$，其中 V 是由曲面 $z=9-x^2-y^2$ 与平面 $z=0$ 所围成的闭区域；

(3) $\iiint\limits_V zdxdydz$，其中 V 是由上半球面 $x^2+y^2+z^2=4(z\geqslant 0)$ 与抛物面 $z=\frac{1}{3}(x^2+y^2)$ 所围成的闭区域；

(4) $\iiint\limits_V x^2dxdydz$，其中 V 是由曲面 $z=2\sqrt{x^2+y^2}$，$x^2+y^2=1$ 与平面 $z=0$ 所围成的闭区域；

(5) $\iiint\limits_V (x+y)dV$，其中 V 是介于两柱面 $x^2+y^2=1$ 和 $x^2+y^2=4$ 之间的被平面 $z=0$ 和 $z=x+2$ 所截下的部分；

(6) $\iiint\limits_V zdV$，其中 V 是由曲面 $z=x^2+y^2$ 与平面 $z=2y$ 所围成的闭区域；

(7) $\iiint\limits_V z^2dV$，其中 V：$x^2+y^2+z^2\leqslant a^2,x^2+y^2\leqslant ax(a>0)$；

(8) $\iiint\limits_V y^2dV$，其中 V 是由曲面 $z=\sqrt{1-\frac{x^2}{a^2}-\frac{y^2}{b^2}}$ 与平面 $z=0$ 所围成的闭区域.

4. 在球坐标系中计算下列三重积分.

(1) $\iiint\limits_V (x^2+y^2+z^2)dV$，其中 V 是由球面 $x^2+y^2+z^2=1$ 所围成的闭区域；

(2) $\iiint\limits_V y^2dV$，其中 V：$x^2+y^2+z^2\geqslant a^2,x^2+y^2+z^2\leqslant b^2\ (0\leqslant a\leqslant b)$；

(3) $\iiint\limits_V (x^2+y^2)dxdydz$，其中 V 是由曲面 $z=\sqrt{x^2+y^2}$ 和 $z=\sqrt{1-x^2-y^2}$ 所围成的闭区域；

(4) $\iiint\limits_V zdxdydz$，其中 V 是由 $x^2+y^2+(z-a)^2\leqslant a^2$ 和 $x^2+y^2\leqslant z^2$ 所确定的区域；

(5) $\iiint\limits_V \left(\frac{x^2}{a^2}+\frac{y^2}{b^2}+\frac{z^2}{c^2}\right)dxdydz$，其中 V：$\frac{x^2}{a^2}+\frac{y^2}{b^2}+\frac{z^2}{c^2}\leqslant 1$.

5. 选用适当的坐标系计算下列三重积分.

(1) $\iiint\limits_V \sqrt{x^2+y^2+z^2}dV$，其中 V 是由球面 $x^2+y^2+z^2=z$ 所围成的闭区域；

(2) $\iiint\limits_V \sin zdV$，其中 V 是由曲面 $z=\sqrt{x^2+y^2}$ 与平面 $z=\pi$ 所围成的闭区域；

(3) $\iiint\limits_V \frac{1}{1+x^2+y^2}dV$，其中 V 是由曲面 $x^2+y^2=z^2$ 与平面 $z=1$ 所围成的区域；

(4) $\iiint\limits_V z(x^2+y^2)dV$，其中 V：$z\geqslant\sqrt{x^2+y^2},1\leqslant x^2+y^2+z^2\leqslant 4$；

(5) $\iiint\limits_V \frac{1}{\sqrt{x^2+y^2+z^2}}dV$，其中 V 是由曲面 $z=\sqrt{x^2+y^2}$ 和平面 $z=1$ 所围成的闭区域；

(6) $\iiint\limits_V zdxdydz$，其中 V 是由曲面 $z=1+\sqrt{1-x^2-y^2}$ 与平面 $z=1$ 所围成的闭区域；

(7) $\iiint\limits_V z^2dV$，其中 V 是球体 $x^2+y^2+z^2\leqslant R^2$ 与 $x^2+y^2+z^2\leqslant 2Rz$ 的公共部分.

6. 求下列立体 V 的体积.

(1) V：$x^2+y^2+z^2\leqslant 2az(a>0),x^2+y^2\leqslant z^2$；

(2) V 由曲面 $z=\sqrt{x^2+y^2}$ 和 $z=x^2+y^2$ 所围成；

(3) V 由曲面 $z=\sqrt{5-x^2-y^2}$ 和 $x^2+y^2=4z$ 所围成；

(4) V 由曲面 $x^2+y^2=2ax,az=x^2+y^2(a>0)$ 及平面 $z=0$ 所围成.

第四节 重积分的应用

由前面的讨论我们知道，利用重积分可以计算平面图形的面积、空间立体的体积、平面薄片的质量以及空间立体的质量. 这一节我们将讨论重积分在几何上及物理上的其他应用.

中国创造：慧眼卫星

一、曲面的面积

首先给出平面图形的面积与该图形在另一平面上投影的面积之间的关系. 设位于平面 π_1 上的区域 D 在平面 π_2 上的投影区域为 D_0，并设 D 与 D_0 的面积分别为 A 和 σ，两平面的夹角为 θ，则可以得出（证明略）

$$A=\frac{\sigma}{\cos\theta}.$$

我们再给出光滑曲面的定义：如果曲面 S 在每点都有切平面，并且当点在曲面 S 上连续移动时，曲面的切平面是连续转动的，则称 S 为光滑曲面.

下面推导利用二重积分计算曲面面积的公式.

设曲面 S 的方程为 $z=f(x,y)$，如果设 $f(x,y)$ 有连续的一阶偏导数 $f'_x(x,y)$ 和 $f'_y(x,y)$，则 S 必为光滑曲面. 如图 8-36 所示，设 S 在 xOy 面上的投影区域为 D_{xy}，在 D_{xy} 上任取一有代表性的小区域 $\mathrm{d}\sigma$（其面积也记作 $\mathrm{d}\sigma$），在 $\mathrm{d}\sigma$ 上任取一点 $P(x,y)$，则曲面 S 上有一对应点 $M(x,y,f(x,y))$. 设曲面 S 在点 M 处的切平面为 T. 以小区域 $\mathrm{d}\sigma$ 的边界为准线作母线平行于 z 轴的柱面，设该柱面在曲面 S 上截下一小块（其面积记作 ΔA），在切平面上也截下一小块（其面积记作 $\mathrm{d}A$）. 当 $\mathrm{d}\sigma$ 的直径很小时，可以用 $\mathrm{d}A$ 近似代替 ΔA. 如果设切平面 T 与 xOy 面的夹角为 γ，则有

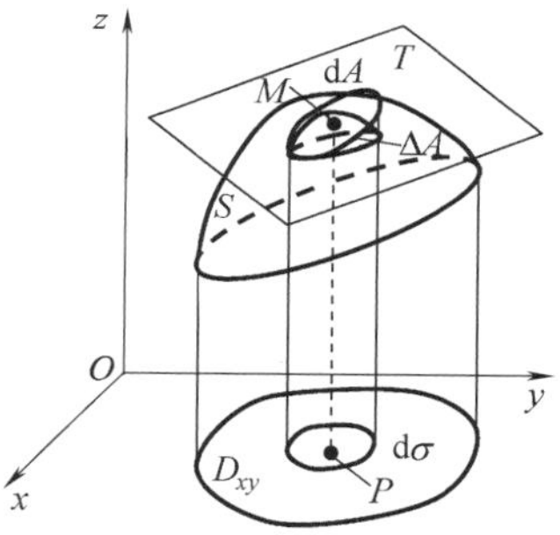

图 8-36

$$\mathrm{d}A=\frac{\mathrm{d}\sigma}{\cos\gamma}.$$

由于切平面 T 的法向量为 $\boldsymbol{n}=\{f'_x(x,y),f'_y(x,y),-1\}$，$xOy$ 面的法向量为 $\boldsymbol{k}=\{0,0,1\}$，故

$$\cos\gamma=\frac{|\boldsymbol{n}\cdot\boldsymbol{k}|}{|\boldsymbol{n}||\boldsymbol{k}|}=\frac{1}{\sqrt{1+(f'_x(x,y))^2+(f'_y(x,y))^2}},$$

于是得

$$\mathrm{d}A=\sqrt{1+(f'_x(x,y))^2+(f'_y(x,y))^2},$$

$$\mathrm{d}\sigma=\sqrt{1+\left(\frac{\partial z}{\partial x}\right)^2+\left(\frac{\partial z}{\partial y}\right)^2}\mathrm{d}x\mathrm{d}y,$$

此即曲面 S 的面积元素. 在区域 D_{xy} 上积分便得到曲面 S 的面积 A 的计算公式

$$A=\iint\limits_{D_{xy}}\sqrt{1+\left(\frac{\partial z}{\partial x}\right)^2+\left(\frac{\partial z}{\partial y}\right)^2}\mathrm{d}x\mathrm{d}y. \tag{1}$$

类似地，如果曲面 S 的方程为 $x=f(y,z)$ 或 $y=f(z,x)$，设 S 在 yOz 面或 zOx 面上的投影区域为 D_{yz} 或 D_{zx}，则曲面 S 的面积 A 的计算公式为

$$A=\iint\limits_{D_{yz}}\sqrt{1+\left(\frac{\partial x}{\partial y}\right)^2+\left(\frac{\partial x}{\partial z}\right)^2}\mathrm{d}y\mathrm{d}z. \tag{2}$$

或

$$A=\iint\limits_{D_{zx}}\sqrt{1+\left(\frac{\partial y}{\partial z}\right)^2+\left(\frac{\partial y}{\partial x}\right)^2}\mathrm{d}z\mathrm{d}x. \tag{3}$$

例 1 求旋转抛物面 $S: z=x^2+y^2$ 位于 $0\leqslant z\leqslant 9$ 之间的那部分面积.

解 S 在 xOy 面上的投影区域为 $D_{xy}: x^2+y^2\leqslant 9$，由公式(1)可得

$$\begin{aligned}A&=\iint\limits_{D_{xy}}\sqrt{1+(2x)^2+(2y)^2}\mathrm{d}x\mathrm{d}y\\&=\int_0^{2\pi}\mathrm{d}\theta\int_0^3\sqrt{1+4\rho^2}\rho\mathrm{d}\rho=\frac{\pi}{6}(37\sqrt{37}-1).\end{aligned}$$

例 2 求圆锥面 $z=\sqrt{x^2+y^2}$ 被圆柱面 $x^2+y^2=y$ 所截下部分的面积.

解 显然 $D_{xy}: x^2+y^2\leqslant y$，由 $z=\sqrt{x^2+y^2}$ 得

$$\frac{\partial z}{\partial x}=\frac{x}{\sqrt{x^2+y^2}},\frac{\partial z}{\partial y}=\frac{y}{\sqrt{x^2+y^2}},$$

$$\sqrt{1+\left(\frac{\partial z}{\partial x}\right)^2+\left(\frac{\partial z}{\partial y}\right)^2}=\sqrt{1+\frac{x^2}{x^2+y^2}+\frac{y^2}{x^2+y^2}}=\sqrt{2},$$

由公式(1)得

$$A=\iint\limits_{D_{xy}}\sqrt{2}\mathrm{d}x\mathrm{d}y=\sqrt{2}\cdot\pi\left(\frac{1}{2}\right)^2=\frac{\sqrt{2}}{4}\pi.$$

例 3 (1) 求球面 $x^2+y^2+z^2=4R^2$ 被圆柱面 $x^2+y^2=2Rx$ $(R>0)$ 所截下部分的面积(维维安尼体上下底的面积)；

(2) 求柱面 $x^2+y^2=2Rx(R>0)$ 被球面 $x^2+y^2+z^2=4R^2$ 所截下部分的面积(维维安尼体的侧面积).

解 (1) $D_{xy}: x^2+y^2\leqslant 2Rx$，由 $x^2+y^2+z^2=4R^2$ 求得

$$\frac{\partial z}{\partial x}=-\frac{x}{z},\frac{\partial z}{\partial y}=-\frac{y}{z},$$

$$\sqrt{1+\left(\frac{\partial z}{\partial x}\right)^2+\left(\frac{\partial z}{\partial y}\right)^2}=\sqrt{\frac{x^2+y^2+z^2}{z^2}}$$
$$=\sqrt{\frac{4R^2}{4R^2-x^2-y^2}}=\frac{2R}{\sqrt{4R^2-x^2-y^2}},$$

将曲面用 xOy 面分成上下两片，利用对称性得

$$A=2\iint_{D_{xy}}\frac{2R}{\sqrt{4R^2-x^2-y^2}}\mathrm{d}x\mathrm{d}y$$
$$=4\int_0^{\frac{\pi}{2}}\mathrm{d}\theta\int_0^{2R\cos\theta}\frac{2R}{\sqrt{4R^2-\rho^2}}\rho\mathrm{d}\rho$$
$$=8R\int_0^{\frac{\pi}{2}}\left(-\sqrt{4R^2-\rho^2}\right)\Big|_0^{2R\cos\theta}\mathrm{d}\theta$$
$$=16R^2\int_0^{\frac{\pi}{2}}(1-\sin\theta)\mathrm{d}\theta=8R^2(\pi-2);$$

(2) 设曲面位于第一卦限的部分为 S_1，则 $S_1: y=\sqrt{2Rx-x^2}$，由 $\begin{cases}x^2+y^2+z^2=4R^2,\\x^2+y^2=2Rx,\end{cases}$ 消去 y 得 $z^2+2Rx=4R^2$，因此 S_1 在 zOx 面上的投影区域 D_{zx} 如图 8-37 所示. 由 $y=\sqrt{2Rx-x^2}$ 求得

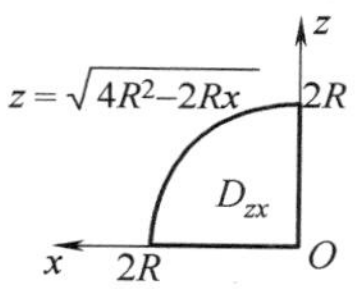

图 8-37

$$\frac{\partial y}{\partial x}=\frac{R-x}{\sqrt{2Rx-x^2}},\quad \frac{\partial y}{\partial z}=0,$$
$$\sqrt{1+\left(\frac{\partial y}{\partial x}\right)^2+\left(\frac{\partial y}{\partial z}\right)^2}=\frac{R}{\sqrt{2Rx-x^2}},$$
$$A=4\iint_{D_{zx}}\frac{R}{\sqrt{2Rx-x^2}}\mathrm{d}z\mathrm{d}x$$
$$=4R\int_0^{2R}\mathrm{d}x\int_0^{\sqrt{4R^2-2Rx}}\frac{1}{\sqrt{2Rx-x^2}}\mathrm{d}z$$
$$=4R\int_0^{2R}\frac{\sqrt{2R}}{\sqrt{x}}\mathrm{d}x=16R^2.$$

二、质心

设 xOy 面上有 n 个质量分别为 $m_1,m_2,\cdots,m_n$ 的质点，它们的坐标分别为 $(x_1,y_1),(x_2,y_2),\cdots,(x_n,y_n)$，则

$$M_x=\sum_{i=1}^n m_iy_i, M_y=\sum_{i=1}^n m_ix_i,$$

分别称为质点组对 x 轴、y 轴的静力矩. 由物理学可知，如果把质点组集中在一点 $(\bar{x},\bar{y})$ 处，使得集中质点对 x 轴、y 轴的静力矩等于质点组对 x 轴、y 轴的静力矩，即使得

$$\bar{y}\sum_{i=1}^n m_i=M_x=\sum_{i=1}^n m_iy_i,\quad \bar{x}\sum_{i=1}^n m_i=M_y=\sum_{i=1}^n m_ix_i,$$

则点$(\bar{x},\bar{y})$称为该质点组的质心，并由上面两式可以得到质心的坐标为

$$\bar{x}=\frac{M_y}{\sum_{i=1}^{n}m_i}=\frac{\sum_{i=1}^{n}m_ix_i}{\sum_{i=1}^{n}m_i},\quad \bar{y}=\frac{M_x}{\sum_{i=1}^{n}m_i}=\frac{\sum_{i=1}^{n}m_iy_i}{\sum_{i=1}^{n}m_i},$$

用类似的方法可以推导出平面薄片及空间立体的质心坐标的计算公式.

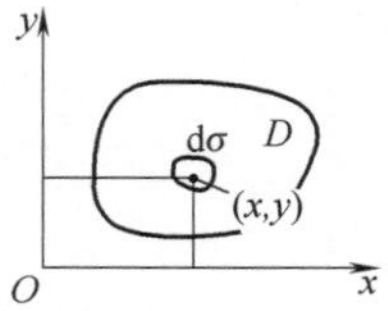

图　8-38

如图 8-38 所示，设有一平面薄片，占有 xOy 面的闭区域 D，其上任一点(x,y)处的面密度为$\mu(x,y)$，假定$\mu(x,y)$. 在 D 上连续，现在求此平面薄片的质心坐标. 在 D 上任取一有代表性的小区域 $\mathrm{d}\sigma$，设(x,y)是 $\mathrm{d}\sigma$ 上的点，则 $\mathrm{d}\sigma$ 对 x 轴、y 轴的静力矩微元分别为

$$\mathrm{d}M_x=y\mathrm{d}m=y\mu(x,y)\mathrm{d}\sigma,\quad \mathrm{d}M_y=x\mathrm{d}m=x\mu(x,y)\mathrm{d}\sigma,$$

在区域 D 上积分便得到平面薄片 D 对 x 轴、y 轴的静力矩

$$M_x=\iint_D y\mu(x,y)\mathrm{d}\sigma,\quad M_y=\iint_D x\mu(x,y)\mathrm{d}\sigma,$$

另一方面，设 M 是平面薄片 D 的质量，$(\bar{x},\bar{y})$是 D 的质心，则有

$$M_x=\bar{y}M,\quad M_y=\bar{x}M,$$

于是有

$$\bar{x}M=\iint_D x\mu(x,y)\mathrm{d}\sigma,\quad \bar{y}M=\iint_D y\mu(x,y)\mathrm{d}\sigma,$$

由此得到质心$(\bar{x},\bar{y})$的坐标为

$$\bar{x}=\frac{1}{M}\iint_D x\mu(x,y)\mathrm{d}\sigma=\frac{\iint_D x\mu(x,y)\mathrm{d}\sigma}{\iint_D \mu(x,y)\mathrm{d}\sigma},$$

$$\bar{y}=\frac{1}{M}\iint_D y\mu(x,y)\mathrm{d}\sigma=\frac{\iint_D y\mu(x,y)\mathrm{d}\sigma}{\iint_D \mu(x,y)\mathrm{d}\sigma}.$$

同样，设一空间物体占有空间区域 V，设 V 上任一点(x,y,z)处的密度为$\mu(x,y,z)$，其中$\mu(x,y,z)$是连续函数，则可以得出此空间立体的质心$(\bar{x},\bar{y},\bar{z})$的坐标为

$$\bar{x}=\frac{1}{M}\iiint_V x\mu(x,y,z)\mathrm{d}V=\frac{\iiint_V x\mu(x,y,z)\mathrm{d}V}{\iiint_V \mu(x,y,z)\mathrm{d}V},$$

$$\bar{y}=\frac{1}{M}\iiint_V y\mu(x,y,z)\mathrm{d}V=\frac{\iiint\limits_V y\mu(x,y,z)\mathrm{d}V}{\iiint\limits_V \mu(x,y,z)\mathrm{d}V},$$

$$\bar{z}=\frac{1}{M}\iiint_V z\mu(x,y,z)\mathrm{d}V=\frac{\iiint\limits_V z\mu(x,y,z)\mathrm{d}V}{\iiint\limits_V \mu(x,y,z)\mathrm{d}V}.$$

如果薄片 D(或立体 V)是均匀的,即在 D 上 $\mu(x,y)$ 为常数(或在 V 上 $\mu(x,y,z)$ 为常数),则质心也叫作形心.

例 4 求位于两圆 $\rho=\sin\theta$ 和 $\rho=2\sin\theta$ 之间的薄片 D 的质心,已知其上各点的面密度与该点到原点的距离成正比.

解 薄片 D 的图形如图 8-39 所示. 由题设,

$$\mu(x,y)=k\sqrt{x^2+y^2},$$

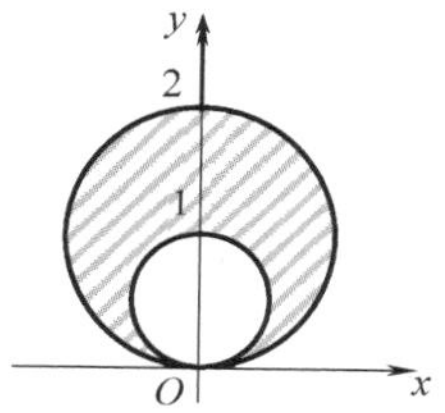

图 8-39

由于 D 关于 y 轴对称,且 $\mu(x,y)$ 关于 x 是偶函数,故

$$\bar{x}=0,$$

$$\bar{y}=\frac{\iint\limits_D yk\sqrt{x^2+y^2}\,\mathrm{d}\sigma}{\iint\limits_D k\sqrt{x^2+y^2}\,\mathrm{d}\sigma}=\frac{\int_0^\pi \mathrm{d}\theta\int_{\sin\theta}^{2\sin\theta}\rho^3\sin\theta\mathrm{d}\rho}{\int_0^\pi \mathrm{d}\theta\int_{\sin\theta}^{2\sin\theta}\rho^2\mathrm{d}\rho}$$

$$=\frac{\int_0^\pi \frac{15}{4}\sin^5\theta\mathrm{d}\theta}{\int_0^\pi \frac{7}{3}\sin^3\theta\mathrm{d}\theta}=\frac{9}{7},$$

因此 D 的质心为 $\left(0,\frac{9}{7}\right)$.

例 5 设曲线 $y=x^2$ 与直线 $x=0$, $y=t(t>0)$ 在第一象限围成一均匀薄片,求此薄片质心的轨迹.

解 薄片的图形如图 8-40 所示.

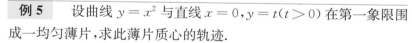

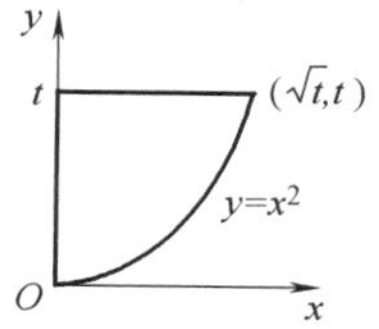

图 8-40

$$\bar{x}=\frac{\iint\limits_D x\,\mathrm{d}\sigma}{\iint\limits_D \mathrm{d}\sigma}=\frac{\int_0^{\sqrt{t}}\mathrm{d}x\int_{x^2}^t x\mathrm{d}y}{\int_0^{\sqrt{t}}\mathrm{d}x\int_{x^2}^t \mathrm{d}y}$$

$$=\frac{\int_0^{\sqrt{t}}x(t-x^2)\mathrm{d}x}{\int_0^{\sqrt{t}}(t-x^2)\mathrm{d}x}=\frac{\frac{1}{4}t^2}{\frac{2}{3}t^{\frac{3}{2}}}=\frac{3}{8}\sqrt{t},$$

$$\bar{y}=\frac{\iint\limits_D y\,\mathrm{d}\sigma}{\iint\limits_D \mathrm{d}\sigma}=\frac{\int_0^{\sqrt{t}}\mathrm{d}x\int_{x^2}^t y\mathrm{d}y}{\frac{2}{3}t^{\frac{3}{2}}}$$

$$=\frac{\int_0^{\sqrt{t}}\frac{1}{2}(t^2-x^4)\mathrm{d}x}{\frac{2}{3}t^{\frac{3}{2}}}=\frac{\frac{2}{5}t^{\frac{5}{2}}}{\frac{2}{3}t^{\frac{3}{2}}}=\frac{3}{5}t,$$

因此质心轨迹的参数方程为

$$\begin{cases}\bar{x}=\frac{3}{8}\sqrt{t},\\ \bar{y}=\frac{3}{5}t,\end{cases}$$

或用直角坐标表示成

$$\bar{y}=\frac{64}{15}\bar{x}^2\quad(\text{是一抛物线}).$$

例 6 设有一半径为 R 的球体，P_0 是此球面上的一个定点，球体上任一点的密度与该点到 P_0 的距离的平方成正比（比例系数为 $k>0$），求球体的质心位置.

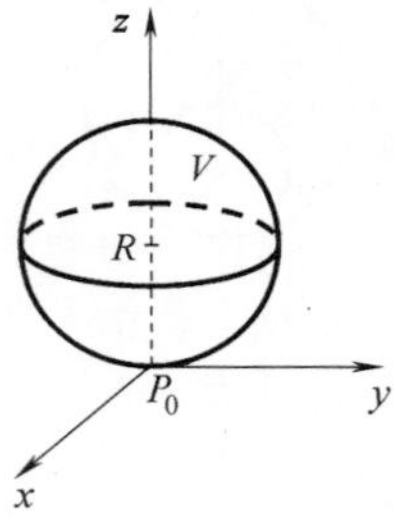

图 8-41

解 为方便计算，以 P_0 为原点建立坐标系（见图 8-41），并使球心位于 z 轴上，则球面方程为

$$x^2+y^2+(z-R)^2=R^2,$$

由题设，$\mu(x,y,z)=k(x^2+y^2+z^2)$，由球体 V 的对称性以及 $\mu(x,y,z)$ 的分布的对称性，有

$$\bar{x}=0,\bar{y}=0,$$

$$\bar{z}=\frac{\iiint\limits_V zk(x^2+y^2+z^2)\mathrm{d}V}{\iiint\limits_V k(x^2+y^2+z^2)\mathrm{d}V}$$

$$=\frac{\int_0^{2\pi}\mathrm{d}\theta\int_0^{\frac{\pi}{2}}\mathrm{d}\varphi\int_0^{2R\cos\varphi}r^5\sin\varphi\cos\varphi\mathrm{d}r}{\int_0^{2\pi}\mathrm{d}\theta\int_0^{\frac{\pi}{2}}\mathrm{d}\varphi\int_0^{2R\cos\varphi}r^4\sin\varphi\mathrm{d}r}=\frac{\frac{8}{3}\pi R^6}{\frac{32}{15}\pi R^5}=\frac{5}{4}R,$$

因此球体质心的位置为 $\left(0,0,\frac{5}{4}R\right)$.

例 7 在一半径为 R 的半球上接一个与它半径相同的直圆柱体，设半球体与圆柱体用同样的密度均匀的材料制成，问圆柱体的高 h 为多少时可使整个物体的形心位于球心处？

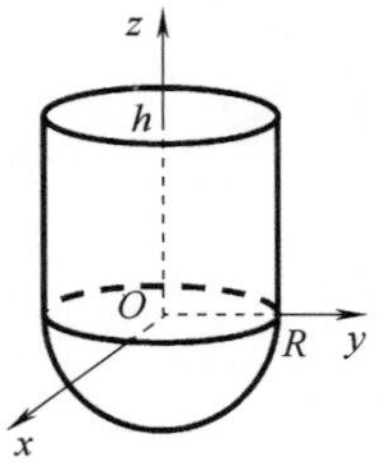

图 8-42

解 如图 8-42 所示建立坐标系. 显然有 $\bar{x}=0,\bar{y}=0$，因此要使形心在球心处（即在原点处）应使 $\bar{z}=0$，由于 $\bar{z}=\frac{\mu}{M}\iiint\limits_V z\mathrm{d}V$，因而应有

$$\iiint\limits_V z\mathrm{d}V=0,$$

由 $$\iiint\limits_V z\,\mathrm{d}V=\int_0^{2\pi}\mathrm{d}\theta\int_0^R\rho\mathrm{d}\rho\int_{-\sqrt{R^2-\rho^2}}^{h}z\mathrm{d}z$$

$$=2\pi\int_0^R\frac{1}{2}(h^2\rho-R^2\rho+\rho^3)\mathrm{d}\rho=\frac{\pi}{4}R^2(2h^2-R^2)=0,$$

解得 $$h=\frac{R}{\sqrt{2}}.$$

三、转动惯量

设一质量为 m 的质点，它到直线 L(或点 P)的距离为 d. 由物理学知道，$I=md^2$ 称为该质点对直线 L(或点 P)的转动惯量.

现有一平面薄片，在 xOy 面上占有闭区域 D，设其上任一点 (x,y)处的面密度为 $\mu(x,y)$，并设 $\mu(x,y)$是连续函数，我们要求 D 对直线 L(或点 P)的转动惯量 I_L(或 I_P). 如图 8-43 所示，在 D 上任取一有代表性的小区域 $\mathrm{d}\sigma$，在 $\mathrm{d}\sigma$ 上任取一点 $Q(x,y)$，当 $\mathrm{d}\sigma$ 的直径很小时，可以将它近似地看成一个质量集中在 Q 处的质点，因此它对直线 L 的转动惯量微元为

$$\mathrm{d}I_L=\mathrm{d}^2(Q,L)\cdot\mathrm{d}m=\mathrm{d}^2(Q,L)\mu(x,y)\mathrm{d}\sigma,$$

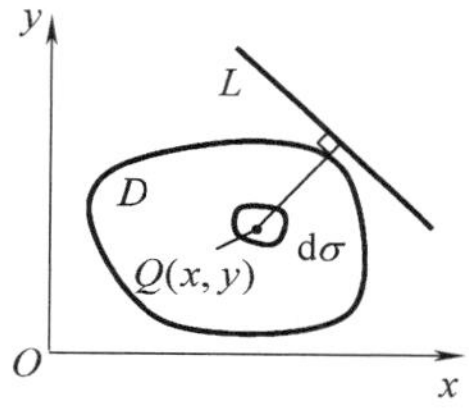

图　8-43

其中 $d(Q,L)$是点 $Q(x,y)$到直线 L 的距离，在区域 D 上对 $\mathrm{d}I_L$ 积分便得到薄片 D 对直线 L 的转动惯量

$$I_L=\iint\limits_D d^2(Q,L)\mu(x,y)\mathrm{d}\sigma.$$

将此式中的 $d(Q,L)$ 换成点 Q 到点 P 的距离 $d(Q,P)$ 便可得到薄片 D 对点 P 的转动惯量.

因此，如果用 I_x,I_y,I_O 分别表示平面薄片 D 对 x 轴、y 轴、原点的转动惯量，则有

$$I_x=\iint\limits_D y^2\mu(x,y)\mathrm{d}\sigma,\ I_y=\iint\limits_D x^2\mu(x,y)\mathrm{d}\sigma,$$

$$I_O=\iint\limits_D(x^2+y^2)\mu(x,y)\mathrm{d}\sigma.$$

同样，设一空间物体，占有空间区域 V，其上任意一点 (x,y,z)处的密度为 $\mu(x,y,z)$，并设 $\mu(x,y,z)$ 是连续函数，则可以得到该物体对直线 L 的转动惯量为

$$I_L=\iiint\limits_V d^2(Q,L)\mu(x,y,z)\mathrm{d}V,$$

其中 $d(Q,L)$ 是 V 上任意一点 $Q(x,y,z)$ 到直线 L 的距离. 如果将此式中的 $d(Q,L)$ 换成点 Q 到点 P 的距离 $d(Q,P)$ 便可得到立体 V 对点 P 的转动惯量.

因此，如果用 I_x, I_y, I_z, I_O 分别表示空间立体 V 对 x 轴、y 轴、z 轴、原点的转动惯量，则有

$$I_x = \iiint_V (y^2 + z^2)\mu(x,y,z)\mathrm{d}V,$$

$$I_y = \iiint_V (z^2 + x^2)\mu(x,y,z)\mathrm{d}V,$$

$$I_z = \iiint_V (x^2 + y^2)\mu(x,y,z)\mathrm{d}V,$$

$$I_O = \iiint_V (x^2 + y^2 + z^2)\mu(x,y,z)\mathrm{d}V.$$

例 8　设 D 是由曲线 $(x^2+y^2)^2=a^2(x^2-y^2)$ 所围成的均匀薄片，求它对 y 轴和原点的转动惯量.

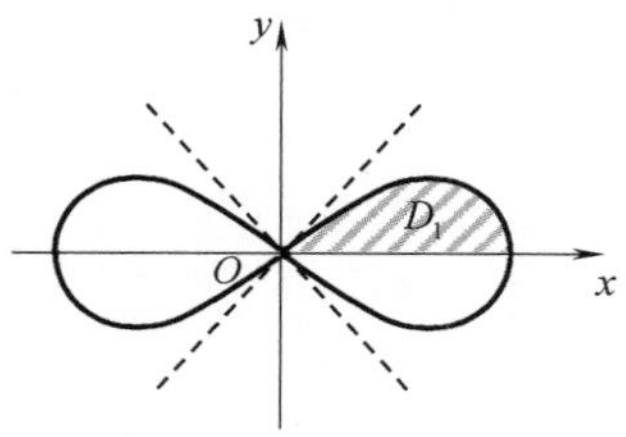

图　8-44

解　D 的图形如图 8-44 所示，由题设，D 上任一点的面密度为常数，设为 μ，利用对称性，得

$$\begin{aligned}I_y &= \iint_D x^2\mu\mathrm{d}\sigma = 4\mu\int_0^{\frac{\pi}{4}}\mathrm{d}\theta\int_0^{a\sqrt{\cos2\theta}}\rho^3\cos^2\theta\mathrm{d}\rho\\&= \mu a^4\int_0^{\frac{\pi}{4}}\cos^2 2\theta\cos^2\theta\mathrm{d}\theta = \mu a^4\int_0^{\frac{\pi}{4}}\cos^2 2\theta\,\frac{1+\cos2\theta}{2}\mathrm{d}\theta\\&= \frac{1}{2}\mu a^4\int_0^{\frac{\pi}{4}}(\cos^2 2\theta + \cos^3 2\theta)\mathrm{d}\theta\quad(令\ t = 2\theta)\\&= \frac{1}{4}\mu a^4\int_0^{\frac{\pi}{2}}(\cos^2 t + \cos^3 t)\mathrm{d}t = \frac{1}{4}\mu a^4\left(\frac{\pi}{4}+\frac{2}{3}\right),\end{aligned}$$

$$\begin{aligned}I_O &= \iint_D (x^2+y^2)\mu\mathrm{d}\sigma = 4\mu\int_0^{\frac{\pi}{4}}\mathrm{d}\theta\int_0^{a\sqrt{\cos2\theta}}\rho^3\mathrm{d}\rho\\&= \mu a^4\int_0^{\frac{\pi}{4}}\cos^2 2\theta\mathrm{d}\theta = \frac{1}{8}\pi\mu a^4.\end{aligned}$$

例 9　设摆线一拱 $x = a(t-\sin t), y = a(1-\cos t)(a>0, 0\leqslant t\leqslant 2\pi)$ 与 x 轴围成一均匀薄片，求该薄片对 x 轴的转动惯量.

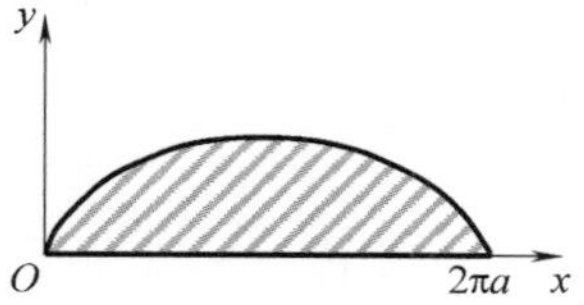

图　8-45

解　薄片的图形如图 8-45 所示，设摆线的直角坐标方程为 $y=y(x)$，薄片的面密度为 μ，则

$$\begin{aligned}I_x &= \iint_D y^2\mu\mathrm{d}\sigma = \mu\int_0^{2\pi a}\mathrm{d}x\int_0^{y(x)}y^2\mathrm{d}y\\&= \frac{1}{3}\mu\int_0^{2\pi a}y^3(x)\mathrm{d}x\quad[令\ x = a(t-\sin t)，则\ y = a(1-\cos t)]\\&= \frac{1}{3}\mu\int_0^{2\pi}[a(1-\cos t)]^3\mathrm{d}a(t-\sin t)\\&= \frac{1}{3}\mu a^4\int_0^{2\pi}(1-\cos t)^4\mathrm{d}t = \frac{1}{3}\mu a^4\int_0^{2\pi}\left(2\sin^2\frac{t}{2}\right)^4\mathrm{d}t\end{aligned}$$

$$= \frac{16}{3}\mu a^4 \int_0^{2\pi} \sin^8 \frac{t}{2} \mathrm{d}t \quad \left(令\ v = \frac{t}{2} \right)$$

$$= \frac{32}{3}\mu a^4 \int_0^{\pi} \sin^8 v \mathrm{d}v = \frac{35}{12}\pi\mu a^4.$$

例 10　设 V 是曲面 $z = x^2 + y^2$ 和平面 $z = 2x$ 所围成的物体，如果其上任一点 (x, y, z) 处的密度为 $\mu = y^2$，求该物体对 z 轴的转动惯量.

解　立体如图 8-46 所示，由 $\begin{cases} z = x^2 + y^2, \\ z = 2x, \end{cases}$ 消去 z 得 $x^2 + y^2 = 2x$，此即 V 在 xOy 面上投影区域 D_{xy} 的边界曲线，

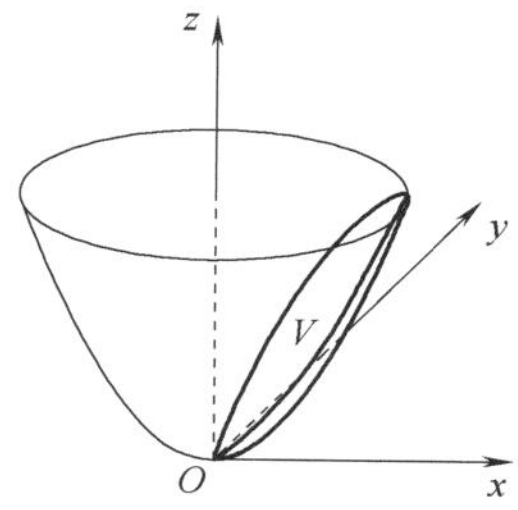

图　8-46

$$I_z = \iiint_V (x^2 + y^2) y^2 \mathrm{d}V$$

$$= 2\int_0^{\frac{\pi}{2}} \mathrm{d}\theta \int_0^{2\cos\theta} \rho \mathrm{d}\rho \int_{\rho^2}^{2\rho\cos\theta} \rho^2 \cdot \rho^2 \sin^2\theta \mathrm{d}z$$

$$= 2\int_0^{\frac{\pi}{2}} \mathrm{d}\theta \int_0^{2\cos\theta} (2\rho^6 \sin^2\theta\cos\theta - \rho^7 \sin^2\theta) \mathrm{d}\rho$$

$$= 2\int_0^{\frac{\pi}{2}} \left(\frac{256}{7}\sin^2\theta\cos^8\theta - 32\sin^2\theta\cos^8\theta \right) \mathrm{d}\theta$$

$$= \frac{64}{7}\int_0^{\frac{\pi}{2}} \sin^2\theta\cos^8\theta \mathrm{d}\theta = \frac{64}{7}\int_0^{\frac{\pi}{2}} (\cos^8\theta - \cos^{10}\theta) \mathrm{d}\theta = \frac{\pi}{8}.$$

四、引力

现在我们来讨论空间物体对其体外一质点的引力.

设物体占有空间有界闭区域 V（见图 8-47），其上任一点 (x, y, z) 处的密度为 $\mu(x, y, z)$，$P(a, b, c)$ 是物体外一质量为 m 的质点，下面求物体 V 对质点 P 的引力 $\boldsymbol{F}$.

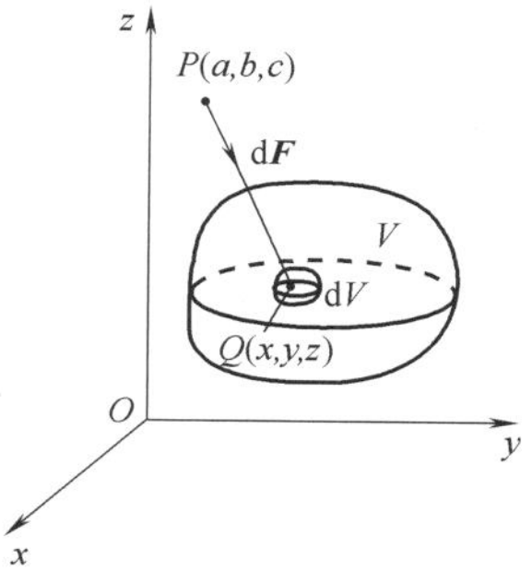

图　8-47

在 V 上任取一具有代表性的小区域 $\mathrm{d}V$，在 $\mathrm{d}V$ 上任取一点 $Q(x, y, z)$，当 $\mathrm{d}V$ 的直径很小时，可以将其近似地看成集中在点 Q 处的质量为 $\mathrm{d}M = \mu(x, y, z)\mathrm{d}V$ 的质点. 根据万有引力定律，$\mathrm{d}V$ 对质点 P 的引力的大小近似地等于

$$|\mathrm{d}\boldsymbol{F}| = G\frac{m \cdot \mu(x, y, z)\mathrm{d}V}{r^2},$$

其中 $r = \sqrt{(x-a)^2 + (y-b)^2 + (z-c)^2}$，于是

$$\mathrm{d}\boldsymbol{F} = |\mathrm{d}\boldsymbol{F}| \mathrm{d}\boldsymbol{F}^0 = |\mathrm{d}\boldsymbol{F}| \overrightarrow{PQ}^0,$$

由于 $\overrightarrow{PQ}^0 = \dfrac{\overrightarrow{PQ}}{|\overrightarrow{PQ}|} = \dfrac{\{x-a, y-b, z-c\}}{r} = \left\{ \dfrac{x-a}{r}, \dfrac{y-b}{r}, \dfrac{z-c}{r} \right\}$，

故　$$\mathrm{d}\boldsymbol{F} = G\frac{m\mu(x, y, z)\mathrm{d}V}{r^3}\{x-a, y-b, z-c\},$$

如果设 d$\boldsymbol{F}$ 在三个坐标轴上的分量分别为 dF_x，dF_y，dF_z，即设d$\boldsymbol{F}$=$\{dF_x, dF_y, dF_z\}$，则与上式对比即可得到 dF_x，dF_y，dF_z 的表达式，分别在区域 V 上积分得

$$F_x = \iiint_V Gm\frac{(x-a)\mu(x,y,z)}{r^3}dV,$$

$$F_y = \iiint_V Gm\frac{(y-b)\mu(x,y,z)}{r^3}dV,$$

$$F_z = \iiint_V Gm\frac{(z-c)\mu(x,y,z)}{r^3}dV,$$

于是得

$$\boldsymbol{F}=\{F_x, F_y, F_z\}.$$

如果将上述空间立体 V 换成位于 xOy 面上的平面薄片 D，假定其上任一点(x,y)处的面密度为 $\mu(x,y)$，则求 D 对于质点 $P(a,b,c)$的引力的方法与上面类似，只要将上面求 F_x，F_y，F_z 的积分换成求区域 D 上的二重积分，并将被积函数中的密度函数换成 $\mu(x,y)$即可.

例 11 设有一半径为 R 的薄圆片，其面密度为 $\mu=1$，过薄片的中心且垂直于薄片的直线上有一单位质点 A，它与薄片的距离为 a，求薄片对质点 A 的引力.

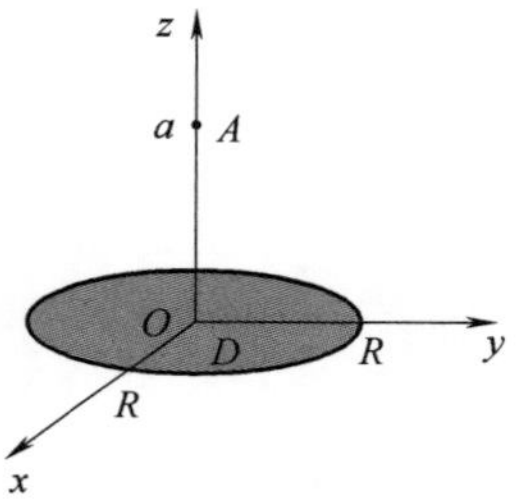

图 8-48

解 如图 8-48 所示建立坐标系，由 D 的对称性及质量分布的均匀性，得

$$F_x=0,\quad F_y=0,$$

又在 D 上 $z\equiv 0$，故

$$\begin{aligned}F_z &= \iint_D G\frac{0-a}{[x^2+y^2+(0-a)^2]^{\frac{3}{2}}}d\sigma \\ &= -aG\int_0^{2\pi}d\theta\int_0^R\frac{\rho}{(a^2+\rho^2)^{\frac{3}{2}}}d\rho \\ &= -2\pi aG\cdot\frac{1}{2}\int_0^R\frac{d(a^2+\rho^2)}{(a^2+\rho^2)^{\frac{3}{2}}} \\ &= 2\pi aG\frac{1}{(a^2+\rho^2)^{\frac{1}{2}}}\Bigg|_0^R = 2\pi aG\left(\frac{1}{\sqrt{a^2+R^2}}-\frac{1}{a}\right),\end{aligned}$$

于是

$$\boldsymbol{F}=\left\{0,0,2\pi aG\left(\frac{1}{\sqrt{a^2+R^2}}-\frac{1}{a}\right)\right\}.$$

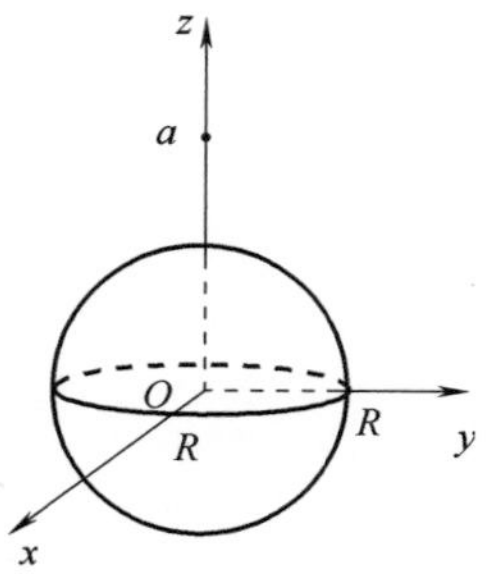

图 8-49

例 12 求半径为 R 的均匀球体 V: $x^2+y^2+z^2\leqslant R^2$ 对位于点 $P(0,0,a)(a>R)$处的单位质点的引力.

解 如图 8-49 所示建立坐标系，设球的密度为 μ，由球体的对称性及质量分布的均匀性，有

$$F_x=0,\quad F_y=0,$$

$$F_z=\iiint\limits_V G\frac{\mu(z-a)}{[x^2+y^2+(z-a)^2]^{\frac{3}{2}}}\mathrm{d}V$$

$$=G\mu\int_0^{2\pi}\mathrm{d}\theta\int_0^{\pi}\mathrm{d}\varphi\int_0^R\frac{r\cos\varphi-a}{(r^2-2ar\cos\varphi+a^2)^{\frac{3}{2}}}r^2\sin\varphi\mathrm{d}r$$

$$=2\pi G\mu\int_0^R\mathrm{d}r\int_0^{\pi}\frac{r\cos\varphi-a}{(r^2-2ar\cos\varphi+a^2)^{\frac{3}{2}}}r^2\sin\varphi\mathrm{d}\varphi,$$

令 $r^2-2ar\cos\varphi+a^2=t^2(t>0)$，则 $2ar\sin\varphi\mathrm{d}\varphi=2t\mathrm{d}t$，

$r\sin\varphi\mathrm{d}\varphi=\dfrac{t}{a}\mathrm{d}t, r\cos\varphi=\dfrac{r^2+a^2-t^2}{2a}$，于是得

$$F_z=2\pi G\mu\int_0^R\mathrm{d}r\int_{a-r}^{a+r}\frac{r^2+a^2-t^2-2a^2}{t^3 2a}r\cdot\frac{t}{a}\mathrm{d}t$$

$$=\frac{\pi G\mu}{a^2}\int_0^R r\mathrm{d}r\int_{a-r}^{a+r}\frac{r^2-a^2-t^2}{t^2}\mathrm{d}t$$

$$=\frac{\pi G\mu}{a^2}\int_0^R r\left[(r^2-a^2)\left(-\frac{1}{t}\right)-t\right]\Bigg|_{a-r}^{a+r}\mathrm{d}r$$

$$=-\frac{4\pi G\mu}{a^2}\int_0^R r^2\mathrm{d}r=-\frac{4\pi G\mu R^3}{3a^2},$$

因此所求引力为

$$\boldsymbol{F}=\left\{0,0,-\frac{4\pi G\mu R^3}{3a^2}\right\}.$$

习题 8-4

1. 求下列曲面的面积.
   (1) 平面 $3x+2y+z=1$ 被椭圆柱面 $2x^2+y^2=1$ 截下的部分；
   (2) 锥面 $z=\sqrt{x^2+y^2}$ 被柱面 $z^2=2x$ 截下的部分；
   (3) 双曲抛物面 $z=xy$ 被柱面 $x^2+y^2=R^2$ 所截下部分；
   (4) 圆柱面 $x^2+y^2=R^2$ 被平面 $x+z=0, x-z=0$ $(x>0, y>0)$ 所截部分；
   (5) 球面 $x^2+y^2+z^2=3a^2$ 和抛物面 $x^2+y^2=2az$ $(z\geqslant 0)$ 所围区域的边界曲面；
   (6) 锥面 $z=\sqrt{x^2+y^2}$ 被柱面 $(x^2+y^2)^2=a^2(x^2-y^2)$ 所截下部分；
   (7) 球面 $x^2+y^2+z^2=R^2$ 夹在平面 $z=\dfrac{R}{4}$ 与 $z=\dfrac{R}{2}$ 之间的部分；
   (8) 圆柱面 $x^2+y^2=R^2$ 与 $x^2+z^2=R^2$ 所围立体的表面.
2. 设一半圆形薄片：$x^2+y^2\leqslant 2ax(y\geqslant 0)$，其上任一点的面密度 $\mu(x,y)=\sqrt{4a^2-x^2-y^2}$，求该薄片的质量.
3. 求下列物体的质量.
   (1) 球体 $V: x^2+y^2+z^2\leqslant R^2$，其上任一点的密度与该点到球心的距离成正比；
   (2) 长方体：$|x|\leqslant a, |y|\leqslant a, |z|\leqslant\dfrac{a}{8}(a>0)$，其上任一点的密度与该点到 z 轴的距离的平方成正比，且在角上的密度为 1.
4. 求下列平面薄片 D 的形心.
   (1) D 由 $y=\sqrt{2x}, x=a(a>0), y=0$ 围成；
   (2) D 由心形线 $\rho=1+\cos\theta$ 围成；
   (3) D 由双纽线 $\rho^2=2\cos 2\theta$ 的右边一支围成；
   (4) $D: a\cos\theta\leqslant\rho\leqslant b\cos\theta(0<a<b)$；
   (5) D 由摆线 $x=a(t-\sin t), y=a(1-\cos t)(0\leqslant t\leqslant 2\pi)$ 与 x 轴围成.

5. 质量均匀分布的薄片在 xOy 面上所占区域 D 是在半径为 R 的半圆的直径上拼接一个长为 $2R$ 的矩形，要使 D 的质心在圆心处，矩形的宽应为多少？

6. 设平面薄片 D 由抛物线 $y=x^2$ 与直线 $y=x$ 所围成，它在点 (x,y) 处的面密度 $\mu(x,y)=x^2y$，求该薄片的质心.

7. 求下列物体 V 的形心.

(1) $V=\{(x,y,z)\mid x^2+y^2\leqslant 2z, x^2+y^2+z^2\leqslant 3\}$；

(2) $V=\{(x,y,z)\mid 0\leqslant z\leqslant x^2+y^2, x\geqslant 0, y\geqslant 0, x+y\leqslant 1\}$；

(3) $V=\{(x,y,z)\mid x^2+y^2+z^2\geqslant 1, x^2+y^2+z^2\leqslant 16, z\geqslant \sqrt{x^2+y^2}\}$；

(4) V 由曲面 $x^2+z=1, y^2+z=1, z=0$ 所围成.

8. 求下列物体 V 的质心.

(1) V：$\sqrt{x^2+y^2}\leqslant z\leqslant H$，其上任一点 (x,y,z) 处的密度 $\mu(x,y,z)=1+x^2+y^2$；

(2) V：$x^2+y^2+z^2\leqslant 2az(a>0)$，其上任一点的密度与该点到原点的距离成反比.

9. 求下列均匀薄片 D 或均匀物体 V 对指定直线或点的转动惯量.

(1) $D=\{(x,y)\mid 0\leqslant x\leqslant a, 0\leqslant y\leqslant b\}$，求 I_x, I_y, I_O；

(2) D 由抛物线 $y^2=\dfrac{9}{2}x$ 与直线 $x=2$ 围成，求 I_x, I_y；

(3) $D=\left\{(x,y)\,\middle|\, \dfrac{x^2}{a^2}+\dfrac{y^2}{b^2}\leqslant 1\right\}$，求 I_y；

(4) D 由抛物线 $y=x^2$ 与直线 $y=1$ 围成，求 D 对直线 $y=-1$ 的转动惯量；

(5) D 由直线 $y=x, y=2x, y=1$ 围成，求 I_O；

(6) V 是底半径为 R、高为 H 的圆柱体，求 V 对其一条母线的转动惯量；

(7) V 由曲面 $z=x^2+y^2$ 和平面 $z=0, |x|=a, |y|=a$ 围成，求 I_z；

(8) $V=\{(x,y,z)\mid x^2+y^2+z^2\leqslant 2, x^2+y^2\geqslant z^2\}$，求 I_z.

10. 设一薄片 D 由 $y=e^x, y=0, x=0, x=2$ 所围成，其面密度为 $\mu(x,y)=xy$，求 I_x, I_y.

11. 设 V 是由曲面 $z=x^2+y^2$ 和平面 $z=2x$ 所围成的物体，其上任意一点的密度等于该点到 xOz 面距离的平方，求 I_z.

12. 设物体对直线 L 的转动惯量为 I_L，对通过质心 C 且平行 L 的直线 L_C 的转动惯量为 I_C，L_C 与 L 的距离为 a，试证：$I_L=I_C+Ma^2$，其中 M 为物体的质量，这一公式称为平行轴定理.

13. 求高为 h、半顶角为 α 的均匀直圆锥体对位于其顶点的一单位质点的引力.

14. 设均匀物体 $V=\{(x,y,z)\mid x^2+y^2\leqslant R^2, -h\leqslant z\leqslant 0\}$，求 V 对位于点 $(0,0,a)(a>0)$ 处质量为 m 的质点的引力.

15. 设半圆环薄片 D：$a^2\leqslant x^2+y^2\leqslant b^2(y\geqslant 0)$ 的面密度 $\mu(x,y)=y$，求 D 对位于原点处质量为 m 的质点的引力.

16. 设 V 是由曲面 $x^2+y^2=4, x^2+y^2=9$ 和平面 $z=0, z=4$ 围成的均匀物体，求 V 对位于原点的质量为 m 的质点的引力.

第五节 重积分的换元法及含参变量的积分

一、重积分的换元法

我们知道，定积分的换元法在定积分的计算中起了重要的作用. 重积分的计算也有类似的换元法，利用极坐标计算二重积分以及利用柱坐标或球坐标计算三重积分实际上都属于重积分的换元法. 下面分别给出二重积分与三重积分的一般换元法.

1. 二重积分的换元法

定理 1 设函数 $f(x,y)$ 在平面有界闭区域 D 上连续，做变换 $x=x(u,v)$，$y=y(u,v)$，设 $x(u,v)$，$y(u,v)$ 在 uOv 面上的区域 D' 上有一阶连续偏导数，其雅可比行列式 $J=\dfrac{\partial(x,y)}{\partial(u,v)}\neq 0$，且此变换将区域 D' 变成 xOy 面上的区域 D，则有换元公式

$$\boxed{\iint_D f(x,y)\mathrm{d}x\mathrm{d}y=\iint_{D'} f(x(u,v),y(u,v))\,|J|\,\mathrm{d}u\mathrm{d}v.} \tag{1}$$

证 由定理的假设及隐函数存在定理可知变换 $x=x(u,v)$，$y=y(u,v)$ 唯一确定隐函数 $u=u(x,y)$，$v=v(x,y)$，因此区域 D 上的点 (x,y) 与区域 D' 上的点 (u,v) 有一一对应关系. 由于 $f(x(u,v),y(u,v))|J|$ 在 D' 上连续，故在 D' 上可积. 用 uOv 面上两组坐标线将 D' 分成若干个小区域，设 $\Delta\sigma'$ 是其中一个有代表性的小区域(见图 8-50a)，是由坐标线 L_1'，L_2'，L_3'，L_4' 所围成的. 在变换 $x=x(u,v)$，$y=y(u,v)$ 下，直线 $u=C$ 对应于 xOy 面上的曲线 $\begin{cases}x=x(C,v),\\ y=y(C,v),\end{cases}$ 同样，uOv 面上的直线 $v=C$ 也对应于 xOy 面上的曲线. 设 $\Delta\sigma'$ 对应 xOy 面上的小区域 $\Delta\sigma$(见图 8-50b)，uOv 面上的坐标线 L_1'，L_2'，L_3'，L_4' 分别对应于 xOy 面上的曲线 L_1，L_2，L_3，L_4，uOv 面上的点 P_1'，P_2'，P_3'，P_4' 分别对应于 xOy 面上的点 P_1，P_2，P_3，P_4，则有 $P_1(x(u,v),y(u,v))$，$P_2(x(u+\Delta u,v),y(u+\Delta u,v))$，

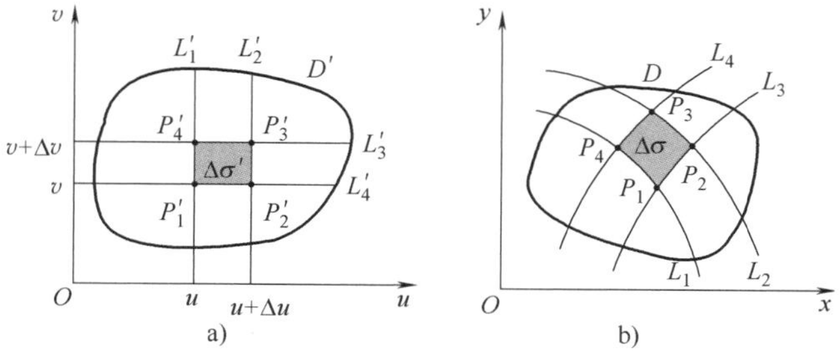

图 8-50

$P_4(x(u,v+\Delta v),y(u,v+\Delta v))$，当 Δu，Δv 都很小时，小区域 $\Delta\sigma$ 的面积近似地等于以 $\overrightarrow{P_1P_2}$，$\overrightarrow{P_1P_4}$ 为边的平行四边形的面积，即

$$\Delta\sigma\approx|\overrightarrow{P_1P_2}\times\overrightarrow{P_1P_4}|.$$

由于

$$\overrightarrow{P_1P_2}=\{x(u+\Delta u,v)-x(u,v),y(u+\Delta u,v)-y(u,v)\}$$
$$\approx\left\{\frac{\partial x}{\partial u}\Delta u,\frac{\partial y}{\partial u}\Delta u\right\},$$

$$\overrightarrow{P_1P_4}=\{x(u,v+\Delta v)-x(u,v),y(u,v+\Delta v)-y(u,v)\}$$
$$\approx\left\{\frac{\partial x}{\partial v}\Delta v,\frac{\partial y}{\partial v}\Delta v\right\},$$

于是

$$|\overrightarrow{P_1P_2}\times\overrightarrow{P_1P_4}|=\left\|\begin{matrix} \boldsymbol{i} & \boldsymbol{j} & \boldsymbol{k} \\ \frac{\partial x}{\partial u}\Delta u & \frac{\partial y}{\partial u}\Delta u & 0 \\ \frac{\partial x}{\partial v}\Delta v & \frac{\partial y}{\partial v}\Delta v & 0 \end{matrix}\right\|=\left\|\begin{matrix} \frac{\partial x}{\partial u} & \frac{\partial y}{\partial u} \\ \frac{\partial x}{\partial v} & \frac{\partial y}{\partial v} \end{matrix}\right\|\Delta u\Delta v$$
$$=|J|\Delta u\Delta v,$$

从而有
$$\mathrm{d}\sigma=|J|\mathrm{d}u\mathrm{d}v,$$
因此得到
$$\iint\limits_{D} f(x,y)\mathrm{d}x\mathrm{d}y=\iint\limits_{D'} f(x(u,v),y(u,v))|J|\mathrm{d}u\mathrm{d}v.$$

这里我们要指出，如果雅可比行列式 J 只在 D' 内个别点上或某条曲线上为零，而在其他点处都不为零，则上述二重积分的换元公式仍成立. 这个换元公式告诉我们，要把 xOy 面上的二重积分变成 uOv 面上的二重积分，只要把被积函数中的 x,y 用变换函数 $x(u,v),y(u,v)$ 代入，把面积元素 $\mathrm{d}x\mathrm{d}y$ 换为 $|J|\mathrm{d}u\mathrm{d}v$，把积分域 D 换成 D' 即可.

有了一般换元公式(1)，前面所述将直角坐标系中的二重积分化为极坐标系中的二重积分的公式只不过是公式(1)的一个特例而已. 事实上，在变换
$$x=\rho\cos\theta,y=\rho\sin\theta$$
下，雅可比行列式
$$J=\begin{vmatrix} \frac{\partial x}{\partial \rho} & \frac{\partial x}{\partial \theta} \\ \frac{\partial y}{\partial \rho} & \frac{\partial y}{\partial \theta} \end{vmatrix}=\begin{vmatrix} \cos\theta & -\rho\sin\theta \\ \sin\theta & \rho\cos\theta \end{vmatrix}=\rho,$$
从而有
$$\iint\limits_{D} f(x,y)\mathrm{d}x\mathrm{d}y=\iint\limits_{D'} f(\rho\cos\theta,\rho\sin\theta)\rho\mathrm{d}\rho\mathrm{d}\theta.$$

类似地，对广义极坐标变换 $x=a\rho\cos\theta,y=b\rho\sin\theta$，
$$J=\begin{vmatrix} \frac{\partial x}{\partial \rho} & \frac{\partial x}{\partial \theta} \\ \frac{\partial y}{\partial \rho} & \frac{\partial y}{\partial \theta} \end{vmatrix}=\begin{vmatrix} a\cos\theta & -a\rho\sin\theta \\ b\sin\theta & b\rho\cos\theta \end{vmatrix}=ab\rho,$$
于是
$$\iint\limits_{D} f(x,y)\mathrm{d}x\mathrm{d}y=\iint\limits_{D} f(a\rho\cos\theta,b\rho\sin\theta)ab\rho\mathrm{d}\rho\mathrm{d}\theta.$$

例 1　计算 $\iint\limits_D e^{\frac{y-x}{y+x}}\mathrm{d}x\mathrm{d}y$，其中 D 是由直线 $x+y=2$ 与 x 轴、y 轴所围成的区域.

解 1　由于被积函数无论对 x 还是对 y 都不易积分，因此做变换. 令 $y-x=u, y+x=v$，即 $x=\dfrac{v-u}{2}, y=\dfrac{v+u}{2}$，则

$$J=\frac{\partial(x,y)}{\partial(u,v)}=\begin{vmatrix}-\frac{1}{2} & \frac{1}{2}\\ \frac{1}{2} & \frac{1}{2}\end{vmatrix}=-\frac{1}{2}.$$

由于 $x+y=2$ 对应 $v=2$，$x=0$ 对应 $u=y, v=y$，即 $u=v$，$y=0$ 对应 $u=-x, v=x$，即 $u=-v$，故变换将 xOy 面上的区域 D（见图 8-51a）变成 uOv 面上的区域 D'（见图 8-51b），因此得

$$\begin{aligned}\iint\limits_D e^{\frac{y-x}{y+x}}\mathrm{d}x\mathrm{d}y &= \iint\limits_{D'} e^{\frac{u}{v}}\left|-\frac{1}{2}\right|\mathrm{d}u\mathrm{d}v\\ &=\frac{1}{2}\int_0^2\mathrm{d}v\int_{-v}^{v}e^{\frac{u}{v}}\mathrm{d}u\\ &=\frac{1}{2}\int_0^2 v\left(e-\frac{1}{e}\right)\mathrm{d}v=e-\frac{1}{e}.\end{aligned}$$

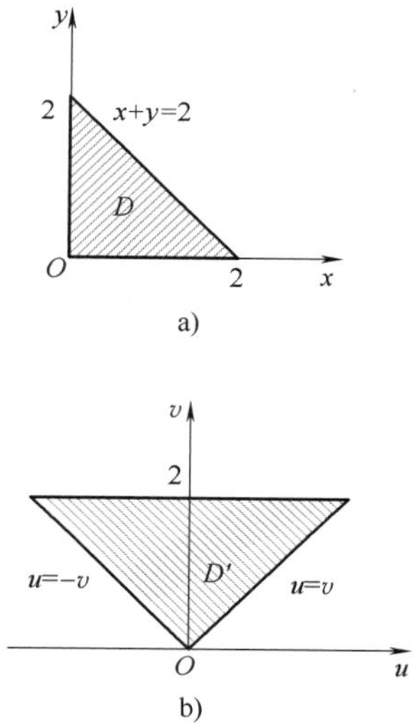

图　8-51

解 2　利用极坐标变换 $x=\rho\cos\theta, y=\rho\sin\theta$，则 $x+y=2$ 变成 $\rho(\sin\theta+\cos\theta)=2$，即 $\rho=\dfrac{2}{\sin\theta+\cos\theta}$，于是得

$$\begin{aligned}\iint\limits_D e^{\frac{y-x}{y+x}}\mathrm{d}x\mathrm{d}y &= \int_0^{\frac{\pi}{2}}\mathrm{d}\theta\int_0^{\frac{2}{\sin\theta+\cos\theta}} e^{\frac{\sin\theta-\cos\theta}{\sin\theta+\cos\theta}}\rho\,\mathrm{d}\rho\\ &=\int_0^{\frac{\pi}{2}} e^{\frac{\sin\theta-\cos\theta}{\sin\theta+\cos\theta}}\frac{2}{(\sin\theta+\cos\theta)^2}\mathrm{d}\theta\\ &=\int_0^{\frac{\pi}{2}} e^{\frac{\sin\theta-\cos\theta}{\sin\theta+\cos\theta}}\mathrm{d}\left(\frac{\sin\theta-\cos\theta}{\sin\theta+\cos\theta}\right)=e^{\frac{\sin\theta-\cos\theta}{\sin\theta+\cos\theta}}\Big|_0^{\frac{\pi}{2}}=e-\frac{1}{e}.\end{aligned}$$

例 2　求由抛物线 $y^2=x, y^2=2x$ 及双曲线 $xy=2, xy=3$ 所围区域的面积.

解　$A=\iint\limits_D\mathrm{d}x\mathrm{d}y$，

其中 D 如图 8-52a 所示. 为计算简单，做变换 $\dfrac{y^2}{x}=u, xy=v$，即 $x=u^{-\frac{1}{3}}v^{\frac{2}{3}}, y=u^{\frac{1}{3}}v^{\frac{1}{3}}$，

则

$$J=\begin{vmatrix}-\frac{1}{3}u^{-\frac{4}{3}}v^{\frac{2}{3}} & \frac{2}{3}u^{-\frac{1}{3}}v^{-\frac{1}{3}}\\ \frac{1}{3}u^{-\frac{2}{3}}v^{\frac{1}{3}} & \frac{1}{3}u^{\frac{1}{3}}v^{-\frac{2}{3}}\end{vmatrix}=\frac{-1}{3u},$$

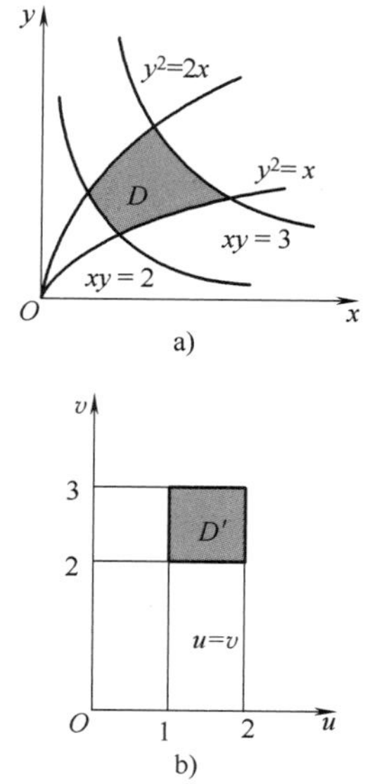

图　8-52

由于 $y^2=x$ 与 $y^2=2x$ 分别对应 $u=1$ 和 $u=2$，$xy=2$ 与 $xy=3$ 分

别对应 $v=2$ 和 $v=3$，故得区域 D' 如图 8-52b 所示，因此

$$A=\iint\limits_{D'}\left|\frac{-1}{3u}\right|\mathrm{d}u\mathrm{d}v=\int_1^2\frac{1}{3u}\mathrm{d}u\int_2^3\mathrm{d}v=\frac{1}{3}\ln 2.$$

例 3 求曲线 $\left(\frac{x^2}{a^2}+\frac{y^2}{b^2}\right)^2=\frac{xy}{c^2}$ 所围图形的面积.

解 利用广义极坐标计算. 令 $x=a\rho\cos\theta$，$y=b\rho\sin\theta$，则 $|J|=ab\rho$，曲线方程变为 $\rho^4=\frac{ab\rho^2\sin\theta\cos\theta}{c^2}$，即 $\rho^2=\frac{ab}{c^2}\sin\theta\cos\theta$，因而区域 D' 的图形如图 8-53 所示，所求面积为

$$\begin{aligned}A&=\iint\limits_{D}\mathrm{d}x\mathrm{d}y=\iint\limits_{D'}ab\rho\mathrm{d}\theta\mathrm{d}\rho\\&=2ab\int_0^{\frac{\pi}{2}}\mathrm{d}\theta\int_0^{\frac{1}{c}\sqrt{ab\sin\theta\cos\theta}}\rho\mathrm{d}\rho\\&=\frac{a^2b^2}{c^2}\int_0^{\frac{\pi}{2}}\sin\theta\cos\theta\mathrm{d}\theta=\frac{a^2b^2}{2c^2}.\end{aligned}$$

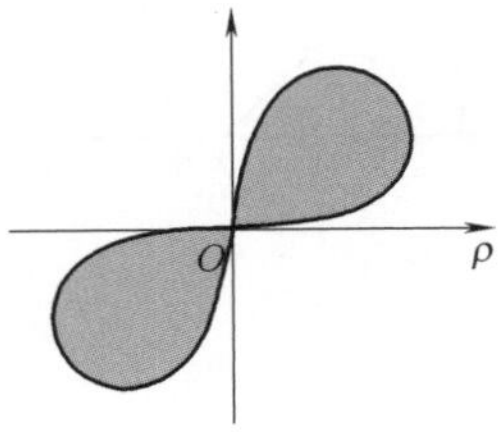

图 8-53

2. 三重积分的换元法

类似于二重积分的情况，我们可以得出三重积分的换元法则.

定理 2 设 $f(x,y,z)$ 在空间有界闭区域 V 上连续，变换 $x=x(u,v,w)$，$y=y(u,v,w)$，$z=z(u,v,w)$ 将 $Ouvw$ 空间中的区域 V' 变成 $Oxyz$ 空间中的区域 V，若上述变换函数在区域 V' 上有一阶连续偏导数，且在 V' 上雅可比行列式

$$J=\frac{\partial(x,y,z)}{\partial(u,v,w)}=\begin{vmatrix}\frac{\partial x}{\partial u}&\frac{\partial x}{\partial v}&\frac{\partial x}{\partial w}\\\frac{\partial y}{\partial u}&\frac{\partial y}{\partial v}&\frac{\partial y}{\partial w}\\\frac{\partial z}{\partial u}&\frac{\partial z}{\partial v}&\frac{\partial z}{\partial w}\end{vmatrix}\neq 0,$$

则有变换公式

$$\begin{aligned}&\iiint\limits_{V}f(x,y,z)\mathrm{d}x\mathrm{d}y\mathrm{d}z\\=&\iiint\limits_{V'}f(x(u,v,w),y(u,v,w),\\&z(u,v,w))\,|J|\,\mathrm{d}u\mathrm{d}v\mathrm{d}w.\end{aligned}$$

当雅可比行列式在 V' 的个别点处或某条曲线或某张曲面上等于零，而在其他点都不等于零时，上述三重积分的换元公式仍成立.

前面所讲的把直角坐标系中的三重积分化成柱坐标系或球坐标系中的三重积分都是上述换元公式的特例. 事实上，在柱坐标变换下，$x=\rho\cos\theta$，$y=\rho\sin\theta$，$z=z$，有

$$J=\frac{\partial(x,y,z)}{\partial(\rho,\theta,z)}=\begin{vmatrix}\cos\theta & -\rho\sin\theta & 0\\ \sin\theta & \rho\cos\theta & 0\\ 0 & 0 & 1\end{vmatrix}=\rho,$$

因此有

$$\iiint_V f(x,y,z)\mathrm{d}x\mathrm{d}y\mathrm{d}z=\iiint_V f(\rho\cos\theta,\rho\sin\theta,z)\rho\mathrm{d}\theta\mathrm{d}\rho\mathrm{d}z.$$

在球坐标变换下，$x=r\cos\theta\sin\varphi, y=r\sin\theta\sin\varphi, z=r\cos\varphi$，有

$$J=\frac{\partial(x,y,z)}{\partial(r,\theta,\varphi)}=\begin{vmatrix}\cos\theta\sin\varphi & -r\sin\theta\sin\varphi & r\cos\theta\cos\varphi\\ \sin\theta\sin\varphi & r\cos\theta\sin\varphi & r\sin\theta\cos\varphi\\ \cos\varphi & 0 & -r\sin\varphi\end{vmatrix}=-r^2\sin\varphi,$$

因此有

$$\iiint_V f(x,y,z)\mathrm{d}x\mathrm{d}y\mathrm{d}z=\iiint_{V'} f(r\cos\theta\sin\varphi,r\sin\theta\sin\varphi,r\cos\varphi)r^2\sin\varphi\mathrm{d}r\mathrm{d}\theta\mathrm{d}\varphi.$$

同样可以推出广义柱坐标与广义球坐标的变换公式.

例 4 计算 $\iiint_V z\,\mathrm{d}x\mathrm{d}y\mathrm{d}z$，其中

$$V=\left\{(x,y,z)\,\middle|\,\frac{x^2}{a^2}+\frac{y^2}{b^2}+\frac{z^2}{c^2}\leqslant 1, z\geqslant 0\right\}.$$

解 做广义球坐标变换

$$x=ar\cos\theta\sin\varphi, y=br\sin\theta\sin\varphi, z=cr\cos\varphi,$$

它将区域 V 变成 $V': r\leqslant 1, 0\leqslant\theta\leqslant 2\pi, 0\leqslant\varphi\leqslant\frac{\pi}{2}$，且不难求得

$$|J|=abcr^2\sin\varphi,$$

故

$$\begin{aligned}\iiint_V z\,\mathrm{d}x\mathrm{d}y\mathrm{d}z&=\int_0^{2\pi}\mathrm{d}\theta\int_0^{\frac{\pi}{2}}\mathrm{d}\varphi\int_0^1 cr\cos\varphi\cdot abcr^2\sin\varphi\mathrm{d}r\\&=2\pi abc^2\int_0^{\frac{\pi}{2}}\sin\varphi\cos\varphi\mathrm{d}\varphi\int_0^1 r^3\mathrm{d}r=\frac{1}{4}\pi abc^2.\end{aligned}$$

二、含参变量的积分

在许多问题所遇到的积分中，其被积函数除依赖于积分变量外可能还依赖于其他的变量. 例如在变力沿直线做功的问题中，如果变力 f 不仅与位移 x 有关，还与时间 t 有关，即 $f=f(x,t)$，则物体在此力作用下由 $x=a$ 移到 $x=b$ 所做的功为 $W=\int_a^b f(x,t)\mathrm{d}x$.

一般地，设函数 $f(x,y)$ 在区域 $D=\{(x,y)\mid a\leqslant x\leqslant b, c\leqslant y\leqslant d\}$ 上连续，则对 $y\in[c,d]$，积分

$$F(y)=\int_a^b f(x,y)\mathrm{d}x$$

存在，且随 y 的变化而变化，我们将此积分称为含参变量 y 的积分，它是 y 的函数. 同样，对 $x\in[a,b]$，积分

$$G(x)=\int_c^d f(x,y)\mathrm{d}y$$

称为含参变量 x 的积分，它是 x 的函数.

下面对含参变量 y 的积分 $F(y)$ 进行讨论，所得结果对 $G(x)$ 也适用.

定理3(连续性)　如果函数 $f(x,y)$ 在闭区域 D:$a\leqslant x\leqslant b$,$c\leqslant y\leqslant d$ 上连续，则 $F(y)=\int_a^b f(x,y)\mathrm{d}x$ 在区间$[c,d]$上连续.

证明从略.

由此定理得 $\lim\limits_{y\to y_0}F(y)=F(y_0)$，即

$$\lim_{y\to y_0}\int_a^b f(x,y)\mathrm{d}x=\int_a^b f(x,y_0)\mathrm{d}x=\int_a^b\lim_{y\to y_0}f(x,y)\mathrm{d}x,$$

这表明，当 $f(x,y)$ 在区域 D 上连续时，求极限与求积分可以交换次序.

定理4(可导性)　如果 $f(x,y)$ 与 $f'_y(x,y)$ 都在区域 D: $a\leqslant x\leqslant b$, $c\leqslant y\leqslant d$ 上连续，则 $F(y)=\int_a^b f(x,y)\mathrm{d}x$ 在区间$[c,d]$上有连续导数，且其导数为

$$F'(y)=\frac{\mathrm{d}}{\mathrm{d}y}\int_a^b f(x,y)\mathrm{d}x=\int_a^b f'_y(x,y)\mathrm{d}x,$$

即求导与积分可交换次序.

证　根据导数定义，

$$\begin{aligned}F'(y)&=\lim_{\Delta y\to 0}\frac{F(y+\Delta y)-F(y)}{\Delta y}\\&=\lim_{\Delta y\to 0}\frac{1}{\Delta y}\left[\int_a^b f(x,y+\Delta y)\mathrm{d}x-\int_a^b f(x,y)\mathrm{d}x\right]\\&=\lim_{\Delta y\to 0}\int_a^b\frac{f(x,y+\Delta y)-f(x,y)}{\Delta y}\mathrm{d}x\text{（利用拉格朗日中值定理）}\\&=\lim_{\Delta y\to 0}\int_a^b f'_y(x,y+\theta\Delta y)\mathrm{d}x\quad(0<\theta<1)\quad\text{（利用定理3）}\\&=\int_a^b\lim_{\Delta y\to 0}f'_y(x,y+\theta\Delta y)\mathrm{d}x=\int_a^b f'_y(x,y)\mathrm{d}x.\end{aligned}$$

定理 5(积分次序交换性) **如果 $f(x,y)$ 在区域 $D: a\leqslant x\leqslant b, c\leqslant y\leqslant d$ 上连续,则**

$$\int_c^d dy\int_a^b f(x,y)dx = \int_a^b dx\int_c^d f(x,y)dy.$$

证 设 $t\in[c,d]$,令

$$I(t) = \int_c^t dy\int_a^b f(x,y)dx - \int_a^b dx\int_c^t f(x,y)dy,$$

则由对变上限积分的导数以及定理 4,有

$$\begin{aligned} I'(t) &= \int_a^b f(x,t)dx - \int_a^b \left(\frac{\partial}{\partial t}\int_c^t f(x,y)dy\right)dx \\ &= \int_a^b f(x,t)dx - \int_a^b f(x,t)dx = 0, \end{aligned}$$

故 $I(t)\equiv C$,又 $I(c)=0$,故 $I(t)\equiv 0$,从而 $I(d)=0$,即定理结论成立.

例 5 求下列函数对参变量 y 的导数.

(1) $\int_0^1 \arctan\frac{x}{y}dx\,(y\neq 0)$; (2) $\int_0^1 \ln(x^2+y^2)dx\,(y\neq 0)$.

解 (1) 根据定理 4,有

$$\begin{aligned} \frac{d}{dy}\int_0^1 \arctan\frac{x}{y}dx &= \int_0^1 \frac{\partial}{\partial y}\arctan\frac{x}{y}dx \\ &= \int_0^1 \frac{1}{1+\left(\frac{x}{y}\right)^2}\left(\frac{-x}{y^2}\right)dx \\ &= \int_0^1 \frac{-x}{x^2+y^2}dx = -\frac{1}{2}\ln(x^2+y^2)\Big|_0^1 \\ &= \frac{1}{2}\ln\frac{y^2}{1+y^2}; \end{aligned}$$

(2)
$$\begin{aligned} \frac{d}{dy}\int_0^1 \ln(x^2+y^2)dx &= \int_0^1 \frac{\partial}{\partial y}\ln(x^2+y^2)dx \\ &= \int_0^1 \frac{2y}{x^2+y^2}dx = 2\arctan\frac{1}{y}. \end{aligned}$$

例 6 计算积分 $\int_0^1 \frac{x^b-x^a}{\ln x}dx\,(a,b>0)$.

解 这个积分难以直接计算,我们可将其化成累次积分,然后利用定理 5 计算. 由于

$$\frac{x^b-x^a}{\ln x} = \frac{x^y}{\ln x}\Big|_{y=a}^{y=b} = \int_a^b x^y dy,$$

故 $$\int_0^1 \frac{x^b - x^a}{\ln x}\mathrm{d}x = \int_0^1 \mathrm{d}x\int_a^b x^y \mathrm{d}y = \int_a^b \mathrm{d}y\int_0^1 x^y \mathrm{d}x$$
$$= \int_a^b \frac{1}{y+1}x^{y+1}\Big|_0^1 \mathrm{d}y = \int_a^b \frac{1}{y+1}\mathrm{d}y = \ln\frac{b+1}{a+1}.$$

有时我们会碰到含参变量的积分，其上、下限也是参变量的函数，即
$$\int_{\varphi_1(y)}^{\varphi_2(y)} f(x,y)\mathrm{d}x.$$
当我们将重积分化成累次积分时就常常碰到这种情况. 将上面积分记成
$$F(y) = G(y,\varphi_1(y),\varphi_2(y)) = \int_{\varphi_1(y)}^{\varphi_2(y)} f(x,y)\mathrm{d}x.$$
下面讨论 $F(y)$ 的连续性与可导性.

定理 6 **如果 $f(x,y)$ 在区域 D: $a\leqslant x\leqslant b, c\leqslant y\leqslant d$ 上连续，$\varphi_1(y)$ 与 $\varphi_2(y)$ 在 $c\leqslant y\leqslant d$ 上连续，并且当 $c\leqslant y\leqslant d$ 时，$a\leqslant \varphi_1(y)\leqslant b$，$a\leqslant\varphi_2(y)\leqslant b$，则 $F(y)$ 在 $c\leqslant y\leqslant d$ 上连续，即当 $y_0\in[c,d]$ 时，**
$$\lim_{y\to y_0}F(y) = F(y_0) = \int_{\varphi_1(y_0)}^{\varphi_2(y_0)} f(x,y_0)\mathrm{d}x.$$

证 对积分做变量代换. 令 $x=\varphi_1(y)+t(\varphi_2(y)-\varphi_1(y))$，$0\leqslant t\leqslant 1$，则
$$F(y) = \int_0^1 f(\varphi_1(y)+t(\varphi_2(y)-\varphi_1(y)),y)(\varphi_2(y)-\varphi_1(y))\mathrm{d}t,$$
由于 $f(x,y)$，$\varphi_1(y)$，$\varphi_2(y)$ 都是连续函数，根据定理 3，$F(y)$ 在 $c\geqslant y\geqslant d$ 上连续.

定理 7 **如果 $f(x,y)$ 与 $f'_y(x,y)$ 都在区域 D: $a\leqslant x\leqslant b, c\leqslant y\leqslant d$ 上连续，当 $c\leqslant y\leqslant d$ 时，$a\leqslant\varphi_1(y)\leqslant b$，$a\leqslant\varphi_2(y)\leqslant b$，且 $\varphi_1(y)$，$\varphi_2(y)$ 可导，则 $F(y)$ 可导，并且**
$$F'(y) = \int_{\varphi_1(y)}^{\varphi_2(y)} f'_y(x,y)\mathrm{d}x + f(\varphi_2(y),y)\varphi'_2(y) - f(\varphi_1(y),y)\varphi'_1(y).$$

证 由多元复合函数求导的链式法则及定理 4，
$$F'(y) = G'_1 + G'_2\cdot\varphi'_1(y) + G'_3\cdot\varphi'_2(y)$$
$$= \int_{\varphi_1(y)}^{\varphi_2(y)} f'_y(x,y)\mathrm{d}x + f(\varphi_2(y),y)\varphi'_2(y) - f(\varphi_1(y),y)\varphi'_1(y).$$

例 7 求 $\lim\limits_{a\to 0}\int_a^{1+a}\frac{\mathrm{d}x}{1+x^2+a^2}$.

解 由定理 6，得

$$\lim_{a\to 0}\int_a^{1+a}\frac{\mathrm{d}x}{1+x^2+a^2}=\int_0^1\frac{\mathrm{d}x}{1+x^2}=\arctan x\Big|_0^1=\frac{\pi}{4}.$$

例 8 求 $F(y)=\int_y^{y^2}\frac{\sin(xy)}{x}\mathrm{d}x$ 的导数.

解 由定理 7,得

$$\begin{aligned}F'(y)&=\int_y^{y^2}\frac{\partial}{\partial y}\left(\frac{\sin(xy)}{x}\right)\mathrm{d}x+\frac{\sin(y^2\cdot y)}{y^2}\cdot 2y-\frac{\sin(y\cdot y)}{y}\cdot 1\\&=\int_y^{y^2}\cos(xy)\mathrm{d}x+\frac{2\sin y^3}{y}-\frac{\sin y^2}{y}\\&=\frac{1}{y}\sin(xy)\Big|_y^{y^2}+\frac{2\sin y^3}{y}-\frac{\sin y^2}{y}\\&=\frac{\sin y^3}{y}-\frac{\sin y^2}{y}+\frac{2\sin y^3}{y}-\frac{\sin y^2}{y}=\frac{3\sin y^3-2\sin y^2}{y}.\end{aligned}$$

习题 8-5

1. 做适当的变换计算下列积分.

(1) $\iint\limits_D x^2y^2\mathrm{d}x\mathrm{d}y$,其中 D 是由曲线 $xy=2,xy=4,y=x,y=3x$ 在第一象限所围成的区域;

(2) $\iint\limits_D\left(\frac{x^2}{a^2}+\frac{y^2}{b^2}\right)\mathrm{d}x\mathrm{d}y$,其中 $D=\left\{(x,y)\,\middle|\,\frac{x^2}{a^2}+\frac{y^2}{b^2}\leqslant 1\right\}$;

(3) $\iint\limits_D\cos\frac{x-y}{x+y}\mathrm{d}x\mathrm{d}y$,其中 D 是由 $x+y=1,x=0,y=0$ 所围成的区域;

(4) $\iint\limits_D xy\mathrm{d}x\mathrm{d}y$,其中 D 是由 $y^2=x,y^2=4x,x^2=y,x^2=4y$ 所围成的区域.

2. 证明:$\iint\limits_D f(x+y)\mathrm{d}x\mathrm{d}y=\int_{-1}^1 f(u)\mathrm{d}u$,其中

$$D=\{(x,y)\mid |x|+|y|\leqslant 1\}.$$

3. 计算 $\iiint\limits_V xyz\mathrm{d}x\mathrm{d}y\mathrm{d}z$,其中

$$V=\left\{(x,y,z)\,\middle|\,\frac{x^2}{a^2}+\frac{y^2}{b^2}+\frac{z^2}{c^2}\leqslant 1,\ x\geqslant 0,y\geqslant 0,z\geqslant 0\right\}.$$

4. 求下列极限.

(1) $\lim\limits_{y\to 0}\int_{-1}^1\sqrt{x^2+y^2}\mathrm{d}x$;

(2) $\lim\limits_{x\to 0}\int_0^2 y^2\cos(xy)\mathrm{d}y$.

5. 求下列函数的导数.

(1) $F(x)=\int_x^{x^2}\mathrm{e}^{-xy^2}\mathrm{d}y$;

(2) $F(x)=\int_0^x\frac{\ln(1+xy)}{y}\mathrm{d}y$.

6. 计算下列积分.

(1) $\int_0^1\sin\left(\ln\frac{1}{x}\right)\frac{x^b-x^a}{\ln x}\mathrm{d}x\,(0<a<b)$;

(2) $\int_0^{+\infty}\frac{\mathrm{e}^{-ax}-\mathrm{e}^{-bx}}{x}\mathrm{d}x\,(a>0,b>0)$.

第六节 综合例题

例 1 求下列极限.

(1) $I=\lim\limits_{t\to 0^+}\iint\limits_D\ln(x^2+y^2)\mathrm{d}\sigma$,其中 $D=\{(x,y)\mid t^2\leqslant x^2+y^2\leqslant 1\}$;

(2) $I=\lim\limits_{t\to 0}\frac{1}{\pi t^2}\iint\limits_D f(x,y)\mathrm{d}\sigma$,其中 $D=\{(x,y)\mid x^2+y^2\leqslant t^2\}$,$f(x,y)$ 是连续函数.

解 (1) $I=\lim\limits_{t\to 0^+}\int_0^{2\pi}\mathrm{d}\theta\int_t^1\ln\rho^2\cdot\rho\mathrm{d}\rho=\lim\limits_{t\to 0^+}4\pi\int_t^1\rho\ln\rho\mathrm{d}\rho$

$$=\lim_{t\to 0^+}2\pi\left(\rho^2\ln\rho-\frac{\rho^2}{2}\right)\Big|_t^1=-\pi-\lim_{t\to 0^+}2\pi\left(t^2\ln t-\frac{t^2}{2}\right)$$

$$=-\pi;$$

(2) 根据积分中值定理,存在 $(\xi,\eta)\in D$,使

$$I=\lim_{t\to 0}\frac{1}{\pi t^2}f(\xi,\eta)\pi t^2=\lim_{t\to 0}f(\xi,\eta)=f(0,0).$$

例 2 设 $F(t)=\iiint\limits_V(z^2+f(x^2+y^2))\mathrm{d}V$,其中 $V:x^2+y^2\leqslant t^2$,$0\leqslant z\leqslant h(t\geqslant 0,h>0)$,$f$ 是连续函数,求 $\frac{\mathrm{d}F}{\mathrm{d}t}$,$\lim\limits_{t\to 0^+}\frac{F(t)}{t^2}$.

解 在柱坐标系中将三重积分化成累次积分,得

$$F(t)=\int_0^{2\pi}\mathrm{d}\theta\int_0^t\rho\mathrm{d}\rho\int_0^h(z^2+f(\rho^2))\mathrm{d}z$$

$$=2\pi\int_0^t\rho\left(\frac{h^3}{3}+f(\rho^2)h\right)\mathrm{d}\rho,$$

$$\frac{\mathrm{d}F}{\mathrm{d}t}=2\pi\left(\frac{th^3}{3}+tf(t^2)h\right),$$

利用洛必达法则得

$$\lim_{t\to 0^+}\frac{F(t)}{t^2}=\lim_{t\to 0^+}\frac{2\pi\left(\frac{th^3}{3}+tf(t^2)h\right)}{2t}$$

$$=\lim_{t\to 0^+}\pi\left(\frac{h^3}{3}+f(t^2)h\right)=\pi\left(\frac{h^3}{3}+hf(0)\right).$$

例 3 设 $F(t)=\iiint\limits_V f(x^2+y^2+z^2)\mathrm{d}x\mathrm{d}y\mathrm{d}z$,其中 $V:\sqrt{x^2+y^2+z^2}\leqslant t$,$f(x)$ 在 $[0,+\infty)$ 上可导,求 $\lim\limits_{t\to 0}\frac{F(t)}{t^5}$.

解 $F(t)=\int_0^{2\pi}\mathrm{d}\theta\int_0^{\pi}\mathrm{d}\varphi\int_0^t f(r^2)r^2\sin\varphi\mathrm{d}r$

$$=2\pi\int_0^{\pi}\sin\varphi\mathrm{d}\varphi\int_0^t f(r^2)r^2\mathrm{d}r=4\pi\int_0^t f(r^2)r^2\mathrm{d}r,$$

$$\lim_{t\to 0}\frac{F(t)}{t^5}=\lim_{t\to 0}\frac{F'(t)}{5t^4}=\lim_{t\to 0}\frac{4\pi f(t^2)t^2}{5t^4}=\lim_{t\to 0}\frac{4\pi f(t^2)}{5t^2}$$

$$=\begin{cases}\lim\limits_{t\to 0}\dfrac{4\pi(f(t^2)-f(0))}{5t^2}, & f(0)=0,\\ \infty, & f(0)\neq 0\end{cases}$$

$$=\begin{cases}\dfrac{4\pi}{5}f'(0), & f(0)=0,\\ \infty, & f(0)\neq 0.\end{cases}$$

例 4 计算积分 $I=\iint\limits_D \frac{1}{xy}\mathrm{d}x\mathrm{d}y$，其中

$$D=\left\{(x,y)\left|\frac{x}{4}\leqslant x^2+y^2\leqslant\frac{x}{2},\frac{y}{4}\leqslant x^2+y^2\leqslant\frac{y}{2}\right.\right\}.$$

解　积分区域如图 8-54 所示. 在极坐标系中，积分区域满足

$$\frac{1}{4}\cos\theta\leqslant\rho\leqslant\frac{1}{2}\cos\theta,$$

$$\frac{1}{4}\sin\theta\leqslant\rho\leqslant\frac{1}{2}\sin\theta,$$

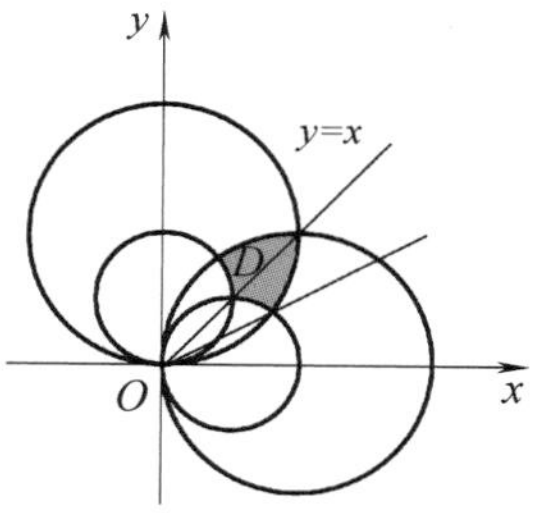

图　8-54

由 $\begin{cases}\rho=\dfrac{1}{4}\cos\theta,\\ \rho=\dfrac{1}{2}\sin\theta,\end{cases}$ 解得 $\theta=\arctan\frac{1}{2}$，

由于 D 关于直线 $y=x$ 对称，又根据被积函数的特点，得

$$I=2\int_{\arctan\frac{1}{2}}^{\frac{\pi}{4}}\mathrm{d}\theta\int_{\frac{1}{4}\cos\theta}^{\frac{1}{2}\sin\theta}\frac{\rho}{\rho^2\sin\theta\cos\theta}\mathrm{d}\rho$$

$$=2\int_{\arctan\frac{1}{2}}^{\frac{\pi}{4}}\frac{1}{\sin\theta\cos\theta}\ln(2\tan\theta)\mathrm{d}\theta$$

$$=2\int_{\arctan\frac{1}{2}}^{\frac{\pi}{4}}\frac{1}{\tan\theta}\ln(2\tan\theta)\mathrm{d}\tan\theta\quad(令\ u=\tan\theta)$$

$$=2\int_{\frac{1}{2}}^{1}\frac{1}{u}\ln(2u)\mathrm{d}u=2\int_{\frac{1}{2}}^{1}\left(\frac{\ln 2}{u}+\frac{\ln u}{u}\right)\mathrm{d}u$$

$$=2\left(\ln 2\ln u+\frac{1}{2}\ln^2 u\right)\Big|_{\frac{1}{2}}^{1}=(\ln 2)^2.$$

例 5 计算 $I=\int_0^1\mathrm{d}y\int_{-y}^{\sqrt{y}}\mathrm{e}^{-\frac{x^2}{4}}\mathrm{d}x$.

解　积分区域如图 8-55 所示，交换积分次序得

$$I=\int_{-1}^{0}\mathrm{d}x\int_{-x}^{1}\mathrm{e}^{-\frac{x^2}{4}}\mathrm{d}y+\int_0^1\mathrm{d}x\int_{x^2}^{1}\mathrm{e}^{-\frac{x^2}{4}}\mathrm{d}y$$

$$=\int_{-1}^{0}(1+x)\mathrm{e}^{-\frac{x^2}{4}}\mathrm{d}x+\int_0^1(1-x^2)\mathrm{e}^{-\frac{x^2}{4}}\mathrm{d}x$$

$$=\int_{-1}^{0}x\mathrm{e}^{-\frac{x^2}{4}}\mathrm{d}x+\int_0^1 2\mathrm{e}^{-\frac{x^2}{4}}\mathrm{d}x-\int_0^1 x^2\mathrm{e}^{-\frac{x^2}{4}}\mathrm{d}x$$

$$=-2\mathrm{e}^{-\frac{x^2}{4}}\Big|_{-1}^{0}+2x\mathrm{e}^{-\frac{x^2}{4}}\Big|_0^1+\int_0^1 x^2\mathrm{e}^{-\frac{x^2}{4}}\mathrm{d}x-\int_0^1 x^2\mathrm{e}^{-\frac{x^2}{4}}\mathrm{d}x$$

$$=-2+2\mathrm{e}^{-\frac{1}{4}}+2\mathrm{e}^{-\frac{1}{4}}=4\mathrm{e}^{-\frac{1}{4}}-2.$$

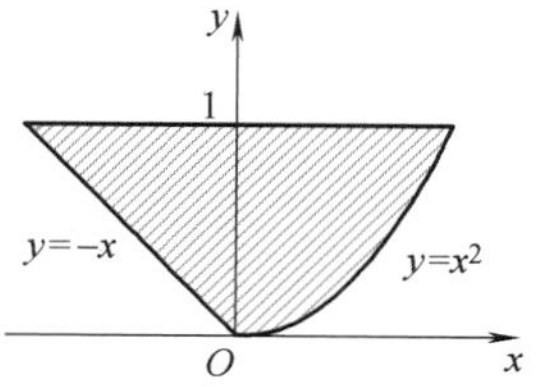

图　8-55

例 6 计算$\iint\limits_D x(1+yf(x^2+y^2))\mathrm{d}x\mathrm{d}y$,其中$D$是由$y=x^3$,$y=1$和$x=-1$所围成的区域,$f$是$D$上的连续函数.

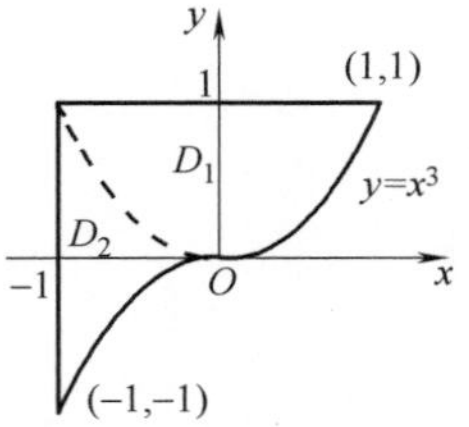

图 8-56

解 积分域D的图形如图 8-56 所示. 用曲线$y=-x^3$将D分成D_1和D_2,D_1关于y轴对称,$x(1+yf(x^2+y^2))$关于x是奇函数,D_2关于x轴对称,$xyf(x^2+y^2)$关于y是奇函数,因此得

$$
\begin{aligned}
&\iint\limits_D x(1+yf(x^2+y^2))\mathrm{d}x\mathrm{d}y \\
=&\iint\limits_{D_1} x(1+yf(x^2+y^2))\mathrm{d}x\mathrm{d}y+ \\
&\iint\limits_{D_2} x\mathrm{d}x\mathrm{d}y+\iint\limits_{D_2} xyf(x^2+y^2)\mathrm{d}x\mathrm{d}y \\
=&\ 0+2\int_{-1}^{0}x\mathrm{d}x\int_{x^3}^{0}\mathrm{d}y+0=2\int_{-1}^{0}(-x^4)\mathrm{d}x=-\frac{2}{5}.
\end{aligned}
$$

例 7 设函数$f(x)$在区间$[0,1]$上连续,并设$\int_0^1 f(x)\mathrm{d}x=A$,求$I=\int_0^1\mathrm{d}x\int_x^1 f(x)f(y)\mathrm{d}y$.

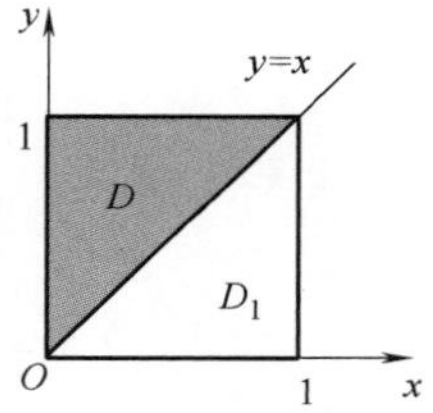

图 8-57

解 1 积分域D的图形如图 8-57 所示. 改变积分次序得

$$
\begin{aligned}
I&=\iint\limits_D f(x)f(y)\mathrm{d}x\mathrm{d}y \\
&=\int_0^1\mathrm{d}y\int_0^y f(x)f(y)\mathrm{d}x \quad (\text{将 } y \text{ 换成 } x, x \text{ 换成 } y) \\
&=\int_0^1\mathrm{d}x\int_0^x f(x)f(y)\mathrm{d}y=\iint\limits_{D_1} f(x)f(y)\mathrm{d}x\mathrm{d}y,
\end{aligned}
$$

故

$$
\begin{aligned}
I&=\frac{1}{2}(2I)=\frac{1}{2}\iint\limits_{D+D_1} f(x)f(y)\mathrm{d}x\mathrm{d}y \\
&=\frac{1}{2}\int_0^1 f(x)\mathrm{d}x\cdot\int_0^1 f(y)\mathrm{d}y=\frac{1}{2}A^2.
\end{aligned}
$$

解 2 令$F(x)=\int_0^x f(u)\mathrm{d}u$,则

$$F'(x)=f(x),F(0)=0,F(1)=A,$$

$$
\begin{aligned}
I&=\int_0^1\mathrm{d}x\int_x^1 f(x)f(y)\mathrm{d}y=\int_0^1 f(x)F(y)\Big|_x^1\mathrm{d}x \\
&=\int_0^1(f(x)F(1)-f(x)F(x))\mathrm{d}x \\
&=F(1)\int_0^1 f(x)\mathrm{d}x-\int_0^1 F(x)\mathrm{d}F(x) \\
&=A^2-\frac{1}{2}F^2(x)\Big|_0^1=A^2-\frac{1}{2}A^2=\frac{1}{2}A^2.
\end{aligned}
$$

例 8 计算二重积分 $I=\iint\limits_D \frac{a\varphi(x)+b\varphi(y)}{\varphi(x)+\varphi(y)}\mathrm{d}x\mathrm{d}y$，其中 D：$x^2+y^2\leqslant R^2$，$\varphi(x)$ 是正值连续函数.

解 由于 D 关于直线 $y=x$ 对称，故有

$$I=\iint\limits_D \frac{a\varphi(y)+b\varphi(x)}{\varphi(x)+\varphi(y)}\mathrm{d}x\mathrm{d}y,$$

$$\begin{aligned}2I&=\iint\limits_D \frac{a\varphi(x)+b\varphi(y)}{\varphi(x)+\varphi(y)}\mathrm{d}x\mathrm{d}y+\iint\limits_D \frac{a\varphi(y)+b\varphi(x)}{\varphi(x)+\varphi(y)}\mathrm{d}x\mathrm{d}y\\&=\iint\limits_D (a+b)\mathrm{d}x\mathrm{d}y=(a+b)\pi R^2,\end{aligned}$$

所以
$$I=\frac{1}{2}(a+b)\pi R^2.$$

例 9 $f(x)$ 为连续偶函数，D：$|x|\leqslant a, |y|\leqslant a(a>0)$（见图 8-58），试证明

$$\iint\limits_D f(x-y)\mathrm{d}x\mathrm{d}y=2\int_0^{2a}(2a-u)f(u)\mathrm{d}u.$$

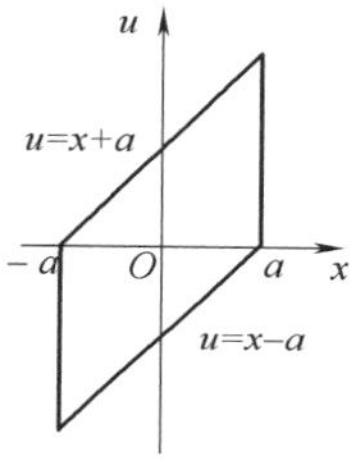

图 8-58

证
$$\begin{aligned}\iint\limits_D f(x-y)\mathrm{d}x\mathrm{d}y&=\int_{-a}^{a}\mathrm{d}x\int_{-a}^{a}f(x-y)\mathrm{d}y \quad (\text{令 } u=x-y)\\&=\int_{-a}^{a}\mathrm{d}x\int_{x-a}^{x+a}f(u)\mathrm{d}u \quad (\text{交换积分次序})\\&=\int_{-2a}^{0}f(u)\mathrm{d}u\int_{-a}^{u+a}\mathrm{d}x+\int_0^{2a}f(u)\mathrm{d}u\int_{u-a}^{a}\mathrm{d}x\\&=\int_{-2a}^{0}f(u)(u+2a)\mathrm{d}u+\\&\quad\int_0^{2a}f(u)(2a-u)\mathrm{d}u\\&\quad(\text{对第一个积分令 } t=-u)\\&=\int_0^{2a}f(-t)(2a-t)\mathrm{d}t+\\&\quad\int_0^{2a}f(u)(2a-u)\mathrm{d}u\\&=2\int_0^{2a}(2a-u)f(u)\mathrm{d}u.\end{aligned}$$

例 10 计算 $I=\int_{-\infty}^{+\infty}\int_{-\infty}^{+\infty}\min\{x,y\}\mathrm{e}^{-(x^2+y^2)}\mathrm{d}x\mathrm{d}y.$

解 此积分是反常二重积分，将积分域用直线 $y=x$ 分成两块，分别记为 D_1 和 D_2（见图 8-59），在 D_1 上 $y\geqslant x$，在 D_2 上 $y\leqslant x$，故

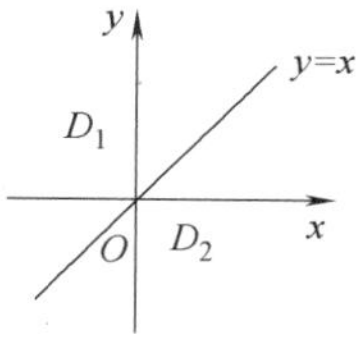

图 8-59

$$\begin{aligned}I&=\iint\limits_{D_1}x\mathrm{e}^{-(x^2+y^2)}\mathrm{d}x\mathrm{d}y+\iint\limits_{D_2}y\mathrm{e}^{-(x^2+y^2)}\mathrm{d}x\mathrm{d}y\\&=2\iint\limits_{D_1}x\mathrm{e}^{-(x^2+y^2)}\mathrm{d}x\mathrm{d}y=2\int_{-\infty}^{+\infty}\mathrm{d}y\int_{-\infty}^{y}x\mathrm{e}^{-(x^2+y^2)}\mathrm{d}x\end{aligned}$$

$$=-\int_{-\infty}^{+\infty} e^{-y^2} \cdot e^{-x^2} \Big|_{-\infty}^{y} dy = -\int_{-\infty}^{+\infty} e^{-2y^2} dy$$

$$=-\frac{1}{\sqrt{2}}\int_{-\infty}^{+\infty} e^{-(\sqrt{2}y)^2} d(\sqrt{2}y) = -\sqrt{\frac{\pi}{2}}.$$

例 11 计算$\iiint\limits_V \left(\frac{x^2}{a^2}+\frac{y^2}{b^2}+\frac{z^2}{c^2}\right)dV$，其中 $V: x^2+y^2+z^2 \leqslant 1$.

解 如果将 x,y,z 分别换成 y,z,x 或 z,x,y，则积分域 V 的形状保持不变，因而有

$$\iiint\limits_V x^2 dV = \iiint\limits_V y^2 dV = \iiint\limits_V z^2 dV,$$

故

$$\iiint\limits_V \left(\frac{x^2}{a^2}+\frac{y^2}{b^2}+\frac{z^2}{c^2}\right)dV$$

$$= \frac{1}{a^2}\iiint\limits_V x^2 dV + \frac{1}{b^2}\iiint\limits_V y^2 dV + \frac{1}{c^2}\iiint\limits_V z^2 dV$$

$$= \left(\frac{1}{a^2}+\frac{1}{b^2}+\frac{1}{c^2}\right)\iiint\limits_V x^2 dV$$

$$= \frac{1}{3}\left(\frac{1}{a^2}+\frac{1}{b^2}+\frac{1}{c^2}\right)\iiint\limits_V (x^2+y^2+z^2) dV$$

$$= \frac{1}{3}\left(\frac{1}{a^2}+\frac{1}{b^2}+\frac{1}{c^2}\right)\int_0^{2\pi} d\theta \int_0^{\pi} d\varphi \int_0^1 r^2 \cdot r^2 \sin\varphi dr$$

$$= \frac{4}{15}\pi\left(\frac{1}{a^2}+\frac{1}{b^2}+\frac{1}{c^2}\right).$$

例 12 设函数 $f(x)$ 连续且恒大于零，

$$F(t) = \frac{\iiint\limits_{\Omega(t)} f(x^2+y^2+z^2) dV}{\iint\limits_{D(t)} f(x^2+y^2) d\sigma},$$

$$G(t) = \frac{\iint\limits_{D(t)} f(x^2+y^2) d\sigma}{\int_{-t}^{t} f(x^2) dx},$$

其中 $\Omega(t) = \{(x,y,z) \mid x^2+y^2+z^2 \leqslant t^2\}$，
$D(t) = \{(x,y) \mid x^2+y^2 \leqslant t^2\}$.

(1) 讨论 $F(t)$ 在区间 $(0,+\infty)$ 内的单调性；

(2) 证明：当 $t>0$ 时，$F(t) > \frac{2}{\pi}G(t)$.

证 (1) $$F(t) = \frac{\int_0^{2\pi} d\theta \int_0^{\pi} d\varphi \int_0^t f(r^2) r^2 \sin\varphi dr}{\int_0^{2\pi} d\theta \int_0^t f(r^2) r dr}$$

$$= \frac{2\int_0^t f(r^2) r^2 \mathrm{d}r}{\int_0^t f(r^2) r \mathrm{d}r},$$

$$F'(t) = \frac{2f(t^2)t^2\int_0^t f(r^2)r\mathrm{d}r - f(t^2)t \cdot 2\int_0^t f(r^2)r^2\mathrm{d}r}{\left(\int_0^t f(r^2)r\mathrm{d}r\right)^2}$$

$$= \frac{2f(t^2)t\int_0^t f(r^2)r(t-r)\mathrm{d}r}{\left(\int_0^t f(r^2)r\mathrm{d}r\right)^2} > 0,$$

故 $F(t)$ 在$(0, +\infty)$ 单调增加；

$$(2)\ G(t) = \frac{\int_0^{2\pi}\mathrm{d}\theta\int_0^t f(r^2)r\mathrm{d}r}{2\int_0^t f(r^2)\mathrm{d}r} = \frac{\pi\int_0^t f(r^2)r\mathrm{d}r}{\int_0^t f(r^2)\mathrm{d}r},$$

$$F(t) - \frac{2}{\pi}G(t) = \frac{2\int_0^t f(r^2)r^2\mathrm{d}r \cdot \int_0^t f(r^2)\mathrm{d}r - 2\left(\int_0^t f(r^2)r\mathrm{d}r\right)^2}{\int_0^t f(r^2)\mathrm{d}r \cdot \int_0^t f(r^2)r\mathrm{d}r},$$

令 $$g(t) = \int_0^t f(r^2)r^2\mathrm{d}r \cdot \int_0^t f(r^2)\mathrm{d}r - \left(\int_0^t f(r^2)r\mathrm{d}r\right)^2,$$

$$g'(t) = f(t^2)t^2 \cdot \int_0^t f(r^2)\mathrm{d}r + f(t^2)\int_0^t f(r^2)r^2\mathrm{d}r - 2f(t^2)t\int_0^t f(r^2)r\mathrm{d}r$$

$$= f(t^2)\int_0^t f(r^2)(t-r)^2\mathrm{d}r > 0,$$

故 $g(t)$ 单调增加，又 $g(0) = 0$，故当 $t > 0$ 时，$g(t) > 0$，因此有

$$F(t) - \frac{2}{\pi}G(t) > 0, \text{即 } F(t) > \frac{2}{\pi}G(t).$$

例 13 证明：抛物面 $z = x^2 + y^2 + 1$ 上任一点处的切平面与曲面 $z = x^2 + y^2$ 所围成的立体的体积为一定值.

证 设 $M(x_0, y_0, z_0)$是抛物面 $z=x^2+y^2+1$ 上任一点，此点处的切平面为

$$2x_0(x-x_0) + 2y_0(y-y_0) - (z-z_0) = 0,$$

即
$$z = 2x_0x + 2y_0y - x_0^2 - y_0^2 + 1,$$

由$\begin{cases} z = 2x_0x + 2y_0y - x_0^2 - y_0^2 + 1, \\ z = x^2 + y^2, \end{cases}$ 消去 z 得

$$(x-x_0)^2 + (y-y_0)^2 = 1,$$

此即区域 D_{xy} 的边界曲线，切平面与曲面 $z = x^2 + y^2$ 所围成的立体的体积为

$$V = \iint_{D_{xy}} [(2x_0x + 2y_0y - x_0^2 - y_0^2 + 1) - (x^2 + y^2)]\mathrm{d}x\mathrm{d}y$$

$$=\iint\limits_{D_{xy}}[1-(x-x_0)^2-(y-y_0)^2]\mathrm{d}x\mathrm{d}y$$

$$(令\ x=x_0+\rho\cos\theta, y=y_0+\rho\sin\theta)$$

$$=\int_0^{2\pi}\mathrm{d}\theta\int_0^1(1-\rho^2)\rho\mathrm{d}\rho=\frac{\pi}{2},$$

故得证.

例 14 设有一高度为 $h(t)$(t 为时间)的雪堆在融化过程中,其侧面满足方程 $z=h(t)-\dfrac{2(x^2+y^2)}{h(t)}$(设长度单位为 cm,时间单位为 h),已知体积减小的速率与侧面积成正比(比例系数为 0.9),问高度为 130cm 的雪堆全部融化需多长时间?

解 先求 $h(t)$ 的表达式. 设 t 时刻雪堆体积为 $V=V(t)$,侧面积为 $S=S(t)$,

$$V(t)=\int_0^{h(t)}\mathrm{d}z\iint\limits_{D_z}\mathrm{d}x\mathrm{d}y=\int_0^{h(t)}\pi\,\frac{1}{2}[h^2(t)-h(t)z]\mathrm{d}z=\frac{\pi}{4}h^3(t),$$

由 $z=h(t)-\dfrac{2(x^2+y^2)}{h(t)}$,得 $\dfrac{\partial z}{\partial x}=-\dfrac{4x}{h(t)},\dfrac{\partial z}{\partial y}=-\dfrac{4y}{h(t)}$,且

$$x^2+y^2=\frac{1}{2}(h^2(t)-h(t)z),$$

故雪堆在 xOy 面上的投影为

$$D_{xy}:x^2+y^2\leqslant\frac{1}{2}h^2(t),$$

故

$$S(t)=\iint\limits_{D_{xy}}\sqrt{1+\left(\frac{\partial z}{\partial x}\right)^2+\left(\frac{\partial z}{\partial y}\right)^2}\mathrm{d}x\mathrm{d}y$$

$$=\iint\limits_{D_{xy}}\sqrt{1+\frac{16(x^2+y^2)}{h^2(t)}}\mathrm{d}x\mathrm{d}y$$

$$=\int_0^{2\pi}\mathrm{d}\theta\int_0^{\frac{h(t)}{\sqrt{2}}}\rho\sqrt{1+\frac{16\rho^2}{h^2(t)}}\mathrm{d}\rho=\frac{13\pi}{12}h^2(t),$$

由题设 $\dfrac{\mathrm{d}V}{\mathrm{d}t}=-0.9S$,故 $\dfrac{3\pi}{4}h^2(t)h'(t)=-0.9\cdot\dfrac{13\pi}{12}h^2(t)$,

$$h'(t)=-\frac{13}{10},h(t)=-\frac{13}{10}t+C,$$

由 $h(0)=130$,得 $C=130$,故

$$h(t)=-\frac{13}{10}t+130,$$

令 $h(t)=0$,得 $t=100$,故雪堆全部融化需 100h.

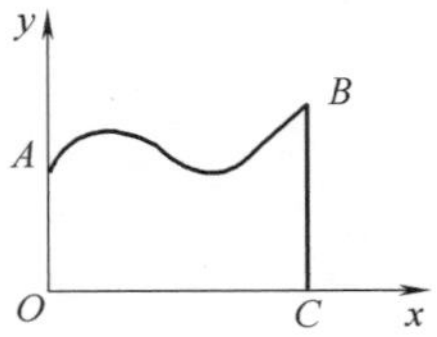

图 8-60

例 15 如图 8-60 所示,设 B 是曲线上 A 右端任一点,且图形 $OABC$ 绕 x 轴旋转所成旋转体的形心的横坐标等于点 B 的横坐标的 $\dfrac{4}{5}$,求此曲线的方程.

解 设曲线方程为 $y=f(x)$，C 点的横坐标为 x，旋转体体积为 V，则形心的横坐标为

$$\frac{\iiint\limits_V x\,\mathrm{d}x\mathrm{d}y\mathrm{d}z}{V}=\frac{4}{5}x,$$

由于
$$V=\int_0^x \pi f^2(x)\mathrm{d}x,$$

$$\iiint\limits_V x\,\mathrm{d}x\mathrm{d}y\mathrm{d}z=\int_0^x x\mathrm{d}x\iint\limits_{D_x}\mathrm{d}y\mathrm{d}z=\int_0^x \pi x f^2(x)\mathrm{d}x,$$

故有
$$\int_0^x x f^2(x)\mathrm{d}x=\frac{4}{5}x\int_0^x f^2(x)\mathrm{d}x,$$

两端对 x 求导，得

$$xf^2(x)=\frac{4}{5}\int_0^x f^2(x)\mathrm{d}x+\frac{4}{5}xf^2(x),$$

即
$$xf^2(x)=4\int_0^x f^2(x)\mathrm{d}x,$$

两端对 x 求导，得

$$f^2(x)+2xf(x)f'(x)=4f^2(x),$$

$$2xf'(x)=3f(x),\frac{\mathrm{d}f(x)}{f(x)}=\frac{3}{2x}\mathrm{d}x,$$

积分得
$$f(x)=Cx^{\frac{3}{2}}\quad(C\text{ 是非零常数}).$$

习题 8-6

1. 求下列极限.

(1) $\lim\limits_{r\to 0}\dfrac{1}{\pi r^2}\iint\limits_{x^2+y^2\leqslant r^2}\mathrm{e}^{x^4-y^4}\cos(x^2+y^2)\mathrm{d}x\mathrm{d}y$；

(2) $\lim\limits_{r\to 0}\dfrac{1}{\pi r^4}\iiint\limits_{x^2+y^2+z^2\leqslant r^2}f(\sqrt{x^2+y^2+z^2})\mathrm{d}x\mathrm{d}y\mathrm{d}z$，其中 $f(u)$ 有连续导数；

(3) $\lim\limits_{t\to+\infty}\dfrac{1}{t^4}\iiint\limits_{x^2+y^2+z^2\leqslant t^2}\sqrt{x^2+y^2+z^2}\,\mathrm{d}x\mathrm{d}y\mathrm{d}z$；

(4) $\lim\limits_{n\to+\infty}\sum\limits_{i=1}^{n}\sum\limits_{j=1}^{n}\dfrac{i}{n^3}\cos\dfrac{i\cdot j}{n^2}$.

2. 计算下列二重积分.

(1) $\iint\limits_D xy\ln(1+x^2+y^2)\mathrm{d}x\mathrm{d}y$，其中 D 由 $y=x^3$，$y=1$，$x=-1$ 围成；

(2) $\iint\limits_D \dfrac{y\mathrm{d}x\mathrm{d}y}{(1+x^2+y^2)^{\frac{3}{2}}}$，其中 D：$0\leqslant x\leqslant 1$，$0\leqslant y\leqslant 1$；

(3) $\iint\limits_D|\sin(x-y)|\mathrm{d}\sigma$，其中 D：$0\leqslant x\leqslant y\leqslant 2\pi$；

(4) $\int_{-1}^{1}\mathrm{d}x\int_{-1}^{x}x\sqrt{1-x^2+y^2}\,\mathrm{d}y$；

(5) $\iint\limits_{\substack{0\leqslant x\leqslant 2\\0\leqslant y\leqslant 2}}[x+y]\mathrm{d}x\mathrm{d}y$，其中 $[x+y]$ 表示不超过 $x+y$ 的最大整数；

(6) $\int_1^2\mathrm{d}x\int_{\frac{1}{x}}^{2}y\mathrm{e}^{xy}\mathrm{d}y$；

(7) $\iint\limits_D y(1+x\mathrm{e}^{\frac{1}{2}(x^2+y^2)})\mathrm{d}x\mathrm{d}y$，其中 D 是由直线 $y=x$，$y=-1$，$x=1$ 所围成的区域；

(8) $\iint\limits_D \mathrm{e}^{\max\{x^2,y^2\}}\mathrm{d}x\mathrm{d}y$，其中 $D=\{(x,y)\mid 0\leqslant x\leqslant 1,0\leqslant y\leqslant 1\}$；

(9) $\iint\limits_{\substack{0\leqslant x\leqslant 1\\0\leqslant y\leqslant 1}}|x^2+y^2-1|\mathrm{d}\sigma$；

(10) $\int_1^2\mathrm{d}x\int_{\sqrt{x}}^{x}\sin\dfrac{\pi x}{2y}\mathrm{d}y+\int_2^4\mathrm{d}x\int_{\sqrt{x}}^{2}\sin\dfrac{\pi x}{2y}\mathrm{d}y$.

3. 计算下列三重积分.

(1) $\iiint\limits_V \frac{1}{\sqrt{(x-a)^2+y^2+z^2}}\mathrm{d}V$,其中$V$:$x^2+y^2+z^2\leqslant R^2$,$a>R$;

(2) $\iiint\limits_V \frac{z\ln(x^2+y^2+z^2+1)}{x^2+y^2+z^2+1}\mathrm{d}V$,其中$V$:$x^2+y^2+z^2\leqslant 1$;

(3) $\iiint\limits_V y\sqrt{1-x^2}\,\mathrm{d}V$,其中$V$是由曲面$y=-\sqrt{1-x^2-z^2}$,$x^2+z^2=1$,$y=1$所围成的区域;

(4) $\iiint\limits_V z\,\mathrm{d}V$,其中$V$是由曲面$z=\sqrt{4-x^2-y^2}$与$z=\frac{1}{3}(x^2+y^2)$所围成的区域;

(5) $\iiint\limits_V (x+y+z)^2\mathrm{d}x\mathrm{d}y\mathrm{d}z$,其中$V$:$(x-1)^2+(y-1)^2+(z-1)^2\leqslant R^2$;

(6) $\int_{-1}^{1}\mathrm{d}x\int_0^{\sqrt{1-x^2}}\mathrm{d}y\int_1^{1+\sqrt{1-x^2-y^2}}\frac{1}{\sqrt{x^2+y^2+z^2}}\mathrm{d}z$;

(7) $\int_0^1\mathrm{d}x\int_x^1\mathrm{d}y\int_y^1 y\sqrt{1+z^4}\,\mathrm{d}z$.

4. 设$F(x,y)$在$D=\{(x,y)\mid a\leqslant x\leqslant b,c\leqslant y\leqslant d\}$上有二阶连续导数,且$\frac{\partial^2 F}{\partial x\partial y}=f(x,y)$,证明:

$$\iint\limits_D f(x,y)\mathrm{d}x\mathrm{d}y=F(b,d)-F(b,c)-F(a,d)+F(a,c).$$

5. 设$f(x)$在$[-1,1]$上连续,证明:
$\iiint\limits_V f(x)\mathrm{d}x\mathrm{d}y\mathrm{d}z=\pi\int_{-1}^1 f(x)(1-x^2)\mathrm{d}x$,其中$V$:$x^2+y^2+z^2\leqslant 1$.

6. 求由曲面$\frac{x^2}{a^2}+\frac{y^2}{b^2}-\frac{z^2}{c^2}=-1$与$\frac{x^2}{a^2}+\frac{y^2}{b^2}=1$所围立体的体积.

7. 求曲面$az=a^2-x^2-y^2$与平面$x+y+z=a(a>0)$以及三个坐标平面所围成立体的体积.

8. 求锥面$z=3-\sqrt{3(x^2+y^2)}$与球面$z=1+\sqrt{1-x^2-y^2}$所围成立体的体积.

9. 设一形状为抛物面$z=x^2+y^2$的容器已盛有$8\pi\mathrm{cm}^3$的液体,现又倒入$120\pi\mathrm{cm}^3$的液体,问液面比原来升高多少?

10. 求抛物面$z=1+x^2+y^2$的一个切平面,使得它与该抛物面及圆柱面$(x-1)^2+y^2=1$围成的体积最小,试写出切平面方程,并求出最小体积.

11. 曲面$x^2+y^2+az=4a^2$将球体$x^2+y^2+z^2\leqslant 4az$分成两部分,试求这两部分体积之比.

12. 一座火山的形状可以用曲面$z=h\mathrm{e}^{-\frac{\sqrt{x^2+y^2}}{4h}}(h>0)$来表示,在一次火山爆发之后,有体积为$V$的熔岩黏附在山上,使它具有和原来一样的形状,求火山高度h变化的百分比.

13. 求由曲面$x^2+y^2=az$,$z=2a-\sqrt{x^2+y^2}(a>0)$所围立体的表面积.

14. 设半径为r的球的球心在半径为a的定球面上,试求r的值,使得半径为r的球的表面位于定球内部的那一部分的面积取最大值.

15. 曲线$y=\frac{\mathrm{e}^x+\mathrm{e}^{-x}}{2}$与直线$x=0$,$x=t(t>0)$及$y=0$围成一曲边梯形,该曲边梯形绕$x$轴旋转一周所得旋转体的体积为$V(t)$,侧面积为$S(t)$,在$x=t$处的底面积为$F(t)$,求(1) $\frac{S(t)}{V(t)}$;(2) $\lim\limits_{t\to+\infty}\frac{S(t)}{F(t)}$.

16. 求由曲面$y^2+2z^2=4x$与平面$x=2$所围成质量均匀分布立体的质心.

17. 设D是由直线$\frac{x}{a}+\frac{y}{b}=1(a>0,b>0)$与坐标轴所围成的均匀薄片,求$I_x$,$I_O$.

18. 有两根质量均匀分布的细杆,长度都是l,质量都是M,若两细杆位于同一直线上,近端相距为a,求它们相互的引力.

9

第九章 曲线积分与曲面积分

在上一章中我们看到，分布在平面区域或空间区域上的某些量可以分别利用二重积分或三重积分来求出. 实际中还会遇到一些量，它们分布在曲线或曲面上，为了求出这些量，就要引进曲线积分和曲面积分. 本章要介绍两种曲线积分和两种曲面积分的概念、性质、计算方法、应用以及各种积分之间的联系.

万有引力为什么可以这样算？

第一节 第一类曲线积分

一、第一类曲线积分的概念与性质

我们先看一个实际例子.

假设有一条物质曲线 L，其上任一点 (x,y,z) 处的线密度为 $\mu(x,y,z)$，求其质量 M.

如果 L 上质量分布是均匀的，则很容易求得其质量，只需用线密度乘以弧长即可. 如果 L 是不均匀的曲线，则需要用类似于求细杆质量的方法求曲线 L 的质量.

如图 9-1 所示，用分点 $P_0, P_1, \cdots, P_n$ 将曲线 L 分成 n 个小弧段，将小弧段 $\overparen{P_{i-1}P_i}$ 的弧长记作 Δl_i，质量记作 $\Delta M_i (i=1,2,\cdots,n)$，当 Δl_i 很小时，可将 $\overparen{P_{i-1}P_i}$ 近似地看成是均匀的，在其上任取一点 (ξ_i, η_i, ζ_i)，则 $\mu(\xi_i,\eta_i,\zeta_i)$ 近似地等于 $\overparen{P_{i-1}P_i}$ 上各点的密度，于是

$$\Delta M_i \approx \mu(\xi_i,\eta_i,\zeta_i)\Delta l_i,$$

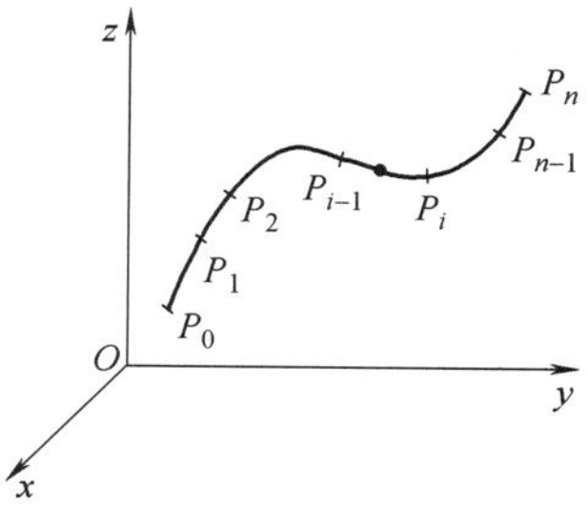

图 9-1

求和得到曲线 L 的质量 M 的近似值

$$M = \sum_{i=1}^{n} \Delta M_i \approx \sum_{i=1}^{n} \mu(\xi_i,\eta_i,\zeta_i)\Delta l_i,$$

令 $\lambda = \max\limits_{1 \leqslant i \leqslant n}\{\Delta l_i\}$，则有

$$M = \lim_{\lambda \to 0} \sum_{i=1}^{n} \mu(\xi_i,\eta_i,\zeta_i)\Delta l_i.$$

求这种和式的极限还会在许多问题中遇到，下面我们把它抽象出来，引出一个新的概念.

定义 设函数 $f(x,y,z)$ 在曲线 L 上有定义，用分点 P_0，P_1，…，P_n 将曲线 L 分成 n 个小弧段，将小弧段 $\overset{\frown}{P_{i-1}P_i}$ 的弧长记作 Δl_i，在其上任取一点 $(\xi_i,\eta_i,\zeta_i)(i=1,2,\cdots,n)$，作和式 $\sum\limits_{i=1}^{n} f(\xi_i,\eta_i,\zeta_i)\Delta l_i$，令 $\lambda=\max\limits_{1\leqslant i\leqslant n}\{\Delta l_i\}$，如果不论小弧段怎样分以及点 (ξ_i,η_i,ζ_i) 怎样取，极限 $\lim\limits_{\lambda\to 0}\sum\limits_{i=1}^{n} f(\xi_i,\eta_i,\zeta_i)\Delta l_i$ 都存在且为同一个值，则称此极限为函数 $f(x,y,z)$ 在曲线 L 上对弧长的曲线积分或第一类曲线积分，记作 $\int_L f(x,y,z)\mathrm{d}l$，即

$$\int_L f(x,y,z)\mathrm{d}l=\lim_{\lambda\to 0}\sum_{i=1}^{n} f(\xi_i,\eta_i,\zeta_i)\Delta l_i,$$

其中 $f(x,y,z)$ 称为被积函数，L 称为积分曲线，$\mathrm{d}l$ 称为积分元素（弧长元素或弧微分）.

当 L 是 xOy 面上的曲线时，上面的定义则变成

$$\int_L f(x,y)\mathrm{d}l=\lim_{\lambda\to 0}\sum_{i=1}^{n} f(\xi_i,\eta_i)\Delta l_i,$$

如果曲线 L 是闭曲线，可将积分号写成 $\oint$.

根据此定义，线密度为 $\mu(x,y,z)$ 的物质曲线 L 的质量可以表示为

$$M=\int_L \mu(x,y,z)\mathrm{d}l.$$

显然，当 $f(x,y,z)\equiv 1$ 时，$\int_L \mathrm{d}l=l$（l 表示 L 的弧长）.

与定积分和重积分类似，可以证明：如果 L 是光滑曲线，函数 $f(x,y,z)$ 在 L 上连续，则曲线积分 $\int_L f(x,y,z)\mathrm{d}l$ 一定存在.

第一类曲线积分的性质与重积分的性质也是类似的. 我们简述如下（假定其中所提到的各曲线积分都存在）.

(1)**（线性性质）**

$$\int_L (C_1 f(x,y,z)+C_2 g(x,y,z))\mathrm{d}l$$
$$=C_1\int_L f(x,y,z)\mathrm{d}l+C_2\int_L g(x,y,z)\mathrm{d}l.$$

(2)**（对积分曲线的可加性）** 设曲线 L_1，L_2 没有公共内点，则

$$\int_{L_1+L_2} f(x,y,z)\mathrm{d}l=\int_{L_1} f(x,y,z)\mathrm{d}l+\int_{L_2} f(x,y,z)\mathrm{d}l.$$

(3)**（比较性质）** 若在曲线 L 上 $f(x,y,z)\geqslant g(x,y,z)$，则

$$\int_L f(x,y,z)\mathrm{d}l\geqslant\int_L g(x,y,z)\mathrm{d}l,$$

特别地，若在曲线 L 上 $f(x,y,z) \geqslant 0$，则 $\int_L f(x,y,z)\mathrm{d}l \geqslant 0$.

(4)**(绝对值性质)**

$$\left|\int_L f(x,y,z)\mathrm{d}l\right| \leqslant \int_L |f(x,y,z)|\mathrm{d}l.$$

(5)**(估值定理)**　若在曲线 L 上 $m \leqslant f(x,y,z) \leqslant M$，则

$$ml \leqslant \int_L f(x,y,z)\mathrm{d}l \leqslant Ml \quad (l\text{ 为曲线 }L\text{ 的弧长}).$$

(6)**(中值定理)**　若 $f(x,y,z)$ 在 L 上连续，则 $\exists(\xi,\eta,\zeta)\in L$，使

$$\int_L f(x,y,z)\mathrm{d}l = f(\xi,\eta,\zeta)l \quad (l\text{ 为曲线 }L\text{ 的弧长}).$$

(7)**(对称性质)**　设曲线 L 关于 xOy 面对称，若 $f(x,y,z)$ 关于 z 是奇函数，则 $\int_L f(x,y,z)\mathrm{d}l = 0$；若 $f(x,y,z)$ 关于 z 是偶函数，则 $\int_L f(x,y,z)\mathrm{d}l = 2\int_{L_1} f(x,y,z)\mathrm{d}l$（$L_1$ 是 L 的上半部分）. 当 L 关于 yOz 面或 zOx 面对称时，有类似的结论.

对 $\int_L f(x,y)\mathrm{d}l$，其对称性质与二重积分的对称性质类似.

二、第一类曲线积分的计算

以下总假设积分曲线 L 是光滑曲线，且被积函数 f 在 L 上连续.

1. 平面曲线上 $\int_L f(x,y)\mathrm{d}l$ 的计算

(1) 如果曲线 L：$y=y(x)(a\leqslant x\leqslant b)$，则

$$\int_L f(x,y)\mathrm{d}l = \int_a^b f(x,y(x))\sqrt{1+(y'(x))^2}\,\mathrm{d}x.$$

证　用分点 $a=x_0<x_1<\cdots<x_n=b$ 将 $[a,b]$ 分成 n 个小区间，并设 $P_i(x_i,y(x_i))(i=0,1,2,\cdots,n)$，则曲线 L 被 $P_0,P_1,\cdots,P_n$ 分成 n 个小弧段. 设 $\Delta x_i = x_i - x_{i-1}$，则由弧长公式有

$$\begin{aligned}\Delta l_i &= \int_{x_{i-1}}^{x_i}\sqrt{1+(y'(x))^2}\,\mathrm{d}x \quad (\text{利用积分中值定理})\\ &= \sqrt{1+(y'(\xi_i))^2}\,\Delta x_i \quad (\xi_i\in[x_{i-1},x_i]),\end{aligned}$$

令 $\lambda = \max\limits_{1\leqslant i\leqslant n}\{\Delta l_i\}$，$\mu = \max\limits_{1\leqslant i\leqslant n}\{\Delta x_i\}$，则当 $\lambda\to 0$ 时，必有 $\mu\to 0$，于是

$$\begin{aligned}\int_L f(x,y)\mathrm{d}l &= \lim_{\lambda\to 0}\sum_{i=1}^n f(\xi_i,\eta_i)\Delta l_i\\ &= \lim_{\mu\to 0}\sum_{i=1}^n f(\xi_i,y(\xi_i))\sqrt{1+(y'(\xi_i))^2}\,\Delta x_i\\ &= \int_a^b f(x,y(x))\sqrt{1+(y'(x))^2}\,\mathrm{d}x.\end{aligned}$$

类似地，可以得出后面各计算公式(不再一一证明).

(2) 如果曲线 $L: x=x(y)(c\leqslant y\leqslant d)$,则

$$\int_L f(x,y)\mathrm{d}l=\int_c^d f(x(y),y)\sqrt{1+(x'(y))^2}\mathrm{d}y.$$

(3) 如果曲线 $L: x=x(t), y=y(t)(\alpha\leqslant t\leqslant\beta)$,则

$$\int_L f(x,y)\mathrm{d}l=\int_\alpha^\beta f(x(t),y(t))\sqrt{(x'(t))^2+(y'(t))^2}\mathrm{d}t.$$

(4) 如果曲线 $L: \rho=\rho(\theta)(\alpha\leqslant\theta\leqslant\beta)$,则

$$\int_L f(x,y)\mathrm{d}l=\int_\alpha^\beta f(\rho(\theta)\cos\theta,\rho(\theta)\sin\theta)\sqrt{\rho^2(\theta)+(\rho'(\theta))^2}\mathrm{d}\theta.$$

注意到在第一类曲线积分的计算中,得到的定积分里积分下限要小于上限.第一类曲线积分的积分元素是弧长元素,弧长不能是负数,故得到的定积分的上限一定要大于下限.要注意的是,定积分、第二类曲线积分及第二类曲面积分(后面会学到)都是对坐标的积分.而第一类曲线积分是对弧长的积分,上限一定要大于下限.这一要求并不是新的.实际上,我们在重积分的计算里也是这样做的.我们知道,二重积分和三重积分分别是对面积及体积的积分.同样地,我们在将其转化为累次积分进行计算时,用和坐标轴方向一致的射线穿过积分区域,也是把穿入的(小数)定为下限,穿出的(大数)定为上限,即决定 x 是从左到右,决定 y 是从后往前,决定 z 是从下往上,上限要大于下限.

2. 空间曲线上积分 $\int_L f(x,y,z)\mathrm{d}l$ 的计算

(1) 如果曲线 $L: x=x(t), y=y(t), z=z(t)(\alpha\leqslant t\leqslant\beta)$,则

$$\int_L f(x,y,z)\mathrm{d}l$$
$$=\int_\alpha^\beta f(x(t),y(t),z(t))\sqrt{[x'(t)]^2+[y'(t)]^2+[z'(t)]^2}\mathrm{d}t.$$

(2) 如果曲线 $L:\begin{cases}F(x,y,z)=0,\\G(x,y,z)=0,\end{cases}$ 有时可将 x(或 y,或 z)看成参数,化成上面的情形.

例 1 计算 $\oint_L x\mathrm{d}l$,其中 L 是如图 9-2 所示的闭曲线 $\overparen{OABO}$.

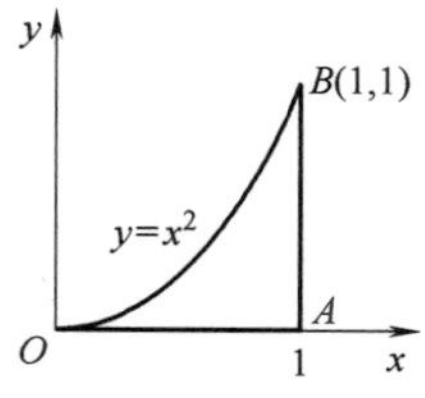

图 9-2

解 $\oint_L x\mathrm{d}l=\int_{\overline{OA}}x\mathrm{d}l+\int_{\overline{AB}}x\mathrm{d}l+\int_{\overparen{OB}}x\mathrm{d}l$,

$\overline{OA}: y=0(0\leqslant x\leqslant 1)$, $\mathrm{d}l=\sqrt{1+\left(\frac{\mathrm{d}y}{\mathrm{d}x}\right)^2}\mathrm{d}x=\mathrm{d}x$,

故
$$\int_{\overline{OA}}x\mathrm{d}l=\int_0^1 x\mathrm{d}x=\frac{1}{2},$$

$\overline{AB}: x=1(0\leqslant y\leqslant 1)$, $\mathrm{d}l=\sqrt{1+\left(\frac{\mathrm{d}x}{\mathrm{d}y}\right)^2}\mathrm{d}y=\mathrm{d}y$,故

$$\int_{\overline{AB}} x\,\mathrm{d}l = \int_0^1 1\cdot \mathrm{d}y = 1,$$

$$\widehat{OB}: y = x^2 (0 \leqslant x \leqslant 1),\ \mathrm{d}l = \sqrt{1+\left(\frac{\mathrm{d}y}{\mathrm{d}x}\right)^2}\mathrm{d}x = \sqrt{1+4x^2}\mathrm{d}x,$$

故

$$\int_{\widehat{OB}} x\,\mathrm{d}l = \int_0^1 x\sqrt{1+4x^2}\mathrm{d}x = \frac{1}{12}(5\sqrt{5}-1),$$

于是 $$\oint_L x\,\mathrm{d}l = \frac{1}{2} + 1 + \frac{1}{12}(5\sqrt{5}-1) = \frac{5\sqrt{5}+17}{12}.$$

例 2　计算$\int_L \sqrt{R^2-x^2-y^2}\mathrm{d}l$,其中$L: x^2+y^2 = Rx(y \geqslant 0)$.

解　如图 9-3 所示,选 t 作为参数,有

$$L: x = \frac{R}{2}+\frac{R}{2}\cos t,\ y = \frac{R}{2}\sin t,\ \mathrm{d}l = \frac{R}{2}\mathrm{d}t,$$

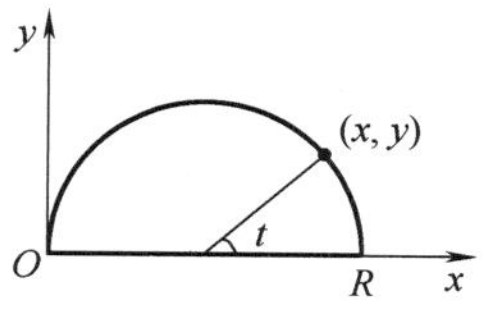

图　9-3

$$\int_L \sqrt{R^2-x^2-y^2}\mathrm{d}l$$

$$= \int_0^\pi \sqrt{R^2-\left(\frac{R}{2}+\frac{R}{2}\cos t\right)^2-\left(\frac{R}{2}\sin t\right)^2}\ \frac{R}{2}\mathrm{d}t$$

$$= \int_0^\pi R\sqrt{\frac{1-\cos t}{2}}\ \frac{R}{2}\mathrm{d}t$$

$$= \frac{R^2}{2}\int_0^\pi \sqrt{\sin^2\frac{t}{2}}\mathrm{d}t = \frac{R^2}{2}\int_0^\pi \sin\frac{t}{2}\mathrm{d}t = R^2.$$

例 3　设$L: \frac{x^2}{4}+\frac{y^2}{3} = 1$,其周长为 a,计算

$$I = \oint_L (3x^2+4y^2+2xy+5y+1)\mathrm{d}l.$$

解　由于 L 关于 x 轴对称,$2xy+5y$ 关于 y 是奇函数,故

$$I = \oint_L (3x^2+4y^2)\mathrm{d}l + \oint_L (2xy+5y)\mathrm{d}l + \oint_L \mathrm{d}l$$

$$= 12\oint_L \left(\frac{x^2}{4}+\frac{y^2}{3}\right)\mathrm{d}l + 0 + \oint_L \mathrm{d}l$$

$$= 12\oint_L \mathrm{d}l + 0 + \oint_L \mathrm{d}l = 13\oint_L \mathrm{d}l = 13a.$$

例 4　计算$\int_L y\,\mathrm{d}l$,其中 L 为心形线$\rho = a(1+\cos\theta)$ 的下半部分.

解　心形线下半部分的取值范围为 $\pi \leqslant \theta \leqslant 2\pi$,

$$\mathrm{d}l = \sqrt{\rho^2+(\rho'(\theta))^2}\mathrm{d}\theta = \sqrt{a^2(1+\cos\theta)^2+(-a\sin\theta)^2}\mathrm{d}\theta$$

$$= \sqrt{2a^2(1+\cos\theta)}\mathrm{d}\theta = 2a\sqrt{\cos^2\frac{\theta}{2}}\mathrm{d}\theta = -2a\cos\frac{\theta}{2}\mathrm{d}\theta,$$

于是得

$$\int_L y\mathrm{d}l = \int_\pi^{2\pi} a(1+\cos\theta)\sin\theta\left(-2a\cos\frac{\theta}{2}\right)\mathrm{d}\theta$$

$$= -8a^2\int_\pi^{2\pi}\cos^4\frac{\theta}{2}\sin\frac{\theta}{2}\mathrm{d}\theta = \frac{16}{5}a^2\cos^5\frac{\theta}{2}\bigg|_\pi^{2\pi} = -\frac{16}{5}a^2.$$

例 5　计算$\int_L xyz\mathrm{d}l$,其中 L 是圆柱螺线 $x=a\cos t, y=a\sin t$, $z=kt$ 上从 $t=0$ 到 $t=2\pi$ 的一段.

解　$\mathrm{d}l = \sqrt{(-a\sin t)^2+(a\cos t)^2+k^2}\mathrm{d}t = \sqrt{a^2+k^2}\mathrm{d}t$,

$$\int_L xyz\mathrm{d}t = \int_0^{2\pi} a\cos t\cdot a\sin t\cdot kt\cdot\sqrt{a^2+k^2}\mathrm{d}t$$

$$= \frac{a^2k}{2}\sqrt{a^2+k^2}\int_0^{2\pi} t\sin 2t\mathrm{d}t$$

$$= \frac{a^2k}{2}\sqrt{a^2+k^2}\left(-\frac{t}{2}\cos 2t\bigg|_0^{2\pi} + \int_0^{2\pi}\frac{1}{2}\cos 2t\mathrm{d}t\right)$$

$$= -\frac{\pi a^2k}{2}\sqrt{a^2+k^2}.$$

例 6　计算$\oint_L \frac{|y|}{x^2+y^2+z^2}\mathrm{d}l$,其中

$$L:\begin{cases} x^2+y^2+z^2=4a^2, \\ x^2+y^2=2ax \end{cases}(z\geqslant 0, a>0).$$

解　曲线 L 是球面与圆柱面的交线,其参数方程为

$$x = a+a\cos t, y = a\sin t,$$

$$z = \sqrt{4a^2-x^2-y^2} = 2a\sin\frac{t}{2}, 0\leqslant t\leqslant 2\pi,$$

$$\mathrm{d}l = \sqrt{(-a\sin t)^2+(a\cos t)^2+\left(a\cos\frac{t}{2}\right)^2}\mathrm{d}t$$

$$= a\sqrt{1+\cos^2\frac{t}{2}}\mathrm{d}t,$$

$$\oint_L \frac{|y|}{x^2+y^2+z^2}\mathrm{d}l = \int_0^{2\pi}\frac{|a\sin t|}{4a^2}a\sqrt{1+\cos^2\frac{t}{2}}\mathrm{d}t$$

$$= \frac{1}{4}\int_0^\pi \sin t\sqrt{1+\cos^2\frac{t}{2}}\mathrm{d}t + \frac{1}{4}\int_\pi^{2\pi}(-\sin t)\sqrt{1+\cos^2\frac{t}{2}}\mathrm{d}t$$

(对第二个积分令 $u=2\pi-t$)

$$= \frac{1}{4}\int_0^\pi \sin t\sqrt{1+\cos^2\frac{t}{2}}\mathrm{d}t + \frac{1}{4}\int_0^\pi \sin u\sqrt{1+\cos^2\frac{u}{2}}\mathrm{d}u$$

$$= \frac{1}{2}\int_0^\pi \sin t\sqrt{1+\cos^2\frac{t}{2}}\mathrm{d}t = \int_0^\pi \sin\frac{t}{2}\cos\frac{t}{2}\sqrt{1+\cos^2\frac{t}{2}}\mathrm{d}t$$

$$=-\int_0^{\pi}\sqrt{1+\cos^2\frac{t}{2}}\,\mathrm{d}\cos^2\frac{t}{2}$$

$$=-\frac{2}{3}\left(1+\cos^2\frac{t}{2}\right)^{\frac{3}{2}}\Big|_0^{\pi}=\frac{2}{3}(2\sqrt{2}-1).$$

例 7　计算$\oint_L(3x^2+2y^2+x)\mathrm{d}l$，其中 L 是圆周

$$\begin{cases}x^2+y^2+z^2=a^2,\\x+y+z=0.\end{cases}$$

解　下面利用曲线积分的被积函数定义在曲线上以及轮换对称性求此积分. 由于 L 具有轮换对称性，故有

$$\oint_L(3x^2+2y^2+x)\mathrm{d}l$$

$$=3\oint_L x^2\mathrm{d}l+2\oint_L y^2\mathrm{d}l+\oint_L x\mathrm{d}l=5\oint_L x^2\mathrm{d}l+\oint_L x\mathrm{d}l$$

$$=\frac{5}{3}\oint_L(x^2+y^2+z^2)\mathrm{d}l+\frac{1}{3}\oint_L(x+y+z)\mathrm{d}l$$

$$=\frac{5}{3}\oint_L a^2\mathrm{d}l+\frac{1}{3}\oint_L 0\mathrm{d}l=\frac{5}{3}a^2\oint_L\mathrm{d}l=\frac{5}{3}a^2\cdot 2\pi a=\frac{10}{3}\pi a^3.$$

三、第一类曲线积分的应用

1. 几何应用

前面我们已经看到，当被积函数 $f\equiv 1$ 时，第一类曲线积分$\int_L\mathrm{d}l$ 等于曲线 L 的弧长. 下面我们会看到，第一类曲线积分也能用来计算某些曲面的面积.

如图 9-4 所示，设 S 是一母线平行于 z 轴的柱面，其中 L 是位于 xOy 面上的一条曲线，设柱面的高度曲线为

$$L_1:z=f(x,y)\quad((x,y)\in L,z\geqslant 0),$$

现在求曲面 S 的面积 A.

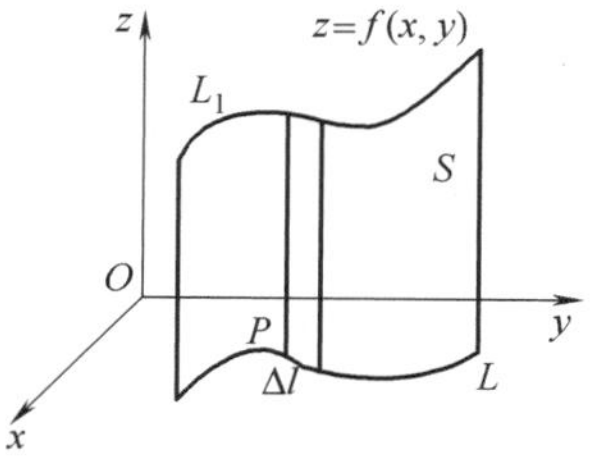

图　9-4

将曲线 L 分成若干个小弧段，相应地，柱面 S 也被分成若干个窄柱面，任取一个有代表性的小弧段 Δl，其弧微分为 $\mathrm{d}l$，$P(x,y)$ 是 Δl 上一点，记与 Δl 相对应的窄柱面的面积微元为 $\mathrm{d}A$，则有

$$\mathrm{d}A=z\mathrm{d}l=f(x,y)\mathrm{d}l,$$

沿曲线 L 积分，得

$$\boxed{A=\int_L z\mathrm{d}l=\int_L f(x,y)\mathrm{d}l.}$$

例 8　求圆柱面$x^2+\left(y-\frac{a}{2}\right)^2=\frac{a^2}{4}$介于$z=0$及$z=\frac{h}{a}\sqrt{x^2+y^2}$之间的侧面积($a>0,h>0$).

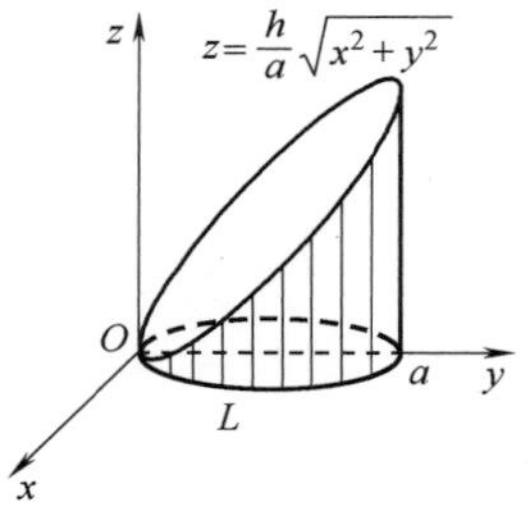

图 9-5

解 如图 9-5 所示,设 $L: x^2+\left(y-\frac{a}{2}\right)^2=\frac{a^2}{4}$,则

$$A=\oint_L z\,\mathrm{d}l=\oint_L \frac{h}{a}\sqrt{x^2+y^2}\,\mathrm{d}l,$$

用极坐标计算,由于

$$L: \rho=a\sin\theta(0\leqslant\theta\leqslant\pi),$$

$$\mathrm{d}l=\sqrt{\rho^2+(\rho')^2}\,\mathrm{d}\theta=a\,\mathrm{d}\theta,$$

因此 $$A=\int_0^\pi \frac{h}{a}\rho\cdot a\,\mathrm{d}\theta=h\int_0^\pi a\sin\theta\,\mathrm{d}\theta=2ah.$$

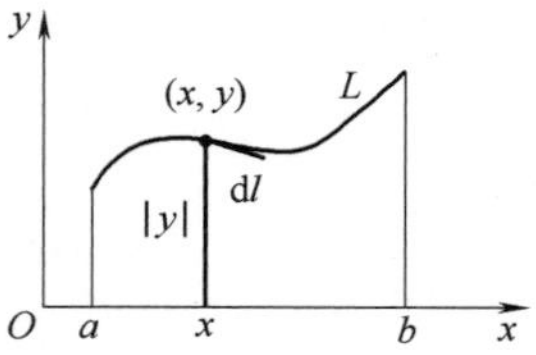

图 9-6

如图 9-6 所示,设 L 是 xOy 面上一曲线,它绕 x 轴旋转得一旋转曲面,该旋转曲面的面积 A 也可以利用第一类曲线积分来计算. 在曲线 L 上任取有代表性的一小段 Δl,设其弧微分为 $\mathrm{d}l$,则 Δl 绕 x 轴旋转一周所得旋转曲面的面积微元为

$$\mathrm{d}A=2\pi|y|\mathrm{d}l,$$

沿曲线 L 积分,得旋转曲面的面积

$$\boxed{A=\int_L 2\pi|y|\mathrm{d}l.}$$

例 9 求悬链线 $y=a\,\mathrm{ch}\frac{x}{a}(0\leqslant x\leqslant b)$ 绕 x 轴旋转一周所得旋转曲面的面积.

解 由于 $\mathrm{d}l=\sqrt{1+\left(\mathrm{sh}\frac{x}{a}\right)^2}\mathrm{d}x=\mathrm{ch}\frac{x}{a}\mathrm{d}x$,故

$$A=\int_L 2\pi a\,\mathrm{ch}\frac{x}{a}\mathrm{d}l=2\pi a\int_0^b \mathrm{ch}^2\frac{x}{a}\mathrm{d}x=2\pi a\int_0^b\frac{1}{2}\left(1+\mathrm{ch}\frac{2x}{a}\right)\mathrm{d}x$$

$$=\pi a\left(x+\frac{a}{2}\mathrm{sh}\frac{2x}{a}\right)\Big|_0^b=\pi a\left(b+a\,\mathrm{sh}\frac{b}{a}\mathrm{ch}\frac{b}{a}\right).$$

例 10 求星形线 $x^{\frac{2}{3}}+y^{\frac{2}{3}}=a^{\frac{2}{3}}$(见图 9-7)绕 x 轴旋转一周所得旋转曲面的面积.

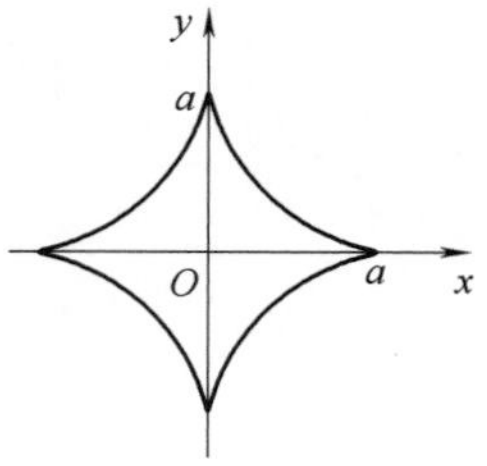

图 9-7

解 星形线的参数方程为

$$x=a\cos^3 t, y=a\sin^3 t\quad(0\leqslant t\leqslant 2\pi),$$

当 $0\leqslant t\leqslant\frac{\pi}{2}$ 时,有

$$\mathrm{d}l=\sqrt{\left(\frac{\mathrm{d}x}{\mathrm{d}t}\right)^2+\left(\frac{\mathrm{d}y}{\mathrm{d}t}\right)^2}\mathrm{d}t$$

$$=\sqrt{(-3a\cos^2 t\sin t)^2+(3a\sin^2 t\cos t)^2}\,\mathrm{d}t$$

$$=3a|\sin t\cos t|\mathrm{d}t=3a\sin t\cos t\,\mathrm{d}t,$$

利用对称性,得

$$A=\int_L 2\pi\,|y|\,\mathrm{d}l=4\pi\int_0^{\frac{\pi}{2}} a\sin^3 t\cdot 3a\sin t\cos t\mathrm{d}t$$

$$=12\pi a^2\int_0^{\frac{\pi}{2}}\sin^4 t\cos t\mathrm{d}t=\frac{12}{5}\pi a^2\sin^5 t\Big|_0^{\frac{\pi}{2}}=\frac{12}{5}\pi a^2.$$

2. 物理应用

第一类曲线积分除了可以计算曲线形物质的质量，也可以求它的质心，求曲线对某直线或某点的转动惯量，或求曲线对某质点的引力. 以上各物理量的计算公式与重积分的物理应用类似，只需将其中积分区域换成曲线 L，将积分元素换成弧微分 $\mathrm{d}l$ 即可. 下面举例说明.

例 11　设曲线 L 为摆线 $x=a(t-\sin t),y=a(1-\cos t)$ $(0\leqslant t\leqslant 2\pi)$，其线密度为 $\mu=1$，求 L 的质心 $(\bar{x},\bar{y})$.

解　$\mathrm{d}l=\sqrt{a^2(1-\cos t)^2+a^2\sin^2 t}\mathrm{d}t=2a\left|\sin\frac{t}{2}\right|\mathrm{d}t.$

$$M=\int_L\mu\mathrm{d}l=\int_0^{2\pi}2a\left|\sin\frac{t}{2}\right|\mathrm{d}t=8a,$$

由于 L 关于直线 $x=\pi a$ 对称以及 L 上物质分布的均匀性，有 $\bar{x}=\pi a$，

$$\bar{y}=\frac{1}{M}\int_L y\mu\mathrm{d}l=\frac{1}{8a}\int_0^{2\pi}a(1-\cos t)2a\left|\sin\frac{t}{2}\right|\mathrm{d}t$$

$$=\frac{a}{2}\int_0^{2\pi}\sin^3\frac{t}{2}\mathrm{d}t=\frac{2a}{3},$$

故 L 的质心为 $\left(\pi a,\frac{2a}{3}\right)$.

例 12　设圆锥螺线 L：$x=\mathrm{e}^t\cos t,y=\mathrm{e}^t\sin t,z=\sqrt{2}\mathrm{e}^t(-\infty<t\leqslant 0)$，其上任一点 (x,y,z) 处的线密度为 $\mu=x^2+y^2+z^2$.

(1) 求 L 对 z 轴的转动惯量 I_z；

(2) 求 L 对原点处单位质点的引力 $\boldsymbol{F}$.

解　$\mathrm{d}l=\sqrt{(\mathrm{e}^t\cos t-\mathrm{e}^t\sin t)^2+(\mathrm{e}^t\sin t+\mathrm{e}^t\cos t)^2+2\mathrm{e}^{2t}}\mathrm{d}t=2\mathrm{e}^t\mathrm{d}t,$

$$\mu=\mathrm{e}^{2t}\cos^2 t+\mathrm{e}^{2t}\sin^2 t+2\mathrm{e}^{2t}=3\mathrm{e}^{2t}.$$

(1) $I_z=\int_L(x^2+y^2)\mu\mathrm{d}l=\int_{-\infty}^0\mathrm{e}^{2t}\cdot 3\mathrm{e}^{2t}\cdot 2\mathrm{e}^t\mathrm{d}t$

$$=\int_{-\infty}^0 6\mathrm{e}^{5t}\mathrm{d}t=\frac{6}{5};$$

(2) $F_x=\int_L G\dfrac{x\cdot\mu\mathrm{d}l}{(x^2+y^2+z^2)^{\frac{3}{2}}}=G\int_{-\infty}^0\dfrac{\mathrm{e}^t\cos t\cdot 3\mathrm{e}^{2t}\cdot 2\mathrm{e}^t}{(3\mathrm{e}^{2t})^{\frac{3}{2}}}\mathrm{d}t$

$$=\frac{2}{\sqrt{3}}G\int_{-\infty}^0\mathrm{e}^t\cos t\mathrm{d}t=\frac{G}{\sqrt{3}}\mathrm{e}^t(\cos t+\sin t)\Big|_{-\infty}^0=\frac{G}{\sqrt{3}},$$

$$F_y=\int_L G\frac{y\cdot\mu\mathrm{d}l}{(x^2+y^2+z^2)^{\frac{3}{2}}}=G\int_{-\infty}^{0}\frac{\mathrm{e}^t\sin t\cdot 3\mathrm{e}^{2t}\cdot 2\mathrm{e}^t}{(3\mathrm{e}^{2t})^{\frac{3}{2}}}\mathrm{d}t$$

$$=\frac{2}{\sqrt{3}}G\int_{-\infty}^{0}\mathrm{e}^t\sin t\mathrm{d}t=\frac{G}{\sqrt{3}}\mathrm{e}^t(\sin t-\cos t)\Big|_{-\infty}^{0}=-\frac{G}{\sqrt{3}},$$

$$F_z=\int_L G\frac{z\cdot\mu\mathrm{d}l}{(x^2+y^2+z^2)^{\frac{3}{2}}}=G\int_{-\infty}^{0}\frac{\sqrt{2}\mathrm{e}^t\cdot 3\mathrm{e}^{2t}\cdot 2\mathrm{e}^t}{(3\mathrm{e}^{2t})^{\frac{3}{2}}}\mathrm{d}t$$

$$=2\sqrt{\frac{2}{3}}G\int_{-\infty}^{0}\mathrm{e}^t\mathrm{d}t=2\sqrt{\frac{2}{3}}G,$$

故 $$\boldsymbol{F}=\left\{\frac{G}{\sqrt{3}},-\frac{G}{\sqrt{3}},2\sqrt{\frac{2}{3}}G\right\}=\frac{G}{\sqrt{3}}\{1,-1,2\sqrt{2}\}.$$

习题 9-1

1. 计算下列第一类曲线积分.

(1) $\int_L x\mathrm{d}l$，其中 L 为抛物线 $y=2x^2-1$ 上介于 $x=0$ 与 $x=1$ 之间的一段；

(2) $\oint_L \mathrm{e}^{\sqrt{x^2+y^2}}\mathrm{d}l$，其中 L 为圆周 $x^2+y^2=a^2$，直线 $y=x$ 及 x 轴在第一象限内所围成区域的边界；

(3) $\int_L y^2\mathrm{d}l$，其中 L 为摆线 $x=a(t-\sin t)$，$y=a(1-\cos t)(0\leqslant t\leqslant 2\pi)$；

(4) $\int_L \sqrt{x^2+y^2}\mathrm{d}l$，其中 L 是 $x=a(\cos t+t\sin t)$，$y=a(\sin t-t\cos t)(0\leqslant t\leqslant\sqrt{3})$；

(5) $\int_L \ln(x^2+y^2)\mathrm{d}l$，其中 L 是对数螺线 $x=\mathrm{e}^\theta\cos\theta$，$y=\mathrm{e}^\theta\sin\theta\ (0\leqslant\theta\leqslant 2\pi)$；

(6) $\oint_L xy(x+y)\mathrm{d}l$，其中 L 是双纽线 $(x^2+y^2)^2=2a^2xy$ 在第一象限的一支；

(7) $\int_L (x^2+y^2)^{-\frac{3}{2}}\mathrm{d}l$，$L$ 为双曲螺线 $\rho\theta=1$ 上从 $\theta=\sqrt{3}$ 到 $\theta=2\sqrt{2}$ 的一段.

2. 计算下列第一类曲线积分.

(1) $\int_L (x^2+y^2)z\mathrm{d}l$，其中 L 为锥面螺线 $x=t\cos t$，$y=t\sin t$，$z=t$ 上从 $t=0$ 到 $t=1$ 的一段；

(2) $\int_L \frac{\mathrm{d}l}{x^2+y^2+z^2}$，其中 L 为曲线 $x=\mathrm{e}^t\cos t$，$y=\mathrm{e}^t\sin t$，$z=\mathrm{e}^t$ 上 $t=0$ 到 $t=2$ 的一段；

(3) $\int_L x^2yz\mathrm{d}l$，L 为折线 $\overline{ABCD}$，其中 $A(0,0,0)$，$B(0,0,2)$，$C(1,0,2)$，$D(1,3,2)$；

(4) $\oint_L |y|\mathrm{d}l$，其中 L：$\begin{cases}x^2+y^2+z^2=2,\\ x=y;\end{cases}$

(5) $\int_L (\boldsymbol{u})_s\mathrm{d}l$，其中 L：$x=2t+1$，$y=t^2$，$z=t^3+1(0\leqslant t\leqslant 1)$，$\boldsymbol{u}=\{z,x,y\}$，$\boldsymbol{s}$ 为 L 的切向量，指向 t 增加的方向.

3. 求圆柱面 $x^2+y^2=2ax$ 被球面 $x^2+y^2+z^2=4a^2$ 所截取的有限部分的面积.

4. 求双纽柱面 $(x^2+y^2)^2=a^2(x^2-y^2)$ 被圆锥面 $x^2+y^2=z^2$ 所截下的有限部分的面积.

5. 设曲线 $y=\ln x(\sqrt{3}\leqslant x\leqslant\sqrt{15})$ 上任一点的线密度为 $\mu=x^2$，求此曲线的质量.

6. 设半圆弧 $y=\sqrt{R^2-x^2}$，其线密度为常数 μ，求它的质心及对 x 轴的转动惯量.

7. 设曲线 L 是星形线 $x^{\frac{2}{3}}+y^{\frac{2}{3}}=a^{\frac{2}{3}}$ 在第一象限的一段，其线密度 $\mu=1$.

(1) 求 L 的形心；

(2) 求 L 对 x 轴、y 轴的转动惯量.

8. 求心形线 $\rho=a(1-\cos\theta)(0\leqslant\theta\leqslant 2\pi)$ 的形心.

9. 设 L 是圆柱螺线 $x=a\cos t$，$y=a\sin t$，$z=bt(0\leqslant t\leqslant 2\pi)$，其上任一点处的线密度与该点到 xOy 面的距离成正比，且已知在点 $(a,0,2\pi b)$ 处的线密度为 2，求 L 的质心.

10. 设曲线 L：$\sqrt{x}+\sqrt{y}=1$，其上任一点 (x,y) 处的线

密度 $\mu=\sqrt{\dfrac{xy}{x+y}}$，求 L 对位于原点处单位质点的引力 $\boldsymbol{F}$.

11. 设质量均匀分布的曲线 L：$\begin{cases}x^2+y^2=a^2,\\ z=0,\end{cases}$ 求 L 对位于点 $P(0,0,b)$ 处质量为 m 的质点的引力(曲线的线密度为 μ).

第二节　第二类曲线积分

一、第二类曲线积分的概念与性质

下面先考察一个实例：变力沿曲线所做的功.

设一质点在变力 $\boldsymbol{F}(x,y,z)=\{F_x(x,y,z),F_y(x,y,z),F_z(x,y,z)\}$ 的作用下沿曲线 L 从点 A 移动到点 B，求变力 $\boldsymbol{F}(x,y,z)$ 对质点所做的功 W.

我们知道，若质点在常力 $\boldsymbol{F}$ 作用下沿直线由点 A 移动到点 B，则力 $\boldsymbol{F}$ 对质点所做的功为 $W=\boldsymbol{F}\cdot\overrightarrow{AB}$.

对于变力 $\boldsymbol{F}(x,y,z)$ 沿曲线 L 移动的情况，我们采用“分割，近似代替，求和，取极限”的方法来求功.

如图 9-8 所示，用点 $A=P_0,P_1,\cdots,P_n=B$ 将 L 分成 n 个小弧段，设分点 $P_i(x_i,y_i,z_i)$，将小弧段 $\overset{\frown}{P_{i-1}P_i}$ 的长记作 Δl_i，并记

$$\Delta\boldsymbol{l}_i=\overrightarrow{P_{i-1}P_i}=\{\Delta x_i,\Delta y_i,\Delta z_i\}$$
$$=\{x_i-x_{i-1},y_i-y_{i-1},z_i-z_{i-1}\}(i=1,2,\cdots,n).$$

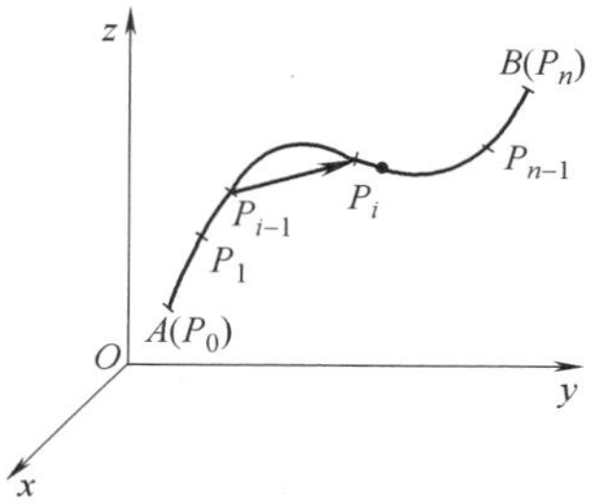

图　9-8

当 $\Delta\boldsymbol{l}_i$ 较小时，可以将 $\overset{\frown}{P_{i-1}P_i}$ 近似地看成直线段，并且此小弧段上的力也可以近似地看成常力. 任取 $(\xi_i,\eta_i,\zeta_i)\in\overset{\frown}{P_{i-1}P_i}$，则力 $\boldsymbol{F}(x,y,z)$ 沿 $\overset{\frown}{P_{i-1}P_i}$ 所做的功近似地等于

$$\Delta W_i\approx\boldsymbol{F}(\xi_i,\eta_i,\zeta_i)\cdot\Delta\boldsymbol{l}_i,$$

求和，得

$$W=\sum_{i=1}^{n}\Delta W_i\approx\sum_{i=1}^{n}\boldsymbol{F}(\xi_i,\eta_i,\zeta_i)\cdot\Delta\boldsymbol{l}_i$$
$$=\sum_{i=1}^{n}(F_x(\xi_i,\eta_i,\zeta_i)\Delta x_i+F_y(\xi_i,\eta_i,\zeta_i)\Delta y_i+F_z(\xi_i,\eta_i,\zeta_i)\Delta z_i).$$

令 $\lambda=\max\limits_{1\leqslant i\leqslant n}\{\Delta l_i\}$，取极限便得到

$$W=\lim_{\lambda\to0}\sum_{i=1}^{n}\boldsymbol{F}(\xi_i,\eta_i,\zeta_i)\cdot\Delta\boldsymbol{l}_i$$
$$=\lim_{\lambda\to0}\sum_{i=1}^{n}(F_x(\xi_i,\eta_i,\zeta_i)\Delta x_i+F_y(\xi_i,\eta_i,\zeta_i)\Delta y_i+F_z(\xi_i,\eta_i,\zeta_i)\Delta z_i).$$

我们将上面这种和式的极限抽象出来给出如下定义.

定义　设曲线 $L(\overset{\frown}{AB})$，向量函数

$$\boldsymbol{A}(x,y,z)=\{X(x,y,z),Y(x,y,z),Z(x,y,z)\}$$

在 L 上有定义，用分点 $A=P_0,P_1,\cdots,P_n=B$ 将曲线 L 分成 n 个小弧段，将小弧段 $\overset{\frown}{P_{i-1}P_i}$ 的长记作 Δl_i，并记向量

$$\Delta\boldsymbol{l}_i=\overrightarrow{P_{i-1}P_i}=\{\Delta x_i,\Delta y_i,\Delta z_i\}=\{x_i-x_{i-1},y_i-y_{i-1},z_i-z_{i-1}\},$$

任取 $(\xi_i,\eta_i,\zeta_i)\in\overset{\frown}{P_{i-1}P_i}(i=1,2,\cdots,n)$，作和式

$$\sum_{i=1}^{n}\boldsymbol{A}(\xi_i,\eta_i,\zeta_i)\cdot\Delta\boldsymbol{l}_i$$

$$=\sum_{i=1}^{n}(X(\xi_i,\eta_i,\zeta_i)\Delta x_i+Y(\xi_i,\eta_i,\zeta_i)\Delta y_i+Z(\xi_i,\eta_i,\zeta_i)\Delta z_i),$$

令 $\lambda=\max\limits_{1\leqslant i\leqslant n}\{\Delta l_i\}$，如果无论小弧段怎样分以及点 (ξ_i,η_i,ζ_i) 怎样取，当 $\lambda\to 0$ 时，上述和式都有极限且极限值是相同的，则称此极限值为向量函数 $\boldsymbol{A}(x,y,z)$ 沿曲线 L 从 A 到 B 的第二类曲线积分，记作 $\int_L\boldsymbol{A}\cdot\mathrm{d}\boldsymbol{l}$（此种形式称为向量形式）或

$$\int_L X(x,y,z)\mathrm{d}x+Y(x,y,z)\mathrm{d}y+Z(x,y,z)\mathrm{d}z\quad（称为坐标形式）$$

（坐标形式可简记为 $\int_L X\mathrm{d}x+Y\mathrm{d}y+Z\mathrm{d}z$），即

$$\int_L\boldsymbol{A}\cdot\mathrm{d}\boldsymbol{l}=\lim_{\lambda\to 0}\sum_{i=1}^{n}\boldsymbol{A}(\xi_i,\eta_i,\zeta_i)\cdot\Delta\boldsymbol{l}_i$$

$$=\lim_{\lambda\to 0}\sum_{i=1}^{n}(X(\xi_i,\eta_i,\zeta_i)\Delta x_i+Y(\xi_i,\eta_i,\zeta_i)\Delta y_i+Z(\xi_i,\eta_i,\zeta_i)\Delta z_i).$$

其中 L 称为积分曲线. 在其向量形式中，积分元素为 $\mathrm{d}\boldsymbol{l}$，在其坐标形式中，积分元素为 $\mathrm{d}x,\mathrm{d}y,\mathrm{d}z$，根据定义可知

$$\mathrm{d}\boldsymbol{l}=\{\mathrm{d}x,\mathrm{d}y,\mathrm{d}z\},$$

由于弧微分 $\mathrm{d}l=\sqrt{(\mathrm{d}x)^2+(\mathrm{d}y)^2+(\mathrm{d}z)^2}$，因此 $\mathrm{d}\boldsymbol{l}$ 称为弧微分向量，而 $\mathrm{d}x,\mathrm{d}y,\mathrm{d}z$ 则分别是 $\mathrm{d}\boldsymbol{l}$ 在 x 轴、y 轴、z 轴上的投影，因此可称为投影元素.

第二类曲线积分的坐标形式实际上是三个独立积分的组合，即

$$\int_L X\mathrm{d}x+Y\mathrm{d}y+Z\mathrm{d}z=\int_L X\mathrm{d}x+\int_L Y\mathrm{d}y+\int_L Z\mathrm{d}z.$$

其中
$$\int_L X\mathrm{d}x=\lim_{\lambda\to 0}\sum_{i=1}^{n}X(\xi_i,\eta_i,\zeta_i)\Delta x_i,$$

$$\int_L Y\mathrm{d}y=\lim_{\lambda\to 0}\sum_{i=1}^{n}Y(\xi_i,\eta_i,\zeta_i)\Delta y_i,$$

$$\int_L Z\mathrm{d}z = \lim_{\lambda \to 0}\sum_{i=1}^{n} Z(\xi_i,\eta_i,\zeta_i)\Delta z_i.$$

$\int_L X\mathrm{d}x,\int_L Y\mathrm{d}y,\int_L Z\mathrm{d}z$ 分别叫作函数 X（或 Y,Z）沿曲线 L 从 A 到 B 对坐标 x（或 y,z）的第二类曲线积分.

当 L 是平面曲线，且向量函数为 $\boldsymbol{A}=\{X(x,y),Y(x,y)\}$ 时，则第二类曲线积分的形式为

$$\int_L X(x,y)\mathrm{d}x + Y(x,y)\mathrm{d}y = \int_L X\mathrm{d}x + Y\mathrm{d}y.$$

第二类曲线积分的记号 $\int_L$ 也可以写成 $\int_{\overset{\frown}{AB}}$ 或 $\int_{(A)}^{(B)}$.

根据以上所述可知，变力 $\boldsymbol{F}(x,y,z)$ 沿曲线 L 从 A 到 B 对质点所做的功可用第二类曲线积分表示为

$$W = \int_L \boldsymbol{F}\cdot\mathrm{d}\boldsymbol{l} = \int_L F_x\mathrm{d}x + F_y\mathrm{d}y + F_z\mathrm{d}z.$$

可以证明，如果 L 是光滑曲线，且函数 $X(x,y,z),Y(x,y,z),Z(x,y,z)$ 在 L 上连续，则第二类曲线积分 $\int_L X\mathrm{d}x+Y\mathrm{d}y+Z\mathrm{d}z$ 一定存在.

第二类曲线积分有以下性质（设其中各积分都存在）.

(1) **（线性性质）** 设 C_1,C_2 为常数，则

$$\int_L (C_1\boldsymbol{A}_1 + C_2\boldsymbol{A}_2)\cdot\mathrm{d}\boldsymbol{l} = C_1\int_L \boldsymbol{A}_1\cdot\mathrm{d}\boldsymbol{l} + C_2\int_L \boldsymbol{A}_2\cdot\mathrm{d}\boldsymbol{l}.$$

(2) **（对积分曲线的可加性）** 设曲线 $\overset{\frown}{AB}$ 由 $\overset{\frown}{AC}$ 和 $\overset{\frown}{CB}$ 组成，则

$$\int_{\overset{\frown}{AB}} \boldsymbol{A}\cdot\mathrm{d}\boldsymbol{l} = \int_{\overset{\frown}{AC}} \boldsymbol{A}\cdot\mathrm{d}\boldsymbol{l} + \int_{\overset{\frown}{CB}} \boldsymbol{A}\cdot\mathrm{d}\boldsymbol{l}.$$

(3) **（有向性）**

$$\int_{\overset{\frown}{AB}} \boldsymbol{A}\cdot\mathrm{d}\boldsymbol{l} = -\int_{\overset{\frown}{BA}} \boldsymbol{A}\cdot\mathrm{d}\boldsymbol{l}.$$

事实上，
$$\begin{aligned}\int_{\overset{\frown}{AB}} \boldsymbol{A}\cdot\mathrm{d}\boldsymbol{l} &= \lim_{\lambda\to 0}\sum_{i=1}^{n}\boldsymbol{A}(\xi_i,\eta_i,\zeta_i)\cdot\overrightarrow{P_{i-1}P_i}\\ &= -\lim_{\lambda\to 0}\sum_{i=1}^{n}\boldsymbol{A}(\xi_i,\eta_i,\zeta_i)\cdot\overrightarrow{P_iP_{i-1}}\\ &= -\int_{\overset{\frown}{BA}} \boldsymbol{A}\cdot\mathrm{d}\boldsymbol{l}.\end{aligned}$$

如果 L 是 xOy 面上的简单闭曲线（不自交，见图 9-9），常将 L 的逆时针方向称为 L 的正方向，记作 L^+，而顺时针方向则称为 L 的负方向，记作 L^-.

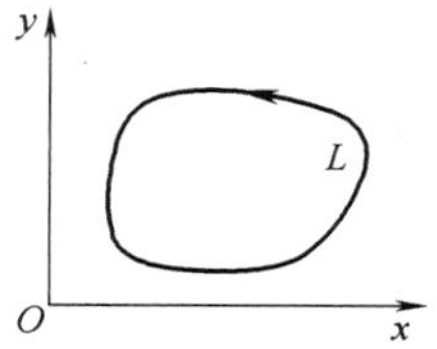

图　9-9

综合性质(2)、(3)，可以给出下面沿闭曲线的第二类曲线积分的一个重要性质.

(4) **（闭路性质）** 如果以曲线 L 为边界的区域 D 被分成两个

区域 D_1 和 D_2（见图 9-10），L_1 和 L_2 分别是这两个区域的边界曲线，则

$$\oint_{L^+}\boldsymbol{A}\cdot \mathrm{d}\boldsymbol{l}=\oint_{L_1^+}\boldsymbol{A}\cdot \mathrm{d}\boldsymbol{l}+\oint_{L_2^+}\boldsymbol{A}\cdot \mathrm{d}\boldsymbol{l}.$$

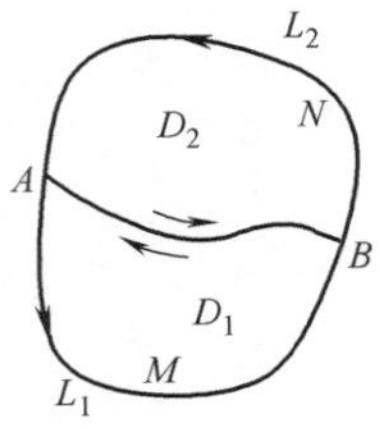

图　9-10

证 $\oint_{L_1^+}\boldsymbol{A}\cdot \mathrm{d}\boldsymbol{l}+\oint_{L_2^+}\boldsymbol{A}\cdot \mathrm{d}\boldsymbol{l}$

$$=\int_{\widehat{AMB}}\boldsymbol{A}\cdot \mathrm{d}\boldsymbol{l}+\int_{\widehat{BA}}\boldsymbol{A}\cdot \mathrm{d}\boldsymbol{l}+\int_{\widehat{AB}}\boldsymbol{A}\cdot \mathrm{d}\boldsymbol{l}+\int_{\widehat{BNA}}\boldsymbol{A}\cdot \mathrm{d}\boldsymbol{l}$$

$$=\int_{\widehat{AMB}}\boldsymbol{A}\cdot \mathrm{d}\boldsymbol{l}+\int_{\widehat{BNA}}\boldsymbol{A}\cdot \mathrm{d}\boldsymbol{l}=\oint_{L^+}\boldsymbol{A}\cdot \mathrm{d}\boldsymbol{l}.$$

二、第二类曲线积分的计算

以下总假设曲线 L 是光滑曲线，且向量函数 $\boldsymbol{A}$ 在曲线 L 上连续.

1. 平面曲线上积分 $\int_L X\mathrm{d}x+Y\mathrm{d}y$ 的计算

(1) 如果 $L(\widehat{AB}): y=y(x)$，并且在点 A 处，$x=a$，在点 B 处，$x=b$，则

$$\int_L X\mathrm{d}x+Y\mathrm{d}y=\int_a^b[X(x,y(x))+Y(x,y(x))y'(x)]\mathrm{d}x.$$

证　用分点 $A=P_0,P_1,\cdots,P_n=B$ 将 L 分成 n 个小弧段，设分点 $P_i(x_i,y(x_i))(i=0,1,2,\cdots,n)$，根据拉格朗日中值定理，在 x_{i-1} 和 x_i 之间存在 ξ_i，使

$$\Delta y_i=y(x_i)-y(x_{i-1})=y'(\xi_i)(x_i-x_{i-1})=y'(\xi_i)\Delta x_i,$$

令 $\lambda=\max\limits_{1\leqslant i\leqslant n}\{\Delta l_i\}$，$\mu=\max\limits_{1\leqslant i\leqslant n}\{|\Delta x_i|\}$，则当 $\lambda\to 0$ 时，有 $\mu\to 0$，于是

$$\begin{aligned}\int_L X\mathrm{d}x+Y\mathrm{d}y&=\lim_{\lambda\to 0}\sum_{i=1}^n[X(\xi_i,\eta_i)\Delta x_i+Y(\xi_i,\eta_i)\Delta y_i]\\&=\lim_{\lambda\to 0}\sum_{i=1}^n[X(\xi_i,y(\xi_i))\Delta x_i+Y(\xi_i,y(\xi_i))y'(\xi_i)\Delta x_i]\\&=\lim_{\mu\to 0}\sum_{i=1}^n[X(\xi_i,y(\xi_i))+Y(\xi_i,y(\xi_i))y'(\xi_i)]\Delta x_i\\&=\int_a^b[X(x,y(x))+Y(x,y(x))y'(x)]\mathrm{d}x.\end{aligned}$$

(2) 如果 $L(\widehat{AB}): x=x(y)$，并且在点 A 处，$y=c$，在点 B 处，$y=d$，则

$$\int_L X\mathrm{d}x+Y\mathrm{d}y=\int_c^d[X(x(y),y)x'(y)+Y(x(y),y)]\mathrm{d}y.$$

(3) 如果 $L(\widehat{AB}): x=x(t), y=y(t)$，并且在点 A 处，$t=\alpha$，在点 B 处，$t=\beta$，则

$$\int_L X\mathrm{d}x+Y\mathrm{d}y=\int_\alpha^\beta[X(x(t),y(t))x'(t)+Y(x(t),y(t))y'(t)]\mathrm{d}t.$$

2. 空间曲线上积分$\int_L Xdx+Ydy+Zdz$的计算

如果曲线$L(\overset{\frown}{AB}):x=x(t),y=y(t),z=z(t)$，并且在点$A$处，$t=\alpha$，在点$B$处，$t=\beta$，则

$$\int_L X\mathrm{d}x+Y\mathrm{d}y+Z\mathrm{d}z$$
$$=\int_\alpha^\beta[X(x(t),y(t),z(t))x'(t)+Y(x(t),y(t),z(t))y'(t)+Z(x(t),y(t),z(t))z'(t)]\mathrm{d}t$$

例 1　计算$I=\int_L(x^2-y^2)\mathrm{d}x+xy\mathrm{d}y$，积分曲线$L$如图 9-11 所示.

(1) L为折线$\overline{OAB}$；

(2) L为直线段$\overline{OB}:y=x$；

(3) L为抛物线$\overset{\frown}{OB}:y=x^2$；

(4) L为抛物线$\overset{\frown}{COB}:x=y^2$.

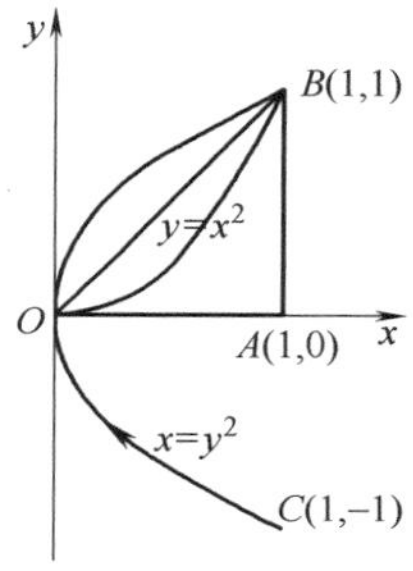

图　9-11

解　(1) $L=\overline{OA}+\overline{AB}$，在$\overline{OA}$上，$y=0,\mathrm{d}y=0$，在$\overline{AB}$上$x=1,\mathrm{d}x=0$，故

$$I=\int_{\overline{OA}}+\int_{\overline{AB}}(x^2-y^2)\mathrm{d}x+xy\mathrm{d}y$$
$$=\int_0^1(x^2-0)\mathrm{d}x+\int_0^1 1\cdot y\mathrm{d}y=\frac{5}{6};$$

(2) 在$\overline{OB}$上，$\mathrm{d}y=\mathrm{d}x$，故

$$I=\int_0^1(x^2-x^2)\mathrm{d}x+x\cdot x\cdot 1\mathrm{d}x=\int_0^1 x^2\mathrm{d}x=\frac{1}{3};$$

(3) 在$\overset{\frown}{OB}$上，$\mathrm{d}y=2x\mathrm{d}x$，故

$$I=\int_0^1(x^2-x^4)\mathrm{d}x+x\cdot x^2\cdot 2x\mathrm{d}x=\int_0^1(x^2+x^4)\mathrm{d}x=\frac{8}{15};$$

(4) 在$\overset{\frown}{COB}$上，$\mathrm{d}x=2y\mathrm{d}y$，故

$$I=\int_{-1}^1[(y^4-y^2)2y+y^2\cdot y]\mathrm{d}y=\int_{-1}^1(2y^5-y^3)\mathrm{d}y=0.$$

例 2　计算$\int_L(x^2+2xy)\mathrm{d}y$，其中$L$是曲线段$\frac{x^2}{a^2}+\frac{y^2}{b^2}=1$ $(y\geqslant 0)$，方向(见图 9-12) 由$A(a,0)$到$B(-a,0)$.

解　L的参数方程为$x=a\cos t,y=b\sin t$，在点A，$t=0$，在点B，$t=\pi$，故

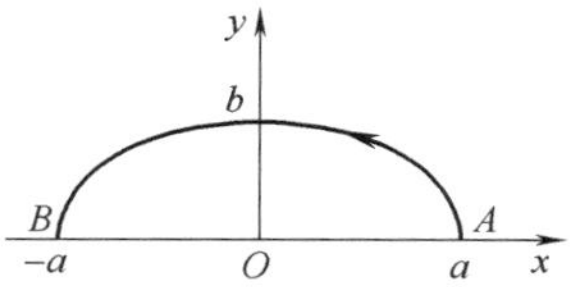

图　9-12

$$\int_L(x^2+2xy)\mathrm{d}y=\int_0^\pi(a^2\cos^2t+2ab\sin t\cos t)b\cos t\cdot\mathrm{d}t$$
$$=\int_0^\pi(a^2b\cos^3t+2ab^2\sin t\cos^2t)\mathrm{d}t=\frac{4}{3}ab^2.$$

例 3 如图 9-13 所示，设在平面上点 (x,y) 处力 $\boldsymbol{F}$ 的大小等于该点与原点的距离，而方向指向原点，一质点在力 $\boldsymbol{F}$ 的作用下沿曲线 $\sqrt{x}+\sqrt{y}=\sqrt{a}(a>0)$ 由点 $A(a,0)$ 移动到点 $B(0,a)$，求力 $\boldsymbol{F}$ 所做的功.

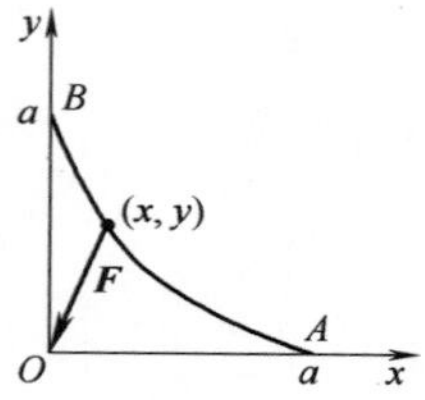

图 9-13

解 由题设，$\boldsymbol{F}=\{-x,-y\}$，故

$$W=\int_L -x\mathrm{d}x-y\mathrm{d}y,$$

方程 $\sqrt{x}+\sqrt{y}=\sqrt{a}$ 两端取微分，得

$$\frac{1}{2\sqrt{x}}\mathrm{d}x+\frac{1}{2\sqrt{y}}\mathrm{d}y=0,$$

$$\mathrm{d}y=-\sqrt{\frac{y}{x}}\mathrm{d}x=\left(1-\sqrt{\frac{a}{x}}\right)\mathrm{d}x,$$

$$W=\int_a^0\left[-x-(\sqrt{a}-\sqrt{x})^2\left(1-\sqrt{\frac{a}{x}}\right)\right]\mathrm{d}x$$

$$=\int_0^a\left(2x+3a-3\sqrt{ax}-\frac{a^{\frac{3}{2}}}{\sqrt{x}}\right)\mathrm{d}x=0.$$

例 4 设 $\boldsymbol{A}=\left\{\frac{y}{3},-x,x+y+z\right\}$，求 $\int_L\boldsymbol{A}\cdot\mathrm{d}\boldsymbol{l}$，其中 L 是从点 $A(1,0,0)$ 到 $B(3,3,4)$ 的直线段.

解 直线段 L 的参数方程为

$$x=1+2t,y=3t,z=4t,A:t=0,B:t=1,$$

$$\int_L\boldsymbol{A}\cdot\mathrm{d}\boldsymbol{l}=\int_L\frac{y}{3}\mathrm{d}x-x\mathrm{d}y+(x+y+z)\mathrm{d}z$$

$$=\int_0^1\left[\frac{3t}{3}\cdot 2-(1+2t)\cdot 3+(1+2t+3t+4t)\cdot 4\right]\mathrm{d}t$$

$$=\int_0^1(1+32t)\mathrm{d}t=17.$$

例 5 计算 $I=\oint_L yz\mathrm{d}x+3xz\mathrm{d}y-xy\mathrm{d}z$，其中 L 是圆柱面 $x^2+y^2=4y$ 与平面 $3y-z+1=0$ 的交线，从 z 轴的正向往负向看，L 的方向是逆时针的.

解 L 的参数方程为

$$x=2\cos t,y=2+2\sin t,z=7+6\sin t,$$

$$I=\int_0^{2\pi}[(2+2\sin t)(7+6\sin t)(-2\sin t)+3\cdot 2\cos t(7+6\sin t)2\cos t-2\cos t\cdot(2+2\sin t)6\cos t]\mathrm{d}t$$

$$=8\int_0^{2\pi}\cos^2 t\mathrm{d}t=8\pi.$$

例 6　计算 $I=\int_{\widehat{AB}}\frac{x}{2}\mathrm{d}x+y\mathrm{d}y+z\mathrm{d}z$，其中 $\widehat{AB}$ 是从点 $A(1,0,0)$ 沿曲线 $\begin{cases}x^2+y^2+z^2=1,\\ y=z,\end{cases}$ 在第一卦限部分到点 $B\left(0,\frac{1}{\sqrt{2}},\frac{1}{\sqrt{2}}\right)$.

解　$\widehat{AB}$ 的参数方程为 $x=\cos t, y=\frac{1}{\sqrt{2}}\sin t, z=\frac{1}{\sqrt{2}}\sin t$，在点 A，$t=0$，在点 B，$t=\frac{\pi}{2}$，故

$$I=\int_0^{\frac{\pi}{2}}\left[\frac{1}{2}\cos t(-\sin t)+\frac{1}{\sqrt{2}}\sin t\cdot\frac{1}{\sqrt{2}}\cos t+\frac{1}{\sqrt{2}}\sin t\cdot\frac{1}{\sqrt{2}}\cos t\right]\mathrm{d}t$$

$$=\frac{1}{2}\int_0^{\frac{\pi}{2}}\sin t\cos t\mathrm{d}t=\frac{1}{4}.$$

三、两类曲线积分的关系

由第二类曲线积分的定义，设曲线 L 上任一点 (x,y,z) 处沿指定方向的单位切向量为 $\{\cos\alpha,\cos\beta,\cos\gamma\}$，由于 $|\mathrm{d}\boldsymbol{l}|=\mathrm{d}l$，且 $\mathrm{d}x$，$\mathrm{d}y$，$\mathrm{d}z$ 分别是 $\mathrm{d}\boldsymbol{l}$ 在 x 轴、y 轴、z 轴上的投影，因此有

$$\mathrm{d}x=\cos\alpha\mathrm{d}l,\mathrm{d}y=\cos\beta\mathrm{d}l,\mathrm{d}z=\cos\gamma\mathrm{d}l,$$

于是有

$$\boxed{\int_L X\mathrm{d}x+Y\mathrm{d}y+Z\mathrm{d}z=\int_L(X\cos\alpha+Y\cos\beta+Z\cos\gamma)\mathrm{d}l.}$$

此式给出了两类曲线积分的关系.

例 7　设 $\widehat{AB}$ 为曲线 $x=t,y=t^2,z=t^3$ 上从 $A(2,4,8)$ 到 $B(0,0,0)$ 的一段，将 $I=\int_{\widehat{AB}}(y^2-z^2)\mathrm{d}x+2yz\mathrm{d}y-x^2\mathrm{d}z$ 化成第一类曲线积分.

解　曲线的切向量为 $\{1,2t,3t^2\}$，沿 $\widehat{AB}$ 方向的单位切向量为

$$\boldsymbol{\tau}=\frac{\{-1,-2t,-3t^2\}}{\sqrt{1+4t^2+9t^4}}=\frac{\{-1,-2x,-3y\}}{\sqrt{1+4y+9y^2}},$$

故

$$\cos\alpha=\frac{-1}{\sqrt{1+4y+9y^2}},\cos\beta=\frac{-2x}{\sqrt{1+4y+9y^2}},$$

$$\cos\gamma=\frac{-3y}{\sqrt{1+4y+9y^2}},$$

$$I=\int_{\widehat{AB}}\frac{(y^2-z^2)(-1)+2yz(-2x)-x^2(-3y)}{\sqrt{1+4y+9y^2}}\mathrm{d}l$$

$$=\int_{\widehat{AB}}\frac{-y^2+z^2-4xyz+3x^2y}{\sqrt{1+4y+9y^2}}\mathrm{d}l.$$

例 8 若在平面曲线 L 上，$\max\sqrt{X^2+Y^2}=M$，并设曲线 L 的长为 l，证明

$$\left|\int_L X\mathrm{d}x+Y\mathrm{d}y\right|\leqslant Ml.$$

证 设 $\boldsymbol{A}=\{X,Y\}$，$\boldsymbol{\tau}=\{\cos\alpha,\cos\beta\}$，由两类曲线积分的关系，有

$$\begin{aligned}\left|\int_L X\mathrm{d}x+Y\mathrm{d}y\right| &= \left|\int_L (X\cos\alpha+Y\cos\beta)\mathrm{d}l\right| \\ &= \left|\int_L \{X,Y\}\cdot\boldsymbol{\tau}\mathrm{d}l\right| = \left|\int_L (\boldsymbol{A}\cdot\boldsymbol{\tau})\mathrm{d}l\right| \\ &\leqslant \int_L \left|\boldsymbol{A}\cdot\boldsymbol{\tau}\right|\mathrm{d}l \\ &\leqslant \int_L |\boldsymbol{A}|\,|\boldsymbol{\tau}|\mathrm{d}l=\int_L |\boldsymbol{A}|\mathrm{d}l=\int_L \sqrt{X^2+Y^2}\mathrm{d}l \\ &\leqslant \int_L M\mathrm{d}l=Ml.\end{aligned}$$

习题 9-2

1. 计算下列第二类曲线积分.

(1) $\int_L \frac{1}{y}\mathrm{d}x+(2y+\ln x)\mathrm{d}y$，其中 L 是抛物线 $y=x^2$ 从 $A(1,1)$ 到 $B(2,4)$ 一段；

(2) $\int_L (\mathrm{e}^x+y)\mathrm{d}x-x\mathrm{d}y$，其中 L 从 $A(1,0)$ 沿曲线 $y=\sqrt{1-x^2}$ 到 $B(-1,0)$；

(3) $\int_L x\mathrm{d}y-y\mathrm{d}x$，$L$ 从 $O(0,0)$ 沿摆线 $x=t-\sin t$，$y=1-\cos t$ 到点 $A(2\pi,0)$；

(4) $\int_L (x+2y)\mathrm{d}x+x\mathrm{d}y$，其中 L 从点 $(0,1)$ 沿曲线 $x^{\frac{2}{3}}+y^{\frac{2}{3}}=1\ (x\geqslant 0)$ 到点 $(1,0)$；

(5) $\int_L (x^2+y^2)\mathrm{d}y$，其中 L 从点 $O(0,0)$ 沿曲线 $x=\begin{cases}\sqrt{y}, & 0\leqslant y\leqslant 1,\\ 2-y, & 1<y\leqslant 2\end{cases}$ 到点 $B(0,2)$；

(6) $\int_L (x^2+y^2)\mathrm{d}x+(x^2+y^2)\mathrm{d}y$，其中 L 是折线 $y=1-|1-x|$ 上由 $O(0,0)$ 到 $A(2,0)$ 的一段；

(7) $\oint_L \frac{\mathrm{d}x+\mathrm{d}y}{|x|+|y|}$，$L$ 是以 $A(1,0)$，$B(0,1)$，$C(-1,0)$，$D(0,-1)$ 为顶点的正方形的边界曲线沿逆时针方向；

(8) $\oint_L \frac{(x+y)\mathrm{d}x-(x-y)\mathrm{d}y}{x^2+y^2}$，其中 L 为圆周 $x^2+y^2=a^2$ 沿逆时针方向；

(9) $\int_L (x+y)\mathrm{d}x+(y-x)\mathrm{d}y$，其中 L 是曲线 $x=2t^2+t+1$，$y=t^2+1$ 上从点 $(1,1)$ 到点 $(4,2)$ 的一段；

(10) $\int_L (1+2xy)\mathrm{d}x+x^2\mathrm{d}y$，$L$ 为上半椭圆 $x^2+2y^2=1$ 上从点 $(1,0)$ 到点 $(-1,0)$.

2. 计算下列第二类曲线积分.

(1) $\int_L x\mathrm{d}x+y\mathrm{d}y+(x+y-1)\mathrm{d}z$，其中 L 是从点 $(1,1,1)$ 到点 $(2,3,4)$ 的一段直线；

(2) $\oint_L \mathrm{d}x-\mathrm{d}y+y\mathrm{d}z$，其中 L 为折线 $\overline{ABCA}$，$A(1,0,0)$，$B(0,1,0)$，$C(0,0,1)$；

(3) $\int_L y\mathrm{d}x+z\mathrm{d}y+x\mathrm{d}z$，$L$ 为柱面螺线 $x=a\cos t$，$y=a\sin t$，$z=bt$ 上对应 $t=0$ 到 $t=2\pi$ 的一段；

(4) $\oint_L (y^2-z^2)\mathrm{d}x+(z^2-x^2)\mathrm{d}y+(x^2-y^2)\mathrm{d}z$，$L$ 是球面 $x^2+y^2+z^2=1$ 在第一卦限与三个坐标面的交线，其方向为从 $A(1,0,0)$，经 $B(0,1,0)$，$C(0,0,1)$ 再回到 A.

3. 一力场由沿 x 轴正方向的常力 $\boldsymbol{F}$ 构成，试求当一质量为 m 的质点沿圆周 $x^2+y^2=R^2$ 按逆时针方向

移过位于第一象限的那一段弧时力场所做的功.

4. 设 z 轴与重力的方向一致,求质量为 m 的质点从位置 (x_1,y_1,z_1) 沿直线移到 (x_2,y_2,z_2) 时重力所做的功.

5. 设有一力场,场力的大小与作用点到 z 轴的距离成反比(比例系数为 k),方向垂直于 z 轴并指向 z 轴,试求一质点沿曲线 $x=\cos t, y=1, z=\sin t$ 从点 $(1,1,0)$ 依 t 增加的方向移动到点 $(0,1,1)$ 时场力所做的功.

6. 把 $\int_L X\mathrm{d}x+Y\mathrm{d}y$ 化成第一类曲线积分,其中 L 为:

(1) 沿抛物线 $y=x^2$ 从点 $(0,0)$ 到点 $(1,1)$;

(2) 沿上半圆周 $x^2+y^2=2x$ 从点 $(0,0)$ 到点 $(1,1)$.

7. 把 $\int_L X\mathrm{d}x+Y\mathrm{d}y+Z\mathrm{d}z$ 化成第一类曲线积分,其中 L 为 $x=1-\cos t, y=\sin t, z=t^3$ 上从 $t=0$ 到 $t=\pi$ 的一段.

第三节　格林公式、平面曲线积分与路径无关的条件

一、格林公式

我们先介绍一些有关平面区域的概念.

设 D 是一平面区域,如果对于区域 D 内任意两点,都可以用一条全部位于 D 内的曲线将它们连接起来,则称 D 为连通区域,如图 9-14 与图 9-15 所示都是连通区域. 若 D 不是连通区域,则称其为非连通区域,图 9-16 所示便是一非连通区域.

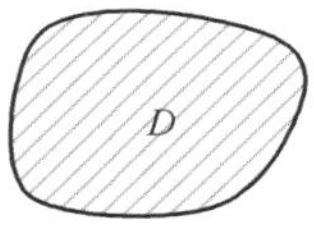

图　9-14

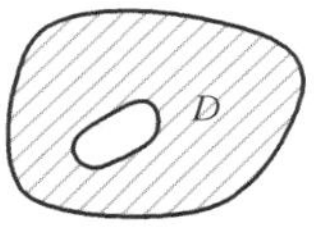

图　9-15

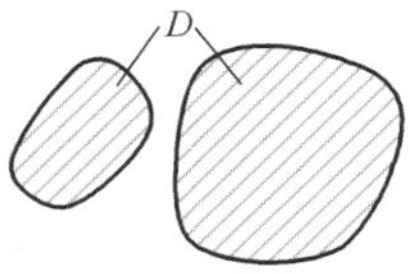

图　9-16

设 D 是一平面连通区域,如果 D 内任一条闭曲线所围成的有界区域都属于 D,则称 D 是单连通区域(见图 9-14). 通俗地讲,单连通区域就是没有“洞”的连通区域. 若 D 是连通区域但不是单连通区域,则称其为复连通区域(见图 9-15).

如同上一节所述,设 L 是一不自交的闭曲线,即简单闭曲线,我们用 L^+ 表示曲线的逆时针方向,用 L^- 表示曲线的顺时针方向.

定理 1(格林定理)　设 D 是平面有界闭区域,$X(x,y)$ 与 $Y(x,y)$ 在 D 上有一阶连续偏导数,则当 D 是平面单连通区域,L 是其边界曲线(见图 9-17),有

$$\oint_{L^+} X\mathrm{d}x+Y\mathrm{d}y=\iint_D\left(\frac{\partial Y}{\partial x}-\frac{\partial X}{\partial y}\right)\mathrm{d}x\mathrm{d}y; \tag{1}$$

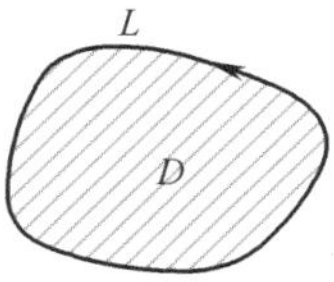

图　9-17

当 D 是有一个“洞”的复连通区域,L_1, L_2 分别是 D 的外边界与内边界曲线(见图 9-18),有

$$\oint_{L_1^+ + L_2^-} X\mathrm{d}x+Y\mathrm{d}y=\oint_{L_1^+}-\oint_{L_2^+} X\mathrm{d}x+Y\mathrm{d}y=\iint_D\left(\frac{\partial Y}{\partial x}-\frac{\partial X}{\partial y}\right)\mathrm{d}x\mathrm{d}y \tag{2}$$

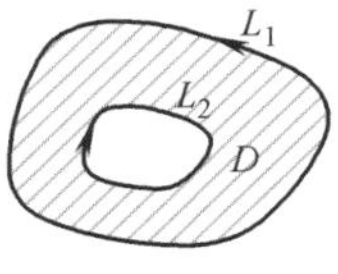

图　9-18

(如果记 D 的全部边界曲线为 L,则式(2) 中的 $L_1^+ + L_2^-$ 也可以记为 L^+.) 式(1) 与式(2) 都称为格林公式. 当 D 是有两个以上“洞”的复连通区域时,有类似的公式.

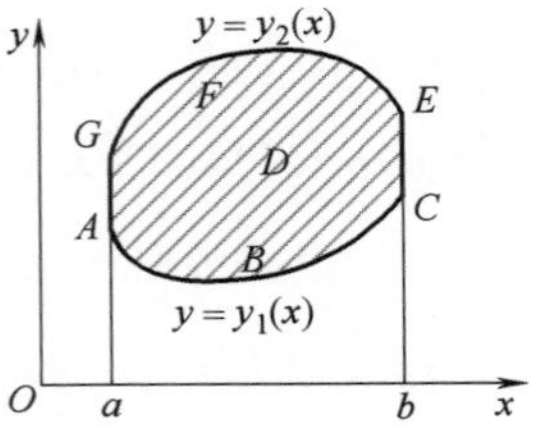

图 9-19

证 如果 D 是如图 9-19 所示区域，则有

$$\oint_{L^+} X\mathrm{d}x = \int_{\widehat{ABC}} X\mathrm{d}x + \int_{\widehat{EFG}} X\mathrm{d}x$$

$$= \int_a^b X(x,y_1(x))\mathrm{d}x + \int_b^a X(x,y_2(x))\mathrm{d}x$$

$$= \int_a^b [X(x,y_1(x)) - X(x,y_2(x))]\mathrm{d}x,$$

$$-\iint_D \frac{\partial X}{\partial y}\mathrm{d}x\mathrm{d}y = -\int_a^b \mathrm{d}x \int_{y_1(x)}^{y_2(x)} \frac{\partial X}{\partial y}\mathrm{d}y$$

$$= -\int_a^b X(x,y)\Big|_{y_1(x)}^{y_2(x)}\mathrm{d}x$$

$$= \int_a^b [X(x,y_1(x)) - X(x,y_2(x))]\mathrm{d}x,$$

故
$$\oint_{L^+} X\mathrm{d}x = -\iint_D \frac{\partial X}{\partial y}\mathrm{d}x\mathrm{d}y,$$

同理
$$\oint_{L^+} Y\mathrm{d}y = \iint_D \frac{\partial Y}{\partial x}\mathrm{d}x\mathrm{d}y,$$

两式相加，得

$$\oint_{L^+} X\mathrm{d}x + Y\mathrm{d}y = \iint_D \left(\frac{\partial Y}{\partial x} - \frac{\partial X}{\partial y}\right)\mathrm{d}x\mathrm{d}y.$$

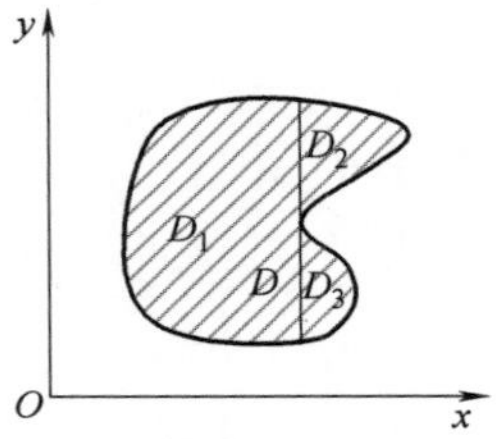

图 9-20

如果 D 是单连通区域，但不是上面所述区域，则可以用一条或几条曲线将 D 分成若干个子区域，使每个子区域都是上面所述区域. 如图 9-20 所示，将 D 分成D_1，D_2，D_3，设它们的边界曲线分别为 L_1，L_2，L_3，则由上面所证，有

$$\oint_{L_i^+} X\mathrm{d}x + Y\mathrm{d}y = \iint_{D_i} \left(\frac{\partial Y}{\partial x} - \frac{\partial X}{\partial y}\right)\mathrm{d}x\mathrm{d}y \quad (i = 1,2,3),$$

将三式相加，得

$$\oint_L X\mathrm{d}x + Y\mathrm{d}y = \sum_{i=1}^{3} \oint_{L_i^+} X\mathrm{d}x + Y\mathrm{d}y$$

$$= \sum_{i=1}^{3} \iint_{D_i} \left(\frac{\partial Y}{\partial x} - \frac{\partial X}{\partial y}\right)\mathrm{d}x\mathrm{d}y = \iint_D \left(\frac{\partial Y}{\partial x} - \frac{\partial X}{\partial y}\right)\mathrm{d}x\mathrm{d}y.$$

如果 D 是只有一个“洞”的复连通区域，如图 9-21 所示，在 L_1，L_2 上各取一点 A，B，用一条位于 D 内的线段 AB 连接 A，B，则由上面所证，可得

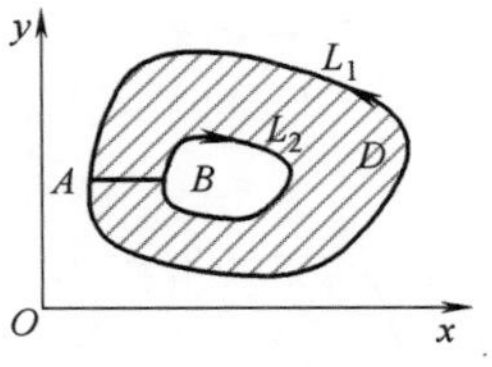

图 9-21

$$\oint_{L_1^+ + L_2^-} X\mathrm{d}x + Y\mathrm{d}y = \oint_{L_1^+ + \overline{AB} + L_2^- + \overline{BA}} X\mathrm{d}x + Y\mathrm{d}y = \iint_D \left(\frac{\partial Y}{\partial x} - \frac{\partial X}{\partial y}\right)\mathrm{d}x\mathrm{d}y,$$

定理得证.

推论 设区域 D 的边界曲线为 L，面积为 A，则有

$$A = \frac{1}{2}\oint_{L^+} x\mathrm{d}y - y\mathrm{d}x.$$

例 1　计算$\oint_L xy(y\mathrm{d}x - x\mathrm{d}y)$，$L$ 是双纽线 $(x^2+y^2)^2 = a^2(x^2-y^2)$ 右半分支的逆时针方向.

解　设 L 所围区域为 D，根据格林公式，得

$$\oint_L xy(y\mathrm{d}x - x\mathrm{d}y) = \oint_L xy^2\mathrm{d}x - x^2y\mathrm{d}y$$

$$= \iint_D(-2xy-2xy)\mathrm{d}x\mathrm{d}y = \iint_D -4xy\mathrm{d}x\mathrm{d}y = 0.$$

例 2　计算 $I = \oint_L (\mathrm{e}^{x^2} - x^2y)\mathrm{d}x + (xy^2 - \sin y^2)\mathrm{d}y$，$L$ 是圆周 $x^2+y^2 = ay$ 的逆时针方向.

解　设 L 所围区域为 D，根据格林公式，得

$$I = \iint_D[y^2-(-x^2)]\mathrm{d}x\mathrm{d}y = \iint_D(x^2+y^2)\mathrm{d}x\mathrm{d}y$$

$$= \int_0^{\pi}\mathrm{d}\theta\int_0^{a\sin\theta}\rho^2\cdot\rho\mathrm{d}\rho = \int_0^{\pi}\frac{1}{4}a^4\sin^4\theta\mathrm{d}\theta = \frac{3}{32}\pi a^4.$$

例 3　计算 $I = \oint_L \frac{(\mathrm{e}^{\sin^2 x}+2y)\mathrm{d}x + (x - \cos\mathrm{e}^y)\mathrm{d}y}{x^2+y^2}$，其中 L 是圆周 $x^2+y^2 = a^2$ 的逆时针方向.

解　设 L 所围区域为 D，先将曲线积分化简再利用格林公式计算.

$$I = \frac{1}{a^2}\oint_L(\mathrm{e}^{\sin^2 x}+2y)\mathrm{d}x + (x-\cos\mathrm{e}^y)\mathrm{d}y$$

$$= \frac{1}{a^2}\iint_D(1-2)\mathrm{d}x\mathrm{d}y = -\frac{1}{a^2}\pi a^2 = -\pi.$$

有些第二类曲线积分的积分曲线不是闭曲线，可以通过补上一些直线段或曲线段使之成为闭曲线，从而利用格林公式计算.

例 4　计算 $I = \int_L(\mathrm{e}^{-x}\cos y - 2y^3)\mathrm{d}x + (\mathrm{e}^{-x}\sin y - xy^2)\mathrm{d}y$，其中 L 为摆线 $x = a(t-\sin t)$，$y = a(1-\cos t)$ 由 $O(0,0)$ 到 $A(2\pi a,0)$ 的一拱.

解　如图 9-22 所示，为了能利用格林公式，补充直线段 $\overline{AO}$，使 $L+\overline{AO}$ 成为闭曲线，于是有

$$I = \oint_{L+\overline{AO}} - \int_{\overline{AO}}(\mathrm{e}^{-x}\cos y - 2y^3)\mathrm{d}x + (\mathrm{e}^{-x}\sin y - xy^2)\mathrm{d}y$$

$$= -\iint_D[-\mathrm{e}^{-x}\sin y - y^2 - (-\mathrm{e}^{-x}\sin y - 6y^2)]\mathrm{d}x\mathrm{d}y +$$

$$\int_{\overline{OA}}(\mathrm{e}^{-x}\cos y - 2y^3)\mathrm{d}x$$

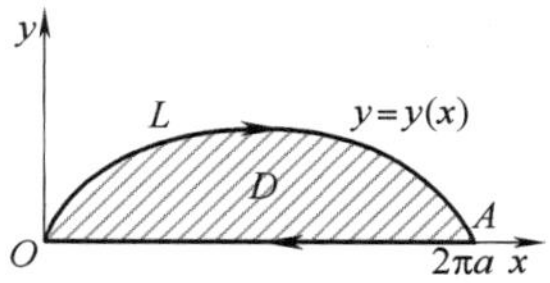

图　9-22

$$=-\int_0^{2\pi a}\mathrm{d}x\int_0^{y(x)}5y^2\mathrm{d}y+\int_0^{2\pi a}\mathrm{e}^{-x}\mathrm{d}x=-\frac{5}{3}\int_0^{2\pi a}y^3(x)\mathrm{d}x-\mathrm{e}^{-x}\Big|_0^{2\pi a}$$

$$=-\frac{5}{3}\int_0^{2\pi}a^3(1-\cos t)^3\mathrm{d}a(t-\sin t)+1-\mathrm{e}^{-2\pi a}$$

$$=-\frac{5}{3}a^4\int_0^{2\pi}(1-\cos t)^4\mathrm{d}t+1-\mathrm{e}^{-2\pi a}$$

$$=-\frac{5}{3}a^4\int_0^{2\pi}\left(2\sin^2\frac{t}{2}\right)^4\mathrm{d}t+1-\mathrm{e}^{-2\pi a}\quad\left(令 u=\frac{t}{2}\right)$$

$$=-\frac{5}{3}a^4 2^5\int_0^{\pi}\sin^8 u\mathrm{d}u+1-\mathrm{e}^{-2\pi a}=-\frac{175}{12}\pi a^4+1-\mathrm{e}^{-2\pi a}.$$

例 5　计算 $I=\int_L(x\mathrm{e}^y+x^2)\mathrm{d}y+(\mathrm{e}^y-xy)\mathrm{d}x$，其中 L 是圆弧 $y=\sqrt{2x-x^2}$ 上从 $O(0,0)$ 到 $A(1,1)$ 一段.

解 1　如图 9-23 所示，补上折线 $\overline{ABO}$，使 $L+\overline{ABO}$ 成为闭曲线，利用格林公式，得

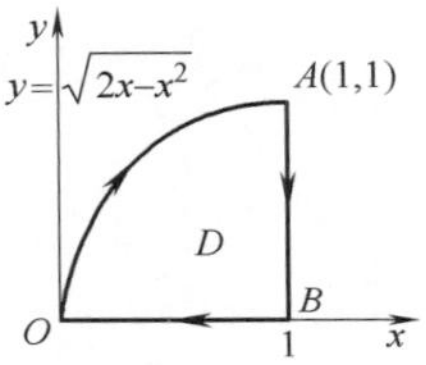

图　9-23

$$I=\oint_{L+\overline{ABO}}-\int_{\overline{AB}}-\int_{\overline{BO}}(x\mathrm{e}^y+x^2)\mathrm{d}y+(\mathrm{e}^y-xy)\mathrm{d}x$$

$$=-\iint_D 3x\mathrm{d}x\mathrm{d}y+\int_{\overline{BA}}(x\mathrm{e}^y+x^2)\mathrm{d}y+\int_{\overline{OB}}(\mathrm{e}^y-xy)\mathrm{d}x$$

$$=-3\int_0^1 x\mathrm{d}x\int_0^{\sqrt{2x-x^2}}\mathrm{d}y+\int_0^1(\mathrm{e}^y+1)\mathrm{d}y+\int_0^1\mathrm{d}x$$

$$=-3\int_0^1 x\sqrt{2x-x^2}\mathrm{d}x+\mathrm{e}+1$$

$$=-3\int_0^1 x\sqrt{1-(x-1)^2}\mathrm{d}x+\mathrm{e}+1\quad(令 x-1=\sin t)$$

$$=-3\int_{-\frac{\pi}{2}}^0(1+\sin t)\cos^2 t\mathrm{d}t+\mathrm{e}+1$$

$$=-3\left(\frac{\pi}{4}-\frac{1}{3}\cos^3 t\Big|_{-\frac{\pi}{2}}^0\right)+\mathrm{e}+1=\mathrm{e}+2-\frac{3}{4}\pi.$$

解 2　如图 9-24 所示，补上直线段 $\overline{AO}$，使 $L+\overline{AO}$ 成为闭曲线，利用格林公式，得

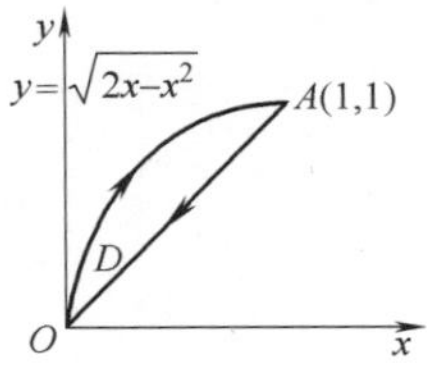

图　9-24

$$I=\oint_{L+\overline{AO}}-\int_{\overline{AO}}(x\mathrm{e}^y+x^2)\mathrm{d}y+(\mathrm{e}^y-xy)\mathrm{d}x$$

$$=-\iint_D 3x\mathrm{d}x\mathrm{d}y+\int_0^1(x\mathrm{e}^x+x^2+\mathrm{e}^x-x^2)\mathrm{d}x$$

$$=-3\int_{\frac{\pi}{4}}^{\frac{\pi}{2}}\mathrm{d}\theta\int_0^{2\cos\theta}\rho\cos\theta\cdot\rho\mathrm{d}\rho+\int_0^1(x\mathrm{e}^x+\mathrm{e}^x)\mathrm{d}x$$

$$=-8\int_{\frac{\pi}{4}}^{\frac{\pi}{2}}\cos^4\theta\mathrm{d}\theta+\mathrm{e}=-8\int_{\frac{\pi}{4}}^{\frac{\pi}{2}}\left(\frac{1+\cos 2\theta}{2}\right)^2\mathrm{d}\theta+\mathrm{e}$$

$$=-2\int_{\frac{\pi}{4}}^{\frac{\pi}{2}}(1+2\cos 2\theta+\cos^2 2\theta)\mathrm{d}\theta+\mathrm{e}\quad(令 u=2\theta)$$

$$=-\int_{\frac{\pi}{2}}^{\pi}(1+2\cos u+\cos^2 u)\mathrm{d}u+\mathrm{e}=\mathrm{e}+2-\frac{3}{4}\pi.$$

例 6　计算 $I=\oint_{L^+}\frac{y\mathrm{d}x-x\mathrm{d}y}{x^2+y^2}$，其中 L 是包围原点的任意闭曲线.

解　此处 X,Y 及其偏导数在原点处不连续，因此不能在 L 所围区域上利用格林公式，如图 9-25 所示，可以补上一个以原点为圆心，以 ε 为半径（ε 是较小的正数）的圆 L_1，设 L 与 L_1 所围区域为 D，则利用复连通域上的格林公式，得

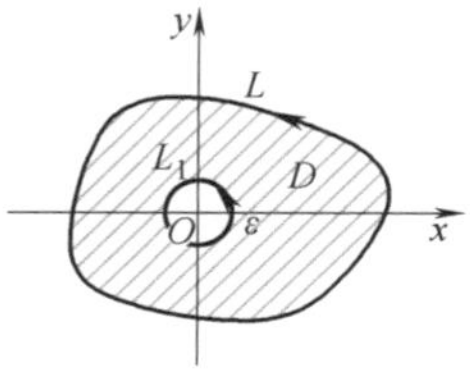

图　9-25

$$I=\left(\oint_{L^+}-\oint_{L_1^+}\right)+\oint_{L_1^+}\frac{y\mathrm{d}x-x\mathrm{d}y}{x^2+y^2}$$
$$=\iint_D\left(\frac{\partial Y}{\partial x}-\frac{\partial X}{\partial y}\right)\mathrm{d}x\mathrm{d}y+\oint_{L_1^+}\frac{y\mathrm{d}x-x\mathrm{d}y}{\varepsilon^2}$$
$$=\iint_D 0\mathrm{d}x\mathrm{d}y+\frac{1}{\varepsilon^2}\oint_{L_1^+}y\mathrm{d}x-x\mathrm{d}y\quad（设 L_1 所围区域为 D_1）$$
$$=\frac{1}{\varepsilon^2}\iint_{D_1}(-1-1)\mathrm{d}x\mathrm{d}y=-\frac{2}{\varepsilon^2}\pi\varepsilon^2=-2\pi.$$

二、平面曲线积分与路径无关的条件

在物理学中经常要研究场力做功问题，有些场力所做的功是与路径无关的，例如在重力场中重力所做的功是与路径无关的. 这个问题反映在数学上就是曲线积分与路径无关. 下面我们来研究平面曲线积分与路径无关的条件.

首先定义什么叫作平面曲线积分与路径无关.

如图 9-26 所示，设 D 是一平面区域，如果对于 D 内任意两点 A,B 以及在 D 内从 A 到 B 的任意两条曲线 L_1,L_2，都有

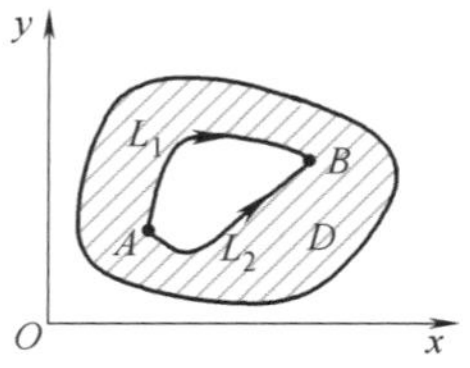

图　9-26

$$\int_{L_1}X\mathrm{d}x+Y\mathrm{d}y=\int_{L_2}X\mathrm{d}x+Y\mathrm{d}y,$$

则称在 D 内曲线积分 $\int_L X\mathrm{d}x+Y\mathrm{d}y$ 与路径无关.

根据以上叙述，可以得出下面定理.

定理 2　**在区域 D 内曲线积分 $\int_L X\mathrm{d}x+Y\mathrm{d}y$ 与路径无关的充分必要条件是沿 D 内任意闭曲线 L 都有 $\oint_L X\mathrm{d}x+Y\mathrm{d}y=0$.**

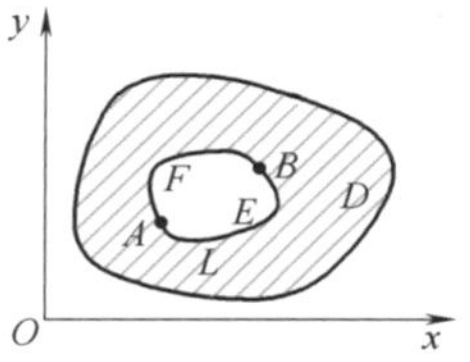

图　9-27

证　必要性.

设在区域 D 内曲线积分与路径无关，L 是 D 内任一闭曲线，如图 9-27 所示，在 L 上取两点 A,B，则

$$\oint_L X\mathrm{d}x+Y\mathrm{d}y=\int_{\widehat{AEB}}+\int_{\widehat{BFA}}X\mathrm{d}x+Y\mathrm{d}y$$
$$=\int_{\widehat{AEB}}-\int_{\widehat{AFB}}X\mathrm{d}x+Y\mathrm{d}y=0.$$

充分性.

设沿 D 内任一闭曲线的曲线积分为零，设 A,B 是 D 内任意两点，$\widehat{AEB}$，$\widehat{AFB}$ 是连接 A,B 的任意两条曲线，则由

$$\int_{\widehat{AEB}}-\int_{\widehat{AFB}}X\mathrm{d}x+Y\mathrm{d}y=\int_{\widehat{AEBFA}}X\mathrm{d}x+Y\mathrm{d}y=0,$$

有
$$\int_{\widehat{AEB}}X\mathrm{d}x+Y\mathrm{d}y=\int_{\widehat{AFB}}X\mathrm{d}x+Y\mathrm{d}y,$$

即曲线积分与路径无关.

根据此定理可以推出另一个判断曲线积分是否与路径无关的很方便实用的条件.

定理 3　设 D 是单连通区域，$X(x,y)$，$Y(x,y)$ 在 D 内有一阶连续偏导数，则在 D 内曲线积分 $\int_L X\mathrm{d}x+Y\mathrm{d}y$ 与路径无关的充分必要条件是在 D 内 $\frac{\partial Y}{\partial x}\equiv\frac{\partial X}{\partial y}$.

证　充分性.

设在 D 内 $\frac{\partial Y}{\partial x}\equiv\frac{\partial X}{\partial y}$，$L$ 是 D 内任一闭曲线，D_1 是 L 所围区域，则由格林公式，有

$$\oint_L X\mathrm{d}x+Y\mathrm{d}y=\iint_D\left(\frac{\partial Y}{\partial x}-\frac{\partial X}{\partial y}\right)\mathrm{d}x\mathrm{d}y=0,$$

故在 D 内曲线积分与路径无关.

必要性.

设在 D 内曲线积分与路径无关，以下证明 $\frac{\partial Y}{\partial x}\equiv\frac{\partial X}{\partial y}$. 若不然，则存在点 $P\in D$，使 $\left(\frac{\partial Y}{\partial x}-\frac{\partial X}{\partial y}\right)\Big|_P\neq 0$，不妨设 $\left(\frac{\partial Y}{\partial x}-\frac{\partial X}{\partial y}\right)\Big|_P=I>0$，由于在 D 内 $\frac{\partial Y}{\partial x}-\frac{\partial X}{\partial y}$ 连续，故 $\exists\delta>0$，使得以 P_0 为圆心，以 δ 为半径的圆 D_1 位于 D 内，且在 D_1 上有 $\frac{\partial Y}{\partial x}-\frac{\partial X}{\partial y}\geqslant\frac{I}{2}$，记 D_1 的边界曲线为 L，则有

$$\oint_L X\mathrm{d}x+Y\mathrm{d}y=\iint_{D_1}\left(\frac{\partial Y}{\partial x}-\frac{\partial X}{\partial y}\right)\mathrm{d}x\mathrm{d}y\geqslant\frac{I}{2}\iint_{D_1}\mathrm{d}x\mathrm{d}y>0,$$

另一方面，由于在 D 内曲线积分与路径无关，有 $\oint_L X\mathrm{d}x+Y\mathrm{d}y=0$，

矛盾,因此在 D 内$\dfrac{\partial Y}{\partial x}\equiv\dfrac{\partial X}{\partial y}$. 定理得证.

例 7　计算 $I=\int_L(1-2xy-y^2)\mathrm{d}x-(x+y)^2\mathrm{d}y$,其中 L 是圆 $x^2+y^2=2y$ 上从(0,0) 到(1,1) 一段.

解　由于$\dfrac{\partial Y}{\partial x}=-2(x+y)=\dfrac{\partial X}{\partial y}$,故在全平面上曲线积分与路径无关,因此可以在折线$\overline{OAB}$ 上计算所求积分(见图 9-28),即

$$I=\int_{\overline{OA}}+\int_{\overline{AB}}(1-2xy-y^2)\mathrm{d}x-(x+y)^2\mathrm{d}y$$
$$=\int_0^1\mathrm{d}x+\int_0^1[-(1+y)^2]\mathrm{d}y=1-\frac{7}{3}=-\frac{4}{3}.$$

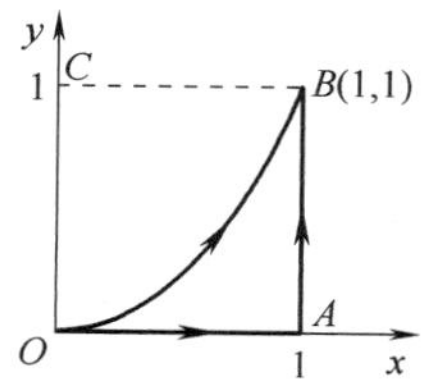

图　9-28

也可以在折线$\overline{OCB}$ 上计算所求积分,即

$$I=\int_{\overline{OC}}+\int_{\overline{CB}}(1-2xy-y^2)\mathrm{d}x-(x+y)^2\mathrm{d}y$$
$$=\int_0^1-(0+y)^2\mathrm{d}x+\int_0^1(1-2x-1)^2\mathrm{d}x=-\frac{4}{3}.$$

例 8　试确定 λ 的值,使曲线积分

$\int_L\dfrac{x}{y}(x^2+y^2)^\lambda\mathrm{d}x-\dfrac{x^2}{y^2}(x^2+y^2)^\lambda\mathrm{d}y$ 在上半平面 $y>0$ 内与路径无关,并计算

$$\int_{(1,1)}^{(0,2)}\frac{x}{y}(x^2+y^2)^\lambda\mathrm{d}x-\frac{x^2}{y^2}(x^2+y^2)^\lambda\mathrm{d}y.$$

解　由题设,当 $y>0$ 时,有$\dfrac{\partial Y}{\partial x}=\dfrac{\partial X}{\partial y}$,即

$$-\frac{2x}{y^2}(x^2+y^2)^\lambda-\frac{x^2}{y^2}\lambda(x^2+y^2)^{\lambda-1}\cdot 2x$$
$$=-\frac{x}{y^2}(x^2+y^2)^\lambda+\frac{x}{y}\lambda(x^2+y^2)^{\lambda-1}\cdot 2y,$$

两端同除以$\dfrac{x}{y^2}(x^2+y^2)^{\lambda-1}$,得

$$-2(x^2+y^2)-2\lambda x^2=-(x^2+y^2)+2\lambda y^2,$$

$(x^2+y^2)+2\lambda(x^2+y^2)=0$,即$(1+2\lambda)(x^2+y^2)=0$,

由于 $x^2+y^2\neq0$,得 $1+2\lambda=0,\lambda=-\dfrac{1}{2}$.

沿图 9-29 中折线计算曲线积分,得

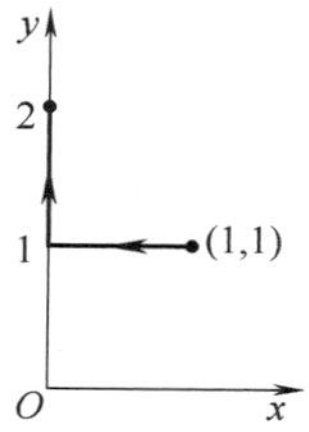

图　9-29

$$\int_{(1,1)}^{(0,2)}\frac{x}{y}(x^2+y^2)^\lambda\mathrm{d}x-\frac{x^2}{y^2}(x^2+y^2)^\lambda\mathrm{d}y$$
$$=\int_{(1,1)}^{(0,1)}+\int_{(0,1)}^{(0,2)}\frac{x}{y}(x^2+y^2)^\lambda\mathrm{d}x-\frac{x^2}{y^2}(x^2+y^2)^\lambda\mathrm{d}y$$

$$=\int_1^0 \frac{x}{\sqrt{1+x^2}}\mathrm{d}x+\int_1^2 0\mathrm{d}y=\sqrt{1+x^2}\Big|_1^0=1-\sqrt{2}.$$

例 9　计算$\int_L \frac{x\mathrm{d}y-y\mathrm{d}x}{x^2+y^2}$，其中 L 是沿曲线 $x^2=2(y+2)$ 从点 $A(-2\sqrt{2},2)$ 到 $B(2\sqrt{2},2)$ 的一段.

解　当$(x,y)\neq(0,0)$时，有$\frac{\partial Y}{\partial x}=\frac{y^2-x^2}{(x^2+y^2)^2}=\frac{\partial X}{\partial y}$，故在任一不包含原点的单连通域内，曲线积分与路径无关，如图 9-30 所示，沿折线$\overline{ACEB}$ 计算积分，得

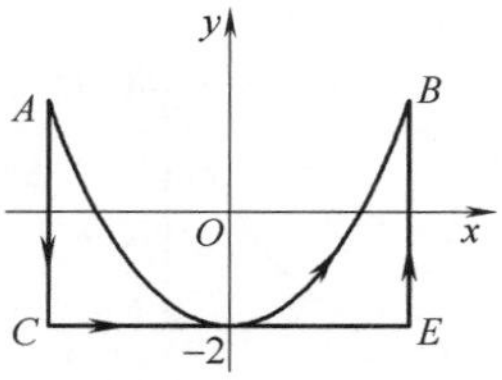

图　9-30

$$\begin{aligned}\int_L \frac{x\mathrm{d}y-y\mathrm{d}x}{x^2+y^2}&=\int_{\overline{AC}}+\int_{\overline{CE}}+\int_{\overline{EB}}\frac{x\mathrm{d}y-y\mathrm{d}x}{x^2+y^2}\\&=\int_2^{-2}\frac{-2\sqrt{2}}{8+y^2}\mathrm{d}y+\int_{-2\sqrt{2}}^{2\sqrt{2}}\frac{2}{x^2+4}\mathrm{d}x+\int_{-2}^{2}\frac{2\sqrt{2}}{8+y^2}\mathrm{d}y\\&=4\int_0^2\frac{2\sqrt{2}}{8+y^2}\mathrm{d}y+4\int_0^{2\sqrt{2}}\frac{1}{x^2+4}\mathrm{d}x\\&=4\arctan\frac{y}{2\sqrt{2}}\Big|_0^2+2\arctan\frac{x}{2}\Big|_0^{2\sqrt{2}}\\&=4\arctan\frac{1}{\sqrt{2}}+2\arctan\sqrt{2}\\&=4\left(\frac{\pi}{2}-\arctan\sqrt{2}\right)+2\arctan\sqrt{2}\\&=2\pi-2\arctan\sqrt{2}.\end{aligned}$$

三、全微分法则

我们先定义一个概念.

定义　**如果存在二元函数 $u=u(x,y)$，使得 $\mathrm{d}u=X\mathrm{d}x+Y\mathrm{d}y$，则称 $u(x,y)$是 $X\mathrm{d}x+Y\mathrm{d}y$ 的原函数.**

注意到形式为 $X\mathrm{d}x+Y\mathrm{d}y$ 的表达式都可以叫作微分，但是其却不一定是全微分，即不一定存在原函数 $u(x,y)$，使得 $\mathrm{d}u=X\mathrm{d}x+Y\mathrm{d}y$.

下面就来讨论 $X\mathrm{d}x+Y\mathrm{d}y$ 是全微分的条件(或者说 $X\mathrm{d}x+Y\mathrm{d}y$ 有原函数的条件). 利用平面曲线积分与路径无关的条件可以得到下面的定理.

定理 4　**设 D 是单连通区域，函数 $X(x,y)$，$Y(x,y)$在 D 内有一阶连续偏导数，则在 D 内 $X\mathrm{d}x+Y\mathrm{d}y$ 是某函数 $u(x,y)$的全微分的充分必要条件是在 D 内$\frac{\partial Y}{\partial x}\equiv\frac{\partial X}{\partial y}$.**

证　必要性.

设存在函数 $u(x,y)$，使 $\mathrm{d}u=X\mathrm{d}x+Y\mathrm{d}y$，则有

$$X=\frac{\partial u}{\partial x},Y=\frac{\partial u}{\partial y},$$

从而
$$\frac{\partial X}{\partial y}=\frac{\partial^2 u}{\partial x\partial y},\frac{\partial Y}{\partial x}=\frac{\partial^2 u}{\partial y\partial x},$$

由于在 D 内 $\frac{\partial X}{\partial y},\frac{\partial Y}{\partial x}$ 连续，即 $\frac{\partial^2 u}{\partial x\partial y},\frac{\partial^2 u}{\partial y\partial x}$ 连续，因此有

$$\frac{\partial^2 u}{\partial x\partial y}=\frac{\partial^2 u}{\partial y\partial x},\text{即}\frac{\partial Y}{\partial x}\equiv\frac{\partial X}{\partial y}.$$

充分性.

设在 D 内 $\frac{\partial Y}{\partial x}\equiv\frac{\partial X}{\partial y}$，在 D 内任意取定一点 $P(x_0,y_0)$，设 $P(x,y)$ 是 D 内任意一点，令

$$u(x,y)=\int_{(x_0,y_0)}^{(x,y)}X\mathrm{d}x+Y\mathrm{d}y,$$

下面证明 $X\mathrm{d}x+Y\mathrm{d}y$ 是 $u(x,y)$ 的全微分，为此需要证明 $\frac{\partial u}{\partial x}=X$，$\frac{\partial u}{\partial y}=Y$. 根据偏导数的定义，有

$$\begin{aligned}\frac{\partial u}{\partial x}&=\lim_{\Delta x\to 0}\frac{u(x+\Delta x,y)-u(x,y)}{\Delta x}\\&=\lim_{\Delta x\to 0}\frac{1}{\Delta x}\left(\int_{(x_0,y_0)}^{(x+\Delta x,y)}-\int_{(x_0,y_0)}^{(x,y)}X\mathrm{d}x+Y\mathrm{d}y\right),\end{aligned}$$

由于 $\frac{\partial Y}{\partial x}\equiv\frac{\partial X}{\partial y}$，故在 D 内曲线积分与路径无关，如图 9-31 所示，若上式右端第二个积分沿路径 $\overset{\frown}{P_0P}$，则第一个积分可以沿路径 $\overset{\frown}{P_0P}+\overline{PQ}$，因此得

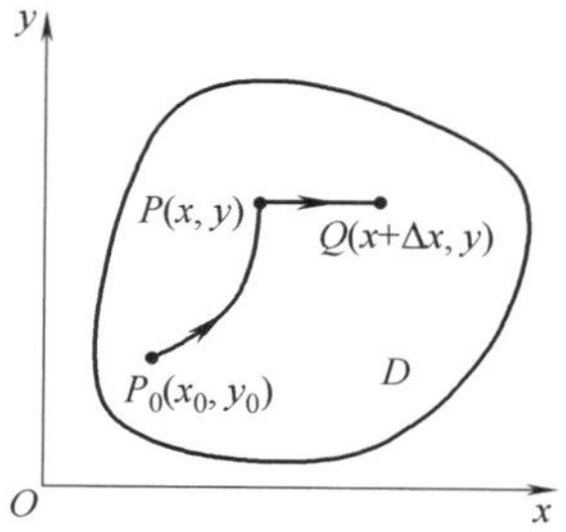

图　9-31

$$\begin{aligned}\frac{\partial u}{\partial x}&=\lim_{\Delta x\to 0}\frac{1}{\Delta x}\left(\int_{(x_0,y_0)}^{(x,y)}+\int_{(x,y)}^{(x+\Delta x,y)}-\int_{(x_0,y_0)}^{(x,y)}X\mathrm{d}x+Y\mathrm{d}y\right)\\&=\lim_{\Delta x\to 0}\frac{1}{\Delta x}\int_{(x,y)}^{(x+\Delta x,y)}X\mathrm{d}x+Y\mathrm{d}y\quad(\text{化成定积分})\\&=\lim_{\Delta x\to 0}\frac{1}{\Delta x}\int_{x}^{x+\Delta x}X(x,y)\mathrm{d}x\quad(\text{利用积分中值定理})\\&=\lim_{\Delta x\to 0}\frac{1}{\Delta x}X(\xi,y)\Delta x\quad(\text{其中}\,\xi\,\text{在}\,x\,\text{与}\,x+\Delta x\,\text{之间})\\&=\lim_{\Delta x\to 0}X(\xi,y)=X(x,y),\end{aligned}$$

同理可证，$\frac{\partial u}{\partial y}=Y(x,y)$，故 $X\mathrm{d}x+Y\mathrm{d}y$ 是函数 $u(x,y)$ 的全微分. 定

理得证.

根据此定理的证明,若 $X\mathrm{d}x+Y\mathrm{d}y$ 有原函数,则

$$\boxed{u(x,y)=\int_{(x_0,y_0)}^{(x,y)}X\mathrm{d}x+Y\mathrm{d}y+C,}$$

便是 $X\mathrm{d}x+Y\mathrm{d}y$ 的全体原函数,并且上式中的曲线积分与路径无关,因此可以选取便于计算的路径求出其曲线积分.

将上面的讨论综合起来可知,若 D 是单连通区域,并且 $X(x,y)$,$Y(x,y)$ 在 D 内有一阶连续偏导数,则下面四个条件(也可称为四个结论)是等价的:

(1) 在 D 内曲线积分 $\int_L X\mathrm{d}x+Y\mathrm{d}y$ 与路径无关;

(2) 沿 D 内任意闭曲线 L,有 $\oint_L X\mathrm{d}x+Y\mathrm{d}y=0$;

(3) 在 D 内 $\dfrac{\partial Y}{\partial x}\equiv\dfrac{\partial X}{\partial y}$;

(4) 在 D 内 $X\mathrm{d}x+Y\mathrm{d}y$ 是某函数的全微分.

求原函数时需要注意的是:

(1) 起点可以任意选取在原函数存在的区域,但一般为了方便起见,选在比较容易计算的点上,如取原点、x 轴上的点或 y 轴上的点;

(2) 原函数是有无穷多个的,彼此之间相差一个常数,所以按照特殊路径计算出一个原函数 $u(x,y)$ 以后,要在后面加上任意常数 C,即 $u(x,y)+C$.

例 10　证明 $(2xy-y^2)\mathrm{d}x+(x^2-2xy+y^2)\mathrm{d}y$ 是某函数的全微分,并求其原函数.

证　由于 $\dfrac{\partial Y}{\partial x}=2(x-y)=\dfrac{\partial X}{\partial y}$,

故在全平面 $(2xy-y^2)\mathrm{d}x+(x^2-2xy+y^2)\mathrm{d}y$ 是某函数的全微分,其原函数为

$$u(x,y)=\int_{(0,0)}^{(x,y)}(2xy-y^2)\mathrm{d}x+(x^2-2xy+y^2)\mathrm{d}y+C,$$

沿图 9-32 中折线计算曲线积分,得

$$u(x,y)=\int_0^x 0\cdot\mathrm{d}x+\int_0^y(x^2-2xy+y^2)\mathrm{d}y+C$$

$$=x^2y-xy^2+\frac{y^3}{3}+C.$$

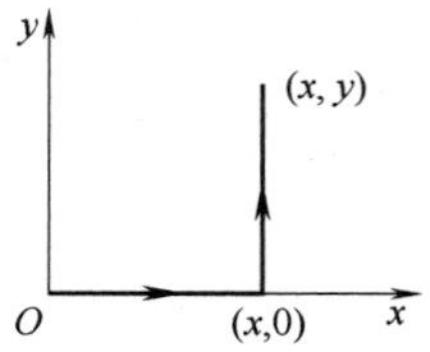

图　9-32

例 11　证明在右半平面 $x>0$ 内,$\dfrac{x\mathrm{d}y-y\mathrm{d}x}{x^2+y^2}$ 是某函数的全微分,并求出一个这样的函数.

证　$X=\dfrac{-y}{x^2+y^2}, Y=\dfrac{x}{x^2+y^2}$,

由于
$$\frac{\partial Y}{\partial x}=\frac{y^2-x^2}{(x^2+y^2)^2}=\frac{\partial X}{\partial y},$$

故在右半平面 $x>0$ 内，$\dfrac{x\mathrm{d}y-y\mathrm{d}x}{x^2+y^2}$ 是某函数的全微分，其一个原函数为

$$u(x,y)=\int_{(1,0)}^{(x,y)}\frac{x\mathrm{d}y-y\mathrm{d}x}{x^2+y^2}\quad（沿图 9-33 中折线计算）$$
$$=\int_0^y\frac{\mathrm{d}y}{1+y^2}+\int_1^x\frac{-y\mathrm{d}x}{x^2+y^2}=\arctan y\Big|_0^y-\arctan\frac{x}{y}\Big|_1^x$$
$$=\arctan y-\arctan\frac{x}{y}+\arctan\frac{1}{y}$$
$$=\frac{\pi}{2}-\arctan\frac{x}{y}=\arctan\frac{y}{x}.$$

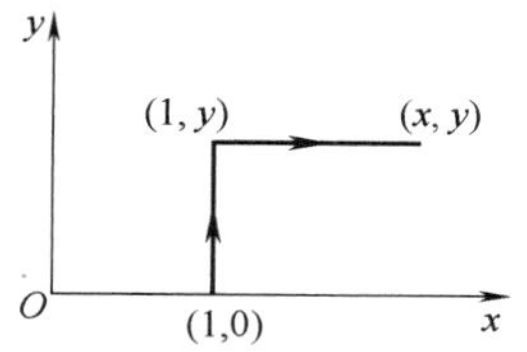

图　9-33

根据原函数的定义可知，若 $X\mathrm{d}x+Y\mathrm{d}y$ 有原函数 $u(x,y)$，则表明 $\boldsymbol{A}=\{X,Y\}$ 是 $u(x,y)$ 的梯度场，而原函数 $u(x,y)$ 是 $\boldsymbol{A}$ 的势函数.

如果在单连通区域 D 内，$u(x,y)$ 是 $X\mathrm{d}x+Y\mathrm{d}y$ 的原函数，$A(x_1,y_1)$，$B(x_2,y_2)$ 是 D 内任意两点，则可以证明（利用折线计算积分）

$$\boxed{\int_{(x_1,y_1)}^{(x_2,y_2)}X\mathrm{d}x+Y\mathrm{d}y=u(x_2,y_2)-u(x_1,y_1).}$$

此式是定积分的牛顿——莱布尼茨公式的推广.

四、全微分方程

如果一阶微分方程可以写成形式
$$X(x,y)\mathrm{d}x+Y(x,y)\mathrm{d}y=0,$$
并且 $X\mathrm{d}x+Y\mathrm{d}y$ 是某二元函数的全微分，则称此微分方程为全微分方程.

根据上面的讨论可知，在某单连通域内

$X(x,y)\mathrm{d}x+Y(x,y)\mathrm{d}y=0$ 为全微分方程的充分必要条件是在此区域内 $\dfrac{\partial Y}{\partial x}\equiv\dfrac{\partial X}{\partial y}$，而由
$$X(x,y)\mathrm{d}x+Y(x,y)\mathrm{d}y=\mathrm{d}u(x,y)=0$$
可得知
$$u(x,y)=C$$
便是该微分方程的通解. 因此只要求得 $X\mathrm{d}x+Y\mathrm{d}y$ 的一个原函数，则可得到微分方程的解.

例 12 求微分方程$(5x^4+3xy^2-y^3)\mathrm{d}x+(3x^2y-3xy^2+y^2)\mathrm{d}y=0$的通解.

解 由于$\frac{\partial Y}{\partial x}=6xy-3y^2=\frac{\partial X}{\partial y}$,故所给方程是全微分方程,其左端的一个原函数为(沿图 9-34 中折线计算下面的曲线积分)

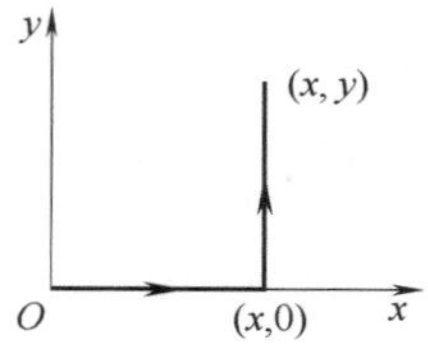

图 9-34

$$u(x,y)=\int_{(0,0)}^{(x,y)}(5x^4+3xy^2-y^3)\mathrm{d}x+(3x^2y-3xy^2+y^2)\mathrm{d}y$$

$$=\int_0^x 5x^4\mathrm{d}x+\int_0^y(3x^2y-3xy^2+y^2)\mathrm{d}y$$

$$=x^5+\frac{3}{2}x^2y^2-xy^3+\frac{1}{3}y^3,$$

于是微分方程的通解为

$$x^5+\frac{3}{2}x^2y^2-xy^3+\frac{1}{3}y^3=C.$$

例 13 求微分方程$(y-2\mathrm{e}^{2x}\cos y)\mathrm{d}x+(x+\mathrm{e}^{2x}\sin y)\mathrm{d}y=0$的通解.

解 由于$\frac{\partial Y}{\partial x}=1+2\mathrm{e}^{2x}\sin y=\frac{\partial X}{\partial y}$,故所给方程是全微分方程,其左端的一个原函数为(沿图 9-35 中折线计算下面的曲线积分)

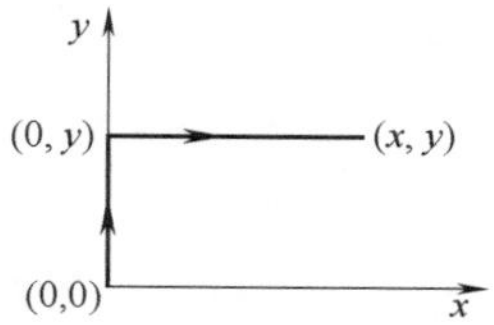

图 9-35

$$u(x,y)=\int_{(0,0)}^{(x,y)}(y-2\mathrm{e}^{2x}\cos y)\mathrm{d}x+(x+\mathrm{e}^{2x}\sin y)\mathrm{d}y$$

$$=\int_0^y\sin y\mathrm{d}y+\int_0^x(y-2\mathrm{e}^{2x}\cos y)\mathrm{d}x$$

$$=1-\cos y+xy-\mathrm{e}^{2x}\cos y+\cos y$$

$$=1+xy-\mathrm{e}^{2x}\cos y,$$

于是微分方程的通解为

$$xy-\mathrm{e}^{2x}\cos y=C.$$

习题 9-3

1. 利用格林公式计算下列积分.

(1) $\oint_L(x+y+xy)\mathrm{d}x+(x-y+xy)\mathrm{d}y$,其中 L 为椭圆$\frac{x^2}{a^2}+\frac{y^2}{b^2}=1$的正向;

(2) $\oint_L(1+y^2)\mathrm{d}x+y\mathrm{d}y$,其中 L 为曲线 $y=\sin x$ 与 $y=2\sin x\ (0\leqslant x\leqslant\pi)$ 所围区域边界的正向;

(3) $\oint_L(y^2+\sin x)\mathrm{d}x+(\cos^2y-2x)\mathrm{d}y$,$L$ 为星形线 $x^{\frac{2}{3}}+y^{\frac{2}{3}}=a^{\frac{2}{3}}$ 所围区域边界的正向;

(4) $\oint_L\frac{1}{x}\arctan\frac{y}{x}\mathrm{d}x+\frac{2}{y}\arctan\frac{x}{y}\mathrm{d}y$,$L$ 为圆周 $x^2+y^2=1$,$x^2+y^2=4$ 与直线 $y=x$,$y=\sqrt{3}x$ 在第一象限所围区域的正向边界;

(5) $\oint_L(yx^3+\mathrm{e}^y)\mathrm{d}x+(xy^3+x\mathrm{e}^y-2y)\mathrm{d}y$,其中 L 为 $x^2+y^2=a^2(a>0)$ 的正方向;

(6) $\oint_L(y^2+2x\sin y)\mathrm{d}x+x^2(\cos y+x)\mathrm{d}y$,其中 L 是以 $A(1,0)$,$B(0,1)$,$E(-1,0)$,$F(0,-1)$ 为顶点的正方形边界的逆时针方向;

(7) $\oint_L \sqrt{x^2+y^2}\,dx+y[xy+\ln(x+\sqrt{x^2+y^2})]dy$，其中 L 为区域 D：$0\leqslant y\leqslant\sqrt[3]{x}, a\leqslant x\leqslant 2a$ 的逆时针边界；

(8) $\int_L (e^x\sin y-y)dx+(e^x\cos y-1)dy$，其中

1) L 为上半圆周 $x^2+y^2=ax(a>0, y\geqslant 0)$ 上从点 $A(a,0)$ 到 $O(0,0)$ 一段；

2) L 为直线段 $\overline{AB}$：$A(0,a)$，$B(a,0)$；

(9) $\int_L y\,dx+(\sqrt[3]{\sin y}-x)dy$，其中 L 是连接 $A(-1,0)$，$B(2,1)$，$C(1,0)$ 的折线段；

(10) $\int_L [\cos(x+y^2)+2y^2]dx+2y\cos(x+y^2)dy$，$L$ 是沿 $y=\sin x$ 从 $O(0,0)$ 到 $A(\pi,0)$ 一段.

2. 利用第二类曲线积分求星形线 $x=a\cos^3 t, y=a\sin^3 t$ 所围成图形的面积.

3. 计算下列曲线积分.

(1) $\int_{(1,0)}^{(2,1)}(2xy-y^4+3)dx+(x^2-4xy^3)dy$；

(2) $\int_{(0,0)}^{(4,8)} e^{-x}\sin y\,dy-e^{-x}\cos y\,dy$；

(3) $\int_{(0,0)}^{(a,b)}\dfrac{dx+dy}{1+(x+y)^2}$；

(4) $\int_{(1,\pi)}^{(2,\pi)}\left(1-\dfrac{y^2}{x^2}\cos\dfrac{y}{x}\right)dx+\left(\sin\dfrac{y}{x}+\dfrac{y}{x}\cos\dfrac{y}{x}\right)dy$；

(5) $\int_L (2xy^3-y^2\cos x)dx+(1-2y\sin x+3x^2y^2)dy$，其中 L 是从点 $(0,0)$ 沿 $y^2=\dfrac{2}{\pi}x$ 到 $\left(\dfrac{\pi}{2},1\right)$ 的弧段.

4. 计算 $I=\oint_L \dfrac{x\,dy-y\,dx}{2(x^2+y^2)}$，其中 L 为

(1) 椭圆 $\dfrac{(x-2)^2}{2}+\dfrac{y^2}{3}=1$ 的逆时针方向；

(2) $(x-1)^2+y^2=2$ 的逆时针方向.

5. 下列 $X\,dx+Y\,dy$ 是否为某函数的全微分，若是，求其原函数.

(1) $(3x^2+2xy^3)dx+(3x^2y^2+2y)dy$；

(2) $(2x\cos y-y^2\sin x)dx+(2y\cos x-x^2\sin y)dy$；

(3) $(3x^2y+xe^x)dx+(x^3-y\sin y)dy$.

6. 求下列微分方程的通解.

(1) $\sin x\sin 2y\,dx-2\cos x\cos 2y\,dy=0$；

(2) $(x^2-y)dx-(x+\sin^2 y)dy=0$；

(3) $yx^{y-1}dx+x^y\ln x\,dy=0$；

(4) $\sin(x+y)dx+[x\cos(x+y)](dx+dy)=0$.

第四节　第一类曲面积分

类似于曲线积分，我们将引进曲面积分，并且曲面积分也有两类，下面先介绍第一类曲面积分.

一、第一类曲面积分的概念与性质

设有物质曲面 S，其上任一点 (x,y,z) 处的面密度为 $\mu(x,y,z)$，求曲面 S 的质量 M.

将曲面 S 分成 n 个小曲面，其中第 i 个小曲面及其面积都记作 ΔS_i，其质量记作 $\Delta M_i(i=1,2,\cdots,n)$. 当 ΔS_i 的直径较小时，可以将其近似地看成是均匀的，在 ΔS_i 上任取一点 (ξ_i,η_i,ζ_i)，则

$$\Delta M_i\approx\mu(\xi_i,\eta_i,\zeta_i)\Delta S_i\quad(i=1,2,\cdots,n),$$

求和得

$$M=\sum_{i=1}^{n}\Delta M_i\approx\sum_{i=1}^{n}\mu(\xi_i,\eta_i,\zeta_i)\Delta S_i,$$

令 $\lambda=\max\limits_{1\leqslant i\leqslant n}\{\Delta S_i$ 的直径$\}$，则

$$M=\lim_{\lambda\to 0}\sum_{i=1}^{n}\mu(\xi_i,\eta_i,\zeta_i)\Delta S_i.$$

由此极限抽象出的数学模式就是下面要定义的第一类曲面积分.

定义　设函数 $f(x,y,z)$ 在曲面 S 上有定义，将曲面 S 分成 n 个小曲面，第 i 个小曲面及其面积都记作 ΔS_i，任取 $(\xi_i,\eta_i,\zeta_i)\in\Delta S_i(i=1,2,\cdots,n)$，作和式

$$\sum_{i=1}^{n}f(\xi_i,\eta_i,\zeta_i)\Delta S_i,$$

令 $\lambda=\max\limits_{1\leqslant i\leqslant n}\{\Delta S_i$ 的直径$\}$，若不论小曲面怎样分以及 (ξ_i,η_i,ζ_i) 怎样取，极限 $\lim\limits_{\lambda\to 0}\sum\limits_{i=1}^{n}f(\xi_i,\eta_i,\zeta_i)\Delta S_i$ 都存在且为同一个值，则称此极限为函数 $f(x,y,z)$ 在曲面 S 上对面积的曲面积分或第一类曲面积分，记作 $\iint\limits_S f(x,y,z)\mathrm{d}S$，即

$$\iint\limits_S f(x,y,z)\mathrm{d}S=\lim_{\lambda\to 0}\sum_{i=1}^{n}f(\xi_i,\eta_i,\zeta_i)\Delta S_i,$$

其中 S 称为积分曲面，$\mathrm{d}S$ 称为曲面面积元素.

根据此定义，物质曲面 S 的质量等于面密度函数 $\mu(x,y,z)$ 在 S 上的第一类曲面积分，即

$$M=\iint\limits_S\mu(x,y,z)\mathrm{d}S.$$

当 $f(x,y,z)\equiv 1$ 时，$\iint\limits_S\mathrm{d}S=A$(其中 A 是曲面 S 的面积).

可以证明，如果 S 是光滑曲面，且函数 $f(x,y,z)$ 在 S 上连续，则第一类曲面积分 $\iint\limits_S f(x,y,z)\mathrm{d}S$ 一定存在.

第一类曲面积分的性质与三重积分的性质是类似的，只要将其中的积分区域由 V 换成 S，将积分元素由 $\mathrm{d}V$ 换成 $\mathrm{d}S$ 即可.

二、第一类曲面积分的计算

以下总假定曲面 S 是光滑曲面，函数 $f(x,y,z)$ 在曲面 S 上连续.

设曲面 S 的方程为 $z=z(x,y)$，D_{xy} 是 S 在 xOy 面上的投影，则有

$$\iint\limits_S f(x,y,z)\mathrm{d}S=\iint\limits_{D_{xy}}f(x,y,z(x,y))\sqrt{1+\left(\frac{\partial z}{\partial x}\right)^2+\left(\frac{\partial z}{\partial y}\right)^2}\mathrm{d}x\mathrm{d}y. \tag{1}$$

证　将S分成n个小曲面$\Delta S_i(i=1,2,\cdots,n)$，设$\Delta S_i$在$xOy$面上的投影为$\Delta\sigma_i$（见图 9-36），则

$$\Delta S_i=\iint_{\Delta\sigma_i}\sqrt{1+\left(\frac{\partial z}{\partial x}\right)^2+\left(\frac{\partial z}{\partial y}\right)^2}\mathrm{d}\sigma,$$

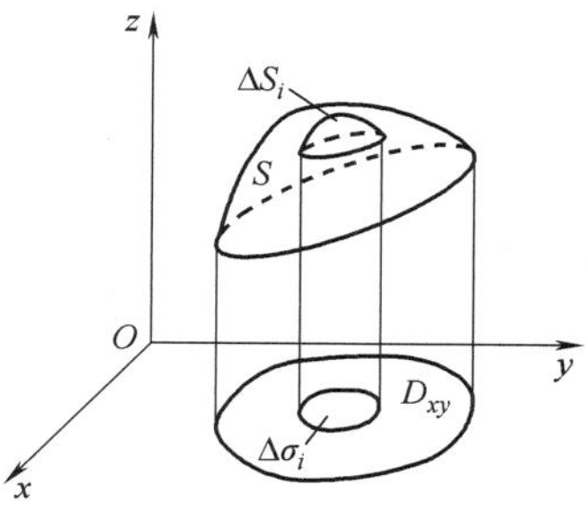

图　9-36

根据二重积分中值定理，存在$(\xi_i,\eta_i)\in\Delta\sigma_i$，使

$$\Delta S_i=\sqrt{1+\left(\frac{\partial z(\xi_i,\eta_i)}{\partial x}\right)^2+\left(\frac{\partial z(\xi_i,\eta_i)}{\partial y}\right)^2}\Delta\sigma_i,$$

记$z(\xi_i,\eta_i)=\zeta_i,\mu=\max\limits_{1\leqslant i\leqslant n}\{\Delta\sigma_i$的直径$\}$，则当$\lambda\to0$时，有$\mu\to0$，根据第一类曲面积分的定义及二重积分的定义，得

$$\begin{aligned}&\iint_S f(x,y,z)\mathrm{d}S\\&=\lim_{\lambda\to0}\sum_{i=1}^n f(\xi_i,\eta_i,\zeta_i)\Delta S_i\\&=\lim_{\mu\to0}\sum_{i=1}^n f(\xi_i,\eta_i,z(\xi_i,\eta_i))\sqrt{1+\left(\frac{\partial z(\xi_i,\eta_i)}{\partial x}\right)^2+\left(\frac{\partial z(\xi_i,\eta_i)}{\partial y}\right)^2}\Delta\sigma_i\\&=\iint_{D_{xy}}f(x,y,z(x,y))\sqrt{1+\left(\frac{\partial z}{\partial x}\right)^2+\left(\frac{\partial z}{\partial y}\right)^2}\mathrm{d}x\mathrm{d}y.\end{aligned}$$

如果曲面S的方程为$x=x(y,z)$或$y=y(z,x)$，也可以类似地把第一类曲面积分化成S在yOz面上的投影区域D_{yz}或S在zOx面上的投影区域D_{zx}上的二重积分.

例 1　计算$\iint_S(2x+y+2z)\mathrm{d}S$，其中$S$是平面$\frac{x}{2}+\frac{y}{3}+\frac{z}{4}=1$在第一卦限部分.

解　由$\frac{x}{2}+\frac{y}{3}+\frac{z}{4}=1$，得$z=4\left(1-\frac{x}{2}-\frac{y}{3}\right)$，

$$\frac{\partial z}{\partial x}=-2,\frac{\partial z}{\partial y}=-\frac{4}{3},$$

S在xOy面上的投影区域D_{xy}如图 9-37 所示，

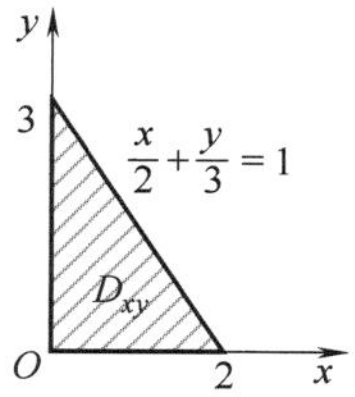

图　9-37

$$\begin{aligned}&\iint_S(2x+y+2z)\mathrm{d}S\\&=\iint_{D_{xy}}\left[2x+y+8\left(1-\frac{x}{2}-\frac{y}{3}\right)\right]\sqrt{1+(-2)^2+\left(-\frac{4}{3}\right)^2}\mathrm{d}x\mathrm{d}y\\&=\int_0^2\mathrm{d}x\int_0^{3\left(1-\frac{x}{2}\right)}\left(8-2x-\frac{5}{3}y\right)\frac{\sqrt{61}}{3}\mathrm{d}y\\&=\sqrt{61}\int_0^2\left(\frac{3}{8}x^2-\frac{7}{2}x+\frac{11}{2}\right)\mathrm{d}x=5\sqrt{61}.\end{aligned}$$

例 2　计算$\iint_S z\mathrm{d}S$，S是曲面$z=1-\frac{1}{2}(x^2+y^2)$位于xOy面上

方的部分.

解 S 在 xOy 面上的投影区域为 $D_{xy}: x^2+y^2\leqslant 2$,

$$\sqrt{1+\left(\frac{\partial z}{\partial x}\right)^2+\left(\frac{\partial z}{\partial y}\right)^2}=\sqrt{1+(-x)^2+(-y)^2}=\sqrt{1+x^2+y^2},$$

$$\begin{aligned}\iint_S z\,\mathrm{d}S&=\iint_{D_{xy}}\left[1-\frac{1}{2}(x^2+y^2)\right]\sqrt{1+x^2+y^2}\,\mathrm{d}x\mathrm{d}y\\&=\int_0^{2\pi}\mathrm{d}\theta\int_0^{\sqrt{2}}\left(1-\frac{1}{2}\rho^2\right)\sqrt{1+\rho^2}\,\rho\mathrm{d}\rho\\&=\pi\int_0^{\sqrt{2}}(2-\rho^2)\rho\sqrt{1+\rho^2}\,\mathrm{d}\rho\quad(\text{令 }u=\sqrt{1+\rho^2})\\&=\pi\int_1^{\sqrt{3}}(3u^2-u^4)\mathrm{d}u=\frac{2}{5}(3\sqrt{3}-2)\pi.\end{aligned}$$

例 3 计算 $I=\iint_S(x+y+z^2)\mathrm{d}S$,其中

$$S: z=\sqrt{R^2-x^2-y^2}.$$

解 $D_{xy}: x^2+y^2\leqslant R^2$,

$$\sqrt{1+\left(\frac{\partial z}{\partial x}\right)^2+\left(\frac{\partial z}{\partial y}\right)^2}=\frac{R}{\sqrt{R^2-x^2-y^2}},$$

由于 S 关于 yOz 面对称,故 $\iint_S x\,\mathrm{d}S=0$,同理有 $\iint_S y\,\mathrm{d}S=0$,因而

$$\begin{aligned}I&=\iint_S z^2\,\mathrm{d}S=\iint_{D_{xy}}(R^2-x^2-y^2)\frac{R}{\sqrt{R^2-x^2-y^2}}\mathrm{d}x\mathrm{d}y\\&=R\int_0^{2\pi}\mathrm{d}\theta\int_0^R\sqrt{R^2-\rho^2}\,\rho\mathrm{d}\rho\\&=\pi R\left[-\frac{2}{3}(R^2-\rho^2)^{\frac{3}{2}}\right]\Bigg|_0^R=\frac{2}{3}\pi R^4.\end{aligned}$$

例 4 计算 $I=\iint_S\left(x^2+\frac{1}{2}y^2+\frac{1}{4}z^2\right)\mathrm{d}S$,其中

$$S: x^2+y^2+z^2=a^2\ (x\geqslant 0, y\geqslant 0).$$

解 可以利用例 3 的方法计算,也可以利用如下方法计算. 设 S 在第一卦限部分为 S_1,由对称性,得

$$\begin{aligned}I&=2\iint_{S_1}\left(x^2+\frac{1}{2}y^2+\frac{1}{4}z^2\right)\mathrm{d}S\\&=2\iint_{S_1}x^2\,\mathrm{d}S+\iint_{S_1}y^2\,\mathrm{d}S+\frac{1}{2}\iint_{S_1}z^2\,\mathrm{d}S\quad(\text{利用对称性})\\&=\left(2+1+\frac{1}{2}\right)\iint_{S_1}x^2\,\mathrm{d}S=\frac{7}{2}\cdot\frac{1}{3}\iint_{S_1}(x^2+y^2+z^2)\mathrm{d}S\end{aligned}$$

$$= \frac{7}{6}\iint\limits_{S_1} a^2 \mathrm{d}S = \frac{7}{6}a^2 \cdot \frac{1}{2}\pi a^2 = \frac{7}{12}\pi a^4.$$

例 5　计算 $I = \iint\limits_{S} \frac{|x|}{x^2+y^2+z^2}\mathrm{d}S$，其中

$$S: x^2+y^2 = a^2 (0 \leqslant z \leqslant H).$$

解　设 S 在第一卦限部分为 S_1，则 $S_1: x = \sqrt{a^2-y^2}$，

$$\sqrt{1+\left(\frac{\partial x}{\partial y}\right)^2+\left(\frac{\partial x}{\partial z}\right)^2} = \sqrt{1+\left(\frac{-y}{\sqrt{a^2-y^2}}\right)^2+0} = \frac{a}{\sqrt{a^2-y^2}},$$

S_1 在 yOz 面上的投影为 $D_{yz}: 0 \leqslant y \leqslant a, 0 \leqslant z \leqslant H$，由对称性，得

$$I = 4\iint\limits_{S_1} \frac{x}{x^2+y^2+z^2}\mathrm{d}S = 4\iint\limits_{D_{yz}} \frac{\sqrt{a^2-y^2}}{a^2+z^2} \frac{a}{\sqrt{a^2-y^2}}\mathrm{d}y\mathrm{d}z$$

$$= 4a\int_0^a \mathrm{d}y\int_0^H \frac{1}{a^2+z^2}\mathrm{d}z = 4a\arctan\frac{H}{a}.$$

三、第一类曲面积分的应用

类似于三重积分在物理上的应用，利用第一类曲面积分可以计算曲面物质的质量、质心、曲面对某直线或某点的转动惯量以及对质点的引力，只需将三重积分中的积分域 V，积分元素 $\mathrm{d}V$ 分别换成 S 和 $\mathrm{d}S$ 即可.

例 6　求圆锥面 $S: z = \sqrt{x^2+y^2} (0 \leqslant z \leqslant h)$ 对 z 轴的转动惯量，已知其上各点的面密度与该点到原点的距离成正比.

解　由题设，$\mu(x,y,z) = k\sqrt{x^2+y^2+z^2}$，

$$\sqrt{1+\left(\frac{\partial z}{\partial x}\right)^2+\left(\frac{\partial z}{\partial y}\right)^2} = \sqrt{2},$$

S 在 xOy 面上的投影为 $D_{xy}: x^2+y^2 \leqslant h^2$，

$$I_z = \iint\limits_{S} (x^2+y^2)\mu(x,y,z)\mathrm{d}S$$

$$= \iint\limits_{D_{xy}} (x^2+y^2)k\sqrt{x^2+y^2+x^2+y^2}\sqrt{2}\mathrm{d}x\mathrm{d}y$$

$$= \sqrt{2}k\int_0^{2\pi}\mathrm{d}\theta\int_0^h \rho^2 \cdot \sqrt{2}\rho \cdot \rho\mathrm{d}\rho = \frac{4}{5}\pi k h^5.$$

习题 9-4

1. 计算 $\iint\limits_{S} |xyz|\mathrm{d}S$，其中 S 为抛物面 $z = x^2+y^2$ 被 $z = 1$ 所割下的有限部分.

2. 计算 $\oiint\limits_{S} \frac{\mathrm{d}S}{(1+x+y)^2}$，其中 S 为四面体 $x+y+z \leqslant 1, x \geqslant 0, y \geqslant 0, z \geqslant 0$ 的边界曲面.

3. 计算$\iint\limits_S (x+y+z)\mathrm{d}S$,其中$S$为球面$x^2+y^2+z^2=a^2$上$z \geqslant h\ (0<h<a)$的部分.

4. 计算$\iint\limits_S \frac{\mathrm{d}S}{x^2+y^2+z^2}$,其中$S$是圆柱面$x^2+y^2=R^2$上介于$z=0$和$z=h$之间的部分.

5. 计算$\iint\limits_S (xy+yz+zx)\mathrm{d}S$,其中$S$是锥面$z=\sqrt{x^2+y^2}$被柱面$x^2+y^2=2ax$所截得的有限部分.

6. 计算$\iint\limits_S (x^2+y^2+z^2)\mathrm{d}S$,其中:

(1) S为两圆柱面$x^2+y^2=a^2$与$x^2+z^2=a^2$及三个坐标面在第一卦限所围成立体的边界曲面;

(2) S为圆锥面$x^2+y^2=z^2(-1 \leqslant z \leqslant 2)$.

7. 计算$\iint\limits_S (x^2+y^2)\mathrm{d}S$,其中:

(1) S为上半球面$z=\sqrt{4-x^2-y^2}$;

(2) S为$z=\sqrt{x^2+y^2}$与平面$z=1$所围成立体的边界曲面.

8. 计算$I=\oiint\limits_S (x+2y+4z+5)^2\mathrm{d}S$,其中$S$是八面体$|x|+|y|+|z| \leqslant 1$的表面.

9. 求抛物面$z=\frac{1}{2}(x^2+y^2)(0 \leqslant z \leqslant 1)$的质量,其面密度为$\mu=z$.

10. 求面密度为常数μ的半球壳$z=\sqrt{a^2-x^2-y^2}$对z轴的转动惯量.

11. 试求面密度$\mu=1$,半径为R的球壳对与球心距离为$a(a>R)$处的单位质点的引力.

第五节 第二类曲面积分

一、第二类曲面积分的概念与性质

中国创造:东方超环

1. 曲面的侧

在这一节我们将定义另外一种曲面积分,这种曲面积分也是由实际问题引出的,其中一个实际问题是流量问题. 流量与曲面的侧有关,因此我们首先对曲面的侧给出一些规定.

曲面可以被分成单侧曲面与双侧曲面. 我们一般所遇到的都是双侧曲面. 例如一张纸、球壳、抛物面等都是双侧曲面. 如图 9-38 所示,双侧曲面有这样的特征:其上任一点P如果在S的一侧连续移动而不越边界,则不能移到S的另一边去. 换句话说,假定$\boldsymbol{n}$是曲面S某一侧的法向量,当点P沿S上任意闭曲线连续移动又回到点P时,相应的法向量$\boldsymbol{n}$也回到原来的方向.

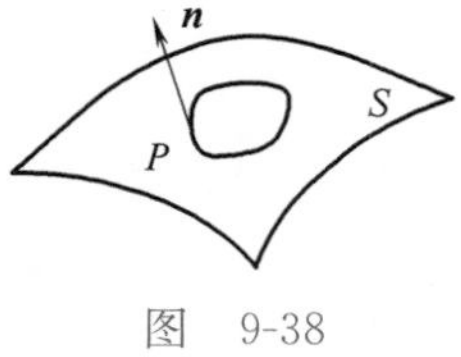

图 9-38

我们这里所讨论的都是双侧曲面.

对于封闭曲面S,通常规定其外侧(即外法线所指的一侧)为正侧,记作S^+,其内侧(即内法线所指的一侧)为负侧,记作S^-.

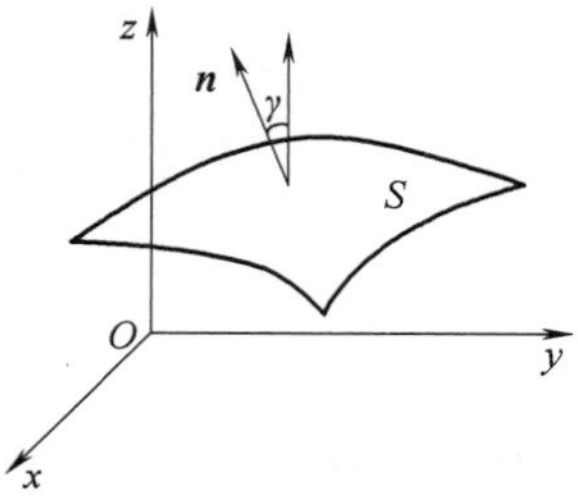

图 9-39

对于不封闭的曲面,如果曲面为$S: z=z(x,y)$,如图 9-39 所示,设其法向量$\boldsymbol{n}$与z轴正向的夹角为γ,称γ为锐角的一侧为上侧,记作S^+,称γ为钝角的一侧为下侧,记作S^-. 如果曲面为$S: y=y(z,x)$,如图 9-40 所示,设其法向量$\boldsymbol{n}$与y轴正向的夹角为β,称β为锐角的一侧为右侧,记作S^+,称β为钝角的一侧为左侧,记

作 S^-. 如果曲面为 $S: x=x(y,z)$，如图 9-41 所示，设其法向量 $\boldsymbol{n}$ 与 x 轴正向的夹角为 α，称 α 为锐角的一侧为前侧，记作 S^+，称 α 为钝角的一侧为后侧，记作 S^-.

规定了正负侧的曲面称为有向曲面.

2. 第二类曲面积分的概念

我们先来讨论流体流向曲面一侧的流量问题.

设有稳定流动（即流体的速度不随时间变化）的不可压缩（即流体的密度不随时间变化，以下总假设密度 $\mu=1$）的流体，其速度为

$$\boldsymbol{v}(x,y,z)=v_x(x,y,z)\boldsymbol{i}+v_y(x,y,z)\boldsymbol{j}+v_z(x,y,z)\boldsymbol{k},$$

S 是此流速场中一有向曲面，$\boldsymbol{n}$ 是 S 指定一侧的单位法向量，现在要求单位时间内流体流向 S 指定一侧的流量 Q.

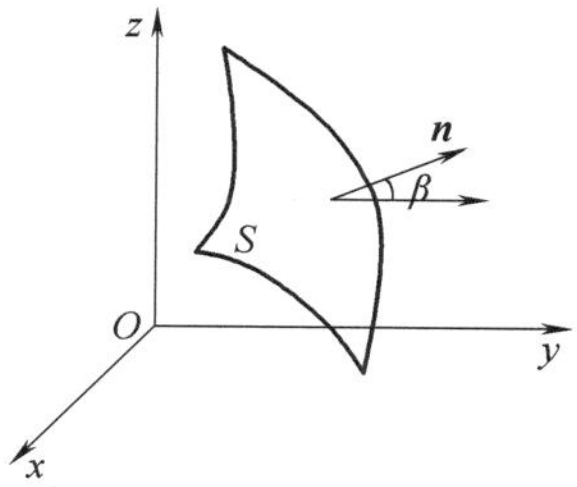

图　9-40

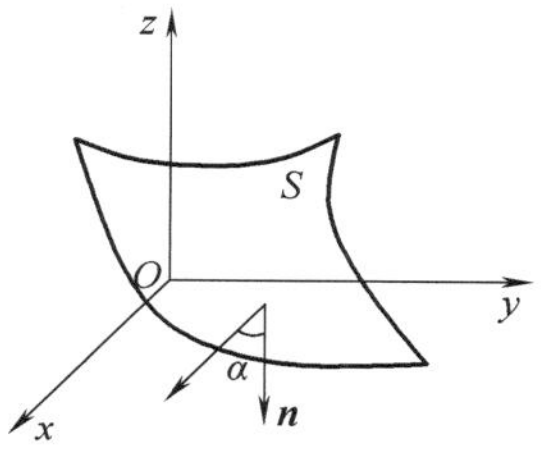

图　9-41

如果 S 是一平面（其面积也记作 S），且流体在 S 上各点处的流速为常向量 $\boldsymbol{v}$，则流量很容易计算. 设 $\boldsymbol{n}$ 与 $\boldsymbol{v}$ 的夹角为 $\langle \boldsymbol{v},\boldsymbol{n}\rangle=\theta$，当 $0\leqslant\theta<\frac{\pi}{2}$ 时，流量 Q 等于如图 9-42 所示柱体的体积，即

$$Q=S\cdot h=S\cdot(\boldsymbol{v})_{\boldsymbol{n}}=S\cdot\frac{\boldsymbol{v}\cdot\boldsymbol{n}}{|\boldsymbol{n}|}=(\boldsymbol{v}\cdot\boldsymbol{n})S.$$

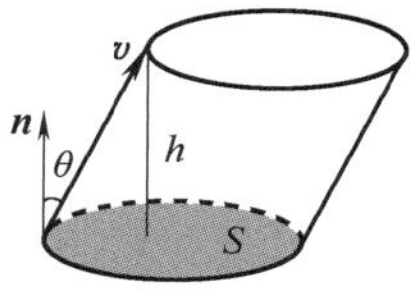

图　9-42

当 $\theta>\frac{\pi}{2}$ 时，流量 Q 是一负值，它等于如图 9-43 中所示柱体体积的相反数，即

$$Q=-S\cdot h=S\cdot(\boldsymbol{v})_{\boldsymbol{n}}=S\cdot\frac{\boldsymbol{v}\cdot\boldsymbol{n}}{|\boldsymbol{n}|}=(\boldsymbol{v}\cdot\boldsymbol{n})S.$$

当 $\theta=\frac{\pi}{2}$ 时，流量 $Q=0$，它同样满足上式，因而不论 θ 为何值，总有

$$Q=(\boldsymbol{v}\cdot\boldsymbol{n})S.$$

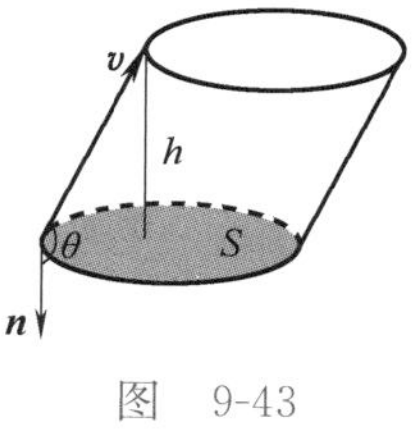

图　9-43

现在 S 是一张曲面，且流速也不一定是常向量，不能直接利用上式来求流量，但是我们可以采用以前多次用过的“化整为零，再积零为整”的方法来计算流量.

如图 9-44 所示，把 S 分成 n 个小曲面，第 i 块小曲面及其面积都记作 $\Delta S_i(i=1,2,\cdots,n)$. 当 ΔS_i 的直径很小时，可以把它近似地看成平面，在 ΔS_i 上任取一点 (ξ_i,η_i,ζ_i)，将此点处曲面指定一侧的法向量记作 $\boldsymbol{n}_i$，将此点处的流速记作 $\boldsymbol{v}_i$，则流过小曲面 ΔS_i 的流量

$$\Delta Q_i\approx(\boldsymbol{v}_i\cdot\boldsymbol{n}_i)\Delta S_i,$$

于是

$$Q=\sum_{i=1}^{n}\Delta Q_i\approx\sum_{i=1}^{n}(\boldsymbol{v}_i\cdot\boldsymbol{n}_i)\Delta S_i.$$

令 $\lambda=\max\limits_{1\leqslant i\leqslant n}\{\Delta S_i\text{ 的直径}\}$，当 $\lambda\to0$ 时，得

$$Q=\lim_{\lambda\to0}\sum_{i=1}^{n}(\boldsymbol{v}_i\cdot\boldsymbol{n}_i)\Delta S_i.$$

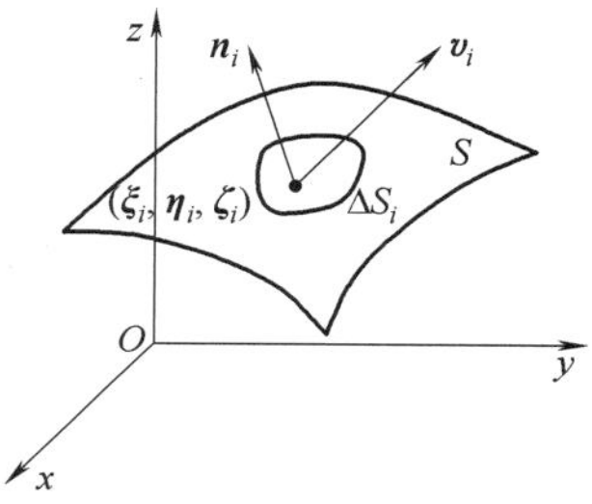

图　9-44

若 $\boldsymbol{n}_i=\{\cos\alpha_i,\cos\beta_i,\cos\gamma_i\}$，则有

$$Q=\lim_{\lambda\to 0}\sum_{i=1}^{n}[v_x(\xi_i,\eta_i,\zeta_i)\cos\alpha_i+v_y(\xi_i,\eta_i,\zeta_i)\cos\beta_i+ v_z(\xi_i,\eta_i,\zeta_i)\cos\gamma_i]\Delta S_i.$$

若记 $\Delta\sigma_{iyz}=\Delta S_i\cos\alpha_i$，$\Delta\sigma_{izx}=\Delta S_i\cos\beta_i$，$\Delta\sigma_{ixy}=\Delta S_i\cos\gamma_i$，则 $|\Delta\sigma_{iyz}|$，$|\Delta\sigma_{izx}|$，$|\Delta\sigma_{ixy}|$ 分别是 ΔS_i 在 yOz 面、zOx 面、xOy 面上投影的近似值，而 $\Delta\sigma_{iyz}$，$\Delta\sigma_{izx}$，$\Delta\sigma_{ixy}$ 可以称为 ΔS_i 在三个坐标面上的有向投影，于是有

$$Q=\lim_{\lambda\to 0}\sum_{i=1}^{n}[v_x(\xi_i,\eta_i,\zeta_i)\Delta\sigma_{iyz}+v_y(\xi_i,\eta_i,\zeta_i)\Delta\sigma_{izx}+ v_z(\xi_i,\eta_i,\zeta_i)\Delta\sigma_{ixy}].$$

由此类和式的极限抽象出下面概念.

定义 **设 S 是有向曲面，$\boldsymbol{n}=\{\cos\alpha,\cos\beta,\cos\gamma\}$（$\alpha,\beta,\gamma$ 都是 (x,y,z) 的函数）是 S 指定一侧的单位法向量，函数**

$$\boldsymbol{A}=X(x,y,z)\boldsymbol{i}+Y(x,y,z)\boldsymbol{j}+Z(x,y,z)\boldsymbol{k}$$

在 S 上有定义. 把 S 分成 n 块小曲面，第 i 块小曲面及其面积都记作 $\Delta S_i(i=1,2,\cdots,n)$，在 ΔS_i 上任取一点 (ξ_i,η_i,ζ_i)，将此点处的 $\boldsymbol{n}$ 记成 $\boldsymbol{n}_i=\{\cos\alpha_i,\cos\beta_i,\cos\gamma_i\}$，并记

$$\Delta\sigma_{iyz}=\Delta S_i\cos\alpha_i,\Delta\sigma_{izx}=\Delta S_i\cos\beta_i,\Delta\sigma_{ixy}=\Delta S_i\cos\gamma_i,$$

作和式

$$\sum_{i=1}^{n}(\boldsymbol{A}(\xi_i,\eta_i,\zeta_i)\cdot\boldsymbol{n}_i)\Delta S_i$$

$$=\sum_{i=1}^{n}[X(\xi_i,\eta_i,\zeta_i)\Delta\sigma_{iyz}+Y(\xi_i,\eta_i,\zeta_i)\Delta\sigma_{izx}+Z(\xi_i,\eta_i,\zeta_i)\Delta\sigma_{ixy}],$$

令 $\lambda=\max\limits_{1\leqslant i\leqslant n}\{\Delta S_i$ 的直径$\}$，若不论小曲面怎样分以及点 (ξ_i,η_i,ζ_i) 怎样取，极限 $\lim\limits_{\lambda\to 0}\sum\limits_{i=1}^{n}(\boldsymbol{A}(\xi_i,\eta_i,\zeta_i)\cdot\boldsymbol{n}_i)\Delta S_i$ 都存在且为同一个值，则称此极限为函数 $\boldsymbol{A}$ 在曲面 S 上沿指定一侧对坐标的曲面积分或第二类曲面积分，记作 $\iint\limits_{S}\boldsymbol{A}\cdot\mathrm{d}\boldsymbol{S}$（向量形式）或

$$\iint\limits_{S}X(x,y,z)\mathrm{d}y\mathrm{d}z+Y(x,y,z)\mathrm{d}z\mathrm{d}x+Z(x,y,z)\mathrm{d}x\mathrm{d}y\text{（坐标形式）},$$

即

$$\iint\limits_{S}\boldsymbol{A}\cdot\mathrm{d}\boldsymbol{S}=\lim_{\lambda\to 0}\sum_{i=1}^{n}(\boldsymbol{A}(\xi_i,\eta_i,\zeta_i)\cdot\boldsymbol{n}_i)\Delta S_i$$

$$=\iint\limits_{S}X(x,y,z)\mathrm{d}y\mathrm{d}z+Y(x,y,z)\mathrm{d}z\mathrm{d}x+Z(x,y,z)\mathrm{d}x\mathrm{d}y$$

$$=\lim_{\lambda\to 0}\sum_{i=1}^{n}[X(\xi_i,\eta_i,\zeta_i)\Delta\sigma_{iyz}+Y(\xi_i,\eta_i,\zeta_i)\Delta\sigma_{izx}+ Z(\xi_i,\eta_i,\zeta_i)\Delta\sigma_{ixy}].$$

其坐标形式中的积分元素 $\mathrm{d}y\mathrm{d}z,\mathrm{d}z\mathrm{d}x,\mathrm{d}x\mathrm{d}y$ 与曲面面积元素的关系为

$$\mathrm{d}y\mathrm{d}z=\mathrm{d}S\cos\alpha,\mathrm{d}z\mathrm{d}x=\mathrm{d}S\cos\beta,\mathrm{d}x\mathrm{d}y=\mathrm{d}S\cos\gamma,$$

它们分别叫作 $\mathrm{d}S$ 在 yOz 面、zOx 面、xOy 面上的有向投影，而

$$\mathrm{d}\boldsymbol{S}=\mathrm{d}S\boldsymbol{n}=\{\mathrm{d}S\cos\alpha,\mathrm{d}S\cos\beta,\mathrm{d}S\cos\gamma\}=\{\mathrm{d}y\mathrm{d}z,\mathrm{d}z\mathrm{d}x,\mathrm{d}x\mathrm{d}y\}$$

称为曲面面积元素向量.

第二类曲面积分可以分成三个积分

$$\iint\limits_S X(x,y,z)\mathrm{d}y\mathrm{d}z,\iint\limits_S Y(x,y,z)\mathrm{d}z\mathrm{d}x,\iint\limits_S Z(x,y,z)\mathrm{d}x\mathrm{d}y,$$

这三个积分分别叫作对坐标 yz 的第二类曲面积分，对坐标 zx 的第二类曲面积分，以及对坐标 xy 的第二类曲面积分.

根据上面的定义，流体流向曲面指定一侧的流量可以用第二类曲面积分表示成

$$Q=\iint\limits_S \boldsymbol{v}\cdot\mathrm{d}\boldsymbol{S},$$

或 $Q=\iint\limits_S v_x(x,y,z)\mathrm{d}y\mathrm{d}z+v_y(x,y,z)\mathrm{d}z\mathrm{d}x+v_z(x,y,z)\mathrm{d}x\mathrm{d}y.$

可以证明，如果 S 是光滑曲面，$\boldsymbol{A}(x,y,z)$ 在 S 上连续，则第二类曲面积分 $\iint\limits_S \boldsymbol{A}(x,y,z)\cdot\mathrm{d}\boldsymbol{S}$ 一定存在.

第二类曲面积分具有如下性质(假定其中各曲面积分都存在).

(1)**(线性性质)**　设 C_1,C_2 是任意常数，则

$$\iint\limits_S (C_1\boldsymbol{A}_1+C_2\boldsymbol{A}_2)\cdot\mathrm{d}\boldsymbol{S}=C_1\iint\limits_S \boldsymbol{A}_1\cdot\mathrm{d}\boldsymbol{S}+C_2\iint\limits_S \boldsymbol{A}_2\cdot\mathrm{d}\boldsymbol{S}.$$

(2)**(对积分曲面的可加性)**　将 S 分两块 S_1 和 S_2，则

$$\iint\limits_S \boldsymbol{A}\cdot\mathrm{d}\boldsymbol{S}=\iint\limits_{S_1} \boldsymbol{A}\cdot\mathrm{d}\boldsymbol{S}+\iint\limits_{S_2} \boldsymbol{A}\cdot\mathrm{d}\boldsymbol{S}.$$

(3)**(有向性)**　$\iint\limits_{S^+} \boldsymbol{A}\cdot\mathrm{d}\boldsymbol{S}=-\iint\limits_{S^-} \boldsymbol{A}\cdot\mathrm{d}\boldsymbol{S}.$

二、第二类曲面积分的计算

以下总假设 S 是光滑曲面，向量函数 $\boldsymbol{A}$ 在 S 上连续，下面要讨论怎样利用二重积分计算第二类曲面积分.

1. 分别计算法

$$\iint\limits_S Z(x,y,z)\mathrm{d}x\mathrm{d}y \text{ 的计算.}$$

如果曲面 $S:z=z(x,y)$，设 S 在 xOy 面上的投影区域为 D_{xy}，

若积分在 S 的上侧，由于 $\cos\gamma > 0$，则 dS 在 xOy 面上的有向投影 $dxdy > 0$，此时 $dxdy$ 与 D_{xy} 的面积元素相等，因此得到

$$\iint_{S^+} Z(x,y,z)\mathrm{d}x\mathrm{d}y = \iint_{D_{xy}} Z(x,y,z(x,y))\mathrm{d}x\mathrm{d}y,$$

$$\iint_{S^-} Z(x,y,z)\mathrm{d}x\mathrm{d}y = -\iint_{D_{xy}} Z(x,y,z(x,y))\mathrm{d}x\mathrm{d}y.$$

如果 S 是母线平行于 z 轴的柱面，则 S 在 xOy 面上的投影区域是一条曲线，因此 dS 在 xOy 面上的投影区域的面积为零，故 $\iint_S Z(x,y,z)\mathrm{d}x\mathrm{d}y = 0$.

如果曲面 S 不是上述曲面，可以将 S 分成几块再进行计算.

$\iint_S X(x,y,z)\mathrm{d}y\mathrm{d}z$ 的计算.

如果曲面 $S: x = x(y,z)$，设 S 在 yOz 面上的投影区域为 D_{yz}，则

$$\iint_{S^+} X(x,y,z)\mathrm{d}y\mathrm{d}z = \iint_{D_{yz}} X(x(y,z),y,z)\mathrm{d}y\mathrm{d}z,$$

$$\iint_{S^-} X(x,y,z)\mathrm{d}y\mathrm{d}z = -\iint_{D_{yz}} X(x(y,z),y,z)\mathrm{d}y\mathrm{d}z.$$

如果 S 是母线平行于 x 轴的柱面，则 $\iint_S X(x,y,z)\mathrm{d}y\mathrm{d}z = 0$.

$\iint_S Y(x,y,z)\mathrm{d}z\mathrm{d}x$ 的计算.

如果曲面 $S: y = y(z,x)$，设 S 在 zOx 面上的投影区域为 D_{zx}，则

$$\iint_{S^+} Y(x,y,z)\mathrm{d}z\mathrm{d}x = \iint_{D_{zx}} Y(x,y(z,x),z)\mathrm{d}z\mathrm{d}x,$$

$$\iint_{S^-} Y(x,y,z)\mathrm{d}z\mathrm{d}x = -\iint_{D_{zx}} Y(x,y(z,x),z)\mathrm{d}z\mathrm{d}x.$$

如果 S 是母线平行于 y 轴的柱面，则 $\iint_S Y(x,y,z)\mathrm{d}z\mathrm{d}x = 0$.

例 1　计算 $\iint_S xyz\,\mathrm{d}x\mathrm{d}y$，其中 S 是球面 $x^2+y^2+z^2=1$ $(x \geqslant 0, y \geqslant 0)$ 的外侧.

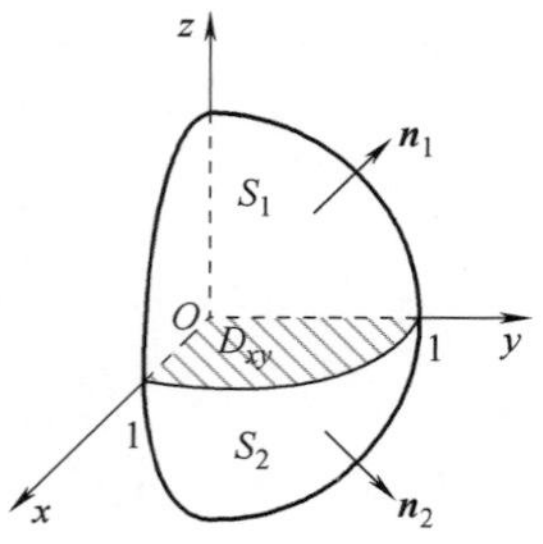

图　9-45

解　如图 9-45 所示，xOy 面将 S 分成 S_1 和 S_2，其方程分别为

$$S_1: z = \sqrt{1-x^2-y^2}, S_2: z = -\sqrt{1-x^2-y^2},$$

S_1 与 S_2 在 xOy 面上的投影区域都为

$D_{xy}: x^2+y^2 \leqslant 1 \quad (x \geqslant 0, y \geqslant 0)$,

$$\iint\limits_{S} xyz\,dxdy = \iint\limits_{S_1^+} xyz\,dxdy + \iint\limits_{S_2^-} xyz\,dxdy$$
$$= \iint\limits_{D_{xy}} xy\sqrt{1-x^2-y^2}\,dxdy - \iint\limits_{D_{xy}} xy(-\sqrt{1-x^2-y^2})\,dxdy$$
$$= 2\iint\limits_{D_{xy}} xy\sqrt{1-x^2-y^2}\,dxdy$$
$$= 2\int_0^{\frac{\pi}{2}} d\theta \int_0^1 \rho^2 \sin\theta\cos\theta\,\sqrt{1-\rho^2}\,\rho d\rho$$
$$= 2\int_0^{\frac{\pi}{2}} \sin\theta\cos\theta d\theta \cdot \int_0^1 \rho^3\sqrt{1-\rho^2}\,d\rho \quad (令\ \rho=\sin t)$$
$$= \sin^2\theta\Big|_0^{\frac{\pi}{2}} \cdot \int_0^{\frac{\pi}{2}} \sin^3 t\cos^2 t\,dt$$
$$= \int_0^{\frac{\pi}{2}} \sin^3 t\,dt - \int_0^{\frac{\pi}{2}} \sin^5 t\,dt = \frac{2}{3}\cdot 1 - \frac{4}{5}\cdot\frac{2}{3}\cdot 1 = \frac{2}{15}.$$

例 2　计算 $I=\iint\limits_{S} z\,dxdy + x\,dydz + y\,dzdx$，其中 S 是柱面 $x^2+y^2=1(0\leqslant z\leqslant 3)$ 的外侧.

解　由于 S 是母线平行于 z 轴的柱面，故

$$\iint\limits_{S} z\,dxdy = 0,$$

用 zOx 面将 S 分成 S_1 和 S_2（见图 9-46），则

$$S_1: y=\sqrt{1-x^2},\ S_2: y=-\sqrt{1-x^2},$$

S_1 与 S_2 在 zOx 面上的投影区域都是

$$D_{zx}: -1\leqslant x\leqslant 1, 0\leqslant z\leqslant 3,$$

$$\iint\limits_{S} y\,dzdx = \iint\limits_{S_1^+} y\,dzdx + \iint\limits_{S_2^-} y\,dzdx$$
$$= \iint\limits_{D_{zx}} \sqrt{1-x^2}\,dzdx - \iint\limits_{D_{zx}} (-\sqrt{1-x^2})\,dzdx$$
$$= 2\iint\limits_{D_{zx}} \sqrt{1-x^2}\,dzdx$$
$$= 2\int_{-1}^1 \sqrt{1-x^2}\,dx\int_0^3 dz = 12\int_0^1 \sqrt{1-x^2}\,dx$$
$$= 12\times\frac{1}{4}\pi\times 1^2 = 3\pi,$$

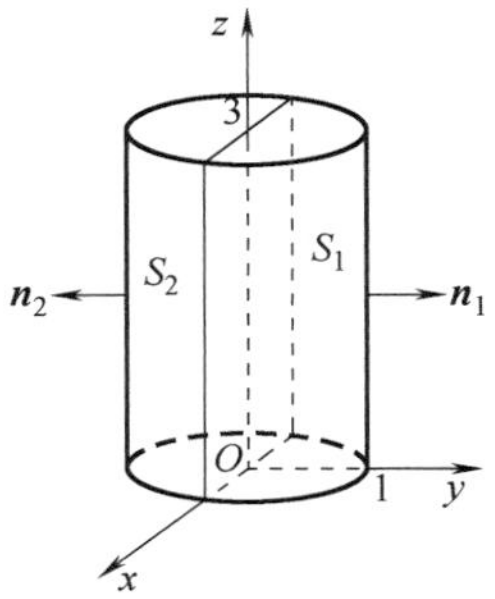

图　9-46

同理　$$\iint\limits_{S} x\,dydz = 3\pi,$$

因此　$$I = 0+3\pi+3\pi = 6\pi.$$

2. 统一计算法

统一计算法是先将对不同坐标的第二类曲面积分化成对相同

坐标的曲面积分，然后再化成二重积分计算.

如果曲面 $S: z=z(x,y)$，则 S^{+} 的法向量为 $\left\{-\frac{\partial z}{\partial x},-\frac{\partial z}{\partial y},1\right\}$，因而

$$\boldsymbol{n}=\frac{\left\{-\frac{\partial z}{\partial x},-\frac{\partial z}{\partial y},1\right\}}{\sqrt{1+\left(\frac{\partial z}{\partial x}\right)^{2}+\left(\frac{\partial z}{\partial y}\right)^{2}}}=\{\cos\alpha,\cos\beta,\cos\gamma\},$$

则根据第二类曲面积分的定义，有

$$\begin{aligned}&\iint_{S^{+}} X\mathrm{d}y\mathrm{d}z+Y\mathrm{d}z\mathrm{d}x+Z\mathrm{d}x\mathrm{d}y\\&=\iint_{S^{+}}\{X,Y,Z\}\cdot\{\cos\alpha,\cos\beta,\cos\gamma\}\mathrm{d}S\\&=\iint_{S^{+}}\frac{X\left(-\frac{\partial z}{\partial x}\right)+Y\left(-\frac{\partial z}{\partial y}\right)+Z}{\sqrt{1+\left(\frac{\partial z}{\partial x}\right)^{2}+\left(\frac{\partial z}{\partial y}\right)^{2}}}\mathrm{d}S\\&=\iint_{S^{+}}\left[X\left(-\frac{\partial z}{\partial x}\right)+Y\left(-\frac{\partial z}{\partial y}\right)+Z\right]\mathrm{d}S\cos\gamma\\&=\iint_{S^{+}}\left[X\left(-\frac{\partial z}{\partial x}\right)+Y\left(-\frac{\partial z}{\partial y}\right)+Z\right]\mathrm{d}x\mathrm{d}y,\end{aligned}$$

即

$$\boxed{\iint_{S^{+}} X\mathrm{d}y\mathrm{d}z+Y\mathrm{d}z\mathrm{d}x+Z\mathrm{d}x\mathrm{d}y=\iint_{S^{+}}\left[X\left(-\frac{\partial z}{\partial x}\right)+Y\left(-\frac{\partial z}{\partial y}\right)+Z\right]\mathrm{d}x\mathrm{d}y.}$$

这样就将三个对不同坐标的第二类曲面积分都变成了对坐标 xy 的第二类曲面积分.

例 3 设 S 为抛物面 $z=x^2+y^2(0\leqslant z\leqslant a^2)$ 的上侧，计算 $I=\iint_{S}(y-x^2+z^2)\mathrm{d}y\mathrm{d}z+(x-z^2+y^2)\mathrm{d}z\mathrm{d}x+(z-y^2+3x^2)\mathrm{d}x\mathrm{d}y$.

解 利用统一计算法. 由 $z=x^2+y^2$，得 $\frac{\partial z}{\partial x}=2x,\frac{\partial z}{\partial y}=2y$，$S$ 在 xOy 面上的投影为 $D_{xy}: x^2+y^2\leqslant a^2$，于是

$$\begin{aligned}I=&\iint_{S^{+}}[(y-x^2+z^2)(-2x)+(x-z^2+y^2)(-2y)+\\&(z-y^2+3x^2)]\mathrm{d}x\mathrm{d}y\\=&\iint_{S^{+}}(3x^2+2x^3-4xy-y^2-2y^3-2xz^2-2yz^2+z)\mathrm{d}x\mathrm{d}y\\=&\iint_{D_{xy}}[3x^2+2x^3-4xy-y^2-2y^3-2(x+y)(x^2+y^2)^2+x^2+y^2]\mathrm{d}x\mathrm{d}y\\=&\iint_{D_{xy}}4x^2\mathrm{d}x\mathrm{d}y=4\int_0^{2\pi}\mathrm{d}\theta\int_0^{a}\rho^2\cos^2\theta\rho\mathrm{d}\rho=\pi a^4.\end{aligned}$$

例 4　设流体的密度为1，流速为 $\boldsymbol{v}=x\boldsymbol{i}+2y\boldsymbol{j}+3z\boldsymbol{k}$，计算流体在单位时间内流向锥面 $S:x^2+y^2=z^2(0\leqslant z\leqslant a)$ 下侧的流量.

解　$Q=\iint\limits_{S^-}\boldsymbol{v}\cdot \mathrm{d}\boldsymbol{S}=\iint\limits_{S^-}x\mathrm{d}y\mathrm{d}z+2y\mathrm{d}z\mathrm{d}x+3z\mathrm{d}x\mathrm{d}y$，

由 $x^2+y^2=z^2$，以及 $0\leqslant z\leqslant a$，得 $z=\sqrt{x^2+y^2}$，故

$$\frac{\partial z}{\partial x}=\frac{x}{\sqrt{x^2+y^2}},\frac{\partial z}{\partial y}=\frac{y}{\sqrt{x^2+y^2}},$$

S 在 xOy 面上的投影为 $D_{xy}:x^2+y^2\leqslant a^2$，利用统一计算法，得

$$\begin{aligned}Q&=-\iint\limits_{S^+}\left(x\cdot\frac{-x}{\sqrt{x^2+y^2}}+2y\cdot\frac{-y}{\sqrt{x^2+y^2}}+3z\right)\mathrm{d}x\mathrm{d}y\\&=-\iint\limits_{D_{xy}}\left(\frac{-x^2-2y^2}{\sqrt{x^2+y^2}}+3\sqrt{x^2+y^2}\right)\mathrm{d}x\mathrm{d}y\\&=\int_0^{2\pi}\mathrm{d}\theta\int_0^a(\rho^2\cos^2\theta+2\rho^2\sin^2\theta-3\rho^2)\mathrm{d}\rho\\&=\int_0^{2\pi}\mathrm{d}\theta\int_0^a(3\rho^2\sin^2\theta-3\rho^2)\mathrm{d}\rho\\&=\int_0^{2\pi}(\sin^2\theta-1)\mathrm{d}\theta\int_0^a3\rho^2\mathrm{d}\rho=(\pi-2\pi)a^3=-\pi a^3.\end{aligned}$$

三、两类曲面积分的关系

设曲面 S 指定一侧的法向量为 $\boldsymbol{n}=\{\cos\alpha,\cos\beta,\cos\gamma\}$，则由于

$$\mathrm{d}y\mathrm{d}z=\mathrm{d}S\cos\alpha,\mathrm{d}z\mathrm{d}x=\mathrm{d}S\cos\beta,\mathrm{d}x\mathrm{d}y=\mathrm{d}S\cos\gamma,$$

因此

$$\boxed{\iint\limits_S X\mathrm{d}y\mathrm{d}z+Y\mathrm{d}z\mathrm{d}x+Z\mathrm{d}x\mathrm{d}y=\iint\limits_S(X\cos\alpha+Y\cos\beta+Z\cos\gamma)\mathrm{d}S.}$$

上式刻画了两类曲面积分之间的关系.

例 5　设 S 是球面 $x^2+y^2+z^2=a^2$ 被平面 $x+2y+3z=0$ 所截得的位于平面上方的那一部分，取其外侧并计算曲面积分 $I=\iint\limits_S x\mathrm{d}y\mathrm{d}z+y\mathrm{d}z\mathrm{d}x+z\mathrm{d}x\mathrm{d}y$.

解　先将 I 化成第一类曲面积分再计算. 由 $x^2+y^2+z^2=a^2$ 求得 S 指定一侧的法向量为 $\{2x,2y,2z\}$，故

$$\boldsymbol{n}=\frac{\{2x,2y,2z\}}{\sqrt{(2x)^2+(2y)^2+(2z)^2}}=\left\{\frac{x}{a},\frac{y}{a},\frac{z}{a}\right\},$$

利用两类曲面积分之间的关系得

$$\begin{aligned}I&=\iint\limits_S\left(x\cdot\frac{x}{a}+y\cdot\frac{y}{a}+z\cdot\frac{z}{a}\right)\mathrm{d}S\\&=\frac{1}{a}\iint\limits_S(x^2+y^2+z^2)\mathrm{d}S=\frac{1}{a}\iint\limits_S a^2\mathrm{d}S=a\cdot 2\pi a^2=2\pi a^3.\end{aligned}$$

例 6　设曲面 S 是圆柱体 $(x-x_0)^2+(y-y_0)^2\leqslant 4$ 位于 $z=1$ 与 $z=3$ 之间的立体的表面，证明

$$\left|\oiint_S \cos(x^2+y)\mathrm{d}y\mathrm{d}z+\sin(2xy^2)\mathrm{d}z\mathrm{d}x+\mathrm{d}x\mathrm{d}y\right|\leqslant 16\sqrt{3}\pi.$$

证　设 $\boldsymbol{A}=\{X,Y,Z\}$，根据两类曲面积分之间的关系，有

$$\begin{aligned}\left|\iint_S X\mathrm{d}y\mathrm{d}z+Y\mathrm{d}z\mathrm{d}x+Z\mathrm{d}x\mathrm{d}y\right|&=\left|\iint_S \boldsymbol{A}\cdot\boldsymbol{n}\mathrm{d}S\right|\\&\leqslant\iint_S|\boldsymbol{A}\cdot\boldsymbol{n}|\mathrm{d}S\leqslant\iint_S|\boldsymbol{A}|\,|\boldsymbol{n}|\mathrm{d}S\\&=\iint_S|\boldsymbol{A}|\mathrm{d}S,\end{aligned}$$

故

$$\begin{aligned}&\left|\oiint_S \cos(x^2+y)\mathrm{d}y\mathrm{d}z+\sin(2xy^2)\mathrm{d}z\mathrm{d}x+\mathrm{d}x\mathrm{d}y\right|\\&\leqslant\oiint_S\sqrt{\cos^2(x^2+y)+\sin^2(2xy^2)+1}\,\mathrm{d}S\\&\leqslant\sqrt{3}\oiint_S\mathrm{d}S=\sqrt{3}(2\pi\times2\times2+2\times\pi\times2^2)=16\sqrt{3}\pi.\end{aligned}$$

习题 9-5

1. 计算 $\iint_S x\mathrm{d}y\mathrm{d}z+xy\mathrm{d}z\mathrm{d}x+xz\mathrm{d}x\mathrm{d}y$，其中 S 是平面 $3x+2y+z=6$ 在第一卦限部分的上侧.

2. 计算 $\iint_S \mathrm{e}^y\mathrm{d}y\mathrm{d}z+y\mathrm{e}^x\mathrm{d}z\mathrm{d}x+x^2y\mathrm{d}x\mathrm{d}y$，其中 S 是抛物面 $z=x^2+y^2$ 被平面 $x=0,x=1,y=0,y=1$ 所截得部分的上侧.

3. 计算 $\iint_S (x^2+y^2)\mathrm{d}z\mathrm{d}x+z\mathrm{d}x\mathrm{d}y$，$S$ 为锥面 $z=\sqrt{x^2+y^2}\,(x\geqslant0,y\geqslant0,z\leqslant1)$ 的那一部分的下侧.

4. 计算 $\oiint_S xz\mathrm{d}x\mathrm{d}y+xy\mathrm{d}y\mathrm{d}z+yz\mathrm{d}z\mathrm{d}x$，$S$ 是平面 $x+y+z=1$ 与三个坐标平面所围成的空间区域的边界曲面的外侧.

5. 计算 $\iint_S (-y)\mathrm{d}z\mathrm{d}x+(z+1)\mathrm{d}x\mathrm{d}y$，$S$ 为柱面 $x^2+y^2=4$ 被平面 $z=0$ 和 $x+z=2$ 所截得部分的外侧.

6. 计算 $\iint_S x^2y^2z\mathrm{d}x\mathrm{d}y$，其中 S 是球面 $x^2+y^2+z^2=R^2\,(z\leqslant0)$ 的下侧.

7. 计算 $\oiint_S \dfrac{\mathrm{e}^z}{\sqrt{x^2+y^2}}\mathrm{d}x\mathrm{d}y$，其中 S 是锥面 $z=\sqrt{x^2+y^2}$ 与平面 $z=1$ 和 $z=2$ 所围立体的表面外侧.

8. 计算 $\iint_S [f(x,y,z)+x]\mathrm{d}y\mathrm{d}z+[2f(x,y,z)+y]\mathrm{d}z\mathrm{d}x+[f(x,y,z)+z]\mathrm{d}x\mathrm{d}y$，其中 S 是平面 $x-y+z=1$ 在第四卦限部分的上侧.

9. 把第二类曲面积分

$$\iint_S X(x,y,z)\mathrm{d}y\mathrm{d}z+Y(x,y,z)\mathrm{d}z\mathrm{d}x+Z(x,y,z)\mathrm{d}x\mathrm{d}y$$

化成第一类曲面积分，其中：

(1) S 为抛物面 $z=8-(x^2+y^2)$ 在 xOy 面上方部分的上侧；

(2) S 为平面 $3x+2y+z=1$ 位于第一卦限部分的上侧.

第六节　高斯公式与散度

一、高斯公式

下面要介绍的高斯公式揭示了闭曲面上的第二类曲面积分与此曲面所围区域上的三重积分之间的关系.

与平面区域类似,我们也可以定义空间中的连通区域、非连通区域、单连通区域和复连通区域.

定理 1(高斯定理)　设函数

$$A(x,y,z)=\{X(x,y,z),Y(x,y,z),Z(x,y,z)\}$$

在空间有界闭区域 V 上有一阶连续偏导数,V 的边界曲面为 S,则当 V 是单连通区域时,有

$$\oiint_{S^+}\boldsymbol{A}\cdot\mathrm{d}\boldsymbol{S}=\oiint_{S^+}X\mathrm{d}y\mathrm{d}z+Y\mathrm{d}z\mathrm{d}x+Z\mathrm{d}x\mathrm{d}y=\iiint_V\left(\frac{\partial X}{\partial x}+\frac{\partial Y}{\partial y}+\frac{\partial Z}{\partial z}\right)\mathrm{d}V,$$

当 V 是由闭曲面 S_1 和 S_2 所围成的复连通域(见图 9-47)时,有

$$\oiint_{S_1^+}-\oiint_{S_2^+}\boldsymbol{A}\cdot\mathrm{d}\boldsymbol{S}=\iiint_V\left(\frac{\partial X}{\partial x}+\frac{\partial Y}{\partial y}+\frac{\partial Z}{\partial z}\right)\mathrm{d}V,$$

当 V 是有两个以上"洞"的复连通区域时,有类似的公式,以上公式都称为高斯(Gauss)公式.

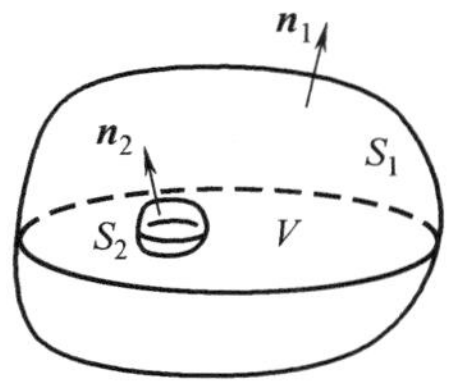

图　9-47

证　当 V 是单连通区域,并且是如图 9-48 所示区域时,有

$$\oiint_{S^+}Z\mathrm{d}x\mathrm{d}y=\iint_{S_1^-}Z\mathrm{d}x\mathrm{d}y+\iint_{S_2^+}Z\mathrm{d}x\mathrm{d}y+\iint_{S_3}Z\mathrm{d}x\mathrm{d}y$$

$$=-\iint_{D_{xy}}Z(x,y,z_1(x,y))\mathrm{d}x\mathrm{d}y+\iint_{D_{xy}}Z(x,y,z_2(x,y))\mathrm{d}x\mathrm{d}y$$

$$=\iint_{D_{xy}}(Z(x,y,z_2(x,y))-Z(x,y,z_1(x,y)))\mathrm{d}x\mathrm{d}y,$$

$$\iiint_V\frac{\partial Z}{\partial z}\mathrm{d}V=\iint_{D_{xy}}\mathrm{d}x\mathrm{d}y\int_{z_1(x,y)}^{z_2(x,y)}\frac{\partial Z}{\partial z}\mathrm{d}z$$

$$=\iint_{D_{xy}}(Z(x,y,z_2(x,y))-Z(x,y,z_1(x,y)))\mathrm{d}x\mathrm{d}y,$$

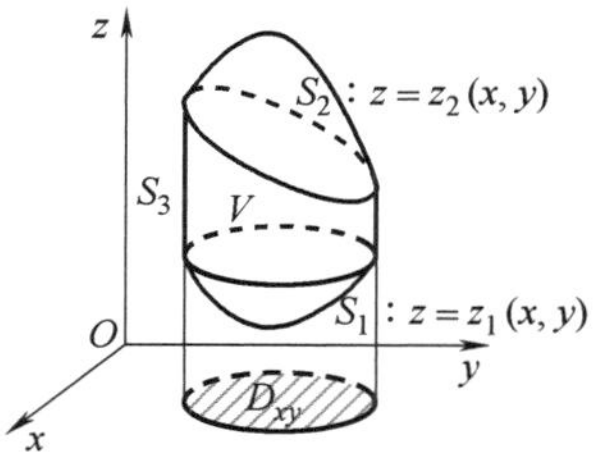

图　9-48

故
$$\oiint_{S^+}Z\mathrm{d}x\mathrm{d}y=\iiint_V\frac{\partial Z}{\partial z}\mathrm{d}V,$$

同理有
$$\oiint_{S^+}X\mathrm{d}y\mathrm{d}z=\iiint_V\frac{\partial X}{\partial x}\mathrm{d}V,\oiint_{S^+}Y\mathrm{d}z\mathrm{d}x=\iiint_V\frac{\partial Y}{\partial y}\mathrm{d}V,$$

三式相加得

$$\iint\limits_{S^+} X\mathrm{d}y\mathrm{d}z + Y\mathrm{d}z\mathrm{d}x + Z\mathrm{d}x\mathrm{d}y = \iiint\limits_V \left(\frac{\partial X}{\partial x} + \frac{\partial Y}{\partial y} + \frac{\partial Z}{\partial z}\right)\mathrm{d}V,$$

当 V 不是上面所述区域时，证明与格林公式的证明有类似之处，这里不再详细论证.

例 1 设 $\boldsymbol{A} = \{x^3 - yz, -2x^2y, z\}$，求 $\oiint\limits_S \boldsymbol{A}\cdot\mathrm{d}\boldsymbol{S}$，其中 S 是由 $x=0, x=a, y=0, y=a, z=0, z=a(a>0)$ 所围立方体表面的外侧.

解 利用高斯公式计算. 设 S 所围区域为 V，

$$\oiint\limits_S \boldsymbol{A}\cdot\mathrm{d}\boldsymbol{S} = \iiint\limits_V (3x^2 - 2x^2 + 1)\mathrm{d}V = \iiint\limits_V (x^2+1)\mathrm{d}V$$

$$= \int_0^a \mathrm{d}x \int_0^a \mathrm{d}y \int_0^a (x^2+1)\mathrm{d}z = a^3\left(\frac{a^2}{3}+1\right).$$

例 2 计算 $\oiint\limits_S (x-y)\mathrm{d}x\mathrm{d}y + x(y-z)\mathrm{d}y\mathrm{d}z$，其中 S 是由柱面 $x^2+y^2=1$ 与平面 $z=0$ 和 $z=3$ 所围立体 V 的边界曲面的外侧.

解 $X = x(y-z), Y=0, Z=x-y$，

$$\frac{\partial X}{\partial x} + \frac{\partial Y}{\partial y} + \frac{\partial Z}{\partial z} = y - z,$$

由高斯公式得

$$\oiint\limits_S (x-y)\mathrm{d}x\mathrm{d}y + x(y-z)\mathrm{d}y\mathrm{d}z = \iiint\limits_V (y-z)\mathrm{d}V$$

$$= \int_0^{2\pi}\mathrm{d}\theta \int_0^1 \rho\mathrm{d}\rho \int_0^3 (\rho\sin\theta - z)\mathrm{d}z$$

$$= -\frac{9}{2}\pi.$$

例 3 计算 $I = \oiint\limits_{S^+} x^2\mathrm{d}y\mathrm{d}z + y^2\mathrm{d}z\mathrm{d}x + z^2\mathrm{d}x\mathrm{d}y$，其中 S 是球面 $(x-a)^2 + (y-b)^2 + (z-c)^2 = R^2$.

解 $X = x^2, Y = y^2, Z = z^2$，利用高斯公式得

$$I = \iiint\limits_V (2x+2y+2z)\mathrm{d}V$$

$$= 2\iiint\limits_V [(x-a)+(y-b)+(z-c)]\mathrm{d}V + 2\iiint\limits_V (a+b+c)\mathrm{d}V$$

$$= 0 + 2(a+b+c)\cdot\frac{4}{3}\pi R^3 = \frac{8}{3}(a+b+c)\pi R^3.$$

例 4 计算 $I = \oiint\limits_S \frac{x^2z}{r}\mathrm{d}x\mathrm{d}y + \frac{y^2x}{r}\mathrm{d}y\mathrm{d}z + \frac{z^2y}{r}\mathrm{d}z\mathrm{d}x$，其中 S 是球面 $x^2+y^2+z^2=a^2$ 的外侧，$r = \sqrt{x^2+y^2+z^2}$.

解　由于曲面积分的被积函数是定义在曲面上的，故先将曲面方程代入，再利用高斯公式计算其曲面积分.

$$I=\frac{1}{a}\oint\!\!\!\!\oint_S x^2z\mathrm{d}x\mathrm{d}y+y^2x\mathrm{d}y\mathrm{d}z+z^2y\mathrm{d}z\mathrm{d}x$$

$$=\frac{1}{a}\iiint_V(x^2+y^2+z^2)\mathrm{d}V$$

$$=\frac{1}{a}\int_0^{2\pi}\mathrm{d}\theta\int_0^{\pi}\mathrm{d}\varphi\int_0^a r^2\cdot r^2\sin\varphi\mathrm{d}r$$

$$=\frac{2\pi}{a}\int_0^{\pi}\sin\varphi\mathrm{d}\varphi\int_0^a r^4\mathrm{d}r=\frac{4}{5}\pi a^4.$$

例 5　计算 $I=\iint_S x^2\mathrm{d}y\mathrm{d}z+y^2\mathrm{d}z\mathrm{d}x+z^2\mathrm{d}x\mathrm{d}y$，其中 S 为锥面 $x^2+y^2=z^2$ 介于 $z=0$ 和 $z=h(h>0)$ 之间部分的下侧.

解　如图 9-49 所示，设 S_1 是锥体的底面，即 $S_1: z=h(x^2+y^2\leqslant h^2)$，则

$$I=\oint\!\!\!\!\oint_{S+S_1^+}-\iint_{S_1^+}x^2\mathrm{d}y\mathrm{d}z+y^2\mathrm{d}z\mathrm{d}x+z^2\mathrm{d}x\mathrm{d}y$$

$$=\iiint_V(2x+2y+2z)\mathrm{d}V-\iint_{S_1^+}z^2\mathrm{d}x\mathrm{d}y=\iiint_V 2z\mathrm{d}V-\iint_{D_{xy}}h^2\mathrm{d}x\mathrm{d}y$$

$$=\int_0^h 2z\mathrm{d}z\iint_{D_z}\mathrm{d}x\mathrm{d}y-h^2\cdot\pi h^2=\int_0^h 2z\cdot\pi z^2\mathrm{d}z-\pi h^4=-\frac{1}{2}\pi h^4.$$

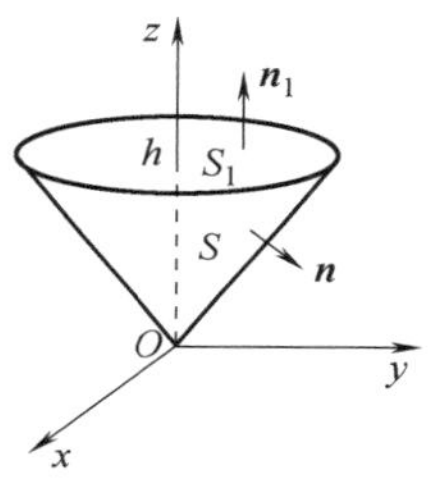

图　9-49

例 6　计算 $I=\iint_S\frac{ax\mathrm{d}y\mathrm{d}z+(z+a)^2\mathrm{d}x\mathrm{d}y}{\sqrt{x^2+y^2+z^2}}$，其中 $a>0$，S 为下半球面 $z=-\sqrt{a^2-x^2-y^2}$ 的上侧.

解　如图 9-50 所示，设平面 S_1，则

$$I=\frac{1}{a}\iint_S ax\mathrm{d}y\mathrm{d}z+(z+a)^2\mathrm{d}x\mathrm{d}y$$

$$=\frac{1}{a}\left[\oint\!\!\!\!\oint_{S+S_1^-}-\iint_{S_1^-}ax\mathrm{d}y\mathrm{d}z+(z+a)^2\mathrm{d}x\mathrm{d}y\right]$$

$$=\frac{1}{a}\left[-\iiint_V(a+2(z+a))\mathrm{d}V+\iint_{S_1^+}(z+a)^2\mathrm{d}x\mathrm{d}y\right]$$

$$=\frac{-1}{a}\iiint_V 3a\mathrm{d}V-\frac{2}{a}\iiint_V z\mathrm{d}V+\frac{1}{a}\iint_{D_{xy}}a^2\mathrm{d}x\mathrm{d}y$$

$$=-3\cdot\frac{2}{3}\pi a^3-\frac{2}{a}\int_{-a}^0 z\mathrm{d}z\iint_{D_z}\mathrm{d}x\mathrm{d}y-a\cdot\pi a^2$$

$$=-\pi a^3-\frac{2}{a}\int_{-a}^0 z\pi(a^2-z^2)\mathrm{d}z=-\frac{1}{2}\pi a^3.$$

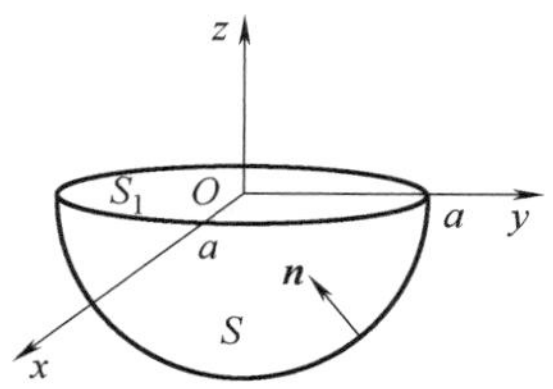

图　9-50

例 7　设函数 $u(x,y,z)$ 和 $v(x,y,z)$ 在空间有界闭区域 V 上有二阶连续偏导数，S 是 V 的边界曲面的外侧，证明：

$$\iiint_V u\Delta v\mathrm{d}x\mathrm{d}y\mathrm{d}z=\oiint_S u\frac{\partial v}{\partial \boldsymbol{n}}\mathrm{d}S-\iiint_V\left(\frac{\partial u}{\partial x}\frac{\partial v}{\partial x}+\frac{\partial u}{\partial y}\frac{\partial v}{\partial y}+\frac{\partial u}{\partial z}\frac{\partial v}{\partial z}\right)\mathrm{d}x\mathrm{d}y\mathrm{d}z,$$

其中$\frac{\partial v}{\partial \boldsymbol{n}}$为函数 $v(x,y,z)$ 沿 S 的外法线方向的方向导数，符号 $\Delta=\frac{\partial^2}{\partial x^2}+\frac{\partial^2}{\partial y^2}+\frac{\partial^2}{\partial z^2}$ 称为拉普拉斯（Laplace）算子，这个公式叫作格林第一公式.

证　设 $\boldsymbol{n}=\{\cos\alpha,\cos\beta,\cos\gamma\}$，则

$$\begin{aligned}\oiint_S u\frac{\partial v}{\partial \boldsymbol{n}}\mathrm{d}S&=\oiint_S u\left(\frac{\partial v}{\partial x}\cos\alpha+\frac{\partial v}{\partial y}\cos\beta+\frac{\partial v}{\partial z}\cos\gamma\right)\mathrm{d}S\\&=\oiint_S u\frac{\partial v}{\partial x}\mathrm{d}y\mathrm{d}z+u\frac{\partial v}{\partial y}\mathrm{d}z\mathrm{d}x+u\frac{\partial v}{\partial z}\mathrm{d}x\mathrm{d}y\quad(\text{利用高斯公式})\\&=\iiint_V\left[\frac{\partial}{\partial x}\left(u\frac{\partial v}{\partial x}\right)+\frac{\partial}{\partial y}\left(u\frac{\partial v}{\partial y}\right)+\frac{\partial}{\partial z}\left(u\frac{\partial v}{\partial z}\right)\right]\mathrm{d}x\mathrm{d}y\mathrm{d}z\\&=\iiint_V\left(\frac{\partial u}{\partial x}\frac{\partial v}{\partial x}+u\frac{\partial^2 v}{\partial x^2}+\frac{\partial u}{\partial y}\frac{\partial v}{\partial y}+u\frac{\partial^2 v}{\partial y^2}+\frac{\partial u}{\partial z}\frac{\partial v}{\partial z}+\right.\\&\qquad\left.u\frac{\partial^2 v}{\partial z^2}\right)\mathrm{d}x\mathrm{d}y\mathrm{d}z\\&=\iiint_V u\Delta v\mathrm{d}x\mathrm{d}y\mathrm{d}z+\iiint_V\left(\frac{\partial u}{\partial x}\frac{\partial v}{\partial x}+\frac{\partial u}{\partial y}\frac{\partial v}{\partial y}+\frac{\partial u}{\partial z}\frac{\partial v}{\partial z}\right)\mathrm{d}x\mathrm{d}y\mathrm{d}z,\end{aligned}$$

移项即得所要证的等式.

二、曲面积分与曲面无关的条件

设 V 是一空间区域，L 是 V 内任一简单闭曲线，若对于任意位于 V 内且以 L 为边界曲线的曲面 S_1，S_2（见图 9-51），都有

$$\iint_{S_1^+}X\mathrm{d}y\mathrm{d}z+Y\mathrm{d}z\mathrm{d}x+Z\mathrm{d}x\mathrm{d}y=\iint_{S_2^+}X\mathrm{d}y\mathrm{d}z+Y\mathrm{d}z\mathrm{d}x+Z\mathrm{d}x\mathrm{d}y,$$

则称在 V 内曲面积分$\iint_S X\mathrm{d}y\mathrm{d}z+Y\mathrm{d}z\mathrm{d}x+Z\mathrm{d}x\mathrm{d}y$ 与曲面无关（只与边界曲线有关），并且我们可以得出如下结论.

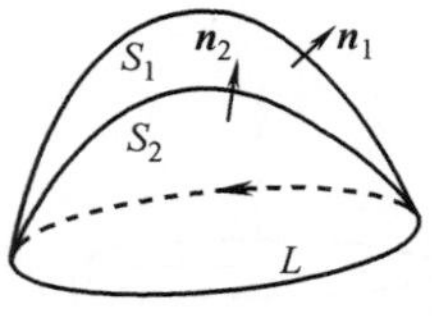

图　9-51

定理 2　**设 V 是空间单连通区域，函数 X,Y,Z 在 V 内有一阶连续偏导数，则下列结论是等价的：**

（1）**在 V 内曲面积分**$\iint_S X\mathrm{d}y\mathrm{d}z+Y\mathrm{d}z\mathrm{d}x+Z\mathrm{d}x\mathrm{d}y$ **与曲面无关；**

（2）**沿 V 内任意闭曲面 S，都有**$\oiint_S X\mathrm{d}y\mathrm{d}z+Y\mathrm{d}z\mathrm{d}x+Z\mathrm{d}x\mathrm{d}y=0$**；**

（3）**在 V 内恒有**$\frac{\partial X}{\partial x}+\frac{\partial Y}{\partial y}+\frac{\partial Z}{\partial z}=0$.

证　先证(1)(2)等价.

当(1)成立. 设 S 是 V 内任意闭曲面(见图 9-52),在 S 上取一简单闭曲线 L,它将 S 分成两片 S_1 和 S_2,由假设,有

$$\iint_{S_1^+} X\mathrm{d}y\mathrm{d}z+Y\mathrm{d}z\mathrm{d}x+Z\mathrm{d}x\mathrm{d}y=\iint_{S_2^+} X\mathrm{d}y\mathrm{d}z+Y\mathrm{d}z\mathrm{d}x+Z\mathrm{d}x\mathrm{d}y,$$

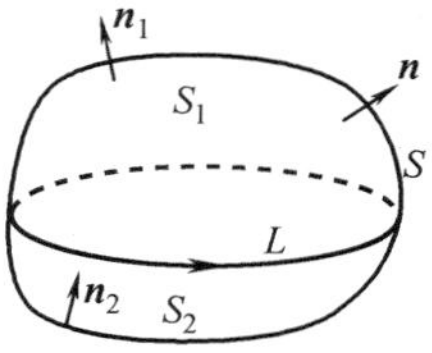

图　9-52

而 $S^+=S_1^++S_2^-$ 故可以得到有 $\oiint_S X\mathrm{d}y\mathrm{d}z+Y\mathrm{d}z\mathrm{d}x+Z\mathrm{d}x\mathrm{d}y=0$,即(2)成立.

将上面证明倒推便可由(2)成立得到(1)也成立,故(1)与(2)等价.

再证(2)与(3)等价.

若(3)成立,对任意闭曲面 S,设其所围区域为 V_1,由高斯公式得

$$\oiint_S X\mathrm{d}y\mathrm{d}z+Y\mathrm{d}z\mathrm{d}x+Z\mathrm{d}x\mathrm{d}y=\iiint_{V_1}\left(\frac{\partial X}{\partial x}+\frac{\partial Y}{\partial y}+\frac{\partial Z}{\partial z}\right)\mathrm{d}V=0,$$

即(2)成立.

若(2)成立,但(3)不成立,即在 V 内存在点 P_0,使

$$\left(\frac{\partial X}{\partial x}+\frac{\partial Y}{\partial y}+\frac{\partial Z}{\partial z}\right)\bigg|_{P_0}=a\neq 0,$$

不妨设 $a>0$,由于 $\frac{\partial X}{\partial x}+\frac{\partial Y}{\partial y}+\frac{\partial Z}{\partial z}$ 在 V 内连续,故存在 P_0 的 δ 邻域 $V_2\in V$,使在 V_2 上有 $\frac{\partial X}{\partial x}+\frac{\partial Y}{\partial y}+\frac{\partial Z}{\partial z}\geqslant\frac{a}{2}$,设 S 是 V_2 的边界曲面,则

$$\begin{aligned}&\oiint_S X\mathrm{d}y\mathrm{d}z+Y\mathrm{d}z\mathrm{d}x+Z\mathrm{d}x\mathrm{d}y\\&=\iiint_{V_2}\left(\frac{\partial X}{\partial x}+\frac{\partial Y}{\partial y}+\frac{\partial Z}{\partial z}\right)\mathrm{d}V\geqslant\iiint_{V_2}\frac{a}{2}\mathrm{d}V>0,\end{aligned}$$

与假设矛盾,故应有(3)成立.

从而定理得到证明.

例 8　计算 $I=\iint_S yz\sqrt{x^2+y^2+z^2}\mathrm{d}y\mathrm{d}z+xz\sqrt{x^2+y^2+z^2}\mathrm{d}z\mathrm{d}x+(x^2y^2-2xy\sqrt{x^2+y^2+z^2})\mathrm{d}x\mathrm{d}y$,其中 S 是曲面 $z=2(1-x^2-y^2)(z\geqslant 0)$ 的上侧.

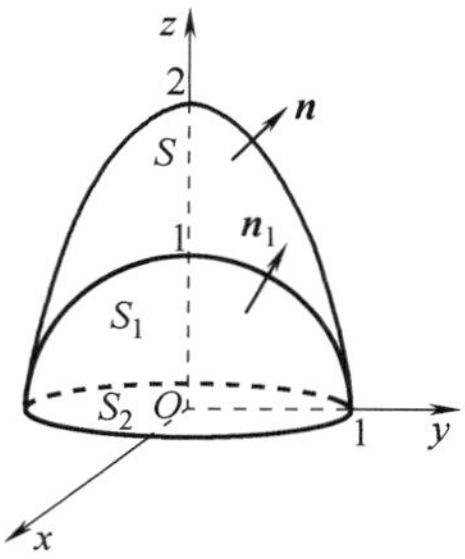

图　9-53

解　$$\frac{\partial X}{\partial x}+\frac{\partial Y}{\partial y}+\frac{\partial Z}{\partial z}=\frac{xyz}{\sqrt{x^2+y^2+z^2}}+\frac{xyz}{\sqrt{x^2+y^2+z^2}}-\frac{2xyz}{\sqrt{x^2+y^2+z^2}}=0,$$

故在不包含原点的单连通域内,曲面积分与曲面无关,如图 9-53 所

示，取 $S_1: x^2+y^2+z^2=1(z\geqslant 0)$，则 S 与 S_1 的边界曲线都为 L：$\begin{cases}x^2+y^2=1,\\ z=0,\end{cases}$ 设 L 所围平面为 S_2，则有

$$\begin{aligned}I &= \iint\limits_{S_1^+} yz\sqrt{x^2+y^2+z^2}\,\mathrm{d}y\mathrm{d}z + xz\sqrt{x^2+y^2+z^2}\,\mathrm{d}z\mathrm{d}x + \\ &\quad (x^2y^2-2xy\sqrt{x^2+y^2+z^2})\,\mathrm{d}x\mathrm{d}y \\ &= \iint\limits_{S_1^+} yz\,\mathrm{d}y\mathrm{d}z + xz\,\mathrm{d}z\mathrm{d}x + (x^2y^2-2xy)\,\mathrm{d}x\mathrm{d}y,\end{aligned}$$

又因为 $\dfrac{\partial(yz)}{\partial x}+\dfrac{\partial(xz)}{\partial y}+\dfrac{\partial(x^2y^2-2xy)}{\partial z}=0$，故有

$$\begin{aligned}I &= \iint\limits_{S_2^+} yz\,\mathrm{d}y\mathrm{d}z + xz\,\mathrm{d}z\mathrm{d}x + (x^2y^2-2xy)\,\mathrm{d}x\mathrm{d}y \\ &= \iint\limits_{S_2^+} (x^2y^2-2xy)\,\mathrm{d}x\mathrm{d}y \\ &= \iint\limits_{D_{xy}} (x^2y^2-2xy)\,\mathrm{d}x\mathrm{d}y = \iint\limits_{D_{xy}} x^2y^2\,\mathrm{d}x\mathrm{d}y \\ &= \int_0^{2\pi}\mathrm{d}\theta\int_0^1 \rho^4\sin^2\theta\cos^2\theta\rho\,\mathrm{d}\rho = \frac{\pi}{24}.\end{aligned}$$

三、向量场的通量与散度

1. 向量场的通量

我们已经知道，对稳定的不可压缩的流体，如果流速为 $\boldsymbol{v}(x,y,z)$，S 为流速场中的曲面，则流体流向曲面指定一侧的流量为

$$Q=\iint\limits_S \boldsymbol{v}\cdot\mathrm{d}\boldsymbol{S}.$$

这种形式的曲面积分在其他向量场中也常会碰到.

例如，在电位移向量为 $\boldsymbol{D}$ 的电场中，穿过曲面 S 的电通量为

$$\Phi_e=\iint\limits_S \boldsymbol{D}\cdot\mathrm{d}\boldsymbol{S}.$$

又如，在磁感应强度为 $\boldsymbol{B}$ 的磁场中，穿过曲面 S 的磁通量为

$$\Phi=\iint\limits_S \boldsymbol{B}\cdot\mathrm{d}\boldsymbol{S}.$$

由此可见，这种形式的曲面积分对研究向量场是十分重要的. 为此引入下面的定义.

定义 1 设向量场 $\boldsymbol{A}=\{X(x,y,z),Y(x,y,z),Z(x,y,z)\}$，$S$ 为向量场中的曲面，称

$$\Phi=\iint_S \boldsymbol{A}\cdot \mathrm{d}\boldsymbol{S}=\iint_S X\mathrm{d}y\mathrm{d}z+Y\mathrm{d}z\mathrm{d}x+Z\mathrm{d}x\mathrm{d}y$$

为向量场 $\boldsymbol{A}$ 穿过曲面 S 指定一侧的通量.

如果 S 是闭曲面,则 $\boldsymbol{A}$ 穿过曲面 S 外侧的通量为

$$\Phi=\oiint_{S^+}\boldsymbol{A}\cdot \mathrm{d}\boldsymbol{S}.$$

在实际问题中,此通量为正、为负或为零都有一定的物理意义.

例如,对于流速场 $\boldsymbol{v}$,通量即流量

$$Q=\oiint_{S^+}\boldsymbol{v}\cdot \mathrm{d}\boldsymbol{S}$$

是流出曲面 S 的流体量与流入 S 的流体量之差. 当 $Q>0$ 时,则表示流出 S 的量多于流入 S 的量,这表明在 S 内部有产生流体的"源",它不断散发出流体. 当 $Q<0$ 时,则表示流出 S 的量少于流入 S 的量,这表明在 S 内部有漏掉流体的"汇",它不断吸收流体. 当 $Q=0$,则表示流出 S 的量与流入 S 的量相等,这时 S 内部可能既没有"源"又没有"汇",也可能既有"源"又有"汇",但"源"所散发出的流体与"汇"吸入的流体达到平衡. 由此可见,流量 $Q=\oiint_{S^+}\boldsymbol{v}\cdot \mathrm{d}\boldsymbol{S}$ 就是流速场 $\boldsymbol{v}$ 在 S 所包围的空间区域 V 内的总散发量.

对其他通量,有类似的意义.

例 9 在电荷量为 g 的点电荷所产生的电场中,任意一点 M 处的电位移矢量为

$$\boldsymbol{D}=\varepsilon\boldsymbol{E}=\frac{q}{4\pi r^2}\boldsymbol{r}^0 \quad (\boldsymbol{E}\text{ 是电场强度}),$$

其中 r 是点电荷所在处 P 到点 M 的距离,$\boldsymbol{r}^0=\overrightarrow{PM}^0$,设 S 是以 P 为中心,R 为半径的球面,求 $\boldsymbol{D}$ 穿过球面 S 外侧的电通量.

解 由于 $\boldsymbol{r}^0$ 的方向与球面的外法向 $\boldsymbol{n}$ 的方向一致,又在 S 上有 $r=R$,所以 $\boldsymbol{D}$ 穿过球面 S 的电通量为

$$\begin{aligned}\Phi_e&=\oiint_{S^+}\boldsymbol{D}\cdot \mathrm{d}\boldsymbol{S}=\oiint_{S^+}\frac{q}{4\pi r^2}\boldsymbol{r}^0\cdot \mathrm{d}\boldsymbol{S}=\oiint_S \frac{q}{4\pi R^2}\boldsymbol{r}^0\cdot \boldsymbol{n}\mathrm{d}S\\&=\oiint_S \frac{q}{4\pi R^2}\mathrm{d}S=\frac{q}{4\pi R^2}\oiint_S \mathrm{d}S=\frac{q}{4\pi R^2}4\pi R^2=q.\end{aligned}$$

由此可见,当 q 为正电荷时,$\Phi_e>0$,表明 S 内有"源",电力线由此发射出去,当 q 为负电荷时,$\Phi_e<0$,表明 S 内有"汇",电力线在此被吸收.

2. 向量场的散度

下面我们要考虑区域 V 内各点处 $\boldsymbol{A}$ 的发散强度.

设 $M(x,y,z)$ 是 V 内一点,ΔS 是位于 V 内且包含点 M 的闭曲面,ΔS 所围区域为 ΔV,则

$$\frac{\displaystyle\oint\!\!\!\!\oint_{\Delta S^+}\boldsymbol{A}\cdot\mathrm{d}\boldsymbol{S}}{\Delta V}$$

表示 ΔV 内单位体积中 $\boldsymbol{A}$ 的发散量. 显然,ΔV 的直径越小,上式越接近 $\boldsymbol{A}$ 在点 M 处的发散量,当 ΔV 收缩成为点 M 时,上式的极限就刻画了 $\boldsymbol{A}$ 在点 M 处的发散强度. 当 $\boldsymbol{A}=\{X,Y,Z\}$ 在 V 上有连续偏导数时,利用高斯公式及三重积分中值定理,得

$$\begin{aligned}\lim_{\Delta V\to M}\frac{\displaystyle\oint\!\!\!\!\oint_{\Delta S^+}\boldsymbol{A}\cdot\mathrm{d}\boldsymbol{S}}{\Delta V}&=\lim_{\Delta V\to M}\frac{\displaystyle\iiint_{\Delta V}\left(\frac{\partial X}{\partial x}+\frac{\partial Y}{\partial y}+\frac{\partial Z}{\partial z}\right)\mathrm{d}V}{\Delta V}\\&=\lim_{\Delta V\to M}\frac{\left(\frac{\partial X}{\partial x}+\frac{\partial Y}{\partial y}+\frac{\partial Z}{\partial z}\right)\Big|_{(\xi,\eta,\zeta)}\Delta V}{\Delta V}\quad((\xi,\eta,\zeta)\in\Delta V)\\&=\left(\frac{\partial X}{\partial x}+\frac{\partial Y}{\partial y}+\frac{\partial Z}{\partial z}\right)\Big|_M.\end{aligned}$$

由此有如下定义.

定义 2　若极限 $\displaystyle\lim_{\Delta V\to M}\frac{\oint\!\!\!\!\oint_{\Delta S^+}\boldsymbol{A}\cdot\mathrm{d}\boldsymbol{S}}{\Delta V}$ **存在,则此极限称为向量场 $\boldsymbol{A}$ 在点 $M(x,y,z)$ 处的散度,记作** $\mathrm{div}\boldsymbol{A}$**,即** $\displaystyle\mathrm{div}\boldsymbol{A}=\lim_{\Delta V\to M}\frac{\oint\!\!\!\!\oint_{\Delta S^+}\boldsymbol{A}\cdot\mathrm{d}\boldsymbol{S}}{\Delta V}$**,当 $\boldsymbol{A}=\{X,Y,Z\}$ 有连续偏导数时,则**

$$\mathrm{div}\boldsymbol{A}=\frac{\partial X}{\partial x}+\frac{\partial Y}{\partial y}+\frac{\partial Z}{\partial z}.$$

散度 $\mathrm{div}\boldsymbol{A}$ 是一数量,它刻画了向量场 $\boldsymbol{A}$ 在点 $M(x,y,z)$ 处的发散强度. 由以上讨论可知,当 $\mathrm{div}\boldsymbol{A}>0$,则表示点 M 是发散通量的"源";当 $\mathrm{div}\boldsymbol{A}<0$,则表示点 M 是吸收通量的"汇";当 $\mathrm{div}\boldsymbol{A}=0$ 时,则表示点 M 既非"源"也非"汇".

根据散度定义,高斯公式可以表示成

$$\oint\!\!\!\!\oint_{S^+}\boldsymbol{A}\cdot\mathrm{d}\boldsymbol{S}=\iiint_V\mathrm{div}\boldsymbol{A}\mathrm{d}V.$$

例 10　在点电荷 q 产生的静电场中,求电位移向量 $\boldsymbol{D}$ 的散度.

解　不妨取点电荷 q 所在位置为原点,则根据例 9,

$$\boldsymbol{D}=\frac{q}{4\pi r^2}\boldsymbol{r}^0=\frac{q}{4\pi r^2}\left\{\frac{x}{r},\frac{y}{r},\frac{z}{r}\right\}=\frac{q}{4\pi r^3}\{x,y,z\},$$

其中 $r=\sqrt{x^2+y^2+z^2}$，当 (x,y,z) 不是原点时，

$$X=\frac{qx}{4\pi r^3},Y=\frac{qy}{4\pi r^3},Z=\frac{qz}{4\pi r^3},$$

$$\frac{\partial X}{\partial x}=\frac{q}{4\pi}\left(\frac{1}{r^3}+\frac{-3x}{r^4}\frac{\partial r}{\partial x}\right)=\frac{q}{4\pi}\left(\frac{1}{r^3}+\frac{-3x}{r^4}\frac{x}{r}\right)=\frac{q}{4\pi}\frac{r^2-3x^2}{r^5}.$$

同样可得

$$\frac{\partial Y}{\partial y}=\frac{q}{4\pi}\cdot\frac{r^2-3y^2}{r^5},\frac{\partial Z}{\partial z}=\frac{q}{4\pi}\cdot\frac{r^2-3z^2}{r^5},$$

于是

$$\begin{aligned}\mathrm{div}\boldsymbol{A}&=\frac{\partial X}{\partial x}+\frac{\partial Y}{\partial y}+\frac{\partial Z}{\partial z}\\&=\frac{q}{4\pi}\frac{3r^2-3(x^2+y^2+z^2)}{r^5}=\frac{q}{4\pi}\frac{3r^2-3r^2}{r^5}=0.\end{aligned}$$

这表明点 (x,y,z) 既非“源”也非“汇”，而在原点 $O(0,0,0)$，根据例 9 及高斯公式，对于任何包围原点的闭曲面 S，都有

$$\Phi_e=\oiint_{S^+}\boldsymbol{D}\cdot\mathrm{d}\boldsymbol{S}=q,$$

因而当 $q>0$ 时，原点是“源”，当 $q<0$ 时，原点是“汇”.

习题 9-6

1. 利用高斯公式计算下列第二类曲面积分.

(1) $\oiint_S 3xy\mathrm{d}y\mathrm{d}z+y^2\mathrm{d}z\mathrm{d}x-x^2y^4\mathrm{d}x\mathrm{d}y$，其中 S 是以点 $(0,0,0)$，$(1,0,0)$，$(0,1,0)$，$(0,0,1)$ 为顶点的四面体表面的外侧；

(2) $\oiint_S yz\mathrm{d}y\mathrm{d}z+y^2\mathrm{d}z\mathrm{d}x+x^2y\mathrm{d}x\mathrm{d}y$，其中 S 是柱面 $x^2+y^2=9$ 与平面 $z=0$ 和 $z=y-3$ 所围成区域的边界曲面的外侧；

(3) $\oiint_S 2xz\mathrm{d}y\mathrm{d}z+yz\mathrm{d}z\mathrm{d}x-z^2\mathrm{d}x\mathrm{d}y$，其中 S 是由锥面 $z=\sqrt{x^2+y^2}$ 与半球面 $z=\sqrt{2-x^2-y^2}$ 所围成区域边界曲面的外侧；

(4) $\oiint_S z^2\mathrm{d}y\mathrm{d}z$，其中 S 是椭球面 $\frac{x^2}{a^2}+\frac{y^2}{b^2}+\frac{z^2}{c^2}=1$ 的外侧；

(5) $\iint_S(x^2-yz)\mathrm{d}y\mathrm{d}z+(y^2-zx)\mathrm{d}z\mathrm{d}x+2z\mathrm{d}x\mathrm{d}y$，其中 S 为锥面 $z=1-\sqrt{x^2+y^2}$ 被平面 $z=0$ 所截得的有限部分的上侧；

(6) $\iint_S x^3\mathrm{d}y\mathrm{d}z+2xz^2\mathrm{d}z\mathrm{d}x+3y^2z\mathrm{d}x\mathrm{d}y$，其中 S 是抛物面 $z=4-x^2-y^2$ 被平面 $z=0$ 所截得的有限部分的下侧；

(7) $\iint_S 2(1-x^2)\mathrm{d}y\mathrm{d}z+8xy\mathrm{d}z\mathrm{d}x-4xz\mathrm{d}x\mathrm{d}y$，其中 S 是 xOy 面上曲线 $x=\mathrm{e}^y\,(0\leqslant y\leqslant a)$ 绕 x 轴旋转所成旋转曲面的凸的一侧；

(8) $\iint_S\boldsymbol{A}\cdot\mathrm{d}\boldsymbol{S}$，其中 $\boldsymbol{A}=\frac{x\boldsymbol{i}+y\boldsymbol{j}+z\boldsymbol{k}}{\sqrt{x^2+y^2+z^2}}$，$S$ 是半球面 $x^2+y^2+z^2=R^2\,(z\geqslant0)$ 的下侧；

(9) $\iint_S xy\sqrt{1-x^2}\mathrm{d}y\mathrm{d}z+\mathrm{e}^x\sin y\mathrm{d}x\mathrm{d}y$，其中 S 为柱面 $x^2+z^2=1\,(0\leqslant y\leqslant2)$ 的外侧.

2. 求流速为 $\boldsymbol{v}$ 的流体穿过曲面 S 外侧的流量，其中：

(1) $\boldsymbol{v}=x^3\boldsymbol{i}+y^3\boldsymbol{j}+z^3\boldsymbol{k}$，$S$：$x^2+y^2+z^2=a^2$；

(2) $\boldsymbol{v}=\{x(y-z),y(z-x),z(x-y)\}$，$S$：$\frac{x^2}{a^2}+$

$$\frac{y^2}{b^2}+\frac{z^2}{c^2}=1.$$

3. 求下列向量场 $\boldsymbol{A}$ 的散度.

(1) $\boldsymbol{A}=(x^2+yz)\boldsymbol{i}+(y^2+xz)\boldsymbol{j}+(z^2+xy)\boldsymbol{k}$;

(2) $\boldsymbol{A}=\mathrm{e}^{xy}\boldsymbol{i}+\cos(xy)\boldsymbol{j}+\cos(xz^2)\boldsymbol{k}$.

第七节　斯托克斯公式与旋度

一、斯托克斯公式

下面的定理将揭示空间闭曲线 L 上的第二类曲线积分与以 L 为边界的曲面 S 上的第二类曲面积分之间的关系.

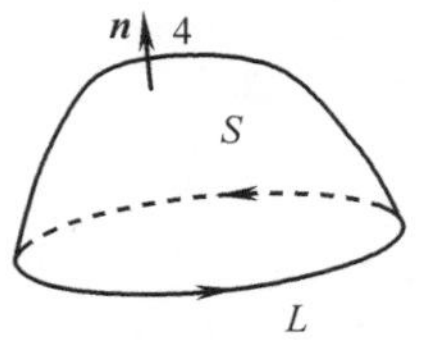

图　9-54

定理 1　**设函数 $X(x,y,z),Y(x,y,z),Z(x,y,z)$ 在空间区域 V 上有一阶连续偏导数,L 是 V 内的闭曲线,S 是位于 V 内以 L 为边界的曲面,则有**

$$\begin{aligned}&\oint_L X\mathrm{d}x+Y\mathrm{d}y+Z\mathrm{d}z\\=&\iint_S\left(\frac{\partial Z}{\partial y}-\frac{\partial Y}{\partial z}\right)\mathrm{d}y\mathrm{d}z+\left(\frac{\partial X}{\partial z}-\frac{\partial Z}{\partial x}\right)\mathrm{d}z\mathrm{d}x+\left(\frac{\partial Y}{\partial x}-\frac{\partial X}{\partial y}\right)\mathrm{d}x\mathrm{d}y,\end{aligned}\tag{1}$$

其中曲线 L 的方向与曲面 S 的侧符合右手法则,即如图 9-54 所示,当右手拇指指向曲面 S 选定的那一侧时,其余四指并拢弯曲的方向便是曲线 L 的方向,此式称为斯托克斯公式.

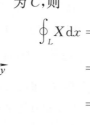

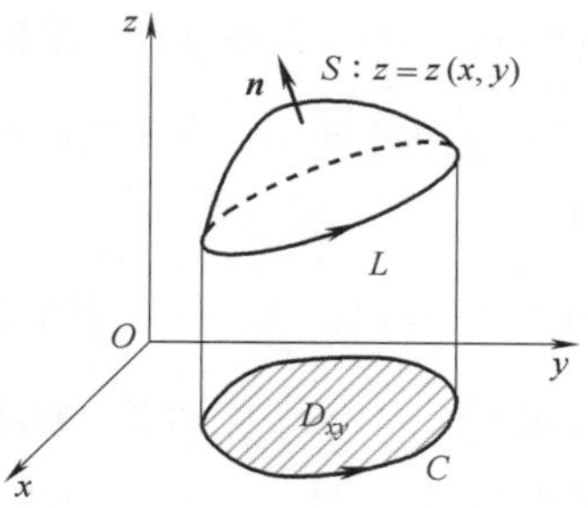

图　9-55

证　当 S 为如图 9-55 所示曲面时,不妨设曲面积分在 S^+ 一侧,设 S: $z=z(x,y)$, S 在 xOy 面上的投影区域为 D_{xy}, D_{xy} 的边界曲线为 C,则

$$\begin{aligned}\oint_L X\mathrm{d}x&=\oint_L X(x,y,z(x,y))\mathrm{d}x\\&=\oint_C X(x,y,z(x,y))\mathrm{d}x\\&=-\iint_{D_{xy}}\frac{\partial X(x,y,z(x,y))}{\partial y}\mathrm{d}x\mathrm{d}y\quad（根据格林公式）,\end{aligned}$$

又根据第二类曲面积分的统一计算法,有

$$\begin{aligned}\iint_S\frac{\partial X}{\partial z}\mathrm{d}z\mathrm{d}x-\frac{\partial X}{\partial y}\mathrm{d}x\mathrm{d}y&=\iint_S\left[\frac{\partial X}{\partial z}\left(-\frac{\partial z}{\partial y}\right)-\frac{\partial X}{\partial y}\right]\mathrm{d}x\mathrm{d}y\\&=-\iint_S\frac{\partial}{\partial y}X(x,y,z(x,y))\mathrm{d}x\mathrm{d}y\\&=-\iint_{D_{xy}}\frac{\partial X(x,y,z(x,y))}{\partial y}\mathrm{d}x\mathrm{d}y,\end{aligned}$$

故
$$\oint_L X\mathrm{d}x=\iint_S\frac{\partial X}{\partial z}\mathrm{d}z\mathrm{d}x-\frac{\partial X}{\partial y}\mathrm{d}x\mathrm{d}y,$$

类似地，有

$$\oint_L Y\mathrm{d}y=\iint_S \frac{\partial Y}{\partial x}\mathrm{d}x\mathrm{d}y-\frac{\partial Y}{\partial z}\mathrm{d}y\mathrm{d}z,$$

$$\oint_L Z\mathrm{d}z=\iint_S \frac{\partial Z}{\partial y}\mathrm{d}y\mathrm{d}z-\frac{\partial Z}{\partial x}\mathrm{d}z\mathrm{d}x,$$

三式相加即得所要证的公式(1).

对一般的曲面 S，可以将其分成几块，使每块都为上面所假设的曲面，然后利用对积分区域的可加性便可以证明公式(1).

当 S 是 xOy 面上的平面区域时，斯托克斯公式就是格林公式，因此斯托克斯公式是格林公式的推广.

为便于记忆，可以借助行列式记号将斯托克斯公式写成

$$\oint_L X\mathrm{d}x+Y\mathrm{d}y+Z\mathrm{d}z=\iint_S\begin{vmatrix}\mathrm{d}y\mathrm{d}z & \mathrm{d}z\mathrm{d}x & \mathrm{d}x\mathrm{d}y\\ \frac{\partial}{\partial x} & \frac{\partial}{\partial y} & \frac{\partial}{\partial z}\\ X & Y & Z\end{vmatrix}. \tag{2}$$

若 $\boldsymbol{n}=\{\cos\alpha,\cos\beta,\cos\gamma\}$ 是曲面 S 指定一侧的单位法向量，则利用两类曲面积分的关系，又可将斯托克斯公式写成

$$\oint_L X\mathrm{d}x+Y\mathrm{d}y+Z\mathrm{d}z=\iint_S\begin{vmatrix}\cos\alpha & \cos\beta & \cos\gamma\\ \frac{\partial}{\partial x} & \frac{\partial}{\partial y} & \frac{\partial}{\partial z}\\ X & Y & Z\end{vmatrix}\mathrm{d}S. \tag{3}$$

例 1　计算曲线积分 $I=\oint_L z\mathrm{d}x+x\mathrm{d}y+y\mathrm{d}z$，$L$ 为折线 $\overline{ABCA}$，其中 $A(1,0,0)$，$B(0,1,0)$，$C(0,0,1)$，如图 9-56 所示.

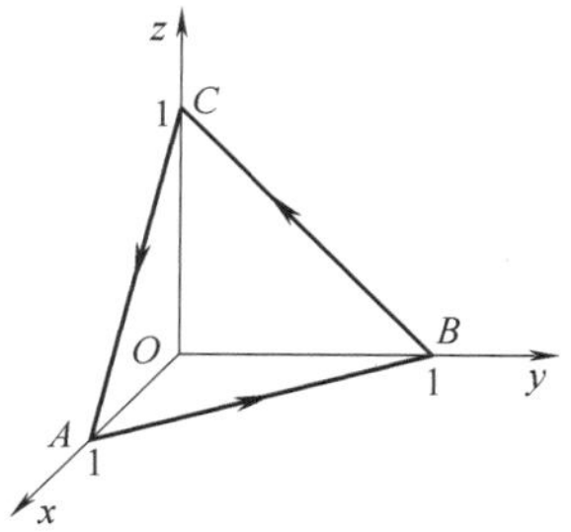

图　9-56

解　设 S 是以 L 为边界的平面，利用斯托克斯公式，得

$$I=\iint_{S^+}\begin{vmatrix}\mathrm{d}y\mathrm{d}z & \mathrm{d}z\mathrm{d}x & \mathrm{d}x\mathrm{d}y\\ \frac{\partial}{\partial x} & \frac{\partial}{\partial y} & \frac{\partial}{\partial z}\\ z & x & y\end{vmatrix}$$

$$=\iint_{S^+}\mathrm{d}y\mathrm{d}z+\mathrm{d}z\mathrm{d}x+\mathrm{d}x\mathrm{d}y$$

$$=3\iint_{S^+}\mathrm{d}x\mathrm{d}y=3\iint_{D_{xy}}\mathrm{d}x\mathrm{d}y=3\times\frac{1}{2}=\frac{3}{2}.$$

例 2　计算 $I=\oint_L z^2\mathrm{d}x+xy\mathrm{d}y+yz\mathrm{d}z$，其中 L 是上半球面 $z=\sqrt{a^2-x^2-y^2}$ 与柱面 $x^2+y^2=ay$ 的交线，从 z 轴正向往负向看去，L 是顺时针方向，如图 9-57 所示.

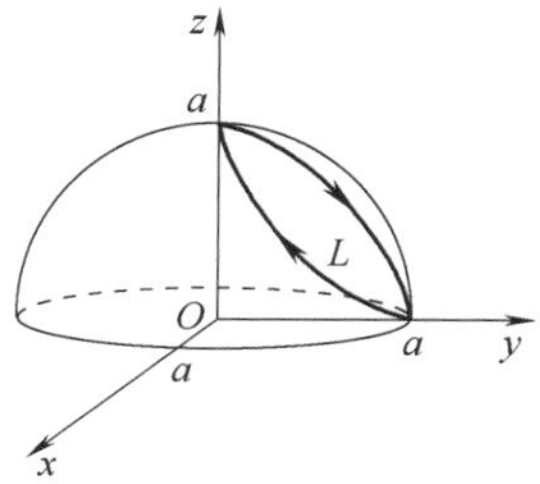

图　9-57

解　设 L 所围球面部分为 S，由斯托克斯公式，得

$$I = \iint_{S^-} \begin{vmatrix} \mathrm{d}y\mathrm{d}z & \mathrm{d}z\mathrm{d}x & \mathrm{d}x\mathrm{d}y \\ \dfrac{\partial}{\partial x} & \dfrac{\partial}{\partial y} & \dfrac{\partial}{\partial z} \\ z^2 & xy & yz \end{vmatrix}$$

$$= \iint_{S^-} z\mathrm{d}y\mathrm{d}z + 2z\mathrm{d}z\mathrm{d}x + y\mathrm{d}x\mathrm{d}y,$$

利用第二类曲面积分的统一计算法计算此曲面积分，由

$x^2+y^2+z^2=a^2$，得$\dfrac{\partial z}{\partial x}=-\dfrac{x}{z}$，$\dfrac{\partial z}{\partial y}=-\dfrac{y}{z}$，

$$I = -\iint_{S^+}\left(z\cdot\frac{x}{z}+2z\cdot\frac{y}{z}+y\right)\mathrm{d}x\mathrm{d}y = -\iint_{S^+}(x+3y)\mathrm{d}x\mathrm{d}y$$

$$= -\iint_{D_{xy}}(x+3y)\mathrm{d}x\mathrm{d}y$$

$$= -\iint_{D_{xy}}3y\mathrm{d}x\mathrm{d}y = -3\int_0^{\pi}\mathrm{d}\theta\int_0^{a\sin\theta}\rho\sin\theta\rho\,\mathrm{d}\rho$$

$$= -a^3\int_0^{\pi}\sin^4\theta\mathrm{d}\theta = -\frac{3}{8}\pi a^3.$$

二、空间曲线积分与路径无关的条件

利用斯托克斯公式可以推出空间曲线积分与路径无关的条件.首先，类似于第三节的定理2，可以得出：在空间区域 V 内曲线积分 $\int_L X\mathrm{d}x+Y\mathrm{d}y+Z\mathrm{d}z$ 与路径无关的充分必要条件是沿 V 内任意闭曲线 L 都有 $\oint_L X\mathrm{d}x+Y\mathrm{d}y+Z\mathrm{d}z=0$. 另外，类似于第三节的定理3，可以推出下面的定理2.

定理2 **设 V 是一空间区域，函数 $X(x,y,z)$，$Y(x,y,z)$，$Z(x,y,z)$ 在 V 内有一阶连续偏导数，则在 V 内曲线积分 $\int_L X\mathrm{d}x+Y\mathrm{d}y+Z\mathrm{d}z$ 与路径无关的充分必要条件是在 V 内恒有**

$$\frac{\partial Z}{\partial y}=\frac{\partial Y}{\partial z},\frac{\partial X}{\partial z}=\frac{\partial Z}{\partial x},\frac{\partial Y}{\partial x}=\frac{\partial X}{\partial y}.$$

证 充分性. 假设在 V 内$\dfrac{\partial Z}{\partial y}\equiv\dfrac{\partial Y}{\partial z}$，$\dfrac{\partial X}{\partial z}\equiv\dfrac{\partial Z}{\partial x}$，$\dfrac{\partial Y}{\partial x}\equiv\dfrac{\partial X}{\partial y}$，则对 V 内任意闭曲线 L，设 S 是位于 V 内且以 L 为边界的曲面，利用斯托克斯公式，有

$$\oint_L X\mathrm{d}x+Y\mathrm{d}y+Z\mathrm{d}z$$

$$=\iint_S\left(\frac{\partial Z}{\partial y}-\frac{\partial Y}{\partial z}\right)\mathrm{d}y\mathrm{d}z+\left(\frac{\partial X}{\partial z}-\frac{\partial Z}{\partial x}\right)\mathrm{d}z\mathrm{d}x+\left(\frac{\partial Y}{\partial x}-\frac{\partial X}{\partial y}\right)\mathrm{d}x\mathrm{d}y=0,$$

故在 V 内曲线积分与路径无关.

必要性. 设在 V 内曲线积分与路径无关，若在 V 内存在点 $M_0(x_0,y_0,z_0)$，使得在 M_0 处有 $\frac{\partial Y}{\partial x}\neq\frac{\partial X}{\partial y}$，不妨设 $\left(\frac{\partial Y}{\partial x}-\frac{\partial X}{\partial y}\right)\Big|_{M_0}=a>0$，由于 $\frac{\partial Y}{\partial x}-\frac{\partial X}{\partial y}$ 在 V 内连续，故 $\exists N(M_0,\varepsilon)\in V$，使在 $N(M_0,\varepsilon)$ 内有 $\frac{\partial Y}{\partial x}-\frac{\partial X}{\partial y}>\frac{a}{2}$，设 S 是位于 $N(M_0,\varepsilon)$ 内的一个与 xOy 面平行的平面，L 是 S 的边界曲线，则由斯托克斯公式有

$$\oint_{L^+}X\mathrm{d}x+Y\mathrm{d}y+Z\mathrm{d}z=\iint_{S^+}\left(\frac{\partial Y}{\partial x}-\frac{\partial X}{\partial y}\right)\mathrm{d}x\mathrm{d}y$$

$$=\iint_{D_{xy}}\left(\frac{\partial Y}{\partial x}-\frac{\partial X}{\partial y}\right)\mathrm{d}x\mathrm{d}y>\frac{a}{2}\iint_{D_{xy}}\mathrm{d}x\mathrm{d}y>0,$$

另一方面，由于在 V 内曲线积分与路径无关，从而有

$$\oint_{L^+}X\mathrm{d}x+Y\mathrm{d}y+Z\mathrm{d}z=0,$$

矛盾，故在 V 内 $\frac{\partial Y}{\partial x}\equiv\frac{\partial X}{\partial y}$，同理可证 $\frac{\partial Z}{\partial y}\equiv\frac{\partial Y}{\partial z}$，$\frac{\partial X}{\partial z}\equiv\frac{\partial Z}{\partial x}$.

根据上面定理又可以得到 $X\mathrm{d}x+Y\mathrm{d}y+Z\mathrm{d}z$ 是某函数的全微分的条件.

定理 3　**设 V 是单连通区域，函数 X,Y,Z 在 V 内有一阶连续偏导数，则在 V 内 $X\mathrm{d}x+Y\mathrm{d}y+Z\mathrm{d}z$ 是某函数 $u(x,y,z)$ 的全微分的充分必要条件是在 V 内**

$$\frac{\partial Z}{\partial y}\equiv\frac{\partial Y}{\partial z},\frac{\partial X}{\partial z}\equiv\frac{\partial Z}{\partial x},\frac{\partial Y}{\partial x}\equiv\frac{\partial X}{\partial y}.$$

证　必要性. 设 $\mathrm{d}u(x,y,z)=X\mathrm{d}x+Y\mathrm{d}y+Z\mathrm{d}z$，则

$$\frac{\partial u}{\partial x}=X,\frac{\partial u}{\partial y}=Y,\frac{\partial u}{\partial z}=Z,$$

由于 $\frac{\partial Y}{\partial x}=\frac{\partial^2 u}{\partial y\partial x}$，$\frac{\partial X}{\partial y}=\frac{\partial^2 u}{\partial x\partial y}$，根据定理的条件，$\frac{\partial^2 u}{\partial x\partial y}$，$\frac{\partial^2 u}{\partial y\partial x}$ 在 V 内连续，故有

$$\frac{\partial^2 u}{\partial x\partial y}=\frac{\partial^2 u}{\partial y\partial x},\text{即}\frac{\partial Y}{\partial x}=\frac{\partial X}{\partial y},$$

同理得

$$\frac{\partial Z}{\partial y}=\frac{\partial Y}{\partial z},\frac{\partial X}{\partial z}=\frac{\partial Z}{\partial x}.$$

充分性. 在 V 内取一点 (x_0,y_0,z_0)，设 (x,y,z) 是 V 内任一点，令

$$u(x,y,z)=\int_{(x_0,y_0,z_0)}^{(x,y,z)}X\mathrm{d}x+Y\mathrm{d}y+Z\mathrm{d}z,$$

则利用导数定义可以证明(详细证明略)

$$\frac{\partial u}{\partial x}=X,\frac{\partial u}{\partial y}=Y,\frac{\partial u}{\partial z}=Z,$$

故 $$X\mathrm{d}x+Y\mathrm{d}y+Z\mathrm{d}z=\mathrm{d}u(x,y,z).$$

综上所述,设 V 是单连通区域,函数 X,Y,Z 在 V 内有一阶连续偏导数,则在 V 内下列结论是等价的:

(1) 曲线积分$\int_L X\mathrm{d}x+Y\mathrm{d}y+Z\mathrm{d}z$ 与路径无关;

(2) 沿任意闭曲线 L,都有$\oint_L X\mathrm{d}x+Y\mathrm{d}y+Z\mathrm{d}z=0$;

(3) $\frac{\partial Z}{\partial y}\equiv\frac{\partial Y}{\partial z},\frac{\partial X}{\partial z}\equiv\frac{\partial Z}{\partial x},\frac{\partial Y}{\partial x}\equiv\frac{\partial X}{\partial y}$;

(4) $X\mathrm{d}x+Y\mathrm{d}y+Z\mathrm{d}z$ 是某函数的全微分.

例3 计算曲线积分 $I=\int_{(2,2,1)}^{(1,-1,2)}2xyz\mathrm{d}x+x^2z\mathrm{d}y+x^2y\mathrm{d}z$.

解 $X=2xyz,Y=x^2z,Z=x^2y$,

$$\frac{\partial Z}{\partial y}=x^2=\frac{\partial Y}{\partial z},\frac{\partial X}{\partial z}=2xy=\frac{\partial Z}{\partial x},\frac{\partial Y}{\partial x}=2xz=\frac{\partial X}{\partial y},$$

故在整个空间内曲线积分与路径无关,如图 9-58 所示,沿折线 $AEFB$ 计算曲线积分,得

$$I=\int_2^1 2x\cdot 2\cdot 1\mathrm{d}x+\int_2^{-1}1^2\cdot 1\mathrm{d}y+\int_1^2 1^2\cdot(-1)\mathrm{d}z=-10.$$

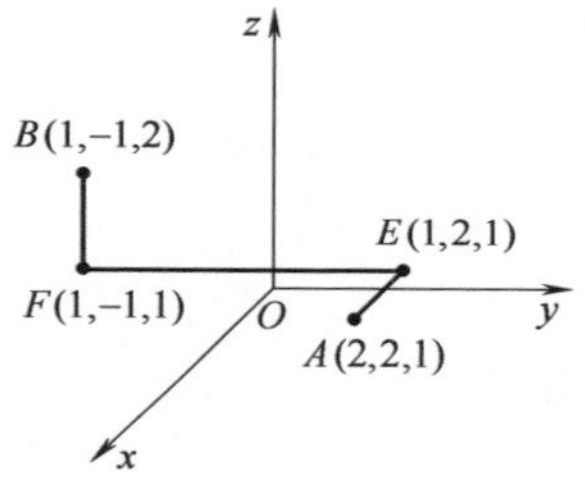

图 9-58

三、向量场的环流量与旋度

1. 向量场的环流量

上一节我们利用第二类曲面积分$\iint_S \boldsymbol{A}\cdot\mathrm{d}\boldsymbol{S}$研究了向量场的通量与散度,下面我们要利用闭曲线上的第二类曲线积分来研究向量场的另外两个重要概念.

定义1 设向量场 $\boldsymbol{A}$,则沿场中有向曲线 L 的第二类曲线积分

$$\Gamma=\int_L \boldsymbol{A}\cdot\mathrm{d}\boldsymbol{l}$$

称为向量场 $\boldsymbol{A}$ 沿曲线 L 的流量,当 L 是闭曲线时,$\Gamma=\oint_L \boldsymbol{A}\cdot\mathrm{d}\boldsymbol{l}$ 称为向量场 $\boldsymbol{A}$ 沿曲线 L 的环流量.

不同向量场的环流量有不同的物理意义.

例如,在力场 $\boldsymbol{F}(x,y,z)$ 中,环流量表示力 $\boldsymbol{F}$ 沿闭曲线 L 所做的功,即

$$W=\oint_L \boldsymbol{F}\cdot\mathrm{d}\boldsymbol{l}.$$

在磁场强度为 $\boldsymbol{H}(x,y,z)$ 的电磁场中，根据安培环路定律，环流量等于通过 L 所张成的曲面 S(即 S 以 L 为边界曲线)的电流，即

$$\oint_L \boldsymbol{H}\cdot \mathrm{d}\boldsymbol{l}=\sum_{k=1}^{n} I_k,$$

其中电流 I_k 的方向与 L 的方向按右手螺旋法则确定.

环流量是描述向量场 $\boldsymbol{A}$ 在曲线 L 所围的区域内有无旋转性质的一个量. 我们以流速场 $\boldsymbol{v}$ 为例来说明这一点.

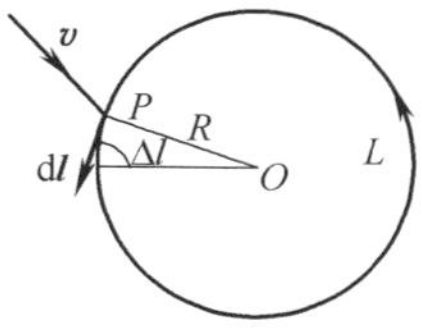

图　9-59

设 $\boldsymbol{v}(x,y,z)$ 为一条河的水流速度，将一半径为 R 的小轮子平放在河面上，假定开始时轮子的速度为 0，下面求轮子边缘所受作用力的力矩总和(它使轮子转动). 如图 9-59 所示，在轮子边缘任取一段有代表性的小弧段 Δl，$P(x,y,z)$ 是 Δl 上一点，在点 P 处，$\boldsymbol{v}$ 在弧微分向量 $\mathrm{d}\boldsymbol{l}$ 上的投影记为 $\boldsymbol{v}_n$，设轮子边缘曲线 L 上的线密度为常数 μ，则 Δl 的质量微元为 $\mathrm{d}m=\mu\mathrm{d}l$，设 L 在点 P 处所受切线方向上的力的大小为 F，在时间间隔 $\mathrm{d}t$ 内，根据动量原理(即动量的变化等于冲量)，有

$$\mathrm{d}m\cdot(\boldsymbol{v}_n-0)=F\mathrm{d}t,$$

即

$$\mu\mathrm{d}l\cdot\boldsymbol{v}_n=F\mathrm{d}t,$$

因此作用在 $\mathrm{d}l$ 上的力矩为

$$FR=\frac{\mu R}{\mathrm{d}t}\boldsymbol{v}_n\mathrm{d}l=\frac{\mu R}{\mathrm{d}t}\boldsymbol{v}\cdot\mathrm{d}\boldsymbol{l},$$

从而作用在整个轮子边缘的总力矩为

$$\oint_L \frac{\mu R}{\mathrm{d}t}\boldsymbol{v}\cdot\mathrm{d}\boldsymbol{l}=\frac{\mu R}{\mathrm{d}t}\oint_L \boldsymbol{v}\cdot\mathrm{d}\boldsymbol{l},$$

其中 $\frac{\mu R}{\mathrm{d}t}$ 为常数，当 $\Gamma=\int_L \boldsymbol{v}\cdot\mathrm{d}\boldsymbol{l}\neq 0$ 时，总力矩不为零，轮子便旋转，它表明在 L 所包围的区域内确有旋涡.

2. 向量场的旋度

下面研究向量场 $\boldsymbol{A}$ 在每一点的旋转情况，这个旋转情况与我们在这点处所取的方向有关. 设 M 是向量场 $\boldsymbol{A}$ 所在空间区域中一点，在点 M 处任意取定一个单位向量 $\boldsymbol{n}$，并任取一经过点 M 的光滑曲面 ΔS(其面积也记作 ΔS)，使 ΔS 在点 M 处以 $\boldsymbol{n}$ 为法向量，设 ΔS 的边界曲线为 ΔL，则当 ΔS 的直径比较小时，向量场 $\boldsymbol{A}$ 沿曲线 ΔL 的环流量 $\Delta\Gamma$ 与曲面 ΔS 的面积的比值 $\frac{\oint_{\Delta L}\boldsymbol{A}\cdot\mathrm{d}\boldsymbol{l}}{\Delta S}=\frac{\Delta\Gamma}{\Delta S}$，便可以近似地表示在点 M 处向量场 $\boldsymbol{A}$ 沿着方向 $\boldsymbol{n}$ 的旋转情况. 如果当曲面 ΔS 收缩成点 M(始终以 $\boldsymbol{n}$ 为 M 处的法向量)时，极限

$$\lim_{\Delta S\to M}\frac{\oint_{\Delta L}\boldsymbol{A}\cdot\mathrm{d}\boldsymbol{l}}{\Delta S}=\frac{\mathrm{d}\Gamma}{\mathrm{d}S}$$

存在，则此极限称为向量场 $\boldsymbol{A}$ 在点 M 处沿方向 $\boldsymbol{n}$ 的环量面密度（或方向旋量），它刻画了向量场 $\boldsymbol{A}$ 在点 M 处沿方向 $\boldsymbol{n}$ 的旋转情况. 对不同的 $\boldsymbol{n}$，环量面密度的值往往也不同.

如果 $\boldsymbol{A}=\{X,Y,Z\}$，其中 $X(x,y,z),Y(x,y,z),Z(x,y,z)$ 在区域 V 内有一阶连续偏导数，则根据斯托克斯公式，有

$$\lim_{\Delta S\to M}\frac{\oint_{\Delta L}\boldsymbol{A}\cdot \mathrm{d}\boldsymbol{l}}{\Delta S}$$

$$=\lim_{\Delta S\to M}\frac{1}{\Delta S}\iint_{\Delta S}\left(\frac{\partial Z}{\partial y}-\frac{\partial Y}{\partial z}\right)\mathrm{d}y\mathrm{d}z+\left(\frac{\partial X}{\partial z}-\frac{\partial Z}{\partial x}\right)\mathrm{d}z\mathrm{d}x+\left(\frac{\partial Y}{\partial x}-\frac{\partial X}{\partial y}\right)\mathrm{d}x\mathrm{d}y$$

$$=\lim_{\Delta S\to M}\frac{1}{\Delta S}\iint_{\Delta S}\left[\left(\frac{\partial Z}{\partial y}-\frac{\partial Y}{\partial z}\right)\cos\alpha+\left(\frac{\partial X}{\partial z}-\frac{\partial Z}{\partial x}\right)\cos\beta+\right.$$

$$\left.\left(\frac{\partial Y}{\partial x}-\frac{\partial X}{\partial y}\right)\cos\gamma\right]\mathrm{d}S\quad（利用积分中值定理，\exists(\xi,\eta,\zeta)\in\Delta S）$$

$$=\lim_{\Delta S\to M}\frac{1}{\Delta S}\left[\left(\frac{\partial Z}{\partial y}-\frac{\partial Y}{\partial z}\right)\cos\alpha+\left(\frac{\partial X}{\partial z}-\frac{\partial Z}{\partial x}\right)\cos\beta+\right.$$

$$\left.\left(\frac{\partial Y}{\partial x}-\frac{\partial X}{\partial y}\right)\cos\gamma\right]\Big|_{(\xi,\eta,\zeta)}\Delta S$$

$$=\left[\left(\frac{\partial Z}{\partial y}-\frac{\partial Y}{\partial z}\right)\cos\alpha+\left(\frac{\partial X}{\partial z}-\frac{\partial Z}{\partial x}\right)\cos\beta+\left(\frac{\partial Y}{\partial x}-\frac{\partial X}{\partial y}\right)\cos\gamma\right]\Big|_M$$

$$=\left(\frac{\partial Z}{\partial y}-\frac{\partial Y}{\partial z},\frac{\partial X}{\partial z}-\frac{\partial Z}{\partial x},\frac{\partial Y}{\partial x}-\frac{\partial X}{\partial y}\right)\Big|_M\cdot\boldsymbol{n}.$$

由此引出一个概念.

定义 2 **设向量场 $\boldsymbol{A}=\{X,Y,Z\}$，称向量**

$$\left\{\frac{\partial Z}{\partial y}-\frac{\partial Y}{\partial z},\frac{\partial X}{\partial z}-\frac{\partial Z}{\partial x},\frac{\partial Y}{\partial x}-\frac{\partial X}{\partial y}\right\}$$

为向量场 $\boldsymbol{A}$ 的旋度，记作 $\mathbf{rot}\boldsymbol{A}$，即

$$\mathbf{rot}\boldsymbol{A}=\left\{\frac{\partial Z}{\partial y}-\frac{\partial Y}{\partial z},\frac{\partial X}{\partial z}-\frac{\partial Z}{\partial x},\frac{\partial Y}{\partial x}-\frac{\partial X}{\partial y}\right\}.$$

根据此定义，可以将环量面密度写成

$$\lim_{\Delta S\to M}\frac{\oint_{\Delta L}\boldsymbol{A}\cdot \mathrm{d}\boldsymbol{l}}{\Delta S}=\mathbf{rot}\boldsymbol{A}\cdot\boldsymbol{n}$$

$$=|\mathbf{rot}\boldsymbol{A}|\cdot|\boldsymbol{n}|\cos\langle\mathbf{rot}\boldsymbol{A},\boldsymbol{n}\rangle=|\mathbf{rot}\boldsymbol{A}|\cos\langle\mathbf{rot}\boldsymbol{A},\boldsymbol{n}\rangle.$$

由此可知，当 $\boldsymbol{n}$ 的方向与 $\mathbf{rot}\boldsymbol{A}$ 的方向相同时，即沿着旋度 $\mathbf{rot}\boldsymbol{A}$ 的方向，环量面密度具有最大值，即在点 M 处沿方向 $\mathbf{rot}\boldsymbol{A}|_M$，$\boldsymbol{A}$ 的旋转强度最大. 如果 $\mathbf{rot}\boldsymbol{A}|_M=\mathbf{0}$，则表明向量场 $\boldsymbol{A}$ 在点 M 处无旋转，如果 $\mathbf{rot}\boldsymbol{A}|_M\neq\mathbf{0}$，则表明向量场 $\boldsymbol{A}$ 在点 M 处产生旋转，并且沿 $\mathbf{rot}\boldsymbol{A}|_M$ 方向旋转强度最大.

利用旋度，可以将斯托克斯公式写成

$$\oint_L \boldsymbol{A} \cdot \mathrm{d}\boldsymbol{l} = \iint_S \mathbf{rot}\boldsymbol{A} \cdot \mathrm{d}\boldsymbol{S},$$

为方便记忆，可以利用行列式记号将旋度表示为

$$\mathbf{rot}\boldsymbol{A} = \begin{vmatrix} \boldsymbol{i} & \boldsymbol{j} & \boldsymbol{k} \\ \dfrac{\partial}{\partial x} & \dfrac{\partial}{\partial y} & \dfrac{\partial}{\partial z} \\ X & Y & Z \end{vmatrix}.$$

例 4　求向量场 $\boldsymbol{A} = xz^3\boldsymbol{i} - 2x^2yz\boldsymbol{j} + 2yz^4\boldsymbol{k}$ 在点 $P(1,-2,1)$ 处和 $O(0,0,0)$ 处的旋度.

解　$$\mathbf{rot}\boldsymbol{A} = \begin{vmatrix} \boldsymbol{i} & \boldsymbol{j} & \boldsymbol{k} \\ \dfrac{\partial}{\partial x} & \dfrac{\partial}{\partial y} & \dfrac{\partial}{\partial z} \\ xz^3 & -2x^2yz & 2yz^4 \end{vmatrix} = (2z^4 + 2x^2y, 3xz^2, -4xyz),$$

$$\mathbf{rot}\boldsymbol{A}(1,-2,1) = \{-2,3,8\},$$

$$\mathbf{rot}\boldsymbol{A}(0,0,0) = \{0,0,0\}.$$

例 5　设一刚体以角速度 $\boldsymbol{\omega}$ 绕 z 轴旋转，$M(x,y,z)$ 为刚体上任一点，它的向径为 $\boldsymbol{r} = \{x,y,z\}$，由力学知道，点 M 处的线速度为 $\boldsymbol{v} = \boldsymbol{\omega} \times \boldsymbol{r}$，记 $|\boldsymbol{\omega}| = \omega$，则

$$\boldsymbol{v} = \{0,0,\omega\} \times \{x,y,z\} = \{-\omega y, \omega x, 0\},$$

由此可得

$$\mathbf{rot}\boldsymbol{v} = \begin{vmatrix} \boldsymbol{i} & \boldsymbol{j} & \boldsymbol{k} \\ \dfrac{\partial}{\partial x} & \dfrac{\partial}{\partial y} & \dfrac{\partial}{\partial z} \\ -\omega y & \omega x & 0 \end{vmatrix} = \{0,0,2\omega\} = 2\boldsymbol{\omega}.$$

习题 9-7

1. 利用斯托克斯公式计算下列曲线积分.

(1) $\oint_L y\mathrm{d}x + z\mathrm{d}y + x\mathrm{d}z$，其中 L 为圆周 $x^2+y^2+z^2=a^2$，$x+y+z=0$，从 z 轴正向看去，L 取逆时针方向；

(2) $\oint_L (y-z)\mathrm{d}x + (z-x)\mathrm{d}y + (x-y)\mathrm{d}z$，其中 L 为圆柱面 $x^2+y^2=a^2$ 与平面 $\dfrac{x}{a}+\dfrac{z}{b}=1(a>0,b>0)$ 的交线，从 z 轴正向看去，L 取逆时针方向；

(3) $\oint_L z^2\mathrm{d}x + x^2\mathrm{d}y + y^2\mathrm{d}z$，其中 L 是球面 $x^2+y^2+z^2=4$ 位于第一卦限部分的边界线，从 z 轴正向看去，L 取逆时针方向；

(4) $\oint_L x^2z\mathrm{d}x + xy^2\mathrm{d}y + z^2\mathrm{d}z$，其中 L 是抛物面 $z=1-x^2-y^2$ 位于第一卦限部分的边界线，从 z 轴正向看去，L 取逆时针方向；

(5) $\oint_L xy\mathrm{d}x + x^2\mathrm{d}y + z^2\mathrm{d}z$，其中 L 是抛物面 $z=x^2+y^2$ 与平面 $z=y$ 的交线，从 z 轴正向看去，L 的方向为逆时针方向.

2. 求下列向量场的旋度.

(1) $\boldsymbol{A} = x^2\sin y\boldsymbol{i} + y^2\sin z\boldsymbol{j} + z^2\sin x\boldsymbol{k}$；

(2) $\boldsymbol{A} = (z+\sin y)\boldsymbol{i} - (z - x\cos y)\boldsymbol{j}$.

第八节 综合例题

例 1 设函数 $u(x,y)$ 在平面有界闭区域 D 上有二阶连续偏导数，且 $\dfrac{\partial^2 u}{\partial x^2}+\dfrac{\partial^2 u}{\partial y^2}=0$，$L$ 是 D 的边界曲线的正向，$\boldsymbol{n}$ 是 L 的外法线方向，证明：

$$\oint_L u\frac{\partial u}{\partial \boldsymbol{n}}\mathrm{d}l=\iint_D\left[\left(\frac{\partial u}{\partial x}\right)^2+\left(\frac{\partial u}{\partial y}\right)^2\right]\mathrm{d}x\mathrm{d}y.$$

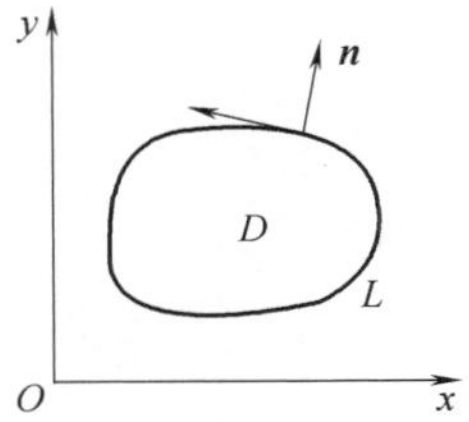

图 9-60

证 设 L 正向的切向量为 $\{\cos\alpha,\sin\alpha\}$，则如图 9-60 所示，有

$$\boldsymbol{n}=\left\{\cos\left(\alpha-\frac{\pi}{2}\right),\sin\left(\alpha-\frac{\pi}{2}\right)\right\}=\{\sin\alpha,-\cos\alpha\},$$

因此

$$\begin{aligned}\oint_L u\frac{\partial u}{\partial \boldsymbol{n}}\mathrm{d}l&=\oint_L u\left[\frac{\partial u}{\partial x}\sin\alpha+\frac{\partial u}{\partial y}(-\cos\alpha)\right]\mathrm{d}l\\&=\oint_L u\frac{\partial u}{\partial x}\mathrm{d}y-u\frac{\partial u}{\partial y}\mathrm{d}x\quad(\text{利用格林公式})\\&=\iint_D\left[\left(\frac{\partial u}{\partial x}\right)^2+u\frac{\partial^2 u}{\partial x^2}+\left(\frac{\partial u}{\partial y}\right)^2+u\frac{\partial^2 u}{\partial y^2}\right]\mathrm{d}x\mathrm{d}y\\&=\iint_D\left[\left(\frac{\partial u}{\partial x}\right)^2+\left(\frac{\partial u}{\partial y}\right)^2\right]\mathrm{d}x\mathrm{d}y.\end{aligned}$$

例 2 计算 $I=\displaystyle\int_L\frac{(x+y)\mathrm{d}x-(x-y)\mathrm{d}y}{x^2+y^2}$，其中 L 为：

(1) 不通过且不包围原点的闭曲线；

(2) $x^2+y^2=a^2$ 的正向；

(3) 包围原点的任意正向闭曲线；

(4) 沿 $y=\pi\cos x$ 由 $A(\pi,-\pi)$ 到 $B(-\pi,-\pi)$；

(5) 沿 $y=\sqrt{4-(x-1)^2}$ 由 $A(-1,0)$ 到 $B(3,0)$.

解 $X=\dfrac{x+y}{x^2+y^2}$，$Y=\dfrac{-x+y}{x^2+y^2}$，当 $(x,y)\neq(0,0)$，有

$$\frac{\partial X}{\partial y}=\frac{x^2-2xy-y^2}{(x^2+y^2)^2}=\frac{\partial Y}{\partial x}.$$

(1) 因为 L 不通过且不包围原点，故 $I=0$；

$$(2)\ I=\oint_L\frac{(x+y)\mathrm{d}x-(x-y)\mathrm{d}y}{a^2}\quad(\text{利用格林公式})$$

$$=\frac{1}{a^2}\iint_D(-2)\mathrm{d}x\mathrm{d}y=-\frac{2}{a^2}\pi a^2=-2\pi;$$

(3) 取 $L_1: x^2+y^2=\varepsilon^2$（$\varepsilon$ 是较小正数），利用复连通区域上的格林公式及(2)的计算方法，得

$$I=\left(\oint_{L^+}-\oint_{L_1^+}\right)+\oint_{L_1^+}\frac{(x+y)\mathrm{d}x-(x-y)\mathrm{d}y}{x^2+y^2}$$

$$=\iint_D 0\mathrm{d}x\mathrm{d}y+(-2\pi)=-2\pi;$$

(4) 如图 9-61 所示，得

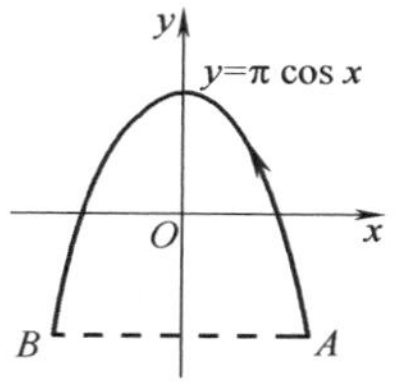

图　9-61

$$I=\oint_{L+\overline{BA}}-\int_{\overline{BA}}\frac{(x+y)\mathrm{d}x-(x-y)\mathrm{d}y}{x^2+y^2}$$

$$=-2\pi-\int_{-\pi}^{\pi}\frac{(x-\pi)\mathrm{d}x}{x^2+(-\pi)^2}=-\frac{3}{2}\pi;$$

(5) 如图 9-62 所示，设 $L_1(\widehat{AC}):y=\sqrt{1-x^2}$（即 $x=\cos t,y=\sin t$），则根据曲线积分与路径无关，改变积分路径计算积分，得

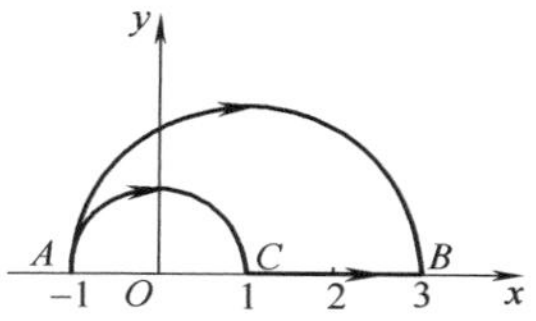

图　9-62

$$I=\int_{L_1+\overline{CB}}\frac{(x+y)\mathrm{d}x-(x-y)\mathrm{d}y}{x^2+y^2}$$

$$=\int_{L_1}(x+y)\mathrm{d}x-(x-y)\mathrm{d}y+\int_{\overline{CB}}\frac{1}{x}\mathrm{d}x$$

$$=\int_{\pi}^{0}[(\cos t+\sin t)(-\sin t)-(\cos t-\sin t)\cos t]\mathrm{d}t+\int_1^3\frac{1}{x}\mathrm{d}x$$

$$=\pi+\ln 3.$$

例 3　确定常数 λ，使得在右半平面 $x>0$ 上的向量 $\boldsymbol{A}(x,y)=2xy(x^4+y^2)^{\lambda}\boldsymbol{i}-x^2(x^4+y^2)^{\lambda}\boldsymbol{j}$ 为某二元函数 $u(x,y)$ 的梯度，并求 $u(x,y)$.

解　令 $X=2xy(x^4+y^2)^{\lambda},Y=-x^2(x^4+y^2)^{\lambda}$，由题设有

$$X=\frac{\partial u}{\partial x},Y=\frac{\partial u}{\partial y},$$

故
$$X\mathrm{d}x+Y\mathrm{d}y=\mathrm{d}u(x,y),$$

因此有 $\dfrac{\partial X}{\partial y}=\dfrac{\partial Y}{\partial x}$，即

$$2x(x^4+y^2)^{\lambda}+2xy\cdot\lambda(x^4+y^2)^{\lambda-1}2y$$

$$=-2x(x^4+y^2)^{\lambda}-x^2\lambda(x^4+y^2)^{\lambda-1}4x^3,$$

两端同除以 $2x(x^4+y^2)^{\lambda-1}$，得

$$x^4+y^2+2\lambda y^2=-(x^4+y^2)-2\lambda x^4,$$

$$(x^4+y^2)(1+\lambda)=0,$$

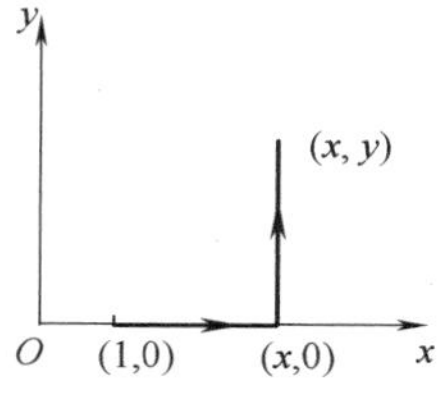

图　9-63

由于 $x^4+y^2>0$，故 $\lambda+1=0$，得 $\lambda=-1$，沿图 9-63 中折线积分得

$$u(x,y)=\int_{(1,0)}^{(x,y)}\frac{2xy}{x^4+y^2}\mathrm{d}x-\frac{x^2}{x^4+y^2}\mathrm{d}y+C$$

$$=\int_1^x 0\mathrm{d}x+\int_0^y\frac{-x^2}{x^4+y^2}\mathrm{d}y+C=-\arctan\frac{y}{x^2}+C.$$

例 4 设函数 $Q(x,y)$ 在 xOy 面上有一阶连续偏导数，曲线积分 $\int_L 2xy\mathrm{d}x+Q(x,y)\mathrm{d}y$ 与路径无关，并且对任意 t，恒有

$$\int_{(0,0)}^{(t,1)} 2xy\mathrm{d}x+Q(x,y)\mathrm{d}y=\int_{(0,0)}^{(1,t)} 2xy\mathrm{d}x+Q(x,y)\mathrm{d}y,$$

求 $Q(x,y)$.

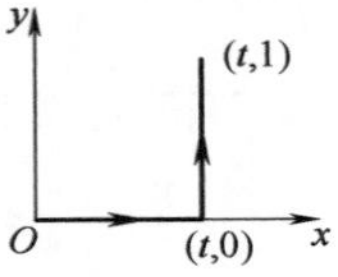

图 9-64

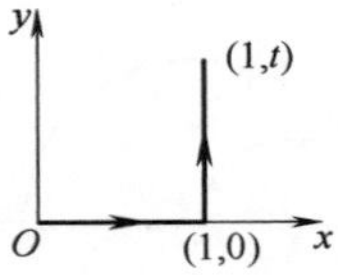

图 9-65

解 由题设，有 $\frac{\partial Q}{\partial x}=\frac{\partial(2xy)}{\partial y}=2x$，于是 $Q(x,y)=x^2+C(y)$，沿图 9-64 中折线积分得

$$\int_{(0,0)}^{(t,1)} 2xy\mathrm{d}x+Q(x,y)\mathrm{d}y$$

$$=\int_0^t 0\mathrm{d}x+\int_0^1(t^2+C(y))\mathrm{d}y=t^2+\int_0^1 C(y)\mathrm{d}y,$$

沿图 9-65 中折线积分得

$$\int_{(0,0)}^{(1,t)} 2xy\mathrm{d}x+Q(x,y)\mathrm{d}y$$

$$=\int_0^1 0\mathrm{d}x+\int_0^t(1^2+C(y))\mathrm{d}y=t+\int_0^t C(y)\mathrm{d}y,$$

由题设，有

$$t^2+\int_0^1 C(y)\mathrm{d}y=t+\int_0^t C(y)\mathrm{d}y,$$

两端对 t 求导得

$$2t=1+C(t),C(t)=2t-1,$$

于是 $$Q(x,y)=x^2+2y-1.$$

例 5 已知平面区域 $D=\{(x,y)\mid 0\leqslant x\leqslant \pi,0\leqslant y\leqslant \pi\}$，$L$ 为 D 的正向边界，试证：

(1) $\oint_L x\mathrm{e}^{\sin y}\mathrm{d}y-y\mathrm{e}^{-\sin x}\mathrm{d}x=\oint_L x\mathrm{e}^{-\sin y}\mathrm{d}y-y\mathrm{e}^{\sin x}\mathrm{d}x$;

(2) $\oint_L x\mathrm{e}^{\sin y}\mathrm{d}y-y\mathrm{e}^{-\sin x}\mathrm{d}x\geqslant 2\pi^2$.

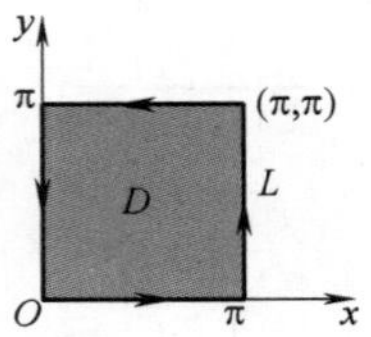

图 9-66

证 (1) 如图 9-66 所示，利用格林公式，得

$$\oint_L x\mathrm{e}^{\sin y}\mathrm{d}y-y\mathrm{e}^{-\sin x}\mathrm{d}x$$

$$=\iint_D(\mathrm{e}^{\sin y}+\mathrm{e}^{-\sin x})\mathrm{d}x\mathrm{d}y$$

$$=\iint_D(\mathrm{e}^{\sin x}+\mathrm{e}^{-\sin x})\mathrm{d}x\mathrm{d}y,$$

$$\oint_L x\mathrm{e}^{-\sin y}\mathrm{d}y-y\mathrm{e}^{\sin x}\mathrm{d}x$$

$$=\iint_D(\mathrm{e}^{-\sin y}+\mathrm{e}^{\sin x})\mathrm{d}x\mathrm{d}y=\iint_D(\mathrm{e}^{-\sin x}+\mathrm{e}^{\sin x})\mathrm{d}x\mathrm{d}y,$$

故有　$\oint_L x e^{\sin y} dy - y e^{-\sin x} dx = \oint_L x e^{-\sin y} dy - y e^{\sin x} dx$；

也可以如下利用将曲线积分化成定积分来证明上式，

$$\oint_L x e^{\sin y} dy - y e^{-\sin x} dx$$
$$= \int_0^{\pi} \pi e^{\sin y} dy + \int_{\pi}^{0} (-\pi e^{-\sin x}) dx = \pi \int_0^{\pi} (e^{\sin x} + e^{-\sin x}) dx,$$
$$\oint_L x e^{-\sin y} dy - y e^{\sin x} dx$$
$$= \int_0^{\pi} \pi e^{-\sin y} dy + \int_{\pi}^{0} (-\pi e^{\sin x}) dx = \pi \int_0^{\pi} (e^{-\sin x} + e^{\sin x}) dx,$$

故　$\oint_L x e^{\sin y} dy - y e^{-\sin x} dx = \oint_L x e^{-\sin y} dy - y e^{\sin x} dx$；

(2) 根据(1) 的前一种证明方法，得

$$\oint_L x e^{\sin y} dy - y e^{-\sin x} dx = \iint_D (e^{\sin x} + e^{-\sin x}) dx dy$$
$$\geqslant \iint_D 2\sqrt{e^{\sin x} \cdot e^{-\sin x}} dx dy = \iint_D 2 dx dy = 2\pi^2.$$

或根据(1) 的后一种证明方法，得

$$\oint_L x e^{\sin y} dy - y e^{-\sin x} dx = \pi \int_0^{\pi} (e^{\sin x} + e^{-\sin x}) dx$$
$$\geqslant \pi \int_0^{\pi} 2\sqrt{e^{\sin x} e^{-\sin x}} dx = \pi \int_0^{\pi} 2 dx = 2\pi^2.$$

例 6　设函数 $\varphi(y)$ 具有连续导数，在围绕原点的任意分段光滑简单闭曲线 L 上，曲线积分 $\oint_L \frac{\varphi(y)dx + 2xy dy}{2x^2 + y^4}$ 的值恒为常数 A.

(1) 证明：对右半平面 $x > 0$ 内的任意分段光滑简单闭曲线 C，有

$$\oint_C \frac{\varphi(y)dx + 2xy dy}{2x^2 + y^4} = 0;$$

(2) 求函数 $\varphi(y)$ 的表达式.

(1) 证　如图 9-67 所示，在 C 上任取两点 M, N，作曲线段 $\widehat{MPN}$，则由题设，可得

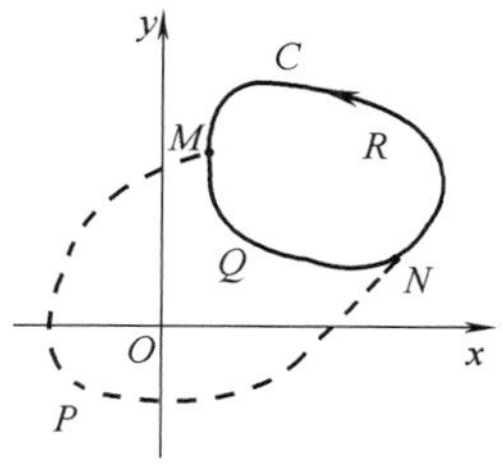

图　9-67

$$\oint_C \frac{\varphi(y)dx + 2xy dy}{2x^2 + y^4}$$
$$= \int_{\widehat{NRM}} + \int_{\widehat{MQN}} \frac{\varphi(y)dx + 2xy dy}{2x^2 + y^4}$$
$$= \int_{\widehat{NRM}} + \int_{\widehat{MPN}} + \int_{\widehat{MQN}} - \int_{\widehat{MPN}} \frac{\varphi(y)dx + 2xy dy}{2x^2 + y^4}$$
$$= \oint_{\widehat{NRMPN}} - \oint_{\widehat{NQMPN}} \frac{\varphi(y)dx + 2xy dy}{2x^2 + y^4} = A - A = 0;$$

(2) 解 由(1)可知,在右半平面曲线积分与路径无关,故有$\frac{\partial Y}{\partial x}=\frac{\partial X}{\partial y}$,即

$$\frac{-4x^2y+2y^5}{(2x^2+y^4)^2}=\frac{\varphi'(y)2x^2+\varphi'(y)y^4-\varphi(y)4y^3}{(2x^2+y^4)^2},$$

$$-4x^2y+2y^5=2x^2\varphi'(y)+y^4\varphi'(y)-4y^3\varphi(y),$$

比较等式两端 x 的同次幂系数,得

$$\begin{cases}2\varphi'(y)=-4y,\\ y^4\varphi'(y)-4y^3\varphi(y)=2y^5,\end{cases}$$

由 y 的任意性,得

$$\begin{cases}\varphi'(y)=-2y,\\ y\varphi'(y)-4\varphi(y)=2y^2,\end{cases}$$

由第一式得 $\varphi(y)=-y^2+C$,代入上面第二式得

$$-2y\cdot y-4(-y^2+C)=2y^2,\text{故 } C=0,$$

所以 $$\varphi(y)=-y^2.$$

例 7 计算 $I=\oint_L (y^2-z^2)\mathrm{d}x+(2z^2-x^2)\mathrm{d}y+(3x^2-y^2)\mathrm{d}z$,其中 L 是平面 $x+y+z=2$ 与柱面 $|x|+|y|=1$ 的交线,从 z 轴正向看去,L 为逆时针方向.

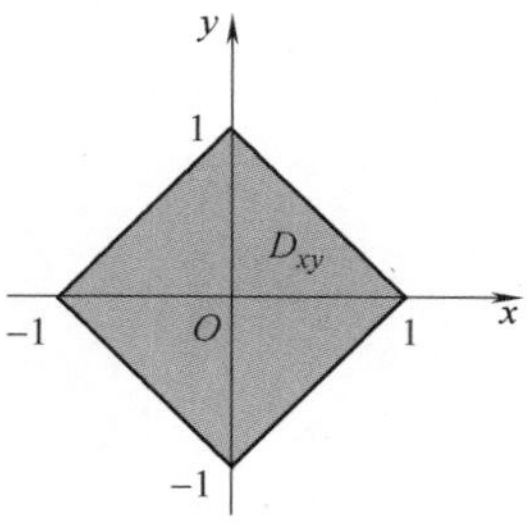

图 9-68

解 设 L 所围平面为 S,则 S 在 xOy 面上的投影如图 9-68 所示,利用斯托克斯公式,得

$$I=\iint_{S^+}(-2y-4z)\mathrm{d}y\mathrm{d}z+(-2z-6x)\mathrm{d}z\mathrm{d}x+(-2x-2y)\mathrm{d}x\mathrm{d}y,$$

由 $x+y+z=2$,得$\frac{\partial z}{\partial x}=-1,\frac{\partial z}{\partial y}=-1$,利用统一计算法,得

$$\begin{aligned}I&=-2\iint_{S^+}[(y+2z)+(z+3x)+(x+y)]\mathrm{d}x\mathrm{d}y\\&=-2\iint_{S^+}(4x+2y+3z)\mathrm{d}x\mathrm{d}y\\&=-2\iint_{D_{xy}}[4x+2y+3(2-x-y)]\mathrm{d}x\mathrm{d}y\\&=-2\iint_{D_{xy}}(x-y+6)\mathrm{d}x\mathrm{d}y\\&=-2\iint_{D_{xy}}6\mathrm{d}x\mathrm{d}y=-12\times(\sqrt{2})^2=-24.\end{aligned}$$

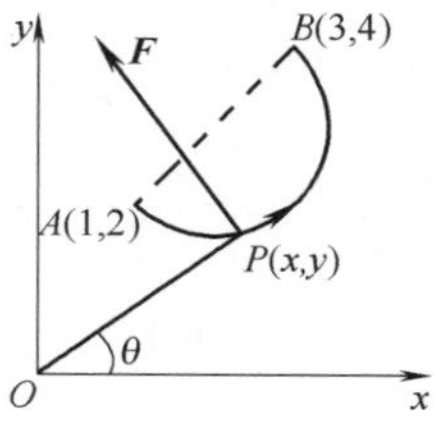

图 9-69

例 8 设 $A(1,2)$,$B(3,4)$,质点 $P(x,y)$ 沿着以 AB 为直径的半圆周从 A 运动到 B 的过程中受到力 $\boldsymbol{F}$ 的作用(见图 9-69),$\boldsymbol{F}$ 的大小等于点 P 与原点 O 之间的距离,其方向垂直于线段 OP 且与 y 轴正

向的夹角小于$\frac{\pi}{2}$，求变力 $\boldsymbol{F}$ 对质点 P 所做的功.

解　设 OP 与 x 轴正向的夹角为 θ，则

$$\boldsymbol{F}=|\boldsymbol{F}|\left\{\cos\left(\theta+\frac{\pi}{2}\right),\sin\left(\theta+\frac{\pi}{2}\right)\right\}=\sqrt{x^2+y^2}\{-\sin\theta,\cos\theta\}$$

$$=\sqrt{x^2+y^2}\left\{-\frac{y}{\sqrt{x^2+y^2}},\frac{x}{\sqrt{x^2+y^2}}\right\}=\{-y,x\},$$

$$W=\int_{\widehat{AB}}\boldsymbol{F}\cdot \mathrm{d}\boldsymbol{l}=\int_{\widehat{AB}}(-y)\mathrm{d}x+x\mathrm{d}y\quad(\overline{AB}:y=x+1)$$

$$=\oint_{\widehat{AB}+\overline{BA}}-\int_{\overline{BA}}(-y)\mathrm{d}x+x\mathrm{d}y=\iint_D 2\mathrm{d}x\mathrm{d}y+\int_1^3[-(x+1)+x]\mathrm{d}x$$

$$=2\times\frac{1}{2}\pi(\sqrt{2})^2-2=2\pi-2.$$

也可以利用$\widehat{AB}$：$x=2+\sqrt{2}\cos t,y=3+\sqrt{2}\sin t$ 计算曲线积分，其中在点 A 处，$t=-\frac{3}{4}\pi$，在点 B 处，$t=\frac{\pi}{4}$.

例 9　已知在点 $A(1,0)$，$B(0,1)$ 处各有一单位质点，$\widehat{OCD}$ 是以点 A 为圆心，通过原点的上半圆周（见图 9-70），试求一质量为 m 的质点 $M(x,y)$ 沿$\widehat{OCD}$ 由 O 点运动到 D 点时，A，B 处的质点对质点 M 的引力所做的功.

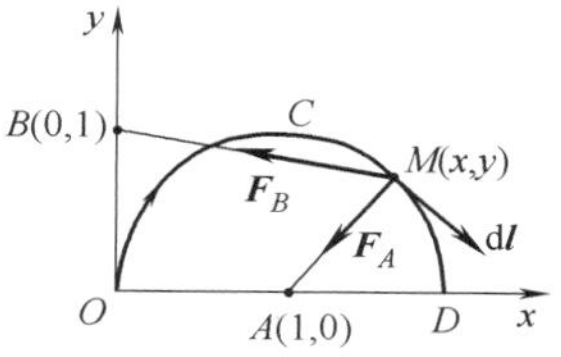

图　9-70

解　设 A，B 处的质点对质点 M 的引力分别为 $\boldsymbol{F}_A$，$\boldsymbol{F}_B$，所做的功分别为 W_A，W_B，则所要求的功为

$$W=W_A+W_B,$$

由于 $\boldsymbol{F}_A\perp \mathrm{d}\boldsymbol{l}$，故

$$W_A=\int_{\widehat{OCD}}\boldsymbol{F}_A\cdot\mathrm{d}\boldsymbol{l}=0,$$

由于

$$|\boldsymbol{F}_B|=G\frac{1\cdot m}{x^2+(y-1)^2},$$

$$\boldsymbol{F}_B^0=\overrightarrow{MB}^0=\frac{\{-x,1-y\}}{\sqrt{x^2+(1-y)^2}},$$

$$\boldsymbol{F}_B=|\boldsymbol{F}_B|\boldsymbol{F}_B^0=\frac{Gm}{[x^2+(y-1)^2]^{\frac{3}{2}}}\{-x,1-y\},$$

故

$$W_B=\int_{\widehat{OCD}}\boldsymbol{F}_B\cdot\mathrm{d}\boldsymbol{l}=\int_{\widehat{OCD}}Gm\frac{-x\mathrm{d}x+(1-y)\mathrm{d}y}{[x^2+(y-1)^2]^{\frac{3}{2}}},$$

曲线$\widehat{OCD}$ 的参数方程为 $x=1+\cos t$，$y=\sin t$，于是

$$W_B=\int_\pi^0 Gm\frac{-(1+\cos t)(-\sin t)+(1-\sin t)\cos t}{[(1+\cos t)^2+(\sin t-1)^2]^{\frac{3}{2}}}\mathrm{d}t$$

$$=Gm\int_\pi^0\frac{\sin t+\cos t}{(3+2\cos t-2\sin t)^{\frac{3}{2}}}\mathrm{d}t$$

$$=-\frac{Gm}{2}\int_{\pi}^{0}\frac{\mathrm{d}(3+2\cos t-2\sin t)}{(3+2\cos t-2\sin t)^{\frac{3}{2}}}$$

$$=-\frac{Gm}{2}(-2)\frac{1}{(3+2\cos t-2\sin t)^{\frac{1}{2}}}\bigg|_{\pi}^{0}=Gm\left(\frac{1}{\sqrt{5}}-1\right),$$

因此 $$W=Gm\left(\frac{1}{\sqrt{5}}-1\right).$$

例 10 在变力 $\boldsymbol{F}=yz\boldsymbol{i}+zx\boldsymbol{j}+xy\boldsymbol{k}$ 的作用下，一质点由原点沿直线运动到椭球面 $\frac{x^2}{a^2}+\frac{y^2}{b^2}+\frac{z^2}{c^2}=1$ 上第一卦限的点 (ξ,η,ζ) 处，问当 ξ,η,ζ 为何值时，力 $\boldsymbol{F}$ 所做的功最大，并且求 W 的最大值.

解 原点到 (ξ,η,ζ) 的直线方程为 $L:x=\xi t,y=\eta t,z=\zeta t$，

$$W=\int_L yz\mathrm{d}x+zx\mathrm{d}y+xy\mathrm{d}z=\int_0^1 3\xi\eta\zeta t^2\mathrm{d}t=\xi\eta\zeta,$$

由题设，有

$$\frac{\xi^2}{a^2}+\frac{\eta^2}{b^2}+\frac{\zeta^2}{c^2}=1\quad(\xi,\eta,\zeta\geqslant 0),$$

下面在此约束条件下求 $W=\xi\eta\zeta$ 的最大值，设

$$f=\xi\eta\zeta+\lambda\left(\frac{\xi^2}{a^2}+\frac{\eta^2}{b^2}+\frac{\zeta^2}{c^2}-1\right),$$

令
$$\begin{cases} f'_\xi=\eta\zeta+\dfrac{2\lambda\xi}{a^2}=0, & (1)\\ f'_\eta=\xi\zeta+\dfrac{2\lambda\eta}{b^2}=0, & (2)\\ f'_\zeta=\xi\eta+\dfrac{2\lambda\zeta}{c^2}=0, & (3)\\ \dfrac{\xi^2}{a^2}+\dfrac{\eta^2}{b^2}+\dfrac{\zeta^2}{c^2}=1, & (4)\end{cases}$$

由式(1) ~ 式(3) 得 $\frac{\xi^2}{a^2}=\frac{\eta^2}{b^2}=\frac{\zeta^2}{c^2}$，代入式(4) 得

$$\xi=\frac{a}{\sqrt{3}},\eta=\frac{b}{\sqrt{3}},\zeta=\frac{c}{\sqrt{3}},$$

根据问题的实际意义，W 确有最大值，故当 $\zeta=\frac{a}{\sqrt{3}},\eta=\frac{b}{\sqrt{3}},\zeta=\frac{c}{\sqrt{3}}$ 时，W 取得最大值，且

$$W_{\max}=\frac{abc}{3\sqrt{3}}.$$

例 11 计算 $I=\oint\!\!\!\oint_S\frac{\mathrm{d}S}{\rho}$，其中 S 为椭球面 $\frac{x^2}{a^2}+\frac{y^2}{b^2}+\frac{z^2}{c^2}=1$，$\rho$ 是原点到椭球面上任一点 $M(x,y,z)$ 处的切平面的距离.

解 S 在 $M(x,y,z)$ 处的法向量为 $\left\{\frac{2x}{a^2},\frac{2y}{b^2},\frac{2z}{c^2}\right\}$，切平面为

$$\frac{x}{a^2}(X-x)+\frac{y}{b^2}(Y-y)+\frac{z}{c^2}(Z-z)=0,$$

即
$$\frac{x}{a^2}X+\frac{y}{b^2}Y+\frac{z}{c^2}Z=1,$$

故
$$\rho=\frac{1}{\left(\frac{x^2}{a^4}+\frac{y^2}{b^4}+\frac{z^2}{c^4}\right)^{\frac{1}{2}}},$$

设 $S_1: z=c\sqrt{1-\frac{x^2}{a^2}-\frac{y^2}{b^2}}$，由此可得

$$\mathrm{d}S=\sqrt{1+\left(\frac{\partial z}{\partial x}\right)^2+\left(\frac{\partial z}{\partial y}\right)^2}=\frac{c^2}{z}\left(\frac{x^2}{a^4}+\frac{y^2}{b^4}+\frac{z^2}{c^4}\right)^{\frac{1}{2}}\mathrm{d}x\mathrm{d}y,$$

$$I=2\iint\limits_{S_1}\frac{\mathrm{d}S}{\rho}=2\iint\limits_{S_1}\left(\frac{x^2}{a^4}+\frac{y^2}{b^4}+\frac{z^2}{c^4}\right)^{\frac{1}{2}}\mathrm{d}S$$

$$=2\iint\limits_{\frac{x^2}{a^2}+\frac{y^2}{b^2}\leqslant 1}c\frac{1}{\sqrt{1-\frac{x^2}{a^2}-\frac{y^2}{b^2}}}\left[\frac{x^2}{a^4}+\frac{y^2}{b^4}+\frac{1}{c^2}\left(1-\frac{x^2}{a^2}-\frac{y^2}{b^2}\right)\right]\mathrm{d}x\mathrm{d}y$$

（令 $x=a\rho\cos\theta, y=b\rho\sin\theta$）

$$=2\int_0^{2\pi}\mathrm{d}\theta\int_0^1 c\frac{1}{\sqrt{1-\rho^2}}\left[\frac{\rho^2\cos^2\theta}{a^2}+\frac{\rho^2\sin^2\theta}{b^2}+\frac{1}{c^2}(1-\rho^2)\right]ab\rho\mathrm{d}\rho$$

$$=2abc\left(\frac{1}{a^2}+\frac{1}{b^2}\right)\int_0^{2\pi}\cos^2\theta\mathrm{d}\theta\int_0^1\frac{\rho^3}{\sqrt{1-\rho^2}}\mathrm{d}\rho+$$

$$\frac{2ab}{c}\int_0^{2\pi}\mathrm{d}\theta\int_0^1\rho\sqrt{1-\rho^2}\mathrm{d}\rho$$

$$=\frac{4\pi}{3}abc\left(\frac{1}{a^2}+\frac{1}{b^2}\right)+\frac{4\pi}{3}abc\frac{1}{c^2}=\frac{4\pi}{3}abc\left(\frac{1}{a^2}+\frac{1}{b^2}+\frac{1}{c^2}\right).$$

例 12　计算 $I=\iint\limits_S(x^3\cos\alpha+y^2\cos\beta+z\cos\gamma)\mathrm{d}S$，其中 S 为柱面 $x^2+y^2=a^2(0\leqslant z\leqslant h)$，$\cos\alpha,\cos\beta,\cos\gamma$ 是 S 的外法线的方向余弦.

解 1　首先根据两类曲面积分的关系，将 I 化成第二类曲面积分，再如图 9-71 所示，设圆柱的上下底面分别为 S_1, S_2，利用高斯公式计算.

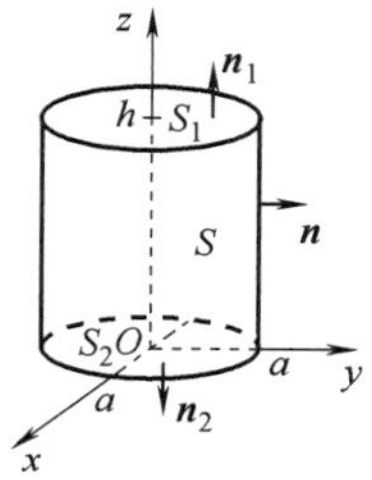

图　9-71

$$I=\iint\limits_S x^3\mathrm{d}y\mathrm{d}z+y^2\mathrm{d}z\mathrm{d}x+z\mathrm{d}x\mathrm{d}y$$

$$=\iint\limits_S x^3\mathrm{d}y\mathrm{d}z+y^2\mathrm{d}z\mathrm{d}x$$

$$=\oiint\limits_{S+S_1^++S_2^-}-\iint\limits_{S_1^+}-\iint\limits_{S_2^-}x^3\mathrm{d}y\mathrm{d}z+y^2\mathrm{d}z\mathrm{d}x$$

$$=\iiint\limits_V(3x^2+2y)\mathrm{d}V-0-0$$

$$= \iiint_V 3x^2 \mathrm{d}V$$

$$= \int_0^{2\pi} \mathrm{d}\theta \int_0^a \rho \mathrm{d}\rho \int_0^h 3\rho^2 \cos^2\theta \mathrm{d}z$$

$$= \frac{3\pi}{4} a^4 h.$$

解 2 先求出 $\cos\alpha, \cos\beta, \cos\gamma$ 的值再计算积分. 由于柱面 $x^2 + y^2 = a^2$ 外侧的法向量为 $\{2x, 2y, 0\}$，其单位向量为

$\boldsymbol{h} = \left\{\frac{x}{a}, \frac{y}{a}, 0\right\}$，故

$$I = \iint_S \left(x^3 \cdot \frac{x}{a} + y^2 \cdot \frac{y}{a} + 0\right) \mathrm{d}S = \frac{1}{a} \iint_S x^4 \mathrm{d}S$$

$$= \frac{1}{a} \int_0^{2\pi} \mathrm{d}\theta \int_0^h (a\cos\theta)^4 a \mathrm{d}z = \frac{3\pi}{4} a^4 h.$$

例 13 计算 $I = \oiint_S \left|x - \frac{a}{3}\right| \mathrm{d}y\mathrm{d}z + \left|y - \frac{2b}{3}\right| \mathrm{d}z\mathrm{d}x + \left|z - \frac{c}{4}\right| \mathrm{d}x\mathrm{d}y$，其中 S 是六面体 $0 \leqslant x \leqslant a, 0 \leqslant y \leqslant b, 0 \leqslant z \leqslant c$ 表面的外侧.

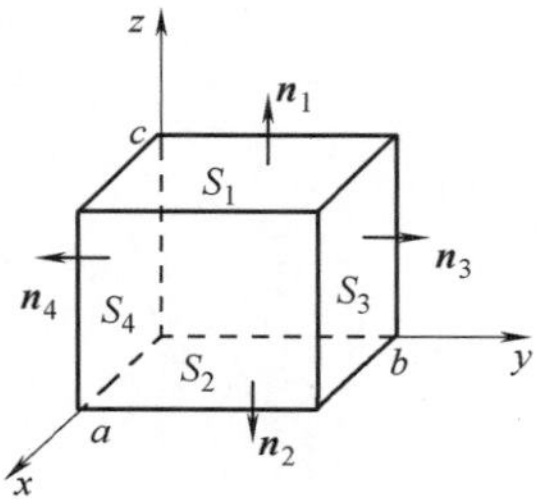

图 9-72

解 如图 9-72 所示，设 $S_1: z = c, S_2: z = 0, S_3: y = b, S_4: y = 0, S_5: x = a, S_6: x = 0$，则

$$\oiint_S \left|z - \frac{c}{4}\right| \mathrm{d}x\mathrm{d}y = \iint_{S_1^+} + \iint_{S_2^-} \left|z - \frac{c}{4}\right| \mathrm{d}x\mathrm{d}y$$

$$= \iint_{S_1^+} \left|c - \frac{c}{4}\right| \mathrm{d}x\mathrm{d}y + \iint_{S_2^-} \left|0 - \frac{c}{4}\right| \mathrm{d}x\mathrm{d}y$$

$$= \frac{3c}{4} \iint_{D_{xy}} \mathrm{d}x\mathrm{d}y - \frac{c}{4} \iint_{D_{xy}} \mathrm{d}x\mathrm{d}y = \frac{1}{2}abc,$$

$$\oiint_S \left|y - \frac{2b}{3}\right| \mathrm{d}z\mathrm{d}x = \iint_{S_3^+} \left|b - \frac{2b}{3}\right| \mathrm{d}z\mathrm{d}x + \iint_{S_4^-} \left|0 - \frac{2b}{3}\right| \mathrm{d}z\mathrm{d}x$$

$$= \frac{b}{3} \iint_{D_{zx}} \mathrm{d}x\mathrm{d}y - \frac{2b}{3} \iint_{D_{zx}} \mathrm{d}x\mathrm{d}y = -\frac{1}{3}abc,$$

$$\oiint_S \left|x - \frac{a}{3}\right| \mathrm{d}y\mathrm{d}z = \iint_{S_5^+} \left|a - \frac{a}{3}\right| \mathrm{d}y\mathrm{d}z + \iint_{S_6^-} \left|0 - \frac{a}{3}\right| \mathrm{d}y\mathrm{d}z$$

$$= \frac{2a}{3} \iint_{D_{yz}} \mathrm{d}y\mathrm{d}z = \frac{a}{3} \iint_{D_{yz}} \mathrm{d}x\mathrm{d}y = \frac{1}{3}abc,$$

故 $$I = \frac{1}{3}abc - \frac{1}{3}abc + \frac{1}{2}abc = \frac{1}{2}abc.$$

例 14 计算 $I = \oiint_S \frac{x\mathrm{d}y\mathrm{d}z + z^2\mathrm{d}x\mathrm{d}y}{x^2 + y^2 + z^2}$，其中 S 是由曲面 $x^2 +$

$y^2=R^2$ 及两平面 $z=R,z=-R(R>0)$ 所围成立体表面的外侧.

解　如图 9-73 所示,设 $S=S_1+S_2+S_3$,则

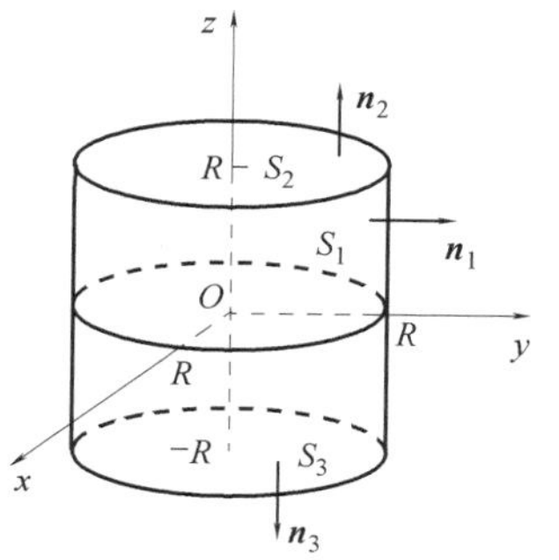

图　9-73

$$I=\iint\limits_{S_1}+\iint\limits_{S_2^+}+\iint\limits_{S_3^-}\frac{x\mathrm{d}y\mathrm{d}z+z^2\mathrm{d}x\mathrm{d}y}{x^2+y^2+z^2}$$

$$=\iint\limits_{S_1}\frac{x\mathrm{d}y\mathrm{d}z}{R^2+z^2}+\iint\limits_{S_2^+}\frac{R^2\mathrm{d}x\mathrm{d}y}{x^2+y^2+R^2}+\iint\limits_{S_3^-}\frac{R^2\mathrm{d}x\mathrm{d}y}{x^2+y^2+R^2}$$

$$=\iint\limits_{S_1}\frac{x\mathrm{d}y\mathrm{d}z}{R^2+z^2}+\iint\limits_{D_{xy}}\frac{R^2\mathrm{d}x\mathrm{d}y}{x^2+y^2+R^2}-\iint\limits_{D_{xy}}\frac{R^2\mathrm{d}x\mathrm{d}y}{x^2+y^2+R^2}$$

$$=\iint\limits_{S_1}\frac{x\mathrm{d}y\mathrm{d}z}{R^2+z^2}=\oiint\limits_{S}-\iint\limits_{S_2^+}-\iint\limits_{S_3^-}\frac{x\mathrm{d}y\mathrm{d}z}{R^2+z^2}$$

$$=\iiint\limits_{V}\frac{\mathrm{d}V}{R^2+z^2}-0-0=\int_{-R}^{R}\frac{\mathrm{d}z}{R^2+z^2}\iint\limits_{D_z}\mathrm{d}x\mathrm{d}y$$

$$=\int_{-R}^{R}\frac{1}{R^2+z^2}\pi R^2\mathrm{d}z=\frac{1}{2}\pi^2R.$$

例 15　对于半空间 $x>0$ 内任意光滑有向封闭曲面都有

$$\oiint\limits_{S}xf(x)\mathrm{d}y\mathrm{d}z-xyf(x)\mathrm{d}z\mathrm{d}x-\mathrm{e}^{2x}z\mathrm{d}x\mathrm{d}y=0,$$

其中函数 $f(x)$ 在$(0,+\infty)$ 内具有连续的一阶导数,且 $\lim\limits_{x\to0^+}f(x)=1$,求 $f(x)$.

解　对 $x>0$ 内任意空间有界区域 V,设其表面为 S,由题设及高斯公式,有

$$0=\oiint\limits_{S^+}xf(x)\mathrm{d}y\mathrm{d}z-xyf(x)\mathrm{d}z\mathrm{d}x-\mathrm{e}^{2x}z\mathrm{d}x\mathrm{d}y$$

$$=\iiint\limits_{V}(xf'(x)+f(x)-xf(x)-\mathrm{e}^{2x})\mathrm{d}V,$$

此三重积分的被积函数是连续函数,由 V 的任意性,得

$$xf'(x)+f(x)-xf(x)-\mathrm{e}^{2x}=0\quad(x>0),$$

即
$$f'(x)+\left(\frac{1}{x}-1\right)f(x)=\frac{1}{x}\mathrm{e}^{2x},$$

其通解为

$$f(x)=\mathrm{e}^{-\int\left(\frac{1}{x}-1\right)\mathrm{d}x}\left[C+\int\frac{1}{x}\mathrm{e}^{2x}\mathrm{e}^{\int\left(\frac{1}{x}-1\right)\mathrm{d}x}\mathrm{d}x\right]=\frac{\mathrm{e}^{2x}+C\mathrm{e}^{x}}{x},$$

由
$$\lim_{x\to0^+}f(x)=\lim_{x\to0^+}\frac{\mathrm{e}^{2x}+C\mathrm{e}^{x}}{x}=1,$$

得
$$\lim_{x\to0^+}(\mathrm{e}^{2x}+C\mathrm{e}^{x})=0,\text{即 }1+C=0,C=-1,$$

故
$$f(x)=\frac{\mathrm{e}^{2x}-\mathrm{e}^{x}}{x}.$$

例 16 计算 $I = \iint\limits_S \frac{x}{r^3}\mathrm{d}y\mathrm{d}z + \frac{y}{r^3}\mathrm{d}z\mathrm{d}x + \frac{z}{r^3}\mathrm{d}x\mathrm{d}y$，其中 $r = \sqrt{x^2+y^2+z^2}$，S 为：

(1) 球面 $x^2+y^2+z^2=a^2$ 的外侧；

(2) 不经过原点的任意闭曲面的外侧.

解 (1) 将曲面方程代入，然后利用高斯公式得

$$I = \frac{1}{a^3}\iint\limits_S x\mathrm{d}y\mathrm{d}z + y\mathrm{d}z\mathrm{d}x + z\mathrm{d}x\mathrm{d}y$$

$$= \frac{1}{a^3}\iiint\limits_V 3\mathrm{d}V = \frac{3}{a^3}\cdot\frac{4}{3}\pi a^3 = 4\pi;$$

(2) $X = \frac{x}{r^3}, Y = \frac{y}{r^3}, Z = \frac{z}{r^3}$,

$$\frac{\partial X}{\partial x} = \frac{r^2-3x^2}{r^5}, \frac{\partial Y}{\partial y} = \frac{r^2-3y^2}{r^5}, \frac{\partial Z}{\partial z} = \frac{r^2-3z^2}{r^5},$$

$$\frac{\partial X}{\partial x} + \frac{\partial Y}{\partial y} + \frac{\partial Z}{\partial z} = \frac{3r^2-3(x^2+y^2+z^2)}{r^5} = \frac{3r^2-3r^2}{r^5} = 0,$$

故当原点不在 S 所包围的区域内时，根据高斯公式得

$$I = \iiint\limits_V 0\mathrm{d}V = 0,$$

当原点在 S 所包围的区域内时，不能直接利用高斯公式，取 $S_1: x^2+y^2+z^2=\varepsilon^2$（$\varepsilon$ 是较小的正数），根据复连通区域上的高斯公式及(1) 的结果，得

$$I = \left(\oiint\limits_{S^+} - \iint\limits_{S_1^+} + \iint\limits_{S_1^+}\right)\frac{x}{r^3}\mathrm{d}y\mathrm{d}z + \frac{y}{r^3}\mathrm{d}z\mathrm{d}x + \frac{z}{r^3}\mathrm{d}x\mathrm{d}y$$

$$= \iiint\limits_V 0\mathrm{d}V + \iint\limits_{S_1^+}\frac{x}{r^3}\mathrm{d}y\mathrm{d}z + \frac{y}{r^3}\mathrm{d}z\mathrm{d}x + \frac{z}{r^3}\mathrm{d}x\mathrm{d}y = 4\pi.$$

习题 9-8

1. 设 $r = \sqrt{x^2+y^2+z^2}$，求 $\mathrm{div}(\mathbf{grad}\,r)\big|_{(1,-2,2)}$.

2. 设椭圆 $L: \frac{x^2}{4} + \frac{y^2}{3} = 1$，其周长为 a，求

$$\oint_L (2xy+3x^2+4y^2+5x+1)\mathrm{d}l.$$

3. 计算$\oint_L \sqrt{2y^2+z^2}\mathrm{d}l$，其中 L 为 $x^2+y^2+z^2=a^2$ 与 $y=x$ 的交线.

4. 求柱面$\frac{x^2}{5}+\frac{y^2}{9}=1$位于 xOy 面上方和平面 $z=y$ 下方那部分的侧面积.

5. 设 L 是曲面 $x^2+y^2+z^2=a^2$ 在第一卦限部分的边界曲线，求 L 的形心.

6. 计算$\int_L (12xy+\mathrm{e}^y)\mathrm{d}x - (\cos y - x\mathrm{e}^y)\mathrm{d}y$，其中 L 为由点 $A(-1,1)$ 沿曲线 $y=x^2$ 到 $O(0,0)$，再沿直线 $y=0$ 到点 $B(2,0)$ 的路径.

7. 计算$\int_L (\mathrm{e}^x\sin y - m)\mathrm{d}x + (\mathrm{e}^x\cos y - my)\mathrm{d}y$，其中 L 是摆线$x=a(t-\sin t)$，$y=a(1-\cos t)$ 从 $t=0$ 到 $t=\pi$ 的一段（m 是任意常数）.

8. 计算 $\lim\limits_{a\to+\infty}\int_L (\mathrm{e}^{y^2-x^2}\cos 2xy - 2y)\mathrm{d}x + \mathrm{e}^{y^2-x^2}\sin 2xy\mathrm{d}y$，其

中 L 是依次连接点 $A(a,0)$，$B\left(a,\frac{\sqrt{\pi}}{a}\right)$，$E\left(0,\frac{\sqrt{\pi}}{a}\right)$，$O(0,0)$ 的折线段.

9. 设 L 为不自交的光滑闭曲线，求 $\oint_L \mathbf{grad}[\sin(x+y)]\cdot \mathrm{d}\boldsymbol{l}$，其中 $\mathrm{d}\boldsymbol{l}=\boldsymbol{i}\mathrm{d}x+\boldsymbol{j}\mathrm{d}y+\boldsymbol{k}\mathrm{d}z$.

10. 计算 $I=\oint_{L^+}(x\cos\langle\boldsymbol{n},\boldsymbol{i}\rangle+y\cos\langle\boldsymbol{n},\boldsymbol{j}\rangle)\mathrm{d}l$，其中 L 为 xOy 面上简单闭曲线，$\boldsymbol{n}$ 为 L 的外法线方向.

11. 设 $I=\int_L \frac{(x-y)\mathrm{d}x+(x+y)\mathrm{d}y}{x^2+y^2}$，证明：在任何不包含原点的单连通区域内此曲线积分与路径无关，并当 L 为星形线 $x=a\cos^3 t$，$y=a\sin^3 t$ 上从 $t=0$ 到 $t=\pi$ 的一段时，计算曲线积分的值.

12. 已知函数 $f(x)$ 具有连续的导数，$f(1)=\frac{1}{2}$，并且在右半平面 $x>0$ 内曲线积分 $\int_L\left(1+\frac{1}{x}f(x)\right)y\mathrm{d}x-f(x)\mathrm{d}y$ 与路径无关，求 $f(x)$.

13. 已知 $f(0)=1$，$f\left(\frac{1}{2}\right)=\frac{1}{\mathrm{e}}$，$f(x)$ 有二阶连续导数，试确定 $f(x)$，使曲线积分 $\int_L(f'(x)+6f(x))y\mathrm{d}x+f'(x)\mathrm{d}y$ 与路径无关.

14. 确定 λ 的值，使曲线积分 $I=\int_L(x^4+4xy^\lambda)\mathrm{d}x+(6x^{\lambda-1}y^2-5y^4)\mathrm{d}y$ 与路径无关，并当 L 的起点与终点分别为 $(0,0)$，$(1,2)$ 时计算此积分的值.

15. 求 n 的值，使 $\frac{(x-y)\mathrm{d}x+(x+y)\mathrm{d}y}{(x^2+y^2)^n}$ 为某函数 $u(x,y)$ 的全微分，并求 $u(x,y)$.

16. 设函数 $f(x)$ 可导，满足 $(x\mathrm{e}^x+f(x))y\mathrm{d}x+f(x)\mathrm{d}y=\mathrm{d}u(x,y)$，且 $f(0)=0$，求 $f(x)$ 及 $u(x,y)$.

17. 设沿 xOy 面上任意简单闭曲线 L，都有曲线积分

$$\oint_L(3xy^2-y^\alpha)\mathrm{d}x+(3x^\beta y-3xy^2)\mathrm{d}y=0,$$

求 α,β 的值及微分方程 $(3xy^2-y^\alpha)\mathrm{d}x+(3x^\beta y-3xy^2)\mathrm{d}y=0$ 的通解.

18. 设 L 是圆周 $(x-a)^2+(y-a)^2=1$ 的逆时针方向，$f(x)$ 是恒为正的连续函数，证明：$\oint_L xf(y)\mathrm{d}y-\frac{y}{f(x)}\mathrm{d}x\geqslant 2\pi$.

19. 计算 $I=\oint_L\frac{y^2\mathrm{d}x+z^2\mathrm{d}y+x^2\mathrm{d}z}{x^2+y^2+z^2}$，其中 L：$\begin{cases}x^2+y^2+z^2=4a^2,\\ x^2+y^2=2ax,\end{cases}$ $a>0,z\geqslant 0$，从 z 轴正向往下看，L 的方向为顺时针方向.

20. 利用斯托克斯公式计算下列曲线积分.

(1) $\oint_L \boldsymbol{A}\cdot\mathrm{d}\boldsymbol{l}$，其中 $\boldsymbol{A}=-3y^2\boldsymbol{i}+4z\boldsymbol{j}+6x\boldsymbol{k}$，$L$ 为以 $O(0,0,0)$，$A(2,0,0)$，$B(0,2,1)$ 为顶点的三角形边界，从 z 轴正向看去，L 的方向为逆时针方向；

(2) $\oint_L 2y\mathrm{d}x-z\mathrm{d}y-x\mathrm{d}z$，其中 L 是球面 $x^2+y^2+z^2=R^2$ 与平面 $x+z=R$ 的交线，从 z 轴正向看去，L 的方向为逆时针方向.

21. 求曲面 $z=\frac{1}{2}(x^2+y^2)(0\leqslant z\leqslant 1)$ 的质量，其上每一点的面密度等于该点到 xOy 面的距离.

22. 设 S 为椭球面 $\frac{x^2}{2}+\frac{y^2}{2}+z^2=1$ 的上半部分，点 $P(x,y,z)\in S$，π 为 S 在点 P 处的切平面，ρ 为原点到平面 π 的距离，求 $\iint_S\frac{z}{\rho(x,y,z)}\mathrm{d}S$.

23. 计算 $\oiint_S(xz\cos\alpha+x^2y\cos\beta+y^2z\cos\gamma)\mathrm{d}S$，其中 S 为 $z=x^2+y^2$，$x^2+y^2=1$ 与三个坐标平面在第一卦限所围立体的边界曲面，$\{\cos\alpha,\cos\beta,\cos\gamma\}$ 为 S 的外法线向量.

24. 设 $f(u)$ 有连续导数，计算 $I=\oiint_S\frac{1}{y}f\left(\frac{x}{y}\right)\mathrm{d}y\mathrm{d}z+\frac{1}{x}f\left(\frac{x}{y}\right)\mathrm{d}z\mathrm{d}x+z\mathrm{d}x\mathrm{d}y$，其中 S 是 $y=x^2+z^2+6$，$y=8-x^2-z^2$ 所围立体表面的外侧.

25. 计算 $\iint_S(x-y^2)\mathrm{d}y\mathrm{d}z+(y-z^2)\mathrm{d}z\mathrm{d}x+(z-x^2)\mathrm{d}x\mathrm{d}y$，$S$ 是锥面 $z^2=x^2+y^2(0\leqslant z\leqslant h)$ 的上侧.

26. 计算 $\iint_S(x^3+az^2)\mathrm{d}y\mathrm{d}z+(y^3+ax^2)\mathrm{d}z\mathrm{d}x+(z^3+ay^2)\mathrm{d}x\mathrm{d}y$，其中 S 为上半球面 $z=\sqrt{a^2-x^2-y^2}$ 的上侧.

27. 设 $\boldsymbol{v}=\{z\arctan y^2,z^3\ln(x^2+1),z\}$，$S$ 为抛物面 $x^2+y^2+z=2$ 位于平面 $z=1$ 上方的那部分，求 $\boldsymbol{v}$ 流向 S 上侧的流量.

10 第十章 级数

在实际应用和理论研究中，我们常常会遇到无穷多项求和问题.

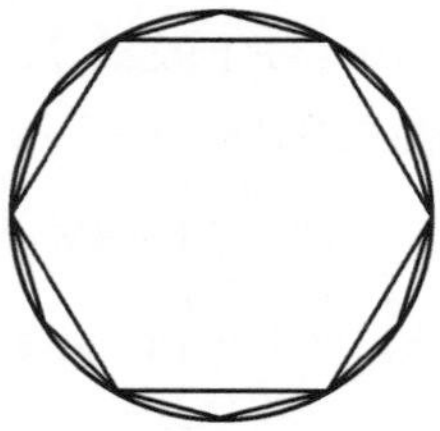

图 10-1

例如，求圆的面积问题. 如图 10-1 所示，先作圆的内接正六边形，将其面积记为 a_1，它可以作为圆面积 A 的一个近似值. 再以这个六边形的每一条边为底作六个顶点在圆周上的等腰三角形，设这六个等腰三角形的面积之和为 a_2，则 a_1+a_2 是圆内接正十二边形的面积，与 a_1 相比，它是圆面积 A 的一个较好的近似. 同样，再以这正十二边形的每一条边为底作顶点在圆周上的等腰三角形，设这十二个等腰三角形的面积之和为 a_3，于是 $a_1+a_2+a_3$ 是圆内接正二十四边形的面积，是 A 的一个更好的近似. 如此做下去，得到和式

$$a_1+a_2+\cdots+a_n=\sum_{k=1}^{n}a_k,$$

它是圆内接正 3×2^n 边形的面积，显然 n 越大，它越接近圆的面积，当 $n\to\infty$时，它的极限就是圆的面积的精确值，即

$$A=a_1+a_2+\cdots+a_n+\cdots.$$

这是无穷多项相加的形式，这种形式就是我们这一章将要研究的问题——无穷级数.

我们先讨论数项级数的基本概念、性质以及收敛性判别法，然后介绍函数项级数，其中重点讨论幂级数和三角级数.

第一节 数项级数的基本概念和性质

一、级数的基本概念

从有限到无穷，1=0.999…

1. 无穷级数

设 $u_1,u_2,\cdots,u_n,\cdots$是一个数列，则表达式 $u_1+u_2+\cdots+u_n+\cdots$ 称为无穷级数，简称为级数，记作 $\sum\limits_{n=1}^{\infty}u_n$，即

$$\sum_{n=1}^{\infty}u_n=u_1+u_2+\cdots+u_n+\cdots,$$

其中 $u_n(n=1,2,\cdots)$叫作级数的一般项或通项. 由于此级数是由数

列求和得到的，因此也叫作数项级数.

级数表示的是无穷多项相加，是一个无限的过程，我们可以从有限项的和出发，借助极限来理解无穷多项相加的含义.

2. 无穷级数的收敛与发散

设有无穷级数

$$\sum_{n=1}^{\infty}u_n=u_1+u_2+\cdots+u_n+\cdots, \tag{1}$$

它的前 n 项的和 $S_n=u_1+u_2+\cdots+u_n$ 称为级数(1)的第 n 部分和，简称部分和. 其中

$$S_1=u_1, S_2=u_1+u_2, S_3=u_1+u_2+u_3, \cdots,$$
$$S_n=u_1+u_2+\cdots+u_n, \cdots$$

构成一个数列 $\{S_n\}$，考察这个数列是否有极限便引出了如下定义.

定义　**设无穷级数** $\sum\limits_{n=1}^{\infty}u_n$，**如果当** $n\to\infty$ **时，其部分和数列** $\{S_n\}$ **有极限，即** $\lim\limits_{n\to\infty}S_n=S$，**则称级数** $\sum\limits_{n=1}^{\infty}u_n$ **是收敛的，并称** S **是此级数的和，记作** $\sum\limits_{n=1}^{\infty}u_n=S$；**如果当** $n\to\infty$ **时，数列** $\{S_n\}$ **没有极限，则称级数** $\sum\limits_{n=1}^{\infty}u_n$ **是发散的.**

如果级数 $\sum\limits_{n=1}^{\infty}u_n$ 是发散的，那么意味着级数没有有限和.

我们将 $R_n=\sum\limits_{k=n+1}^{\infty}u_k$ 叫作级数 $\sum\limits_{n=1}^{\infty}u_n$ 的余项. 当级数收敛时，由于 $\sum\limits_{n=1}^{\infty}u_n=S$，因此有 $S_n+R_n=S$，故有 $\lim\limits_{n\to\infty}R_n=0$. 从而如果用 S_n 近似代替 S，所产生的误差为 $|R_n|$.

例 1　讨论等比级数（又称几何级数）$\sum\limits_{n=1}^{\infty}ar^{n-1}\ (a\neq 0)$ 的收敛性（也可以说成敛散性）.

解　当 $|r|\neq 1$ 时，级数的部分和为 $S_n=\dfrac{a(1-r^n)}{1-r}$.

当 $|r|<1$ 时，有

$$\lim_{n\to\infty}S_n=\lim_{n\to\infty}\frac{a(1-r^n)}{1-r}=\frac{a}{1-r},$$

故此时级数收敛，且其和为 $\dfrac{a}{1-r}$；

当 $|r|>1$ 时，有 $\lim\limits_{n\to\infty}S_n=\infty$，从而级数发散；

当 $r=1$ 时，$S_n=a+a+a+\cdots+a=na$，有 $\lim\limits_{n\to\infty}S_n=\infty$，从而级数发散；

当 $r=-1$ 时，有

$$S_{2n}=a-a+a-a+\cdots+a-a=0,$$

$$S_{2n-1}=a-a+a-a+\cdots+a-a+a=a,$$

由于 $\lim\limits_{n\to\infty}S_{2n}=0$，$\lim\limits_{n\to\infty}S_{2n-1}=a\neq0$，故 $\lim\limits_{n\to\infty}S_n$ 不存在，从而级数发散.

综合起来，等比级数 $\sum\limits_{n=1}^{\infty}ar^{n-1}$ 当 $|r|<1$ 时收敛，且其和为 $\dfrac{a}{1-r}$，当 $|r|\geqslant1$ 时发散.

例 2　判断级数 $\sum\limits_{n=1}^{\infty}\dfrac{1}{n(n+1)}$ 的收敛性.

解　由于 $u_n=\dfrac{1}{n(n+1)}=\dfrac{1}{n}-\dfrac{1}{n+1}$，因此部分和

$$\begin{aligned}S_n&=\frac{1}{1\times2}+\frac{1}{2\times3}+\cdots+\frac{1}{n(n+1)}\\&=\left(1-\frac{1}{2}\right)+\left(\frac{1}{2}-\frac{1}{3}\right)+\cdots+\left(\frac{1}{n}-\frac{1}{n+1}\right)=1-\frac{1}{n+1},\end{aligned}$$

从而

$$\lim_{n\to\infty}S_n=\lim_{n\to\infty}\left(1-\frac{1}{n+1}\right)=1,$$

所以级数收敛，且其和为 1.

例 3　判定级数 $\sum\limits_{n=1}^{\infty}\ln\left(1+\dfrac{1}{n}\right)$ 的敛散性.

解　级数的部分和为

$$\begin{aligned}S_n&=\ln(1+1)+\ln\left(1+\frac{1}{2}\right)+\cdots+\ln\left(1+\frac{1}{n}\right)\\&=\ln2+\ln\frac{3}{2}+\cdots+\ln\frac{n+1}{n}=\ln\left(2\cdot\frac{3}{2}\cdot\cdots\cdot\frac{n+1}{n}\right)=\ln(n+1),\end{aligned}$$

从而

$$\lim_{n\to\infty}S_n=\lim_{n\to\infty}\ln(n+1)=\infty,$$

所以级数发散.

例 4　判定调和级数 $\sum\limits_{n=1}^{\infty}\dfrac{1}{n}$ 的敛散性.

解　由于当 $x>0$ 时，有 $x>\ln(1+x)$，故 $\dfrac{1}{n}>\ln\left(1+\dfrac{1}{n}\right)$，于是调和级数的部分和的极限

$$\lim_{n\to\infty}S_n\geqslant\lim_{n\to\infty}\ln(n+1)=+\infty,$$

因此调和级数发散.

例 5　设级数 $\sum\limits_{n=1}^{\infty}u_n$，已知 $S_{3n}\to S$，$S_{3n+1}\to S$，且 $u_n\to0$，试证明

级数 $\sum_{n=1}^{\infty} u_n$ 收敛，且其和为 S.

证 由于 $S_{3n+2}=S_{3n+1}+u_{3n+2}$，根据已知条件，得

$$\lim_{n\to\infty} S_{3n+2}=\lim_{n\to\infty} S_{3n+1}+\lim_{n\to\infty} u_{3n+2}=S+0=S,$$

又
$$\lim_{n\to\infty} S_{3n}=\lim_{n\to\infty} S_{3n+1}=S, \text{故} \lim_{n\to\infty} S_n=S,$$

因此 $\sum_{n=1}^{\infty} u_n$ 收敛，且其和为 S.

例 6 已知 $\lim_{n\to\infty} nu_n=0$，证明：级数 $\sum_{n=1}^{\infty}(n+1)(u_{n+1}-u_n)$ 收敛的充分必要条件是级数 $\sum_{n=1}^{\infty} u_n$ 收敛.

证 设 $\sum_{n=1}^{\infty}(n+1)(u_{n+1}-u_n)$ 与 $\sum_{n=1}^{\infty} u_n$ 的部分和分别为 σ_n 和 S_n，则

$$\begin{aligned}
\sigma_n &= \sum_{k=1}^{n}(k+1)(u_{k+1}-u_k)\\
&=2(u_2-u_1)+3(u_3-u_2)+\cdots+(n+1)(u_{n+1}-u_n)\\
&=-2u_1-u_2-u_3-\cdots-u_n+(n+1)u_{n+1}\\
&=-S_n-u_1+(n+1)u_{n+1},
\end{aligned}$$

由题设有 $\lim_{n\to\infty}(n+1)u_{n+1}=0$，故 $\lim_{n\to\infty}\sigma_n$ 存在的充分必要条件是 $\lim_{n\to\infty} S_n$ 存在，因此级数 $\sum_{n=1}^{\infty}(n+1)(u_{n+1}-u_n)$ 收敛的充分必要条件是级数 $\sum_{n=1}^{\infty} u_n$ 收敛.

二、级数的基本性质

根据级数收敛的定义可以得出以下级数的基本性质.

性质 1(收敛的必要条件)　若级数 $\sum_{n=1}^{\infty} u_n$ 收敛，则 $\lim_{n\to\infty} u_n=0$.

证 因为 $\sum_{n=1}^{\infty} u_n$ 收敛，所以 $\lim_{n\to\infty} S_n$ 存在，设 $\lim_{n\to\infty} S_n=S$，则由于

$$u_n=S_n-S_{n-1},$$

故
$$\lim_{n\to\infty} u_n=\lim_{n\to\infty}(S_n-S_{n-1})=\lim_{n\to\infty} S_n-\lim_{n\to\infty} S_{n-1}=S-S=0.$$

此性质表明，级数收敛的必要条件是其一般项是无穷小，因此若 $\lim_{n\to\infty} u_n\neq 0$，可以得出级数 $\sum_{n=1}^{\infty} u_n$ 一定发散.

例如,对级数 $\sum\limits_{n=1}^{\infty}\sqrt[n]{n}$,由于 $\lim\limits_{n\to\infty}u_n=\lim\limits_{n\to\infty}\sqrt[n]{n}=1\neq 0$,故此级数发散. 又如,对级数 $\sum\limits_{n=1}^{\infty}\sin n$,由于 $\lim\limits_{n\to\infty}u_n=\lim\limits_{n\to\infty}\sin n$ 不存在,故此级数也是发散的.

但是我们要注意,此性质的逆命题是不成立的. 例如,对调和级数 $\sum\limits_{n=1}^{\infty}\dfrac{1}{n}$,虽然有 $\lim\limits_{n\to\infty}u_n=\lim\limits_{n\to\infty}\dfrac{1}{n}=0$,但由上面的讨论已得知此级数是发散的. 因此一般项为无穷小只是级数收敛的必要条件,而非充分条件.

性质 2(线性性质)　若级数 $\sum\limits_{n=1}^{\infty}u_n$ 与 $\sum\limits_{n=1}^{\infty}v_n$ 都收敛,且其和分别为 S 和 σ,则对任意常数 C_1,C_2,级数 $\sum\limits_{n=1}^{\infty}(C_1u_n+C_2v_n)$ 也收敛,且其和为 $C_1S+C_2\sigma$,即

$$\sum_{n=1}^{\infty}(C_1u_n+C_2v_n)=C_1\sum_{n=1}^{\infty}u_n+C_2\sum_{n=1}^{\infty}v_n.$$

证　设 $\sum\limits_{n=1}^{\infty}u_n$, $\sum\limits_{n=1}^{\infty}v_n$ 及 $\sum\limits_{n=1}^{\infty}(C_1u_n+C_2v_n)$ 的部分和分别为 S_n,σ_n,τ_n,则有

$$\tau_n=\sum_{k=1}^{n}(C_1u_k+C_2v_k)=C_1\sum_{k=1}^{n}u_k+C_2\sum_{k=1}^{n}v_k=C_1S_n+C_2\sigma_n,$$

由于 $\sum\limits_{n=1}^{\infty}u_n$ 与 $\sum\limits_{n=1}^{\infty}v_n$ 都收敛,故 $\lim\limits_{n\to\infty}S_n=S$, $\lim\limits_{n\to\infty}\sigma_n=\sigma$,所以

$$\lim_{n\to\infty}\tau_n=C_1\lim_{n\to\infty}S_n+C_2\lim_{n\to\infty}\sigma_n=C_1S+C_2\sigma,$$

因此 $\sum\limits_{n=1}^{\infty}(C_1u_n+C_2v_n)$ 收敛,且其和为 $C_1S+C_2\sigma$.

如果此性质中的 $C_1=C_2=1$,则表明收敛级数的和也收敛. 如果 $C_1\neq 0$, $C_2=0$,则表明将级数的一般项乘以非零常数不改变级数的收敛性.

例 7　判定下列级数是否收敛,若收敛,求出其和.

(1) $\sum\limits_{n=1}^{\infty}\left(\dfrac{2+(-1)^{n+1}}{3^n}-\dfrac{4}{4n^2-1}\right)$;(2) $\sum\limits_{n=1}^{\infty}\left(\dfrac{1}{2^n}+\dfrac{1}{10n}\right)$.

解　(1)根据例 1 的结论,知 $\sum\limits_{n=1}^{\infty}\dfrac{2}{3^n}$ 与 $\sum\limits_{n=1}^{\infty}\dfrac{(-1)^{n+1}}{3^n}$ 都收敛,且

$$\sum_{n=1}^{\infty}\frac{2}{3^n}=\frac{\dfrac{2}{3}}{1-\dfrac{1}{3}}=1,$$

$$\sum_{n=1}^{\infty}\frac{(-1)^{n+1}}{3^n}=\frac{\frac{1}{3}}{1-\left(-\frac{1}{3}\right)}=\frac{1}{4},$$

而对于 $\sum_{n=1}^{\infty}\frac{4}{4n^2-1}$，其部分和为

$$\begin{aligned}S_n&=\sum_{k=1}^{n}\frac{4}{4k^2-1}=\sum_{k=1}^{n}\left(\frac{2}{2k-1}-\frac{2}{2k+1}\right)\\&=2\left[\left(1-\frac{1}{3}\right)+\left(\frac{1}{3}-\frac{1}{5}\right)+\cdots+\left(\frac{1}{2n-1}-\frac{1}{2n+1}\right)\right]\\&=2\left(1-\frac{1}{2n+1}\right),\end{aligned}$$

$$\lim_{n\to\infty}S_n=2,\text{故}\sum_{n=1}^{\infty}\frac{4}{4n^2-1}=2,$$

因而原级数收敛，且

$$\sum_{n=1}^{\infty}\left(\frac{2+(-1)^{n+1}}{3^n}-\frac{4}{4n^2-1}\right)=1+\frac{1}{4}-2=-\frac{3}{4};$$

(2)由于 $\sum_{n=1}^{\infty}\frac{1}{2^n}$ 是公比为 $r=\frac{1}{2}$ 的等比级数，故收敛，而 $\sum_{n=1}^{\infty}\frac{1}{n}$ 发散，从而 $\sum_{n=1}^{\infty}\frac{1}{10n}$ 发散，因此级数 $\sum_{n=1}^{\infty}\left(\frac{1}{2^n}+\frac{1}{10n}\right)$ 发散.

性质 3　将级数前面的有限项去掉或在级数前面加上有限项不改变级数的收敛性.

证　设将级数 $\sum_{n=1}^{\infty}u_n$ 的前 k 项去掉以后所得级数为 $\sum_{n=1}^{\infty}v_n$，则有 $v_n=u_{n+k}$，设 $\sum_{n=1}^{\infty}u_n$ 与 $\sum_{n=1}^{\infty}v_n$ 的部分和分别为 S_n,σ_n，则有

$$\begin{aligned}\sigma_n&=v_1+v_2+\cdots+v_n=u_{k+1}+u_{k+2}+\cdots+u_{k+n}\\&=S_{k+n}-(u_1+u_2+\cdots+u_k)=S_{k+n}-S_k,\end{aligned}$$

由于 S_k 是常数，且 $\lim_{n\to\infty}S_n$ 存在 $\Leftrightarrow\lim_{n\to\infty}S_{n+k}$ 存在，故 $\lim_{n\to\infty}\sigma_n$ 存在 $\Leftrightarrow\lim_{n\to\infty}S_n$ 存在，因此 $\sum_{n=1}^{\infty}u_n$ 与 $\sum_{n=1}^{\infty}v_n$ 有相同的收敛性.

类似地，可以证明在 $\sum_{n=1}^{\infty}u_n$ 的前面加上有限项也不改变级数的收敛性.

根据此性质及调和级数 $\sum_{n=1}^{\infty}\frac{1}{n}$ 是发散的，可知 $\sum_{n=1}^{\infty}\frac{1}{n+2}$ 与 $\sum_{n=5}^{\infty}\frac{1}{n}$ 都是发散的. 同样，由此性质及等比级数的收敛性可知

$\sum\limits_{n=10}^{\infty}\left(\frac{1}{3}\right)^n$ 是收敛的.

性质 4 对收敛级数的项任意加括号所得的级数仍收敛,且其和不变.

证 设级数 $\sum\limits_{n=1}^{\infty} u_n$ 收敛,对其项任意加括号所得级数为 $\sum\limits_{n=1}^{\infty} v_n$,其中

$$v_1=u_1+\cdots+u_{k_1}, v_2=u_{k_1+1}+\cdots+u_{k_2},$$
$$v_n=u_{k_{n-1}+1}+\cdots+u_{k_n},$$

设 $\sum\limits_{n=1}^{\infty} u_n$ 与 $\sum\limits_{n=1}^{\infty} v_n$ 的部分和分别为 S_n,σ_n,则 $\sigma_n=S_{k_n}$,即 $\{\sigma_n\}$ 是 $\{S_n\}$ 的一个子列,由于 $\sum\limits_{n=1}^{\infty} u_n$ 收敛,故 $\lim\limits_{n\to\infty} S_n=S$ 存在,因而有 $\lim\limits_{n\to\infty}\sigma_n=S$,所以 $\sum\limits_{n=1}^{\infty} v_n$ 收敛,且其和也为 S.

由此性质可以得到:

推论 如果 $\sum\limits_{n=1}^{\infty} u_n$ 的某个加括号的级数发散,则 $\sum\limits_{n=1}^{\infty} u_n$ 发散.

习题 10-1

1. 已知级数 $\sum\limits_{n=1}^{\infty} u_n$ 的前 n 项的和 $S_n=\frac{2n}{n+1}$,求此级数的一般项,并判别级数的收敛性.
2. 判别下列级数的敛散性,并求出其中收敛级数的和.

(1) $\sum\limits_{n=1}^{\infty}\sqrt{\frac{n}{n+1}}$;

(2) $\sum\limits_{n=1}^{\infty}(\sqrt{n+1}-\sqrt{n})$;

(3) $\sum\limits_{n=1}^{\infty}\frac{1}{(2n-1)(2n+1)}$;

(4) $\sum\limits_{n=1}^{\infty}\sin\frac{n\pi}{3}$;

(5) $\sum\limits_{n=1}^{\infty}\left(\frac{n}{n+1}\right)^n$;

(6) $\sum\limits_{n=1}^{\infty}\frac{4^n+(-2)^n}{3^n}$;

(7) $\sum\limits_{n=1}^{\infty}\frac{1}{n(n+1)(n+2)}$;

(8) $\sum\limits_{n=1}^{\infty}(-1)^n\frac{e^n}{3^n}$;

(9) $\sum\limits_{n=1}^{\infty}\frac{n}{(n+1)!}$.

3. 分别就 $\sum\limits_{n=1}^{\infty} u_n$ 收敛与发散两种情况讨论下列级数的敛散性.

(1) $\sum\limits_{n=1}^{\infty}(u_n+0.001)$;

(2) $\sum\limits_{n=1}^{\infty}u_{n+100}$;

(3) $\sum\limits_{n=1}^{\infty}\frac{1}{u_n}$.

4. 求级数 $\sum\limits_{n=2}^{\infty}\ln\left(1-\frac{1}{n^2}\right)$ 的和.
5. 求级数 $\sum\limits_{n=1}^{\infty}\frac{2^n}{(2^{n+1}-1)(2^n-1)}$ 的和.

第二节 正项级数

对于级数 $\sum_{n=1}^{\infty} u_n$，我们要讨论它的收敛性，当它收敛时，我们常常要求出它的和 S. 其中关于收敛性的讨论更为重要，因为当级数收敛时，可以用其部分和 S_n 作为 S 的近似值，并且只要 n 足够大，即可满足所要求的精确度.

我们先来讨论正项级数的收敛性.

如果 $u_n \geqslant 0, n=1,2,\cdots$，则 $\sum_{n=1}^{\infty} u_n$ 称为正项级数.

对于正项级数，除了可以用第一节所介绍的定义与性质讨论其收敛性以外，还有一些专门针对此类级数的判别法.

一、正项级数的收敛准则

设 $\sum_{n=1}^{\infty} u_n$ 是正项级数，则由于 $u_n \geqslant 0$，因此其部分和数列 $\{S_n\}$ 单调增加（包括严格单调增或不严格单调增），即有 $S_n \leqslant S_{n+1}$，因此若 $\{S_n\}$ 有上界，则 $\lim\limits_{n\to\infty} S_n$ 一定存在，若 $\lim\limits_{n\to\infty} S_n$ 存在，则 $\{S_n\}$ 一定有上界，否则 $\lim\limits_{n\to\infty} S_n = +\infty$，于是得出下面的定理.

定理 1（正项级数的收敛准则） 正项级数收敛的充分必要条件是它的部分和有上界.

以正项级数的收敛准则为基础，可以建立下面几个常用的判别法.

二、比较判别法

判定一个正项级数的敛散性，有时可将它与一个已知其敛散性的级数相比较，比较的方法又分为两种形式.

定理 2（比较判别法的不等式形式） 设正项级数 $\sum_{n=1}^{\infty} u_n$ 和 $\sum_{n=1}^{\infty} v_n$ 满足不等式 $u_n \leqslant v_n, n=1,2,\cdots$，则

（1）当 $\sum_{n=1}^{\infty} v_n$ 收敛时，$\sum_{n=1}^{\infty} u_n$ 也收敛；

（2）当 $\sum_{n=1}^{\infty} u_n$ 发散时，$\sum_{n=1}^{\infty} v_n$ 也发散.

证　设 $\sum_{n=1}^{\infty} u_n$ 与 $\sum_{n=1}^{\infty} v_n$ 的部分和分别为 S_n 与 σ_n，则由 $u_n \leqslant v_n, n=1,2,\cdots$，有

$$S_n \leqslant \sigma_n.$$

(1) 当 $\sum_{n=1}^{\infty} v_n$ 收敛时，根据正项级数的收敛准则，$\{\sigma_n\}$ 有上界，故 $\{S_n\}$ 也有上界，因此 $\sum_{n=1}^{\infty} u_n$ 收敛；

(2) 当 $\sum_{n=1}^{\infty} u_n$ 发散时，根据正项级数的收敛准则，$\{S_n\}$ 没有上界，因而 $\{\sigma_n\}$ 也没有上界，所以 $\sum_{n=1}^{\infty} v_n$ 发散.

由于级数的收敛性与其前面有限项无关，又由于级数 $\sum_{n=1}^{\infty} u_n$ 与 $\sum_{n=1}^{\infty} Cu_n (C \neq 0)$ 有相同的收敛性，因此如果将定理 2 中的不等式 $u_n \leqslant v_n, n=1,2,\cdots$ 换成 $u_n \leqslant Cv_n, n=N, N+1, \cdots$（$C$ 是正常数），那么定理 2 的结论仍成立.

例 1　讨论 p-级数 $\sum_{n=1}^{\infty} \frac{1}{n^p} = 1 + \frac{1}{2^p} + \frac{1}{3^p} + \cdots + \frac{1}{n^p} + \cdots$ 的收敛性.

解　当 $p=1$ 时，它是调和级数，所以是发散的.

当 $p<1$ 时，由于 $\frac{1}{n^p} > \frac{1}{n}$，且由于 $\sum_{n=1}^{\infty} \frac{1}{n}$ 发散，所以 $\sum_{n=1}^{\infty} \frac{1}{n^p}$ 也发散.

当 $p>1$ 时，级数的部分和满足：

$$\begin{aligned} S_n &= 1 + \frac{1}{2^p} + \frac{1}{3^p} + \cdots + \frac{1}{n^p} = 1 + \int_1^2 \frac{\mathrm{d}x}{2^p} + \int_2^3 \frac{\mathrm{d}x}{3^p} + \cdots + \int_{n-1}^n \frac{\mathrm{d}x}{n^p} \\ &< 1 + \int_1^2 \frac{\mathrm{d}x}{x^p} + \int_2^3 \frac{\mathrm{d}x}{x^p} + \cdots + \int_{n-1}^n \frac{\mathrm{d}x}{x^p} = 1 + \int_1^n \frac{\mathrm{d}x}{x^p} \\ &= 1 + \left.\frac{1}{(1-p)x^{p-1}}\right|_1^n = 1 + \frac{1}{p-1}\left(1 - \frac{1}{n^{p-1}}\right) < 1 + \frac{1}{p-1}, \end{aligned}$$

即 $\{S_n\}$ 有上界，所以级数是收敛的.

因此得到结论：p-级数当 $p>1$ 时收敛，当 $p \leqslant 1$ 时发散.

例 2　判别下列级数的收敛性.

(1) $\sum_{n=1}^{\infty} \frac{n}{(n+1)(n+2)(n+3)}$；　　(2) $\sum_{n=1}^{\infty} \frac{1}{2n-1}$；

(3) $\sum_{n=1}^{\infty} \frac{1}{r^n + n} (r>1)$；　　(4) $\sum_{n=1}^{\infty} \frac{2+(-1)^n}{a^n} (a>0)$；

(5) $\sum_{n=1}^{\infty}\sin\frac{\pi}{2^n}$； (6) $\sum_{n=2}^{\infty}\frac{1}{\ln n}$.

解 (1) $\frac{n}{(n+1)(n+2)(n+3)}\leqslant\frac{n}{n^3}=\frac{1}{n^2}$，

因为 $\sum_{n=1}^{\infty}\frac{1}{n^2}$ 收敛，故 $\sum_{n=1}^{\infty}\frac{n}{(n+1)(n+2)(n+3)}$ 收敛；

(2) $\frac{1}{2n-1}\geqslant\frac{1}{2n+2}=\frac{1}{2}\cdot\frac{1}{n+1}$，

由于 $\sum_{n=1}^{\infty}\frac{1}{n+1}$（是将调和级数去掉一项所得级数）发散，故 $\sum_{n=1}^{\infty}\frac{1}{2n-1}$ 发散；

(3) $\frac{1}{r^n+n}<\left(\frac{1}{r}\right)^n$，由于 $r>1$ 时，几何级数 $\sum_{n=1}^{\infty}\left(\frac{1}{r}\right)^n$ 收敛，故 $\sum_{n=1}^{\infty}\frac{1}{r^n+n}$ 收敛；

(4) 当 $a>1$ 时，$\frac{2+(-1)^n}{a^n}\leqslant 3\left(\frac{1}{a}\right)^n$，由于 $\sum_{n=1}^{\infty}\left(\frac{1}{a}\right)^n$ 收敛，故 $\sum_{n=1}^{\infty}\frac{2+(-1)^n}{a^n}$ 收敛；

当 $a=1$ 时，由于 $\lim\limits_{n\to\infty}\frac{2+(-1)^n}{a^n}=\lim\limits_{n\to\infty}[2+(-1)^n]\neq 0$，故 $\sum_{n=1}^{\infty}\frac{2+(-1)^n}{a^n}$ 发散；

当 $a<1$ 时，$\frac{2+(-1)^n}{a^n}\geqslant\left(\frac{1}{a}\right)^n$，因为 $\sum_{n=1}^{\infty}\left(\frac{1}{a}\right)^n$ 发散，所以 $\sum_{n=1}^{\infty}\frac{2+(-1)^n}{a^n}$ 发散；

(5) $\sin\frac{\pi}{2^n}\leqslant\frac{\pi}{2^n}=\pi\left(\frac{1}{2}\right)^n$，

由于 $\sum_{n=1}^{\infty}\left(\frac{1}{2}\right)^n$ 收敛，故 $\sum_{n=1}^{\infty}\sin\frac{\pi}{2^n}$ 收敛；

(6) 由于 $\lim\limits_{n\to\infty}\frac{n}{\ln n}=\infty$，

故 $\exists N>0$，使得当 $n>N$ 时，

$$\frac{n}{\ln n}>1，即\frac{1}{\ln n}>\frac{1}{n}，$$

因为 $\sum_{n=2}^{\infty}\frac{1}{n}$ 发散，故 $\sum_{n=2}^{\infty}\frac{1}{\ln n}$ 发散.

下面给出比较判别法的另一种形式.

定理 3(比较判别法的极限形式) **设正项级数** $\sum_{n=1}^{\infty} u_n$ **和** $\sum_{n=1}^{\infty} v_n$ **满足** $\lim_{n\to\infty}\frac{u_n}{v_n}=\lambda$(**$\lambda$ 是有限数或** $+\infty$),**则**

(1) **当** $0<\lambda<+\infty$ **时,** $\sum_{n=1}^{\infty} u_n$ **与** $\sum_{n=1}^{\infty} v_n$ **有相同的收敛性;**

(2) **当** $\lambda=0$ **时,如果** $\sum_{n=1}^{\infty} v_n$ **收敛,那么** $\sum_{n=1}^{\infty} u_n$ **也收敛;**

(3) **当** $\lambda=+\infty$ **时,如果** $\sum_{n=1}^{\infty} v_n$ **发散,那么** $\sum_{n=1}^{\infty} u_n$ **也发散.**

证 (1) 当 $0<\lambda<+\infty$ 时,由于 $\lim_{n\to\infty}\frac{u_n}{v_n}=\lambda$,故 $\exists N>0$,使得当 $n>N$ 时,有

$$\left|\frac{u_n}{v_n}-\lambda\right|<\frac{\lambda}{2},\text{即}-\frac{\lambda}{2}<\frac{u_n}{v_n}-\lambda<\frac{\lambda}{2},$$

$$\frac{\lambda}{2}<\frac{u_n}{v_n}<\frac{3\lambda}{2},$$

于是

$$\frac{\lambda}{2}v_n<u_n<\frac{3\lambda}{2}v_n,$$

由上式及定理 2 便可得出 $\sum_{n=1}^{\infty} u_n$ 与 $\sum_{n=1}^{\infty} v_n$ 有相同的收敛性;

(2) 当 $\lim_{n\to\infty}\frac{u_n}{v_n}=\lambda=0$ 时,则 $\exists N>0$,使得当 $n>N$ 时,有

$$\left|\frac{u_n}{v_n}-0\right|\leqslant 1,\text{即 } u_n\leqslant v_n,$$

因此由 $\sum_{n=1}^{\infty} v_n$ 收敛可得出 $\sum_{n=1}^{\infty} u_n$ 也收敛;

(3) 当 $\lim_{n\to\infty}\frac{u_n}{v_n}=\lambda=+\infty$ 时,则 $\exists N>0$,使得当 $n>N$ 时,有

$$\left|\frac{u_n}{v_n}\right|>1,\text{即 } u_n>v_n,$$

因此由 $\sum_{n=1}^{\infty} v_n$ 发散可得出 $\sum_{n=1}^{\infty} u_n$ 也发散.

定理 3 表明,如果当 $n\to\infty$ 时,u_n 与 v_n 是同阶无穷小,则 $\sum_{n=1}^{\infty} u_n$ 与 $\sum_{n=1}^{\infty} v_n$ 的收敛性相同;如果 $u_n=o(v_n)$,即 u_n 是 v_n 的高阶无穷小,则当 $\sum_{n=1}^{\infty} v_n$ 收敛时,$\sum_{n=1}^{\infty} u_n$ 也收敛.

例 3 判别下列级数的收敛性.

(1) $\sum\limits_{n=1}^{\infty}\sin\frac{1}{n}$; (2) $\sum\limits_{n=1}^{\infty}\frac{6^n}{7^n-5^n}$;

(3) $\sum\limits_{n=1}^{\infty}\frac{n+1}{\sqrt{n^3+2n^2-n+5}}$; (4) $\sum\limits_{n=1}^{\infty}\left(1-\cos\frac{\alpha}{n}\right)(\alpha\neq 0)$;

(5) $\sum\limits_{n=2}^{\infty}\ln\left(1+\frac{1}{n^{\frac{3}{2}}}\right)$; (6) $\sum\limits_{n=1}^{\infty}\frac{\ln n}{n^{\frac{3}{2}}}$;

(7) $\sum\limits_{n=1}^{\infty}\left(\frac{1}{n}-\sin\frac{1}{n}\right)$.

解 (1) 由于$\lim\limits_{n\to\infty}\frac{\sin\frac{1}{n}}{\frac{1}{n}}=1$,且$\sum\limits_{n=1}^{\infty}\frac{1}{n}$发散,故$\sum\limits_{n=1}^{\infty}\sin\frac{1}{n}$也发散;

(2) 由于当$n\to\infty$时,

$$\frac{6^n}{7^n-5^n}=\frac{\left(\frac{6}{7}\right)^n}{1-\left(\frac{5}{7}\right)^n}\sim\left(\frac{6}{7}\right)^n,$$

而$\sum\limits_{n=1}^{\infty}\left(\frac{6}{7}\right)^n$收敛,故$\sum\limits_{n=1}^{\infty}\frac{6^n}{7^n-5^n}$收敛;

(3) 当$n\to\infty$时,有

$$\frac{n+1}{\sqrt{n^3+2n^2-n+5}}=\frac{n\left(1+\frac{1}{n}\right)}{n^{\frac{3}{2}}\sqrt{1+\frac{2}{n}-\frac{1}{n^2}+\frac{5}{n^3}}}\sim\frac{n}{n^{\frac{3}{2}}}=\frac{1}{n^{\frac{1}{2}}},$$

由于$\sum\limits_{n=1}^{\infty}\frac{1}{n^{\frac{1}{2}}}$发散,故$\sum\limits_{n=1}^{\infty}\frac{n+1}{\sqrt{n^3+2n^2-n+5}}$也发散;

(4) 当$n\to\infty$时,有

$$1-\cos\frac{\alpha}{n}\sim\frac{1}{2}\left(\frac{\alpha}{n}\right)^2=\frac{\alpha^2}{2}\cdot\frac{1}{n^2},$$

由于$\sum\limits_{n=1}^{\infty}\frac{1}{n^2}$收敛,故$\sum\limits_{n=1}^{\infty}\left(1-\cos\frac{\alpha}{n}\right)$也收敛;

(5) 当$n\to\infty$时,有 $\ln\left(1+\frac{1}{n^{\frac{3}{2}}}\right)\sim\frac{1}{n^{\frac{3}{2}}}$,

由于$\sum\limits_{n=1}^{\infty}\frac{1}{n^{\frac{3}{2}}}$收敛,故$\sum\limits_{n=2}^{\infty}\ln\left(1+\frac{1}{n^{\frac{3}{2}}}\right)$也收敛;

(6) $u_n=\frac{\ln n}{n^{\frac{3}{2}}}=\frac{\ln n}{n^{\frac{1}{4}}}\cdot\frac{1}{n^{\frac{5}{4}}}$,由于

$$\lim_{n\to\infty}\frac{\frac{\ln n}{n^{\frac{3}{2}}}}{\frac{1}{n^{\frac{5}{4}}}}=\lim_{n\to\infty}\frac{\ln n}{n^{\frac{1}{4}}}=0,$$

且 $\sum_{n=1}^{\infty}\frac{1}{n^{\frac{5}{4}}}$收敛,故 $\sum_{n=1}^{\infty}\frac{\ln n}{n^{\frac{3}{2}}}$也收敛;

(7) 由 $\sin x=x-\frac{x^3}{3!}+o(x^3)$,

得 $$u_n=\frac{1}{n}-\left[\frac{1}{n}-\frac{1}{3!n^3}+o\left(\frac{1}{n^3}\right)\right]=\frac{1}{6n^3}+o\left(\frac{1}{n^3}\right)\sim\frac{1}{6n^3},$$

由于 $\sum_{n=1}^{\infty}\frac{1}{n^3}$收敛,故 $\sum_{n=1}^{\infty}\left(\frac{1}{n}-\sin\frac{1}{n}\right)$也收敛;

运用比较判别法来判定级数 $\sum_{n=1}^{\infty}u_n$ 的收敛性时,需要另找一个已知其收敛性的级数 $\sum_{n=1}^{\infty}v_n$ 以进行比较. 对于某些级数来说,也可以利用级数自身的结构来判定它的收敛性,下面介绍两个这样的方法.

三、比值判别法(达朗贝尔判别法)

定理 4 设 $\sum_{n=1}^{\infty}u_n$ **是正项级数,如果**

$$\lim_{n\to\infty}\frac{u_{n+1}}{u_n}=l \quad (l\text{ 是有限数或}+\infty),$$

则当 $l<1$ 时级数收敛,当 $l>1$ 时级数发散,当 $l=1$ 时级数可能收敛也可能发散.

证 当 $l<1$ 时,记 $\varepsilon=1-l$,由于 $\lim_{n\to\infty}\frac{u_{n+1}}{u_n}=l$, ∃正整数 $N>0$,使得当 $n\geqslant N$ 时,有

$$\left|\frac{u_{n+1}}{u_n}-l\right|<\frac{\varepsilon}{2},$$

故 $$\frac{u_{n+1}}{u_n}-l<\frac{\varepsilon}{2},\frac{u_{n+1}}{u_n}<l+\frac{\varepsilon}{2}=r<1,$$

于是有 $$u_{n+1}<ru_n<r(ru_{n-1})<\cdots<r^{n+1-N}u_N,$$

由于 $\sum_{n=N}^{\infty}u_N r^{n-(N-1)}$是公比为 $r(|r|<1)$的等比级数,因而收敛,根据比较判别法,知 $\sum_{n=N}^{\infty}u_{n+1}$收敛,于是 $\sum_{n=1}^{\infty}u_n$ 收敛.

当 $l>1$ 时,若 l 是有限数,取正数 ε,使 $l-\varepsilon>1$,由于 $\lim_{n\to\infty}\frac{u_{n+1}}{u_n}=l$, ∃$N>0$,使得当 $n>N$ 时,有

$$\left|\frac{u_{n+1}}{u_n}-l\right|<\varepsilon,1<l-\varepsilon<\frac{u_{n+1}}{u_n},u_{n+1}>(l-\varepsilon)u_n>u_n,$$

若 $l=+\infty$，即$\lim\limits_{n\to\infty}\frac{u_{n+1}}{u_n}=+\infty$，则$\exists N>0$，使得当 $n>N$ 时，有

$$\frac{u_{n+1}}{u_n}>1, u_{n+1}>u_n,$$

这表明 u_n 单调增加，因此$\lim\limits_{n\to\infty}u_n\neq0$，从而级数发散.

当 $l=1$ 时，我们可举例说明级数可能收敛，也可能发散. 例如，对于 $\sum\limits_{n=1}^{\infty}\frac{1}{n^2}$ 和 $\sum\limits_{n=1}^{\infty}\frac{1}{n}$，都有$\lim\limits_{n\to\infty}\frac{u_{n+1}}{u_n}=1$，但是 $\sum\limits_{n=1}^{\infty}\frac{1}{n^2}$ 收敛，而 $\sum\limits_{n=1}^{\infty}\frac{1}{n}$ 发散.

利用比值判别法要注意，仅由$\frac{u_{n+1}}{u_n}<1$ 是不能得出 $\sum\limits_{n=1}^{\infty}u_n$ 一定收敛的（例如，对 $\sum\limits_{n=1}^{\infty}\frac{1}{n}$ 即是如此），但是由$\frac{u_{n+1}}{u_n}>1(n=N,N+1,\cdots)$ 可以得出级数 $\sum\limits_{n=1}^{\infty}u_n$ 一定发散，因为此时有 u_n 单调增加，从而$\lim\limits_{n\to\infty}u_n\neq0$.

例 4　判别下列级数的收敛性.

(1) $\sum\limits_{n=1}^{\infty}\frac{n}{(n+1)!}$；　(2) $\sum\limits_{n=1}^{\infty}\frac{n!}{n^n}$；

(3) $\sum\limits_{n=1}^{\infty}\frac{n!}{a^n}(a>0)$；　(4) $\sum\limits_{n=1}^{\infty}(n+1)^2\tan\frac{\pi}{3^n}$；

(5) $\sum\limits_{n=1}^{\infty}\frac{a^n n!}{n^n}(a>0)$.

解　(1) $$\lim_{n\to\infty}\frac{u_{n+1}}{u_n}=\lim_{n\to\infty}\frac{\frac{n+1}{(n+2)!}}{\frac{n}{(n+1)!}}=\lim_{n\to\infty}\frac{n+1}{n(n+2)}=0<1,$$

因此级数收敛；

(2) $$\lim_{n\to\infty}\frac{u_{n+1}}{u_n}=\lim_{n\to\infty}\frac{\frac{(n+1)!}{(n+1)^{n+1}}}{\frac{n!}{n^n}}=\lim_{n\to\infty}\frac{n^n}{(n+1)^n},$$

$$=\lim_{n\to\infty}\frac{1}{\left(1+\frac{1}{n}\right)^n}=\frac{1}{\mathrm{e}}<1,$$

故级数收敛；

(3) $$\lim_{n\to\infty}\frac{u_{n+1}}{u_n}=\lim_{n\to\infty}\frac{\frac{(n+1)!}{a^{n+1}}}{\frac{n!}{a^n}}=\lim_{n\to\infty}\frac{n+1}{a}=+\infty,$$

故级数发散；

(4) $\lim\limits_{n\to\infty}\frac{u_{n+1}}{u_n}=\lim\limits_{n\to\infty}\frac{(n+2)^2\tan\frac{\pi}{3^{n+1}}}{(n+1)^2\tan\frac{\pi}{3^n}}$

$$=\lim_{n\to\infty}\frac{(n+2)^2\ \frac{\pi}{3^{n+1}}}{(n+1)^2\ \frac{\pi}{3^n}}=\lim_{n\to\infty}\frac{(n+2)^2}{3(n+1)^2}=\frac{1}{3}<1,$$

故级数收敛；

(5) $\lim\limits_{n\to\infty}\frac{u_{n+1}}{u_n}=\lim\limits_{n\to\infty}\frac{\frac{a^{n+1}(n+1)!}{(n+1)^{n+1}}}{\frac{a^n n!}{n^n}}=\lim\limits_{n\to\infty}\frac{a}{\left(1+\frac{1}{n}\right)^n}=\frac{a}{\mathrm{e}}$,

故当 $a<\mathrm{e}$ 时，级数收敛；当 $a>\mathrm{e}$ 时，级数发散；当 $a=\mathrm{e}$ 时，由第一章知道，$\left(1+\frac{1}{n}\right)^n$ 单调增加趋于 e，因此 $\frac{u_{n+1}}{u_n}=\frac{\mathrm{e}}{\left(1+\frac{1}{n}\right)^n}>1$，$u_{n+1}>u_n$，$\lim\limits_{n\to\infty}u_n\neq0$，故此时级数发散.

四、根值判别法(柯西判别法)

定理 5 设 $\sum\limits_{n=1}^{\infty}u_n$ 是正项级数，如果

$$\lim_{n\to\infty}\sqrt[n]{u_n}=l\quad(l\text{ 是有限数或}+\infty),$$

则当 $l<1$ 时级数收敛，当 $l>1$ 时级数发散，当 $l=1$ 时级数可能收敛也可能发散.

此定理的证明与定理 4 的证明类似，这里从略.

例 5 判别下列级数的收敛性.

(1) $\sum\limits_{n=1}^{\infty}\frac{3+(-1)^n}{2^n}$； (2) $\sum\limits_{n=2}^{\infty}\frac{1}{2^n}\left(1+\frac{1}{n}\right)^{n^2}$；

(3) $\sum\limits_{n=1}^{\infty}\frac{1}{(\ln(1+n))^n}$； (4) $\sum\limits_{n=1}^{\infty}\frac{n^{(-1)^{n-1}}}{2^n}$；

(5) $\sum\limits_{n=1}^{\infty}\frac{\left(n+\frac{1}{n}\right)^n}{n^2}$.

解 (1) $\lim\limits_{n\to\infty}\sqrt[n]{u_n}=\lim\limits_{n\to\infty}\frac{\sqrt[n]{3+(-1)^n}}{2}=\frac{1}{2}<1$,

故级数收敛；

(2) $\lim\limits_{n\to\infty}\sqrt[n]{u_n}=\lim\limits_{n\to\infty}\frac{1}{2}\left(1+\frac{1}{n}\right)^n=\frac{\mathrm{e}}{2}>1$,

所以级数发散；

(3) $\lim\limits_{n\to\infty}\sqrt[n]{u_n}=\lim\limits_{n\to\infty}\dfrac{1}{\ln(1+n)}=0<1$,

所以级数收敛；

(4) 由于

$$\lim_{n\to\infty}\sqrt[2n]{u_{2n}}=\lim_{n\to\infty}\sqrt[2n]{\frac{(2n)^{(-1)^{2n-1}}}{2^{2n}}}=\lim_{n\to\infty}\frac{\sqrt[2n]{(2n)^{-1}}}{2}=\lim_{n\to\infty}\frac{1}{2\sqrt[2n]{2n}}=\frac{1}{2},$$

$$\lim_{n\to\infty}\sqrt[2n-1]{u_{2n-1}}=\lim_{n\to\infty}\frac{\sqrt[2n-1]{2n-1}}{2}=\frac{1}{2},$$

所以有

$$\lim_{n\to\infty}\sqrt[n]{u_n}=\frac{1}{2}<1,$$

故级数收敛；

(5)

$$\lim_{n\to\infty}\sqrt[n]{u_n}=\lim_{n\to\infty}\frac{n+\frac{1}{n}}{\sqrt[n]{n^2}}=+\infty>1,$$

故级数发散.

五、(柯西)积分判别法

下面给出的积分判别法可作为前面方法的补充.

定理 6　设 $\sum\limits_{n=1}^{\infty}u_n$ 是正项级数，$f(x)$ 是 $[1,+\infty)$ 上的单调减少非负函数，且 $f(n)=u_n$，则级数 $\sum\limits_{n=1}^{\infty}u_n$ 与反常积分 $\int_1^{+\infty}f(x)\mathrm{d}x$ 有相同的收敛性.

证　由于 $f(x)$ 单调减少，且 $f(n)=u_n$，则当 $x\in[k,k+1]$ 时，有

$$u_{k+1}\leqslant f(x)\leqslant u_k,$$

故

$$u_{k+1}\leqslant\int_k^{k+1}f(x)\mathrm{d}x\leqslant u_k,$$

于是有

$$\begin{aligned}u_2+u_3+\cdots+u_{n+1}&\leqslant\int_1^2 f(x)\mathrm{d}x+\int_2^3 f(x)\mathrm{d}x+\cdots+\int_n^{n+1}f(x)\mathrm{d}x\\&\leqslant u_1+u_2+\cdots+u_n,\end{aligned}$$

即

$$S_{n+1}-u_1\leqslant\int_1^{n+1}f(x)\mathrm{d}x\leqslant S_n,$$

由于 $\int_1^{n+1}f(x)\mathrm{d}x$ 单调增加，因此如果级数 $\sum\limits_{n=1}^{\infty}u_n$ 收敛，则 $\{S_n\}$ 有上界，因而 $\int_1^{n+1}f(x)\mathrm{d}x$ 有上界，故

$$\int_1^{+\infty} f(x)\mathrm{d}x = \lim_{n\to\infty}\int_1^{n+1} f(x)\mathrm{d}x$$

收敛；同样，若$\int_1^{+\infty} f(x)\mathrm{d}x$ 收敛，则由上面不等式得

$$S_{n+1} \leqslant \int_1^{n+1} f(x)\mathrm{d}x + u_1 \leqslant \int_1^{+\infty} f(x)\mathrm{d}x + u_1,$$

即$\{S_{n+1}\}$有上界，因此级数 $\sum\limits_{n=1}^{\infty} u_n$ 收敛.

例 6 利用积分判别法讨论 p-级数 $\sum\limits_{n=1}^{\infty}\frac{1}{n^p}$的收敛性.

解 设 $f(x)=\frac{1}{x^p}$，则 $f(x)$ 满足定理 6 的条件，由第四章的讨论知 p- 积分$\int_1^{+\infty}\frac{\mathrm{d}x}{x^p}$ 当 $p>1$ 时收敛，当 $p\leqslant 1$ 时发散，因而级数 $\sum\limits_{n=1}^{\infty}\frac{1}{n^p}$ 也是当 $p>1$ 时收敛，当 $p\leqslant 1$ 时发散.

例 7 讨论级数 $\sum\limits_{n=2}^{\infty}\frac{1}{n\ln^p n}$的收敛性.

解 设 $f(x)=\frac{1}{x\ln^p x}$，在$[2,+\infty)$上 $f(x)$ 非负单调减少且 $f(n)=\frac{1}{n\ln^p n}$.

当 $p=1$ 时，

$$\int_2^{+\infty} f(x)\mathrm{d}x = \int_2^{+\infty}\frac{\mathrm{d}x}{x\ln x} = \int_2^{+\infty}\frac{\mathrm{d}\ln x}{\ln x}$$
$$= \ln\left|\ln x\right|\Big|_2^{+\infty} = \lim_{x\to+\infty}\ln\ln x - \ln\ln 2 = +\infty;$$

当 $p\neq 1$ 时，

$$\int_2^{+\infty} f(x)\mathrm{d}x = \int_2^{+\infty}\frac{\mathrm{d}x}{x\ln^p x} = \int_2^{+\infty}\frac{\mathrm{d}\ln x}{\ln^p x}$$
$$= \frac{1}{1-p}\ln^{-p+1}x\Big|_2^{+\infty}$$
$$= \lim_{x\to+\infty}\frac{1}{1-p}(\ln^{1-p}x - \ln^{1-p}2)$$
$$= \begin{cases}\dfrac{1}{(p-1)\ln^{p-1}2}, & p>1,\\ +\infty, & p<1,\end{cases}$$

故反常积分$\int_2^{+\infty}\frac{\mathrm{d}x}{x\ln^p x}$ 当 $p>1$ 时收敛，当 $p\leqslant 1$ 时发散，因此级数 $\sum\limits_{n=2}^{\infty}\frac{1}{n\ln^p n}$也是当 $p>1$ 时收敛，当 $p\leqslant 1$ 时发散.

习题 10-2

1. 设 $\sum_{n=1}^{\infty} a_n$ 为正项级数，下列结论中正确的是(　　).

(A) 若 $\lim_{n\to\infty} na_n=0$，则 $\sum_{n=1}^{\infty} a_n$ 收敛；

(B) 若存在非零常数 λ，使 $\lim_{n\to\infty} na_n=\lambda$，则 $\sum_{n=1}^{\infty} a_n$ 发散；

(C) 若 $\sum_{n=1}^{\infty} a_n$ 收敛，则 $\lim_{n\to\infty} n^2 a_n=0$；

(D) 若 $\sum_{n=1}^{\infty} a_n$ 发散，则存在非零常数 λ，使 $\lim_{n\to\infty} na_n=\lambda$.

2. 判别下列级数的收敛性.

(1) $\sum_{n=1}^{\infty} \frac{3}{2^n+5}$；　(2) $\sum_{n=1}^{\infty} \frac{4}{n(n+3)}$；

(3) $\sum_{n=1}^{\infty} \frac{n+1}{n^2+n+1}$；　(4) $\sum_{n=1}^{\infty} \frac{n+1}{n2^n}$；

(5) $\sum_{n=1}^{\infty} \frac{\arctan n}{n^{\frac{3}{2}}}$；　(6) $\sum_{n=2}^{\infty} \frac{\ln n}{n^p}$；

(7) $\sum_{n=1}^{\infty} \frac{1}{\sqrt{n}}\ln\left(1+\frac{1}{\sqrt{n}}\right)$；　(8) $\sum_{n=2}^{\infty} \frac{1}{(\ln n)^3}$；

(9) $\sum_{n=1}^{\infty} (\sqrt{n^3+1}-\sqrt{n^3-1})$；

(10) $\sum_{n=1}^{\infty} \frac{\sqrt{n+1}-\sqrt{n-1}}{n}$；

(11) $\sum_{n=1}^{\infty} [1+(-1)^n]\frac{\sin\frac{1}{n}}{n}$；

(12) $\sum_{n=1}^{\infty} \ln\frac{(n+2)^2}{n(n+1)}$；

(13) $\sum_{n=1}^{\infty} \left(\frac{1}{n}-\ln\frac{n+1}{n}\right)$.

3. 判别下列级数的收敛性.

(1) $\sum_{n=1}^{\infty} \frac{n!}{4^n}$；　(2) $\sum_{n=1}^{\infty} n^2\arctan\frac{\pi}{2^n}$；

(3) $\sum_{n=1}^{\infty} \frac{n^3}{3^n}$；　(4) $\sum_{n=1}^{\infty} \frac{n!}{(2n-1)!!}$；

(5) $\sum_{n=1}^{\infty} \frac{n^{n+1}}{(n+1)!}$；　(6) $\sum_{n=1}^{\infty} \frac{2^n n!}{n^n}$；

(7) $\sum_{n=1}^{\infty} (\sqrt{2}-\sqrt[3]{2})(\sqrt{2}-\sqrt[5]{2})\cdots(\sqrt{2}-\sqrt[2n+1]{2})$.

4. 判别下列级数的收敛性.

(1) $\sum_{n=1}^{\infty} \left(\frac{n}{2n-1}\right)^{2n}$；

(2) $\sum_{n=1}^{\infty} \left(2n\sin\frac{1}{n}\right)^{\frac{n}{2}}$；

(3) $\sum_{n=3}^{\infty} (\sqrt{2}-\sqrt[n]{2})^n$；

(4) $\sum_{n=1}^{\infty} \left(\frac{n}{n+1}\right)^{n^2}$；

(5) $\sum_{n=1}^{\infty} \frac{a^n}{\ln(n+1)}(a>0)$；

(6) $\sum_{n=1}^{\infty} \frac{n}{\left(a+\frac{1}{n}\right)^n}(a>0)$.

5. 判别级数 $\sum_{n=3}^{\infty} \frac{1}{n\ln n(\ln\ln n)^2}$ 的收敛性.

6. 设 $a_n>0, b_n>0$，且 $\frac{a_{n+1}}{a_n}\leqslant\frac{b_{n+1}}{b_n}(n=1,2,\cdots)$，证明当 $\sum_{n=1}^{\infty} b_n$ 收敛时，$\sum_{n=1}^{\infty} a_n$ 也收敛，当 $\sum_{n=1}^{\infty} a_n$ 发散时，$\sum_{n=1}^{\infty} b_n$ 也发散.

7. 设 $a_n\geqslant 0$，证明：若 $\sum_{n=1}^{\infty} a_n$ 收敛，则 $\sum_{n=1}^{\infty} \sqrt{a_n a_{n+1}}$ 也收敛.

第三节　任意项级数

上一节我们讨论了正项级数的收敛性判别法，类似于正项级数，可以定义负项级数 $\sum_{n=1}^{\infty} u_n$，其中 $u_n\leqslant 0$，由于 $\sum_{n=1}^{\infty} u_n=-\sum_{n=1}^{\infty}(-u_n)$，因而对负项级数的讨论可以归结为对正项级数的讨论. 因为级数的收敛性与其前有限项无关，因而接下来对任意项级数的讨论主要是讨论其一般项有无穷多项大于零且有无穷多项小于零的级数.

我们先来看一类比较特殊的任意项级数——交错级数.

一、交错级数

正项与负项交替出现的级数

$$\sum_{n=1}^{\infty}(-1)^{n-1}u_n=u_1-u_2+u_3-u_4+\cdots+(-1)^{n-1}u_n+\cdots,$$

或 $$\sum_{n=1}^{\infty}(-1)^n u_n=-u_1+u_2-u_3+u_4+\cdots+(-1)^n u_n+\cdots$$

(其中 $u_n\geqslant 0$)都称为交错级数.

对交错级数有如下判别法.

定理 1(莱布尼茨判别法) **设交错级数** $\sum_{n=1}^{\infty}(-1)^{n-1}u_n$**，如果** (1) $\lim_{n\to\infty}u_n=0$;(2) $u_n\geqslant u_{n+1}(n=1,2,\cdots)$**，则级数** $\sum_{n=1}^{\infty}(-1)^{n-1}u_n$ **收敛，且其和** $S\leqslant u_1$**，其余项的绝对值** $|R_n|\leqslant u_{n+1}$.

证 我们利用级数的收敛性定义来证明级数收敛. 先证明 $\{S_{2n}\}$ 有极限. 由条件(2)可得

$$S_{2(n+1)}-S_{2n}=u_{2n+1}-u_{2n+2}\geqslant 0,$$

即 $\{S_{2n}\}$ 单调增加，且

$$\begin{aligned}S_{2n}&=u_1-u_2+u_3-u_4+\cdots+u_{2n-1}-u_{2n}\\&=u_1-(u_2-u_3)-(u_4-u_5)-\cdots-(u_{2n-2}-u_{2n-1})-u_{2n}\leqslant u_1,\end{aligned}$$

即 $\{S_{2n}\}$ 有上界，故 $\lim_{n\to\infty}S_{2n}$ 存在. 因为

$$S_{2n+1}=S_{2n}+u_{2n+1}，且 \lim_{n\to\infty}u_n=0,$$

故 $$\lim_{n\to\infty}S_{2n+1}=\lim_{n\to\infty}S_{2n},$$

因此 $$\lim_{n\to\infty}S_n \text{ 存在，且} \lim_{n\to\infty}S_n=\lim_{n\to\infty}S_{2n}.$$

由上面证明可得 $\lim_{n\to\infty}S_{2n}\leqslant u_1$，故 $S\leqslant u_1$.

$$\begin{aligned}|R_n|&=|u_{n+1}-u_{n+2}+u_{n+3}-u_{n+4}+\cdots|\\&=|(u_{n+1}-u_{n+2})+(u_{n+3}-u_{n+4})+\cdots|\\&=(u_{n+1}-u_{n+2})+(u_{n+3}-u_{n+4})+\cdots\\&=u_{n+1}-(u_{n+2}-u_{n+3})-(u_{n+4}-u_{n+5})-\cdots\leqslant u_{n+1}.\end{aligned}$$

定理得证.

我们将定理 1 中的条件(1)与条件(2)称为莱布尼茨条件，将满足莱布尼茨条件的交错级数 $\sum_{n=1}^{\infty}(-1)^{n-1}u_n$ 和 $\sum_{n=1}^{\infty}(-1)^n u_n$ 都称

为莱布尼茨型级数,由于有 $\sum_{n=1}^{\infty}(-1)^n u_n=-\sum_{n=1}^{\infty}(-1)^{n-1}u_n$,故根据定理1可知:莱布尼茨型级数一定收敛.

如果当 n 充分大时,交错级数 $\sum_{n=1}^{\infty}(-1)^{n-1}u_n$ 或 $\sum_{n=1}^{\infty}(-1)^n u_n$ 满足莱布尼茨条件,即 $\exists N>0$,当 $n>N$ 时,有 $u_n\geqslant u_{n+1}$,且 $\lim\limits_{n\to\infty}u_n=0$,则级数也一定收敛,只是 $S\leqslant u_1$ 这个结论一般是不成立的.

例 1 判别下列级数的收敛性.

(1) $\sum_{n=2}^{\infty}\frac{(-1)^{n-1}}{\ln n}$; (2) $\sum_{n=1}^{\infty}\frac{(-1)^n}{n^p}$;

(3) $\sum_{n=1}^{\infty}(-1)^n\frac{\ln n}{n}$; (4) $\sum_{n=1}^{\infty}(-1)^n\frac{n+2}{(n+1)\sqrt{n}}$;

(5) $\sum_{n=2}^{\infty}(-1)^{n-1}\frac{(2n)!!}{(2n-1)!!}$;(注:当 m 是自然数时,双阶乘 $m!!$ 表示不超过 m 且与 m 有相同奇偶性的所有正整数的乘积,如 $3!!=1\times3=3$,$6!!=2\times4\times6=48$. 另定义 $0!!=1$.)

(6) $\sum_{n=1}^{\infty}(-1)^{n-1}(\sqrt{n+1}-\sqrt{n})$.

解 (1) 由于 $\lim\limits_{n\to\infty}\frac{1}{\ln n}=0$,且 $\left\{\frac{1}{\ln n}\right\}$ 单调减少,故级数收敛;

(2) 当 $p\leqslant0$ 时,由于 $\lim\limits_{n\to\infty}\frac{(-1)^n}{n^p}\neq0$,级数发散;

当 $p>0$ 时,由于 $\lim\limits_{n\to\infty}\frac{1}{n^p}=0$,且 $\left\{\frac{1}{n^p}\right\}$ 单调减少,故级数收敛;

(3) 令 $f(x)=\frac{\ln x}{x}$,则 $f'(x)=\frac{1-\ln x}{x^2}$,当 $x>\mathrm{e}$ 时,有 $f'(x)<0$,$f(x)$ 单调减少,故当 $n\geqslant3$ 时,$\left\{\frac{\ln n}{n}\right\}$ 单调减少,又 $\lim\limits_{n\to\infty}\frac{\ln n}{n}=0$,因此级数收敛;

(4) 级数满足 $\lim\limits_{n\to\infty}\frac{n+2}{(n+1)\sqrt{n}}=0$,再考察是否有 $\{u_n\}=\left\{\frac{n+2}{(n+1)\sqrt{n}}\right\}$ 单调减少,即是否有

$$u_{n+1}\leqslant u_n,\text{即}\frac{n+3}{(n+2)\sqrt{n+1}}\leqslant\frac{n+2}{(n+1)\sqrt{n}},$$

上式等价于

$$\frac{(n+3)(n+1)}{(n+2)^2}\leqslant\sqrt{\frac{n+1}{n}},$$

即

$$\frac{n^2+4n+3}{n^2+4n+4}\leqslant\sqrt{\frac{n+1}{n}},$$

此式显然成立(因其左端小于1,而右端大于1),故 $\{u_n\}$ 单调减少,因而级数收敛;

(5) 因为$\frac{(2n)!!}{(2n-1)!!}>1$,故$\lim\limits_{n\to\infty}\frac{(2n)!!}{(2n-1)!!}\neq 0$,所以级数发散;

(6) 由于$u_n=\sqrt{n+1}-\sqrt{n}=\frac{1}{\sqrt{n+1}+\sqrt{n}}$,故$\lim\limits_{n\to\infty}u_n=0$,且$\{u_n\}$单调减少,因此级数收敛.

例 2 设正项数列$\{a_n\}$单调减少,且$\sum\limits_{n=1}^{\infty}(-1)^n a_n$发散,试判断级数$\sum\limits_{n=1}^{\infty}\left(\frac{1}{a_n+1}\right)^n$的收敛性.

解 由于$a_n\geqslant 0$,且$\{a_n\}$单调减少,故$\lim\limits_{n\to\infty}a_n$存在,设$\lim\limits_{n\to\infty}a_n=a$,则一定有$a>0$,否则会得出级数$\sum\limits_{n=1}^{\infty}(-1)^n a_n$收敛,与已知条件矛盾,于是有

$$0\leqslant\left(\frac{1}{a_n+1}\right)^n\leqslant\left(\frac{1}{a+1}\right)^n,$$

由于几何级数$\sum\limits_{n=1}^{\infty}\left(\frac{1}{a+1}\right)^n$收敛,故$\sum\limits_{n=1}^{\infty}\left(\frac{1}{a_n+1}\right)^n$收敛.

也可以利用$\lim\limits_{n\to\infty}\sqrt[n]{u_n}=\lim\limits_{n\to\infty}\frac{1}{a_n+1}=\frac{1}{a+1}<1$得出$\sum\limits_{n=1}^{\infty}\left(\frac{1}{a_n+1}\right)^n$是收敛的.

例 3 判别级数

$$\frac{1}{\sqrt{2}-1}-\frac{1}{\sqrt{2}+1}+\frac{1}{\sqrt{3}-1}-\frac{1}{\sqrt{3}+1}+\cdots+\frac{1}{\sqrt{n}-1}-\frac{1}{\sqrt{n}+1}+\cdots$$

的收敛性.

解 此级数为交错级数,由于当$n\to\infty$时,$\frac{1}{\sqrt{n}-1}\to 0$,$\frac{1}{\sqrt{n}+1}\to 0$,故$\lim\limits_{n\to\infty}u_n=0$,但$\{u_n\}$不单调减少,所以不能利用莱布尼茨判别法来判断级数的收敛性,如果将级数的项两两相加,得

$$\sum_{n=2}^{\infty}\left(\frac{1}{\sqrt{n}-1}-\frac{1}{\sqrt{n}+1}\right)=\sum_{n=2}^{\infty}\frac{2}{n-1},$$

则由于级数$\sum\limits_{n=1}^{\infty}\frac{1}{n}$发散,可知$\sum\limits_{n=2}^{\infty}\frac{2}{n-1}$发散,从而根据级数的基本性质 4 的推论可得知原级数

$$\frac{1}{\sqrt{2}-1}-\frac{1}{\sqrt{2}+1}+\frac{1}{\sqrt{3}-1}-\frac{1}{\sqrt{3}+1}+\cdots+\frac{1}{\sqrt{n}-1}-\frac{1}{\sqrt{n}+1}+\cdots$$

是发散的.

二、级数的绝对收敛与条件收敛

下面讨论一般情形的任意项级数. 设级数$\sum\limits_{n=1}^{\infty}u_n$,将其各项取

绝对值所得到的级数 $\sum\limits_{n=1}^{\infty}|u_n|$ 称为 $\sum\limits_{n=1}^{\infty}u_n$ 的绝对值级数. 我们有下面的定理.

定理 2　如果级数 $\sum\limits_{n=1}^{\infty}|u_n|$ 收敛, 则 $\sum\limits_{n=1}^{\infty}u_n$ 必收敛.

证　由于 $u_n=(u_n+|u_n|)-|u_n|$, 其中

$$0\leqslant u_n+|u_n|\leqslant 2|u_n|,$$

由于 $\sum\limits_{n=1}^{\infty}|u_n|$ 收敛, 根据比较判别法可知 $\sum\limits_{n=1}^{\infty}(u_n+|u_n|)$ 收敛, 再根据级数的线性性质, 可知 $\sum\limits_{n=1}^{\infty}u_n$ 收敛.

于是我们可以将收敛的级数分成两种情况. 如果 $\sum\limits_{n=1}^{\infty}|u_n|$ 收敛, 则称 $\sum\limits_{n=1}^{\infty}u_n$ 绝对收敛, 如果 $\sum\limits_{n=1}^{\infty}|u_n|$ 发散, 但 $\sum\limits_{n=1}^{\infty}u_n$ 收敛, 则称 $\sum\limits_{n=1}^{\infty}u_n$ 条件收敛.

例 4　判别下列级数的收敛性, 若收敛, 指出是绝对收敛还是条件收敛.

(1) $\sum\limits_{n=1}^{\infty}(-1)^{n^2+n}\dfrac{1}{n}\ln\left(1+\dfrac{1}{\sqrt{n}}\right)$;　(2) $\sum\limits_{n=1}^{\infty}\sin\left(n\pi+\dfrac{2}{\sqrt{n}}\right)$;

(3) $\sum\limits_{n=1}^{\infty}\left(\dfrac{\sin(\alpha n)}{n^2}-\dfrac{1}{n}\right)$;　(4) $\sum\limits_{n=1}^{\infty}(-1)^{n-1}\dfrac{2^{n^2}}{n!}$;

(5) $\sum\limits_{n=1}^{\infty}(-1)^n\dfrac{1}{3^n}\left(1+\dfrac{1}{n}\right)^{n^2}$.

解　(1) 级数一般项的绝对值

$$|u_n|=\frac{1}{n}\ln\left(1+\frac{1}{\sqrt{n}}\right)\sim\frac{1}{n}\frac{1}{\sqrt{n}}=\frac{1}{n^{\frac{3}{2}}},$$

因为 $\sum\limits_{n=1}^{\infty}\dfrac{1}{n^{\frac{3}{2}}}$ 收敛, 所以 $\sum\limits_{n=1}^{\infty}|u_n|$ 收敛, 故 $\sum\limits_{n=1}^{\infty}(-1)^{n^2+n}\dfrac{1}{n}\ln\left(1+\dfrac{1}{\sqrt{n}}\right)$ 收敛, 且绝对收敛;

(2) $\sin\left(n\pi+\dfrac{2}{\sqrt{n}}\right)=(-1)^n\sin\dfrac{2}{\sqrt{n}}$, 级数是交错级数,

$$|u_n|=\left|(-1)^n\sin\frac{2}{\sqrt{n}}\right|=\sin\frac{2}{\sqrt{n}}\sim\frac{2}{\sqrt{n}},$$

因为 $\sum\limits_{n=1}^{\infty}\dfrac{1}{\sqrt{n}}$ 发散, 所以 $\sum\limits_{n=1}^{\infty}|u_n|$ 发散, 但 $\lim\limits_{n\to\infty}\sin\dfrac{2}{\sqrt{n}}=0$, 且 $\left\{\sin\dfrac{2}{\sqrt{n}}\right\}$ 单调减少, 故 $\sum\limits_{n=1}^{\infty}\sin\left(n\pi+\dfrac{2}{\sqrt{n}}\right)$ 收敛, 且条件收敛;

(3) 由于$\left|\frac{\sin(\alpha n)}{n^2}\right|\leqslant\frac{1}{n^2}$,且$\sum\limits_{n=1}^{\infty}\frac{1}{n^2}$收敛,故$\sum\limits_{n=1}^{\infty}\left|\frac{\sin(\alpha n)}{n^2}\right|$收敛,因而$\sum\limits_{n=1}^{\infty}\frac{\sin(\alpha n)}{n^2}$收敛,但是$\sum\limits_{n=1}^{\infty}\frac{1}{n}$发散,因此$\sum\limits_{n=1}^{\infty}\left(\frac{\sin(\alpha n)}{n^2}-\frac{1}{n}\right)$发散;

(4) 一般项的绝对值为$|u_n|=\frac{2^{n^2}}{n!}$,

$$\lim_{n\to\infty}\frac{|u_{n+1}|}{|u_n|}=\lim_{n\to\infty}\frac{\frac{2^{(n+1)^2}}{(n+1)!}}{\frac{2^{n^2}}{n!}}=\lim_{n\to\infty}\frac{2^{2n+1}}{n+1}=+\infty,$$

故当 n 充分大时,有$\frac{|u_{n+1}|}{|u_n|}>1$,因而$\lim\limits_{n\to\infty}|u_{n+1}|\neq0$,所以级数发散;

(5) 一般项的绝对值为$|u_n|=\frac{1}{3^n}\left(1+\frac{1}{n}\right)^{n^2}$,

$$\lim_{n\to\infty}\sqrt[n]{|u_n|}=\lim_{n\to\infty}\frac{1}{3}\left(1+\frac{1}{n}\right)^n=\frac{\mathrm{e}}{3}<1,$$

因而$\sum\limits_{n=1}^{\infty}|u_n|$收敛,故$\sum\limits_{n=1}^{\infty}(-1)^n\frac{1}{3^n}\left(1+\frac{1}{n}\right)^{n^2}$收敛,且绝对收敛.

例 5 设常数$\lambda>0$,且级数$\sum\limits_{n=1}^{\infty}a_n^2$收敛,判别级数$\sum\limits_{n=1}^{\infty}(-1)^n\frac{|a_n|}{\sqrt{n^2+\lambda}}$的收敛性.

解 由于

$$\left|(-1)^n\frac{|a_n|}{\sqrt{n^2+\lambda}}\right|=\frac{|a_n|}{\sqrt{n^2+\lambda}}\leqslant\frac{|a_n|}{n}\leqslant\frac{1}{2}\left(a_n^2+\frac{1}{n^2}\right),$$

并且$\sum\limits_{n=1}^{\infty}a_n^2$与$\sum\limits_{n=1}^{\infty}\frac{1}{n^2}$都收敛,故$\sum\limits_{n=1}^{\infty}\frac{1}{2}\left(a_n^2+\frac{1}{n^2}\right)$收敛,根据比较判别法可知$\sum\limits_{n=1}^{\infty}\left|(-1)^n\frac{|a_n|}{\sqrt{n^2+\lambda}}\right|$收敛,故$\sum\limits_{n=1}^{\infty}(-1)^n\frac{|a_n|}{\sqrt{n^2+\lambda}}$收敛且为绝对收敛.

例 6 设级数$\sum\limits_{n=1}^{\infty}u_n$收敛,且$v_n=\frac{1}{2}(|u_n|+u_n)$,$w_n=\frac{1}{2}(|u_n|-u_n)$,讨论$\sum\limits_{n=1}^{\infty}v_n$与$\sum\limits_{n=1}^{\infty}w_n$的收敛性.

解 如果$\sum\limits_{n=1}^{\infty}u_n$绝对收敛,则$\sum\limits_{n=1}^{\infty}|u_n|$与$\sum\limits_{n=1}^{\infty}u_n$都收敛,因而由收敛级数的线性性质知$\sum\limits_{n=1}^{\infty}v_n$与$\sum\limits_{n=1}^{\infty}w_n$都收敛.

如果 $\sum_{n=1}^{\infty} u_n$ 条件收敛，则 $\sum_{n=1}^{\infty} |u_n|$ 发散，$\sum_{n=1}^{\infty} u_n$ 收敛，因而 $\sum_{n=1}^{\infty} v_n$ 与 $\sum_{n=1}^{\infty} w_n$ 都发散.

除了第一节所述级数的基本性质以外，绝对收敛级数还具有一些条件收敛级数所不具备的性质.

定理 3(更序性)　如果级数 $\sum_{n=1}^{\infty} u_n$ 绝对收敛，则任意交换它的各项的次序所得到的级数(称为原级数的更序级数) $\sum_{n=1}^{\infty} \bar{u}_n$ 仍绝对收敛，且其和不变.

证　当 $\sum_{n=1}^{\infty} u_n$ 是正项级数时，设其和为 S，设 $\sum_{n=1}^{\infty} u_n$ 与 $\sum_{n=1}^{\infty} \bar{u}_n$ 的部分和分别为 S_n 与 $\bar{S}_n$. 对 $\forall n$，只要 m 充分大，就可使 $\bar{S}_n$ 的各项均包含在 S_m 的各项中，即可以使

$$\bar{S}_n \leqslant S_m \leqslant S,$$

于是 $\{\bar{S}_n\}$ 有上界，所以 $\sum_{n=1}^{\infty} \bar{u}_n$ 收敛，设其和为 $\bar{S}$，则有 $\bar{S} \leqslant S$，又由于 $\sum_{n=1}^{\infty} u_n$ 也是 $\sum_{n=1}^{\infty} \bar{u}_n$ 的更序级数，因此可得 $S \leqslant \bar{S}$，故有 $\bar{S}=S$.

如果 $\sum_{n=1}^{\infty} u_n$ 不是正项级数，如同例 6 一样定义 $\sum_{n=1}^{\infty} v_n$ 与 $\sum_{n=1}^{\infty} w_n$，则此二级数都收敛，设它们的和分别为 v 与 w，则有

$$\sum_{n=1}^{\infty} u_n = \sum_{n=1}^{\infty} (v_n - w_n) = \sum_{n=1}^{\infty} v_n - \sum_{n=1}^{\infty} w_n,$$

$$S = v - w,$$

对 $\sum_{n=1}^{\infty} \bar{u}_n$，用同样方法定义 $\sum_{n=1}^{\infty} \bar{v}_n$ 与 $\sum_{n=1}^{\infty} \bar{w}_n$，则有

$$\sum_{n=1}^{\infty} \bar{u}_n = \sum_{n=1}^{\infty} (\bar{v}_n - \bar{w}_n),$$

由于 $\sum_{n=1}^{\infty} \bar{v}_n$ 与 $\sum_{n=1}^{\infty} \bar{w}_n$ 都是正项级数，并且分别是 $\sum_{n=1}^{\infty} v_n$ 与 $\sum_{n=1}^{\infty} w_n$ 的更序级数，根据前面所证，$\sum_{n=1}^{\infty} \bar{v}_n$ 与 $\sum_{n=1}^{\infty} \bar{w}_n$ 都收敛，并且它们的和也分别为 v 与 w，因此 $\sum_{n=1}^{\infty} \bar{u}_n$ 收敛，且其和为 $S=v-w$.

此性质对条件收敛的级数是不成立的.

例如,调和交错级数 $\sum\limits_{n=1}^{\infty}\frac{(-1)^{n-1}}{n}$ 是条件收敛的级数,设其部分和为 S_n,其和为 S(后面将会看到 $S\neq0$). 如果按下面的方式交换其各项的位置,即使一个正项与两个负项相间,从而得到一个更序级数

$$1-\frac{1}{2}-\frac{1}{4}+\frac{1}{3}-\frac{1}{6}-\frac{1}{8}+\cdots+\frac{1}{2n-1}-\frac{1}{4n-2}-\frac{1}{4n}+\cdots, \tag{1}$$

设其部分和为 σ_n,则

$$\begin{aligned}\sigma_{3n}&=\left(1-\frac{1}{2}\right)-\frac{1}{4}+\left(\frac{1}{3}-\frac{1}{6}\right)-\frac{1}{8}+\cdots+\left(\frac{1}{2n-1}-\frac{1}{4n-2}\right)-\frac{1}{4n}\\&=\frac{1}{2}-\frac{1}{4}+\frac{1}{6}-\frac{1}{8}+\cdots+\frac{1}{4n-2}-\frac{1}{4n}\\&=\frac{1}{2}\left(1-\frac{1}{2}+\frac{1}{3}-\frac{1}{4}+\cdots+\frac{1}{2n-1}-\frac{1}{2n}\right)=\frac{1}{2}S_{2n},\end{aligned}$$

因此
$$\lim_{n\to\infty}\sigma_{3n}=\frac{1}{2}\lim_{n\to\infty}S_{2n}=\frac{1}{2}S,$$

又
$$\lim_{n\to\infty}\sigma_{3n-1}=\lim_{n\to\infty}\left(\sigma_{3n}+\frac{1}{4n}\right)=\frac{1}{2}S,$$

$$\lim_{n\to\infty}\sigma_{3n-2}=\lim_{n\to\infty}\left(\sigma_{3n}+\frac{1}{4n-2}+\frac{1}{4n}\right)=\frac{1}{2}S,$$

故
$$\lim_{n\to\infty}\sigma_n=\frac{1}{2}S,$$

即级数(1)虽然收敛,但其和发生了变化. 我们还可以通过交换交错调和级数的各项的位置使所得到的更序级数收敛到任意实数,或得到发散的级数,这里不再详细叙述.

下面要讨论两个级数的乘积.

设级数 $\sum\limits_{n=1}^{\infty}u_n$, $\sum\limits_{n=1}^{\infty}v_n$,用第一个级数的各项与第二个级数的各项分别相乘,将所得乘积排成一个无限的“方阵”.

如果把位于同一对角线上的各项依次相加(见图 10-2),将所得之和作为一般项可以得到一个如下级数:

$$\begin{aligned}&\sum_{n=1}^{\infty}(u_1v_n+u_2v_{n-1}+\cdots+u_{n-1}v_2+u_nv_1)\\&=u_1v_1+(u_1v_2+u_2v_1)+(u_1v_3+u_2v_2+u_3v_1)+\cdots+\\&\quad(u_1v_n+u_2v_{n-1}+\cdots+u_{n-1}v_2+u_nv_1)+\cdots,\end{aligned}$$

若记 $C_1=u_1v_1, C_2=u_1v_2+u_2v_1, C_3=u_1v_3+u_2v_2+u_3v_1,\cdots,$

$$C_n=u_1v_n+u_2v_{n-1}+\cdots+u_{n-1}v_2+u_nv_1,\cdots,$$

则 $\sum\limits_{n=1}^{\infty}C_n$ 叫作 $\sum\limits_{n=1}^{\infty}u_n$ 与 $\sum\limits_{n=1}^{\infty}v_n$ 的**柯西乘积**. 柯西首先对这个乘积进行了研究,并给出了柯西定理,也就是绝对收敛级数的另一个性质.

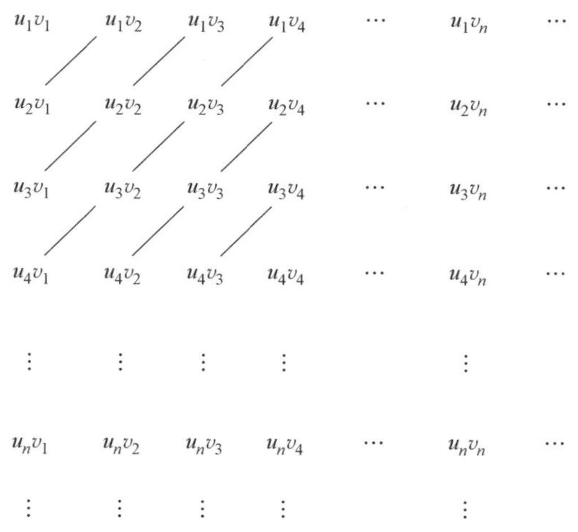

图 10-2

定理 4(柯西定理) **如果级数 $\sum\limits_{n=1}^{\infty} u_n$ 与 $\sum\limits_{n=1}^{\infty} v_n$ 都绝对收敛,设它们的和分别为 S 和 σ,则其柯西乘积 $\sum\limits_{n=1}^{\infty} C_n$(其中 $C_n=u_1v_n+u_2v_{n-1}+\cdots+u_{n-1}v_2+u_nv_1, n=1,2,\cdots$)也绝对收敛,其和为 $\sum\limits_{n=1}^{\infty} C_n=S\sigma$.**

证 设 $\sum\limits_{n=1}^{\infty} |u_n|=A$, $\sum\limits_{n=1}^{\infty} |v_n|=B$,令

$$\sum_{n=1}^{\infty} w_n=u_1v_1+u_1v_2+u_2v_1+u_1v_3+u_2v_2+u_3v_1+\cdots+u_1v_n+u_2v_{n-1}+\cdots+u_{n-1}v_2+u_nv_1+\cdots,$$

设 $\sum\limits_{n=1}^{\infty}|w_n|$ 的部分和为 T_n,则有

$$T_n\leqslant \sum_{k=1}^{n}|u_k|\cdot \sum_{k=1}^{n}|v_k|\leqslant A\cdot B,$$

故$\{T_n\}$有上界,因而 $\sum\limits_{n=1}^{\infty}|w_n|$ 收敛,故 $\sum\limits_{n=1}^{\infty}w_n$ 收敛. 由于 $\sum\limits_{n=1}^{\infty}w_n$ 的某个更序级数(见图 10-3,将方阵中各项按正方形法排列所得级数)以

$$(u_1+u_2+\cdots+u_n)(v_1+v_2+\cdots+v_n)$$

为其部分和的子列,而此式当 $n\to\infty$ 时的极限为 $S\sigma$,故

$$\sum_{n=1}^{\infty}w_n=S\sigma,$$

同上可得 $\sum\limits_{n=1}^{\infty}|C_n|$ 的部分和 $\sum\limits_{k=1}^{n}|C_k|\leqslant A\cdot B$,故 $\sum\limits_{n=1}^{\infty}|C_n|$ 收敛,又由于 $\sum\limits_{n=1}^{\infty}C_n$ 是 $\sum\limits_{n=1}^{\infty}w_n$ 的某个加了括号所得到的级数,根据级数的基本

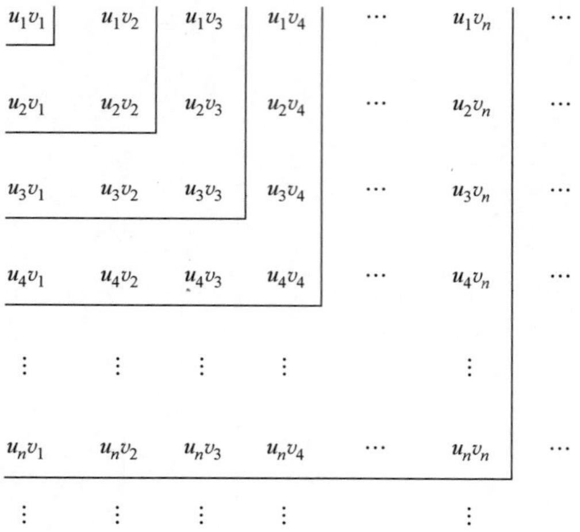
u_1v_1 u_1v_2 u_1v_3 u_1v_4 ⋯ u_1v_n ⋯
u_2v_1 u_2v_2 u_2v_3 u_2v_4 ⋯ u_2v_n ⋯
u_3v_1 u_3v_2 u_3v_3 u_3v_4 ⋯ u_3v_n ⋯
u_4v_1 u_4v_2 u_4v_3 u_4v_4 ⋯ u_4v_n ⋯
u_nv_1 u_nv_2 u_nv_3 u_nv_4 ⋯ u_nv_n ⋯

图 10-3

性质 4，得

$$\sum_{n=1}^{\infty} C_n = S\sigma,$$

于是定理得证.

此性质对条件收敛的级数不一定成立.

例如，设 $u_n = v_n = \dfrac{(-1)^{n-1}}{\sqrt{n}}$，则级数 $\sum\limits_{n=1}^{\infty} u_n$ 与 $\sum\limits_{n=1}^{\infty} v_n$ 都条件收敛，由于

$$\begin{aligned} C_n &= u_1 v_n + u_2 v_{n-1} + \cdots + u_{n-1} v_2 + u_n v_1 \\ &= 1 \cdot \frac{(-1)^{n-1}}{\sqrt{n}} + \frac{-1}{\sqrt{2}} \cdot \frac{(-1)^{n-2}}{\sqrt{n-1}} + \frac{1}{\sqrt{3}} \cdot \frac{(-1)^{n-3}}{\sqrt{n-2}} + \cdots + \\ &\quad \frac{(-1)^{n-1}}{\sqrt{n}} \cdot 1 \\ &= (-1)^{n-1}\left(\frac{1}{\sqrt{n}} + \frac{1}{\sqrt{2(n-1)}} + \frac{1}{\sqrt{3(n-2)}} + \cdots + \frac{1}{\sqrt{n}}\right), \end{aligned}$$

因而 $$|C_n| \geqslant \frac{1}{\sqrt{n \cdot n}} + \frac{1}{\sqrt{n \cdot n}} + \frac{1}{\sqrt{n \cdot n}} + \cdots + \frac{1}{\sqrt{n \cdot n}} = 1,$$

所以 $$\lim_{n \to \infty} C_n \neq 0,$$

故柯西乘积 $\sum\limits_{n=1}^{\infty} C_n$ 发散.

习题 10-3

1. 讨论下列级数的收敛性，如果收敛，请指出是绝对收敛还是条件收敛.

(1) $\sum\limits_{n=1}^{\infty}(-1)^n\left(\dfrac{2}{3}\right)^n$； (2) $\sum\limits_{n=1}^{\infty}(-1)^n\dfrac{n+1}{2^n}$；

(3) $\sum\limits_{n=1}^{\infty}\dfrac{\arctan n}{\sqrt{n^3-n+1}}$； (4) $\sum\limits_{n=1}^{\infty}(-1)^n\sqrt{\dfrac{n}{n+1}}$；

(5) $\sum\limits_{n=1}^{\infty}\dfrac{(-1)^{n-1}}{n-\ln n}$； (6) $\sum\limits_{n=1}^{\infty}(-1)^n\dfrac{2+(-1)^n}{\sqrt{n}}$；

(7) $\sum\limits_{n=1}^{\infty}(-1)^{n^3+n^2}\left(1-n\sin\frac{1}{n}\right)$;

(8) $\sum\limits_{n=1}^{\infty}(-1)^{n-1}(\sqrt[3]{n+1}-\sqrt[3]{n})$;

(9) $\sum\limits_{n=1}^{\infty}(-1)^{n}\left(\frac{5n-4}{4n+3}\right)^{n}$;

(10) $\sum\limits_{n=2}^{\infty}\sin\left(n\pi+\frac{1}{\ln n}\right)$;

(11) $\sum\limits_{n=1}^{\infty}(-1)^{n}\left(\frac{\pi}{2}-\arctan(\ln n)\right)$;

(12) $\sum\limits_{n=1}^{\infty}\left[(-1)^{n}\frac{n}{n^2+1}-\frac{1}{n^2+1}\right]$.

2. 设 $\sum\limits_{n=1}^{\infty}u_n$ 与 $\sum\limits_{n=1}^{\infty}v_n$ 都绝对收敛，讨论 $\sum\limits_{n=1}^{\infty}u_n^2$，$\sum\limits_{n=1}^{\infty}u_nv_n$，$\sum\limits_{n=1}^{\infty}(u_n+v_n)^2$ 的收敛性.

3. 设 $u_n=(-1)^n\ln\left(1+\frac{1}{\sqrt{n}}\right)$，讨论级数 $\sum\limits_{n=1}^{\infty}u_n$ 及 $\sum\limits_{n=1}^{\infty}u_n^2$ 的敛散性.

第四节 函数项级数、幂级数

从这一节开始我们要讨论函数项级数. 在理论研究和实际应用中，函数项级数都更为常见，而有关数项级数的知识是研究函数项级数的基础.

一、函数项级数的基本概念

苛刻的泰勒 VS 宽容的傅里叶

设 $u_n(x)(n=1,2,\cdots)$ 都是在某区间 I 上有定义的函数，则 $u_1(x),u_2(x),\cdots,u_n(x),\cdots$ 称为函数列，由此函数列构成的表达式

$$\sum_{n=1}^{\infty}u_n(x)=u_1(x)+u_2(x)+\cdots+u_n(x)+\cdots \tag{1}$$

称为定义在区间 I 上的**函数项级数**.

对每个 $x_0\in I$，$\sum\limits_{n=1}^{\infty}u_n(x_0)$ 为一数项级数，若此数项级数收敛，则称 x_0 是级数(1)的**收敛点**，若 $\sum\limits_{n=1}^{\infty}u_n(x_0)$ 发散，则称 x_0 是级数(1)的**发散点**. 函数项级数(1)的所有收敛点的集合称为它的**收敛域**. 显然收敛域是 I 的子集.

对于级数(1)的收敛域内的每个点 x，$\sum\limits_{n=1}^{\infty}u_n(x)$ 为一收敛的数项级数，因而有确定的和，将其和记为 $S(x)$，即有

$$\sum_{n=1}^{\infty}u_n(x)=S(x).$$

因而 $S(x)$ 是 x 的函数，称为级数(1)的**和函数**. $S(x)$ 的定义域是级数(1)的收敛域.

二、函数项级数的一致收敛性

为了寻求保证函数项级数连续，可以逐项微分与可以逐项积分的条件，我们要引入函数项级数一致收敛的概念.

1. 一致收敛的定义

定义 设 $u_n(x)(n=1,2,\cdots)$ 与 $S(x)$ 是在区间 I 上有定义的函数，如果对 $\forall\varepsilon>0$，都 $\exists N>0$，使当 $n>N$ 时，对所有 $x\in I$，都有

$$|S_n(x)-S(x)|=\left|\sum_{i=1}^{n}u_i(x)-S(x)\right|<\varepsilon,$$

则称函数项级数 $\sum\limits_{n=1}^{\infty}u_n(x)$ 在 I 上一致收敛于函数 $S(x)$.

对于一致收敛性，有下面的定理.

定理 1 级数 $\sum\limits_{n=1}^{\infty}u_n(x)$ 在 I 上一致收敛的充分必要条件是：对 $\forall\varepsilon>0$，$\exists N>0$，当 $m>n>N$ 时，对所有 $x\in I$，都有

$$|S_n(x)-S_m(x)|=\left|\sum_{i=n+1}^{m}u_i(x)\right|<\varepsilon.$$

证 先证必要性. 设 $\sum\limits_{n=1}^{\infty}u_n(x)$ 在 I 上一致收敛于函数 $S(x)$. 则对 $\forall\varepsilon>0$，$\exists N>0$，当 $n>N$ 时，对所有 $x\in I$，都有

$$|S_n(x)-S(x)|<\frac{\varepsilon}{2},$$

于是，当 $m>n>N$ 时，有

$$|S_n(x)-S_m(x)|\leqslant|S_n(x)-S(x)|+|S_m(x)-S(x)|<\frac{\varepsilon}{2}+\frac{\varepsilon}{2}=\varepsilon.$$

再证充分性. 根据假设，对每个 $x\in I$，数列 $S_n(x)$ 满足柯西收敛原理，因此数列 $S_n(x)$ 是收敛的，设 $\lim\limits_{n\to\infty}S_n(x)=S(x)$，下面证 $\sum\limits_{n=1}^{\infty}u_n(x)$ 一致收敛于 $S(x)$. 对 $\forall\varepsilon>0$，由假设，$\exists N>0$，当 $m>n>N$ 时，对所有 $x\in I$，都有 $|S_n(x)-S_m(x)|<\frac{\varepsilon}{2}$，固定 n，令 $m\to\infty$，则得到 $|S_n(x)-S(x)|\leqslant\frac{\varepsilon}{2}<\varepsilon$，因此 $\sum\limits_{n=1}^{\infty}u_n(x)$ 在 I 上一致收敛于函数 $S(x)$.

2. 一致收敛的判别法

下面给出一个方便且重要的判别法.

定理 2(魏尔斯特拉斯判别法) 如果在区间 I 上有 $|u_n(x)|\leqslant M_n(n=1,2,\cdots)$，且数项级数 $\sum\limits_{n=1}^{\infty}M_n$ 收敛，则 $\sum\limits_{n=1}^{\infty}u_n(x)$ 在 I 上一致收敛.

证　设 $\sum_{n=1}^{\infty}M_n$ 的部分和为 σ_n，由于 $\sum_{n=1}^{\infty}M_n$ 收敛，所以 $\lim_{n\to\infty}\sigma_n$ 存在，故对 $\forall\varepsilon>0$，$\exists N>0$，当 $m>n>N$ 时，有

$$\sum_{i=n+1}^{m}M_i=|\sigma_n-\sigma_m|<\varepsilon,$$

因此，对所有 $x\in I$，有

$$\left|\sum_{i=n+1}^{m}u_i(x)\right|\leqslant\sum_{i=n+1}^{m}|u_i(x)|\leqslant\sum_{i=n+1}^{m}M_i<\varepsilon,$$

由定理 1 知，$\sum_{n=1}^{\infty}u_n(x)$ 在 I 上一致收敛.

魏尔斯特拉斯判别法也称为 M 判别法或优级数判别法. 当级数 $\sum_{n=1}^{\infty}u_n(x)$ 与级数 $\sum_{n=1}^{\infty}M_n$ 在区间 I 上成立关系式

$$|u_n(x)|\leqslant M_n,n=1,2,3,\cdots$$

时，则称级数 $\sum_{n=1}^{\infty}M_n$ 在 I 上优于级数 $\sum_{n=1}^{\infty}u_n(x)$，或称 $\sum_{n=1}^{\infty}M_n$ 为 $\sum_{n=1}^{\infty}u_n(x)$ 的优级数.

3. 一致收敛的性质

定理 3　**如果 $u_n(x)(n=1,2,\cdots)$ 在区间 I 上连续，且 $\sum_{n=1}^{\infty}u_n(x)$ 在 I 上一致收敛于 $S(x)$，则 $S(x)=\sum_{n=1}^{\infty}u_n(x)$ 在区间 I 上连续.**

证　任取 $x_0\in I$，对 $\forall\varepsilon>0$，由于 $\sum_{n=1}^{\infty}u_n(x)$ 在 I 上一致收敛，故 $\exists n_0$，使得对一切 $x\in I$，有 $|S_{n_0}(x)-S(x)|=\left|\sum_{i=1}^{n_0}u_i(x)-S(x)\right|<\frac{\varepsilon}{3}$. 由于 $S_{n_0}(x)=\sum_{i=1}^{n_0}u_i(x)$ 在 x_0 处连续，故 $\exists\delta>0$，当 $|x-x_0|<\delta$，且 $x\in I$ 时，有 $|S_{n_0}(x)-S_{n_0}(x_0)|<\frac{\varepsilon}{3}$，于是有

$$\begin{aligned}|S(x)-S(x_0)|&\leqslant|S(x)-S_{n_0}(x)|+|S_{n_0}(x)-S_{n_0}(x_0)|+\\&\quad\ |S_{n_0}(x_0)-S(x_0)|\\&<\frac{\varepsilon}{3}+\frac{\varepsilon}{3}+\frac{\varepsilon}{3}=\varepsilon,\end{aligned}$$

故 $S(x)$ 在 x_0 处连续，因此 $S(x)$ 在 I 上连续.

定理 4　**如果 $u_n(x)(n=1,2,\cdots)$ 在区间 $[a,b]$ 上连续，且 $\sum_{n=1}^{\infty}u_n(x)$**

在$[a,b]$上一致收敛于$S(x)$，则$S(x)=\sum_{n=1}^{\infty}u_n(x)$在$[a,b]$上可积，并且可以逐项积分，即有

$$\int_a^b S(x)\mathrm{d}x=\int_a^b\Big(\sum_{n=1}^{\infty}u_n(x)\Big)\mathrm{d}x=\sum_{n=1}^{\infty}\int_a^b u_n(x)\mathrm{d}x.$$

证 由于$u_n(x)(n=1,2,\cdots)$在$[a,b]$上连续，且$\sum_{n=1}^{\infty}u_n(x)$在$[a,b]$上一致收敛于$S(x)$，故$S(x)$在$[a,b]$上连续，因此是可积的.

由
$$S(x)=\sum_{n=1}^{m}u_n(x)+\sum_{n=m+1}^{\infty}u_n(x),$$
得
$$\int_a^b S(x)\mathrm{d}x=\sum_{n=1}^{m}\int_a^b u_n(x)\mathrm{d}x+\int_a^b\Big(\sum_{n=m+1}^{\infty}u_n(x)\Big)\mathrm{d}x.\qquad(*)$$
由于$\sum_{n=1}^{m}u_n(x)$在$[a,b]$上一致收敛，故对$\forall\varepsilon>0$，$\exists N>0$，当$m>N$时，对所有$x\in[a,b]$，有
$$\Big|\sum_{n=m+1}^{\infty}u_n(x)\Big|=\Big|\sum_{n=1}^{m}u_n(x)-S(x)\Big|<\varepsilon,$$
故
$$\Big|\int_a^b\Big(\sum_{n=m+1}^{\infty}u_n(x)\Big)\mathrm{d}x\Big|\leqslant\int_a^b\Big|\sum_{n=m+1}^{\infty}u_n(x)\Big|\mathrm{d}x<(b-a)\varepsilon,$$
因此有
$$\lim_{m\to\infty}\int_a^b\Big(\sum_{n=m+1}^{\infty}u_n(x)\Big)\mathrm{d}x=0,$$
在式(*)中令$m\to\infty$，即得到$\int_a^b S(x)\mathrm{d}x=\sum_{n=1}^{\infty}\int_a^b u_n(x)\mathrm{d}x$.

定理 5 **如果$u_n(x)$在区间$[a,b]$上有连续的导数$u_n'(x)$ $(n=1,2,\cdots)$，级数$\sum_{n=1}^{\infty}u_n(x)$在$[a,b]$上收敛于$S(x)$，并且$\sum_{n=1}^{\infty}u_n'(x)$在$[a,b]$上一致收敛，则$S(x)=\sum_{n=1}^{\infty}u_n(x)$在$[a,b]$上可导，并且可以逐项求导，即有**

$$S'(x)=\Big(\sum_{n=1}^{\infty}u_n(x)\Big)'=\sum_{n=1}^{\infty}u_n'(x).$$

证 记$\sum_{n=1}^{\infty}u_n'(x)=\sigma(x)$，根据定理 4，当$x\in[a,b]$时，有
$$\int_a^x\sigma(x)\mathrm{d}x=\int_a^x\Big(\sum_{n=1}^{\infty}u_n'(x)\Big)\mathrm{d}x=\sum_{n=1}^{\infty}u_n(x)\Big|_a^x$$
$$=\sum_{n=1}^{\infty}u_n(x)-\sum_{n=1}^{\infty}u_n(a)=S(x)-S(a),$$
由定理 3，$\sigma(x)$在$[a,b]$上连续，将上式求导便得到

$$S'(x)=\sigma(x)=\sum_{n=1}^{\infty}u_n'(x).$$

三、幂级数及收敛域

我们讨论得最多的函数项级数是幂级数和三角级数. 下面先讨论幂级数.

形式为

$$\sum_{n=0}^{\infty}a_n(x-x_0)^n=a_0+a_1(x-x_0)+a_2(x-x_0)^2+\cdots+a_n(x-x_0)^n+\cdots$$

的级数称为幂级数,其中常数 $a_n(n=0,1,2,\cdots)$ 称为幂级数的系数. 这里我们规定不论 $x-x_0$ 为何值,$(x-x_0)^0=1$,因而 a_0 可以记为 $a_0(x-x_0)^0$.

如果令 $x-x_0=t$,则上面的级数可以化为 $\sum\limits_{n=0}^{\infty}a_nt^n$,因此下面主要就幂级数 $\sum\limits_{n=0}^{\infty}a_nx^n$ 进行讨论. 在函数项级数中,幂级数在形式上是最简单的,下面我们还会看到它的收敛域的结构也非常简单.

1. 幂级数收敛域的结构

设幂级数

$$\sum_{n=0}^{\infty}a_nx^n=a_0+a_1x+a_2x^2+\cdots+a_nx^n+\cdots,\tag{2}$$

当 $x=0$ 时,此级数中除 a_0 外其他各项都等于 0,因而 $x=0$ 永远是幂级数(2)的收敛点,并且在 $x=0$ 处幂级数(2)的和 $S(0)=a_0$.

为了获得幂级数(2)的收敛域的结构,我们先给出下面的定理.

定理 6(阿贝尔(Abel)定理)　设幂级数

$$\sum_{n=0}^{\infty}a_nx^n=a_0+a_1x+a_2x^2+\cdots+a_nx^n+\cdots,$$

如果当 $x=x_0(x_0\neq0)$ 时级数(2)收敛,则对满足不等式 $|x|<|x_0|$ 的一切点 x,级数(2)都绝对收敛;如果当 $x=x_0$ 时级数(2)发散,则对满足不等式 $|x|>|x_0|$ 的一切点 x,级数(2)都发散.

证　当 $x_0\neq0$ 是级数的收敛点,即级数 $\sum\limits_{n=0}^{\infty}a_nx_0^n$ 收敛时,根据级数收敛的必要条件,有 $\lim\limits_{n\to\infty}a_nx_0^n=0$,因而数列 $\{a_nx_0^n\}$ 有界,即存在数 $M>0$,使得 $|a_nx_0^n|\leqslant M\quad(n=0,1,2,\cdots)$,

当 $|x|<|x_0|$ 时,有 $|a_nx^n|=|a_nx_0^n|\left|\left(\dfrac{x}{x_0}\right)^n\right|\leqslant M\left|\left(\dfrac{x}{x_0}\right)^n\right|$,

由于 $\left|\dfrac{x}{x_0}\right|<1$,则等比级数 $\sum\limits_{n=0}^{\infty}M\left|\left(\dfrac{x}{x_0}\right)^n\right|$ 收敛,于是根据比较判别法知 $\sum\limits_{n=0}^{\infty}|a_nx^n|$ 也收敛,即 $\sum\limits_{n=0}^{\infty}a_nx^n$ 绝对收敛.

当 x_0 是发散点时,如果在某个满足 $|x|>|x_0|$ 的点 x 处级数 $\sum\limits_{n=0}^{\infty}a_nx^n$ 收敛,则由上面的结论可以得出 $\sum\limits_{n=0}^{\infty}a_nx_0^n$ 是收敛的,产生矛盾,于是对满足 $|x|>|x_0|$ 的一切点 x,级数(2)都发散. 定理得证.

根据阿贝尔定理,幂级数(2)的收敛域不外乎三种情形.

第一种情形,幂级数(2)既有非零收敛点,又有发散点. 根据阿贝尔定理,如果 $x_0\neq0$ 是收敛点,则幂级数在区间 $(-|x_0|,|x_0|)$ 内收敛. 如果 x_0 是发散点,则幂级数(2)在区间 $(-\infty,-|x_0|)$ 和 $(|x_0|,+\infty)$ 内都发散. 此时设想在实数轴上从原点出发且与原点等距离地向左右两个方向移动,首先遇到的必是收敛点,然后才是发散点,并且只要遇到一个发散点,再遇到的所有点必定都是发散点,即存在一个正数 R,使得幂级数(2)在 $(-R,R)$ 内收敛,如图 10-4所示,在 $(-\infty,-R)\cup(R,+\infty)$ 内发散. 我们将数 R 称为幂级数(2)的**收敛半径**,将开区间 $(-R,R)$ 称为幂级数(2)的**收敛区间**. 此时幂级数(2)的收敛域一定是下面四个区间之一:

$$[-R,R],(-R,R),[-R,R),(-R,R].$$

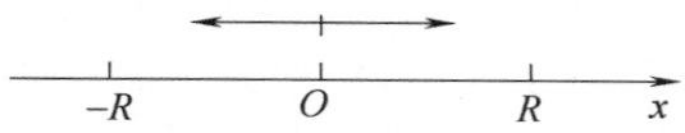

图　10-4

第二种情形,在 $(-\infty,+\infty)$ 内幂级数(2)都收敛. 此时称其收敛半径 $R=+\infty$,其收敛区间(也是其收敛域)则为 $(-\infty,+\infty)$.

第三种情形,幂级数(2)只在 $x=0$ 处收敛,在其他点处都发散. 此时称其收敛半径 $R=0$,其收敛域则只为 $x=0$ 一点.

因此要想求幂级数的收敛域,首先要求出它的收敛半径 R. 当 $R=0$ 时,收敛域为 $x=0$;当 $R=+\infty$时,收敛域为 $(-\infty,+\infty)$;当 $R\neq0,+\infty$时,通过判断级数(2)在 $x=-R$ 与 $x=R$ 处的收敛性便可得到其收敛域.

2. 收敛半径的求法

根据正项级数的比值判别法和根值判别法可以推出求幂级数的收敛半径的两个方法.

定理 7(系数模比值法)　对幂级数 $\sum\limits_{n=0}^{\infty}a_nx^n$,如果 $\lim\limits_{n\to\infty}\left|\dfrac{a_{n+1}}{a_n}\right|=l$($l$ 为有限数或 $+\infty$),则此幂级数的收敛半径

$$R=\begin{cases}\dfrac{1}{l}, & 0<l<+\infty,\\ +\infty, & l=0,\\ 0, & l=+\infty.\end{cases}$$

证　设 $u_n(x)=a_nx^n$，则

$$\lim_{n\to\infty}\left|\frac{u_{n+1}(x)}{u_n(x)}\right|=\lim_{n\to\infty}\left|\frac{a_{n+1}}{a_n}\right||x|=l|x|.$$

若 $0<l<+\infty$，则当 $|x|<\frac{1}{l}$ 时，有 $l|x|<1$，故级数 $\sum\limits_{n=0}^{\infty}a_nx^n$ 绝对收敛，当 $|x|>\frac{1}{l}$ 时，有 $l|x|>1$，故 $\sum\limits_{n=0}^{\infty}a_nx^n$ 发散，因而 $R=\frac{1}{l}$；

若 $l=0$，则对任意 x，都有 $l|x|=0<1$，因此 $\sum\limits_{n=0}^{\infty}|a_nx^n|$ 在 $(-\infty,+\infty)$ 内的每一点都收敛，故 $R=+\infty$；

若 $l=+\infty$，则当 $x\neq0$ 时，总有 $l|x|=+\infty>1$，故当 $x\neq0$ 时，$\sum\limits_{n=0}^{\infty}a_nx^n$ 都发散，于是 $R=0$. 定理得证.

例 1　求下列幂级数的收敛半径和收敛域.

(1) $\sum\limits_{n=1}^{\infty}\frac{(-2)^n}{n}x^n$；　(2) $\sum\limits_{n=0}^{\infty}\frac{x^n}{n!}$；　(3) $\sum\limits_{n=0}^{\infty}n!x^n$.

解　(1) $\lim\limits_{n\to\infty}\left|\frac{a_{n+1}}{a_n}\right|=\lim\limits_{n\to\infty}\left|\frac{\frac{(-2)^{n+1}}{n+1}}{\frac{(-2)^n}{n}}\right|=\lim\limits_{n\to\infty}\frac{2n}{n+1}=2$，

所以 $R=\frac{1}{2}$，当 $x=\frac{1}{2}$ 时，级数为 $\sum\limits_{n=1}^{\infty}\frac{(-1)^n}{n}$，收敛，当 $x=-\frac{1}{2}$ 时，级数为 $\sum\limits_{n=1}^{\infty}\frac{1}{n}$，发散，因此级数的收敛域为 $\left(-\frac{1}{2},\frac{1}{2}\right]$；

(2) $\lim\limits_{n\to\infty}\left|\frac{a_{n+1}}{a_n}\right|=\lim\limits_{n\to\infty}\left|\frac{\frac{1}{(n+1)!}}{\frac{1}{n!}}\right|=\lim\limits_{n\to\infty}\frac{1}{n+1}=0$，

所以 $R=+\infty$，收敛域为 $(-\infty,+\infty)$；

(3) $\lim\limits_{n\to\infty}\left|\frac{a_{n+1}}{a_n}\right|=\lim\limits_{n\to\infty}\left|\frac{(n+1)!}{n!}\right|=\lim\limits_{n\to\infty}(n+1)=+\infty$，

所以 $R=0$，收敛域为点 $x=0$.

例 2　求幂级数 $\sum\limits_{n=1}^{\infty}\frac{(x-2)^n}{n\cdot3^n}$ 的收敛半径和收敛域.

解　令 $\frac{x-2}{3}=t$，则级数变为 $\sum\limits_{n=1}^{\infty}\frac{t^n}{n}$，对此幂级数，有

$$\lim_{n\to\infty}\left|\frac{a_{n+1}}{a_n}\right|=\lim_{n\to\infty}\frac{n}{n+1}=1,$$

故 $\sum\limits_{n=1}^{\infty}\frac{t^n}{n}$ 的收敛半径 $R_t=1$，当 $t=1$ 时，级数为 $\sum\limits_{n=1}^{\infty}\frac{1}{n}$，发散，当

$t=-1$时，级数为 $\sum_{n=1}^{\infty}\frac{(-1)^n}{n}$，收敛，故 $\sum_{n=1}^{\infty}\frac{t^n}{n}$ 的收敛域为$[-1,1)$.

由
$$-1\leqslant\frac{x-2}{3}<1，得-1\leqslant x<5，$$
故原级数的收敛域为$[-1,5)$，由于收敛半径为收敛区间长度的一半，故 $R=3$.

例3 求下列幂级数的收敛半径和收敛区间.

(1) $\sum_{n=1}^{\infty}\frac{(2n)!}{(n!)^2}x^n$； (2) $\sum_{n=1}^{\infty}\frac{(2n)!}{(n!)^2}x^{2n}$； (3) $\sum_{n=1}^{\infty}\frac{(2n)!}{(n!)^2}x^{2n-1}$.

解 (1) $\lim\limits_{n\to\infty}\left|\frac{a_{n+1}}{a_n}\right|=\lim\limits_{n\to\infty}\left|\frac{\frac{(2n+2)!}{[(n+1)!]^2}}{\frac{(2n)!}{(n!)^2}}\right|=\lim\limits_{n\to\infty}\frac{2(2n+1)}{n+1}=4$，

所以 $R=\frac{1}{4}$，收敛区间为$\left(-\frac{1}{4},\frac{1}{4}\right)$；

(2) 由于 x^{2n-1} 的系数 $a_{2n-1}=0$，故不能直接利用定理7求收敛半径，我们可以利用下面给出的两种方法求其收敛半径.

方法1，换元法. 令 $x^2=t$，得级数 $\sum_{n=1}^{\infty}\frac{(2n)!}{(n!)^2}t^n$，根据(1)的结果，此级数的收敛区间为 $t\in\left(-\frac{1}{4},\frac{1}{4}\right)$，由
$$-\frac{1}{4}<x^2<\frac{1}{4}，得-\frac{1}{2}<x<\frac{1}{2}，$$
故 $\sum_{n=1}^{\infty}\frac{(2n)!}{(n!)^2}x^{2n}$ 的收敛区间为$\left(-\frac{1}{2},\frac{1}{2}\right)$，收敛半径为 $R=\frac{1}{2}$；

方法2，模比值法. 记 $u_n(x)=\frac{(2n)!}{(n!)^2}x^{2n}$，有
$$\lim_{n\to\infty}\left|\frac{u_{n+1}(x)}{u_n(x)}\right|=\lim_{n\to\infty}\left|\frac{\frac{(2n+2)!}{((n+1)!)^2}x^{2n+2}}{\frac{(2n)!}{(n!)^2}x^{2n}}\right|=\lim_{n\to\infty}\frac{2(2n+1)}{n+1}x^2=4x^2，$$
故当 $4x^2<1$，即 $|x|<\frac{1}{2}$ 时，级数绝对收敛，当 $|x|>\frac{1}{2}$ 时，级数发散，所以 $R=\frac{1}{2}$，收敛区间为$\left(-\frac{1}{2},\frac{1}{2}\right)$；

(3) 当 $x\neq0$ 时，由于 $\sum_{n=1}^{\infty}\frac{(2n)!}{(n!)^2}x^{2n-1}=\frac{1}{x}\sum_{n=1}^{\infty}\frac{(2n)!}{(n!)^2}x^{2n}$，因而 $\sum_{n=1}^{\infty}\frac{(2n)!}{(n!)^2}x^{2n-1}$ 与 $\sum_{n=1}^{\infty}\frac{(2n)!}{(n!)^2}x^{2n}$ 有相同的收敛半径和收敛区间，所以 $R=\frac{1}{2}$，收敛区间为$\left(-\frac{1}{2},\frac{1}{2}\right)$.

下面给出求收敛半径的另一种方法.

定理 8(系数模根值法) 设幂级数 $\sum_{n=0}^{\infty} a_n x^n$，如果 $\lim_{n\to\infty}\sqrt[n]{|a_n|}=l$（$l$ 为有限数或 $+\infty$），则此幂级数的收敛半径

$$R=\begin{cases}\dfrac{1}{l}, & 0<l<+\infty,\\ +\infty, & l=0,\\ 0, & l=+\infty.\end{cases}$$

利用正项级数的根值判别法即可证明此定理，这里从略.

例 4 求下列幂级数的收敛半径.

（1）$\sum_{n=1}^{\infty}\frac{2+(-1)^n}{n}x^n$；（2）$\sum_{n=1}^{\infty}\frac{x^n}{\ln^n(1+n)}$.

解 （1）$\lim_{n\to\infty}\sqrt[n]{|a_n|}=\lim_{n\to\infty}\sqrt[n]{\frac{2+(-1)^n}{n}}=1$，

故
$$R=\frac{1}{1}=1;$$

（2）$\lim_{n\to\infty}\sqrt[n]{|a_n|}=\lim_{n\to\infty}\frac{1}{\ln(1+n)}=0$，

故
$$R=+\infty.$$

当收敛区间延伸到无穷时，幂级数对 x 的每一个值将都是绝对收敛，但在 **R** 上不一定一致收敛. 然而在任何区间 $[-b,b]$ 上，它将是一致收敛的，这里的 b 是一个（有穷）正实数. 下面的幂级数就是这样一个例子：

$$1+x+\frac{x^2}{2!}+\frac{x^3}{3!}+\cdots$$

四、幂级数的运算性质

性质 1(代数运算) 设幂级数 $\sum_{n=0}^{\infty} a_n x^n$ 与 $\sum_{n=0}^{\infty} b_n x^n$ 的收敛半径分别为 R_1,R_2，令 $R=\min\{R_1,R_2\}$，则在 $(-R,R)$ 内，

$$\sum_{n=0}^{\infty}(a_n+b_n)x^n=\sum_{n=0}^{\infty}a_n x^n+\sum_{n=0}^{\infty}b_n x^n,$$

$$\begin{aligned}\sum_{n=0}^{\infty}a_n x^n\cdot\sum_{n=0}^{\infty}b_n x^n &= \sum_{n=0}^{\infty}\left(\sum_{k=0}^{n}a_k b_{n-k}\right)x^n \quad \text{（柯西乘积）}\\ &= a_0b_0+(a_0b_1+a_1b_0)x+(a_0b_2+a_1b_1+a_2b_0)x^2+\cdots+(a_0b_n+a_1b_{n-1}+\cdots+a_nb_0)x^n+\cdots.\end{aligned}$$

为了给出其他性质,我们先引入一个定理.

定理 9(阿贝尔第二定理) 设幂级数 $\sum_{n=0}^{\infty}a_nx^n$ 的收敛半径为 $R>0$,则:

(1) 对满足 $0<r<R$ 的任意 r, $\sum_{n=0}^{\infty}a_nx^n$ 在 $[-r,r]$ 上一致收敛;

(2) 如果 $\sum_{n=0}^{\infty}a_nx^n$ 在 $x=R$ 处收敛,则它在 $[0,R]$ 上一致收敛;如果 $\sum_{n=0}^{\infty}a_nx^n$ 在 $x=-R$ 处收敛,则它在 $[-R,0]$ 上一致收敛.

证 (1) 设 $0<r<R$,则 $\sum_{n=0}^{\infty}a_nr^n$ 绝对收敛,当 $|x|\leqslant r$ 时,由于 $|a_nx^n|\leqslant|a_n|r^n$,根据定理 2, $\sum_{n=0}^{\infty}a_nx^n$ 在 $[-r,r]$ 上一致收敛.

(2) 证明略. 因为其证明需要用到的一些知识超出了我们的要求.

性质 2(和函数的连续性) 幂级数 $\sum_{n=0}^{\infty}a_nx^n$ 的和函数 $S(x)$ 在其收敛域上是连续函数.

利用定理 3 以及定理 7 便可以证明此性质.

性质 3(和函数的可导性) 幂级数 $\sum_{n=0}^{\infty}a_nx^n$ 的和函数 $S(x)$ 在其收敛区间 $(-R,R)$ 内可导,并且有逐项求导公式

$$S'(x)=\left(\sum_{n=0}^{\infty}a_nx^n\right)'=\sum_{n=0}^{\infty}(a_nx^n)'=\sum_{n=1}^{\infty}na_nx^{n-1}\quad(x\in(-R,R)),$$

逐项求导后所得级数与原级数有相同的收敛半径.

证 设 $\sum_{n=0}^{\infty}a_nx^n$ 与 $\sum_{n=1}^{\infty}na_nx^{n-1}$ 的收敛半径分别为 R 和 R_1,我们先证明 $R=R_1$.

由于 $\sum_{n=1}^{\infty}na_nx^n=x\sum_{n=1}^{\infty}na_nx^{n-1}$,所以 $\sum_{n=1}^{\infty}na_nx^n$ 的收敛半径也是 R_1. 任取 x,使得 $0<|x|<R_1$,则 $\sum_{n=1}^{\infty}n|a_nx^n|$ 在 x 处收敛. 由于

$|a_nx^n|\leqslant n|a_nx^n|$，所以 $\sum\limits_{n=1}^{\infty}|a_nx^n|$ 收敛，从而 $\sum\limits_{n=0}^{\infty}|a_nx^n|$ 收敛. 这说明 $|x|\leqslant R$，因此 $R_1\leqslant R$.

现在任取 x，使 $0<|x|<R$，在 $|x|$ 与 R 之间取一个数 r，则 $\sum\limits_{n=0}^{\infty}|a_nr^n|$ 是收敛的，故它的一般项一定有界，即 $\exists M>0$，使得 $|a_nr^n|\leqslant M(n=0,1,2,\cdots)$，因此有 $n|a_nx^n|=n|a_nr^n|\left|\dfrac{x}{r}\right|^n\leqslant Mn\left|\dfrac{x}{r}\right|^n$. 对级数 $\sum\limits_{n=1}^{\infty}n\left|\dfrac{x}{r}\right|^n$，由于 $\lim\limits_{n\to\infty}\dfrac{(n+1)\left|\dfrac{x}{r}\right|^{n+1}}{n\left|\dfrac{x}{r}\right|^n}=\lim\limits_{n\to\infty}\dfrac{(n+1)\left|\dfrac{x}{r}\right|}{n}=\left|\dfrac{x}{r}\right|<1$，所以 $\sum\limits_{n=1}^{\infty}n\left|\dfrac{x}{r}\right|^n$ 收敛，从而 $\sum\limits_{n=1}^{\infty}n|a_nx^n|$ 及 $\sum\limits_{n=1}^{\infty}|na_nx^{n-1}|$ 收敛，这说明 $|x|\leqslant R_1$，因此 $R\leqslant R_1$. 故 $R=R_1$，即 $\sum\limits_{n=0}^{\infty}a_nx^n$ 与 $\sum\limits_{n=1}^{\infty}na_nx^{n-1}$ 有相同的收敛半径.

对 $\forall x\in(-R,R)$，可取 r，使 $|x|<r<R$，于是 $\sum\limits_{n=1}^{\infty}na_nx^{n-1}$ 在 $[-r,r]$ 上一致收敛，根据定理 5，$S(x)$ 在 x 处可导，并且有逐项求导公式

$$S'(x)=\left(\sum_{n=0}^{\infty}a_nx^n\right)'=\sum_{n=0}^{\infty}(a_nx^n)'=\sum_{n=1}^{\infty}na_nx^{n-1}.$$

性质 4（和函数的可积性）　幂级数 $\sum\limits_{n=0}^{\infty}a_nx^n$ 的和函数 $S(x)$ 在其收敛区间 $(-R,R)$ 内可积，并且有逐项积分公式

$$\int_0^x S(x)\mathrm{d}x=\int_0^x\left(\sum_{n=0}^{\infty}a_nx^n\right)\mathrm{d}x=\sum_{n=0}^{\infty}\int_0^x a_nx^n\mathrm{d}x=\sum_{n=0}^{\infty}\frac{a_n}{n+1}x^{n+1}$$

$(x\in(-R,R))$，逐项积分后所得级数与原级数有相同的收敛半径.

证　根据定理 9，对 $\forall x\in(-R,R)$，可取 r，使 $|x|<r<R$，且 $\sum\limits_{n=0}^{\infty}a_nx^n$ 在 $[-r,r]$ 上一致收敛，再利用定理 4 即可得逐项积分公式. 类似于性质 3 的证明可知逐项积分后所得级数与原级数有相同的收敛半径.

性质 3 和性质 4 表明，幂级数在收敛区间内逐项求导或逐项积分所得到的新的幂级数与原级数有相同的收敛半径. 但是，新的幂

级数在 $x=-R$ 与 $x=R$ 处的收敛性可能不同于原级数.

例如，$\sum_{n=1}^{\infty}\frac{1}{n}x^n$ 的收敛域为 $[-1,1)$，将其逐项求导所得级数 $\sum_{n=1}^{\infty}x^{n-1}$ 的收敛域为 $(-1,1)$，在 $x=-1$ 处的收敛性改变了.

幂级数的上述性质可以帮助我们求一些幂级数的和函数.

例 5 求下列幂级数的收敛域及和函数.

(1) $\sum_{n=0}^{\infty}(-1)^n\frac{x^{2n+1}}{2n+1}$；　(2) $\sum_{n=0}^{\infty}\frac{x^n}{n+1}$.

解 (1) $\lim_{n\to\infty}\left|\frac{a_{n+1}}{a_n}\right|=\lim_{n\to\infty}\frac{2n+1}{2n+3}=1$,

故 $R=1$，当 $x=\pm1$ 时，级数为 $\pm\sum_{n=0}^{\infty}\frac{(-1)^n}{2n+1}$，收敛，故收敛域为 $[-1,1]$，设 $S(x)=\sum_{n=0}^{\infty}(-1)^n\frac{x^{2n+1}}{2n+1}$，则 $S(0)=0$，

当 $|x|<1$ 时，

$$S'(x)=\sum_{n=0}^{\infty}\left[(-1)^n\frac{x^{2n+1}}{2n+1}\right]'=\sum_{n=0}^{\infty}(-1)^nx^{2n}=\sum_{n=0}^{\infty}(-x^2)^n=\frac{1}{1+x^2},$$

积分得
$$S(x)-S(0)=\int_0^x\frac{1}{1+x^2}\mathrm{d}x=\arctan x,$$

又 $S(x)$ 在 $x=\pm1$ 处连续，故 $S(x)=\arctan x$；

(2) $\lim_{n\to\infty}\left|\frac{a_{n+1}}{a_n}\right|=\lim_{n\to\infty}\frac{n+1}{n+2}=1$,

故 $R=1$，当 $x=1$ 时，级数为 $\sum_{n=0}^{\infty}\frac{1}{n+1}$ 发散，当 $x=-1$ 时，级数为 $\sum_{n=0}^{\infty}\frac{(-1)^n}{n+1}$，收敛，故收敛域为 $[-1,1)$，当 $x\neq0$ 时，有

$$S(x)=\sum_{n=0}^{\infty}\frac{x^n}{n+1}=\frac{1}{x}\sum_{n=0}^{\infty}\frac{x^{n+1}}{n+1}，设\ \sigma(x)=\sum_{n=0}^{\infty}\frac{x^{n+1}}{n+1},$$

则当 $|x|<1$，$\sigma'(x)=\sum_{n=0}^{\infty}x^n=\frac{1}{1-x}$,

积分得
$$\sigma(x)=\int_0^x\frac{1}{1-x}\mathrm{d}x+\sigma(0)=-\ln(1-x),$$

由于 $\sum_{n=0}^{\infty}\frac{x^n}{n+1}$ 中的常数项为 1，故 $S(0)=1$，又 $S(x)$ 在 $x=-1$ 处连续，因此

$$S(x)=\begin{cases}\frac{-1}{x}\ln(1-x), & x\neq0,\\ 1, & x=0.\end{cases}$$

例 6 求下列幂级数的收敛域及和函数.

(1) $\sum_{n=0}^{\infty}(n+1)x^{2n}$；　(2) $\sum_{n=0}^{\infty}(n^2+1)x^n$.

解　(1) $\lim\limits_{n\to\infty}\left|\dfrac{a_{n+1}}{a_n}\right|=1$，$R=\sqrt{1}=1$，当 $x=\pm1$ 时，级数为 $\sum\limits_{n=0}^{\infty}(n+1)$，发散，故收敛域为 $(-1,1)$，设 $S(t)=\sum\limits_{n=0}^{\infty}(n+1)t^n$，有

$$\int_0^t S(t)\mathrm{d}t=\sum_{n=0}^{\infty}\int_0^t(n+1)t^n\mathrm{d}t=\sum_{n=0}^{\infty}t^{n+1}=\frac{t}{1-t},$$

求导得
$$S(t)=\left(\frac{t}{1-t}\right)'=\frac{1}{(1-t)^2},$$

令 $t=x^2$，得
$$\sum_{n=0}^{\infty}(n+1)x^{2n}=\frac{1}{(1-x^2)^2};$$

(2) $\lim\limits_{n\to\infty}\left|\dfrac{a_{n+1}}{a_n}\right|=1$，故 $R=1$，当 $x=\pm1$ 时，级数为 $\sum\limits_{n=0}^{\infty}(n^2+1)(\pm1)^n$，发散，故收敛域为 $(-1,1)$，设 $S(x)=\sum\limits_{n=0}^{\infty}(n^2+1)x^n$，得

$$\begin{aligned}S(x)&=\sum_{n=0}^{\infty}[(n+1)(n+2)-3(n+1)+2]x^n\\&=\sum_{n=0}^{\infty}(n+1)(n+2)x^n-3\sum_{n=0}^{\infty}(n+1)x^n+2\sum_{n=0}^{\infty}x^n\\&=\left(\sum_{n=0}^{\infty}x^{n+2}\right)''-3\left(\sum_{n=0}^{\infty}x^{n+1}\right)'+2\sum_{n=0}^{\infty}x^n\\&=\left(\frac{x^2}{1-x}\right)''-3\left(\frac{x}{1-x}\right)'+2\cdot\frac{1}{1-x}\\&=\frac{2}{(1-x)^3}-\frac{3}{(1-x)^2}+\frac{2}{1-x}.\end{aligned}$$

习题 10-4

1. 求下列幂级数的收敛域.

(1) $\sum\limits_{n=1}^{\infty}(n+1)x^n$；　(2) $\sum\limits_{n=1}^{\infty}\dfrac{x^n}{n^2+1}$；

(3) $\sum\limits_{n=1}^{\infty}\dfrac{x^n}{n^n}$；　(4) $\sum\limits_{n=1}^{\infty}\dfrac{2^n}{n^2+1}x^n$；

(5) $\sum\limits_{n=2}^{\infty}\dfrac{(-1)^n}{\ln n}(x-1)^n$；　(6) $\sum\limits_{n=1}^{\infty}\dfrac{x^n}{(2n)!!}$；

(7) $\sum\limits_{n=1}^{\infty}\dfrac{\sqrt{n}}{n+1}(3x+1)^n$；　(8) $\sum\limits_{n=1}^{\infty}\dfrac{2^n}{n+1}x^{2n-1}$；

(9) $\sum\limits_{n=1}^{\infty}\dfrac{(-1)^n}{n\cdot2^n}x^{3n}$；　(10) $\sum\limits_{n=1}^{\infty}\dfrac{2^{2n-1}}{n\sqrt{n}}(x+1)^n$；

(11) $\sum\limits_{n=1}^{\infty}\dfrac{(2x)^n}{n!}$；

(12) $\sum\limits_{n=1}^{\infty}\left(1+\dfrac{1}{2}+\cdots+\dfrac{1}{n}\right)x^n$.

2. 设 $\lim\limits_{n\to\infty}\left|\dfrac{a_{n+1}}{a_n}\right|=3$，求下列各级数的收敛半径.

(1) $\sum\limits_{n=0}^{\infty}a_n\left(\dfrac{x+1}{2}\right)^n$；

(2) $\sum\limits_{n=1}^{\infty}na_n(x-5)^{2n}$；

(3) $\sum\limits_{n=2}^{\infty}\dfrac{a_nx^n}{n-1}$.

3. 求下列幂级数的和函数.

(1) $\sum\limits_{n=0}^{\infty}\left(\dfrac{x}{2}\right)^n$；　(2) $\sum\limits_{n=1}^{\infty}(2n+1)x^{n-1}$；

(3) $\sum\limits_{n=1}^{\infty}\dfrac{n(n+1)}{2}x^{n-1}$；　(4) $\sum\limits_{n=1}^{\infty}\dfrac{x^{4n+1}}{4n+1}$；

(5) $\sum\limits_{n=1}^{\infty}\dfrac{x^{n-1}}{n\cdot2^n}$；　(6) $\sum\limits_{n=1}^{\infty}\dfrac{x^{n+1}}{n(n+1)}$.

4. 求幂级数 $\sum\limits_{n=1}^{\infty}\dfrac{2n-1}{2^n}x^{2n-2}$ 的和函数，并求级数 $\sum\limits_{n=1}^{\infty}\dfrac{2n-1}{2^n}$ 的和.

第五节 泰勒级数

这一节我们要讨论幂级数求和问题的反问题:将一个函数展成幂级数.这个问题有重要的理论价值和应用价值.

一、泰勒级数的概念与收敛性

我们要讨论两个问题.

第一个问题:如果 $f(x)=\sum_{n=0}^{\infty}a_n(x-x_0)^n$,其中各系数 $a_n=?$ $(n=0,1,2,\cdots)$.

第二个问题:给定 $f(x)$,根据第一个问题的结果,求出 $a_n(n=0,1,2,\cdots)$,并由此构造一个级数 $\sum_{n=0}^{\infty}a_n(x-x_0)^n$,那么所构造的这个级数是否收敛?若收敛,是否收敛到函数 $f(x)$?

先讨论第一个问题.

设
$$\begin{aligned}f(x)&=\sum_{n=0}^{\infty}a_n(x-x_0)^n\\&=a_0+a_1(x-x_0)+a_2(x-x_0)^2+\cdots+\\&\quad a_n(x-x_0)^n+\cdots,\end{aligned}\tag{1}$$

则有 $f(x_0)=a_0$,级数(1)两端对 x 求导,得

$$f'(x)=a_1+2a_2(x-x_0)+3a_3(x-x_0)^2+\cdots+na_n(x-x_0)^{n-1}+\cdots,$$

因而有 $f'(x_0)=a_1$,对上面级数再次求导,得

$$f''(x)=2a_2+3\cdot 2a_3(x-x_0)+\cdots+n(n-1)a_n(x-x_0)^{n-2}+\cdots,$$

由此得 $f''(x_0)=2a_2,a_2=\dfrac{f''(x_0)}{2}$,如此下去,可得

$$\begin{aligned}f^{(n)}(x)=&n\cdot(n-1)\cdot\cdots\cdot 2\cdot 1\cdot a_n+\\&(n+1)\cdot n\cdot\cdots\cdot 3\cdot 2\cdot a_{n+1}(x-x_0)+\cdots,\end{aligned}$$

由此得 $f^{(n)}(x_0)=n\cdot(n-1)\cdot\cdots\cdot 2\cdot 1\cdot a_n,a_n=\dfrac{f^{(n)}(x_0)}{n!}$,

于是得知,如果 $f(x)$能够展成幂级数(1),则这展式是唯一的,并且系数

$$a_n=\frac{f^{(n)}(x_0)}{n!},n=0,1,2,\cdots.$$

讨论第二个问题之前,我们先引入一个概念.

定义 设函数 $f(x)$ 在点 x_0 处有任意阶导数,将 $\dfrac{f^{(n)}(x_0)}{n!}$ $(n=0,1,2,\cdots)$称为 $f(x)$在 x_0 处的(或关于 $x-x_0$ 的)泰勒系

数，将幂级数 $\sum_{n=0}^{\infty}\frac{f^{(n)}(x_0)}{n!}(x-x_0)^n$ 称为 $f(x)$ 在 x_0 处的（或关于 $x-x_0$ 的）泰勒级数，记作

$$f(x)\sim\sum_{n=0}^{\infty}\frac{f^{(n)}(x_0)}{n!}(x-x_0)^n,$$

其中"～"理解成对应. 特别地，$\sum_{n=0}^{\infty}\frac{f^{(n)}(0)}{n!}x^n$ 称为 $f(x)$ 的麦克劳林级数.

因而我们的第二个问题就变成 $f(x)$ 在 x_0 处的泰勒级数何时收敛到 $f(x)$，即何时可以将上面的对应号"～"升级为等号. 由于

$$f(x)=\sum_{n=0}^{\infty}\frac{f^{(n)}(x_0)}{n!}(x-x_0)^n$$

$\Leftrightarrow$ 当 $n\to\infty$ 时，级数的部分和

$$S_n(x)=\sum_{k=0}^{n}\frac{f^{(k)}(x_0)}{k!}(x-x_0)^k\to f(x),$$

而由第三章的泰勒公式，有

$$f(x)=S_n(x)+R_n(x),\text{其中 } R_n(x)=\frac{f^{(n+1)}(\xi)}{(n+1)!}(x-x_0)^{n+1},$$

ξ 介于 x 与 x_0 之间，因此

$$\lim_{n\to\infty}S_n(x)=f(x)\Leftrightarrow\lim_{n\to\infty}R_n(x)=0.$$

这样便有了下面的定理.

定理（泰勒级数的收敛性）　在点 x 处 $f(x)$ 的泰勒级数收敛于 $f(x)$，即 $f(x)=\sum_{n=0}^{\infty}\frac{f^{(n)}(x_0)}{n!}(x-x_0)^n$ 的充分必要条件是在点 x 处 $f(x)$ 的泰勒公式的余项 $R_n(x)$ 满足 $\lim_{n\to\infty}R_n(x)=0$.

另外，函数可以展开成泰勒级数还有一个这样的充分条件：

设函数 $f(x)$ 在点 x_0 的某个邻域内有定义，$\exists M>0$，$\forall x\in(x_0-R,x_0+R)$，都有

$$|f^{(n)}(x)|\leqslant M,n=0,1,2,\cdots,$$

则 $f(x)$ 在 (x_0-R,x_0+R) 内可展开成 x_0 的泰勒级数. 这里 R 不超过邻域半径.

二、函数展成泰勒级数的方法

根据上面的讨论，函数 $f(x)$ 的点 x_0 处的幂级数展开式是唯一的，它就是泰勒级数. 将函数 $f(x)$ 展成泰勒级数的方法有两种：直

接法和间接法.

直接法. 首先求出 $f^{(n)}(x_0)(n=0,1,2,\cdots)$, 得到级数 $\sum_{n=0}^{\infty}\frac{f^{(n)}(x_0)}{n!}(x-x_0)^n$(此时应写成 $f(x)\sim\sum_{k=0}^{n}\frac{f^{(n)}(x_0)}{n!}(x-x_0)^n$), 然后求出使 $\lim_{n\to\infty}R_n(x)=\lim_{n\to\infty}\frac{f^{(n+1)}(\xi)}{(n+1)!}(x-x_0)^{n+1}=0$ 的点,在这样的点 x 处,有 $f(x)=\sum_{n=0}^{\infty}\frac{f^{(n)}(x_0)}{n!}(x-x_0)^n$. 根据幂级数收敛域的特点,这样的点 x 的集合是一个区间,并且除端点外是一个关于 x_0 对称的区间.

间接法. 利用一些已知的泰勒级数和幂级数的运算(如四则运算,逐项求导,逐项积分)以及变量代换等方法将所给函数展成泰勒级数.

注意到函数展开成幂级数,展开式成立的区间和得到的幂级数的收敛域有可能不同.

例1 将 $f(x)=\mathrm{e}^x$ 展成麦克劳林级数.

解 由于 $f^{(n)}(x)=\mathrm{e}^x$,故 $f^{(n)}(0)=1,n=0,1,2,\cdots$,于是得

$$\mathrm{e}^x\sim\sum_{n=0}^{\infty}\frac{x^n}{n!},$$

$f(x)$的 n 阶麦克劳林公式的余项的绝对值

$$|R_n(x)|=\left|\frac{f^{(n+1)}(\xi)}{(n+1)!}x^{n+1}\right|=\frac{\mathrm{e}^{\xi}}{(n+1)!}|x^{n+1}|\leqslant\mathrm{e}^{|x|}\frac{|x|^{n+1}}{(n+1)!},$$

其中 ξ 在 x 与 0 之间,由于幂级数 $\sum_{n=0}^{\infty}\frac{x^{n+1}}{(n+1)!}$ 的收敛半径 $R=+\infty$, 故对 $\forall x\in(-\infty,+\infty)$,有 $\lim_{n\to\infty}\frac{x^{n+1}}{(n+1)!}=0$,故 $\lim_{n\to\infty}R_n(x)=0$,因此有

$$\boxed{\mathrm{e}^x=\sum_{n=0}^{\infty}\frac{x^n}{n!}=1+x+\frac{x^2}{2!}+\cdots+\frac{x^n}{n!}+\cdots,x\in(-\infty,+\infty).}\tag{2}$$

例2 将 $\sin x,\cos x$ 展成麦克劳林级数.

解 对 $f(x)=\sin x$,有 $f^{(n)}(x)=\sin\left(x+\frac{n\pi}{2}\right),n=0,1,2,\cdots$,

$$f^{(n)}(0)=\sin\frac{n\pi}{2}=\begin{cases}0, & n=2k,\\(-1)^k, & n=2k+1,\end{cases}$$

于是
$$\sin x\sim\sum_{n=0}^{\infty}\frac{(-1)^n}{(2n+1)!}x^{2n+1},$$

由于
$$|R_n(x)|=\left|\frac{\sin\left(\xi+\frac{(n+1)\pi}{2}\right)}{(n+1)!}x^{n+1}\right|\leqslant\frac{|x|^{n+1}}{(n+1)!},$$

类似于例1,可知对 $\forall x\in(-\infty,+\infty)$,有 $\lim_{n\to\infty}R_n(x)=0$,故有

$$\sin x = \sum_{n=0}^{\infty}\frac{(-1)^n}{(2n+1)!}x^{2n+1}, x\in(-\infty,+\infty) \\ = x-\frac{x^3}{3!}+\frac{x^5}{5!}-\frac{x^7}{7!}+\cdots+\frac{(-1)^n}{(2n+1)!}x^{2n+1}+\cdots. \tag{3}$$

将上式求导，得

$$\cos x = \sum_{n=0}^{\infty}\frac{(-1)^n}{(2n)!}x^{2n}, x\in(-\infty,+\infty) \\ = 1-\frac{x^2}{2!}+\frac{x^4}{4!}-\frac{x^6}{6!}+\cdots+\frac{(-1)^n}{(2n)!}x^{2n}+\cdots. \tag{4}$$

例 3 将 $f(x)=(1+x)^\alpha$ 展成麦克劳林级数(其中 α 是非零常数).

解 当 α 是正整数时，根据二项式定理，对一切 $x\in(-\infty,+\infty)$，都有

$$(1+x)^\alpha = \sum_{n=0}^{\alpha}C_\alpha^n x^n \\ =1+\alpha x+\frac{\alpha(\alpha-1)}{2!}x^2+\cdots+\frac{\alpha\cdot(\alpha-1)\cdot\cdots\cdot 2\cdot 1}{\alpha!}x^\alpha,$$

即此时麦克劳林级数只有有限项不为零.

下面再讨论 α 不是正整数的情况，由于

$$f'(x)=\alpha(1+x)^{\alpha-1}, f''(x)=\alpha(\alpha-1)(1+x)^{\alpha-2},\cdots,$$
$$f^{(n)}(x)=\alpha(\alpha-1)\cdots(\alpha-n+1)(1+x)^{\alpha-n}, n=1,2,\cdots,$$

故 $$f(0)=1, f'(0)=\alpha, f''(0)=\alpha(\alpha-1),\cdots,$$
$$f^{(n)}(0)=\alpha(\alpha-1)\cdots(\alpha-n+1), n=1,2,\cdots,$$

于是得

$$(1+x)^\alpha \sim 1+\sum_{n=1}^{\infty}\frac{\alpha(\alpha-1)\cdots(\alpha-n+1)}{n!}x^n,$$

由于 $$\lim_{n\to\infty}\left|\frac{a_{n+1}}{a_n}\right|=\lim_{n\to\infty}\frac{|\alpha-n|}{n+1}=1,$$

故上面级数的收敛半径为 $R=1$，由于此处研究泰勒余项 $R_n(x)$ 不太方便，我们采用下面的方法证明：当 $x\in(-1,1)$ 时，可以将上面式子中的对应号“$\sim$”换成等号. 由于

$$f'(x)=\alpha(1+x)^{\alpha-1}=\frac{\alpha}{1+x}(1+x)^\alpha=\frac{\alpha}{1+x}f(x),$$

故 $f(x)=(1+x)^\alpha$ 是微分方程初值问题

$$(1+x)y'-\alpha y=0, y(0)=1 \tag{5}$$

的解. 设

$$S(x)=1+\sum_{n=1}^{\infty}\frac{\alpha(\alpha-1)\cdots(\alpha-n+1)}{n!}x^n$$

$$=1+\alpha x+\frac{\alpha(\alpha-1)}{2!}x^2+\cdots+\frac{\alpha(\alpha-1)\cdots(\alpha-n+1)}{n!}x^n+\cdots,$$

现在证明 $S(x)$ 也是上面微分方程初值问题的解. 由于

$$S'(x)=\sum_{n=1}^{\infty}\frac{\alpha(\alpha-1)\cdots(\alpha-n+1)}{(n-1)!}x^{n-1},$$

$$(1+x)S'(x)=\sum_{n=1}^{\infty}\frac{\alpha(\alpha-1)\cdots(\alpha-n+1)}{(n-1)!}x^{n-1}+\sum_{n=1}^{\infty}\frac{\alpha(\alpha-1)\cdots(\alpha-n+1)}{(n-1)!}x^n$$

因而 $(1+x)S'(x)-\alpha S(x)$

$$=\sum_{n=0}^{\infty}\frac{\alpha(\alpha-1)\cdots(\alpha-n)}{n!}x^n+\sum_{n=1}^{\infty}\frac{\alpha(\alpha-1)\cdots(\alpha-n+1)}{(n-1)!}x^n-\alpha\left[1+\sum_{n=1}^{\infty}\frac{\alpha(\alpha-1)\cdots(\alpha-n+1)}{n!}x^n\right]$$

$$=\alpha-\alpha+\sum_{n=1}^{\infty}\frac{\alpha(\alpha-1)\cdots(\alpha-n+n-\alpha)}{n!}x^n=0,$$

又 $S(0)=1$,故 $S(x)$ 也是微分方程初值问题(5)的解,因此 $f(x)=S(x)$,即有

$$\boxed{(1+x)^\alpha=1+\sum_{n=1}^{\infty}\frac{\alpha(\alpha-1)\cdots(\alpha-n+1)}{n!}x^n,x\in(-1,1).}\tag{6}$$

此级数称为二项式级数. 当 $x=\pm1$ 时,级数是否收敛到 $(1+x)^\alpha$ 与 α 的值有关. 当 $\alpha\leqslant-1$ 时,收敛域为 $(-1,1)$;当 $-1<\alpha<0$ 时,收敛域为 $(-1,1]$;当 $\alpha>0$ 时,收敛域为 $[-1,1]$.(证明略.)

如果 $\alpha=-1$,则二项式级数为

$$\boxed{\begin{aligned}\frac{1}{1+x}&=\sum_{n=0}^{\infty}(-1)^n x^n\quad x\in(-1,1)\\&=1-x+x^2-x^3+\cdots+(-1)^n x^n+\cdots.\end{aligned}}\tag{7}$$

将上式中的 x 换成 $-x$,则有

$$\boxed{\begin{aligned}\frac{1}{1-x}&=\sum_{n=0}^{\infty}x^n\quad x\in(-1,1)\\&=1+x+x^2+x^3+\cdots+x^n+\cdots.\end{aligned}}\tag{8}$$

如果 $\alpha=\frac{1}{2}$,则当 $n\geqslant2$ 时,

$$a_n=\frac{\frac{1}{2}\left(\frac{1}{2}-1\right)\left(\frac{1}{2}-2\right)\cdots\left(\frac{1}{2}-n+1\right)}{n!}$$

$$=\frac{\frac{1}{2}\left(-\frac{1}{2}\right)\left(-\frac{3}{2}\right)\cdots\left(-\frac{2n-3}{2}\right)}{n!}$$

$$=\frac{(-1)^{n-1}(2n-3)!!}{2^n\cdot n!}=\frac{(-1)^{n-1}(2n-3)!!}{(2n)!!},$$

此时二项式级数为

$$\boxed{\begin{aligned}\sqrt{1+x}&=1+\frac{1}{2}x+\sum_{n=2}^{\infty}\frac{(-1)^{n-1}(2n-3)!!}{(2n)!!}x^n \quad x\in[-1,1]\\&=1+\frac{1}{2}x-\frac{1}{2\times4}x^2+\frac{1\times3}{2\times4\times6}x^3-\cdots.\end{aligned}} \tag{9}$$

如果 $\alpha=-\frac{1}{2}$，则当 $n\geqslant1$ 时，

$$\begin{aligned}a_n&=\frac{-\frac{1}{2}\left(-\frac{1}{2}-1\right)\left(-\frac{1}{2}-2\right)\cdots\left(-\frac{1}{2}-n+1\right)}{n!}\\&=\frac{\left(-\frac{1}{2}\right)\left(-\frac{3}{2}\right)\cdots\left(-\frac{2n-1}{2}\right)}{n!}\\&=\frac{(-1)^n(2n-1)!!}{2^n\cdot n!}=\frac{(-1)^n(2n-1)!!}{(2n)!!},\end{aligned}$$

此时二项式级数为

$$\boxed{\begin{aligned}\frac{1}{\sqrt{1+x}}&=1+\sum_{n=1}^{\infty}\frac{(-1)^n(2n-1)!!}{(2n)!!}x^n \quad x\in(-1,1]\\&=1-\frac{1}{2}x+\frac{1\times3}{2\times4}x^2-\frac{1\times3\times5}{2\times4\times6}x^3+\cdots.\end{aligned}} \tag{10}$$

例 4 把 $\ln(1+x)$ 与 $\arctan x$ 展成麦克劳林级数.

解 由于当 $x\in(-1,1)$ 时，有 $\frac{1}{1+x}=\sum_{n=0}^{\infty}(-1)^nx^n$，逐项积分，得

$$\boxed{\begin{aligned}\ln(1+x)&=\sum_{n=0}^{\infty}\frac{(-1)^n}{n+1}x^{n+1}=\sum_{n=1}^{\infty}\frac{(-1)^{n-1}}{n}x^n\\&=x-\frac{x^2}{2}+\frac{x^3}{3}-\frac{x^4}{4}+\cdots+\frac{(-1)^{n-1}}{n}x^n+\cdots,\end{aligned}} \tag{11}$$

由于当 $x=1$ 时右端级数收敛，根据幂级数和函数的连续性得知上式成立的区间是 $(-1,1]$；

将 $\frac{1}{1+x}$ 的幂级数展式中的 x 换成 x^2，得

$$\frac{1}{1+x^2}=\sum_{n=0}^{\infty}(-1)^nx^{2n},x\in(-1,1),$$

逐项积分，得

$$\boxed{\begin{aligned}\arctan x&=\sum_{n=0}^{\infty}\frac{(-1)^n}{2n+1}x^{2n+1}\\&=x-\frac{x^3}{3}+\frac{x^5}{5}-\frac{x^7}{7}+\cdots+\frac{(-1)^n}{2n+1}x^{2n+1}+\cdots,\end{aligned}} \tag{12}$$

由于当 $x=\pm1$ 时右端级数都收敛，根据幂级数和函数的连续性得知上式成立的区间是 $[-1,1]$.

以上几个幂级数展开式今后可直接引用.

例 5 将 $\cos x$ 展成 $x-\frac{\pi}{3}$ 的幂级数.

解 $\cos x=\cos\left(\left(x-\frac{\pi}{3}\right)+\frac{\pi}{3}\right)=\frac{1}{2}\cos\left(x-\frac{\pi}{3}\right)-\frac{\sqrt{3}}{2}\sin\left(x-\frac{\pi}{3}\right)$,

将式(3)、式(4)中的 x 换成 $x-\frac{\pi}{3}$，得

$$\begin{aligned}\cos x&=\frac{1}{2}\sum_{n=0}^{\infty}\frac{(-1)^n}{(2n)!}\left(x-\frac{\pi}{3}\right)^{2n}-\frac{\sqrt{3}}{2}\sum_{n=0}^{\infty}\frac{(-1)^n}{(2n+1)!}\left(x-\frac{\pi}{3}\right)^{2n+1}\\&=\frac{1}{2}\left[1-\sqrt{3}\left(x-\frac{\pi}{3}\right)-\frac{1}{2!}\left(x-\frac{\pi}{3}\right)^2+\frac{\sqrt{3}}{3!}\left(x-\frac{\pi}{3}\right)^3+\right.\\&\quad\frac{1}{4!}\left(x-\frac{\pi}{3}\right)^4+\cdots+\frac{(-1)^n}{(2n)!}\left(x-\frac{\pi}{3}\right)^{2n}-\\&\quad\left.\frac{(-1)^n\sqrt{3}}{(2n+1)!}\left(x-\frac{\pi}{3}\right)^{2n+1}+\cdots\right],\end{aligned}$$

其中 $x\in(-\infty,+\infty)$.

例 6 把 $\ln x$ 在 $x_0=2$ 展成泰勒级数.

解 $\ln x=\ln[2+(x-2)]=\ln\left[2\left(1+\frac{x-2}{2}\right)\right]=\ln2+\ln\left(1+\frac{x-2}{2}\right)$，利用式(11)，得

$$\ln x=\ln2+\sum_{n=1}^{\infty}\frac{(-1)^{n-1}}{n}\left(\frac{x-2}{2}\right)^n=\ln2+\sum_{n=1}^{\infty}\frac{(-1)^{n-1}}{n\cdot2^n}(x-2)^n,$$

由 $-1<\frac{x-2}{2}\leqslant1$，得 $0<x\leqslant4$.

例 7 将 $f(x)=\begin{cases}\frac{1}{x^2}(xe^x-e^x+1), & x\neq0,\\ \frac{1}{2}, & x=0,\end{cases}$ 展开为 x 的幂级数，并求 $f^{(10)}(0)$.

解 利用 $e^x=\sum_{n=0}^{\infty}\frac{x^n}{n!}$，得

$$\begin{aligned}f(x)&=\frac{1}{x^2}\left(x\sum_{n=0}^{\infty}\frac{x^n}{n!}-\sum_{n=0}^{\infty}\frac{x^n}{n!}+1\right)=\frac{1}{x^2}\left(\sum_{n=0}^{\infty}\frac{x^{n+1}}{n!}-\sum_{n=1}^{\infty}\frac{x^n}{n!}\right)\\&=\frac{1}{x^2}\left(\sum_{n=0}^{\infty}\frac{x^{n+1}}{n!}-\sum_{n=0}^{\infty}\frac{x^{n+1}}{(n+1)!}\right)=\frac{1}{x^2}\sum_{n=0}^{\infty}\frac{n}{(n+1)!}x^{n+1}\\&=\sum_{n=0}^{\infty}\frac{n}{(n+1)!}x^{n-1}=\sum_{n=1}^{\infty}\frac{n}{(n+1)!}x^{n-1}=\sum_{n=0}^{\infty}\frac{n+1}{(n+2)!}x^n,\end{aligned}$$

其中 x^{10} 的系数为 $\frac{11}{12!}$，另一方面，x^{10} 的系数为 $\frac{f^{(10)}(0)}{10!}$，故有

$$\frac{f^{(10)}(0)}{10!}=\frac{11}{12!},f^{(10)}(0)=\frac{1}{12}.$$

例 8 将 $f(x)=\frac{1}{x^2+4x+7}$ 展开成 $x+2$ 的幂级数.

解 由于 $f(x)$ 的分母的判别式小于 0，将分母配方并利用公式(7)，得

$$f(x)=\frac{1}{(x+2)^2+3}=\frac{1}{3}\cdot\frac{1}{1+\left(\frac{x+2}{\sqrt{3}}\right)^2}$$

$$=\frac{1}{3}\sum_{n=0}^{\infty}(-1)^n\left[\left(\frac{x+2}{\sqrt{3}}\right)^2\right]^n=\sum_{n=0}^{\infty}\frac{(-1)^n}{3^{n+1}}(x+2)^{2n},$$

由 $\left(\frac{x+2}{\sqrt{3}}\right)^2<1$，得收敛域 $-2-\sqrt{3}<x<-2+\sqrt{3}$.

例 9 将 $f(x)=\frac{1}{x^2+4x+3}$ 展开成 $x-1$ 的幂级数.

解 由于 $f(x)$ 的分母的判别式大于 0，故先将 $f(x)$ 分成两个简单分式，再利用公式(7)，得

$$f(x)=\frac{1}{(x+1)(x+3)}=\frac{\frac{1}{2}}{x+1}+\frac{-\frac{1}{2}}{x+3}$$

$$=\frac{1}{2}\cdot\frac{1}{(x-1)+2}-\frac{1}{2}\cdot\frac{1}{(x-1)+4}$$

$$=\frac{1}{4}\cdot\frac{1}{1+\frac{x-1}{2}}-\frac{1}{8}\cdot\frac{1}{1+\frac{x-1}{4}}$$

$$=\frac{1}{4}\sum_{n=0}^{\infty}(-1)^n\left(\frac{x-1}{2}\right)^n-\frac{1}{8}\sum_{n=0}^{\infty}(-1)^n\left(\frac{x-1}{4}\right)^n$$

$$=\sum_{n=0}^{\infty}(-1)^n\left(\frac{1}{2^{n+2}}-\frac{1}{2^{2n+3}}\right)(x-1)^n,$$

由 $-1<\frac{x-1}{2}<1$，得 $-1<x<3$，由 $-1<\frac{x-1}{4}<1$，得 $-3<x<5$，故级数的收敛域为 $(-1,3)\cap(-3,5)=(-1,3)$.

例 10 把 $f(x)=\frac{x}{x^2-2x-3}$ 展开成 $x+4$ 的幂级数.

解 $$f(x)=\frac{x}{(x+1)(x-3)}=\frac{1}{4}\left(\frac{1}{x+1}+\frac{3}{x-3}\right)$$

$$=\frac{1}{4}\cdot\frac{1}{(x+4)-3}+\frac{3}{4}\cdot\frac{1}{(x+4)-7}$$

$$=\frac{-1}{12}\cdot\frac{1}{1-\frac{x+4}{3}}-\frac{3}{28}\cdot\frac{1}{1-\frac{x+4}{7}}$$

$$=\frac{-1}{12}\sum_{n=0}^{\infty}\left(\frac{x+4}{3}\right)^n-\frac{3}{28}\sum_{n=0}^{\infty}\left(\frac{x+4}{7}\right)^n$$

$$=\sum_{n=0}^{\infty}\frac{-1}{4}\left(\frac{1}{3^{n+1}}+\frac{3}{7^{n+1}}\right)(x+4)^n,$$

由$-1<\frac{x+4}{3}<1$,得$-7<x<-1$,由$-1<\frac{x+4}{7}<1$,得$-11<x<3$,因此收敛域为$(-7,-1)\cap(-11,3)=(-7,-1)$.

例 11 将$f(x)=(x-2)e^{-x}$在$x_0=1$处展成泰勒级数.

解 $f(x)=[(x-1)-1]e^{-1-(x-1)}$

$$=e^{-1}[(x-1)e^{-(x-1)}-e^{-(x-1)}]$$

$$=e^{-1}\left\{(x-1)\sum_{n=0}^{\infty}\frac{[-(x-1)]^n}{n!}-\sum_{n=0}^{\infty}\frac{[-(x-1)]^n}{n!}\right\}$$

$$=e^{-1}\left[\sum_{n=0}^{\infty}\frac{(-1)^n}{n!}(x-1)^{n+1}-\sum_{n=0}^{\infty}\frac{(-1)^n}{n!}(x-1)^n\right]$$

$$=e^{-1}\left[\sum_{n=1}^{\infty}\frac{(-1)^{n-1}}{(n-1)!}(x-1)^n-\sum_{n=0}^{\infty}\frac{(-1)^n}{n!}(x-1)^n\right]$$

$$=e^{-1}\left\{-1+\sum_{n=1}^{\infty}\left[\frac{(-1)^{n-1}}{(n-1)!}-\frac{(-1)^n}{n!}\right](x-1)^n\right\}$$

$$=-\frac{1}{e}+\frac{1}{e}\sum_{n=1}^{\infty}\frac{(-1)^{n-1}(n+1)}{n!}(x-1)^n,$$

$x\in(-\infty,+\infty)$.

三、幂级数的应用

1. 近似计算

例 12 求 e 的近似值,要求误差不超过10^{-4}.

解 由于$e^x=1+x+\frac{x^2}{2!}+\cdots+\frac{x^n}{n!}+\cdots$,

令$x=1$,得

$$e=1+1+\frac{1}{2!}+\cdots+\frac{1}{n!}+\cdots,$$

因此得近似计算公式

$$e\approx1+1+\frac{1}{2!}+\cdots+\frac{1}{n!},$$

其误差的绝对值

$$|R_n|=\frac{1}{(n+1)!}+\frac{1}{(n+2)!}+\cdots$$

$$=\frac{1}{(n+1)!}\left[1+\frac{1}{n+2}+\frac{1}{(n+2)(n+3)}+\cdots\right]$$

$$<\frac{1}{(n+1)!}\left[1+\frac{1}{n+1}+\frac{1}{(n+1)^2}+\cdots\right]$$

$$=\frac{1}{(n+1)!}\cdot\frac{1}{1-\frac{1}{n+1}}=\frac{1}{n\cdot n!},$$

当 $n=7$ 时，$|R_7|<\frac{1}{7\times7!}=\frac{1}{35280}<10^{-4}$，因此

$$\mathrm{e}\approx1+1+\frac{1}{2!}+\cdots+\frac{1}{7!}=\frac{685}{252}\approx2.718.$$

例 13 求 $\int_0^{\frac{1}{2}}\mathrm{e}^{-x^2}\mathrm{d}x$ 的近似值，使误差不超过 10^{-4}.

解 因为 e^{-x^2} 的原函数不是初等函数，

$$\int_0^{\frac{1}{2}}\mathrm{e}^{-x^2}\mathrm{d}x=\int_0^{\frac{1}{2}}\left[1-x^2+\frac{x^4}{2!}-\cdots+\frac{(-1)^n}{n!}x^{2n}+\cdots\right]\mathrm{d}x$$

$$=\left[x-\frac{x^3}{3}+\frac{x^5}{5\times2!}-\cdots+\frac{(-1)^n}{(2n+1)n!}x^{2n+1}+\cdots\right]\Bigg|_0^{\frac{1}{2}}$$

$$=\frac{1}{2}-\frac{1}{3\times2^3}+\frac{1}{5\times2!\times2^5}-\frac{1}{7\times3!\times2^7}+\cdots,$$

当 $n=4$ 时，

$$|R_4|<\frac{1}{9\times4!\times2^9}=\frac{1}{216\times512}<10^{-4},$$

于是

$$\int_0^{\frac{1}{2}}\mathrm{e}^{-x^2}\mathrm{d}x\approx\frac{1}{2}-\frac{1}{3\times2^3}+\frac{1}{5\times2!\times2^5}-\frac{1}{7\times3!\times2^7}$$

$$=\frac{1}{2}-\frac{1}{24}+\frac{1}{320}-\frac{1}{5376}\approx0.461.$$

2. 欧拉公式

如果 $z_n=u_n+\mathrm{i}v_n(n=1,2,\cdots)$ 是复数列，则 $\sum_{n=1}^{\infty}z_n$ 称为复数项级数(简称为复级数)，与实数项级数一样，可以定义复数项级数的收敛性，并可以得出：如果其实部构成的级数 $\sum_{n=1}^{\infty}u_n$ 收敛到 u，其虚部构成的级数 $\sum_{n=1}^{\infty}v_n$ 收敛到 v，则复级数 $\sum_{n=1}^{\infty}z_n$，收敛到 $u+\mathrm{i}v$.

同实函数一样，我们可以在整个平面上将复函数 e^z 展开成幂级数，即有

$$\mathrm{e}^z=\sum_{n=0}^{\infty}\frac{z^n}{n!}=1+z+\frac{z^2}{2!}+\cdots+\frac{z^2}{n!}+\cdots,$$

当 $z=\mathrm{i}x$，则有

$$\mathrm{e}^{\mathrm{i}x}=\sum_{n=0}^{\infty}\frac{(\mathrm{i}x)^n}{n!}=\sum_{n=0}^{\infty}\frac{\mathrm{i}^n}{n!}x^n=\sum_{n=0}^{\infty}\frac{\mathrm{i}^{2n}}{(2n)!}x^{2n}+\sum_{n=0}^{\infty}\frac{\mathrm{i}^{2n+1}}{(2n+1)!}x^{2n+1}$$

$$=\sum_{n=0}^{\infty}\frac{(-1)^n}{(2n)!}x^{2n}+\mathrm{i}\sum_{n=0}^{\infty}\frac{(-1)^n}{(2n+1)!}x^{2n+1}=\cos x+\mathrm{i}\sin x.$$

$$\mathrm{e}^{\mathrm{i}x}=\cos x+\mathrm{i}\sin x$$

称为欧拉公式.

如果将上式的 x 换成 $-x$,则有 $\mathrm{e}^{-\mathrm{i}x}=\cos x-\mathrm{i}\sin x$,将此式与上面的欧拉公式相加,可得到

$$\cos x=\frac{\mathrm{e}^{\mathrm{i}x}+\mathrm{e}^{-\mathrm{i}x}}{2},\sin x=\frac{\mathrm{e}^{\mathrm{i}x}-\mathrm{e}^{-\mathrm{i}x}}{2\mathrm{i}}.$$

此二式也称为欧拉公式.

3. 微分方程的幂级数解法.

例 14 微分方程初值问题 $\begin{cases}y'=y+\dfrac{1}{1+x},\\ y(0)=1,\end{cases}$ 求它的幂级数解.

解 设微分方程的幂级数解为 $y=\sum\limits_{n=0}^{\infty}a_nx^n$,则由 $y(0)=1$,得 $a_0=1$,由于

$$y'=\sum_{n=1}^{\infty}na_nx^{n-1}=\sum_{n=0}^{\infty}(n+1)a_{n+1}x^n,$$

又

$$\frac{1}{1+x}=\sum_{n=0}^{\infty}(-1)^nx^n,$$

代入微分方程,得

$$\sum_{n=0}^{\infty}(n+1)a_{n+1}x^n=\sum_{n=0}^{\infty}a_nx^n+\sum_{n=0}^{\infty}(-1)^nx^n=\sum_{n=0}^{\infty}[a_n+(-1)^n]x^n,$$

比较等式两端 x 的同次幂系数,得

$$(n+1)a_{n+1}=a_n+(-1)^n,a_{n+1}=\frac{a_n+(-1)^n}{n+1},n=0,1,2,\cdots,$$

由 $a_0=1$,得 $a_1=2,a_2=\frac{1}{2},a_3=\frac{1}{2},a_4=-\frac{1}{8},\cdots$,于是微分方程的解为

$$y=1+2x+\frac{1}{2}x^2+\frac{1}{2}x^3-\frac{1}{8}x^4+\cdots,$$

其中 a_{n+1} 与 a_n 满足递推公式 $a_{n+1}=\dfrac{a_n+(-1)^n}{n+1}(n=0,1,2,\cdots)$,$-1<x<1$.

例 15 求微分方程初值问题 $y''-xy=0,y(0)=0,y'(0)=1$ 的解.

解 设微分方程的幂级数解为 $y=\sum\limits_{n=0}^{\infty}a_nx^n$,则由初始条件得 $a_0=0,a_1=1$,故 $y=\sum\limits_{n=1}^{\infty}a_nx^n$,由于

$$y'=\sum_{n=1}^{\infty}na_nx^{n-1},y''=\sum_{n=2}^{\infty}n(n-1)a_nx^{n-2},$$

代入微分方程，得

$$\sum_{n=2}^{\infty}n(n-1)a_nx^{n-2}-\sum_{n=1}^{\infty}a_nx^{n+1}=0,$$

即 $$2a_2+6a_3x+\sum_{n=2}^{\infty}(n+2)(n+1)a_{n+2}x^n-\sum_{n=2}^{\infty}a_{n-1}x^n=0,$$

比较等式两端 x 的同次幂系数，得 $a_2=0,a_3=0$,

$$(n+1)(n+2)a_{n+2}-a_{n-1}=0,$$

即 $$a_{n+2}=\frac{a_{n-1}}{(n+1)(n+2)},n=2,3,\cdots,$$

于是 $a_{3n-1}=a_{3n}=0,a_4=\frac{1}{3\times4},a_7=\frac{1}{3\times4\times6\times7},\cdots,$

$$a_{3n+1}=\frac{1}{3\times4\times6\times7\times\cdots\times(3n)\times(3n+1)},$$

因此微分方程的解为

$$y=x+\frac{x^4}{3\times4}+\frac{x^7}{3\times4\times6\times7}+\cdots+\frac{x^{3n+1}}{3\times4\times6\times7\times\cdots\times(3n)\times(3n+1)}+\cdots,$$

其中 $-\infty<x<+\infty$.

习题 10-5

1. 将下列函数展成 x 的幂级数并指出收敛域.

(1) $\ln(2+x)$；(2) $\frac{1}{4+x^2}$；

(3) $\sin^2x$；(4) $\frac{1}{(1+x)^2}$；

(5) $\frac{1}{x^2-5x+6}$；(6) xa^x；

(7) $\frac{x}{\sqrt{1+x^2}}$；(8) $\arcsin x$；

(9) $(1+x)\ln(1+x)$；(10) $\int_0^x\frac{\arcsin x}{x}\mathrm{d}x$；

(11) $\int_0^x\frac{\mathrm{d}x}{\sqrt{1+x^3}}$.

2. 将下列函数展成 $x-x_0$ 的幂级数，并指出收敛域.

(1) $\sqrt{x},x_0=1$；

(2) $\frac{1}{x^2},x_0=1$；

(3) $\ln\frac{x}{1+x},x_0=1$；

(4) $\frac{1}{x^2+3x+2},x_0=-4$；

(5) $\sin x,x_0=\frac{\pi}{4}$；

(6) $\frac{1}{2x^2+x-3},x_0=3$.

3. 设 $f(x)=\begin{cases}\frac{\sin x}{x}, & x\neq0,\\ 1, & x=0,\end{cases}$ 利用幂级数求 $f^{(n)}(0),n=1,2,3,\cdots$.

4. 求下列各数的近似值.

(1) $\sin3^\circ$（误差不超过 10^{-5}）；

(2) $\sqrt{\mathrm{e}}$（误差不超过 10^{-3}）；

(3) $\sqrt[9]{522}$（误差不超过 10^{-5}）；

(4) $\int_0^{\frac{1}{2}}\frac{\mathrm{d}x}{x^4+1}$（误差不超过 10^{-4}）；

(5) $\int_0^{\frac{1}{2}}\frac{\arctan x}{x}\mathrm{d}x$（误差不超过 10^{-3}）；

(6) $\int_0^1 e^{-\frac{x^2}{2}}\mathrm{d}x$(精确到 10^{-3})；

(7) $\int_0^1 \frac{1-\cos x}{x^2}\mathrm{d}x$(精确到 10^{-2}).

5. 用幂级数解下列微分方程初值问题.

(1) $y''+xy'+y=0, y(0)=1, y'(0)=1$；

(2) $xy''+y'+xy=0, y(0)=1, y'(0)=0$.

第六节 傅里叶级数

科技让通信更便捷

在这一节我们要介绍另一种重要的函数项级数 —— 三角级数,例如

$$\frac{a_0}{2}+\sum_{n=1}^{\infty}(a_n\cos nx+b_n\sin nx).$$

三角级数在数学、物理学、工程技术中都有广泛的应用.如热传导问题、波现象、通信、电子工程、化学浓缩、污染问题等,尤其是对研究具有周期性的物理现象特别有用.

一、以 2π 为周期的傅里叶级数

同幂级数一样,我们要讨论两个问题.

第一个问题:如果 $f(x)$ 可以展开为一个以 2π 为周期的三角级数

$$f(x)=\frac{a_0}{2}+\sum_{n=1}^{\infty}(a_n\cos nx+b_n\sin nx),$$

那么其中各系数 $a_0, a_1, b_1, a_2, b_2, \cdots, a_n, b_n, \cdots$ 分别具有什么特点?

第二个问题:给定函数 $f(x)$,按第一个问题的讨论结果,求出 $a_0, a_1, b_1, a_2, b_2, \cdots, a_n, b_n, \cdots$,从而构造出一个三角级数

$$\frac{a_0}{2}+\sum_{n=1}^{\infty}(a_n\cos nx+b_n\sin nx),$$

那么此级数是否收敛呢? 如果它收敛,是否收敛到 $f(x)$ 呢?

为了讨论上面提出的问题,先引入三角函数系的一个重要性质.

1. 三角函数系的正交性

我们将函数族

$$\{1, \cos x, \sin x, \cos 2x, \sin 2x, \cdots, \cos nx, \sin nx, \cdots\}$$

称为三角函数系.

对三角函数系有下面结果.

$$\int_{-\pi}^{\pi}1\cdot\cos nx\,\mathrm{d}x=\frac{1}{n}\sin nx\Big|_{-\pi}^{\pi}=0;$$

$$\int_{-\pi}^{\pi}1\cdot\sin nx\,\mathrm{d}x=-\frac{1}{n}\cos nx\Big|_{-\pi}^{\pi}=0;$$

$$\int_{-\pi}^{\pi}\sin mx\cos nx\,\mathrm{d}x=\int_{-\pi}^{\pi}\frac{1}{2}[\sin(m+n)x+\sin(m-n)x]\mathrm{d}x=0;$$

$$\int_{-\pi}^{\pi}\cos mx\cos nx\,\mathrm{d}x=\int_{-\pi}^{\pi}\frac{1}{2}[\cos(m+n)x+\cos(m-n)x]\mathrm{d}x$$
$$=0(\text{其中 }m\neq n);$$

$$\int_{-\pi}^{\pi}\sin mx\sin nx\,\mathrm{d}x=\int_{-\pi}^{\pi}\frac{-1}{2}[\cos(m+n)x-\cos(m-n)x]\mathrm{d}x$$
$$=0(\text{其中 }m\neq n);$$

$$\int_{-\pi}^{\pi}1^2\mathrm{d}x=2\pi;$$

$$\int_{-\pi}^{\pi}\cos^2 nx\,\mathrm{d}x=\int_{-\pi}^{\pi}\frac{1}{2}(1+\cos 2nx)\mathrm{d}x=\pi;$$

$$\int_{-\pi}^{\pi}\sin^2 nx\,\mathrm{d}x=\int_{-\pi}^{\pi}\frac{1}{2}(1-\cos 2nx)\mathrm{d}x=\pi.$$

上述结果表明:三角函数系中任意两个不同的函数的乘积在区间$[-\pi,\pi]$上的积分都等于零,而任意一个函数自身的平方在$[-\pi,\pi]$上的积分都不等于零. 三角函数系的这种特性称为正交性,因而三角函数系称为$[-\pi,\pi]$上的正交函数系.

2. 傅里叶级数的概念

我们来讨论上面提出的第一个问题. 设函数 $f(x)$ 可以展开成以 2π 为周期的三角级数,即

$$f(x)=\frac{a_0}{2}+\sum_{n=1}^{\infty}(a_n\cos nx+b_n\sin nx),\tag{1}$$

并假定式(1) 右端乘以 $\cos nx$ 或 $\sin nx$ ($n=0,1,2,\cdots$) 后在$[-\pi,\pi]$上可以逐项积分. 将式(1) 两端在$[-\pi,\pi]$上积分,得

$$\int_{-\pi}^{\pi}f(x)\mathrm{d}x=\int_{-\pi}^{\pi}\frac{a_0}{2}\mathrm{d}x+\sum_{n=1}^{\infty}\left(a_n\int_{-\pi}^{\pi}\cos nx\,\mathrm{d}x+b_n\int_{-\pi}^{\pi}\sin nx\,\mathrm{d}x\right)$$
$$=a_0\pi,$$

从而得

$$a_0=\frac{1}{\pi}\int_{-\pi}^{\pi}f(x)\mathrm{d}x.$$

将式(1) 两端乘以 $\cos kx$,并在$[-\pi,\pi]$上积分,得

$$\int_{-\pi}^{\pi}f(x)\cos kx\,\mathrm{d}x=\frac{a_0}{2}\int_{-\pi}^{\pi}\cos kx\,\mathrm{d}x+\sum_{n=1}^{\infty}\left(a_n\int_{-\pi}^{\pi}\cos nx\cos kx\,\mathrm{d}x+\right.$$
$$\left.b_n\int_{-\pi}^{\pi}\sin nx\cos kx\,\mathrm{d}x\right)$$
$$=a_k\int_{-\pi}^{\pi}\cos^2 kx\,\mathrm{d}x=\pi a_k,$$

从而得

$$a_k=\frac{1}{\pi}\int_{-\pi}^{\pi}f(x)\cos kx\,\mathrm{d}x\quad(k=1,2,\cdots),$$

由于 a_0 的表达式可以并入上式,故有 $k=0,1,2\cdots$.

同样,将式(1) 两端乘以 $\sin kx$,并在$[-\pi,\pi]$上积分,可以得到

$$b_k=\frac{1}{\pi}\int_{-\pi}^{\pi}f(x)\sin kx\,\mathrm{d}x \quad (k=1,2,\cdots).$$

因而第一个问题得以解决. 在讨论第二个问题之前我们先给出一个定义.

定义 设函数 $f(x)$，由公式

$$a_n=\frac{1}{\pi}\int_{-\pi}^{\pi}f(x)\cos nx\,\mathrm{d}x \quad (n=0,1,2,\cdots),$$

$$b_n=\frac{1}{\pi}\int_{-\pi}^{\pi}f(x)\sin nx\,\mathrm{d}x \quad (n=1,2,\cdots)$$

所确定的 a_n,b_n，叫作 $f(x)$ 的以 2π 为周期的傅里叶系数，由这些系数所确定的三角级数

$$\frac{a_0}{2}+\sum_{n=1}^{\infty}(a_n\cos nx+b_n\sin nx)$$

叫作 $f(x)$ 的以 2π 为周期的傅里叶级数，记作

$$f(x)\sim\frac{a_0}{2}+\sum_{n=1}^{\infty}(a_n\cos nx+b_n\sin nx).$$

同幂级数一样，符号"～"表示 $f(x)$ 与右端具有对应关系. 之所以用此对应号，是因为右端级数不一定是收敛的，即使收敛，和函数未必一定是 $f(x)$.

3. 傅里叶级数的收敛性

我们不加证明地给出下面定理.

面对函数的要求，傅里叶一退再退

定理（狄利克雷(Dirichlet)定理） 如果在 $[-\pi,\pi]$ 上 $f(x)$ 只有有限个第一类间断点，并且只有有限个极值点，则 $f(x)$ 的以 2π 为周期的傅里叶级数在 $[-\pi,\pi]$ 上一定收敛，且

$$\frac{a_0}{2}+\sum_{n=1}^{\infty}(a_n\cos nx+b_n\sin nx)=S(x)$$

$$=\begin{cases} f(x), & \text{当 } x\in(-\pi,\pi) \text{ 为 } f(x) \text{ 的连续点}, \\ \dfrac{f(x-0)+f(x+0)}{2}, & \text{当 } x\in(-\pi,\pi) \text{ 为 } f(x) \text{ 的间断点}, \\ \dfrac{f(-\pi+0)+f(\pi-0)}{2}, & \text{当 } x=\pm\pi. \end{cases}$$

我们将定理中给出的两个条件（即只有有限个第一类间断点与只有有限个极值点）称为狄利克雷条件. 此定理表明，只要 $f(x)$ 在 $[-\pi,\pi]$ 上满足狄利克雷条件，则其傅里叶级数一定收敛，并且在 $(-\pi,\pi)$ 内的所有连续点处，有 $S(x)=f(x)$，因而在这些点处，可以用级数的部分和 $S_n(x)$ 作为 $f(x)$ 的近似值.

由于上述傅里叶级数的和函数 $S(x)$ 是以 2π 为周期的函数，因此如果 $f(x)$ 自身是以 2π 为周期的函数，则在区间 $[-\pi,\pi]$ 以外，$S(x)$ 与 $f(x)$ 之间的关系同 $[-\pi,\pi]$ 上的情况一样. 如果 $f(x)$ 自身不是以 2π 为周期的函数，则在区间 $[-\pi,\pi]$ 以外，$S(x)$ 一般不等于 $f(x)$.

狄利克雷定理告诉我们，只要函数在一个周期内（比如 $[-\pi,\pi]$）至多有有限个第一类间断点，并且不做无限次振动，函数的傅里叶级数在连续点处就收敛于该点的函数值，在间断点处收敛于该点左极限与右极限的算术平均值，在区间端点处也有相应的收敛结果. 而且，我们可以注意到，函数展开成傅里叶级数的条件比展开成幂级数的条件低得多.

例 1　将 $f(x)=e^x$ 在 $[-\pi,\pi]$ 上展成以 2π 为周期的傅里叶级数.

解　$$a_0=\frac{1}{\pi}\int_{-\pi}^{\pi}e^x\,dx=\frac{e^{\pi}-e^{-\pi}}{\pi},$$

$$\begin{aligned}a_n&=\frac{1}{\pi}\int_{-\pi}^{\pi}e^x\cos nx\,dx\\&=\frac{e^x}{\pi(1+n^2)}(\cos nx+n\sin nx)\Big|_{-\pi}^{\pi}=\frac{(-1)^n}{\pi(1+n^2)}(e^{\pi}-e^{-\pi}),\end{aligned}$$

$$\begin{aligned}b_n&=\frac{1}{\pi}\int_{-\pi}^{\pi}e^x\sin nx\,dx\\&=\frac{e^x}{\pi(1+n^2)}(\sin nx-n\cos nx)\Big|_{-\pi}^{\pi}=\frac{(-1)^{n-1}n}{\pi(1+n^2)}(e^{\pi}-e^{-\pi}),\end{aligned}$$

因此得

$$\begin{aligned}f(x)=e^x\sim{}&\frac{e^{\pi}-e^{-\pi}}{2\pi}+\\&\sum_{n=1}^{\infty}\left[\frac{(-1)^n}{\pi(1+n^2)}(e^{\pi}-e^{-\pi})\cos nx+\frac{(-1)^{n-1}n}{\pi(1+n^2)}(e^{\pi}-e^{-\pi})\sin nx\right]\\&=\frac{e^{\pi}-e^{-\pi}}{\pi}\left[\frac{1}{2}+\sum_{n=1}^{\infty}\frac{(-1)^n}{1+n^2}(\cos nx-n\sin nx)\right]\\&=\begin{cases}e^x, & x\in(-\pi,\pi),\\ \dfrac{e^{\pi}+e^{-\pi}}{2}, & x=\pm\pi.\end{cases}\end{aligned}$$

如果将例 1 所得傅里叶级数中的 x 换成 $-x$，则有

$$\begin{aligned}e^{-x}&\sim\frac{e^{\pi}-e^{-\pi}}{\pi}\left[\frac{1}{2}+\sum_{n=1}^{\infty}\frac{(-1)^n}{1+n^2}(\cos nx+n\sin nx)\right]\\&=\begin{cases}e^{-x}, & x\in(-\pi,\pi),\\ \dfrac{e^{\pi}+e^{-\pi}}{2}, & x=\pm\pi,\end{cases}\end{aligned}$$

将以上 e^x 与 e^{-x} 的傅里叶级数展开式相减并除以 2，得

$$\mathrm{sh}x \sim \frac{2}{\pi}\mathrm{sh}\pi \cdot \sum_{n=1}^{\infty} \frac{(-1)^{n-1}n}{1+n^2}\sin nx = \begin{cases} \mathrm{sh}x, & x \in (-\pi,\pi), \\ 0, & x = \pm\pi. \end{cases}$$

将 e^x 与 e^{-x} 的傅里叶级数展开式相加并除以 2,得

$$\mathrm{ch}x \sim \frac{2}{\pi}\mathrm{sh}\pi \cdot \left[\frac{1}{2} + \sum_{n=1}^{\infty} \frac{(-1)^n}{1+n^2}\cos nx\right]$$

$$= \begin{cases} \mathrm{ch}x, & x \in (-\pi,\pi), \\ \dfrac{e^{\pi}+e^{-\pi}}{2}, & x = \pm\pi \end{cases} = \mathrm{ch}x, x \in [-\pi,\pi].$$

例 2 设 $f(x) = \begin{cases} -\pi, & -\pi < x \leqslant 0, \\ x, & 0 < x \leqslant \pi, \end{cases}$ 将 $f(x)$ 展成以 2π 为周期的傅里叶级数.

解 $a_0 = \dfrac{1}{\pi}\displaystyle\int_{-\pi}^{\pi} f(x)\mathrm{d}x = \dfrac{1}{\pi}\int_{-\pi}^{0}(-\pi)\mathrm{d}x + \dfrac{1}{\pi}\int_{0}^{\pi} x\mathrm{d}x = -\dfrac{\pi}{2}$,

$$a_n = \frac{1}{\pi}\int_{-\pi}^{\pi} f(x)\cos nx\mathrm{d}x = \frac{1}{\pi}\int_{-\pi}^{0}(-\pi\cos nx)\mathrm{d}x + \frac{1}{\pi}\int_{0}^{\pi} x\cos nx\mathrm{d}x$$

$$= \frac{1}{\pi n^2}(\cos n\pi - 1) = \frac{(-1)^n - 1}{\pi n^2}, n = 1,2,\cdots,$$

$$b_n = \frac{1}{\pi}\int_{-\pi}^{\pi} f(x)\sin nx\mathrm{d}x = \frac{1}{\pi}\int_{-\pi}^{0}(-\pi\sin nx)\mathrm{d}x + \frac{1}{\pi}\int_{0}^{\pi} x\sin nx\mathrm{d}x$$

$$= \frac{1-2\cos n\pi}{n} = \frac{1-2(-1)^n}{n}, n = 1,2,\cdots,$$

因此得

$$f(x) \sim -\frac{\pi}{4} + \sum_{n=1}^{\infty}\left[\frac{(-1)^n - 1}{\pi n^2}\cos nx + \frac{1-2(-1)^n}{n}\sin nx\right]$$

$$= \begin{cases} -\pi, & -\pi < x < 0, \\ x, & 0 < x < \pi, \\ -\dfrac{\pi}{2}, & x = 0, \\ 0, & x = \pm\pi. \end{cases}$$

例 3 设 $f(x) = \begin{cases} -x, & -\pi \leqslant x \leqslant 0, \\ 0, & 0 < x < \pi, \end{cases}$ 求 $f(x)$ 的以 2π 为周期的傅里叶级数.

解 $a_0 = \dfrac{1}{\pi}\displaystyle\int_{-\pi}^{\pi} f(x)\mathrm{d}x = \dfrac{1}{\pi}\int_{-\pi}^{0}(-x)\mathrm{d}x = \dfrac{\pi}{2}$,

$$a_n = \frac{1}{\pi}\int_{-\pi}^{\pi} f(x)\cos nx\mathrm{d}x = \frac{1}{\pi}\int_{-\pi}^{0}(-x\cos nx)\mathrm{d}x$$

$$= \frac{-1}{n^2\pi}(1-\cos n\pi) = \frac{(-1)^n - 1}{n^2\pi}, n = 1,2,\cdots,$$

$$b_n = \frac{1}{\pi}\int_{-\pi}^{\pi} f(x)\sin nx\mathrm{d}x = \frac{1}{\pi}\int_{-\pi}^{0}(-x\sin nx)\mathrm{d}x = \frac{\cos n\pi}{n}$$

$$=\frac{(-1)^n}{n},n=1,2,\cdots,$$

于是得到

$$f(x)\sim\frac{\pi}{4}+\sum_{n=1}^{\infty}\left[\frac{(-1)^n-1}{n^2\pi}\cos nx+\frac{(-1)^n}{n}\sin nx\right]$$

$$=\begin{cases}-x, & -\pi<x<0,\\ 0, & 0<x<\pi,\\ 0, & x=0,\\ \frac{\pi}{2}, & x=\pm\pi\end{cases}=\begin{cases}-x, & -\pi<x<0,\\ 0, & 0\leqslant x<\pi,\\ \frac{\pi}{2}, & x=\pm\pi.\end{cases}\qquad(2)$$

利用例 3 的傅里叶级数展开式可以求出一些数项级数的和. 如果在式(2) 中令 $x=0$,得

$$\frac{\pi}{4}+\sum_{n=1}^{\infty}\frac{(-1)^n-1}{n^2\pi}=0,\text{即}\frac{\pi}{4}+\sum_{n=1}^{\infty}\frac{-2}{(2n-1)^2\pi}=0,$$

于是得

$$\sum_{n=1}^{\infty}\frac{1}{(2n-1)^2}=\frac{\pi^2}{8}.$$

利用此式,并由于

$$\sum_{n=1}^{\infty}\frac{1}{(2n)^2}=\sum_{n=1}^{\infty}\frac{1}{4n^2}=\frac{1}{4}\left[\sum_{n=1}^{\infty}\frac{1}{(2n)^2}+\sum_{n=1}^{\infty}\frac{1}{(2n-1)^2}\right]$$

$$=\frac{1}{4}\sum_{n=1}^{\infty}\frac{1}{(2n)^2}+\frac{1}{4}\cdot\frac{\pi^2}{8},$$

可解得

$$\sum_{n=1}^{\infty}\frac{1}{(2n)^2}=\frac{\pi^2}{24},$$

因而又有

$$\sum_{n=1}^{\infty}\frac{1}{n^2}=\frac{\pi^2}{6}.$$

类似上面的讨论可以得出,如果要将定义在$[c,c+2\pi]$上的函数 $f(x)$ 展成以 2π 为周期的傅里叶级数,只需将上面所得 a_n,b_n 中的积分区间由$[-\pi,\pi]$换成$[c,c+2\pi]$,并在$[c,c+2\pi]$上讨论级数的收敛性即可. 证明略,下面举例说明.

例 4　将 $f(x)=x^2(0\leqslant x\leqslant 2\pi)$ 展成以 2π 为周期的傅里叶级数.

解　$a_0=\frac{1}{\pi}\int_0^{2\pi}f(x)\mathrm{d}x=\frac{1}{\pi}\int_0^{2\pi}x^2\mathrm{d}x=\frac{8}{3}\pi^2,$

$$a_n=\frac{1}{\pi}\int_0^{2\pi}f(x)\cos nx\,\mathrm{d}x=\frac{1}{\pi}\int_0^{2\pi}x^2\cos nx\,\mathrm{d}x$$

$$=\frac{1}{\pi}\left(x^2\frac{\sin nx}{n}\Big|_0^{2\pi}-\int_0^{2\pi}2x\frac{\sin nx}{n}\mathrm{d}x\right)$$

$$=-\frac{2}{n\pi}\left(x\frac{-\cos nx}{n}\Big|_0^{2\pi}+\int_0^{2\pi}\frac{\cos nx}{n}\mathrm{d}x\right)=\frac{4}{n^2},n=1,2,\cdots,$$

$$b_n=\frac{1}{\pi}\int_0^{2\pi}f(x)\sin nx\,\mathrm{d}x=\frac{1}{\pi}\int_0^{2\pi}x^2\sin nx\,\mathrm{d}x$$

$$=\frac{1}{\pi}\left(x^2\frac{-\cos nx}{n}\Big|_0^{2\pi}+\int_0^{2\pi}2x\frac{\cos nx}{n}\mathrm{d}x\right)$$

$$=\frac{1}{\pi}\left[-\frac{4\pi^2}{n}+\frac{2}{n}\left(x\frac{\sin nx}{n}\Big|_0^{2\pi}-\int_0^{2\pi}\frac{\sin nx}{n}\mathrm{d}x\right)\right]$$

$$=-\frac{4\pi}{n},n=1,2,\cdots,$$

故 $f(x)\sim\frac{4}{3}\pi^2+\sum_{n=1}^{\infty}\left(\frac{4}{n^2}\cos nx-\frac{4\pi}{n}\sin nx\right)$

$$=\begin{cases}f(x), & x\in(0,2\pi),\\ \dfrac{f(0+0)+f(2\pi-0)}{2}, & x=0,2\pi,\end{cases}$$

$$=\begin{cases}x^2, & x\in(0,2\pi),\\ 2\pi^2, & x=0,2\pi.\end{cases}$$

4. 奇偶函数的傅里叶级数

根据奇偶函数在对称区间上的定积分的性质，如果在区间 $[-\pi,\pi]$ 上 $f(x)$ 是奇函数，由于在 $[-\pi,\pi]$ 上 $f(x)\cos nx$ 也是奇函数，而 $f(x)\sin nx$ 是偶函数，则 $f(x)$ 的傅里叶系数满足：

$$a_n=\frac{1}{\pi}\int_{-\pi}^{\pi}f(x)\cos nx\,\mathrm{d}x=0,\quad n=0,1,2,\cdots,$$

$$b_n=\frac{2}{\pi}\int_0^{\pi}f(x)\sin nx\,\mathrm{d}x,\quad n=1,2,\cdots,$$

从而在 $[-\pi,\pi]$ 上 $f(x)$ 以 2π 为周期的傅里叶级数为

$$f(x)\sim\sum_{n=1}^{\infty}b_n\sin nx.$$

这表明，奇函数的傅里叶级数只有正弦项，我们将这样的级数称为正弦级数.

如果在区间 $[-\pi,\pi]$ 上 $f(x)$ 是偶函数，由于在 $[-\pi,\pi]$ 上 $f(x)\cos nx$ 也是偶函数，而 $f(x)\sin nx$ 是奇函数，则 $f(x)$ 的傅里叶系数满足：

$$a_n=\frac{2}{\pi}\int_0^{\pi}f(x)\cos nx\,\mathrm{d}x,\quad n=0,1,2,\cdots,$$

$$b_n=\frac{1}{\pi}\int_{-\pi}^{\pi}f(x)\sin nx\,\mathrm{d}x=0,\quad n=1,2,\cdots,$$

从而在 $[-\pi,\pi]$ 上 $f(x)$ 以 2π 为周期的傅里叶级数为

$$f(x)\sim\frac{a_0}{2}+\sum_{n=1}^{\infty}a_n\cos nx.$$

这表明，偶函数的傅里叶级数只有余弦项，我们将这样的级数称为余弦级数.

例 5　在研究工程技术中机械振动问题时，为了研究强迫振动对机械部件的影响，往往要把周期性瞬息颠倒方向的强迫力 $f(t)$（见图 10-5）用三角函数表示出来，然后进行分析讨论，试求 $f(t)$ 的以 2π 为周期的傅里叶级数.

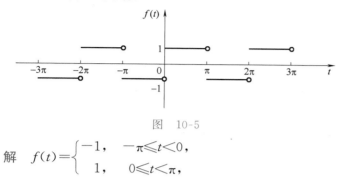

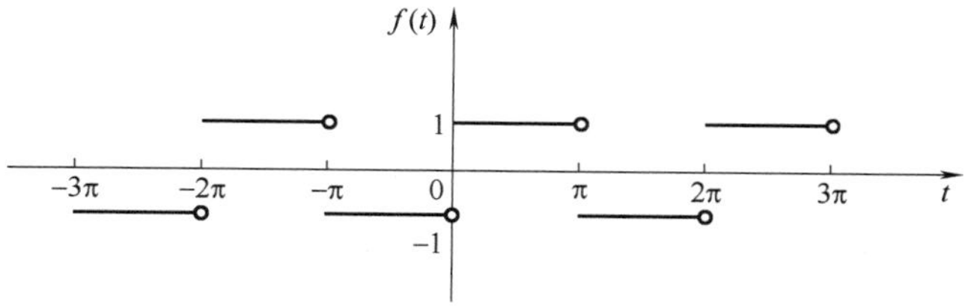

图　10-5

解　$f(t)=\begin{cases}-1, & -\pi\leqslant t<0,\\ 1, & 0\leqslant t<\pi,\end{cases}$

除 $t=0,\pm\pi$ 以外，在 $[-\pi,\pi]$ 上 $f(t)$ 为奇函数，因而 $f(t)$ 的傅里叶级数为正弦级数.

$$\begin{aligned}b_n &= \frac{2}{\pi}\int_0^{\pi} f(t)\sin nt\,\mathrm{d}t = \frac{2}{\pi}\int_0^{\pi}\sin nt\,\mathrm{d}t\\ &= \frac{2}{n\pi}(1-\cos n\pi) = \frac{2}{n\pi}[1-(-1)^n]\\ &= \begin{cases}\dfrac{4}{(2k-1)\pi}, & n=2k-1,\\ 0, & n=2k,\end{cases}\end{aligned}$$

于是得

$$f(t)\sim\frac{4}{\pi}\sum_{n=1}^{\infty}\frac{1}{2n-1}\sin(2n-1)t=\begin{cases}-1, & -\pi<t<0,\\ 1, & 0<t<\pi,\\ 0, & t=0,\pm\pi.\end{cases}$$

此级数的部分和

$$S_1(t)=\frac{4}{\pi}\sin t, S_2(t)=\frac{4}{\pi}\left(\sin t+\frac{1}{3}\sin 3t\right),$$

$$S_3(t)=\frac{4}{\pi}\left(\sin t+\frac{1}{3}\sin 3t+\frac{1}{5}\sin 5t\right),$$

$$S_4(t)=\frac{4}{\pi}\left(\sin t+\frac{1}{3}\sin 3t+\frac{1}{5}\sin 5t+\frac{1}{7}\sin 7t\right),$$

…….

图 10-6 描述了在 $[-\pi,\pi]$ 上 $S_1(t),S_2(t),S_3(t),S_4(t)$ 逐渐接近于 $f(t)$ 的情形. 显然，n 越大，$S_n(t)$ 的图形与 $f(t)$ 的图形越接近，但在个别点处（即 $t=0,t=\pm\pi$ 处），$S_n(t)$ 并不是 $f(t)$ 的很好的近似. 因此 $S_n(t)$ 是对 $f(t)$ 的一种很好的全局性逼近，却不一定在每一点处都是好的局部逼近，这与泰勒多项式的逼近情况是不同的.

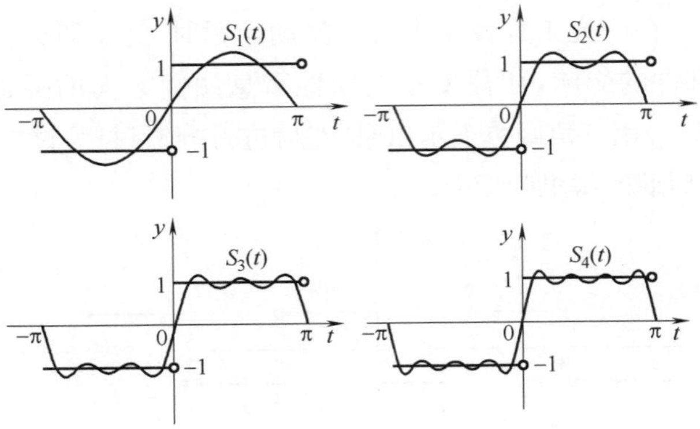

图　10-6

例 6　设在电子线路中，施加在电路上的周期性脉冲电压 $E(t)$ 是以 2π 为周期的矩形波（见图 10-7），它在 $[-\pi,\pi)$ 上的表达式为

$$E(t)=\begin{cases}0, & -\pi\leqslant t<0,\\ E, & 0\leqslant t<\pi,\end{cases}$$

其中 $E>0$ 为常数，求 $E(t)$ 的以 2π 为周期的傅里叶级数，并讨论其在 $[-\pi,\pi]$ 上的收敛情况.

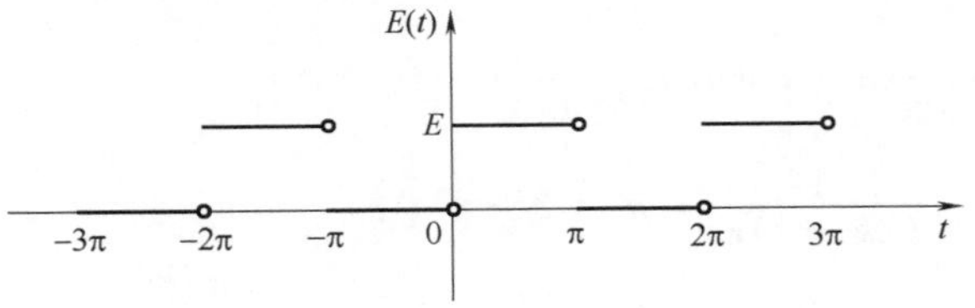

图　10-7

解　令 $f(t)=\dfrac{E(t)-\dfrac{E}{2}}{\dfrac{E}{2}}=\begin{cases}-1, & -\pi\leqslant t<0,\\ 1, & 0\leqslant t<\pi,\end{cases}$

由例 5

$$f(t)\sim\frac{4}{\pi}\sum_{n=1}^{\infty}\frac{1}{2n-1}\sin(2n-1)t=\begin{cases}-1, & -\pi<t<0,\\ 1, & 0<t<\pi,\\ 0, & t=0,\pm\pi,\end{cases}$$

于是

$$E(t)\sim\frac{E}{2}+\frac{2E}{\pi}\sum_{n=1}^{\infty}\frac{1}{2n-1}\sin(2n-1)t=\begin{cases}0, & -\pi<t<0,\\ E, & 0<t<\pi,\\ \dfrac{E}{2}, & t=0,\pm\pi.\end{cases}$$

如果在上面所得 $f(t)\left(\text{或 }E(t)\text{的傅里叶级数中令 }t=\dfrac{\pi}{2}\right)$，则可以得到

$$\frac{4}{\pi}\sum_{n=1}^{\infty}\frac{1}{2n-1}\sin(2n-1)\frac{\pi}{2}=1,$$

于是得
$$\sum_{n=1}^{\infty}\frac{(-1)^{n-1}}{2n-1}=\frac{\pi}{4}.$$

例 7　将如图 10-8 所示的周期性三角波展开成以 2π 为周期的傅里叶级数，并讨论收敛情况.

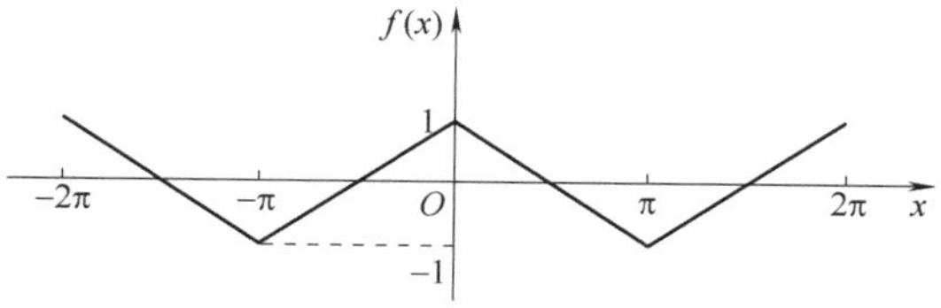

图　10-8

解　$f(x)$在$[-\pi,\pi]$上的表达式为
$$f(x)=\begin{cases}\dfrac{2}{\pi}x+1, & -\pi\leqslant x<0,\\ -\dfrac{2}{\pi}x+1, & 0\leqslant x\leqslant\pi,\end{cases}$$
因为 $f(x)$是偶函数，所以它的傅里叶级数是余弦级数，
$$a_0=\frac{2}{\pi}\int_0^{\pi}f(x)\mathrm{d}x=\frac{2}{\pi}\int_0^{\pi}\left(-\frac{2}{\pi}x+1\right)\mathrm{d}x=0,$$
$$a_n=\frac{2}{\pi}\int_0^{\pi}f(x)\cos nx\,\mathrm{d}x=\frac{2}{\pi}\int_0^{\pi}\left(-\frac{2}{\pi}x+1\right)\cos nx\,\mathrm{d}x$$
$$=\frac{4}{n^2\pi^2}[1-(-1)^n]=\begin{cases}\dfrac{8}{(2k-1)^2\pi^2}, & n=2k-1,\\ 0, & n=2k,\end{cases}$$
由于 $f(x)$在$[-\pi,\pi]$上连续，且是偶函数，故有
$$\frac{f(-\pi+0)+f(\pi-0)}{2}=f(\pm\pi),$$
又 $f(x)$是以 2π 为周期的周期函数，于是有
$$f(x)=\frac{8}{\pi^2}\sum_{n=1}^{\infty}\frac{1}{(2n-1)^2}\cos(2n-1)x,x\in(-\infty,+\infty).$$

5. 定义在$[0,\pi]$上的函数的正弦级数与余弦级数

在实际问题中有时需要把定义在$[0,\pi]$上的函数展开成以 2π 为周期的正弦级数或余弦级数.

我们先讨论更一般的问题：如何将定义在$[0,\pi]$上的函数展开成以 2π 为周期的傅里叶级数. 我们采用如下方法处理这个问题. 任取一个定义在$[-\pi,0)$且满足狄利克雷条件的函数 $g(x)$，并且令
$$F(x)=\begin{cases}g(x),x\in[-\pi,0),\\ f(x),x\in[0,\pi],\end{cases}$$
将 $F(x)$称为 $f(x)$在$[-\pi,\pi]$上的延拓. 我们把 $F(x)$展开成以 2π 为周期的傅里叶级数，则有

$$F(x)\sim\frac{a_0}{2}+\sum_{n=1}^{\infty}(a_n\cos nx+b_n\sin nx)$$

$$=\begin{cases} f(x), & x\in(0,\pi)\text{是 } f(x)\text{的连续点},\\ \dfrac{f(x-0)+f(x+0)}{2}, & x\in(0,\pi)\text{是 } f(x)\text{的间断点},\\ g(x), & x\in(-\pi,0)\text{是 } g(x)\text{的连续点},\\ \dfrac{g(x-0)+g(x+0)}{2}, & x\in(-\pi,0)\text{是 } g(x)\text{的间断点},\\ \dfrac{g(0-0)+f(0+0)}{2}, & x=0,\\ \dfrac{g(-\pi+0)+f(\pi-0)}{2}, & x=\pm\pi, \end{cases}$$

其中 $$a_n=\frac{1}{\pi}\int_{-\pi}^{\pi}F(x)\cos nx\,\mathrm{d}x \quad (n=0,1,2,\cdots),$$

$$b_n=\frac{1}{\pi}\int_{-\pi}^{\pi}F(x)\sin nx\,\mathrm{d}x \quad (n=1,2,\cdots).$$

显然，当 $g(x)$ 改变时，a_n,b_n 也会改变，从而 $F(x)$ 的傅里叶级数也会随之改变，但是我们不难发现，在 $(0,\pi)$ 内，$F(x)$ 的傅里叶级数的和函数却是始终保持不变的. 因此我们将此级数称为定义在 $[0,\pi]$ 上的 $f(x)$ 的以 2π 为周期的傅里叶级数. 只要我们适当选取 $g(x)$，便可以使 $F(x)$ 在 $[-\pi,\pi]$ 上（除个别点）成为奇函数或偶函数，从而使其傅里叶级数成为正弦级数或余弦级数.

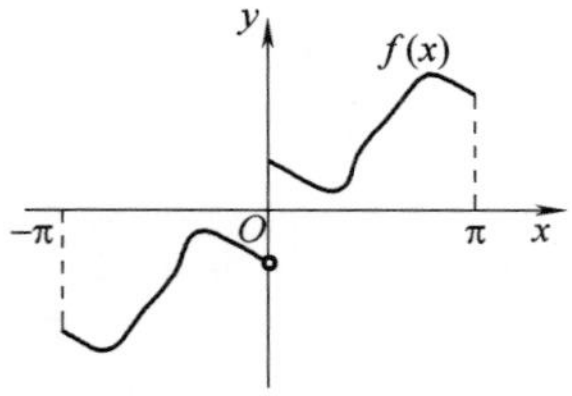

图 10-9

如果令 $F(x)=\begin{cases} f(x), & x\in[0,\pi],\\ -f(-x), & x\in[-\pi,0),\end{cases}$（见图 10-9）则 $F(x)$ 称为 $f(x)$ 在 $[-\pi,\pi]$ 上的奇延拓，此时 $F(x)$ 的傅里叶级数是正弦级数，在 $[0,\pi]$ 上它即是 $f(x)$ 的以 2π 为周期的正弦级数. 此级数的形式及在 $[0,\pi]$ 上的收敛性为

$$f(x)\sim\sum_{n=1}^{\infty}b_n\sin nx$$

$$=\begin{cases} f(x), & x\in(0,\pi)\text{是 } f(x)\text{的连续点},\\ \dfrac{f(x-0)+f(x+0)}{2}, & x\in(0,\pi)\text{是 } f(x)\text{的间断点},\\ 0, & x=0,\pi, \end{cases}$$

其中 $$b_n=\frac{2}{\pi}\int_{0}^{\pi}f(x)\sin nx\,\mathrm{d}x \quad (n=1,2,\cdots).$$

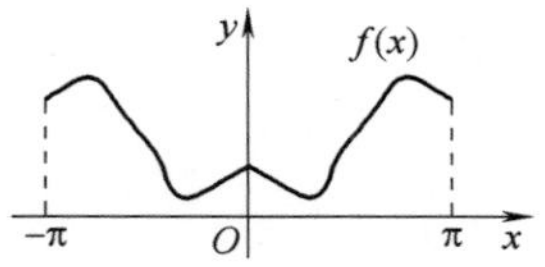

图 10-10

如果令 $F(x)=\begin{cases} f(-x), & x\in[-\pi,0),\\ f(x), & x\in[0,\pi],\end{cases}$

（见图 10-10）则 $F(x)$ 称为 $f(x)$ 在 $[-\pi,\pi]$ 上的偶延拓，此时 $F(x)$ 的傅里叶级数是余弦级数，在 $[0,\pi]$ 上它即是 $f(x)$ 的以 2π 为周期的余弦级数. 此级数的形式及在 $[0,\pi]$ 上的收敛性为

$$f(x)\sim\frac{a_0}{2}+\sum_{n=1}^{\infty}a_n\cos nx$$

$$=\begin{cases}f(x), & x\in(0,\pi)\text{是 } f(x)\text{的连续点},\\ \dfrac{f(x-0)+f(x+0)}{2}, & x\in(0,\pi)\text{是 } f(x)\text{的间断点},\\ f(0+0), & x=0,\\ f(\pi-0), & x=\pi,\end{cases}$$

其中 $$a_n=\frac{2}{\pi}\int_0^{\pi}f(x)\cos nx\,\mathrm{d}x\quad(n=0,1,2,\cdots).$$

实际计算时，不必每次都将 $f(x)$ 的奇延拓或偶延拓写出来.

例 8 将函数 $f(x)=x+1(0\leqslant x\leqslant\pi)$ 分别展成以 2π 为周期的正弦级数和余弦级数，若设它们的和函数分别为 $S_1(x)$，$S_2(x)$，求出 $S_1(2\pi)$，$S_1(-5)$，$S_1(-7)$，$S_2(4)$，$S_2(-3\pi)$.

解 先求 $f(x)$ 的正弦级数.

$$b_n=\frac{2}{\pi}\int_0^{\pi}f(x)\sin nx\,\mathrm{d}x=\frac{2}{\pi}\int_0^{\pi}(x+1)\sin nx\,\mathrm{d}x$$

$$=\frac{2}{\pi}\left[-\frac{(x+1)\cos nx}{n}+\frac{\sin nx}{n^2}\right]\Bigg|_0^{\pi}$$

$$=\frac{2}{n\pi}[1-(\pi+1)\cos n\pi]=\frac{2}{n\pi}[1-(\pi+1)(-1)^n],$$

故 $f(x)$ 的正弦级数为

$$f(x)\sim\sum_{n=1}^{\infty}\frac{2}{n\pi}[1-(\pi+1)(-1)^n]\sin nx$$

$$=S_1(x)=\begin{cases}x+1, & 0<x<\pi,\\ 0, & x=0,\pi;\end{cases}$$

再求 $f(x)$ 的余弦级数.

$$a_0=\frac{2}{\pi}\int_0^{\pi}f(x)\,\mathrm{d}x=\frac{2}{\pi}\int_0^{\pi}(x+1)\,\mathrm{d}x=\pi+2,$$

$$a_n=\frac{2}{\pi}\int_0^{\pi}f(x)\cos nx\,\mathrm{d}x=\frac{2}{\pi}\int_0^{\pi}(x+1)\cos nx\,\mathrm{d}x$$

$$=\frac{2}{\pi}\left[\frac{(x+1)\sin nx}{n}+\frac{\cos nx}{n^2}\right]\Bigg|_0^{\pi}=\frac{2}{n^2\pi}(\cos n\pi-1)$$

$$=\frac{2}{n^2\pi}[(-1)^n-1]=\begin{cases}\dfrac{-4}{(2k-1)^2\pi}, & n=2k-1,\\ 0, & n=2k,\end{cases}$$

故 $f(x)$ 的余弦级数为

$$f(x)\sim\frac{\pi+2}{2}-\frac{4}{\pi}\sum_{n=1}^{\infty}\frac{1}{(2n-1)^2}\cos(2n-1)x$$

$$=S_2(x)=\begin{cases}x+1, & 0<x<\pi,\\ 1, & x=0,\\ 1+\pi, & x=\pi,\end{cases}=f(x)\quad(0\leqslant x\leqslant\pi).$$

由于 $S_1(x)$ 以 2π 为周期，且为奇函数，故

$$S_1(2\pi)=S_1(0)=0,$$

$$S_1(-5)=S_1(-5+2\pi)=(-5+2\pi)+1=2\pi-4,$$

$$S_1(-7)=-S_1(7)=-S_1(7-2\pi)=-[(7-2\pi)+1]=2\pi-8,$$

由于 $S_2(x)$ 以 2π 为周期，且是偶函数，故

$$S_2(4)=S_2(4-2\pi)=S_2(2\pi-4)=(2\pi-4)+1=2\pi-3,$$

$$S_2(-3\pi)=S_2(-\pi)=S_2(\pi)=\pi+1.$$

二、 以 $2l$ 为周期的傅里叶级数

前面讨论的是以 2π 为周期的傅里叶级数，有时我们也需要以 $2l$ 为周期的傅里叶级数. 设 $f(x)$ 在区间 $[-l,l]$ 上有定义，并且满足狄利克雷条件，下面求 $f(x)$ 的以 $2l$ 为周期的傅里叶级数. 我们可以通过变量代换将问题化成前面已讨论过的情形.

令 $x=\frac{l}{\pi}t$，则 $x\in[-l,l]$ 对应 $t\in[-\pi,\pi]$，记

$$f(x)=f\left(\frac{l}{\pi}t\right)=g(t),$$

则在 $-\pi\leqslant t\leqslant\pi$ 上，可以求出 $g(t)$ 的以 2π 为周期的傅里叶级数

$$g(t)\sim\frac{a_0}{2}+\sum_{n=1}^{\infty}(a_n\cos nt+b_n\sin nt)$$

$$=\begin{cases} g(t), & t\in(-\pi,\pi)\text{为 } g(t)\text{ 的连续点}, \\ \dfrac{g(t-0)+g(t+0)}{2}, & t\in(-\pi,\pi)\text{为 } g(t)\text{ 的间断点}, \\ \dfrac{g(-\pi+0)+g(\pi-0)}{2}, & t=\pm\pi, \end{cases}$$

其中 $$a_n=\frac{1}{\pi}\int_{-\pi}^{\pi}g(t)\cos nt\,\mathrm{d}t\quad(n=0,1,2,\cdots),$$

$$b_n=\frac{1}{\pi}\int_{-\pi}^{\pi}g(t)\sin nt\,\mathrm{d}t\quad(n=1,2,\cdots).$$

于是得 $f(x)$ 的以 $2l$ 为周期的傅里叶级数

$$f(x)\sim\frac{a_0}{2}+\sum_{n=1}^{\infty}\left(a_n\cos\frac{n\pi x}{l}+b_n\sin\frac{n\pi x}{l}\right)$$

$$=\begin{cases} f(x), & x\in(-l,l)\text{为 } f(x)\text{ 的连续点}, \\ \dfrac{f(x-0)+f(x+0)}{2}, & x\in(-l,l)\text{为 } f(x)\text{ 的间断点}, \\ \dfrac{f(-l+0)+f(l-0)}{2}, & x=\pm l, \end{cases}$$

其中 $$a_n=\frac{1}{l}\int_{-l}^{l}f(x)\cos\frac{n\pi x}{l}\mathrm{d}x\quad(n=0,1,2,\cdots),$$

$$b_n=\frac{1}{l}\int_{-l}^{l}f(x)\sin\frac{n\pi x}{l}\mathrm{d}x\quad(n=1,2,3,\cdots).$$

同前面一样，如果在$[-l,l]$上 $f(x)$为奇函数（或偶函数），则此级数是正弦级数（或余弦级数），并且同样可以将定义在$[0,l]$上的函数展开成以 $2l$ 为周期的正弦级数或余弦级数.

例 9　将周期为 $2l$ 的锯齿波（见图 10-11）$f(x)$展开成以 $2l$ 为周期的傅里叶级数，并给出$[-l,l]$上的和函数.

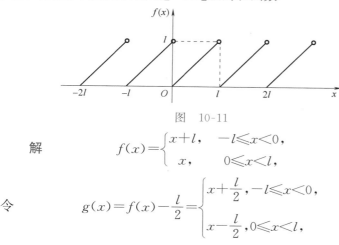

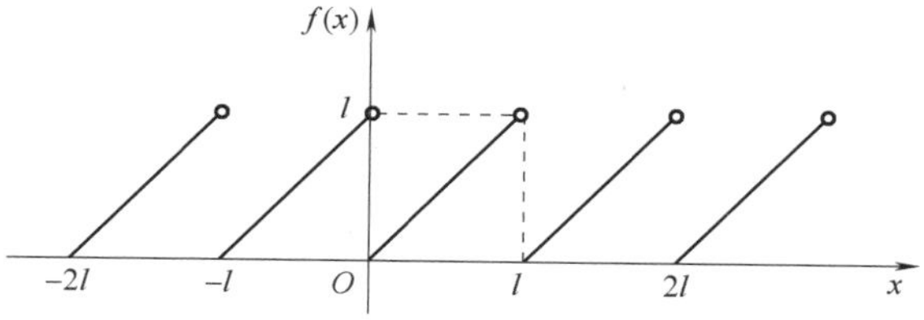

图　10-11

解
$$f(x)=\begin{cases}x+l, & -l\leqslant x<0,\\ x, & 0\leqslant x<l,\end{cases}$$

令
$$g(x)=f(x)-\frac{l}{2}=\begin{cases}x+\frac{l}{2}, -l\leqslant x<0,\\ x-\frac{l}{2}, 0\leqslant x<l,\end{cases}$$

则除去点 $x=0,\pm l$ 外，在$[-l,l]$上 $g(x)$是奇函数，故其傅里叶级数是正弦级数，

$$b_n=\frac{2}{l}\int_0^l g(x)\sin\frac{n\pi x}{l}\mathrm{d}x=\frac{2}{l}\int_0^l\left(x-\frac{l}{2}\right)\sin\frac{n\pi x}{l}\mathrm{d}x$$

$$=\frac{2}{l}\left(-\frac{l}{n\pi}x\cos\frac{n\pi x}{l}+\frac{l^2}{n^2\pi^2}\sin\frac{n\pi x}{l}+\frac{l^2}{2n\pi}\cos\frac{n\pi x}{l}\right)\Bigg|_0^l$$

$$=\frac{l}{n\pi}[(-1)^{n-1}-1]=\begin{cases}-\frac{l}{k\pi}, & n=2k,\\ 0, & n=2k-1,\end{cases}$$

故
$$g(x)\sim\sum_{n=1}^{\infty}\frac{-l}{n\pi}\sin\frac{2n\pi}{l}x=\begin{cases}x+\frac{l}{2}, & -l<x<0,\\ x-\frac{l}{2}, & 0<x<l,\\ 0, & x=0,\pm l,\end{cases}$$

于是
$$f(x)\sim\frac{l}{2}+\sum_{n=1}^{\infty}\frac{-l}{n\pi}\sin\frac{2n\pi}{l}x=\begin{cases}x+l, & -l<x<0,\\ x, & 0<x<l,\\ \frac{l}{2}, & x=0,\pm l.\end{cases}$$

例 10　交流电压 $E(t)=E\sin\omega t$ 经过半波整流后，只剩下正压，如图 10-12 所示，试将半波整流电压函数 $E(t)$展成以$\frac{2\pi}{\omega}$为周期的

傅里叶级数.

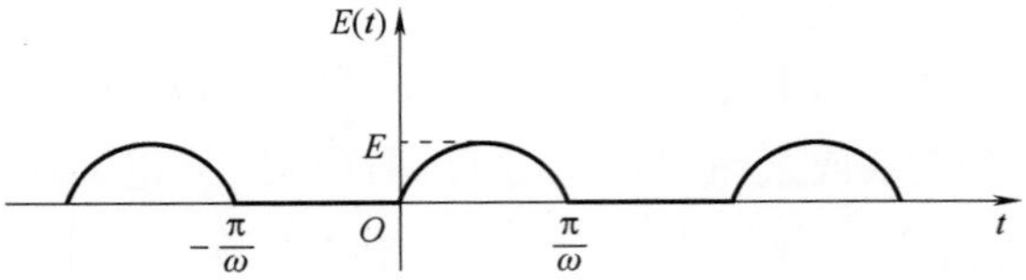

图 10-12

解 $E(t)=\begin{cases}0, & -\frac{\pi}{\omega}\leqslant t<0,\\ E\sin\omega t, & 0\leqslant t<\frac{\pi}{\omega},\end{cases}\quad l=\frac{\pi}{\omega},$

$$a_0=\frac{1}{l}\int_{-l}^{l}E(t)\mathrm{d}t=\frac{\omega}{\pi}\int_0^{\frac{\pi}{\omega}}E\sin\omega t\,\mathrm{d}t=\frac{2E}{\pi},$$

$$\begin{aligned}a_n&=\frac{1}{l}\int_{-l}^{l}E(t)\cos\frac{n\pi t}{l}\mathrm{d}t=\frac{\omega}{\pi}\int_0^{\frac{\pi}{\omega}}E\sin\omega t\cos n\omega t\,\mathrm{d}t\\&=\frac{\omega E}{2\pi}\int_0^{\frac{\pi}{\omega}}[\sin(n+1)\omega t-\sin(n-1)\omega t]\mathrm{d}t\\&=\frac{E}{2\pi}\left[\frac{1-(-1)^{n+1}}{n+1}+\frac{(-1)^{n-1}-1}{n-1}\right]\\&=\begin{cases}0, & n=2k-1,\\ \frac{2E}{(1-4k^2)\pi}, & n=2k,\end{cases}\end{aligned}$$

$$b_1=\frac{1}{l}\int_{-l}^{l}E(t)\sin\frac{\pi t}{l}\mathrm{d}t=\frac{\omega}{\pi}\int_0^{\frac{\pi}{\omega}}E\sin\omega t\sin\omega t\,\mathrm{d}t=\frac{E}{2},$$

$$\begin{aligned}b_n&=\frac{1}{l}\int_{-l}^{l}E(t)\sin\frac{n\pi t}{l}\mathrm{d}t=\frac{\omega}{\pi}\int_0^{\frac{\pi}{\omega}}E\sin\omega t\sin n\omega t\,\mathrm{d}t\\&=\frac{\omega E}{2\pi}\int_0^{\frac{\pi}{\omega}}[\cos(n-1)\omega t-\cos(n+1)\omega t]\mathrm{d}t=0\quad(n=2,3,\cdots),\end{aligned}$$

由于当 $t\in\left(-\frac{\pi}{\omega},\frac{\pi}{\omega}\right)$，$E(t)$连续，并且$\frac{E(-l+0)+E(l-0)}{2}=E(l)$，故有

$$E(t)=\frac{E}{\pi}+\frac{E}{2}\sin\omega t-\frac{2E}{\pi}\sum_{n=1}^{\infty}\frac{1}{4n^2-1}\cos 2n\omega t,-\infty<t<+\infty.$$

例 11 如图 10-13 所示，设 $f(x)=\begin{cases}x, & 0\leqslant x<1,\\ 2-x, & 1\leqslant x\leqslant 2,\end{cases}$

(1) 在$[0,2]$上将 $f(x)$展成以 4 为周期的正弦级数；

(2) 在$[0,2]$上将 $f(x)$展成以 2 为周期的傅里叶级数.

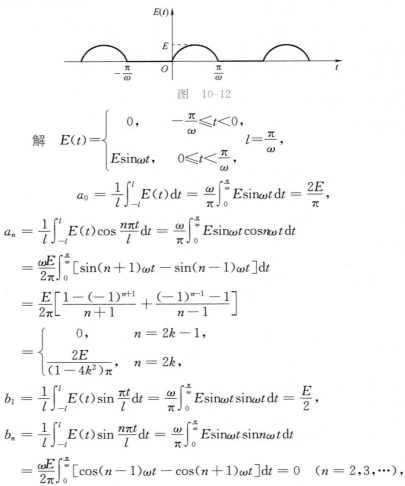

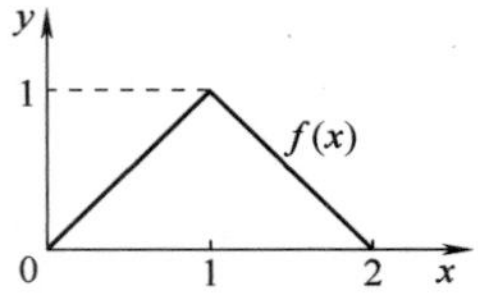

图 10-13

解 (1) $2l=4, l=2$,

$$\begin{aligned}b_n&=\frac{2}{l}\int_0^{l}f(x)\sin\frac{n\pi x}{l}\mathrm{d}x\\&=\int_0^1 x\sin\frac{n\pi x}{2}\mathrm{d}x+\int_1^2(2-x)\sin\frac{n\pi x}{2}\mathrm{d}x\end{aligned}$$

$$= \frac{8}{n^2\pi^2}\sin\frac{n\pi}{2}$$

$$= \begin{cases} \dfrac{8(-1)^{k-1}}{(2k-1)^2\pi^2}, & n = 2k-1, \\ 0, & n = 2k, \end{cases}$$

因此　$f(x) = \dfrac{8}{\pi^2}\sum\limits_{n=1}^{\infty}\dfrac{(-1)^{n-1}}{(2n-1)^2}\sin\dfrac{(2n-1)\pi x}{2}, x \in [0,2]$；

(2) $2l = 2, l = 1$,

$$a_0 = \frac{1}{l}\int_0^2 f(x)\mathrm{d}x = \int_0^1 x\mathrm{d}x + \int_1^2 (2-x)\mathrm{d}x = 1,$$

$$a_n = \frac{1}{l}\int_0^2 f(x)\cos\frac{n\pi x}{l}\mathrm{d}x$$

$$= \int_0^1 x\cos n\pi x\mathrm{d}x + \int_1^2 (2-x)\cos n\pi x\mathrm{d}x = \frac{2}{n^2\pi^2}[(-1)^n - 1],$$

$$b_n = \frac{1}{l}\int_0^2 f(x)\sin\frac{n\pi x}{l}\mathrm{d}x$$

$$= \int_0^1 x\sin n\pi x\mathrm{d}x + \int_1^2 (2-x)\sin n\pi x\mathrm{d}x = 0,$$

故　$f(x) = \dfrac{1}{2} + \sum\limits_{n=1}^{\infty}\dfrac{2[(-1)^n - 1]}{n^2\pi^2}\cos n\pi x, x \in [0,2]$.

三、傅里叶级数的复数形式

在交流电路和频谱分析等问题中，为了计算和讨论方便，往往采用复数形式的傅里叶级数.

设 $f(x)$ 的以 $2l$ 为周期的傅里叶级数为

$$f(x) \sim \frac{a_0}{2} + \sum_{n=1}^{\infty}\left(a_n\cos\frac{n\pi x}{l} + b_n\sin\frac{n\pi x}{l}\right), \tag{3}$$

其中　$a_n = \dfrac{1}{l}\displaystyle\int_{-l}^{l} f(x)\cos\frac{n\pi x}{l}\mathrm{d}x \quad (n = 0,1,2,\cdots)$,

$$b_n = \frac{1}{l}\int_{-l}^{l} f(x)\sin\frac{n\pi x}{l}\mathrm{d}x \quad (n = 1,2,\cdots).$$

根据欧拉公式，有

$$\cos\frac{n\pi x}{l} = \frac{1}{2}\left(e^{i\frac{n\pi x}{l}} + e^{-i\frac{n\pi x}{l}}\right),$$

$$\sin\frac{n\pi x}{l} = \frac{1}{2i}\left(e^{i\frac{n\pi x}{l}} - e^{-i\frac{n\pi x}{l}}\right) = \frac{-i}{2}\left(e^{i\frac{n\pi x}{l}} - e^{-i\frac{n\pi x}{l}}\right),$$

代入级数(3)，得

$$f(x) \sim \frac{a_0}{2} + \sum_{n=1}^{\infty}\left[\frac{a_n}{2}\left(e^{i\frac{n\pi x}{l}} + e^{-i\frac{n\pi x}{l}}\right) - \frac{ib_n}{2}\left(e^{i\frac{n\pi x}{l}} - e^{-i\frac{n\pi x}{l}}\right)\right]$$

$$= \frac{a_0}{2} + \sum_{n=1}^{\infty}\left(\frac{a_n - ib_n}{2}e^{i\frac{n\pi x}{l}} + \frac{a_n + ib_n}{2}e^{-i\frac{n\pi x}{l}}\right),$$

若记$\frac{a_0}{2}=c_0$，$\frac{a_n-\mathrm{i}b_n}{2}=c_n$，$\frac{a_n+\mathrm{i}b_n}{2}=c_{-n}(n=1,2,\cdots)$，则上面的级数又可以写成

$$\boxed{f(x)\sim\sum_{n=-\infty}^{\infty}c_n\mathrm{e}^{\mathrm{i}\frac{n\pi x}{l}}.}$$

此式即为 $f(x)$的以 $2l$ 为周期的傅里叶级数的复数形式.

我们再来推出其中系数 c_n 的复数形式.

$$c_0=\frac{a_0}{2}=\frac{1}{2l}\int_{-l}^{l}f(x)\mathrm{d}x,$$

$$\begin{aligned}c_n&=\frac{a_n-\mathrm{i}b_n}{2}=\frac{1}{2l}\int_{-l}^{l}f(x)\cos\frac{n\pi x}{l}\mathrm{d}x-\frac{\mathrm{i}}{2l}\int_{-l}^{l}f(x)\sin\frac{n\pi x}{l}\mathrm{d}x\\&=\frac{1}{2l}\int_{-l}^{l}f(x)\left(\cos\frac{n\pi x}{l}-\mathrm{i}\sin\frac{n\pi x}{l}\right)\mathrm{d}x\\&=\frac{1}{2l}\int_{-l}^{l}f(x)\mathrm{e}^{-\mathrm{i}\frac{n\pi x}{l}}\mathrm{d}x\quad(n=1,2,\cdots),\end{aligned}$$

$$\begin{aligned}c_{-n}&=\frac{a_n+\mathrm{i}b_n}{2}=\frac{1}{2l}\int_{-l}^{l}f(x)\cos\frac{n\pi x}{l}\mathrm{d}x+\frac{\mathrm{i}}{2l}\int_{-l}^{l}f(x)\sin\frac{n\pi x}{l}\mathrm{d}x\\&=\frac{1}{2l}\int_{-l}^{l}f(x)\left(\cos\frac{n\pi x}{l}+\mathrm{i}\sin\frac{n\pi x}{l}\right)\mathrm{d}x\\&=\frac{1}{2l}\int_{-l}^{l}f(x)\mathrm{e}^{-\mathrm{i}\frac{-n\pi x}{l}}\mathrm{d}x\quad(n=1,2,\cdots),\end{aligned}$$

合起来，得到傅里叶系数 c_n 的复数形式为

$$c_n=\frac{1}{2l}\int_{-l}^{l}f(x)\mathrm{e}^{-\mathrm{i}\frac{n\pi x}{l}}\mathrm{d}x\quad(n=0,\pm1,\pm2\cdots).$$

例 12 将 $f(x)=\mathrm{e}^{-x}(-1<x\leqslant1)$展开成以 2 为周期的复数形式的傅里叶级数.

解 $2l=2,l=1$,

$$\begin{aligned}c_n&=\frac{1}{2l}\int_{-l}^{l}f(x)\mathrm{e}^{-\mathrm{i}\frac{n\pi x}{l}}\mathrm{d}x=\frac{1}{2}\int_{-1}^{1}\mathrm{e}^{-x}\mathrm{e}^{-\mathrm{i}n\pi x}\mathrm{d}x\\&=\frac{1}{2}\int_{-1}^{1}\mathrm{e}^{-(1+\mathrm{i}n\pi)x}\mathrm{d}x=\frac{\mathrm{e}^{-(1+n\pi\mathrm{i})x}}{-2(1+n\pi\mathrm{i})}\bigg|_{-1}^{1}=\frac{\mathrm{e}\cdot\mathrm{e}^{n\pi\mathrm{i}}-\mathrm{e}^{-1}\cdot\mathrm{e}^{-n\pi\mathrm{i}}}{2(1+n\pi\mathrm{i})}\\&=\frac{\mathrm{e}\cdot(-1)^n-\mathrm{e}^{-1}\cdot(-1)^n}{2(1+n\pi\mathrm{i})}=\frac{\mathrm{e}-\mathrm{e}^{-1}}{2}(-1)^n\frac{1-n\pi\mathrm{i}}{1+n^2\pi^2},\end{aligned}$$

于是得所求傅里叶级数

$$f(x)\sim\sum_{n=-\infty}^{\infty}\frac{\mathrm{e}-\mathrm{e}^{-1}}{2}(-1)^n\frac{1-n\pi\mathrm{i}}{1+n^2\pi^2}\mathrm{e}^{n\pi\mathrm{i}x}=\begin{cases}\mathrm{e}^{-x}, & -1<x<1,\\ \dfrac{\mathrm{e}+\mathrm{e}^{-1}}{2}, & x=\pm1.\end{cases}$$

例 13 设有如图 10-14 所示的矩形波，波宽为 τ，高为 E，周期为 T，试将此矩形波展开成以 T 为周期的复数形式的傅里叶级数.

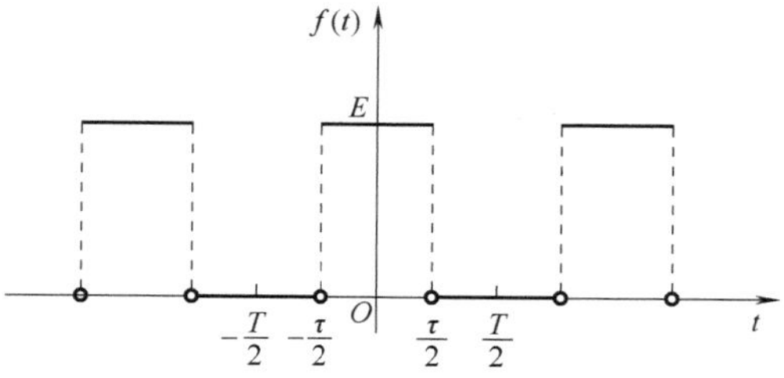

图　10-14

解　$2l=T$，在一个周期区间$\left[-\frac{T}{2},\frac{T}{2}\right]$上，$f(x)$的表达式为

$$f(x)=\begin{cases}0, & -\frac{T}{2}\leqslant t<-\frac{\tau}{2},\\ E, & -\frac{\tau}{2}\leqslant t\leqslant\frac{\tau}{2},\\ 0, & \frac{\tau}{2}<t\leqslant\frac{T}{2},\end{cases}$$

$$c_0=\frac{1}{2l}\int_{-l}^{l}f(t)\mathrm{d}t=\frac{1}{T}\int_{-\frac{T}{2}}^{\frac{T}{2}}f(t)\mathrm{d}t=\frac{1}{T}\int_{-\frac{\tau}{2}}^{\frac{\tau}{2}}E\mathrm{d}t=\frac{E\tau}{T},$$

$$c_n=\frac{1}{2l}\int_{-l}^{l}f(t)\mathrm{e}^{-\mathrm{i}\frac{n\pi t}{l}}\mathrm{d}t=\frac{1}{T}\int_{-\frac{T}{2}}^{\frac{T}{2}}f(t)\mathrm{e}^{-\mathrm{i}\frac{2n\pi t}{T}}\mathrm{d}t$$

$$=\frac{1}{T}\int_{-\frac{\tau}{2}}^{\frac{\tau}{2}}E\mathrm{e}^{-\mathrm{i}\frac{2n\pi t}{T}}\mathrm{d}t=\frac{E}{T}\left(-\frac{T}{2n\pi\mathrm{i}}\right)\mathrm{e}^{-\mathrm{i}\frac{2n\pi t}{T}}\Big|_{-\frac{\tau}{2}}^{\frac{\tau}{2}}$$

$$=\frac{-E}{2n\pi\mathrm{i}}\left(\mathrm{e}^{-\mathrm{i}\frac{n\pi\tau}{T}}-\mathrm{e}^{\mathrm{i}\frac{n\pi\tau}{T}}\right)=\frac{E}{n\pi}\sin\frac{n\pi\tau}{T}\quad(n=\pm1,\pm2,\cdots),$$

于是得

$$f(t)\sim\frac{E\tau}{T}+\sum_{\substack{n=-\infty\\ n\neq0}}^{\infty}\frac{E}{n\pi}\sin\frac{n\pi\tau}{T}\mathrm{e}^{\mathrm{i}\frac{2n\pi t}{T}}$$

$$=\begin{cases}f(t), & t\in(-\infty,+\infty),t\neq\pm\frac{\tau}{2}+nT,\\ \frac{E}{2}, & t=\pm\frac{\tau}{2}+nT\quad(n=0,\pm1,\pm2,\cdots).\end{cases}$$

习题 10-6

1. 将下列函数展成以 2π 为周期的傅里叶级数并写出在$[-\pi,\pi]$上的和函数.

(1) $f(x)=3x^2+1(-\pi\leqslant x<\pi)$；

(2) $f(x)=2\sin\frac{x}{3}(-\pi\leqslant x\leqslant\pi)$；

(3) $f(x)=\begin{cases}\mathrm{e}^x, & -\pi\leqslant x<0,\\ 1, & 0\leqslant x\leqslant\pi;\end{cases}$

(4) $f(x)=\begin{cases}-\frac{\pi}{2}, & -\pi\leqslant x<-\frac{\pi}{2},\\ x, & -\frac{\pi}{2}\leqslant x<\frac{\pi}{2},\\ \frac{\pi}{2}, & \frac{\pi}{2}\leqslant x<\pi;\end{cases}$

(5) $f(x)=\cos\frac{x}{2}(-\pi\leqslant x\leqslant\pi)$；

(6) $f(x)=\frac{\pi}{4}-\frac{x}{2}(-\pi\leqslant x\leqslant\pi)$.

2. 将 $f(x)=\frac{\pi-x}{2}(0\leqslant x\leqslant\pi)$ 展成以 2π 为周期的正弦级数,并求出 $[-\pi,\pi]$ 上的和函数.

3. 将 $f(x)=2x^2(0\leqslant x\leqslant\pi)$ 展成以 2π 为周期的余弦级数,并求出 $[0,2\pi]$ 上的和函数.

4. 设 $f(x)=\begin{cases}1, 0\leqslant x<\frac{\pi}{4},\\ 0, \frac{\pi}{4}\leqslant x\leqslant\pi,\end{cases}$ 将 $f(x)$ 展成以 2π 为周期的余弦级数,并写出 $[0,\pi]$ 上的和函数 $S(x)$.

5. 在 $[0,2\pi]$ 上将函数 $f(x)=x$ 展成以 2π 为周期的傅里叶级数.

6. 设 $a_0,a_n,b_n(n=1,2,\cdots)$ 是 $f(x)$ 在 $[-\pi,\pi]$ 上以 2π 为周期的傅里叶系数,证明:

(1) 如果 $f(x-\pi)=-f(x)$,则 $a_0=0,a_{2n}=0,b_{2n}=0(n=1,2,\cdots)$;

(2) 如果 $f(x-\pi)=f(x)$,则 $a_{2n-1}=0,b_{2n-1}=0(n=1,2,\cdots)$.

7. 将下列各函数展成以 $2l$ 为周期的傅里叶级数并写出在 $[-l,l]$ 上的和函数.

(1) $f(x)=1-x^2\left(-\frac{1}{2}\leqslant x<\frac{1}{2}\right),l=\frac{1}{2}$;

(2) $f(x)=\begin{cases}x, & -1\leqslant x<0,\\ 1, & 0\leqslant x<\frac{1}{2},\\ -1, & \frac{1}{2}\leqslant x<1;\end{cases}$ $l=1$,

(3) $f(x)=\begin{cases}2x+1, & -3\leqslant x<0,\\ 1, & 0\leqslant x<3,\end{cases}$ $l=3$.

8. 把 $f(x)=\sin x\left(0\leqslant x\leqslant\frac{\pi}{2}\right)$ 展成以 π 为周期的余弦级数.

9. 把 $f(x)=-x$ 在 $[0,5]$ 上展成以 10 为周期的正弦级数.

第七节　综合例题

例 1　判别下列级数的收敛性.

(1) $\sum\limits_{n=1}^{\infty}\int_0^{\frac{1}{n}}\frac{\sin\pi x}{1+x^3}\mathrm{d}x$;　　(2) $\sum\limits_{n=1}^{\infty}\mathrm{e}^{-\sqrt{n}}$.

解　(1) $0\leqslant u_n=\int_0^{\frac{1}{n}}\frac{\sin\pi x}{1+x^3}\mathrm{d}x\leqslant\int_0^{\frac{1}{n}}\sin\pi x\mathrm{d}x\leqslant\int_0^{\frac{1}{n}}\pi x\mathrm{d}x=\frac{\pi}{2n^2}$,

由于 $\sum\limits_{n=1}^{\infty}\frac{1}{n^2}$ 收敛,故 $\sum\limits_{n=1}^{\infty}\int_0^{\frac{1}{n}}\frac{\sin\pi x}{1+x^3}\mathrm{d}x$ 收敛;

(2) 由于 $0<\mathrm{e}^{-\sqrt{n}}=\frac{1}{\mathrm{e}^{\sqrt{n}}}=\frac{1}{1+\sqrt{n}+\frac{1}{2!}(\sqrt{n})^2+\frac{1}{3!}(\sqrt{n})^3+\cdots}$

$$\leqslant\frac{1}{\frac{1}{3!}n^{\frac{3}{2}}}=\frac{3!}{n^{\frac{3}{2}}},$$

且 $\sum\limits_{n=1}^{\infty}\frac{1}{n^{\frac{3}{2}}}$ 收敛,因此 $\sum\limits_{n=1}^{\infty}\mathrm{e}^{-\sqrt{n}}$ 收敛.

例 2　设级数的部分和 $S_n=\sum\limits_{k=1}^{n}\frac{1}{k}-\ln n$,判断该级数的收敛性.

解　设级数的一般项为 u_n,则

$$u_n=S_n-S_{n-1}=\left(\sum_{k=1}^{n}\frac{1}{k}-\ln n\right)-\left(\sum_{k=1}^{n-1}\frac{1}{k}-\ln(n-1)\right),$$

$$=\frac{1}{n}+\ln\left(1-\frac{1}{n}\right)=\frac{1}{n}+\left(-\frac{1}{n}-\frac{1}{2n^2}+o\left(\frac{1}{n^2}\right)\right)$$

$$=-\frac{1}{2n^2}+o\left(\frac{1}{n^2}\right),$$

由于
$$\lim_{n\to\infty}\frac{|u_n|}{\frac{1}{n^2}}=\lim_{n\to\infty}\frac{\left|-\frac{1}{2n^2}+o\left(\frac{1}{n^2}\right)\right|}{\frac{1}{n^2}}=\frac{1}{2},$$

且 $\sum_{n=1}^{\infty}\frac{1}{n^2}$ 收敛，故 $\sum_{n=1}^{\infty}|u_n|$ 收敛，因此 $\sum_{n=1}^{\infty}u_n$ 收敛.

例 3　当常数 a,b 为何值时，级数

$$\sum_{n=1}^{\infty}[\ln n+a\ln(n+1)+b\ln(n+2)]\text{收敛？}$$

解

$$u_n=\ln n+a\ln(n+1)+b\ln(n+2)$$

$$=\ln n+a\ln n+a\ln\left(1+\frac{1}{n}\right)+b\ln n+b\ln\left(1+\frac{2}{n}\right)$$

$$=(1+a+b)\ln n+a\left(\frac{1}{n}-\frac{1}{2n^2}+o\left(\frac{1}{n^2}\right)\right)+b\left(\frac{2}{n}-\frac{4}{2n^2}+o\left(\frac{1}{n^2}\right)\right)$$

$$=(1+a+b)\ln n+\frac{a+2b}{n}+\frac{-a-4b}{2n^2}+o\left(\frac{1}{n^2}\right),$$

故当 $1+a+b=0$，且 $a+2b=0$ 时，即 $a=-2,b=1$ 时，级数收敛.

例 4　设 $a_1=2,a_{n+1}=\frac{1}{2}\left(a_n+\frac{1}{a_n}\right)(n=1,2,\cdots)$，证明：

(1) $\lim\limits_{n\to\infty}a_n$ 存在；(2) 级数 $\sum_{n=1}^{\infty}\left(\frac{a_n}{a_{n+1}}-1\right)$ 收敛.

证　(1) $a_{n+1}=\frac{1}{2}\left(a_n+\frac{1}{a_n}\right)\geqslant\frac{1}{2}\cdot 2\sqrt{a_n\cdot\frac{1}{a_n}}=1$,

故 $\{a_n\}$ 有下界，并由此可得

$$a_{n+1}-a_n=\frac{1}{2}\left(a_n+\frac{1}{a_n}\right)-a_n=\frac{1-a_n^2}{2a_n}\leqslant 0,$$

即 $\{a_n\}$ 单调减少，故 $\lim\limits_{n\to\infty}a_n$ 存在；

(2) 由(1)可知，

$$0\leqslant\frac{a_n}{a_{n+1}}-1=\frac{a_n-a_{n+1}}{a_{n+1}}\leqslant a_n-a_{n+1},$$

而级数 $\sum_{n=1}^{\infty}(a_n-a_{n+1})$ 因其部分和 $S_n=a_1-a_{n+1}$ 有极限是收敛的，由比较判别法得 $\sum_{n=1}^{\infty}\left(\frac{a_n}{a_{n+1}}-1\right)$ 收敛.

例 5 设 $a_n=\int_0^{\frac{\pi}{4}}\tan^n x\,\mathrm{d}x$.

(1) 求 $\sum_{n=1}^{\infty}\frac{1}{n}(a_n+a_{n+2})$的值;

(2) 试证:对任意常数 $\lambda>0$,级数 $\sum_{n=1}^{\infty}\frac{a_n}{n^{\lambda}}$收敛.

(1) 解 由于

$$\begin{aligned}\frac{1}{n}(a_n+a_{n+2})&=\frac{1}{n}\int_0^{\frac{\pi}{4}}\tan^n x(1+\tan^2 x)\mathrm{d}x\\&=\frac{1}{n}\int_0^{\frac{\pi}{4}}\tan^n x\cdot\sec^2 x\mathrm{d}x=\frac{1}{n}\int_0^{\frac{\pi}{4}}\tan^n x\,\mathrm{d}\tan x\\&=\frac{1}{n(n+1)}\tan^{n+1}x\Big|_0^{\frac{\pi}{4}}=\frac{1}{n(n+1)},\end{aligned}$$

故

$$\begin{aligned}\sum_{n=1}^{\infty}\frac{1}{n}(a_n+a_{n+2})&=\sum_{n=1}^{\infty}\frac{1}{n(n+1)}\\&=\sum_{n=1}^{\infty}\left(\frac{1}{n}-\frac{1}{n+1}\right)=\lim_{n\to\infty}\left(1-\frac{1}{n+1}\right)=1;\end{aligned}$$

(2) 证 令 $\tan x=t$,则

$$a_n=\int_0^1\frac{t^n}{1+t^2}\mathrm{d}t<\int_0^1 t^n\mathrm{d}t=\frac{1}{n+1}<\frac{1}{n},$$

故

$$0<\frac{a_n}{n^{\lambda}}<\frac{1}{n^{\lambda+1}},$$

因为$\sum_{n=1}^{\infty}\frac{1}{n^{\lambda+1}}$ 收敛,故$\sum_{n=1}^{\infty}\frac{a_n}{n^{\lambda}}$ 收敛.

例 6 设 $u_n>0,v_n>0$,且 $v_n\frac{u_n}{u_{n+1}}-v_{n+1}\geqslant a>0,n=1,2,\cdots$,其中 a 为常数,证明:级数$\sum_{n=1}^{\infty}u_n$ 收敛.

证 由于 $v_n\frac{u_n}{u_{n+1}}-v_{n+1}\geqslant a>0$,且 $u_n>0$,所以对一切 n 有

$$v_nu_n-v_{n+1}u_{n+1}\geqslant au_{n+1}>0,$$

因而有

$$\begin{aligned}&v_1u_1-v_2u_2\geqslant au_2>0,\\&v_2u_2-v_3u_3\geqslant au_3>0,\\&\qquad\vdots\\&v_{n-1}u_{n-1}-v_nu_n\geqslant au_n>0,\end{aligned}$$

将以上各式相加,得

$$v_1u_1-v_nu_n\geqslant a(u_2+u_3+\cdots+u_n)>0,$$

$$u_2+u_3+\cdots+u_n\leqslant\frac{v_1u_1-v_nu_n}{a}<\frac{v_1u_1}{a},$$

故$\sum_{n=1}^{\infty}u_n$ 的部分和有上界,所以$\sum_{n=1}^{\infty}u_n$ 收敛.

例 7 设级数 $\sum\limits_{n=1}^{\infty}(a_n-a_{n-1})$ 收敛，$\sum\limits_{n=1}^{\infty}b_n(b_n\geqslant 0)$ 收敛，证明：级数 $\sum\limits_{n=1}^{\infty}a_nb_n$ 绝对收敛.

证 $\sum\limits_{n=1}^{\infty}(a_n-a_{n-1})$ 的部分和为

$$S_n=(a_1-a_0)+(a_2-a_1)+\cdots+(a_n-a_{n-1})=a_n-a_0,$$

由于 $\sum\limits_{n=1}^{\infty}(a_n-a_{n-1})$ 收敛，所以 $\lim\limits_{n\to\infty}S_n$ 存在，因而 $\lim\limits_{n\to\infty}a_n$ 存在，故 $\{a_n\}$ 有界，即 $\exists M>0$，使得对任意 n，都有 $|a_n|\leqslant M$，从而有

$$|a_nb_n|\leqslant Mb_n,$$

由于 $\sum\limits_{n=1}^{\infty}b_n$ 收敛，因此 $\sum\limits_{n=1}^{\infty}|a_nb_n|$ 收敛，即 $\sum\limits_{n=1}^{\infty}a_nb_n$ 绝对收敛.

例 8 设 $a_n>0(n=1,2,\cdots)$，且级数 $\sum\limits_{n=1}^{\infty}a_n$ 收敛，常数 $\lambda\in\left(0,\frac{\pi}{2}\right)$，讨论级数 $\sum\limits_{n=1}^{\infty}(-1)^n\left(n\tan\frac{\lambda}{n}\right)a_{2n}$ 的敛散性.

解 因为 $a_n>0$，且 $\sum\limits_{n=1}^{\infty}a_n$ 收敛，故其部分和有上界，因而 $\sum\limits_{n=1}^{\infty}a_{2n}$ 的部分和有上界，故 $\sum\limits_{n=1}^{\infty}a_{2n}$ 收敛，由于

$$\left|(-1)^n\left(n\tan\frac{\lambda}{n}\right)a_{2n}\right|=\left(n\tan\frac{\lambda}{n}\right)a_{2n}\sim\lambda a_{2n},$$

故 $\sum\limits_{n=1}^{\infty}(-1)^n\left(n\tan\frac{\lambda}{n}\right)a_{2n}$ 绝对收敛.

例 9 设 $f(x)$ 在 $x=0$ 的某邻域内有二阶连续导数，且 $\lim\limits_{x\to 0}\frac{f(x)}{x}=0$，证明：级数 $\sum\limits_{n=1}^{\infty}f\left(\frac{1}{n}\right)$ 绝对收敛.

证 由 $\lim\limits_{x\to 0}\frac{f(x)}{x}=0$，得 $f(0)=\lim\limits_{x\to 0}f(x)=0$，

$$f'(0)=\lim_{x\to 0}\frac{f(x)-f(0)}{x}=\lim_{x\to 0}\frac{f(x)}{x}=0,$$

故 $f(x)=f(0)+f'(0)x+\frac{f''(0)}{2!}x^2+o(x^2)=\frac{f''(0)}{2!}x^2+o(x^2)$,

$$f\left(\frac{1}{n}\right)=\frac{f''(0)}{2}\cdot\frac{1}{n^2}+o\left(\frac{1}{n^2}\right),\ \lim_{n\to\infty}\frac{\left|f\left(\frac{1}{n}\right)\right|}{\frac{1}{n^2}}=\frac{|f''(0)|}{2},$$

由于 $\sum\limits_{n=1}^{\infty}\frac{1}{n^2}$ 收敛，故 $\sum\limits_{n=1}^{\infty}\left|f\left(\frac{1}{n}\right)\right|$ 收敛，即 $\sum\limits_{n=1}^{\infty}f\left(\frac{1}{n}\right)$ 绝对收敛.

例 10 设函数 $f(x)$ 在$(-\infty,+\infty)$上有定义,在 $x=0$ 的某邻域内有一阶连续导数,且$\lim\limits_{x\to0}\dfrac{f(x)}{x}=a>0$,证明:$\sum\limits_{n=1}^{\infty}(-1)^nf\left(\dfrac{1}{n}\right)$收敛,而$\sum\limits_{n=1}^{\infty}f\left(\dfrac{1}{n}\right)$发散.

证 由题设,有$\lim\limits_{n\to\infty}\dfrac{f\left(\dfrac{1}{n}\right)}{\dfrac{1}{n}}=a>0$,故$\sum\limits_{n=1}^{\infty}f\left(\dfrac{1}{n}\right)$发散.

又由$\lim\limits_{x\to0}\dfrac{f(x)}{x}=a$,得 $f(0)=\lim\limits_{x\to0}f(x)=0$,

$$f'(0)=\lim_{x\to0}\frac{f(x)-f(0)}{x}=\lim_{x\to0}\frac{f(x)}{x}=a>0,$$

由于$f'(x)$连续,故在$x=0$的某邻域内有 $f'(x)>0$,因此 $f(x)$ 单调增加,故当 n 充分大时 $f\left(\dfrac{1}{n}\right)$ 单调减少,又$\lim\limits_{n\to\infty}f\left(\dfrac{1}{n}\right)=0$,因此$\sum\limits_{n=1}^{\infty}(-1)^nf\left(\dfrac{1}{n}\right)$收敛.

例 11 求幂级数$\sum\limits_{n=1}^{\infty}\dfrac{1}{3^n+(-2)^n}\dfrac{x^n}{n}$的收敛区间,并讨论级数在该区间端点处的敛散性.

解
$$\lim_{n\to\infty}\left|\frac{a_{n+1}}{a_n}\right|=\lim_{n\to\infty}\frac{3^n+(-2)^n}{3^{n+1}+(-2)^{n+1}}\frac{n}{n+1}$$
$$=\lim_{n\to\infty}\frac{1+\left(\dfrac{-2}{3}\right)^n}{3\left[1+\left(\dfrac{-2}{3}\right)^{n+1}\right]}\frac{n}{n+1}=\frac{1}{3},$$

故$R=3$,收敛区间为$(-3,3)$. 当$x=3$时,级数为$\sum\limits_{n=1}^{\infty}\dfrac{1}{3^n+(-2)^n}\dfrac{3^n}{n}$,由于

$$\frac{1}{3^n+(-2)^n}\frac{3^n}{n}\geqslant\frac{1}{2n},$$

故级数发散,当 $x=-3$ 时,级数为

$$\sum_{n=1}^{\infty}\frac{(-3)^n}{3^n+(-2)^n}\frac{1}{n}=\sum_{n=1}^{\infty}\frac{(-1)^n[3^n+(-2)^n]-2^n}{3^n+(-2)^n}\frac{1}{n}$$
$$=\sum_{n=1}^{\infty}\left[\frac{(-1)^n}{n}-\frac{2^n}{3^n+(-2)^n}\frac{1}{n}\right]$$
$$=\sum_{n=1}^{\infty}\left[\frac{(-1)^n}{n}-b_n\right],$$

由于$\sum\limits_{n=1}^{\infty}\dfrac{(-1)^n}{n}$收敛,又 $b_n>0$,且

$$\lim_{n\to\infty}\frac{b_{n+1}}{b_n}=\lim_{n\to\infty}\frac{3^n+(-2)^n}{3^{n+1}+(-2)^{n+1}}\cdot2\cdot\frac{n}{n+1}=\frac{2}{3}<1,$$

故 $\sum_{n=1}^{\infty} b_n$ 收敛,因此原级数在 $x=-3$ 处收敛.

例 12　求级数 $\sum_{n=1}^{\infty}\frac{(-1)^{n-1}}{n(2n-1)}\left(\frac{1}{3}\right)^n$ 的和.

解　引进一个幂级数,利用幂级数的和函数得到所要求数项级数的和.设

$$S(x)=\sum_{n=1}^{\infty}\frac{(-1)^{n-1}}{n(2n-1)}x^{2n},$$

其收敛半径为 $R=1$,当 $|x|<1$ 时,

$$S'(x)=\sum_{n=1}^{\infty}\frac{2(-1)^{n-1}}{2n-1}x^{2n-1},$$

$$S''(x)=\sum_{n=1}^{\infty}2(-1)^{n-1}x^{2n-2}=\frac{2}{1+x^2},$$

由于 $S'(0)=0, S(0)=0$,对上式积分两次,得

$$S'(x)=\int_0^x\frac{2}{1+x^2}\mathrm{d}x=2\arctan x,$$

$$\begin{aligned}S(x)&=\int_0^x 2\arctan x\mathrm{d}x=2x\arctan x-\int_0^x\frac{2x}{1+x^2}\mathrm{d}x\\&=2x\arctan x-\ln(1+x^2),\end{aligned}$$

因此

$$\begin{aligned}\sum_{n=1}^{\infty}\frac{(-1)^{n-1}}{n(2n-1)}\left(\frac{1}{3}\right)^n&=S\left(\frac{1}{\sqrt{3}}\right)\\&=2\frac{1}{\sqrt{3}}\arctan\frac{1}{\sqrt{3}}-\ln\left(1+\frac{1}{3}\right)\\&=\frac{\pi}{3\sqrt{3}}-\ln\frac{4}{3}.\end{aligned}$$

例 13　求幂级数 $\sum_{n=0}^{\infty}\frac{n^2+1}{2^n n!}x^n$ 的和函数.

解

$$\begin{aligned}S(x)&=\sum_{n=0}^{\infty}\frac{n^2+1}{2^n n!}x^n=\sum_{n=0}^{\infty}\frac{n(n-1)+n+1}{n!}\left(\frac{x}{2}\right)^n\\&=\sum_{n=2}^{\infty}\frac{1}{(n-2)!}\left(\frac{x}{2}\right)^n+\sum_{n=1}^{\infty}\frac{1}{(n-1)!}\left(\frac{x}{2}\right)^n+\sum_{n=0}^{\infty}\frac{1}{n!}\left(\frac{x}{2}\right)^n\\&=\frac{x^2}{4}\sum_{n=0}^{\infty}\frac{1}{n!}\left(\frac{x}{2}\right)^n+\frac{x}{2}\sum_{n=0}^{\infty}\frac{1}{n!}\left(\frac{x}{2}\right)^n+\sum_{n=0}^{\infty}\frac{1}{n!}\left(\frac{x}{2}\right)^n\\&=\left(\frac{x^2}{4}+\frac{x}{2}+1\right)\sum_{n=0}^{\infty}\frac{1}{n!}\left(\frac{x}{2}\right)^n\\&=\left(\frac{x^2}{4}+\frac{x}{2}+1\right)\mathrm{e}^{\frac{x}{2}}, x\in(-\infty,+\infty).\end{aligned}$$

例 14　求幂级数 $\sum_{n=0}^{\infty}\frac{x^{4n}}{(4n)!}$ 的和函数.

解 设 $S(x)=\sum\limits_{n=0}^{\infty}\frac{x^{4n}}{(4n)!}$,则 $S'(x)=\sum\limits_{n=1}^{\infty}\frac{x^{4n-1}}{(4n-1)!}$,

$S''(x)=\sum\limits_{n=1}^{\infty}\frac{x^{4n-2}}{(4n-2)!}$,$S'''(x)=\sum\limits_{n=1}^{\infty}\frac{x^{4n-3}}{(4n-3)!}$,

$S^{(4)}(x)=\sum\limits_{n=1}^{\infty}\frac{x^{4n-4}}{(4n-4)!}=\sum\limits_{n=0}^{\infty}\frac{x^{4n}}{(4n)!}=S(x)$,

因此得微分方程初值问题

$$\begin{cases}S^{(4)}(x)-S(x)=0,\\ S(0)=1,\\ S'(0)=S''(0)=S'''(0)=0,\end{cases}$$

特征方程及特征根为

$$r^4-1=0,r=\pm 1,\pm \mathrm{i},$$

通解为 $S(x)=C_1\mathrm{e}^x+C_2\mathrm{e}^{-x}+C_3\cos x+C_4\sin x$,

由初值得 $C_1=C_2=\frac{1}{4},C_3=\frac{1}{2},C_4=0$,

故 $S(x)=\frac{1}{4}(\mathrm{e}^x+\mathrm{e}^{-x})+\frac{1}{2}\cos x,x\in(-\infty,+\infty)$.

例 15 将 $f(x)=\frac{1}{(1+x)(1+x^2)(1+x^4)(1+x^8)}$ 展成麦克劳林级数.

解 $f(x)=\frac{1-x}{(1-x)(1+x)(1+x^2)(1+x^4)(1+x^8)}$

$$=\frac{1-x}{1-x^{16}}=(1-x)\sum_{n=0}^{\infty}x^{16n}=\sum_{n=0}^{\infty}x^{16n}-\sum_{n=0}^{\infty}x^{16n+1}$$

$$=1-x+x^{16}-x^{17}+\cdots+x^{16n}-x^{16n+1}+\cdots,$$

其中 $x\in(-1,1)$.

例 16 将 $f(x)=\arctan\frac{1-2x}{1+2x}$ 展成 x 的幂级数,并求级数 $\sum\limits_{n=0}^{\infty}\frac{(-1)^n}{2n+1}$ 的和及 $f^{(10)}(0)$ 与 $f^{(11)}(0)$.

解 $f'(x)=\frac{-2}{1+4x^2}=-2\sum\limits_{n=0}^{\infty}(-1)^n4^nx^{2n}$,

由于 $f(0)=\frac{\pi}{4}$,对上式积分得

$$f(x)=f(0)+\int_0^x f'(x)\mathrm{d}x=\frac{\pi}{4}-2\sum_{n=0}^{\infty}\frac{(-1)^n4^n}{2n+1}x^{2n+1},$$

其中 $x\in\left[-\frac{1}{2},\frac{1}{2}\right]$,令 $x=\frac{1}{2}$,得

$$0=f\left(\frac{1}{2}\right)=\frac{\pi}{4}-2\sum_{n=0}^{\infty}\frac{(-1)^n}{2n+1}\frac{1}{2},$$

故
$$\sum_{n=0}^{\infty}\frac{(-1)^n}{2n+1}=\frac{\pi}{4},$$
由于$f(x)$的幂级数展式中x^{10}的系数为零，故$f^{(10)}(0)=0$，而由x^{11}的系数为$-2\dfrac{(-1)^5 4^5}{11}=\dfrac{f^{(11)}(0)}{11!}$，得$f^{(11)}(0)=2\times 4^5\times 10!$.

例 17 设$f(x)$在$[-\pi,\pi]$上是偶函数，可积，且$f\left(\dfrac{\pi}{2}+x\right)=-f\left(\dfrac{\pi}{2}-x\right)$，证明：$f(x)$在$[-\pi,\pi]$上以$2\pi$为周期的傅里叶级数的系数$a_{2n}=0,n=1,2,\cdots$.

证
$$a_{2n}=\frac{2}{\pi}\int_0^{\pi}f(x)\cos 2nx\,\mathrm{d}x$$
$$=\frac{2}{\pi}\left[\int_0^{\frac{\pi}{2}}f(x)\cos 2nx\,\mathrm{d}x+\int_{\frac{\pi}{2}}^{0}f(x)\cos 2nx\,\mathrm{d}x\right]$$
（对第二个积分，令$t=\pi-x$）
$$=\frac{2}{\pi}\left[\int_0^{\frac{\pi}{2}}f(x)\cos 2nx\,\mathrm{d}x+\int_{\frac{\pi}{2}}^{0}f(\pi-t)\cos 2n(\pi-t)(-\mathrm{d}t)\right]$$
$$=\frac{2}{\pi}\left[\int_0^{\frac{\pi}{2}}f(x)\cos 2nx\,\mathrm{d}x+\int_0^{\frac{\pi}{2}}f(\pi-t)\cos 2nt\,\mathrm{d}t\right]$$
$$=\frac{2}{\pi}\left[\int_0^{\frac{\pi}{2}}f(x)+f(\pi-x)\right]\cos 2nx\,\mathrm{d}x$$
$$=\frac{2}{\pi}\int_0^{\frac{\pi}{2}}\left[f\left(\frac{\pi}{2}+\left(x-\frac{\pi}{2}\right)\right)+f\left(\frac{\pi}{2}-\left(x-\frac{\pi}{2}\right)\right)\right]\cos 2nx\,\mathrm{d}x=0.$$

习题 10-7

1. 判断下列级数的敛散性.

(1) $\displaystyle\sum_{n=1}^{\infty}\frac{2\cdot 5\cdot 8\cdot\cdots\cdot[2+3(n-1)]}{1\cdot 5\cdot 9\cdot\cdots\cdot[1+4(n-1)]}$；

(2) $\displaystyle\sum_{n=1}^{\infty}\frac{1}{2^n-1+\sin n}$；

(3) $\displaystyle\sum_{n=1}^{\infty}u_n$，其中$u_n=\dfrac{1}{\sqrt{n^2+1}}+\dfrac{1}{\sqrt{n^2+2}}+\cdots+\dfrac{1}{\sqrt{n^2+n}}$；

(4) $\displaystyle\sum_{n=1}^{\infty}\left(\frac{1}{n^2+2}\right)^{\frac{1}{n}}$；

(5) $\displaystyle\sum_{n=1}^{\infty}(-1)^{n-1}(\mathrm{e}^{\frac{1}{n}}-1)$；

(6) $\displaystyle\sum_{n=2}^{\infty}\sin\left(n\pi+\frac{1}{\ln n}\right)$；

(7) $\displaystyle\sum_{n=1}^{\infty}\int_0^{\frac{1}{n}}\frac{\sqrt{x}}{1+x^2}\mathrm{d}x$；

(8) $\displaystyle\sum_{n=2}^{\infty}(\sqrt{n+1}-\sqrt{n})\ln\frac{n-1}{n+1}$；

(9) $\displaystyle\sum_{n=1}^{\infty}\frac{\arctan n}{(\ln 2)^n}$；

(10) $\displaystyle\sum_{n=1}^{\infty}\frac{1}{[4+(-1)^n]^n}$；

(11) $\displaystyle\sum_{n=2}^{\infty}\left(\frac{1}{\sqrt{n}-1}-\frac{1}{\sqrt{n}}-\frac{1}{n}\right)$；

(12) $\displaystyle\sum_{n=1}^{\infty}\arcsin\frac{1}{\sqrt{n}}\ln^2\frac{n}{n+1}$；

(13) $\displaystyle\sum_{n=1}^{\infty}\frac{1}{\int_0^n\sqrt{1+x^2}\,\mathrm{d}x}$；

(14) $\sum_{n=1}^{\infty}(-1)^{n-1}\frac{\sqrt{n+1}}{n+10}$;

(15) $\sum_{n=1}^{\infty}(-1)^{\frac{n(n-1)}{2}}\frac{n^{10}}{2^n}$;

(16) $\sum_{n=1}^{\infty}(-1)^{n-1}\frac{\ln\left(1+\frac{1}{n}\right)}{\sqrt{(3n-2)(3n+2)}}$.

2. 讨论下列级数的敛散性.

(1) $1+\sum_{n=1}^{\infty}\frac{x^n}{(1+x)(1+x^2)\cdots(1+x^n)}(x\neq-1)$;

(2) $\sum_{n=1}^{\infty}\mathrm{e}^{n(x^2-1)}$;

(3) $\sum_{n=1}^{\infty}\left(\frac{an}{n+1}\right)^{n-1}(a>0)$;

(4) $\sum_{n=1}^{\infty}(-1)^{n-1}\frac{k+n}{n^2}$;

(5) $\sum_{n=1}^{\infty}\frac{1}{n}\sin^n\theta$.

3. 设级数 $\sum_{n=1}^{\infty}u_n$ 收敛，则下面级数中哪一个必收敛(　　).

(A) $\sum_{n=1}^{\infty}(-1)^n\frac{u_n}{n}$;　　(B) $\sum_{n=1}^{\infty}u_n^2$;

(C) $\sum_{n=1}^{\infty}(u_{2n-1}-u_{2n})$;　　(D) $\sum_{n=1}^{\infty}(u_n+u_{n+1})$.

4. 设 $0\leqslant a_n<\frac{1}{n}(n=1,2,\cdots)$，则下面级数中哪个必收敛(　　).

(A) $\sum_{n=1}^{\infty}a_n$;　　(B) $\sum_{n=1}^{\infty}(-1)^n a_n$;

(C) $\sum_{n=1}^{\infty}\sqrt{a_n}$;　　(D) $\sum_{n=1}^{\infty}(-1)^n a_n^2$.

5. 证明：(1) $\lim\limits_{n\to\infty}\frac{n!}{n^n}=0$；(2) $\lim\limits_{n\to\infty}\frac{n^n}{(n!)^2}=0$.

6. 举例说明，如果 $\lim\limits_{n\to\infty}\frac{u_n}{v_n}=1$，且 $\sum_{n=1}^{\infty}u_n$ 收敛，但 $\sum_{n=1}^{\infty}v_n$ 却不一定收敛.

7. 设 $a_n>0,b_n>0$，且级数 $\sum_{n=1}^{\infty}a_n$ 与 $\sum_{n=1}^{\infty}b_n$ 都收敛，证明：$\sum_{n=1}^{\infty}(a_nb_n)$ 收敛. 如果去掉 $a_n>0,b_n>0$ 这一条件，结论是否仍然成立？

8. 设 $a_n\geqslant0$，如果级数 $\sum_{n=1}^{\infty}a_n$ 收敛，证明：$\sum_{n=1}^{\infty}a_n^2$ 也收敛. 反之，如果 $\sum_{n=1}^{\infty}a_n^2$ 收敛，问 $\sum_{n=1}^{\infty}a_n$ 是否收敛？

9. 若级数 $\sum_{n=1}^{\infty}a_n$ 与 $\sum_{n=1}^{\infty}b_n$ 都收敛，且 $a_n\leqslant c_n\leqslant b_n$，证明：$\sum_{n=1}^{\infty}c_n$ 收敛.

10. 设 $a_n>0$，级数 $\sum_{n=1}^{\infty}a_n$ 收敛，$b_n=1-\frac{\ln(1+a_n)}{a_n}$，证明：$\sum_{n=1}^{\infty}b_n$ 收敛.

11. 设 $a_n\geqslant a_{n+1}$，且 $a_n\geqslant C>0$，(C 是常数)，$n=1,2,\cdots$，证明：级数 $\sum_{n=1}^{\infty}(a_n-a_{n+1})$ 与 $\sum_{n=1}^{\infty}\left(1-\frac{a_{n+1}}{a_n}\right)$ 都收敛.

12. 设 $b_1=1,b_{n+1}=\frac{1+b_n}{2+b_n},n=1,2,\cdots$，证明：级数 $\sum_{n=1}^{\infty}(b_n)^n$ 收敛.

13. 设级数 $\sum_{n=1}^{\infty}a_n$ 收敛，证明：$\sum_{n=1}^{\infty}\left(\frac{1+\sin a_n}{2}\right)^n$ 收敛.

14. 若偶函数 $f(x)$ 在点 $x=0$ 的某邻域内具有二阶连续导数，且 $f(0)=1$，判断级数 $\sum_{n=1}^{\infty}\left|f\left(\frac{1}{n}\right)-1\right|$ 的敛散性.

15. 设 $f(x)=\sum_{n=0}^{\infty}a_nx^n$ 在 $[0,1]$ 上收敛，试证：当 $a_0=a_1=0$ 时，级数 $\sum_{n=1}^{\infty}f\left(\frac{1}{n}\right)$ 收敛.

16. 设 $a_{n+3}=a_n,n=0,1,2,\cdots$，证明：当 $|x|<1$ 时级数 $\sum_{n=0}^{\infty}a_nx^n$ 收敛，并求出其和函数 $S(x)$ 的表示式.

17. 求下列级数的收敛域.

(1) $\sum_{n=0}^{\infty}\frac{(-1)^n}{2n+1}\frac{(x-1)^{2n}}{3^n}$;

(2) $\sum_{n=1}^{\infty}(\sqrt{n+1}-\sqrt{n})2^nx^{2n-1}$;

(3) $\sum_{n=0}^{\infty}\frac{2^{n+1}}{\sqrt{n+1}}(x+1)^n$;

(4) $\sum_{n=1}^{\infty}\frac{(x-2)^{2n+1}}{n4^n}$;

(5) $\sum_{n=1}^{\infty}\frac{\ln(n+1)}{n}x^{n-1}$;

(6) $\sum_{n=1}^{\infty}\frac{(-1)^nn^n}{b^{n^2}}x^n(b\neq0)$.

18. 已知 $\sum_{n=1}^{\infty}a_n(x-1)^n$ 在 $x=-1$ 处收敛，判断此级数

与 $\sum_{n=1}^{\infty} na_n(x-1)^n$ 及 $\sum_{n=1}^{\infty} \frac{a_n}{n}(x-1)^n$ 在 $x=2$ 处的敛散性.

19. 求下列级数的和.

(1) $\sum_{n=1}^{\infty}(\sqrt{n+2}-2\sqrt{n+1}+\sqrt{n})$;

(2) $\sum_{n=1}^{\infty}\frac{n}{(n+1)!}$; (3) $\sum_{n=1}^{\infty}\frac{1}{(2n-1)2^n}$;

(4) $\sum_{n=1}^{\infty}\frac{(-1)^n}{2n-1}\left(\frac{3}{4}\right)^n$; (5) $\sum_{n=1}^{\infty}\frac{(n+1)^2}{n!}$;

(6) $\sum_{n=0}^{\infty}(-1)^n\frac{n+1}{(2n+1)!}$;

(7) $\sum_{n=0}^{\infty}(-1)^n\frac{n^2-n+1}{2^n}$.

20. 已知级数 $\sum_{n=1}^{\infty}(-1)^{n-1}a_n=2$，$\sum_{n=1}^{\infty}a_{2n-1}=5$，求 $\sum_{n=1}^{\infty}a_n$ 的和.

21. 求下列幂级数的收敛域及和函数.

(1) $\sum_{n=1}^{\infty}n(n+1)x^n$; (2) $\sum_{n=1}^{\infty}(-1)^{n+1}n^2x^n$;

(3) $\sum_{n=1}^{\infty}\frac{x^{n-1}}{n(n+1)}$; (4) $\sum_{n=2}^{\infty}\frac{x^n}{n^2-1}$;

(5) $\sum_{n=1}^{\infty}(-1)^{n-1}\left[1+\frac{1}{n(2n-1)}\right]x^{2n}$;

(6) $\sum_{n=0}^{\infty}\frac{x^{3n}}{(3n)!}$; (7) $\sum_{n=1}^{\infty}\frac{n}{n+1}x^n$.

22. 证明:级数 $\sum_{n=0}^{\infty}\frac{(-1)^n x^n}{(n!)^2}$ 的和函数满足微分方程 $xy''+y'+y=0$.

23. 把下列函数展开成麦克劳林级数.

(1) $f(x)=3\cos^2 x-\sin^2 x$;

(2) $f(x)=(x^2+1)\ln(1+x^2)-(x^2+1)$;

(3) $f(x)=\ln(x+\sqrt{x^2+1})$;

(4) $f(x)=\ln(1+x-2x^2)$;

(5) $f(x)=\frac{x}{\sqrt{1-x}}$;

(6) $f(x)=\ln(1+x+x^2+x^3+x^4)$;

(7) $f(x)=\frac{\mathrm{d}}{\mathrm{d}x}\left(\frac{\mathrm{e}^x-1}{x}\right)$;

(8) $f(x)=\int_0^x t\cos t\,\mathrm{d}t$.

24. 把 $f(x)=x\arctan x-\ln\sqrt{1+x^2}$ 展成麦克劳林级数,并求 $f^{(7)}(0)$，$f^{(8)}(0)$.

25. 把 $f(x)=\frac{1}{x(x+3)}$ 在 $x=1$ 处展开成泰勒级数.

26. 证明:

(1) $\sum_{n=1}^{\infty}(-1)^{n-1}\frac{\cos nx}{n^2}=\frac{\pi^2-3x^2}{12}$，$-\pi\leqslant x\leqslant\pi$;

(2) $\sum_{n=1}^{\infty}\frac{\cos nx}{n^2}=\frac{3x^2-6\pi x+2\pi^2}{12}$，$0\leqslant x\leqslant 2\pi$.

27. 设 $f(x)$ 是可积函数,且在 $[-\pi,\pi]$ 上恒有 $f(x+\pi)=f(x)$，求 $f(x)$ 的以 2π 为周期的傅里叶系数 a_{2n-1}.

部分习题答案

第六章

习题 6-1

1. 略.

2. 略.

3. 到 x,y,z 轴的距离分别为 $\sqrt{34}$, $\sqrt{41}$, 5.

4. 略.

5. $\left(0,0,\frac{14}{9}\right)$.

6. $(0,1,-2)$.

习题 6-2

1. $\sqrt{129}$, 7.

2. 略.

3. $\overrightarrow{AC}=\frac{3}{2}\boldsymbol{a}+\frac{1}{2}\boldsymbol{b}$, $\overrightarrow{AD}=\boldsymbol{a}+\boldsymbol{b}$, $\overrightarrow{AF}=-\frac{1}{2}\boldsymbol{a}+\frac{1}{2}\boldsymbol{b}$, $\overrightarrow{CB}=-\frac{1}{2}\boldsymbol{a}-\frac{1}{2}\boldsymbol{b}$.

4. $(10,8,-5)$.

5. $\pm\frac{1}{11}\{6,7,-6\}$.

6. $\boldsymbol{d}=\{5,-4,-11\}$.

7. 略.

8. 13.

9. $\sqrt{30}$.

10. $M(-5,2,3)$.

11. $C(1,0,5)$, $D(0,5,-3)$.

12. $\left(6,3,\frac{20}{3}\right)$.

13. $|\overrightarrow{MN}|=2$, $\cos\alpha=-\frac{1}{2}$, $\cos\beta=-\frac{\sqrt{2}}{2}$, $\cos\gamma=\frac{1}{2}$, $\alpha=\frac{2\pi}{3}$, $\beta=\frac{3\pi}{4}$, $\gamma=\frac{\pi}{3}$.

14. $\alpha=\beta=\frac{\pi}{4}$, $\gamma=\frac{\pi}{2}$ 或 $\alpha=\beta=\frac{\pi}{2}$, $\gamma=\pi$.

15. $\boldsymbol{a}=\left\{\pm 5,\frac{5}{\sqrt{2}},-\frac{5}{\sqrt{2}}\right\}$.

16. $\boldsymbol{a}=\pm\left\{\frac{5}{3},-\frac{35}{3},\frac{10}{3}\right\}$.

习题 6-3

1. (1) -9;(2) $\dfrac{3\pi}{4}$;(3) $-\dfrac{3}{\sqrt{2}}$.

2. $\dfrac{\sqrt{3}}{3}$.

3. $600g$(J),g 为重力加速度.

4. $2\sqrt{19}$.

5. 略.

6. $\left\{\dfrac{22}{7},\dfrac{3}{7},0\right\}$.

7. (1) $\lambda=2$;(2) $\lambda=-\dfrac{3}{38}$.

8. (1) $3\boldsymbol{i}-7\boldsymbol{j}-5\boldsymbol{k}$;(2) $42\boldsymbol{i}-98\boldsymbol{j}-70\boldsymbol{k}$;(3) $\boldsymbol{j}+2\boldsymbol{k}$.

9. $50\sqrt{2}$.

10. $\pm\dfrac{\sqrt{35}}{35}(-\boldsymbol{i}+3\boldsymbol{j}+5\boldsymbol{k})$.

11. 14.

12. $\lambda=-7$.

13. $\dfrac{19}{6}$.

14. 略.

15. 略.

16. 证明略;4.

习题 6-4

1. $2x-2y+z-35=0$.

2. $x+y+z-2=0$.

3. $x-3y-2z=0$.

4. $x-y=0$.

5. $9y-z-2=0$.

6. $(1,-1,3)$.

7. 1.

8. $\dfrac{1}{3},\dfrac{2}{3},\dfrac{2}{3}$.

9. $x+5y-4z+1\pm2\sqrt{42}=0$.

10. (1) 2;(2) 1;(3) $\pm\dfrac{\sqrt{70}}{2}$.

11. $(0,0,2)$或$\left(0,0,\dfrac{4}{5}\right)$.

12. $4x-y-2z-4=0$.

13. $x-2y-z+4=0$ 或 $x+z-6=0$.

14. (1) $5x+3y+2z=30$; (2) $6x+18y\pm z-12=0$.

习题 6-5

1. $\frac{x}{4}=y-4=\frac{z+1}{-3}$.

2. $\frac{x}{-1}=\frac{y+3}{3}=\frac{z-2}{1}$.

3. $\frac{x}{-2}=\frac{y-2}{3}=\frac{z-4}{1}$.

4. $\frac{x-2}{3}=\frac{y+3}{5}=\frac{z-4}{1}$.

5. $x-2=y-4=z+4$.

6. $(0,-4,1)$.

7. $7x+4y+2z-17=0$.

8. $16x-14y-11z-65=0$.

9. $22x-19y-18z-27=0$.

10. $x-y+z+3=0$.

11. $5x-y+z-3=0$.

12. 0.

13. $\frac{1}{2\sqrt{13}}$.

14. 略.

15. (1) 平行;(2) 垂直;(3) 直线在平面上.

16. $\begin{cases} y=22x+71, \\ z=2x-3. \end{cases}$

17. $\frac{x-1}{1}=\frac{y-2}{2}=\frac{z-3}{-3}$.

18. $\lambda=\frac{5}{4}$.

19. 证明略;$2y-z+4=0$.

习题 6-6

1. $\begin{cases} y^2+z^2=3^2, \\ x^2+z^2=2^2. \end{cases}$

2. $x^2+y^2+z^2-3x-y+3z=0$.

3. 球心$(6,-2,3)$,$R=7$.

4. $\left(x-\frac{4}{9}\right)^2+\left(y+\frac{4}{9}\right)^2+\left(z-\frac{4}{9}\right)^2=\frac{16}{81}$.

5. 略.

6. (1) $4x^2+9y^2+9z^2=36$;(2) $4x^2+4z^2-9y^2=36$.

7. $\begin{cases} x^2+y^2-x-1=0, \\ z=0; \end{cases}$ $\begin{cases} z=x+1, \\ y=0; \end{cases}$ $\begin{cases} z^2+y^2-3z+1=0, \\ x=0. \end{cases}$

8. $\begin{cases} 5x^2-3y^2=1, \\ z=0. \end{cases}$

9. $3y^2-z^2=16$,$3x^2+2z^2=16$.

10. $\rho=2a\cos\theta, z=\frac{1}{a}\rho^2$, $\begin{cases}\rho=2a\cos\theta,\\ \rho^2=az.\end{cases}$

11. $\varphi=\frac{\pi}{3}, r=\frac{1}{\cos\varphi}$, $\begin{cases}\varphi=\frac{\pi}{3},\\ r=2.\end{cases}$

习题 6-7

1. ～2. 略.

习题 6-8

1. $\{1,0,1\}$或$\left\{-\frac{1}{3},\frac{4}{3},-\frac{1}{3}\right\}$.

2. $-\frac{3}{2}$.

3. 4.

4. $\pm\left(\boldsymbol{b}-\frac{\boldsymbol{a}\cdot\boldsymbol{b}}{\boldsymbol{a}^2}\boldsymbol{a}\right)$.

5. $\boldsymbol{r}=\{14,10,2\}$.

6. $\left(0,0,\frac{1}{5}\right)$.

7. (1) $\frac{|\boldsymbol{a}\cdot\boldsymbol{b}|\,|\boldsymbol{a}\times\boldsymbol{b}|}{2\boldsymbol{b}^2}$； (2) $\theta=\frac{\pi}{4}$.

8. $(-9,-5,17)$.

9. $x+20y+7z-12=0$ 或 $x-z+4=0$.

10. $x+2y+1=0$.

11. $7x+14y+24=0$.

12. $2x+y+2z\pm2\sqrt[3]{3}=0$.

13. (1) $\left(-\frac{5}{3},\frac{2}{3},\frac{2}{3}\right)$； (2) $(-5,2,4)$.

14. $\frac{x+1}{16}=\frac{y}{19}=\frac{z-4}{28}$.

15. $\begin{cases}x^2+y^2=x+y,\\ z=0,\end{cases}$ $x^2+z^2+y^2=\pm\sqrt{x^2+z^2}+y$.

16. $\frac{x-2}{5}=\frac{y+1}{-3}=\frac{z-2}{5}$.

17. 略.

18. $\frac{2}{3}\sqrt{3}$.

19. ～20. 略.

21. $2x^2+2y^2+2z^2+x-29=0$.

第七章

习题 7-1

1. $\frac{x^2(1-y)}{1+y}$.

2. $f(x)=x^2+2x, z=x-1+\sqrt{y}$.

3. 略.

4. (1) $-\frac{1}{4}$;(2) 0;(3) e.

5. 不存在.

6. (1) 连续;(2) 不连续.

7. 略.

8. (1) 0;(2) 1;(3) 不存在;(4) $\frac{\pi}{2}$;(5) ln3.

习题 7-2

1. (1) $\frac{\partial z}{\partial x}=y(\cos(xy)-\sin(2xy))$,$\frac{\partial z}{\partial y}=x(\cos(xy)-\sin(2xy))$;

(2) $\frac{\partial z}{\partial x}=\frac{1}{2x\sqrt{\ln(xy)}}$,$\frac{\partial z}{\partial y}=\frac{1}{2y\sqrt{\ln(xy)}}$;

(3) $\frac{\partial z}{\partial x}=\frac{2}{y}\csc\frac{2x}{y}$,$\frac{\partial z}{\partial y}=\frac{-2x}{y^2}\csc\frac{2x}{y}$;

(4) $\frac{\partial z}{\partial x}=\frac{1}{2\sqrt{x}}\arctan y$,$\frac{\partial z}{\partial y}=\frac{\sqrt{x}}{1+y^2}$;

(5) $\frac{\partial z}{\partial x}=\frac{1}{\sqrt{x^2+y^2}}$,$\frac{\partial z}{\partial y}=\frac{y}{x^2+y^2+x\sqrt{x^2+y^2}}$;

(6) $\frac{\partial u}{\partial x}=\frac{y}{z}x^{\frac{y}{z}-1}$,$\frac{\partial u}{\partial y}=\frac{1}{z}x^{\frac{y}{z}}\ln x$,$\frac{\partial u}{\partial z}=-\frac{y}{z^2}x^{\frac{y}{z}}\ln x$;

(7) $\frac{\partial u}{\partial x}=\frac{-x}{(x^2+y^2+z^2)^{\frac{3}{2}}}$,$\frac{\partial u}{\partial y}=\frac{-y}{(x^2+y^2+z^2)^{\frac{3}{2}}}$,$\frac{\partial u}{\partial z}=\frac{-z}{(x^2+y^2+z^2)^{\frac{3}{2}}}$.

2. 3ln2,e.

3. 1,1+2ln2.

4. $\frac{\pi}{4}$.

5. $\arctan\frac{4}{7}$.

6. 0,0.

7. (1) $\frac{\partial^2 z}{\partial x^2}=\frac{4y}{(x-y)^3}$,$\frac{\partial^2 z}{\partial x\partial y}=\frac{-2(x+y)}{(x-y)^3}$,$\frac{\partial^2 z}{\partial y^2}=\frac{4x}{(x-y)^3}$;

(2) $\frac{\partial^2 z}{\partial x^2}=2y(2y-1)x^{2y-2}$,$\frac{\partial^2 z}{\partial x\partial y}=2x^{2y-1}+4yx^{2y-1}\ln x$,$\frac{\partial^2 z}{\partial y^2}=4x^{2y}(\ln x)^2$;

(3) $\frac{\partial^2 z}{\partial x^2}=\frac{2xy}{(x^2+y^2)^2}$,$\frac{\partial^2 z}{\partial x\partial y}=\frac{y^2-x^2}{(x^2+y^2)^2}$,$\frac{\partial^2 z}{\partial y^2}=\frac{-2xy}{(x^2+y^2)^2}$.

8. 略.

习题 7-3

1. (1) $\left(y+\frac{1}{y}\right)dx+x\left(1-\frac{1}{y^2}\right)dy$;

(2) $\frac{-x}{(x^2+y^2)^{\frac{3}{2}}}(ydx-xdy)$;

(3) $\frac{y}{1+x^2y^2}dx+\frac{x}{1+x^2y^2}dy$;

(4) $yzx^{yz-1}dx+zx^{yz}\ln x dy+yx^{yz}\ln x dz$.

2. $\mathrm{d}z\Big|_{(0,0)}=0,\mathrm{d}z\Big|_{\left(\frac{\pi}{4},\frac{\pi}{4}\right)}=\mathrm{d}x$.

3. $\Delta z\approx-0.204,\mathrm{d}z=-0.2$.

4. 不可微.

5. ～6. 略.

7. 0.5023.

8. −2.8cm.

9. 0.167m.

10. $\varepsilon_r(V_0)=\varepsilon_r(h_0)+2\varepsilon_r(d_0)$.

习题 7-4

1. $(\cos t-6t^2)\mathrm{e}^{\sin t-2t^3}$.

2. $\dfrac{(1+x)\mathrm{e}^x}{1+x^2\mathrm{e}^{2x}}$.

3. $\dfrac{\partial z}{\partial u}=2\dfrac{u}{v^2}\ln(3u-2v)+\dfrac{3u^2}{v^2(3u-2v)},\dfrac{\partial z}{\partial v}=-2\dfrac{u^2}{v^3}\ln(3u-2v)-\dfrac{2u^2}{v^2(3u-2v)}$.

4. $\dfrac{\partial u}{\partial x}=\dfrac{1}{y}f_1',\dfrac{\partial u}{\partial y}=-\dfrac{x}{y^2}f_1'+\dfrac{1}{z}f_2',\dfrac{\partial u}{\partial z}=-\dfrac{y}{z^2}f_2'$.

5. 略.

6. $\dfrac{\partial u}{\partial x}=f_1'+yf_2'+yzf_3',\dfrac{\partial u}{\partial y}=xf_2'+xzf_3',\dfrac{\partial u}{\partial z}=xyf_3'$.

7. 略.

8. $\dfrac{\partial^2 z}{\partial x^2}=4f_{11}''+\dfrac{4}{y}f_{12}''+\dfrac{1}{y^2}f_{22}'',\dfrac{\partial^2 z}{\partial y^2}=\dfrac{x^2}{y^4}f_{22}''+\dfrac{2x}{y^3}f_2'$.

9. $f_x'+f_y'\cdot\varphi'+f_z'\cdot\psi_x'+f_z'\cdot\psi_y'\cdot\varphi'$.

10. $(f_1'+\sin y\cdot f_3')\mathrm{d}x+(\mathrm{e}^z f_2'+x\cos y\cdot f_3')\mathrm{d}y+y\mathrm{e}^z f_2'\mathrm{d}z$.

11. $\dfrac{\partial^2 u}{\partial x\partial y}=4xyf'',\dfrac{\partial^3 u}{\partial x\partial y\partial z}=8xyzf'''$.

12. 0.

习题 7-5

1. $-\dfrac{y[\cos(xy)-\mathrm{e}^{xy}-2x]}{x[\cos(xy)-\mathrm{e}^{xy}-x]}$.

2. $\dfrac{\partial z}{\partial x}=-\dfrac{1+2x\mathrm{e}^{-(x^2+y^2+z^2)}}{1+2z\mathrm{e}^{-(x^2+y^2+z^2)}},\dfrac{\partial z}{\partial y}=-\dfrac{1+2y\mathrm{e}^{-(x^2+y^2+z^2)}}{1+2z\mathrm{e}^{-(x^2+y^2+z^2)}}$.

3. $-\dfrac{\sin 2x\mathrm{d}x+\sin 2y\mathrm{d}y}{\sin 2z}$.

4. 略.

5. $\dfrac{1}{f'-2z}\left[2x\mathrm{d}x+\left(2y-f+\dfrac{z}{y}f'\right)\mathrm{d}y\right]$.

6. $-\dfrac{\mathrm{e}^z}{(1+\mathrm{e}^z)^3}$.

7. $-\dfrac{z^2}{(z+x)^3}$.

8. $\dfrac{-z}{(1+z)^3}\mathrm{e}^{-(x^2+y^2)}$.

9. $\frac{dy}{dx}=-\frac{x(6z+1)}{2y(3z+1)},\frac{dz}{dx}=\frac{x}{3z+1}$.

10. $\frac{\partial u}{\partial x}=\frac{y}{e^u+1},\frac{\partial v}{\partial y}=\frac{-xe^u}{e^u+1}$.

11. $\frac{dy}{dx}=\frac{y(z-x)}{x(y-z)},\frac{dz}{dx}=\frac{z(x-y)}{x(y-z)}$.

12. $\frac{(f+xf')F'_y-xf'\cdot F'_x}{F'_y+xf'\cdot F'_z}$.

13. 略.

习题 7-6

1. $-\frac{\sqrt{2}}{2}$.

2. $\frac{1}{ab}\sqrt{2(a^2+b^2)}$.

3. $\frac{98}{13}$.

4. $\frac{327}{13}$.

5. $\{3,-2,-6\},\{6,3,0\}$.

6. $\arccos\left(-\frac{8}{9}\right)$.

7. 略.

8. (1) $\{-4,16\}$;(2) $\{4,-16\}$;(3) $\sqrt{272},\sqrt{272}$;
 (4) $\{4,1\}$或$\{-4,-1\}$.

9. $\boldsymbol{e}=\left\{-\frac{1}{a},-\frac{1}{b},\frac{1}{c}\right\}$,$-\boldsymbol{e}$与$\boldsymbol{e}$垂直的方向.

10. $\left\{\frac{x}{x^2+y^2},\frac{y}{x^2+y^2}\right\}$.

11. $\mathbf{grad}u=\frac{1}{r^2}\{a-x,b-y,c-z\}$,当$r=1$时,$|\mathbf{grad}u|=1$.

习题 7-7

1. $\frac{x-\frac{3}{4}a}{\sqrt{3}a}=\frac{y-\frac{\sqrt{3}}{4}b}{-b}=\frac{z-\frac{1}{4}c}{-\sqrt{3}c}$.

2. $(-1,1,-1)$或$\left(-\frac{1}{3},\frac{1}{9},-\frac{1}{27}\right)$.

3. $x-1=\frac{y+2}{0}=\frac{z-1}{-1},x-z=0$.

4. $\frac{24}{\sqrt{14}}$.

5. ~6. 略.

7. $x+2y+2z-4=0$.

8. $x-y+2z\pm\sqrt{\frac{11}{2}}=0$.

9. $4x+8y-z-6=0,\frac{x-1}{4}=\frac{y-1}{8}=\frac{z-6}{-1}$.

10. $\sqrt{\frac{2}{5}}\boldsymbol{j}+\sqrt{\frac{3}{5}}\boldsymbol{k}$.

11. ～13. 略.

14. $\left(-\frac{2}{\sqrt{5}},\frac{8}{\sqrt{5}},-\frac{2}{\sqrt{5}}\right)$或$\left(\frac{2}{\sqrt{5}},-\frac{8}{\sqrt{5}},\frac{2}{\sqrt{5}}\right)$.

15. 略.

习题 7-8

1. $-4-3(x-1)-6(y-1)+2(x-1)^2-(x-1)(y-1)-(y-1)^2$.

2. $x^2+y^2+o(\rho^2)$.

3. $1+x+y+\frac{1}{2!}(x^2+2xy+y^2)+\frac{1}{3!}(x^3+3x^2y+3xy^2+y^3)\mathrm{e}^{\theta(x+y)}(0<\theta<1)$.

4. $y+\frac{1}{2!}(2xy-y^2)+\frac{1}{3!}(3x^2y-3xy^2+2y^3)+o(\rho^3)$.

5. $\frac{1}{2}+\frac{1}{2}\left(x-\frac{\pi}{4}\right)+\frac{1}{2}\left(y-\frac{\pi}{4}\right)-\frac{1}{4}\left[\left(x-\frac{\pi}{4}\right)^2-\right.$

$\left.2\left(x-\frac{\pi}{4}\right)\left(y-\frac{\pi}{4}\right)+\left(y-\frac{\pi}{4}\right)^2\right]+o(\rho^2)$.

习题 7-9

1. (1) 极小值 $z\Big|_{(0,1)}=0$;

(2) 极值点$\left(\frac{a}{3},\frac{a}{3}\right)$,当 $a>0$ 时,$z=\frac{a^3}{27}$为极大值,当 $a<0$ 时,$z=\frac{a^3}{27}$为极小值;

(3) 极小值 $z\Big|_{\left(\frac{1}{2},-1\right)}=-\frac{\mathrm{e}}{2}$.

2. 在$(1,-1)$有极大值 6 和极小值-2.

3. (1) 最大值 13,最小值-1;

(2) 最大值$\frac{3\sqrt{3}}{2}$,最小值$-\frac{3\sqrt{3}}{2}$;

(3) 最大值$\sqrt[4]{\mathrm{e}}$,最小值$\frac{1}{\sqrt[4]{\mathrm{e}}}$;

(4) 最大值 3,最小值-9.

4. $\left(-\frac{3}{5},-\frac{6}{5}\right)$.

5. $\frac{7}{4\sqrt{2}}$.

6. 长、宽、高都为 2.

7. $r=\frac{1}{\sqrt[3]{2\pi}},h=\frac{2}{\sqrt[3]{2\pi}}$.

8. $\sqrt{9+5\sqrt{3}},\sqrt{9-5\sqrt{3}}$.

9. 略.

10. 4,2.

11. $\left(\frac{1}{2},-\frac{1}{2},0\right)$.

习题 7-10

1. $\dfrac{\partial A}{\partial a}=\dfrac{a}{bc\sin A},\dfrac{\partial A}{\partial b}=\dfrac{c\cos A-b}{bc\sin A},\dfrac{\partial A}{\partial c}=\dfrac{b\cos A-c}{bc\sin A}$.

2. $(f''_{11}\cdot\varphi'+2e^{2x}f''_{12})(1-\varphi')-\varphi''\cdot f'_1$.

3. 略.

4. $f(u)=C_1e^u+C_2e^{-u}$（C_1,C_2 为任意常数）.

5. $\dfrac{du}{dx}=f'_x-\dfrac{f'_y\cdot g'_x}{g'_y}+\dfrac{f'_y\cdot g'_z\cdot h'_x}{g'_y\cdot h'_z}$.

6. $(2-x)\sin y+\dfrac{1}{y}\ln\left|\dfrac{1-y}{1-xy}\right|$.

7. $-\dfrac{1}{2}$.

8. x^2+y^2.

9. $z=f(x^2-y^2)$，f 是任意可微函数.

10. $\dfrac{\partial^2 z}{\partial u\partial v}=0$.

11. $a\dfrac{\partial^2 u}{\partial s^2}+2b\dfrac{\partial^2 u}{\partial s\partial t}+c\dfrac{\partial^2 u}{\partial t^2}-a\dfrac{\partial u}{\partial s}-c\dfrac{\partial u}{\partial t}=0$.

12. $u=f(x+t)+g(x-t)$，f,g 是任意可微函数.

13. $-15dx+10dy+dz$.

14. $(2+x)(3+y)(4+z)e^{x+y+z}$.

15. $f(x)=\dfrac{1}{2}\sin x+C,g(x)=\dfrac{1}{2}\sin x-C$,

$u(x,y)=\sin 2x\cos 5y$.

16.～19. 略.

20. $f(x)=\dfrac{1}{25}e^{5x}-\dfrac{11}{5}x-\dfrac{1}{25}$.

21.～22. 略.

23. $3x-z=0$.

24. $x+y-z=2$ 或 $6x+3y-5z=9$.

25. $x+3=\dfrac{y+1}{3}=z-3$.

26. $\dfrac{11}{7}$.

27. $\lambda=\dfrac{\sqrt{3}abc}{9}$.

28. $a=6,b=24,c=-8$.

29. $xdy-2ydx=0,y=\dfrac{1}{8}x^2(0\leqslant x\leqslant 4)$.

30. $C(3,0)$.

31. $\dfrac{3\sqrt{3}}{4}ab$.

32. 略.

33. $x=\alpha\dfrac{d}{a},y=\beta\dfrac{d}{b},z=\gamma\dfrac{d}{c}$.

34. (2,3).

35. 略.

第八章

习题 8-1

1. (1) $\iint\limits_{x^2+y^2\leqslant 1}(1-\sqrt{x^2+y^2})\mathrm{d}\sigma$; (2) $\iint\limits_{x^2+y^2\leqslant 1}(2-x^2-y^2)\mathrm{d}\sigma$.

2. (1) $I_1\geqslant I_2$; (2) $I_1\geqslant I_2$; (3) $I_1<I_2<I_3$.

3. (1) $0\leqslant I\leqslant 2$; (2) $0\leqslant I\leqslant 2\sqrt{5}$; (3) $30\pi\leqslant I\leqslant 75\pi$;

   (4) $\frac{100}{51}\leqslant I\leqslant 2$.

4. ~5. 略.

习题 8-2

1. (1) $\frac{4}{15}(31-9\sqrt{3})$; (2) $\frac{5}{2}-4\ln 2$; (3) $\mathrm{e}^6-9\mathrm{e}^2-4$;

   (4) $\mathrm{e}-\frac{1}{\mathrm{e}}$; (5) $-\frac{24}{5}$; (6) $\frac{1}{2}(\cos 1+3\sin 1-\sin 4)$;

   (7) $\frac{13}{6}$; (8) $\frac{1}{6}-\frac{1}{3\mathrm{e}}$; (9) $\frac{1}{2}(1-\cos 1)$; (10) $\frac{27}{64}$.

2. (1) $\int_{-\frac{1}{4}}^{0}\mathrm{d}y\int_{-\frac{1}{2}-\sqrt{y+\frac{1}{4}}}^{-\frac{1}{2}+\sqrt{y+\frac{1}{4}}}f(x,y)\mathrm{d}x+\int_{0}^{2}\mathrm{d}y\int_{y-1}^{-\frac{1}{2}+\sqrt{y+\frac{1}{4}}}f(x,y)\mathrm{d}x$;

   (2) $\int_0^a\mathrm{d}y\int_{a-y}^{\sqrt{a^2-y^2}}f(x,y)\mathrm{d}x$;

   (3) $\int_0^1\mathrm{d}x\int_0^x f(x,y)\mathrm{d}y+\int_1^2\mathrm{d}x\int_0^{2-x}f(x,y)\mathrm{d}y$;

   (4) $\int_0^a\mathrm{d}x\int_{\frac{a^2-x^2}{2a}}^{\sqrt{a^2-x^2}}f(x,y)\mathrm{d}y$.

3. (1) $\frac{1}{6}(\mathrm{e}^9-1)$; (2) $\frac{2}{9}(2\sqrt{2}-1)$; (3) $\frac{1}{12}(1-\cos 1)$;

   (4) $\frac{1}{3}(2\sqrt{2}-1)$.

4. (1) $186\frac{2}{3}$; (2) 6π; (3) $\frac{144}{35}$.

5. ~6. 略.

7. (1) $\frac{\pi}{4}(2\ln 2-1)$; (2) $\frac{3}{64}\pi^2$; (3) $\frac{45}{2}\pi$; (4) $\frac{\pi}{2}$; (5) $\frac{\pi}{6a}$.

8. (1) $\frac{3}{4}\pi$; (2) $\sqrt{2}-1$; (3) $2-\frac{\pi}{2}$; (4) $\frac{14\sqrt{2}-7}{9}$.

9. (1) $\frac{\pi}{8}(\pi-2)$; (2) $4-\frac{\pi}{2}$; (3) $\frac{\pi}{6}ab$.

10. (1) $\frac{5\pi R^3}{12}$; (2) $\frac{5\pi}{2}$; (3) $\frac{\pi}{3}(2-\sqrt{2})$; (4) $\frac{\pi}{2}$.

习题 8-3

1. (1) $\int_0^1\mathrm{d}x\int_0^{1-x}\mathrm{d}y\int_0^{xy}f(x,y,z)\mathrm{d}z$;

(2) $\int_{-1}^{1}\mathrm{d}x\int_{-\sqrt{1-x^2}}^{\sqrt{1-x^2}}\mathrm{d}y\int_{x^2+y^2}^{1}f(x,y,z)\mathrm{d}z$;

(3) $\int_{-1}^{1}\mathrm{d}x\int_{-\sqrt{1-x^2}}^{\sqrt{1-x^2}}\mathrm{d}y\int_{x+2y^2}^{2-x^2}f(x,y,z)\mathrm{d}z$;

(4) $\int_{-1}^{1}\mathrm{d}x\int_{0}^{1-x^2}\mathrm{d}y\int_{0}^{y}f(x,y,z)\mathrm{d}z$.

2. (1) $\frac{1}{2}\left(\ln 2-\frac{5}{8}\right)$;(2) 0;(3) $\frac{1}{364}$;(4) $\frac{7}{2}-\mathrm{e}$;(5) $\frac{\pi^2-8}{16}$.

3. (1) $\frac{16\pi}{3}$;(2) $\frac{324\pi}{5}$;(3) $\frac{13}{4}\pi$;(4) $\frac{2\pi}{5}$;(5) $\frac{15\pi}{4}$;

(6) $\frac{5\pi}{6}$;(7) $\frac{2}{15}a^5\left(\pi-\frac{16}{15}\right)$;(8) $\frac{2}{15}\pi ab^3$.

4. (1) $\frac{4\pi}{5}$;(2) $\frac{4}{15}(b^5-a^5)\pi$;(3) $\frac{8-5\sqrt{2}}{30}\pi$;(4) $\frac{7}{6}\pi a^4$;(5) $\frac{4}{5}\pi abc$.

5. (1) $\frac{\pi}{10}$;(2) $\pi^3-4\pi$;(3) $\pi\left(\ln 2-2+\frac{\pi}{2}\right)$;(4) $\frac{21\pi}{16}$;

(5) $(\sqrt{2}-1)\pi$;(6) $\frac{11}{12}\pi$;(7) $\frac{59}{480}\pi R^5$.

6. (1) πa^3;(2) $\frac{\pi}{6}$;(3) $\frac{2}{3}\pi(5\sqrt{5}-4)$;(4) $\frac{3}{2}\pi a^3$.

习题 8-4

1. (1) $\sqrt{7}\pi$;(2) $\sqrt{2}\pi$;(3) $\frac{2\pi}{3}[(1+R^2)^{\frac{3}{2}}-1]$;(4) $2R^2$;(5) $\frac{16}{3}\pi a^2$;

(6) $\sqrt{2}a^2$;(7) $\frac{\pi}{2}R^2$;(8) $16R^2$.

2. $\frac{8}{3}a^3\left(\frac{\pi}{2}-\frac{2}{3}\right)$.

3. (1) $k\pi R^4$;(2) $\frac{1}{3}a^3$.

4. (1) $\left(\frac{3a}{5},\frac{3\sqrt{2a}}{8}\right)$;(2) $\left(\frac{5}{6},0\right)$;(3) $\left(\frac{\pi}{4},0\right)$;

(4) $\left(\frac{a^2+ab+b^2}{2(a+b)},0\right)$;(5) $\left(\pi a,\frac{5a}{6}\right)$.

5. $\sqrt{\frac{2}{3}}R$.

6. $\left(\frac{35}{48},\frac{35}{54}\right)$.

7. (1) $\left(0,0,\frac{5(6\sqrt{3}+5)}{83}\right)$;(2) $\left(\frac{2}{5},\frac{2}{5},\frac{7}{30}\right)$;

(3) $\left(0,0,\frac{85(2+\sqrt{2})}{112}\right)$;(4) $\left(0,0,\frac{1}{3}\right)$.

8. (1) $\left(0,0,\frac{5(H^2+3)H}{2(3H^2+10)}\right)$;(2) $\left(0,0,\frac{4a}{5}\right)$.

9. (1) $I_x=\frac{1}{3}\mu ab^3, I_y=\frac{1}{3}\mu a^3b, I_O=\frac{1}{3}\mu ab(a^2+b^2)$;

(2) $I_x=\frac{72}{5}\mu, I_y=\frac{96}{7}\mu$;(3) $\frac{1}{4}\mu\pi a^3b$;(4) $\frac{368}{105}\mu$;

(5) $\frac{19}{96}\mu$;(6) $\frac{3}{2}\mu\pi R^4 H$;(7) $\frac{112}{45}\mu a^6$;(8) $\frac{8}{3}\mu\pi$.

10. $I_x=\frac{1}{64}(7e^8+1), I_y=\frac{1}{16}(17e^4+3)$.

11. $\frac{\pi}{8}$.

12. 略.

13. $(0,0,2G\mu\pi h(1-\cos\alpha))$.

14. $\{0,0,2Gm\mu\pi(\sqrt{R^2+(h+a)^2}-\sqrt{R^2+a^2}-h)\}$.

15. $\left\{0,\frac{\pi}{2}G(b-a)m\right\}$

16. $\{0,0,4\pi G\mu m(\sqrt{5}-2)\}$.

习题 8-5

1. (1) $\frac{28}{3}\ln 3$;(2) $\frac{1}{2}\pi ab$;(3) $\frac{1}{2}\sin 1$;(4) $\frac{75}{4}$.

2. 略.

3. $\frac{a^2b^2c^2}{48}$.

4. (1) 1;(2) $\frac{8}{3}$.

5. (1) $2xe^{-x^5}-e^{-x^3}-\int_x^{x^2} y^2 e^{-xy^2}\,dy$;

(2) $\frac{2}{x}\ln(1+x^2)$.

6. (1) $\arctan(1+b)-\arctan(1+a)$;(2) $\ln\frac{b}{a}$.

习题 8-6

1. (1) 1;(2) $\begin{cases} f'(0), & f(0)=0, \\ \infty, & f(0)\neq 0; \end{cases}$(3) π;(4) $1-\cos 1$.

2. (1) 0;(2) $\ln\frac{2+\sqrt{2}}{1+\sqrt{3}}$;(3) 4π;(4) $\frac{1}{2}$;(5) 6;

(6) $\frac{1}{2}e^4-e^2$;(7) $-\frac{2}{3}$;(8) $e-1$;(9) $\frac{\pi}{4}-\frac{1}{3}$;(10) $\frac{4}{\pi^3}(\pi+2)$.

3. (1) $\frac{4\pi}{3a}R^3$;(2) 0;(3) $\frac{28}{45}$;(4) $\frac{13}{4}\pi$;(5) $\frac{4}{5}\pi R^5+12\pi R^3$;

(6) $\frac{7\pi}{6}-\frac{2\sqrt{2}}{3}\pi$;(7) $\frac{2\sqrt{2}-1}{18}$.

4. ~5. 略.

6. $\frac{4}{3}\pi abc(2\sqrt{2}-1)$.

7. $\frac{a^3}{2}\left(\frac{\pi}{4}-\frac{1}{3}\right)$.

8. $\frac{\pi}{6}$.

9. 12cm.

10. $2x-z=0, V_{\min}=\dfrac{\pi}{2}$.

11. 27 : 37.

12. $\dfrac{1}{h}\left(\dfrac{V}{32\pi}+h^3\right)^{\frac{1}{3}}-1$.

13. $\dfrac{1}{6}\pi a^2(6\sqrt{2}+5\sqrt{5}-1)$.

14. $\dfrac{4a}{3}$.

15. (1) 2; (2) 1.

16. $\left(\dfrac{4}{3},0,0\right)$.

17. $I_x=\dfrac{1}{12}\mu ab^3, I_O=\dfrac{1}{12}\mu ab(a^2+b^2)$.

18. $G\left(\dfrac{M}{l}\right)^2\ln\dfrac{(l+a)^2}{a(2l+a)}$.

第九章

习题 9-1

1. (1) $\dfrac{17\sqrt{17}-1}{48}$; (2) $e^a\left(2+\dfrac{\pi}{4}a\right)-2$; (3) $\dfrac{256}{15}a^3$; (4) $\dfrac{7}{3}a^2$;

(5) $2\sqrt{2}[e^{2\pi}(2\pi-1)+1]$; (6) $\dfrac{8}{15}a^4$; (7) $\dfrac{19}{3}$.

2. (1) $\dfrac{8\sqrt{2}}{15}-\dfrac{\sqrt{3}}{5}$; (2) $\dfrac{\sqrt{3}}{2}(1-e^{-2})$; (3) 9; (4) $4\sqrt{2}$; (5) $\dfrac{163}{30}$.

3. $16a^2$.

4. $2\pi a^2$.

5. $18\dfrac{2}{3}$.

6. $\left(0,\dfrac{2R}{\pi}\right), I_x=\dfrac{1}{2}\mu\pi R^3$.

7. (1) $\left(\dfrac{2a}{5},\dfrac{2a}{5}\right)$; (2) $I_x=I_y=\dfrac{3}{8}a^3$.

8. $\left(-\dfrac{4}{5}a,0\right)$.

9. $\left(0,-\dfrac{a}{\pi},\dfrac{4}{3}b\pi\right)$.

10. $\boldsymbol{F}=\{G,G\}$.

11. $\boldsymbol{F}=\left\{0,0,-\dfrac{2\pi G\mu abm}{(a^2+b^2)^{\frac{3}{2}}}\right\}$.

习题 9-2

1. (1) $14+4\ln 2$; (2) $\dfrac{1}{e}-e-\pi$; (3) -6π; (4) $\dfrac{1}{2}+\dfrac{3}{32}\pi$;

(5) $\dfrac{7}{2}$; (6) $\dfrac{4}{3}$; (7) 0; (8) -2π; (9) $\dfrac{32}{3}$; (10) -2.

2. (1) 13; (2) $\dfrac{1}{2}$; (3) $-\pi a^2$; (4) -4.

3. $-|\boldsymbol{F}|R$.

4. $mg(z_2-z_1)$.

5. $\frac{k}{2}\ln 2$.

6. (1) $\int_L \frac{X+2xY}{\sqrt{1+4x^2}}dl$;(2) $\int_L[\sqrt{2x-x^2}X+(1-x)Y]dl$.

7. $\int_L \frac{yX+(1-x)Y+3z^{\frac{2}{3}}Z}{\sqrt{1+9z^{\frac{4}{3}}}}dl$.

习题 9-3

1. (1) 0;(2) $-\frac{3}{2}\pi$;(3) $-\frac{3}{4}\pi a^2$;(4) $\frac{\pi\ln 2}{12}$;(5) 0;

   (6) 1;(7) $\frac{a^2}{2}$;(8) 1) $\frac{\pi}{8}a^2$;2) $a-\frac{a^2}{2}-\sin a$;(9)2;(10)π.

2. $\frac{3}{8}\pi a^2$.

3. (1) 5;(2) $-e^{-4}\sin 8$;(3) $\arctan(a+b)$;(4) $\pi+1$;(5) $\frac{\pi^2}{4}$.

4. (1) 0;(2) π.

5. (1) $u(x,y)=x^3+x^2y^3+y^2+C$;

   (2) $u(x,y)=x^2\cos y+y^2\cos x+C$;

   (3) $u(x,y)=x^3y+e^x(x-1)+y\cos y-\sin y+C$.

6. (1) $\cos x\sin 2y=C$;(2) $\frac{x^3}{3}-xy-\frac{y}{2}+\frac{\sin 2y}{4}=C$;

   (3) $x^y=C$;(4) $x\sin(x+y)=C$.

习题 9-4

1. $\frac{125\sqrt{5}-1}{420}$.

2. $\frac{3-\sqrt{3}}{2}+(\sqrt{3}-1)\ln 2$.

3. $\pi a(a^2-h^2)$.

4. $2\pi\arctan\frac{h}{R}$.

5. $\frac{64\sqrt{2}}{15}a^4$.

6. (1) $\left(\frac{\pi}{4}+\frac{28}{9}\right)a^4$;(2) $17\sqrt{2}\pi$.

7. (1) $\frac{64}{3}\pi$;(2) $\frac{1+\sqrt{2}}{2}\pi$.

8. $114\sqrt{3}$.

9. $\frac{2\pi}{15}(6\sqrt{3}+1)$.

10. $\frac{4}{3}\pi\mu a^4$.

11. $\left\{0,0,-\frac{4\pi GR^2}{a^2}\right\}$,这里 G 为万有引力常数.

习题 9-5

1. 12.

2. $\dfrac{11-10\mathrm{e}}{6}$.

3. $\dfrac{1}{4}-\dfrac{\pi}{6}$.

4. $\dfrac{1}{8}$.

5. -8π.

6. $\dfrac{2}{105}\pi R^7$.

7. $2\pi\mathrm{e}^2$.

8. $\dfrac{1}{2}$.

9. (1) $\iint\limits_S \dfrac{2xX+2yY+Z}{\sqrt{1+4x^2+4y^2}}\mathrm{d}S$;(2) $\dfrac{1}{\sqrt{14}}\iint\limits_S(3X+2Y+Z)\mathrm{d}S$.

习题 9-6

1. (1) $\dfrac{5}{24}$;(2) $-\dfrac{81}{2}\pi$;(3) $\dfrac{\pi}{2}$;(4) 0;(5) $\dfrac{2\pi}{3}$;

   (6) -32π;(7) $2(\mathrm{e}^{2a}-1)\pi a^2$;(8) $-2\pi R^2$;(9) $\dfrac{8}{3}$.

2. (1) $\dfrac{12}{5}\pi a^5$;(2) 0.

3. (1) $2x+2y+2z$;(2) $y\mathrm{e}^{xy}-x\sin(xy)-2xz\sin(xz^2)$.

习题 9-7

1. (1) $-\sqrt{3}\pi a^2$;(2) $-2\pi a(a+b)$;(3) 16;(4) $\dfrac{2}{15}+\dfrac{\pi}{16}$;(5) 0.

2. (1) $-y^2\cos z\boldsymbol{i}-z^2\cos x\boldsymbol{j}-x^2\cos y\boldsymbol{k}$;

   (2) $\boldsymbol{i}+\boldsymbol{j}$.

习题 9-8

1. $\dfrac{2}{3}$.

2. $13a$.

3. $2\pi a^2$.

4. $9+\dfrac{15}{4}\ln 5$.

5. $\left(\dfrac{4a}{3\pi},\dfrac{4a}{3\pi},\dfrac{4a}{3\pi}\right)$.

6. $\sin 1-1+\mathrm{e}$.

7. $\mathrm{e}^{\pi a}\sin 2a-2a^2m-\pi am$.

8. $\dfrac{3}{2}\sqrt{\pi}$.

9. 0.

10. $2S$,其中 S 为 L 所围面积.

11. π.

12. $f(x)=\frac{1}{x}-\frac{x}{2}$.

13. $f(x)=\mathrm{e}^{-2x}$.

14. $\lambda=3, I=-\frac{79}{5}$.

15. $n=1, u(x,y)=\frac{1}{2}\ln(x^2+y^2)+\arctan\frac{y}{x}+C$.

16. $f(x)=\frac{x^2}{2}\mathrm{e}^x, u(x,y)=\frac{x^2}{2}y\mathrm{e}^x+C$.

17. $\alpha=3, \beta=2, \frac{3}{2}x^2y^2-xy^3=C$.

18. 略.

19. $\frac{\pi}{2}a$.

20. (1) 14;(2) $-\frac{\pi}{2\sqrt{2}}R^2$.

21. $\frac{2\pi}{15}(6\sqrt{3}+1)$.

22. $\frac{3\pi}{2}$.

23. $\frac{\pi}{8}$.

24. π.

25. $-\frac{\pi}{4}h^4$.

26. $\frac{29}{20}\pi a^5$.

27. $\frac{3\pi}{2}$.

第十章

习题 10-1

1. $u_n=\frac{2}{n(n+1)}$,收敛.

2. (1) 发散;(2) 发散;(3) 收敛,$S=\frac{1}{2}$;(4) 发散;(5) 发散;(6) 发散;

(7) 收敛,$S=\frac{1}{4}$;(8) 收敛,$S=\frac{-\mathrm{e}}{3+\mathrm{e}}$;(9) 收敛,$S=1$.

3. 当$\sum_{n=1}^{\infty}u_n$ 收敛时,(1) 发散;(2) 收敛;(3) 发散.

当$\sum_{n=1}^{\infty}u_n$ 发散时,(1) 不确定;(2) 发散;(3) 不确定.

4. $S_n=\ln\left(1+\frac{1}{n}\right)-\ln 2, S=-\ln 2$.

5. $u_n=\frac{1}{2^n-1}-\frac{1}{2^{n+1}-1}, S_n=1-\frac{1}{2^{n+1}-1}, S=1$.

习题 10-2

1. (B).

2. (1) 收敛;(2) 收敛;(3) 发散;(4) 收敛;(5) 收敛;(6) $p>1$ 收敛,$p\leqslant 1$ 发散;(7) 发散;(8) 发散;(9) 收敛;(10) 收敛;(11) 收敛;(12) 发散;(13) 收敛.
3. (1) 发散;(2) 收敛;(3) 收敛;(4) 收敛;(5) 发散;(6) 收敛;(7) 收敛.
4. (1) 收敛;(2) 发散;(3) 收敛;(4) 收敛;(5) $0<a<1$ 收敛,$a\geqslant 1$ 发散;(6) $a>1$ 收敛,$a\leqslant 1$ 发散.
5. 收敛.
6. ~7. 略.

习题 10-3

1. (1) 绝对收敛;(2) 绝对收敛;(3) 绝对收敛;(4) 发散;(5) 条件收敛;(6) 发散;(7) 绝对收敛;(8) 条件收敛;(9) 发散;(10) 条件收敛;(11) 条件收敛;(12) 条件收敛.
2. 都绝对收敛.
3. $\sum\limits_{n=1}^{\infty}u_n$ 收敛,$\sum\limits_{n=1}^{\infty}u_n^2$ 发散.

习题 10-4

1. (1) $(-1,1)$;(2) $[-1,1]$;(3) $(-\infty,+\infty)$;(4) $\left[-\dfrac{1}{2},\dfrac{1}{2}\right]$;

(5) $(0,2]$;(6) $(-\infty,+\infty)$;(7) $\left[-\dfrac{2}{3},0\right)$;(8) $\left(-\dfrac{\sqrt{2}}{2},\dfrac{\sqrt{2}}{2}\right)$;

(9) $(-\sqrt[3]{2},\sqrt[3]{2}]$;(10) $\left[-\dfrac{5}{4},-\dfrac{3}{4}\right]$;(11) $(-\infty,+\infty)$;

(12) $(-1,1)$.

2. (1) $\dfrac{2}{3}$;(2) $\dfrac{1}{\sqrt{3}}$;(3) $\dfrac{1}{3}$.

3. (1) $S(x)=\dfrac{2}{2-x},x\in(-2,2)$;

(2) $S(x)=\dfrac{3-x}{(1-x)^2},x\in(-1,1)$;

(3) $S(x)=\dfrac{1}{(1-x)^3},x\in(-1,1)$;

(4) $S(x)=-x+\dfrac{1}{4}\ln\dfrac{1+x}{1-x}+\dfrac{1}{2}\arctan x,x\in(-1,1)$;

(5) $S(x)=\begin{cases}-\dfrac{1}{x}\ln\left(1-\dfrac{x}{2}\right), & -2\leqslant x<0 \text{ 或 } 0<x<2,\\ \dfrac{1}{2}, & x=0;\end{cases}$

(6) $S(x)=\begin{cases}(1-x)\ln(1-x)+x, & -1\leqslant x<1,\\ 1, & x=1.\end{cases}$

4. $\dfrac{2+x^2}{(2-x^2)^2},x\in(-\sqrt{2},\sqrt{2})$;3.

习题 10-5

1. (1) $\ln 2+\sum\limits_{n=1}^{\infty}\dfrac{(-1)^{n-1}}{n\cdot 2^n}x^n,(-2,2]$;

(2) $\sum\limits_{n=0}^{\infty}\dfrac{(-1)^n}{4^{n+1}}x^{2n},(-2,2)$;

(3) $\sum\limits_{n=1}^{\infty}\dfrac{(-1)^{n-1}}{2(2n)!}2^{2n}x^{2n},(-\infty,+\infty)$;

(4) $\sum_{n=0}^{\infty}(-1)^n(n+1)x^n,(-1,1)$;

(5) $\sum_{n=0}^{\infty}\left(\frac{1}{2^{n+1}}-\frac{1}{3^{n+1}}\right)x^n,(-2,2)$;

(6) $\sum_{n=0}^{\infty}\frac{\ln^n a}{n!}x^{n+1},(-\infty,+\infty)$;

(7) $x+\sum_{n=1}^{\infty}(-1)^n\frac{(2n-1)!!}{(2n)!!}x^{2n+1}=\sum_{n=0}^{\infty}(-1)^n\frac{(2n)!}{(n!)^2 2^{2n}}x^{2n+1},[-1,1]$;

(8) $x+\sum_{n=1}^{\infty}\frac{(2n-1)!!}{(2n)!!(2n+1)}x^{2n+1},[-1,1]$（关于 $x=\pm 1$ 处收敛性的讨论可利用不等式$\frac{(2n-1)!!}{(2n)!!}\leqslant\frac{1}{\sqrt{n\pi}}$）;

(9) $x+\sum_{n=2}^{\infty}\frac{(-1)^n}{n(n-1)}x^n,[-1,1]$;

(10) $x+\sum_{n=1}^{\infty}\frac{(2n-1)!!}{(2n)!!(2n+1)^2}x^{2n+1}=\sum_{n=0}^{\infty}\frac{(2n)!}{(n!)^2 2^{2n}(2n+1)^2}x^{2n+1},[-1,1]$;

(11) $x+\sum_{n=1}^{\infty}(-1)^n\frac{(2n-1)!!}{(3n+1)(2n)!!}x^{3n+1},[-1,1]$.

2. (1) $1+\frac{x-1}{2}+\sum_{n=2}^{\infty}\frac{(-1)^{n-1}(2n-3)!!}{(2n)!!}(x-1)^n,[0,2]$;

(2) $\sum_{n=0}^{\infty}(-1)^n(n+1)(x-1)^n,(0,2)$;

(3) $-\ln 2+\sum_{n=1}^{\infty}\frac{(-1)^{n-1}}{n}\left(1-\frac{1}{2^n}\right)(x-1)^n,(0,2]$;

(4) $\sum_{n=0}^{\infty}\left(\frac{1}{2^{n+1}}-\frac{1}{3^{n+1}}\right)(x+4)^n,(-6,-2)$;

(5) $$\frac{1}{\sqrt{2}}\left[1+\left(x-\frac{\pi}{4}\right)-\frac{\left(x-\frac{\pi}{4}\right)^2}{2!}-\frac{\left(x-\frac{\pi}{4}\right)^3}{3!}+\cdots+\right.$$
$$\left.\frac{(-1)^n}{(2n)!}\left(x-\frac{\pi}{4}\right)^{2n}+\frac{(-1)^n}{(2n+1)!}\left(x-\frac{\pi}{4}\right)^{2n+1}+\cdots\right],(-\infty,+\infty);$$

(6) $\sum_{n=0}^{\infty}(-1)^n\left[\frac{1}{5\times 2^{n+1}}-\frac{1}{5}\left(\frac{2}{9}\right)^{n+1}\right](x-3)^n,(1,5)$.

3. $$f^{(n)}(0)=\begin{cases}0, & n=2k-1,\\ \frac{(-1)^k}{2k+1}, & n=2k.\end{cases}$$

4. (1) 0.05234; (2) 1.648; (3) 2.00430; (4) 0.4940; (5) 0.487; (6) 0.855; (7) 0.49.

5. (1) $y=\sum_{n=0}^{\infty}\frac{(-1)^n}{(2n)!!}x^{2n}+\sum_{n=1}^{\infty}\frac{(-1)^{n-1}}{(2n-1)!!}x^{2n-1}$;

(2) $y=\sum_{n=0}^{\infty}\frac{(-1)^n}{(n!)^2}\left(\frac{x}{2}\right)^{2n}$.

习题 10-6

1. (1) $f(x)\sim\pi^2+1+12\sum_{n=1}^{\infty}\frac{(-1)^n}{n^2}\cos nx=3x^2+1,x\in[-\pi,\pi]$;

(2) $f(x)\sim\frac{18\sqrt{3}}{\pi}\sum_{n=1}^{\infty}(-1)^{n+1}\frac{n}{9n^2-1}\sin nx$

$$=\begin{cases}2\sin\dfrac{x}{3}, & x\in(-\pi,\pi),\\ 0, & x=\pm\pi;\end{cases}$$

(3) $f(x)\sim\dfrac{1+\pi-\mathrm{e}^{-\pi}}{2\pi}+\dfrac{1}{\pi}\sum\limits_{n=1}^{\infty}\left[\dfrac{1-(-1)^n\mathrm{e}^{-\pi}}{1+n^2}\cos nx+\right.$

$\left.\left(\dfrac{-n+(-1)^n n\mathrm{e}^{-\pi}}{1+n^2}+\dfrac{1}{n}(1-(-1)^n)\right)\sin nx\right]$

$$=\begin{cases}\mathrm{e}^x, & -\pi<x<0,\\ 1, & 0<x<\pi,\\ 1, & x=0,\\ \dfrac{\mathrm{e}^{-\pi}+1}{2}, & x=\pm\pi;\end{cases}$$

(4) $f(x)\sim\dfrac{2}{\pi}\sum\limits_{n=1}^{\infty}\left[\dfrac{1}{n^2}\sin\dfrac{n\pi}{2}+(-1)^{n-1}\dfrac{\pi}{2n}\right]\sin nx$

$$=\begin{cases}-\dfrac{\pi}{2}, & -\pi<x<-\dfrac{\pi}{2},\\ x, & -\dfrac{\pi}{2}\leqslant x<\dfrac{\pi}{2},\\ \dfrac{\pi}{2}, & \dfrac{\pi}{2}\leqslant x<\pi,\\ 0, & x=\pm\pi;\end{cases}$$

(5) $f(x)\sim\dfrac{2}{\pi}+\dfrac{4}{\pi}\sum\limits_{n=1}^{\infty}\dfrac{(-1)^{n-1}}{4n^2-1}\cos nx=\cos\dfrac{x}{2},x\in[-\pi,\pi]$;

(6) $f(x)\sim\dfrac{\pi}{4}+\sum\limits_{n=1}^{\infty}\dfrac{(-1)^n}{n}\sin nx=\begin{cases}\dfrac{\pi}{4}-\dfrac{x}{2}, & -\pi<x<\pi,\\ \dfrac{\pi}{4}, & x=\pm\pi.\end{cases}$

2. $f(x)\sim\sum\limits_{n=1}^{\infty}\dfrac{1}{n}\sin nx=\begin{cases}\dfrac{\pi-x}{2}, & 0<x\leqslant\pi,\\ \dfrac{-\pi-x}{2}, & -\pi\leqslant x<0,\\ 0, & x=0.\end{cases}$

3. $f(x)\sim\dfrac{2\pi^2}{3}+8\sum\limits_{n=1}^{\infty}\dfrac{(-1)^n}{n^2}\cos nx=\begin{cases}2x^2, & 0\leqslant x\leqslant\pi,\\ 2(x-2\pi)^2, & \pi<x\leqslant 2\pi.\end{cases}$

4. $f(x)\sim\dfrac{1}{4}+\dfrac{2}{\pi}\sum\limits_{n=1}^{\infty}\dfrac{\sin\dfrac{n\pi}{4}}{n}\cos nx=\begin{cases}1, & 0\leqslant x<\dfrac{\pi}{4},\\ 0, & \dfrac{\pi}{4}<x\leqslant\pi,\\ \dfrac{1}{2}, & x=\dfrac{\pi}{4}.\end{cases}$

5. $f(x)\sim\pi-2\sum\limits_{n=1}^{\infty}\dfrac{\sin nx}{n}=\begin{cases}x, & 0<x<\pi,\\ \pi, & x=0,2\pi.\end{cases}$

6. 略.

7. (1) $f(x)\sim\dfrac{11}{12}+\dfrac{1}{\pi^2}\sum\limits_{n=1}^{\infty}\dfrac{(-1)^{n+1}}{n^2}\cos 2n\pi x=1-x^2,x\in\left[-\dfrac{1}{2},\dfrac{1}{2}\right]$;

(2) $f(x) \sim -\frac{1}{4}+\sum_{n=1}^{\infty}\left[\left(\frac{1-(-1)^n}{n^2\pi^2}+\frac{2\sin\frac{n\pi}{2}}{n\pi}\right)\cos n\pi x+\frac{1-2\cos\frac{n\pi}{2}}{n\pi}\sin n\pi x\right]$

$$=\begin{cases} x, & -1\leqslant x<0, \\ 1, & 0<x<\frac{1}{2}, \\ -1, & \frac{1}{2}<x\leqslant 1, \\ \frac{1}{2}, & x=0, \\ 0, & x=\frac{1}{2}; \end{cases}$$

(3) $f(x) \sim -\frac{1}{2}+\sum_{n=1}^{\infty}\left[\frac{6}{n^2\pi^2}(1-(-1)^n)\cos\frac{n\pi x}{3}+\frac{6}{n\pi}(-1)^{n-1}\sin\frac{n\pi x}{3}\right]$

$$=\begin{cases} 2x+1, & -3<x<0, \\ 1, & 0\leqslant x<3, \\ -2, & x=\pm 3. \end{cases}$$

8. $f(x) \sim \frac{2}{\pi}-\frac{4}{\pi}\sum_{n=1}^{\infty}\frac{1}{4n^2-1}\cos 2nx=\sin x, x\in\left[0,\frac{\pi}{2}\right]$.

9. $f(x)\sim 10\sum_{n=1}^{\infty}\frac{(-1)^n}{n\pi}\sin\frac{n\pi x}{5}=\begin{cases} -x, & 0\leqslant x<5, \\ 0, & x=5. \end{cases}$

习题 10-7

1. (1) 收敛；(2) 收敛；(3) 发散；(4) 发散；(5) 条件收敛；(6) 条件收敛；(7) 收敛；(8) 收敛；(9) 发散；(10) 收敛；(11) 收敛；(12) 收敛；(13) 收敛；(14) 条件收敛；(15) 绝对收敛；(16) 绝对收敛.

2. (1) 绝对收敛；(2) 当 $|x|<1$ 收敛，当 $|x|\geqslant 1$，发散；

   (3) 若 $a<1$ 收敛，若 $a\geqslant 1$，发散；(4) 条件收敛；

   (5) 当 $\theta\neq 2k\pi\pm\frac{\pi}{2}$，绝对收敛，当 $\theta=2k\pi-\frac{\pi}{2}$，条件收敛，当 $\theta=2k\pi+\frac{\pi}{2}$，发散，$k=0,\pm 1,\pm 2,\cdots$.

3. (D).

4. (D).

5. 略.

6. $u_n=\frac{(-1)^n}{\sqrt{n}}, v_n=\frac{(-1)^n}{\sqrt{n}}+\frac{1}{n}$.

7. ～15. 略.

16. $S(x)=(a_0+a_1x+a_2x^2)(1+x^3+x^6+\cdots+x^{3n}+\cdots)=\frac{a_0+a_1x+a_2x^2}{1-x^3}$.

17. (1) $[1-\sqrt{3},1+\sqrt{3}]$；(2) $\left(-\frac{1}{\sqrt{2}},\frac{1}{\sqrt{2}}\right)$；(3) $\left[-\frac{3}{2},-\frac{1}{2}\right)$；

   (4) $(0,4)$；(5) $[-1,1)$；(6) 当 $|b|\leqslant 1$ 时，$\{x|x=0\}$，当 $|b|>1$ 时，$(-\infty,+\infty)$.

18. 都绝对收敛.

19. (1) $1-\sqrt{2}$；(2) 1；(3) $\frac{1}{\sqrt{2}}\ln(\sqrt{2}+1)$；(4) $-\frac{\sqrt{3}}{2}\arctan\frac{\sqrt{3}}{2}$；

   (5) $5e-1$；(6) $\frac{1}{2}(\cos 1+\sin 1)$；(7) $\frac{22}{27}$.

20. 8.

21. (1) $S(x)=\dfrac{2x}{(1-x)^3},x\in(-1,1)$;

(2) $S(x)=\dfrac{x(1-x)}{(1+x)^3},x\in(-1,1)$;

(3) $S(x)=\begin{cases}\dfrac{(1-x)\ln(1-x)+x}{x^2}, & x\neq 0,1,\\ \dfrac{1}{2}, & x=0,\\ 1, & x=1,\end{cases}\quad x\in[-1,1]$;

(4) $S(x)=\begin{cases}\dfrac{1}{2}\left(\dfrac{1}{x}-x\right)\ln(1-x)+\dfrac{x}{4}+\dfrac{1}{2}, & x\neq 0,1,\\ 0, & x=0,\\ \dfrac{3}{4}, & x=1,\end{cases}\quad x\in[-1,1]$;

(5) $S(x)=2x\arctan x-\ln(1+x^2)+\dfrac{x^2}{1+x^2},x\in(-1,1)$;

(6) $S(x)=\dfrac{2}{3}\mathrm{e}^{-\frac{x}{2}}\cos\dfrac{\sqrt{3}}{2}x+\dfrac{1}{3}\mathrm{e}^x,-\infty<x<+\infty$;

(7) $S(x)=\begin{cases}\dfrac{1}{1-x}+\dfrac{1}{x}\ln(1-x), & -1<x<0,0<x<1,\\ 0, & x=0.\end{cases}$

22. 略.

23. (1) $3+\sum\limits_{n=1}^{\infty}\dfrac{(-1)^n2^{2n+1}}{(2n)!}x^{2n},x\in(-\infty,+\infty)$;

(2) $-1+\sum\limits_{n=1}^{\infty}\dfrac{(-1)^{n-1}}{n(n+1)}x^{2n+2},-1\leqslant x\leqslant 1$;

(3) $x+\sum\limits_{n=1}^{\infty}(-1)^n\dfrac{(2n-1)!!}{(2n)!!(2n+1)}x^{2n+1},x\in[-1,1]$(提示:先求 $f'(x)$);

(4) $\sum\limits_{n=1}^{\infty}\dfrac{(-1)^{n-1}2^n-1}{n}x^n,x\in\left(-\dfrac{1}{2},\dfrac{1}{2}\right]$;

(5) $x+\sum\limits_{n=1}^{\infty}\dfrac{(2n-1)!!}{(2n)!!}x^{n+1},x\in[-1,1)$;

(6) $\sum\limits_{n=1}^{\infty}\dfrac{x^n}{n}-\sum\limits_{n=1}^{\infty}\dfrac{x^{5n}}{n},-1\leqslant x<1$;

(7) $\sum\limits_{n=1}^{\infty}\dfrac{nx^{n-1}}{(n+1)!},x\in(-\infty,0)\cup(0,+\infty)$;

(8) $\sum\limits_{n=0}^{\infty}\dfrac{(-1)^n}{(2n+2)(2n)!}x^{2n+2},-\infty<x<+\infty$.

24. $\sum\limits_{n=1}^{\infty}\dfrac{(-1)^{n-1}}{2n(2n-1)}x^{2n},x\in[-1,1],f^{(7)}(0)=0,f^{(8)}(0)=-6!$.

25. $\dfrac{1}{3}\sum\limits_{n=0}^{\infty}(-1)^n\left(1-\dfrac{1}{4^{n+1}}\right)(x-1)^n,0<x<2$.

26. 略.

27. 0.

参 考 文 献

[1] 吉米多维奇. 数学分析习题集[M]. 李荣涑,李植,译. 北京:高等教育出版社,2011.

[2] 费定晖,周学圣. Б. П. 吉米多维奇数学分析习题集题解:1～6 册[M]. 4 版. 济南:山东科学技术出版社,2012.

[3] 华东师范大学数学系. 数学分析:下册[M]. 4 版. 北京:高等教育出版社,2012.

[4] 刘玉琏,傅沛仁,林玎,等. 数学分析讲义:下册[M]. 5 版. 北京:高等教育出版社,2008.

[5] 毛京中. 高等数学教程:下册[M]. 北京:高等教育出版社,2008.

[6] 同济大学数学教研室. 高等数学:下册[M]. 4 版. 北京:高等教育出版社,1996.

[7] 张宜宾,翟连林,杨凤歧. 数学分析典型题 600 例[M]. 郑州:河南教育出版社,1993.

[8] 张筑生. 数学分析新讲:第二册[M]. 北京:北京大学出版社,1990.

[9] 张筑生. 数学分析新讲:第三册[M]. 北京:北京大学出版社,1991.